数　　論

—古典数論から類体論へ—

数　　論

—古典数論から類体論へ—

河田敬義著

岩波書店

目　　次

第13章　類　体　論

はじめに

数論(または整数論ともいわれる)の発展の歴史は，古くギリシャにまでさかのぼる．Euclid (約前 300) の "原論" の中には，図形(量)の言葉を用いて数論の基礎が述べられている．また，Diophantus (約 300) は不定方程式を取り扱い，今日も Diophantus 方程式の名を残している．このように数論はすでにギリシャ時代にその端緒を開いたが，ルネッサンス以降，P. de Fermat (1601-1665)， L. Euler (1707-1783)， J. L. Lagrange (1736-1813)， A. M. Legéndre (1752-1833) 等によって，種々の不定方程式の理論や連分数の理論等が発展した．それらの研究は，19 世紀にひきつがれるが，たとえば Fermat の問題はいまだに未解決であって，その影響は直接に今日にまで及んでいる．以上の結果は，古典的数論とも呼ばれているが，19 世紀初めの C. F. Gauss (1777-1855) によって一つの締めくくりがなされた．すなわち，若い日の Gauss の著書 "Disquisitiones Arithmeticae" (1801) によって，Legendre の平方剰余記号の相互法則の証明と，整係数 2 元 2 次不定方程式の理論が確立された．本書では，ここまでを第 I 部に古典的数論として紹介することとした．

19 世紀は数学的世紀と言われるほど数学各分野が急激に目覚ましく発展した．これらの発展と相まって数論も古典の域をぬけ出して，ここに新しい考え方が数多く導入された．また逆に数論の問題から出発して，数学の他の分野が大きく発展した．たとえば，複素数の理論は，19 世紀初めに解析学の手法として発展したが，一面，複素代数的数の理論は，数としての複素数の重要性を確かめた．Dirichlet が用いた数論における解析的手法は，そのまま Dirichlet 級数の理論となった．Dedekind が数論に導入したイデアル論は，方程式論，体論をはじめ代数学一般に大きい影響を与えた．

数論自体の 19 世紀における主要な発展としては，まず 19 世紀前半における P. G. L. Dirichlet (1805-1859) による算術級数における素数定理の証明と整係数 2 元 2 次形式の類数公式の証明 (1837) である．これらは，その結果の重要性と同時に解析的手法を数論に導入した点で劃期的であった．さらに G. F. B. Riemann

(1826-1866) はゼータ関数を複素関数として扱い，素数の分布を論じたが (1858)，ここに解析的数論の本格的取り扱いが始まった．Dirichlet は Gauss の整係数 2 元 2 次形式論を，2 次の代数的数を用いて簡明なものとしたが (1854)，代数的数の理論の本格的な体系化は J. W. R. Dedekind (1331-1916) による．すなわち，Dedekind は Dirichlet の死後その“整数論講義”を整理したが，その付録として代数体の整数環におけるイデアルを始めて定義し，その一般論を展開した (1863)．またこのイデアル論を用いれば，Gauss の整係数 2 元 2 次形式論は筋道立って言い表わすことができる．Dirichlet の単数定理 (1846)，Dedekind の判別定理 (1882)， D. Hilbert (1862-1943) の分岐理論 (1894)，L. Kronecker (1823-1891) の円体の特徴づけ (1877) (有理数体上の Abel 拡大として) がつづく．E. E. Kummer (1810-1893) の円体の理論 (たとえば類数公式 (1850))，Fermat の問題への寄与 (1850, 1857) や，Kronecker の提出した虚数乗法による虚 2 次体の Abel 拡大体の構成問題もいちじるしい．これら 19 世紀の発展は，その世紀の終りに，Hilbert のドイツ数学会に提出した“数論報告 (Zahlbericht)”によってまとめられている．あたかも 18 世紀までの数論の主要成果が Gauss の “Disquisitiones” にまとめられたように．これら 19 世紀の数論の主要部分を，本著では第II部に代数的数論として解説しよう．

第 III 部では，20 世紀になって発達した数論のうちから，いくつかの話題をひろって解説しよう．H. Minkowski (1864-1909) の数の幾何の理論，K. Hensel (1861-1941) の p 進数の理論，n 元 2 次形式に関する Minkowski-Hasse の定理 (1923)，J. Hadamard (1865-1963) と C. de la Vallée-Poussin (1866-1962) による素数定理の証明 (1896) などについてふれよう．今世紀の数論の一つの最大の成果は，高木貞治 (1875-1960) 先生による類体論の確立 (1920) である．これは Kronecker の円体の特徴づけを拡張して，虚数乗法論の完成と共に，一般の代数的数体の Abel 拡大の理論を大成した．類体論と名づけられたのは，Hilbert が特殊例について名づけたのを一般の場合に完成したからである．しかし，類体論については高木先生自身による“代数的整数論” (1948) や彌永昌吉先生編の“数論” (1974) にくわしい証明がつけられているので，詳しい証明は割愛することとした．本著を読了した読者諸氏は，進んでこれらの書物を読むべく発奮されることを希望したい．

今日の数論は，不定方程式論，Diophantus 近似，超越数の理論，代数幾何学との関連，解析的方法の広い適用，保型形式論からの応用，その他さらに広く大きく進歩しているので，この講座の“数論”はそれらの序論とも言うべきものである．本著の終りに若干の手引きを述べたいと思う．

数論は，元来極めて身近な問題から出発して，数学の他の分野と関連しつつ限りなく発展するかのように見える．高木先生の著わされた“初等整数論講義”の序言の中に

“整数論の方法は繊細である，小心である，その理想は玲瓏にして些の陰翳をも留めざる所にある．代数学でも，函数論でも，又は幾何学でも，整数論的の試練を経て始めて精妙の境地に入るのである．Gauss が整数論を数学中の数学と観じたる理由がここにある．”

と述べられているのは，数論の理想を示すものである．

[1] 高木貞治：初等整数論講義（初版 1931 年）

は数論の全般について，広い視野の下に歴史的発展にふれつつ解説した名著として，これまでに多くの読者をひきつけて来た．以来巻末に述べるように，数論に関する数多くの邦書が刊行されているが，筆者にとって，この先生の本ほど感銘をうけた書物はない．

外国の書物としては

[2] G. H. Hardy and E. M. Wright: An introduction to the theory of numbers (1938),

[3] W. J. Leveque: Topics in number theory I, II (1956),

[4] Z. I. Borevič and I. R. Šafarevič: Teorija Čisel (1964) (邦訳 整数論, 1971)

は，それぞれ数論を広い視野で眺めようとする名著である．また，辞書的に多くの結果をよく整理記述した書物として

[5] 藤原松三郎：代数学 I, II (1929),

[6] E. Landau: Vorlesungen über Zahlentheorie I, II, III (1927)

は広く知られている．

この“数論”では，およばずながら高木先生の名著の跡を追ってみたいと思う．

本書は岩波講座'基礎数学'に執筆したものである．今回の単行本化にあたり，本文中の誤植の訂正と章末問題の解答・ヒントの労をとられた上智大学の筱田健一氏に謝意を表する．

第 I 部　古典的数論

——Euclid から Gauss まで——

第1章　初等的数論

§1.1　整　除

a）整数の順序と演算

数 1, 2, 3, 4, 5, … の全体を文字 $\boldsymbol{N}$ で表わす：

$$\boldsymbol{N} = \{1, 2, 3, \cdots\}.$$

$\boldsymbol{N}$ を**自然数**の集合という．$\boldsymbol{N}$ に 0 および負の数の集合

$$-\boldsymbol{N} = \{-1, -2, -3, \cdots\}$$

をつけ加えた全体を文字 $\boldsymbol{Z}$ で表わす：

$$\boldsymbol{Z} = \boldsymbol{N} \cup \{0\} \cup -\boldsymbol{N}.$$

$\boldsymbol{Z}$ を**整数**の集合といい，$\boldsymbol{N}$ の元を**自然数**または**正**の整数，$-\boldsymbol{N}$ の元を**負**の整数という．

$\boldsymbol{Z}$ には，大小の順序が定まる：

$$\cdots < -2 < -1 < 0 < 1 < 2 < \cdots.$$

この順序は線型順序である．すなわち，任意の $m, n \in \boldsymbol{Z}$ に対して

$$m < n, \qquad m = n, \qquad m > n$$

のいずれか一つが定まる．また，自然数の集合 $\boldsymbol{N}$ に対して，$\boldsymbol{N}$ の任意の（有限または無限）部分集合 A をとるとき，A は必ずただ一つの最小の数を含む．これから，つぎの**数学的帰納法**が導かれる：

自然数の集合 $\boldsymbol{N}$ 上で定義された或る命題 $F(n)$ $(n \in \boldsymbol{N})$ がある．

(i)　$F(1)$ は成立する．

(ii)　n' を n のつぎの自然数とする．もしも $F(n)$ が成立すれば，$F(n')$ も成立する．

(i), (ii) が成り立てば，$\boldsymbol{N}$ のすべての数 n に対して $F(n)$ が成立する．

つぎに，$\boldsymbol{Z}$ において，加法 $a+b$ と乗法 ab が定義され，

$$a+b = b+a, \qquad a+(b+c) = (a+b)+c,$$
$$a+0 = a, \qquad a+(-a) = 0,$$

$$ab = ba, \qquad a(bc) = (ab)c,$$
$$(a+b)c = ac+bc,$$
$$1\cdot a = a, \qquad 0\cdot a = 0,$$
$$ab = 0 \Leftrightarrow a = 0 \text{ または } b = 0$$

が成り立つ.

n のつぎの数 n' に対して $n'=n+1$ と定めれば，上の加法と乗法は，数学的帰納法によって定義される.（岩波基礎数学選書“集合と位相”§2.3 参照.）

大小と演算については

$$a > b \Longrightarrow a+c > b+c,$$
$$a > b,\ \ c > 0 \Longrightarrow ac > bc$$

が成り立つ．また，整数 n の**絶対値**を

$$|n| = \max(n, -n)$$

とおく.

注意 今後，自然数全体の集合 $\boldsymbol{N}$，整数全体の集合 $\boldsymbol{Z}$ の他に，有理数全体の集合を $\boldsymbol{Q}$，実数全体の集合を $\boldsymbol{R}$，複素数全体の集合を $\boldsymbol{C}$ で表わす.

b) 最大公約数，最小公倍数

整数 $a, b\ (\neq 0)$ に対して，$a=bc\ (c \in \boldsymbol{Z})$ と表わされるとき，記号

$$b \mid a$$

と書き，b は a を**割る**（または a は b で**整除**される）という．また，b を a の**約数**，a を b の**倍数**という.

$a \mid b$ かつ $b \mid a$ であれば，$a=b$ または $a=-b$ である.

つぎの定理は基本的である.

定理 1.1 任意の整数 a と，$b>0$ に対して

$$a = qb+r \qquad (0 \leqq r < b)$$

となる整数 q, r は必ず存在して，しかもただ一組である.

証明 b の倍数を

$$\cdots,\ \ -3b,\ \ -2b,\ \ -b,\ \ 0,\ \ b,\ \ 2b,\ \ 3b,\ \ \cdots$$

のように大きさの順に並べる．$\boldsymbol{N}$ の大小の順序の性質より，n を大きくすれば，nb はいくらでも大きくなり，また $-nb$ はいくらでも小さくなる．よって

$$qb \leqq a < (q+1)b$$

となる q がただ一つ存在する．$a-qb=r$ とおくと，$0\leqq r<b$ である．よって求める q, r が存在する．

また，$a=qb+r$，$a=q'b+r'$，$0\leqq r<b$，$0\leqq r'<b$ とすれば，$(q-q')b=r'-r$．$r'-r$ は b で整除されるが，$-b<r'-r<b$ であるから，$r'-r=0$ でなければならない．よって $r=r'$．したがって $q=q'$ である．▌

この定理から，多くの結果が導かれる．

$a_1, a_2, \cdots, a_k \in \boldsymbol{Z}$ に対して，$b \mid a_i$ $(i=1, \cdots, k)$ のとき，b を $a_1, \cdots, a_k$ の**公約数**という．$a_1, \cdots, a_k$ の公約数のうち正で最大のものを $a_1, \cdots, a_k$ の**最大公約数**という．

また，$a_1, \cdots, a_k \in \boldsymbol{Z}$ で $a_i \mid b$ $(i=1, \cdots, k$，ただし $b\neq 0)$ のとき，b を $a_1, \cdots, a_k$ の**公倍数**という．$a_1, \cdots, a_k$ の公倍数のうち正で最小のものを $a_1, \cdots, a_k$ の**最小公倍数**という．

(I) $a_1, \cdots, a_k$ $(\in \boldsymbol{Z})$ の任意の公倍数 m は，最小公倍数 l の倍数である．

[証明]　定理 1.1 により $m=ql+r$，$0\leqq r<l$ とする．m, l ともに $a_1, \cdots, a_k$ の公倍数であるから，r も $a_1, \cdots, a_k$ の公倍数である．$0\leqq r<l$ より $r=0$ でなければならない．よって $m=ql$ となる．▌

(II) $a_1, \cdots, a_k$ $(\in \boldsymbol{Z})$ の任意の公約数 c は，最大公約数 d の約数である．

[証明]　c と d との最小公倍数が d であることを言えばよい．c と d との最小公倍数を l とする．a_i $(i=1, \cdots, k)$ は c と d との倍数であるから，(I) によって l の倍数である．よって l は $a_1, \cdots, a_k$ の公約数である．故に $l\leqq d$．一方，l は d の倍数であるから $l\geqq d$．したがって $l=d$ でなければならない．▌

(III) a, b $(\in \boldsymbol{N})$ の最小公倍数を l，最大公約数を d とすれば，

$$ab = dl$$

である．

[証明]　仮定より $l=ab'=a'b$ $(a', b' \in \boldsymbol{N})$ と表わされる．一方，ab は a と b との公倍数であるから，(I) によって $ab=nl$ $(n \in \boldsymbol{N})$ と表わされる．したがって $ab=nab'=na'b$．故に $a=na'$，$b=nb'$ となる．すなわち n は a, b の公約数である．よって，(II) より $d=en$ $(e \in \boldsymbol{N})$ とおく．$a=da''$，$b=db''$ とすると

$$a = da'' = (en)a'' = na', \qquad b = db'' = (en)b'' = nb'$$

より $a'=ea''$，$b'=eb''$ となる．よって

$$l = ab' = aeb'', \qquad l = ba' = bea'',$$

したがって

$$\frac{l}{e} = ab'' = a''b$$

は，a, b の公倍数となる．l は最小公倍数であったので $l=l/e$，したがって $e=1$ となり，$ab=nl=dl$ が成り立つ．▌

［記号］ $a_1, \cdots, a_k$ ($\in \boldsymbol{Z}$) の最大公約数 d をつぎの記号で表わす：

$$d = (a_1, \cdots, a_k).$$

(IV) $(a, b)=1$ かつ $a|bc$ ならば，$a|c$ である．

［証明］ (III) によって $(a, b)=1$ より a, b の最小公倍数は ab である．一方，bc は a と b との公倍数であるから，最小公倍数 ab の倍数である：$ab|bc$．したがって $a|c$ となる．▌

実際に $a, b \in \boldsymbol{N}$ の最大公約数を求めるのは，つぎの有名な **Euclid の互除法**による：

定理 1.2 $a, b \in \boldsymbol{N}$ に対して

$$\begin{aligned}
a &= q_0b+r_1, & 0 &\leqq r_1 < b\\
b &= q_1r_1+r_2, & 0 &\leqq r_2 < r_1,\\
r_1 &= q_2r_2+r_3, & 0 &\leqq r_3 < r_2,\\
&\cdots\cdots\cdots\cdots\cdots\\
r_{n-2} &= q_{n-1}r_{n-1}+r_n, & 0 &\leqq r_n < r_{n-1},\\
r_{n-1} &= q_nr_n
\end{aligned}$$

であるとすれば，a, b の**最大公約数** (a, b) は

$$(a, b) = r_n$$

である．

証明 はじめに

$$(a, b) = (a-q_0b, b)$$

となることを注意しよう．これは，d が a, b の公約数であることと，d が $a-q_0b$ と b との公約数であることとが同値であることからわかる．よって上の計算から

$$\begin{aligned}
(a, b) &= (r_1, b) = (b, r_1) = (r_2, r_1) = \cdots\\
&= (r_n, r_{n-1}) = r_n
\end{aligned}$$

となる．▌

定理 1.3 $a, b \in \boldsymbol{Z}$ に対して，$(a, b)=d$ とすれば

$$d = ax+by \qquad (x, y \in \boldsymbol{Z})$$

と表わされる．

証明 a, b のうち負のものがあれば，$-a$，$-b$ を考えればよいので，$a, b \in \boldsymbol{N}$ として証明すればよい．

$a>0$，$b>0$ に対して，定理 1.2 の互除法をあてはめる．下から順に計算していけば

$$\begin{aligned}(a, b) = r_n &= (-q_{n-1})r_{n-1}+r_{n-2} \\ &= (-q_{n-1})(-q_{n-2}r_{n-2}+r_{n-3})+r_{n-2} \\ &= (1+q_{n-1}q_{n-2})r_{n-2}+(-q_{n-1})r_{n-3} \\ &= \cdots\cdots,\end{aligned}$$

この計算をつづけていけば

$$= ax+by \qquad (x, y \in \boldsymbol{Z})$$

と表わされる．▌

例 1.1 $(114, 24)=6$. 何となれば

$$114 = 4\times 24+18, \qquad 24 = 1\times 18+6, \qquad 18 = 3\times 6.$$

これを逆にたどっていけば

$$6 = 24-18 = 24+(4\times 24-114) = 5\times 24-114.$$

すなわち定理 1.3 において $a=114$，$b=24$ に対して，$d=6$，$x=-1$，$y=5$ とすれば，$d=ax+by$ である．——

(V) 定理 1.3 において，$d=ax_0+by_0$ を一つの解とすれば，その一般解は

$$x = x_0+nb', \qquad y = y_0-na' \qquad (n \in \boldsymbol{Z})$$

で与えられる．ただし $a=da'$，$b=db'$ とする．

[証明] $d=ax+by=ax_0+by_0$ とすれば $a(x-x_0)+b(y-y_0)=0$，したがってまた $a'(x-x_0)+b'(y-y_0)=0$ となる．$(a, b)=d$ より $(a', b')=1$ であるから，(IV) によって $a' \mid (y-y_0)$ かつ $b' \mid (x-x_0)$ となる．故に，或る $n \in \boldsymbol{Z}$ に対して $y-y_0=-na'$，$x-x_0=nb'$ となる．すなわち，$x=x_0+nb'$，$y=y_0-na'$ と表わされる．▌

c) 素因数分解

自然数 p (>1) が ± 1，$\pm p$ 以外に約数を持たないとき，p を**素数**という．

たとえば

$$2,\ 3,\ 5,\ 7,\ 11,\ 13,\ 17,\ 19,\ 23,\ 29,\ 31,\ 37,\ 41,\ 43,\ 47,\ \cdots$$

は素数である.

(VI)　$a, b \in \boldsymbol{Z}$ の積 ab が或る素数 p で整除されるならば，a または b の少なくも一方は p で整除される.

[証明]　(a, p) は p の約数であるから，1 または p に等しい．(i) $(a, p)=p$ ならば，$p|a$ である．(ii) $(a, p)=1$ とする．(IV) によって $(a, p)=1$ かつ $p|ab$ より $p|b$ となる. ▌

定理 1.4 (**整数の素因数分解**)　任意の自然数 $a\ (>1)$ は

$$a = p_1^{e_1} \cdots p_k^{e_k} \qquad (e_1, \cdots, e_k \in \boldsymbol{N})$$

(ただし，$p_1, \cdots, p_k$ は異なる素数とする) の形に表わされる．かつこのような表わし方はただ一通りである．すなわち

$$a = p_1^{e_1} \cdots p_k^{e_k} = q_1^{f_1} \cdots q_l^{f_l} \qquad (f_1, \cdots, f_l \in \boldsymbol{N})$$

$(q_1, \cdots, q_l$ は異なる素数$)$ であれば，$k=l$ で，$q_1, \cdots, q_l$ は $p_1, \cdots, p_k$ と順序を除いて一致し，対応するベキ指数は等しい.

証明　a についての数学的帰納法を用いる.

(i)　$a=2$ は素数である．一般に a が素数でなければ，$a=a_1a_2\ (a_1>1,\ a_2>1)$ と表わされる．$a_1<a$, $a_2<a$ に対して，a_1, a_2 が素数の積として表わされれば，a もそれらの積，すなわち素数の積として表わされる.

(ii)　$a>1$ が二通りに素数の積として表わされたとする．$p_1|a$ に対して (VI) をあてはめると，$p_1|q_1^{f_1}\cdots q_l^{f_l}$ より，或る i に対して $p_1|q_i$ となる．いま $i=1$ としよう．p_1 は素数 q_1 の約数であるから，$p_1=q_1$ でなければならない．つぎに，$a/q_1=p_1^{e_1-1}\cdots p_k^{e_k}=q_1^{f_1-1}\cdots q_l^{f_l}$ に対しては $a/q_1<a$ によって定理が成り立つと仮定すれば，$k=l$, かつ $(q_1, \cdots, q_k$ の順序を並べかえて$)$ $q_1=p_1$, $q_2=p_2$, $\cdots$, $q_k=p_k$, $e_1-1=f_1-1$, $e_2=f_2$, $\cdots$, $e_k=f_k$ となる．よって a に対しても，素因数分解の一意性が成り立つ. ▌

定理 1.5 (Euclid)　素数は無限にある.

証明　素数の全体の集合 $\boldsymbol{P}$ を大きさの順にならべて $p_1<p_2<\cdots$ とする．$p_1, \cdots, p_n$ が与えられたとき,

$$a = p_1p_2\cdots p_n+1$$

を考える．a が素数であれば $a>p_n$ である．a が素数でなければ，a の一つの素因子 p をとる．$p_i\ (i=1,\cdots,n)$ は a の約数とはなり得ないので，$p\neq p_i\ (i=1,\cdots,n)$ である．よって $p>p_n$ となる．以上より p_n より大きい素数は必ず存在する．それらのうちの最小のものを p_{n+1} とおく．このようにして，すべての $n\in \boldsymbol{N}$ に対して p_n が定まるので，$\boldsymbol{P}$ は無限集合である．▌

素数が無限にあることは，ギリシャ以来知られていたが，それらがどのように分布しているかということは，きわめてむずかしい問題であった．

まず素数を順に求める方法として，昔から **Eratosthenes の篩**（ふるい）の方法が知られている．たとえば，1 から 100 までの間にある素数を求めるには，まず最小の素数 2 の倍数を消していく．つぎに小さい 3 の倍数を消していく．そのように，つぎつぎに小さい素数 5, 7, 11, 13, 17, … の倍数を消していく．しかし，或る数 n が合成数であれば，n の約数である素数のうちで一番小さいものを p とすれば，$p\leqq\sqrt{n}$，すなわち $p^2\leqq n$ である．よって，100 以下の素数を求めるには，上の方法で $p^2\leqq 100$ となる素数 2, 3, 5, 7 の倍数をすべて消し去ればよい．残りはすべて素数であることがわかる．

1	2	3	~~4~~	5	~~6~~	7	~~8~~	~~9~~	~~10~~	11	~~12~~	13	~~14~~	~~15~~	~~16~~	17	~~18~~	19	~~20~~
~~21~~	~~22~~	23	~~24~~	~~25~~	~~26~~	~~27~~	~~28~~	29	~~30~~	31	~~32~~	~~33~~	~~34~~	~~35~~	~~36~~	37	~~38~~	~~39~~	~~40~~
41	~~42~~	43	~~44~~	~~45~~	~~46~~	47	~~48~~	~~49~~	~~50~~	~~51~~	~~52~~	53	~~54~~	~~55~~	~~56~~	~~57~~	~~58~~	59	~~60~~
61	~~62~~	~~63~~	~~64~~	~~65~~	~~66~~	67	~~68~~	~~69~~	~~70~~	71	~~72~~	73	~~74~~	~~75~~	~~76~~	~~77~~	~~78~~	79	~~80~~
~~81~~	~~82~~	83	~~84~~	~~85~~	~~86~~	~~87~~	~~88~~	89	~~90~~	~~91~~	~~92~~	~~93~~	~~94~~	~~95~~	~~96~~	97	~~98~~	~~99~~	~~100~~

図 1.1

上の図で消されなかったのは素数で，それらは，

2，3，5，7，11，13，17，19，23，29，31，37，41，
43，47，53，59，61，67，71，73，79，83，89，97

の 25 個である．

素数の分布については，いろいろの興味深く，かつ困難な結果が今日までに証明されている．それらのいくつかについては，後の章で証明するが，ここではつぎの二つだけを挙げておこう．

算術級数の素数定理　初項 a と公差 k とが互いに素：$(a,k)=1$ のとき，この

算術級数の項の中には無限に素数がある．すなわち，

$$p = a+kt \qquad (t \in \boldsymbol{N})$$

となる素数が無限にある．——

この定理は Dirichlet によって 1837 年に証明された．その証明は第II部で説明する．

素数定理 $n \in \boldsymbol{N}$ に対して，n を超えない素数の個数を $\pi(n)$ で表わす．そのとき，

$$\lim_{n\to\infty} \frac{\pi(n)}{\dfrac{n}{\log n}} = 1$$

である．——

この定理は Gauss が予想したといわれるが，J. Hadamard と C. de la Vallée-Poussin が 1896 年に独立に完全な証明を与えた．それは第III部で説明する．

その他の性質について，また第III部で述べることにする．

d）一般の整域について

ここで，整数環 $\boldsymbol{Z}$ に限らず，一般の整域における素元分解について簡単にふれておく．岩波基礎数学選書中の“環と加群”§3.3 イデアルと素元分解に詳しく説明されているので，いくつかの定義を復習し，主要な結果のみをここに述べる．

R を可換環とし，乗法の**単位元** (unity element) 1 を持つものとする．$ab=0$ $(a, b \in R)$ ならば，$a=0$ または $b=0$ のとき，R を**整域** (integral domain) という．以下，R は整域とする．R の元 e が**単元** (unit) であるとは，$1=ee'$ となる $e' \in R$ が存在することをいう．R の単元の全体 E は，R における乗法に関して乗法群を作る．E を R の**単元群** (unit group) という．R の二つの元 a, b が**同伴** (associated) であるとは，$a=eb$ となる単元 e が存在することをいう．単元全体が乗法群を作ることから，同伴の関係は同値律を満たすことがわかる．$a=bc$ $(a, b, c \in R)$ と表わされるとき，a は b (および c) の**倍元** (multiple)，b, c は a の**約元** (divisor) であるという．このときも $b|a$, $c|a$ と書く．R の元 q $(\neq 0)$ が**既約元** (irreducible element) であるとは，q が単元でなく，かつ q の約元は単元であるか，または q に同伴な元に限ることをいう．R の元 p $(\neq 0)$ が**素元** (prime element) であるとは，p は単元でなく，かつ $p|ab$ ならば，$p|a$ または $p|b$ となることをいう．一般の整域 R においては，素元は必ず既約元であるが，既約元は素元であるとは限らない．(反例については，例1.2(v)参照.)

R の元がすべて数であるとき，R は**数環**であるといい，R の元の代りに数という．たとえば，上の諸定義において，**単数**，**約数**，**倍数**，**素数**などという．特に整数環 $\boldsymbol{Z}$ においては，単数は $1, -1$ だけである．また $\boldsymbol{Z}$ における素数の定義は，一般の R における既

約元の定義に対応しているが，(VI) によって素元としての性質を持つ．すなわち，$\boldsymbol{Z}$ においては，素数と既約数とは同じ概念である．したがって，ふつう既約数という言葉は用いない．$\boldsymbol{Z}$ における最も基本的な性質は，定理 1.1 である：任意の $a, b\ (\neq 0)$ に対して

$$a = qb+r \qquad (0 \leqq r < |b|)$$

と分解される．

一般に，整域 R において，R の元 $a \neq 0$ に $\delta(a) \in \boldsymbol{N} \cup \{0\}$ を対応させ，$a, b\ (\neq 0) \in R$ に対して，$b \nmid a$ であれば，

$$a = qb+r \qquad (0 \leqq \delta(r) < \delta(b))$$

に q, r をとることができるとき，R を **Euclid 整域** (Euclidean domain) という．(このとき b が単元であるための必要十分条件は $\delta(b)=0$ である.)

R が $\boldsymbol{Z}$ であれば，$\delta(n)=|n|$ とおくことにより，$\boldsymbol{Z}$ は Euclid 整域である．

さて，整域 R において，R の部分集合 I が R の**イデアル** (ideal) であるとは，(i) I は加群であり，かつ，(ii) 任意の $a \in R$ に対して $aI \subseteqq I$ となることをいう．特に整域 R の任意のイデアル $\mathfrak{a}$ が**単項イデアル** $(a)=aR$ であるとき，R を**単項イデアル整域** (または**主イデアル整域** (principal ideal domain)) という．また R において，任意の元 $a\ (\neq 0)$ が，有限個の素元の積として表わされるとき，R を**素元分解整域**という．このとき

$$a = p_1 \cdots p_m = q_1 \cdots q_n \qquad (p_i, q_j \text{ は素元})$$

であれば，$n=m$ であり，かつ q_j の順序を適当に並べかえれば，p_i と $q_i\ (i=1, \cdots, n)$ は同伴になる．したがって素元分解整域のことを**一意分解整域** UFD (unique factorization domain) という．

定理 1.6 (i) Euclid 整域は，単項イデアル整域である．

(ii) 単項イデアル整域は，素元分解整域である．——

証明は簡単である．たとえば岩波基礎数学選書“環と加群”§3.3 参照．

したがって，$\boldsymbol{Z}$ は Euclid 整域であるので，単項イデアル整域となり，さらに素元分解整域となり，定理 1.4 が成り立つ．

一般の素元分解整域では，(I), (II), (III), (IV) が成り立つ．ただし，最小公倍元，最大公約元の定義は，$\delta(a)$ を用いて定義し，同伴な元は同一視することにする．また，定理 1.3 は，一般の単項イデアル整域でも成り立つことが，直ちにわかる．

例 1.2 (i) 体 k の元を係数とする X の多項式の全体 $k[X]$ は，Euclid 整域である．この場合には，$f(X)=a_0+a_1X+\cdots+a_nX^n\ (a_i \in k,\ a_n \neq 0)$ に対して，$\delta(f(X))=n$ と定めればよい．$R=k[X]$ の単元は k の元である．

(ii) $R=\boldsymbol{Z}+\sqrt{-1}\boldsymbol{Z}=\{a+\sqrt{-1}b \mid a, b \in \boldsymbol{Z}\}$ は Euclid 整域である．この場合には，

$$\delta(a+\sqrt{-1}b) = a^2+b^2$$

とおけばよい．R の元を **Gauss の整数**という．

何となれば，$\alpha=a+\sqrt{-1}b,\ \beta=c+\sqrt{-1}d\ (a, b, c, d \in \boldsymbol{Z})$，$\beta \neq 0$ に対して Gauss 平面上で $\xi=\alpha/\beta$ に最も近い格子点 $\kappa=r+\sqrt{-1}s\ (r, s \in \boldsymbol{Z})$ をとれば

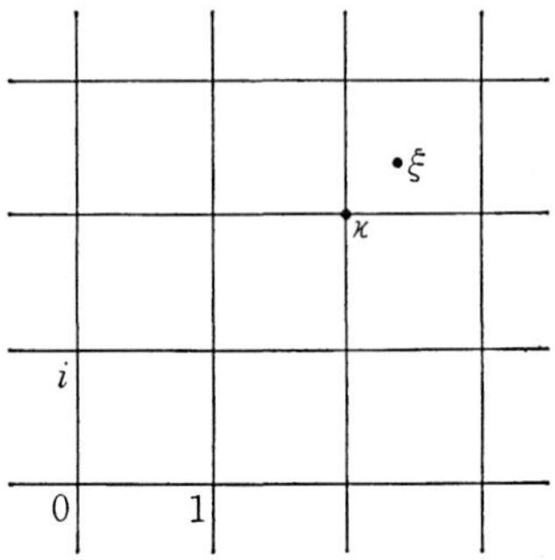

図 1.2

$$|\kappa-\xi| < 1$$

が成り立つ．ただし，絶対値は複素数としての絶対値，すなわち，Gauss 平面上の距離を表わす．このとき

$$\alpha-\beta\kappa = \rho$$

とおけば，$|\rho/\beta|<1$，すなわち $|\rho|<|\beta|$ となる．よって $R=\boldsymbol{Z}+\sqrt{-1}\boldsymbol{Z}$ は Euclid 整域である．

これから，R においても素元分解が可能である．また，R の単数は ± 1，$\pm\sqrt{-1}$ だけである．

(iii) 単項イデアル整域であって，Euclid 整域でない整域 R の例については，第 II 部で述べる．

(iv) 素元分解整域で，単項イデアル整域でない例として，$R=k[X, Y]$ (k は体，X, Y は独立変数) を挙げることができる．R が単項イデアル整域でないことは，R のイデアル $I=XR+YR$ が単項イデアルとなり得ないことからわかる．また，R が素元分解整域であることは，一般に R_0 が素元分解整域であるとき，$R=R_0[Y]$ も素元分解整域であるという定理(岩波基礎数学選書“環と加群”§3.3，定理3.22)よりわかる．

(v) 素元分解整域でない整域の例は，むしろふつうである．第 II 部で扱う数の作る整域は大部分そうである．一例として

$$R = \boldsymbol{Z}+\sqrt{-5}\boldsymbol{Z} = \{a+b\sqrt{-5} \mid a, b \in \boldsymbol{Z}\}$$

を挙げる．R の元 6 は

$$6 = 2\cdot 3 = (1+\sqrt{-5})(1-\sqrt{-5})$$

と表わされるが，2, 3, $1\pm\sqrt{-5}$ はみな既約元である．何となれば，$2=\alpha\cdot\beta$，$\alpha=x+y\sqrt{-5}$，$\beta=x'+y'\sqrt{-5}$ ($x, y, x', y' \in \boldsymbol{Z}$) とすれば，$x'=x$，$y'=-y$，$2=x^2+5y^2$ となり，これは不可能なことが容易にわかる．よって 2 は既約元である．他の数についても同様である．もしも R が素元分解整域であれば，このようなことは起こり得ない．

さて，或る整域 R において素元分解ができないということは，R における整除に関し

て極めてむずかしい問題をひき起こす．幸いにして数環の範囲では，Dedekind のイデアル論を用いて，この困難をきりぬけることができる．これは第II部で説明される．

(vi) 素元分解整域で，素元が有限個しか存在しない例として，つぎのものが挙げられる．

整数環 $\boldsymbol{Z}$ において，任意に m 個の素数 $p_1, \cdots, p_m$ をとる．環 R として

$$R = \left\{ \frac{a}{b} \,\middle|\, a, b \in \boldsymbol{Z},\ b \neq 0 \text{ の素因数は } p_1, \cdots, p_m \text{ と異なる} \right\}$$

とおくと，R は整域を作ることがわかる．R は単項イデアル整域で，R の素元は $p_1, \cdots, p_m$ に限る．また，R の単元 e は $e=a/b$ で，a の素因数もすべて $p_1, \cdots, p_m$ と異なるものである．——

これらについては，第II部以降で説明することとして，第I部では，もっぱら $\boldsymbol{Z}$ のみを扱うことにする．

e) 不定方程式

整数を係数とする方程式が，いつ整数解を持つかという問題は，極めて古くから取り扱われた．

例 1.3 (1変数の場合)　$a_0, a_1, \cdots, a_n \in \boldsymbol{Z}$ とし，多項式

$$f(x) = a_0 + a_1 x + \cdots + a_n x^n$$

に対して，代数方程式 $f(x)=0$ は，いつ有理数解，あるいは整数解を持つか．

(イ) $a_n=1$ の場合．まず $f(x)=0$ が有理数 α を解とすれば，α は整数でなければならない．

何故ならば，$\alpha=s/t$ $(s, t \in \boldsymbol{Z},\ (s, t)=1)$ とすれば

$$a_0 t^n + a_1 s t^{n-1} + \cdots + a_{n-1} s^{n-1} t + s^n = 0.$$

これから $t \mid s^n$，したがって $t \mid s$ である．$(s, t)=1$ より $t=1$，すなわち $\alpha=s \in \boldsymbol{Z}$ でなければならない．

(ロ) $a_n=1$ の場合．$f(x)=0$ が整数解 s を持てば，s は a_0 の約数でなければならない．

何故ならば，$a_0=-s(a_1+a_2 s+\cdots+a_{n-1} s^{n-2}+s^{n-1})$ となるからである．したがって，$f(x)=0$ の整数解を求めるには，a_0 の約数をすべて代入してみればよい．

(ハ) 一般の場合の $f(x)=0$ の有理数解を求めることは，(ロ)の場合に帰着される．すなわち，$x'=a_n x$ とおくと，$f(x)=0$ は

$$a_0 a_n{}^{n-1} + a_1 a_n{}^{n-2} x' + \cdots + a_{n-1} x'^{n-1} + x'^n = 0$$

となる．よって，$a_0 a_n{}^{n-1}$ の約数 s について $f(s)=0$ かどうかを確かめれば，

$f(x)=0$ の有理数解 $\alpha=s/a_n$ が求められる. ——

2変数以上の整係数代数方程式の整数解を求める問題を，ふつう **Diophantus 方程式**，あるいは解が一意に定まらないので**不定方程式**という．

もっとも簡単なのは，1次式の場合である．

(VII) $a, b, c \in \boldsymbol{Z}$ に対して，不定方程式

$$ax+by = c$$

が整数解 (x, y) を持つための必要十分条件は，

$$(a, b) \mid c$$

である．このとき，その一つの解を (x_0, y_0) とすれば，その一般解は，$(a, b)=d$, $a=a'd$, $b=b'd$, $c=c'd$ とするとき

$$x = x_0+b'c't, \qquad y = y_0-a'c't \qquad (t \in \boldsymbol{Z})$$

である．すなわち，一つの解を持てば，無数に解を持つ．

[証明] 定理1.3と(V)より明らかである．▌

注意 n 元1次の場合も全く同様である．すなわち

$$a_1x_1+a_2x_2+\cdots+a_nx_n = c \qquad (a_i, c \in \boldsymbol{Z})$$

が整数解を持つための必要十分条件は，$(a_1, \cdots, a_n) \mid c$ である．一組の整数解を持てば，解は無数に存在する．

(VIII) 方程式

$$x^2+y^2 = z^2 \qquad (x, y, z \in \boldsymbol{Z}) \tag{1.1}$$

は，$x>0$, $y>0$, $z>0$, $(x, y)=1$ の条件のもとに解

$$x = 2ab, \qquad y = a^2-b^2, \qquad z = a^2+b^2 \qquad (a, b \in \boldsymbol{Z})$$

を持つ．ただし，$(a, b)=1$, $a>b>0$ かつ a, b の一方は偶数，一方は奇数である．また，x と y とを入れかえたものも解である．しかし，これら以外に解はなく，x を偶数とすれば，(上の条件のついた)解 x, y, z と，(上の条件のついた) a, b との間の対応は1対1である．

[証明] まず $d \mid x$, $d \mid y$ ならば $d \mid z$ であることに注意すれば，$x^2+y^2=z^2$ が $(x, y)=d$ の解を持てば，$x=x'd$, $y=y'd$, $z=z'd$ とすれば $x'^2+y'^2=z'^2$ となる．よって，$(x, y)=1$ は，解の存在に制限を与えるものでないことを注意しておく．

また，$x\equiv 1 \pmod 2$, $y\equiv 1 \pmod 2$ ならば $z^2\equiv 2 \pmod 4$ となって，$x^2+y^2\equiv$

$1+1\equiv 2$, $z^2\equiv 0 \pmod 4$ となって，(1.1) は解を持たない．よって $x\equiv 0 \pmod 2$，$y\equiv 1 \pmod 2$ として解を求めよう．

(1.1) で y^2 を移項すれば

$$\left(\frac{x}{2}\right)^2=\left(\frac{z+y}{2}\right)\left(\frac{z-y}{2}\right),$$

かつ $(z+y)/2$ および $(z-y)/2$ は整数で，$(z,y)=1$ より共通因子を持ち得ない．よって素数分解の一意性によって

$$\frac{z+y}{2}=a^2, \qquad \frac{z-y}{2}=b^2,$$

かつ $a>0$, $b>0$, $a>b$, $(a,b)=1$ と表わされる．また $a+b\equiv a^2+b^2=z\equiv 1 \pmod 2$ となり，a,b の一方は偶数であり他方は奇数である．このとき

$$x=2ab, \qquad y=a^2-b^2, \qquad z=a^2+b^2$$

と表わされる．証明の残りの部分は容易であろう．▮

例 1.4　$a\in \boldsymbol{Z}$ に対して

$$x^2+y^2=a$$

の整数解を求めること．

これは，a の値によって整数解が存在することもあり，存在しないこともある．特に a を素数 p とするとき，$x^2+y^2=p$ が解を持つための必要十分条件は $p-1$ が 4 の倍数となることである(定理 2.4, Fermat の定理)：

$$5=1+2^2, \qquad 13=2^2+3^2, \qquad 17=1+4^2, \qquad 29=2^2+5^2, \qquad \cdots.$$

a が一般の場合について，整数解が存在するための必要かつ十分な条件は，定理 2.5 として §2.2 で与える．

例 1.5

$$x^2+y^2+z^2=a \qquad (a\in \boldsymbol{Z})$$

が整数解を持つための必要十分条件を求めること．

これは，例 1.4 より解くことが困難である．このときも a の値によっては必ずしも解を持たない．§2.2 で再びこの問題にふれることにする．

例 1.6　$x_1^2+x_2^2+x_3^2+x_4^2=a$ は，任意の $a\in \boldsymbol{Z}$, $a>0$ に対して整数解を持つこと(定理 2.6, Lagrange の定理)．

これは，§2.2 で証明する．

例 1.7　$a,b,c,d\in \boldsymbol{Z}$ に対して，2 元 2 次方程式

$$ax^2+bxy+cy^2=d$$

は，いつ整数解を持つか．

この種の方程式は，解を持つとしても，ただ一つとは限らない．整数解を持つとき，それらは有限個しかないときもあるし，無限に多くあることもある．

2元2次不定方程式について，もっとも一般に論ぜられたのは'はしがき'にも述べたようにGaussによってである．これについては，第3章で，くわしく説明することにする．——

多元高次不定方程式は，いろいろの特殊例についても，また一般的にも多く論ぜられているが，これらは概して極めて答を与えることが困難である．これらについては，第III部で，ふれる機会があろう．昔から知られている一つの例として有名なFermatの問題がある．すなわち

Fermatの問題　$n\geqq 3$ のとき

(1.2)
$$x^n+y^n=z^n$$

は，自明でない整数解を持たない．(自明な解とは $xyz=0$ の場合の解をいう.)

Fermatは自らこれを解いたと記してあるが，その証明は残されていない．この問題は今日でも解かれていない．もしも $n=4$ および $n=p$ (素数) の場合に (1.2) が自明でない整数解を持たないことを示せば，一般の n に対してもそうであることがわかる．$n=4$ の場合は，比較的簡単に示される．一般の素数 $p\,(\neq 2)$ に対して，今日でも完全には解決されていない．歴史的に見れば，$n=3$ のときはEuler (1770) により，$n=4$ はFermat, Eulerにより，$n=5$ はLegendre (1825), $n=7$ はG. Lamé (1839) によって解かれた．E. Kummerは，1850年および1859年に，1の原始 p 乗根 ζ_p を有理数体 $\boldsymbol{Q}$ に添加して得られる代数体 $\boldsymbol{Q}(\zeta_p)$ の類数 h (その説明は第II部で与える) が p と素であれば，(1.2) は自明でない解を持たないことを示した．この条件は，たとえば100以下の素数 p にあっては，$p\neq 37, 59, 67$ に対して成り立っている．今日では，以来いくつかの大切な結果が得られているが，まだ完全な解決には到っていない．上記Kummerの定理の証明は第II部で説明する．

このFermatの問題を解くのは，後に説明するように代数的数の理論の発展を促した．たとえば，例1.4に対しては，素数 p がどういうときに，Gaussの整数を用いて

$$p = x^2+y^2 = (x+y\sqrt{-1})(x-y\sqrt{-1}) \qquad (x, y \in \boldsymbol{Z})$$

と分解されるかという問題と同値であり，Fermat の問題は代数体 $\boldsymbol{Q}(\zeta_p)$ ($\zeta_p = \exp(2\pi i/p)$) において,

$$z^p = x^p+y^p = \prod_{j=0}^{p-1}(x+\zeta_p{}^j y) \qquad (x, y, z \in \boldsymbol{Z})$$

という分解が可能であるかどうかという問題として扱われるのである.

(1.2) の $n=4$ の場合の証明は，1 の 4 乗根，すなわち $i=\sqrt{-1}$ を用いて代数体 $\boldsymbol{Q}(\sqrt{-1})$ における議論によって与えることもできるが (高木 [1]，pp. 252-255)，ここでは初等的な証明を与えよう (Hardy and Wright [2]，pp. 193-194).

(1.2) をすこし一般にして考える.

(IX) 方程式

$$x^4+y^4 = z^2 \tag{1.3}$$

は，$xyz \neq 0$ となる整数解 (x, y, z) を持たない.

[証明]　$x>0$, $y>0$, $z>0$ として，(1.3) が解を持てば，そのような z の最小値に対する (1.3) の一組の解をとる.

$(x, y)=d>1$ であれば，$d^2 | z$ となり，$(x/d)^4+(y/d)^4=(z/d^2)^2$ も (1.3) の解となり，z を最小にとったことに反する．よって $(x, y)=1$ でなければならない.

(VIII) によって，x を偶数，y を奇数として

$$x^2 = 2ab, \quad y^2 = a^2-b^2, \quad z = a^2+b^2 \quad (a>0,\ b>0,\ (a, b)=1),$$

かつ $a+b$ は奇数と表わされる．ここで $a\equiv 0$, $b\equiv 1 \pmod 2$ とすれば，$y^2\equiv -1 \pmod 4$ となり矛盾である．よって $a\equiv 1$, $b\equiv 0 \pmod 2$ である．そこで

$$b = 2c \quad (c>0), \qquad x^2 = 4ac, \qquad (a, c) = 1$$

となる．したがって $(x/2)^2=ac$, $(a, c)=1$ より

$$a = A^2, \qquad c = B^2 \qquad (A>0,\ B>0,\ (A, B)=1,\ A\equiv 1 \pmod 2)$$

となる．このとき

$$b = 2c = 2B^2, \qquad y^2 = A^4-4B^4,$$

したがって

$$(2B^2)^2+y^2 = (A^2)^2, \qquad (2B^2, A^2) = 1$$

となる．再び (VIII) を適用すれば

$$2B^2 = 2lm, \qquad A^2 = l^2+m^2 \qquad ((l, m)=1,\ l>0,\ m>0)$$

と表わされる．したがって $B^2=lm$ となり，したがって

$$l=L^2, \quad m=M^2 \qquad (L>0,\ M>0)$$

となり $A^2=L^4+M^4$ となる．しかるに $A\leqq A^2=a\leqq a^2<z$ であるから，z を(1.3)の最小解にとったことに矛盾する．よって(1.3)は $xyz\neq 0$ となる解を持たない．∎

§1.2 合同式

a) 剰余類と既約剰余類

二つの整数 a, b が，自然数 m を法として**合同**(congruent)であるとは，$a-b=mt$ ($t\in \boldsymbol{Z}$) と表わされることをいう．これを記号で

$$a\equiv b \pmod{m}$$

と書く．合同の関係は同値律を満足し，かつ

$$a\equiv b, \quad a'\equiv b' \pmod{m}$$

であれば

$$a\pm a'\equiv b\pm b', \quad aa'\equiv bb' \pmod{m}$$

である．

m を法として a と合同な整数の作る類を**剰余類**(residue class)という．$a=qm+r$ ($0\leqq r<m$) とすれば

$$a\equiv r \pmod{m}$$

となる．すなわち，任意の剰余類は，$0\leqq r<m$ となる或る r と合同である．また，$0\leqq r, r'<m$ かつ

$$r\equiv r' \pmod{m}$$

であれば，$r=r'$ となる．よって m を法とする各剰余類は $0\leqq r<m$ であるただ一つの r と合同である．すなわち

(I) 整数の全体 $\boldsymbol{Z}$ を m を法として剰余類に分けるとき，全体で m 個の剰余類に分かれ，各剰余類は $0\leqq r<m$ となるただ一つの r を含む．

$\boldsymbol{Z}$ の m を法とする剰余類全体の集合を

$$\boldsymbol{Z}/m\boldsymbol{Z}$$

で表わす．

$$\boldsymbol{Z}/m\boldsymbol{Z}=\{\bar{0}, \bar{1}, \bar{2}, \cdots, \overline{m-1}\}$$

である．ただし，$\bar{r}$（あるいは $\bar{r} \bmod m$）は r を含む剰余類を表わす．

注意 一般の整域 R（または可換環）において，R のイデアル I に対して R は I を法とする剰余類に分かれる．その全体を R/I と表わす．上記は $I=m\boldsymbol{Z}$ の場合である．

(**II**) (i) $\boldsymbol{Z}/m\boldsymbol{Z}$ は可換環を作る．

(ii) $m=m_1m_2$，$(m_1, m_2)=1$ であれば

$$\boldsymbol{Z}/m\boldsymbol{Z} \simeq (\boldsymbol{Z}/m_1\boldsymbol{Z}) \oplus (\boldsymbol{Z}/m_2\boldsymbol{Z})$$

と可換環の直和に分解される．すなわち，m を法とする任意の剰余類 $\bar{a} \bmod m$ に対し，m_1, m_2 を法とする剰余類 $\bar{a} \bmod m_1$ および $\bar{a} \bmod m_2$ の組を対応させるとき

$$\Phi:\ \boldsymbol{Z}/m\boldsymbol{Z} \longrightarrow (\boldsymbol{Z}/m_1\boldsymbol{Z}) \oplus (\boldsymbol{Z}/m_2\boldsymbol{Z})$$

の対応を生じる．Φ は環準同型を与えるが，逆に，任意に $\bar{a}_1 \bmod m_1$ および $\bar{a}_2 \bmod m_2$ を与えるとき，或る剰余類 $\bar{a} \bmod m$ が一意に定まって

$$a \equiv a_1 \pmod{m_1}, \qquad a \equiv a_2 \pmod{m_2}$$

を満足する．

特に $m=p_1^{e_1}\cdots p_k^{e_k}$（$p_1, \cdots, p_k$ は異なる素数）とすれば

$$\boldsymbol{Z}/m\boldsymbol{Z} \simeq (\boldsymbol{Z}/p_1^{e_1}\boldsymbol{Z}) \oplus \cdots \oplus (\boldsymbol{Z}/p_k^{e_k}\boldsymbol{Z})$$

となる．

(iii) p が素数であれば，$\boldsymbol{Z}/p\boldsymbol{Z}$ は p 個の元よりなる有限体 $\boldsymbol{F}_p$ となる．逆に，$\boldsymbol{Z}/m\boldsymbol{Z}$ が体となるのは，m が素数の場合に限る．

［証明］ (i) はすでに見たように

$$\bar{a}+\bar{b} = \overline{a+b}, \quad \bar{a}\bar{b} = \overline{ab} \pmod{m}$$

と定めればよい．特に $\bar{0}$ は零元，$\bar{1}$ は単位元である．

(ii) $\Phi : \bar{a} \bmod m \mapsto (\bar{a} \bmod m_1,\ \bar{a} \bmod m_2)$ と対応させれば，(i) に述べたように Φ は $\boldsymbol{Z}/m\boldsymbol{Z}$ から $(\boldsymbol{Z}/m_1\boldsymbol{Z}) \oplus (\boldsymbol{Z}/m_2\boldsymbol{Z})$ への環準同型である．特に，$a\equiv 0 \pmod{m_1}$ かつ $a\equiv 0 \pmod{m_2}$ となるのは，$a\equiv 0 \pmod{m}$ の場合に限るから Φ は単射である．逆に，任意に $\bar{a}_1 \bmod m_1$ および $\bar{a}_2 \bmod m_2$ を与えるとき，$a=a_1+m_1t_1$，$a=a_2+m_2t_2$ と同時に表わされるように $t_1, t_2 \in \boldsymbol{Z}$ を求めればよい．そのためには

$$a_2-a_1 = m_1t_1-m_2t_2$$

から t_1, t_2 を求めればよい．仮定より $(m_1, m_2)=1$ であるから，定理 1.3 によって $m_1x+m_2y=1$ となる $x, y \in \boldsymbol{Z}$ が存在する．故に $t_1=x(a_2-a_1)$，$t_2=-y(a_2-a_1)$

とおけば，$a_2-a_1=m_1t_1-m_2t_2$ となる．故に $a=a_1+m_1t_1=a_2+m_2t_2$ ととればよい．すなわち Φ は全射となる．

(iii) p が素数であれば，$a\not\equiv 0 \pmod p$ は $(a,p)=1$ である．故に定理1.3によって $ax+py=1$ となる $x, y\in \boldsymbol{Z}$ が存在する．すなわち $ax\equiv 1 \pmod p$ となる．このことは，$a\not\equiv 0 \pmod p$ の定める剰余類は $\boldsymbol{Z}/p\boldsymbol{Z}$ において逆元 $\bar{x} \bmod p$ を持つことを示す．故に $\boldsymbol{Z}/p\boldsymbol{Z}$ は p 個の元よりなる体となる．逆に，$\boldsymbol{Z}/m\boldsymbol{Z}$ が体であるとする．m の任意の（正の）約数 $a\,(a\neq m)$ に対して，$ax\equiv 1 \pmod m$ となる x が存在しなくてはならない．すなわち $ax-1=my$ となる $y\in\boldsymbol{Z}$ が存在する．これは $(a,m)=1$ を示している．よって m の約数は m か1しかないこととなり，m は素数である．▌

m を法とする剰余類 $\bar{a}$ が**既約剰余類**(reduced residue class)であるとは，$(a,m)=1$ のことをいう．ここで $a_1\equiv a_2 \pmod m$ であれば，$(a_1,m)=(a_2,m)$ となることを注意しておく．

(III)　(i)　m を法とする既約剰余類の全体を

$$(\boldsymbol{Z}/m\boldsymbol{Z})^\times$$

で表わすとき，これは乗法に関して可換群を作る．

(ii)　$m=m_1m_2$，$(m_1,m_2)=1$ であれば

$$(\boldsymbol{Z}/m\boldsymbol{Z})^\times \simeq (\boldsymbol{Z}/m_1\boldsymbol{Z})^\times\times(\boldsymbol{Z}/m_2\boldsymbol{Z}) \qquad (\text{直積})$$

となる．特に $m=p_1^{e_1}\cdots p_k^{e_k}$ ($p_1,\cdots,p_k$ は異なる素数)であれば

$$(\boldsymbol{Z}/m\boldsymbol{Z})^\times \simeq (\boldsymbol{Z}/p_1^{e_1}\boldsymbol{Z})^\times\times\cdots\times(\boldsymbol{Z}/p_k^{e_k}\boldsymbol{Z})^\times$$

である．

[証明]　(i)　$(a,m)=1$ かつ $(b,m)=1$ であれば，$(ab,m)=1$ である．これは m の素因数 p が ab を割るならば，$p|a$ または $p|b$ であることからわかる．よって，既約剰余類の積も既約剰余類となる．また，$(a,m)=1$ であれば，$ax+my=1$ に $x,y\in\boldsymbol{Z}$ をとれば，$(x,m)=1$ かつ $\bar{a}\bar{x}=\bar{1} \pmod m$ となる．すなわち，$\bar{x} \bmod m$ は $\bar{a} \bmod m$ の逆元となる．よって，m を法とする既約剰余類の全体は乗法について可換群を作る．

(ii)　(II) (ii) の証明において，$(a,m)=1$ ならば $(a,m_1)=(a,m_2)=1$ であること，および $(a_1,m_1)=1$ および $(a_2,m_2)=1$ に対して $a=a_1+m_1t_1=a_2+m_2t_2$ ととれば，$(a,m)=1$ となることに注意すれば，あとは全く同じである．▌

b）Euler の関数と Möbius の関数

定義 1.1 $0, 1, \cdots, m-1$ のうち，m と互いに素な数 a（すなわち $(a, m)=1$ な数 a）の個数を

$$\varphi(m)$$

で表わす．この $\varphi(m)$ を **Euler の関数**という．——

(IV) (i) $\varphi(p^e) = p^e - p^{e-1} = p^e\left(1-\dfrac{1}{p}\right)$.

(ii) $(m_1, m_2)=1$ であれば

$$\varphi(m_1m_2) = \varphi(m_1)\varphi(m_2).$$

特に $m=p_1^{e_1}\cdots p_k^{e_k}$ ($p_1, \cdots, p_k$ は異なる素数）であれば

(1.4) $$\varphi(m) = \varphi(p_1^{e_1})\cdots\varphi(p_k^{e_k}) = p_1^{e_1}\left(1-\frac{1}{p_1}\right)\cdots p_k^{e_k}\left(1-\frac{1}{p_k}\right)$$
$$= m\left(1-\frac{1}{p_1}\right)\left(1-\frac{1}{p_2}\right)\cdots\left(1-\frac{1}{p_k}\right).$$

[証明] (i) $0, 1, \cdots, p^e-1$ のうち，p で割れるものは，$0, p, 2p, \cdots, p^e-p$ の p^{e-1} 個である．よって $0, 1, \cdots, p^e-1$ のうち p と互いに素な数の個数は p^e-p^{e-1} 個である．

(ii) $\varphi(m) = |(\boldsymbol{Z}/m\boldsymbol{Z})^\times|$ であるから (III) (ii) によって，

$$\varphi(m) = |(\boldsymbol{Z}/m\boldsymbol{Z})^\times| = |(\boldsymbol{Z}/m_1\boldsymbol{Z})^\times|\times|(\boldsymbol{Z}/m_2\boldsymbol{Z})^\times|$$
$$= \varphi(m_1)\varphi(m_2)$$

である．▌

注意 有限集合 X の元の個数（X の濃度）を $|X|$ で表わす．

(V) $m>0$ を定めて，d が m の正の約数をすべて動くとき

(1.5) $$\sum_{d|m}\varphi(d) = m.$$

[証明] m の正の約数を（1 および m を含めて）$d_1, \cdots, d_k$ とする．m 個の数 $0, 1, \cdots, m-1$ を k 個の類に分けて，$(a, m)=d_i$ となる a の全体を S_i ($i=1, \cdots, k$) とおくと

$$\boldsymbol{Z}/m\boldsymbol{Z} = S_1\cup\cdots\cup S_k.$$

ただし $S_i\cap S_j=\phi$ ($i\neq j$) である．$a\in S_i$ に対しては $(a, m)=d_i$，したがって $(a/d_i, m/d_i)=1$ である．これから S_i の元の個数 $|S_i|=\varphi(m/d_i)$ がわかる．よって

$$m=\sum_{i=1}^{k}\varphi\left(\frac{m}{d_i}\right)$$

となる．一方，m の約数 d_i と m の約数 m/d_i とは1対1に対応するから，d_i が m の約数全体を動けば m/d_i も同じである．よって上の等式を書き直せば(1.5)となる．▌

例 1.8 $m=15$.

d_i	S_i	$\varphi(m/d_i)$
1	1, 2, 4, 7, 8, 11, 13, 14	8
3	3, 6, 9, 12	4
5	5, 10	2
15	15	1
		計 15

——

Euler の関数 $\varphi(m)$ は (V) によって特徴づけられる．すなわち，任意の関数 $f(m)$ $(m\in \boldsymbol{N})$ に対して

$$\sum_{d|m}f(d)=g(m)$$

とおくとき，$f(m)$ は $g(m)$ より逆に表わされるのである．

上の例によれば，$f(m)=\varphi(m)$，$g(m)=m$ とおくとき

$$\begin{aligned}
&f(1) &&= g(1),\\
&f(1)+f(3) &&= g(3),\\
&f(1)\qquad\quad +f(5) &&= g(5),\\
&f(1)+f(3)+f(5)+f(15) &&= g(15)
\end{aligned}$$

であるから，逆にといて

$$f(15)=g(1)-g(3)-g(5)+g(15)$$

となる．

定義 1.2 **Möbius 関数** $\mu(m)$ を

$$\mu(m)=\begin{cases}1 & (m=1),\\ 0 & (m\text{ が或る素数の平方で整除される}),\\ (-1)^k & (m=p_1\cdots p_k\ \ (p_1,\cdots,p_k\text{ は異なる素数}))\end{cases}$$

によって定義する．——

(VI) $m>1$ であれば

(1.6) $$\sum_{d|m}\mu(d)=0.$$

[証明] $m=p_1^{e_1}\cdots p_k^{e_k}$ ($p_1, \cdots, p_k$ は異なる素数)とする. m の約数 d に対して, $d=p_{i_1}\cdots p_{i_j}$ のとき $\mu(d)=(-1)^j$ ($j=0, 1, \cdots, k$), その他の d に対しては, $\mu(d)=0$ である. よって

$$\sum_{d|m}\mu(d)=\mu(1)+(\mu(p_1)+\cdots+\mu(p_k))+\cdots+\sum\mu(p_{i_1}\cdots p_{i_j})+\cdots$$
$$+\mu(p_1\cdots p_k)$$
$$=1-k+\binom{k}{2}-\binom{k}{3}+\cdots+(-1)^k=(1-1)^k=0$$

となる. ▌

(VII) $f(m)$, $g(m)$ ($m\in \boldsymbol{N}$) に対して

$$\sum_{d|m}f(d)=g(m) \quad ならば \quad f(m)=\sum_{d|m}\mu\left(\frac{m}{d}\right)g(d).$$

[証明] 第2式の右辺の $g(d)$ に第1式を代入すれば

$$右辺=\sum_{d|m}\mu\left(\frac{m}{d}\right)\sum_{c|d}f(c)=\sum_{c|m}\left(\sum_{b|\frac{m}{c}}\mu(b)\right)f(c).$$

(VI) によって $m/c\neq 1$ に対しての $\mu(b)$ $\left(b\,\middle|\,\dfrac{m}{c}\right)$ の和は0となるので, $c=m$ の項だけが残って

$$=f(m)$$

となる. ▌

Euler の関数について (VII) をあてはめてみれば

$$\varphi(m)=\sum_{d|m}\mu\left(\frac{m}{d}\right)d=\sum_{d|m}\mu(d)\frac{m}{d}.$$

$m=p_1^{e_1}\cdots p_k^{e_k}$ とすれば, $d=p_{i_1}\cdots p_{i_j}$ のときに限り $\mu(d)=(-1)^j$, 他の d については $\mu(d)=0$ となるから

$$右辺=m\left(1-\frac{1}{p_1}-\cdots-\frac{1}{p_k}+\frac{1}{p_1p_2}+\cdots+(-1)^k\frac{1}{p_1\cdots p_k}\right)$$
$$=m\left(1-\frac{1}{p_1}\right)\left(1-\frac{1}{p_2}\right)\cdots\left(1-\frac{1}{p_k}\right)$$

となる. すなわち (IV) が再び導かれた.

(VII) の適用例として，よく知られているのが円周等分多項式である．n を自然数とする．複素数の範囲で 1 の m 乗根は

$$\zeta_k = e^{2\pi i k/m} \qquad (k=0, 1, \cdots, m-1)$$

の m 個ある．それらのうち，m 乗して始めて 1 になるのは ζ_k で $(k, m)=1$ の場合である．これらを**原始 m 乗根** (primitive m-th root of unity) という．

定義 1.3 原始 m 乗根を根とする多項式

$$F_m(x) = \prod_{(k, m)=1} (x-\zeta_k) \tag{1.7}$$

を m 次**円周等分多項式** (cyclotomic polynomial) という．——

$F_m(x)$ は x について $\varphi(m)$ 次の多項式である．(V) と全く同じ考え方で

$$\prod_{d|m} F_d(x) = \prod_{k=0}^{m-1} (x-\zeta_k) = x^m-1 \tag{1.8}$$

となる．したがって ($\log F_m(x)=f(m)$，$\log(x^m-1)=g(m)$ とおくことによって)，(VII) をあてはめれば

$$F_m(x) = \prod_{d|m} (x^d-1)^{\mu(m/d)} \tag{1.9}$$

と表わされる．

例 1.9 $F_{15}(x) = \dfrac{(x^{15}-1)(x-1)}{(x^5-1)(x^3-1)} = x^8-x^7+x^5-x^4+x^3-x+1.$ ——

(1.9) より $F_m(x)$ の係数は，有理数であることがわかるが，また，$F_m(x)= x^{\varphi(m)}+\sum_{i=\varphi(m)-1}^{0} c_i x^i$ とおいて

$$\prod_{\mu(m/d)=1} (x^d-1) = \prod_{\mu(m/d')=-1} (x^{d'}-1)\cdot F_m(x)$$

の両辺の係数を比べてみてわかるように $c_1, \cdots, c_{\varphi(m)-1}$ はすべて整数となる．

定理 1.7 (i) 円周等分多項式 $F_m(x)$ は，x について $\varphi(m)$ 次の整係数多項式である．

(ii) $F_m(x)$ は有理数体 $\boldsymbol{Q}$ 上の既約多項式である．

証明 (i) は上に述べた通りである．(ii) の証明は岩波基礎数学選書“体と Galois 理論”，定理 2.28 に譲る．▌

c) 既約剰余類の群 $(\boldsymbol{Z}/p^e\boldsymbol{Z})^\times$ の構造

$(\boldsymbol{Z}/m\boldsymbol{Z})^\times$ は位数 $\varphi(m)$ の (乗法的) 可換群である．したがって，任意の元は $\varphi(m)$ 乗すれば単位元となる．すなわち，

(VIII) **(Fermat の定理)**　任意の $a\in \boldsymbol{Z}$ に対して，$(a,m)=1$ であれば

$$a^{\varphi(m)}\equiv 1 \pmod{m}$$

が成り立つ．特に $m=p$ が素数のときは，$\varphi(p)=p-1$ であるから，$(a,p)=1$ であれば

$$a^{p-1}\equiv 1 \pmod{p} \tag{1.10}$$

が成り立つ．——

一般に，可換群 $(\boldsymbol{Z}/m\boldsymbol{Z})^{\times}$ の構造をもっとくわしく知るためには，(III)(ii) によって m が素数ベキの場合にわかればよい．まずつぎの定理が成り立つ．

定理 1.8　p を素数とするとき，$(\boldsymbol{Z}/p\boldsymbol{Z})^{\times}$ は $p-1$ 次の巡回群である．

証明　これは，つぎの補題による：

補題　有限群 G において，各正の数 d に対して $x^d=1$ を満たす G の元が高々 d 個しか存在しないならば，G は巡回群である．——

(証明は近藤武"群論" p. 25 参照．証明の要点は(V)の等式である.)

さて，$\boldsymbol{Z}/p\boldsymbol{Z}$ の元を係数とする多項式 $x^d-1 \pmod{p}$ を考える．$\boldsymbol{Z}/p\boldsymbol{Z}$ は (II)(iii) によって体となるので，

$$x^d-1\equiv \prod_{i=1}^{l}(x-a_i)\cdot f(x) \pmod{p}$$

のように既約因子に分解すれば，$\boldsymbol{Z}/p\boldsymbol{Z}$ においては x^d-1 の根は $l\leqq d$ 個しか存在しない．よって補題を適用することができて，$(\boldsymbol{Z}/p\boldsymbol{Z})^{\times}$ は $p-1$ 次の巡回群となることがわかる．▌

定義 1.4　$\bar{a} \bmod p$ が巡回群 $(\boldsymbol{Z}/p\boldsymbol{Z})^{\times}$ の生成元となるとき，すなわち

$$a^{p-1}\equiv 1 \pmod{p},$$
$$a^{r}\not\equiv 1 \pmod{p} \qquad (1\leqq r<p-1)$$

となるとき，a を p を法とする**原始根** (primitive root) という．——

a が一つの原始根であれば，$\bar{1},\cdots,\overline{p-1} \pmod{p}$ は $\bar{a}^i$ $(i=0,1,\cdots,p-2)$ として一意に表わされる．それらのうち $\varphi(p-1)$ 個の元 a^s $((s,p-1)=1)$ はすべて p を法とする原始根であり，かつこれらに限る．

したがって，p を法とする原始根は一意に定まらないが，それらのうちの一つを表として挙げよう (p は素数，r は p を法とする一つの原始根)．("岩波数学辞典" 第3版，数表，p. 1421 による.)

p	2,	3,	5,	7,	11,	13,	17,	19,	23,	29,	31,	37,	41,	43,	47
r		2,	2,	3,	2,	6,	10,	10,	10,	10,	17,	5,	6,	28,	10

(IX) p を素数とするとき

$$x^n \equiv a \pmod p$$

が解を持つための必要十分条件は

$$a^f \equiv 1 \pmod p,$$

ただし $f=(p-1)/(n, p-1)$. このとき，解 $x \pmod p$ の個数は，$e=(n, p-1)$ である.

[証明] p を法とする原始根 r を一つ定め，$a=r^\alpha$, $x=r^\lambda$ とおけば，$x^n\equiv a \pmod p$ は

$$n\lambda \equiv \alpha \pmod{p-1}$$

と同値である．また，$a^f\equiv 1 \pmod p$ は

$$f\alpha \equiv 0 \pmod{p-1}$$

と同値である．以上より (IX) の成り立つことがわかる. ▮

(X) 特に $n=2$, $p\neq 2$ とすれば

$$x^2 \equiv a \pmod p$$

が解を持つための必要十分条件は

$$a^{(p-1)/2} \equiv 1 \pmod p$$

で，このような各 a に対して，解は x と $-x$ の二つである.

例 1.10 $p=7$ を法として，3は一つの原始根である．そのとき $\varphi(7)=6$,

$$2 \equiv 3^2, \quad 3 \equiv 3^1, \quad 4 \equiv 3^4, \quad 5 \equiv 3^5, \quad 6 \equiv 3^3, \quad 1 \equiv 3^6 \pmod 7$$

で，$x^2\equiv a \pmod 7$ が解を持つのは，$a\equiv 1, 2, 4 \pmod 7$ であり，解を持たないのは，$a\equiv 3, 5, 6 \pmod 7$ である.

例 1.11 (Wilson の定理) 任意の素数 p (>2) に対して

$$(p-1)! \equiv -1 \pmod p.$$

この定理は原始根の存在から直ちにわかる．すなわち，r を $\bmod p$ の一つの原始根とすれば

$$(p-1)! \equiv r^{0+1+\cdots+(p-2)} \pmod p$$

である．r のベキ指数は $(p-2)(p-1)/2 \equiv (p-1)/2 \pmod{p-1}$ であるが，$r^{(p-1)/2} \equiv -1 \pmod{p}$ であるから，$(p-1)! \equiv -1 \pmod{p}$ が成り立つ．——

定理 1.9 p を 2 でない素数とするとき，$(\boldsymbol{Z}/p^e\boldsymbol{Z})^\times$ は位数 $\varphi(p^e)=p^{e-1}(p-1)$ の巡回群である．

このときも，巡回群 $(\boldsymbol{Z}/p^e\boldsymbol{Z})^\times$ の生成元を $\bmod p^e$ の**原始根**という．

証明 p を法とする一つの原始根を r とする．

$$r^{p-1} = 1+kp \qquad (k \in \boldsymbol{Z})$$

となる．

(i) $(k,p)=1$ の場合には，r は $p^{e-1}(p-1)$ 乗して始めて p^e で整除されることを言えば，$\bar{r} \bmod p^e$ が $(\boldsymbol{Z}/p^e\boldsymbol{Z})^\times$ の生成元となることがわかる．

まず一般に $(k,p)=1$，$\alpha \geqq 1$ のとき

$$(1+kp^\alpha)^p = 1+k'p^{\alpha+1}, \qquad (k',p)=1$$

となることを示そう．

$$(1+kp^\alpha)^p = 1+kp^{\alpha+1}+\binom{p}{2}k^2p^{2\alpha}+\binom{p}{3}k^3p^{3\alpha}+\cdots+k^pp^{p\alpha}$$

であるが，$\binom{p}{2}, \binom{p}{3}, \cdots$ は p で整除されるから，右辺の第 3 項以下は $(1+2\alpha \geqq \alpha+2,\ \cdots,\ p\alpha \geqq \alpha+2$ より$)$ $p^{\alpha+2}$ で整除される．故に，$(1+kp^\alpha)^p=1+k'p^{\alpha+1}$ とおけば $k' \equiv k \pmod{p}$，したがって $(k',p)=1$ となる．

したがって $(k,p)=1$ であれば

$$\begin{aligned}
(1+kp)^p &= 1+k_1p^2, & (k_1,p) &= 1,\\
(1+kp)^{p^2} &= 1+k_2p^3, & (k_2,p) &= 1,\\
&\cdots\cdots\cdots\cdots\cdots\\
(1+kp)^{p^{e-2}} &= 1+k_{e-2}p^{e-1}, & (k_{e-2},p) &= 1
\end{aligned}$$

となることがわかる．よって r は $p^{e-1}(p-1)$ 乗して始めて p^e で整除される．

(ii) $r^{p-1}=1+kp^\nu\ (\nu>1)$ であれば，r の代りに $r_1=r+p$ をとれば，$r_1{}^{p-1}=1+k_1p$，$(k_1,p)=1$ となる．何となれば

$$\begin{aligned}
(r+p)^{p-1} &= r^{p-1}+(p-1)r^{p-2}p+\binom{p-1}{2}r^{p-3}p^2+\cdots\\
&\equiv 1+(p-1)r^{p-2}p \pmod{p^2}\\
&\equiv 1-r^{p-2}p \pmod{p^2}
\end{aligned}$$

$$= 1+k_1p, \qquad (k_1, p) = 1$$

となる．よって(i)により r_1 は mod p^e の原始根となる．▌

定理 1.10 $(\boldsymbol{Z}/2^e\boldsymbol{Z})^\times$ は，その位数は $\varphi(2^e)=2^{e-1}$ で，

$e=1$ のとき $\bar{1}$ mod 2 ただ一つよりなる，

$e=2$ のとき $\bar{1}, \overline{-1}$ (mod 4) よりなり，2次の巡回群，

$e\geqq 3$ のとき $(2, 2^{e-2})$ 型可換群である．

特に，その生成元として -1 と 5 をとることができ，mod 2^e の各既約剰余類は，mod 2^e で一意に

$$(-1)^\alpha 5^\beta \qquad (\alpha=0, 1,\ \ \beta=0, 1, \cdots, 2^{e-2}-1)$$

と表わされる．

証明 定理1.9の公式は，$p=2$ の場合にあてはまらないものがでてくる．たとえば $(k, 2)=1$ のとき

$$(1+2k)^2 = 1+4k(k+1) = 1+8k_1, \qquad k_1 = \frac{k(k+1)}{2}$$

で，k_1 は2と素とは限らない．しかし $\alpha>1$ であれば

$$(1+2^\alpha k)^2 = 1+2^{\alpha+1}k_1, \qquad (k_1, 2) = 1$$

となることは(X)と同じである．特に $5=1+2^2$ に対して

$$5^2 = 1+2^3k_1, \qquad (k_1, 2) = 1,$$

$$5^4 = 1+2^4k_2, \qquad (k_2, 2) = 1,$$

$$\cdots\cdots\cdots\cdots\cdots$$

$$5^{2^{e-3}} = 1+2^{e-1}k_{e-3}, \qquad (k_{e-3}, 2) = 1,$$

$$5^{2^{e-2}} = 1+2^e k_{e-2}, \qquad (k_{e-2}, 2) = 1,$$

すなわち $\bar{5}$ mod 2^e の位数は 2^{e-2} である．よって 5^β $(\beta=0, 1, \cdots, 2^{e-2}-1)$ は mod 2^e の半分の既約剰余類を表わし，それらはすべて $\equiv 1$ (mod 4) である．よって他の半分の既約剰余類は $\equiv -1$ (mod 4) で，それらは -5^β $(\beta=0, 1, \cdots, 2^{e-2}-1)$ で表わされる．

故に $(\boldsymbol{Z}/2^e\boldsymbol{Z})^\times$ は $(2, 2^{e-2})$ 型で，$\overline{-1}, \bar{5}$ (mod 2^e) を生成元とする．▌

以上より(III) (ii)によって，一般の $m>0$ に対して $(\boldsymbol{Z}/m\boldsymbol{Z})^\times$ の構造が決定された．

§1.3 平方剰余

a) 平方剰余

合同式(合同不定方程式)

$$f(x_1, \cdots, x_n) \equiv 0 \pmod{m}$$

(ただし，$f(x_1, \cdots, x_n)$ は $x_1, \cdots, x_n$ についての整係数多項式とする)を解くことが，数論の重要な問題の一つであることは，今後の説明で次第にわかっていくであろう.

まず種々の応用から見てももっとも基礎的な合同式

$$x^2 \equiv a \pmod{m}, \qquad (a, m) = 1 \tag{1.11}$$

について考えよう. (1.11) が x について整数根を持つとき，a を，m を法とする**平方剰余** (quadratic residue) であるといい，そうでないとき，a を，m を法として**平方非剰余** (quadratic non-residue) であるという. ただし a は平方因子を含まない場合を扱えば十分である.

合同不定方程式 (1.11) について，2種類の問題が起こる.

問題 A "法 m がまず与えられたとき，どのような a が法 m に関して平方剰余であるか，あるいは平方非剰余であるかを決定すること."

問題 B "整数 a がまず与えられたとき，どのような法 m に関して a が平方剰余，あるいは平方非剰余となるかを決定すること." ——

問題 A は比較的易しいが，問題 B は A より困難である. これらの問題は17世紀以降，Fermat, Lagrange, Euler, Legendre 等によって部分的に取り扱われたが，完全な解決を与えたのは，Gauss (1802) である. ここに近代数論の曙がはじまる.

まず問題 A について考える.

(イ) $m=p$ (p が素数) の場合 (定理 1.11, 1.12),

(ロ) $m=p^e$ ($p \neq 2$) の場合 (定理 1.13),

(ハ) $m=2^e$ の場合 (定理 1.14),

(ニ) 一般の m の場合 (定理 1.15)

を順に考えよう.

定理 1.11 合同不定方程式

$$x^2 \equiv a \pmod{p}$$

(p は素数, $(a, p)=1$) は, $(\boldsymbol{Z}/p\boldsymbol{Z})^{\times}$ の $p-1$ 個の剰余類のうち半数 $(p-1)/2$ の $\bar{a}$ に対しては解け, 残りの半数 $(p-1)/2$ の $\bar{a}$ に対しては解を持たない. 解を持つ場合には, それらは $\bar{x}$ および $-\bar{x} \bmod p$ である.

証明　$\mathrm{mod}\, p$ の一つの原始根を r とすれば, $\bar{a} \bmod p$ $(a=1, 2, \cdots, p-1)$ は $\bar{1}, \bar{r}, \bar{r}^2, \cdots, \bar{r}^{p-2} \pmod p$ と表わされる. ただし $\bar{r}^{p-1}=\bar{1} \pmod p$ である. このとき, $x^2 \equiv r^{\nu} \pmod p$ が解を持つための必要十分条件は $\nu \equiv 0 \pmod 2$, すなわち $\nu=0, 2, \cdots, p-3$ の $(p-1)/2$ 個である. 残りの値 $\nu=1, 3, \cdots, p-2$ に対しては $x^2 \equiv r^{\nu} \pmod p$ は解を持たない. 解を持つ場合, すなわち $x^2 \equiv r^{\nu} \pmod p$, $\nu \equiv 0 \pmod 2$ の場合の解は $\bar{x}=\bar{r}^{\nu/2}$ および $\bar{x}=\bar{r}^{(\nu+p-1)/2}=-\bar{r}^{\nu/2}$ に限る. ▮

定義 1.5　整数 a (ただし $(a, p)=1$) が素数 p を法として平方剰余であるとき

$$\left(\frac{a}{p}\right)=1$$

と表わし, a が平方非剰余であるとき

$$\left(\frac{a}{p}\right)=-1$$

と表わす. これらを **Legendre の平方剰余記号**という. ——

Legendre の記号について

定理 1.12　(i)　$a \equiv b \pmod p$ $((a, p)=(b, p)=1)$ であれば

$$\left(\frac{a}{p}\right)=\left(\frac{b}{p}\right).$$

(ii)　$(a, p)=1$ のとき

$$\left(\frac{a}{p}\right) \equiv a^{(p-1)/2} \pmod p \qquad (\textbf{Euler の規準}).$$

(iii)

$$\left(\frac{ab}{p}\right)=\left(\frac{a}{p}\right)\left(\frac{b}{p}\right) \qquad ((ab, p)=1).$$

証明　(i) は自明である.

(ii)　$\mathrm{mod}\, p$ の一つの原始根を r とし, $a \equiv r^{\nu} \pmod p$ とするとき,

$$a^{(p-1)/2} \equiv r^{\nu(p-1)/2} \pmod p.$$

故に, ν が偶数であれば $r^{\nu(p-1)/2} \equiv 1$, ν が奇数であれば $r^{\nu(p-1)/2} \equiv r^{(p-1)/2} \equiv -1 \pmod p$ である.

(iii)　(ii) よりわかる. ▮

したがって $m=q_1^{e_1}\cdots q_k^{e_k}$ ($q_1, \cdots, q_k$ は素数) とすれば

$$\left(\frac{m}{p}\right)=\left(\frac{q_1}{p}\right)^{e_1}\cdots\left(\frac{q_k}{p}\right)^{e_k}$$

である．よって，Legendre の記号を $\left(\dfrac{q}{p}\right)$ (p, q 素数) について確定すればよい．

定理 1.13　$x^2\equiv a \pmod{p^e}$　$((a,p)=1,\ e\geqq 2)$

(ただし $p\neq 2$ は素数) が解を持つための必要十分条件は

$$\left(\frac{a}{p}\right)=1,$$

すなわち，$x^2\equiv a \pmod{p}$ が解を持つことである．解を持てば，それらは，$\bar{x}$ と $-\bar{x} \pmod{p^e}$ である．

証明　(必要性)　明らかである．

(十分性)　$\mathrm{mod}\,p^e$ の一つの原始根を r とし，$a\equiv r^\nu \pmod{p^e}$ とする．r はまた $\mathrm{mod}\,p$ の原始根で $a\equiv r^\nu \pmod{p}$ である．故に a が $\mathrm{mod}\,p$ の平方剰余であれば $\nu\equiv 0 \pmod{2}$ となり，$x\equiv r^{\nu/2} \pmod{p^e}$ とすれば $x^2\equiv a \pmod{p^e}$ が成り立つ．∎

定理 1.14　(i)　$x^2\equiv a \pmod{4}$　(ただし $(a,2)=1$)

が解を持つための必要十分条件は，$a\equiv 1 \pmod{4}$ である．解は $x\equiv\pm 1 \pmod{4}$ である．

(ii)　$x^2\equiv a \pmod{2^e}$　$(e\geqq 3)$

が解を持つための必要十分条件は，$a\equiv 1 \pmod{8}$ である．解のある場合はそれらは x, $-x$, $5^{e-2}x$, $-5^{e-2}x$ の 4 個である．

証明　(i) は自明である．

(ii)　$x\equiv 1,3,5,7 \pmod{8}$ であれば，$x^2\equiv 1 \pmod{8}$ となる．よって $a\equiv 1 \pmod{8}$ は $x^2\equiv a \pmod{8}$ が解けるための必要条件である．逆に，$a\equiv(-1)^\alpha 5^\beta \pmod{2^e}$ と表わすとき $a\equiv 1 \pmod{8}$ であれば，$\alpha\equiv 0$, $\beta\equiv 0 \pmod{2}$ となる．よって $x\equiv 5^{\beta/2} \pmod{2^e}$ は $x^2\equiv a \pmod{2^e}$ の解である．∎

定理 1.15　$x^2\equiv a \pmod{m}$,　$m=p_1^{e_1}\cdots p_k^{e_k}$　(ただし $(a,m)=1$)

が解を持つための必要十分条件は

$$x^2\equiv a \pmod{p_i^{e_i}}\qquad (i=1,\cdots,k)$$

がすべて解を持つことである．

証明　§1.2 (III) (ii) による．∎

b) Legendre の記号の相互法則

問題 B, すなわち, a をまず与え, $a\ (\mathrm{mod}\ m)$ が平方剰余となる m (ただし $(a, m)=1$) を決定する問題は, $m=p_1^{e_1}\cdots p_k^{e_k}$, $(a, p_i)=1\ (i=1, \cdots, k)$ とするとき,

$$x^2 \equiv a \pmod{p_i^{e_i}} \qquad (i=1, \cdots, k)$$

が解けるかどうかによって定まる (定理 1.15).

さらに定理 1.13, 1.14 によって

(i) $(a, 2)=1$ のとき,

$$x^2 \equiv a \pmod{p} \quad \text{および} \quad x^2 \equiv a \pmod{8}$$

について問題 B を解くこと.

(ii) $2|a$ のとき

$$x^2 \equiv a \pmod{p}$$

について問題 B を解くこと.

(i) のうち, $x^2\equiv a\ (\mathrm{mod}\ 8)$ は定理 1.14 により $a\equiv 1\ (\mathrm{mod}\ 8)$ のときに限り解を持つ. 残りの場合 ($x^2\equiv a\ (\mathrm{mod}\ p)$) については

$$a = (\pm 1)(2^\alpha)\, q_1^{\beta_1}\cdots q_l^{\beta_l}$$

(ここに $q_1, \cdots, q_l$ は 2 と異なる素数, $\alpha=0$ または正の整数, $\beta_1, \cdots, \beta_l$ は正の整数とする) とするとき, $p\neq 2$, $q\neq 2$ について

$$\left(\frac{-1}{p}\right), \quad \left(\frac{2}{p}\right), \quad \left(\frac{q}{p}\right) \qquad (\text{ただし}\ (p, q)=1)$$

の値を ($-1, 2, q$ が与えられたとき) p について定めることに帰着される. これらは, つぎの定理によって与えられる.

定理 1.16 $p\neq 2$, $q\neq 2$, $(p, q)=1$ とする.

(i) $$\left(\frac{-1}{p}\right) = \begin{cases} 1, & p \equiv 1 \pmod{4}, \\ -1, & p \equiv 3 \pmod{4}. \end{cases}$$

(ii) $$\left(\frac{2}{p}\right) = \begin{cases} 1, & p \equiv \pm 1 \pmod{8}, \\ -1, & p \equiv \pm 3 \pmod{8}. \end{cases}$$

(iii) $$\left(\frac{q}{p}\right) = \begin{cases} \left(\dfrac{p}{q}\right), & p \equiv 1 \pmod{4}\ \text{または}\ q \equiv 1 \pmod{4}, \\[2ex] -\left(\dfrac{p}{q}\right), & p \equiv q \equiv -1 \pmod{4}. \end{cases}$$ ——

以上の定理は，つぎの形に書き直すことができる．

定理 1.17 p, q は素数で $p\neq 2$, $q\neq 2$, $(p,q)=1$ とする．

(i) $\left(\dfrac{q}{p}\right)\left(\dfrac{p}{q}\right)=(-1)^{(p-1)/2\cdot(q-1)/2}$.

(ii) $\left(\dfrac{-1}{p}\right)=(-1)^{(p-1)/2}$.

(iii) $\left(\dfrac{2}{p}\right)=(-1)^{(p^2-1)/8}$.

(i) を平方剰余記号の**相互法則**，(ii), (iii) を**第 1，第 2 補充法則**という．——

注意 (i) は (ii) と合わせて

$$\left(\frac{q}{p}\right)=\left(\frac{p^*}{q}\right),\qquad p^*=(-1)^{(p-1)/2}p \tag{1.12}$$

と表わされる．何故ならば，

$$\left(\frac{p^*}{q}\right)=\left(\frac{-1}{q}\right)^{(p-1)/2}\left(\frac{p}{q}\right)=(-1)^{(p-1)/2\cdot(q-1)/2}\left(\frac{p}{q}\right)=\left(\frac{q}{p}\right). \qquad ——$$

さて，(i) あるいは (1.12) という法則はすでに Euler が知っていたという．これを経験的に予知しようと思うならば，Legendre の記号 $\left(\dfrac{q}{p}\right)$ の表を作って眺めてみればよい．図 1.3 で，＋は $+1$，－は -1 を表わす．対角線に対して，ほとんど対称になっているが，＊印のところは符号がちょうど逆になっている．＊のついた行と列を見れば，それらの素数 p, q は $\equiv 3 \pmod 4$ に相当している．これから公式 (i) が確かめられる．あるいは，$(-1)^{(p-1)/2}$ を乗じて (1.12) を確かめてみてもよい．

相互法則の証明は Gauss が 6 種類の証明を与え，以来多くの別証明が与えられている．ここに述べるのは Gauss の第 3 証明の方針によるもので，高木先生が直観的に見易く組み立てかえたものである．まず

(I) Gauss の補題 $(a,p)=1$ のとき $(p\neq 2)$

$$1\cdot a,\quad 2\cdot a,\quad 3\cdot a,\quad \cdots,\quad \frac{p-1}{2}\cdot a$$

を p で割るときの剰余が $p/2$ より大きいものが n 個あれば

$$\left(\frac{a}{p}\right)=(-1)^n.$$

[証明] まず $1\cdot a, 2\cdot a, \cdots, (p-1)a/2$ は $\bmod p$ ですべて異なっている．また

q ＼ p	2	3*	5	7*	11*	13	17	19*	23*	29	31*	37	41	43*	47*
2	＼	−*	−*	+	−*	−*	+	−*	+	−*	+	−*	+	−*	+
3*	+*	＼	−	−*	+*	+	−	−*	+*	−	−*	+	−	−*	+*
5	+*	−	＼	−	+	−	−	+	−	+	+	−	+	−	−
7*	+	+*	−	＼	−*	−	−	+*	−*	+	+*	+	−	−*	+*
11*	+*	−*	+	+*	＼	−	−	+*	−*	−	−*	+	−	+*	−*
13	+*	+	−	−	−	＼	+	−	+	+	−	−	−	+	−
17	+	−	−	−	−	+	＼	+	−	−	−	−	−	+	+
19*	+*	+*	+	−*	−*	−	+	＼	−*	−	+*	−	−	−*	−*
23*	+	−*	−	+*	+*	+	−	+*	＼	+	−*	−	+	+*	−*
29	+*	−	+	+	−	+	−	−	+	＼	−	−	−	−	−
31*	+	+*	+	−*	+*	−	−	−*	+*	−	＼	−	+	+*	−*
37	+*	+	−	+	+	−	−	−	−	−	−	＼	+	−	+
41	+	−	+	−	−	−	−	−	+	−	+	+	＼	+	−
43*	+*	+*	−	+*	−*	+	+	+*	−*	−	−*	−	+	＼	−*
47*	+	−*	−	−*	+*	−	+	+*	+*	−	+*	+	−	+*	＼
$(-1)^{(p-1)/2}$		−	+	−	−	+	+	−	−	+	−	+	+	−	−

ただし $\left(\dfrac{q}{p}\right)=1$ のとき ＋，$=-1$ のとき － と表わす．＊印のついている場所は ＋－ が対角線について対称でないことを示す．

図 1.3　$\left(\dfrac{q}{p}\right)$ の表

$ia+ja\equiv 0 \pmod p$ $(1\leqq i, j\leqq (p-1)/2)$ となることもない．さて，$ia\equiv j \pmod p$ $(p/2<j<p)$ であれば，また

$$ia\equiv j-p \pmod p \qquad (-p/2<j-p<0)$$

である．よって

$$ia\equiv k_i \pmod p,$$
$$|k_i|<p/2 \qquad (i=1, \cdots, (p-1)/2)$$

とすれば，$|k_1|, |k_2|, \cdots, |k_{(p-1)/2}|$ は全体として $1, 2, \cdots, (p-1)/2$ と一致し，それらの中に負の符号をもつものがちょうど n 個あることになる．したがって

$$1a\cdot 2a\cdot \cdots \cdot \frac{p-1}{2}a\equiv (-1)^n\cdot 1\cdot 2\cdot \cdots \cdot \frac{p-1}{2} \pmod p.$$

故に

$$a^{(p-1)/2}\equiv (-1)^n \pmod p$$

となる．一方，定理1.12(ii)(Eulerの規準)を用いれば

$$\left(\frac{a}{p}\right) \equiv (-1)^n \pmod p$$

となる．この両辺は ± 1 であるので，$\left(\dfrac{a}{p}\right)=(-1)^n$ が成立する．▌

例 1.12 $p=7$，$a=2$ とすれば，$(1a, 2a, 3a)=(2, 4, 6)$ のうち $7/2$ より大きいのは4, 6の2個である．したがって $\left(\dfrac{2}{7}\right)=+1$ である．

また，$a=5$ とすれば，$(5, 10, 15)$ を mod 7 でとれば $(5, 3, 1)$ となり，$7/2$ より大きいのは5だけである．よって $\left(\dfrac{5}{7}\right)=-1$ である．これは§1.2，例1.10の結果と一致する．——

定理 1.16 の証明 (i) 定理1.12(ii)のEulerの規準によれば

$$\left(\frac{-1}{p}\right) \equiv (-1)^{(p-1)/2} \pmod p$$

である．$p \neq 2$ であるから，実際に

$$\left(\frac{-1}{p}\right) = (-1)^{(p-1)/2}$$

が成り立つ．すなわち(i)である．これは上記のGaussの補題からも直ちにわかる．

(ii) Gaussの補題で $a=2$ とおくと，

$$2,\ 4,\ 6,\ \cdots,\ p-1$$

のうち $p/2$ より大きいものの個数 n を数えればよい．

$p=8m+1$, $p/2=4m+1/2$,

$2, 4, \cdots, 8m$ 中 $\geqq 4m+2$ のものは $2m$ 個，　故に $n=2m$,

$p=8m+3$, $p/2=4m+1+1/2$,

$2, 4, \cdots, 8m+2$ 中 $\geqq 4m+2$ のものは $2m+1$ 個，　故に $n=2m+1$,

$p=8m+5$, $p/2=4m+2+1/2$,

$2, 4, \cdots, 8m+4$ 中 $\geqq 4m+4$ のものは $2m+1$ 個，　故に $n=2m+1$,

$p=8m+7$, $p/2=4m+3+1/2$,

$2, 4, \cdots, 8m+6$ 中 $\geqq 4m+4$ のものは $2m+2$ 個，　故に $n=2m+2$

となる．よって

$$\left(\frac{2}{p}\right)=\begin{cases}1, & p\equiv 1 \text{ または } 7 \pmod 8,\\ -1, & p\equiv 3 \text{ または } 5 \pmod 8)\end{cases}$$

となる.

(iii) つぎのような格子点を利用すれば，直観的に見易くなる．(x, y) 平面上で，x および y が共に整数である点を格子点という．図 1.4 において O を原点とし，$OA=(p+1)/2$, $OB=(q+1)/2$ にとり，直線 OL を $y=qx/p$ とする．すなわち，$L=(p/2, q/2)$ と O を結ぶ直線とする.

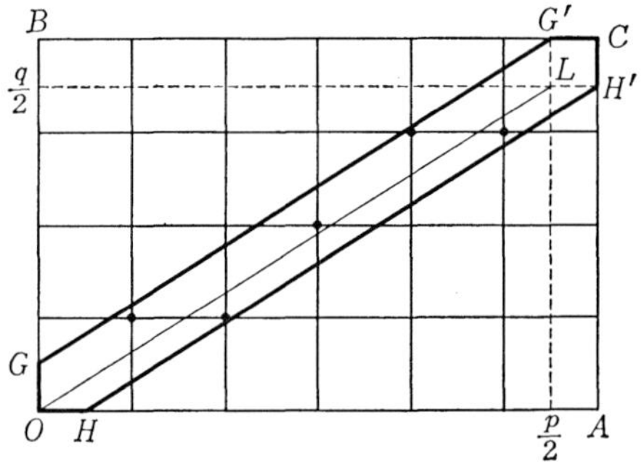

図 1.4

$x=1, 2, \cdots, (p-1)/2$ に対して qx を p で割って，剰余が $p/2$ より大きい x に対しては qx/p の分数部分が 1/2 より大きい．よって $x=1, 2, \cdots, (p-1)/2$ に対し線分 OL の上側に 1/2 の幅をとって引いた平行線 GG' と，OL との間に入る格子点の個数 n が，ちょうど Gauss の補題における n に等しい．すなわち

$$\left(\frac{q}{p}\right)=(-1)^n$$

である.

つぎに x 軸と y 軸とを入れかえて考えると，線分 OL の右側に 1/2 の幅をとって引いた平行線 HH' と，OL との間に入る格子点の個数を m とすると，Gauss の補題によって

$$\left(\frac{p}{q}\right)=(-1)^m$$

となる．したがって

$$\left(\frac{q}{p}\right)\left(\frac{p}{q}\right)=(-1)^{m+n}$$

となる．

さて図1.4において，二つの平行四辺形 $OGG'L$ と $OHH'L$ に，小さい正方形 $LH'CG'$ を加えると，六角形 $OHH'CG'G$ となるが，$m+n$ はこの六角形の内部にある格子点の個数と一致する．この六角形はその中心 $((p+1)/4, (q+1)/4)$ に関して対称である．故に $m+n$ が奇数であるか，偶数であるかは，この中心が格子点であるか，ないかによって定まる．

すなわち

$$m+n\equiv 1 \pmod 2 \iff p+1\equiv 0 \pmod 4,\quad q+1\equiv 0 \pmod 4,$$

$$m+n\equiv 0 \pmod 2 \iff \text{その他の場合}$$

となる．すなわち(iii)が証明された．∎

図1.4は $p=11$, $q=7$ で，$M=((p+1)/4, (q+1)/4)$ が格子点となる場合である．図1.5は $p=13$, $q=7$ で，M が格子点とならない場合である．

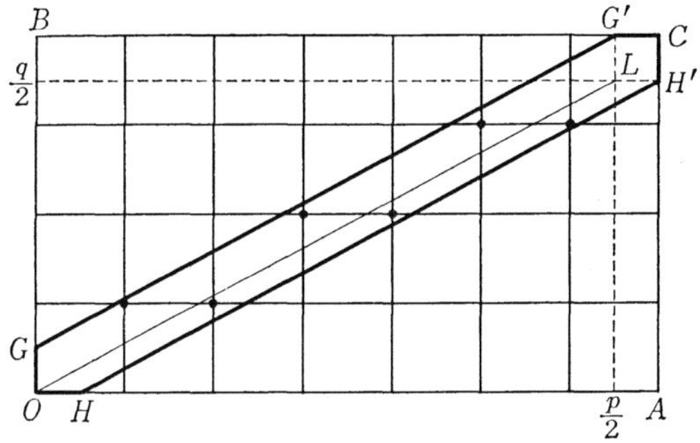

図1.5

例1.13 相互法則は，また平方剰余の値を計算するのに役立つ．たとえば

$$\left(\frac{13}{19}\right)=\left(\frac{19}{13}\right) \qquad (13\equiv 1 \pmod 4)$$

$$=\left(\frac{6}{13}\right) \qquad (19\equiv 6 \pmod{13})$$

$$=\left(\frac{2}{13}\right)\cdot\left(\frac{3}{13}\right) \qquad (\text{定理}1.12\,(\text{iii}))$$

$$= -\left(\frac{3}{13}\right) \qquad (13\equiv 5 \pmod 8)$$

$$= -\left(\frac{13}{3}\right) = -\left(\frac{1}{3}\right) = -1.$$

——

定理1.17の別の証明法を，第II部で述べる．

c) Kronecker の記号

平方剰余に関する問題B，すなわち，a をまず与えたとき，どのような法 m に対して a が平方剰余となるか，については，b)において $m=p$ および $m=8$ の場合に帰着された．これらの結果を総合して，以下に定理1.18として述べる．この結果は，後に2次体の数論(特に2次体の類体論)に対して，一つの基本的な結果となっている．

そのために Kronecker の記号を定義しよう．これは Jacobi の記号と呼ばれるものを修正したものであって，利用する上で便利なものである．

一般に可換群 G があるとき，G の各元 g に絶対値1の複素数を対応させ，その値を $\chi(g)$ で表わすとき，もしも任意の $g_1, g_2 \in G$ に対して

$$\chi(g_1 g_2) = \chi(g_1)\chi(g_2)$$

が成り立つならば，χ を群 G の**指標** (character) という．有限可換群 G のすべての指標を数え上げることは容易である．また，G の指標 χ_1, χ_2 の積を

$$(\chi_1\cdot\chi_2)(g) = \chi_1(g)\chi_2(g) \qquad (g \in G)$$

によって定義すれば，G の指標全体はまた有限可換群 $X(G)$ を作る．このとき，

双対定理

$$G \simeq X(G) \qquad (\text{群同型})$$

が成り立つ(岩波基礎数学選書“群論”参照)．

Legendre の記号 $\left(\dfrac{a}{p}\right)$ $((a, p)=1)$ は，位数 $\varphi(p)=p-1$ の有限可換群 $G=(\boldsymbol{Z}/p\boldsymbol{Z})^\times$ の指標の一つで，とる値が $+1$, -1 に限るものである：

$$\left(\frac{\quad}{p}\right)\colon\ (\boldsymbol{Z}/p\boldsymbol{Z})^\times \longrightarrow \{1, -1\}.$$

そのとき

$$H = \left\{\bar{a} \bmod p \,\middle|\, \left(\frac{a}{p}\right) = 1\right\}$$

は G の部分群で，指数 $(G:H)=2$ である．

Kronecker の記号は，有限可換群 $G=(\boldsymbol{Z}/D\boldsymbol{Z})^\times$ の指標で，とる値がやはり $+1$, -1 に限るもので，つぎのように定義される：

いま a を平方因子を含まない整数として

$$a=\delta q_1\cdots q_k \qquad (\delta=\pm 1,\ q_1,\cdots,q_k \text{ は素数})$$

とする．a に対して新たに整数 D を

$$(1.13)\qquad D=\begin{cases} a, & a\equiv 1 \pmod 4, \\ 4a, & a\equiv 2 \text{ または } 3 \pmod 4 \end{cases}$$

と定める．そのとき

$$(1.14)\qquad \chi_D(m)=\begin{cases} \prod_{q|D}\chi_q(m) & (m>0), \\ \operatorname{sgn} D\prod_{q|D}\chi_q(-m) & (m<0) \end{cases}$$

とする．ここに

$$(1.15)\qquad \operatorname{sgn} D=\begin{cases} 1 & (D>0), \\ -1 & (D<0), \end{cases}$$

素数 $q\neq 2$ に対して

$$(1.16)\qquad \chi_q(m)=\left(\frac{m}{q}\right) \qquad (q\neq 2),$$

素数 2 に対して

$$(1.17)\qquad \chi_2(m)=\begin{cases} 1, & m\equiv 1 \pmod 4 \\ -1, & m\equiv 3 \pmod 4 \end{cases} \qquad \left(\begin{matrix} a\equiv 3 \pmod 4 \\ D=4a \text{ の場合} \end{matrix}\right)$$

$$=\begin{cases} 1, & m\equiv 1,7 \pmod 8 \\ -1, & m\equiv 3,5 \pmod 8 \end{cases} \qquad \left(\begin{matrix} a=2a_0,\ a_0\equiv 1 \pmod 4 \\ D=8a_0 \text{ の場合} \end{matrix}\right)$$

$$=\begin{cases} 1, & m\equiv 1,3 \pmod 8 \\ -1, & m\equiv 5,7 \pmod 8 \end{cases} \qquad \left(\begin{matrix} a=2a_0,\ a_0\equiv 3 \pmod 4 \\ D=8a_0 \text{ の場合} \end{matrix}\right)$$

とおく．これらはまた

$$(1.18)\qquad \chi_2(m)=(-1)^{(m-1)/2}, \qquad (-1)^{(m^2-1)/8}, \qquad (-1)^{(m-1)/2+(m^2-1)/8}$$

と表わすこともできる．

定義 1.6 上に定義した $\chi_D(m)$ は $\bar{m} \bmod D$, すなわち有限可換群 $(\boldsymbol{Z}/D\boldsymbol{Z})^\times$ 上で定義されて，± 1 の値をとる指標である．この χ_D を D を法とする **Kro-**

necker の指標という．——

Kronecker の指標を用いると，問題 B はつぎのようにして解答される．

定理 1.18　平方因子を含まない整数 a が与えられるとき，D を (1.13) によって a より定める．そのとき

(i)　素数 p ($p\neq 2$, $(p,a)=1$) に対して，a が p^e ($e\geqq 1$) を法として平方剰余であるか非剰余であるかは，

$$\chi_D(p)=1 \text{ または } -1$$

によって定まる．すなわち

$$\chi_D(p)=\left(\frac{a}{p}\right). \tag{1.19}$$

(ii)　a が ($2\nmid D$ のとき) 2^e ($e\geqq 3$) を法として平方剰余であるかないかは，$\chi_D(2)$ の値が $+1$ であるか -1 であるかによって定まる．

したがって，$\left(\frac{a}{p}\right)$ ($p\nmid a$, $p\neq 2$) の値は，$p \bmod D$ によって定まり，$(\boldsymbol{Z}/D\boldsymbol{Z})^\times$ の半分の既約剰余類に属する素数 p に対しては $+1$，残りの半分の既約剰余類に属する素数 p に対しては -1 となる．

証明　(i)　定理 1.13 によって

$$\chi_D(p)=\left(\frac{a}{p}\right)$$

を証明すればよい．a について場合を分けて証明する．

(イ)　$a\equiv 1 \pmod 4$ ($a>0$) の場合．$D=a$, $a=\prod_i q_i$ (q_i は異なる素数，$\neq 2$) とする．$p\nmid a$, $p\neq 2$ に対して，平方剰余記号の相互法則によって

$$\left(\frac{a}{p}\right)=\prod_i\left(\frac{q_i}{p}\right)=\prod_i(-1)^{(p-1)/2\cdot(q_i-1)/2}\left(\frac{p}{q_i}\right)^{*)}.$$

ここで，公式：$b\equiv 1 \pmod 2$, $c\equiv 1 \pmod 2$ ならば

$$\frac{bc-1}{2}\equiv\frac{b-1}{2}+\frac{c-1}{2} \pmod 2 \tag{1.20}$$

を用いれば

$$\sum_i\frac{q_i-1}{2}\equiv\frac{a-1}{2}\equiv 0 \pmod 2$$

となる．したがって

$$*)=\prod_i\left(\frac{p}{q_i}\right)=\chi_D(p).$$

(ロ) $a\equiv 1\pmod 4$ $(a<0)$ の場合. $D=a=-\prod_i q_i$ とする. $p\neq 2$, $\neq q_i$ に対して

$$\left(\frac{a}{p}\right)=\left(\frac{-1}{p}\right)\prod_i\left(\frac{q_i}{p}\right)=(-1)^{(p-1)/2}\prod_i\left(\frac{p}{q_i}\right)\cdot(-1)^{(p-1)/2\cdot(q_i-1)/2\ \dagger)}.$$

ここで

$$1+\sum_i\frac{q_i-1}{2}\equiv 1+\frac{\prod q_i-1}{2}\equiv 1+\frac{-a-1}{2}\equiv 0 \pmod 2.$$

したがって

$$\dagger)=\prod_i\left(\frac{p}{q_i}\right)=\chi_D(p)$$

となる.

(ハ) $a\equiv 3\pmod 4$ $(a>0)$ の場合. $D=4a=4\prod_i q_i$ とする. $p\neq 2$, $\neq q_i$ に対して

$$\left(\frac{a}{p}\right)=\prod_i\left(\frac{q_i}{p}\right)=\prod_i\left(\frac{p}{q_i}\right)(-1)^{(p-1)/2\cdot(q_i-1)/2}$$
$$=\prod_i\left(\frac{p}{q_i}\right)(-1)^{(p-1)/2\cdot(a-1)/2}=\prod_i\chi_{q_i}(p)\cdot\chi_2(p)=\chi_D(p).$$

以下, a のおのおのの場合 ($a\equiv 3\pmod 4$ $(a<0)$, $a\equiv 2\pmod 4$ $(a>0)$, $a\equiv 2\pmod 4$ $(a<0)$) についても同様に確かめられるので, これらの計算は読者諸氏にまかせよう.

(ii) $\chi_D(2)$ の値をしらべよう. $2\nmid D$ となるのは $a\equiv 1\pmod 4$ の場合である.

(イ) $a\equiv 1\pmod 4$ $(a>0)$ の場合. $D=a=\prod_i q_i$ $(q_i\neq 2)$ に対して

$$\chi_D(2)=\prod_i\left(\frac{2}{q_i}\right)=\prod_i(-1)^{(q_i^2-1)/8\ \ddagger)}$$

である. 一方, $b\equiv 1\pmod 2$, $c\equiv 1\pmod 2$ に対しては $b^2\equiv 1\pmod 8$, $c^2\equiv 1\pmod 8$ となり, 公式:

(1.21) $$\frac{b^2c^2-1}{8}\equiv\frac{b^2-1}{8}+\frac{c^2-1}{8}\pmod 2$$

が成り立つ. したがって

$$\ddagger) = (-1)^{(D^2-1)/8} = \begin{cases} 1, & D \equiv 1 \pmod 8, \\ -1, & D \equiv 5 \pmod 8) \end{cases}$$

となる.

(ロ) $a \equiv 1 \pmod 4$ $(a<0)$ の場合も同様である.

よって定理 1.14 (ii) から，定理は成立する. ▌

例 1.14 いくつかの a に対して χ_D の値を求めておく.

(i) $a=-1$, $D=-4$.

$$\chi_{-4}(p) = \left(\frac{-1}{p}\right) = \begin{cases} 1 & \Leftrightarrow p \equiv 1 \pmod 4, \\ -1 & \Leftrightarrow p \equiv 3 \pmod 4. \end{cases}$$

(ii) $a=-3$, $D=-3$.

$$\chi_{-3}(p) = \left(\frac{-3}{p}\right) = \begin{cases} 1 & \Leftrightarrow p \equiv 1 \pmod 3, \\ -1 & \Leftrightarrow p \equiv 2 \pmod 3. \end{cases}$$

(iii) $a=-15$, $D=-15$.

$$\chi_{-15}(p) = \left(\frac{-15}{p}\right) = \begin{cases} 1 & \Leftrightarrow p \equiv 1,\ 2,\ 4,\ 8 \pmod{15}, \\ -1 & \Leftrightarrow p \equiv 7,\ 11,\ 13,\ 14 \pmod{15}. \end{cases}$$

(iv) $a=-5$, $D=-20$.

$$\chi_{-20}(p) = \left(\frac{-5}{p}\right) = \begin{cases} 1 & \Leftrightarrow p \equiv 1,\ 3,\ 7,\ 9 \pmod{20}, \\ -1 & \Leftrightarrow p \equiv 11,\ 13,\ 17,\ 19 \pmod{20}. \end{cases}$$

(v) $a=2$, $D=8$.

$$\chi_{8}(p) = \left(\frac{2}{p}\right) = \begin{cases} 1 & \Leftrightarrow p \equiv 1,\ 7 \pmod 8, \\ -1 & \Leftrightarrow p \equiv 3,\ 5 \pmod 8. \end{cases}$$

(vi) $a=3$, $D=12$.

$$\chi_{12}(p) = \left(\frac{3}{p}\right) = \begin{cases} 1 & \Leftrightarrow p \equiv 1,\ 11 \pmod{12}, \\ -1 & \Leftrightarrow p \equiv 5,\ 7 \pmod{12}. \end{cases}$$

(vii) $a=5$, $D=5$.

$$\chi_{5}(p) = \left(\frac{5}{p}\right) = \begin{cases} 1 & \Leftrightarrow p \equiv 1,\ 4 \pmod 5, \\ -1 & \Leftrightarrow p \equiv 2,\ 3 \pmod 5. \end{cases}$$

注意 定義式(1.14)から明らかなように

(1.22) $$\chi_D(-1) = \begin{cases} 1 & (D>0), \\ -1 & (D<0) \end{cases}$$

である．その他の場合も容易に (1.22) を確かめることができる．——

Kronecker の記号は，つぎの Jacobi の記号の変形である．

定義 1.7 $n=p_1p_2\cdots p_k$ (p_i は異なる素数) に対して，$(n,m)=1$ のとき

$$\left(\frac{m}{n}\right)=\left(\frac{m}{p_1}\right)\left(\frac{m}{p_2}\right)\cdots\left(\frac{m}{p_k}\right)$$

とおく．これを **Jacobi の記号**という．

定理 1.19 Jacobi の記号に対して，つぎの性質が成り立つ．

(イ) $m\equiv m' \pmod n$ ならば

$$\left(\frac{m}{n}\right)=\left(\frac{m'}{n}\right).$$

(ロ)
$$\left(\frac{mm'}{n}\right)=\left(\frac{m}{n}\right)\left(\frac{m'}{n}\right).$$

(ハ) (**Jacobi の記号の相互法則**) n, m が正の奇数であれば

(1.23)
$$\left(\frac{m}{n}\right)\left(\frac{n}{m}\right)=(-1)^{(m-1)/2\cdot(n-1)/2},$$

(1.24)
$$\left(\frac{-1}{n}\right)=(-1)^{(n-1)/2},$$

(1.25)
$$\left(\frac{2}{n}\right)=(-1)^{(n^2-1)/8}. \qquad ——$$

証明は (イ), (ロ) については自明であるが，(ハ) はすこし計算を要する (公式 (1.20), (1.21) を用いる)．この計算も読者諸氏にまかせよう．

注意 Kronecker の指標 $\chi_D(m)$ は，$D>0$, $(2,D)=1$ の場合に Jacobi の記号と一致する：

(1.26)
$$\chi_D(m)=\left(\frac{m}{D}\right) \qquad ((m,D)=1,\ \ (2,D)=1,\ \ D>0). \qquad ——$$

上記 Jacobi の記号の相互法則から，容易につぎの定理の成り立つことがわかる：

(II) Kronecker の記号の相互法則 $(D_1, D_2)=1$ のとき，

(1.27)
$$\chi_{D_1}(D_2)\cdot\chi_{D_2}(D_1)=(-1)^{(\mathrm{sgn}D_1-1)/2\cdot(\mathrm{sgn}D_2-1)/2}$$

である．

問 題

1 $a\in\boldsymbol{N}$ の素因数分解を $a=p_1^{e_1}\cdots p_k^{e_k}$ とする．a の約数(1 および a を含めて)の個数 $T(a)$ は

$$T(a)=\prod_{i=1}^{k}(1+e_i)$$

である．

2 問題1において，a のすべての約数の和 $S(a)$ は

$$S(a)=\prod_{i=1}^{k}\frac{p_i^{e_i+1}-1}{p_i-1}$$

である．

3 $(a,b)=1$ のとき

$$T(ab)=T(a)\cdot T(b),\qquad S(ab)=S(a)\cdot S(b).$$

4 $a\in\boldsymbol{N}$ のすべての約数の積は $a^{T(a)/2}$ に等しい．

5 $S(a)=2a$ のとき a を**完全数** (perfect number) という．もしも $a=2^{n-1}(2^n-1)$ $(n>1)$ において $p=2^n-1$ が素数であれば，a は完全数である．逆に，a が偶数でかつ完全数であれば，a はこの形である (Euler).

［ヒント］ $a=2^{n-1}b$, $(b,2)=1$, $S(a)=2a$ ならば，$(2^n-1)S(b)=2^nb$．故に $S(b)=b+b/(2^n-1)$．ここで b が素数でないと矛盾となることをいえばよい．

(注) $n=2,3,5,7,13,17,19,31,61,89,107,127,\cdots$ の 23 個に対して $2^n-1=p$ が素数となることが知られている．また奇の完全数は現在まで一つも知られていない．

6 $p=2^e+1$ が素数であるとき，これを **Fermat の素数**という．その必要条件は $e=2^\nu$ の形であることである．$\nu=0,1,2,3,4$ に対して $p=3,5,17,257,65537$ は素数となる．しかし $\nu=5$ に対しては，もはや $2^{2^5}+1$ は素数でない．

7 p が素数であれば，2項係数 $\binom{p}{k}$ $(p>k>0)$ は p で割りきれる．

8 [ ] を Gauss の記号 (p. 100 参照) とするとき，$n!$ に含まれる素因数 p の最高ベキ指数は

$$\left[\frac{n}{p}\right]+\left[\frac{n}{p^2}\right]+\cdots=\sum_{k=1}^{\infty}\left[\frac{n}{p^k}\right]$$

である．もちろん右辺の和は (0 を除けば) 有限和である．

9 既約分数 m/n $(0<m<n)$ において，$(n,10)=1$ のとき，m/n を 10 進小数に展開すれば

$$\frac{m}{n}=0.\dot{a}_1\cdots\dot{a}_k$$

と循環小数に展開される．ただし k は $10^k\equiv 1 \pmod{n}$ となる最小の値である．

もしも $(n, 10)\neq 1$, $n=2^a 5^b n'$, $(n', 10)=1$ ならば, m/n の小数展開は

$$\frac{m}{n} = 0.a_1\cdots a_h\dot{b}_1\cdots\dot{b}_k$$

となる. ただし $h=\max(a, b)$, k は $10^k\equiv 1 \pmod{n'}$ となる最小値である.

たとえば, 1/7, 1/(4×13) の小数展開をせよ.

10　素数 p を法とする原始根の表 (p. 30) において, そこに挙げた r の値が実際に原始根であることを確かめよ.

11　Jacobi の記号に関して, 定理 1. 19 の証明を完成せよ.

12　定義 1. 6 (p. 43) において χ_D は実際に $(\boldsymbol{Z}/D\boldsymbol{Z})^\times$ の指標であることを証明せよ.

13　Kronecker の記号の相互法則 (p. 47) を証明せよ.

第2章　連分数と格子点

§2.1　連 分 数

a）Euclid の互除法

連分数の出発点は，§1.1 の Euclid の互除法にあるので，これの復習から始めよう．

いま $a, b \in \boldsymbol{R}$ $(a, b>0)$ が与えられたとき，まず

$$x_0 = a, \qquad x_1 = b$$

とおき，以下順次に $x_2, x_3, \cdots \in \boldsymbol{R}$ を

$$(2.1)\quad \begin{cases} x_0 = k_0 x_1 + x_2 & (0<x_2<x_1,\ k_0 \in \boldsymbol{Z},\ k_0 \geqq 0), \\ x_1 = k_1 x_2 + x_3 & (0<x_3<x_2,\ k_1 \in \boldsymbol{Z},\ k_1>0), \\ \cdots\cdots\cdots\cdots\cdots & \\ x_{m-2} = k_{m-2} x_{m-1} + x_m & (0<x_m<x_{m-1},\ k_{m-2} \in \boldsymbol{Z},\ k_{m-2}>0), \\ x_{m-1} = k_{m-1} x_m & (k_{m-1} \in \boldsymbol{Z},\ k_{m-1}>0) \end{cases}$$

によって定める．もしも $a, b \in \boldsymbol{Z}$ であれば，$x_2, x_3, \cdots \in \boldsymbol{Z}$，$x_1>x_2>\cdots>x_n>\cdots \geqq 0$ であるので，或る m に対して $x_m=(a, b)$，$x_{m+1}=0$ となる．$a, b \in \boldsymbol{R}$ としておけば，或る m に対して $x_{m+1}=0$ となるのは a/b が有理数である場合に限る．すなわち，$x_{m+1}=0$ の場合には

$$(2.2)\qquad x_0 = p_m x_m, \qquad x_1 = q_m x_m \qquad (p_m, q_m \in \boldsymbol{Z})$$

となり，また，一般に

$$(2.3)\qquad x_n = r_n x_0 + s_n x_1 \qquad (r_n, s_n \in \boldsymbol{Z},\ n=2, 3, \cdots)$$

と表わされることは，すでに§1.1 で述べた通りである．

p_n, q_n, r_n, s_n が $k_0, k_1, \cdots, k_{n-1}$ からどのような式（多項式）で表わされるかを考えてみよう．

（I）$a=x_0$，$b=x_1$ $(a, b>0)$ より (2.1) によって順に $k_0, k_1, \cdots$ を定めるとき

$$(2.4)\quad \begin{cases} x_0 = p_n x_n + p_{n-1} x_{n+1} & (n=1, 2, \cdots), \\ x_1 = q_n x_n + q_{n-1} x_{n+1} & (n=1, 2, \cdots) \end{cases}$$

と表わされる．ただし

$$(2.5)\quad \begin{cases} p_0=1, & p_1=k_0, \quad p_2=k_0k_1+1, \quad p_3=k_0k_1k_2+k_0+k_2, \quad \cdots, \\ q_0=0, & q_1=1, \quad q_2=k_1, \quad q_3=k_1k_2+1, \quad \cdots, \end{cases}$$

一般に

$$(2.5)^*\quad \begin{cases} p_n=p_{n-1}k_{n-1}+p_{n-2} & (n=3,4,\cdots), \\ q_n=q_{n-1}k_{n-1}+q_{n-2} & (n=3,4,\cdots) \end{cases}$$

によって定められる整数である．

[証明]　$n=1$ に対しては

$$x_0=k_0x_1+x_2=p_1x_1+p_0x_2, \qquad x_1=q_1x_1+q_0x_2$$

が成り立つ．$n-1$ まで (2.5)* が成り立つとすれば

$$\begin{aligned} x_0 &= p_{n-1}x_{n-1}+p_{n-2}x_n \\ &= p_{n-1}(k_{n-1}x_n+x_{n+1})+p_{n-2}x_n \\ &= (p_{n-1}k_{n-1}+p_{n-2})x_n+p_{n-1}x_{n+1} \\ &= p_nx_n+p_{n-1}x_{n+1} \end{aligned}$$

が成り立つ．x_1 についても全く同様である．▌

特に $x_{m+1}=0$ であれば

$$x_0=p_mx_m, \qquad x_1=q_mx_m$$

と表わされ，(2.2) の式が示された．

p_n, q_n の間に成り立つ一つの著しい性質として

(II)　p_n, q_n を (2.5) および (2.5)* によって定めれば

$$(2.6)\qquad \begin{vmatrix} p_n & p_{n-1} \\ q_n & q_{n-1} \end{vmatrix} = (-1)^n \qquad (n=1,2,\cdots).$$

[証明]　$n=1,2$ のときは

$$\begin{vmatrix} p_1 & p_0 \\ q_1 & q_0 \end{vmatrix} = \begin{vmatrix} k_0 & 1 \\ 1 & 0 \end{vmatrix} = -1, \qquad \begin{vmatrix} p_2 & p_1 \\ q_2 & q_1 \end{vmatrix} = \begin{vmatrix} k_0k_1+1 & k_0 \\ k_1 & 1 \end{vmatrix} = 1,$$

一般に (2.6) が $n-1$ まで成り立つとすれば

$$\begin{vmatrix} p_n & p_{n-1} \\ q_n & q_{n-1} \end{vmatrix} = \begin{vmatrix} p_{n-1}k_{n-1}+p_{n-2} & p_{n-1} \\ q_{n-1}k_{n-1}+q_{n-2} & q_{n-1} \end{vmatrix} = -\begin{vmatrix} p_{n-1} & p_{n-2} \\ q_{n-1} & q_{n-2} \end{vmatrix} = (-1)^n$$

も成り立つ．▌

Gauss は，$k_0, k_1, \cdots, k_n$ の整係数多項式

$$\boldsymbol{g}(k_0, k_1, \cdots, k_n)$$

を

$$(2.7)\qquad \begin{cases} \boldsymbol{g}(k_0) = k_0, \\ \boldsymbol{g}(k_0, k_1) = k_0k_1+1, \\ \qquad\cdots\cdots\cdots\cdots\cdots \\ \boldsymbol{g}(k_0, k_1, \cdots, k_n) = \boldsymbol{g}(k_0, k_1, \cdots, k_{n-1})\cdot k_n+\boldsymbol{g}(k_0, k_1, \cdots, k_{n-2}) \end{cases}$$

によって定義した．これと上の p_n, q_n の漸化式とを比べれば

$$(2.8)\qquad \begin{aligned} p_n &= \boldsymbol{g}(k_0, k_1, \cdots, k_{n-1}), \\ q_n &= \boldsymbol{g}(k_1, k_2, \cdots, k_{n-1}) \qquad (n=2, 3, \cdots) \end{aligned}$$

となることがわかる．

つぎに x_n を x_0 と x_1 とで表わす (2.3) 式を考えよう．

(III) $x_0=a$, $x_1=b$ $(a, b \in \boldsymbol{R},\ a, b>0)$ より (2.1) によって $x_2, x_3, \cdots \in \boldsymbol{R}$, $k_0, k_1, \cdots \in \boldsymbol{Z}$ を定めれば

$$(2.9)\qquad (-1)^n x_n = q_{n-1}x_0-p_{n-1}x_1 \qquad (n=2, 3, \cdots)$$

と表わされる．

すなわち (2.3) において，

$$r_n = (-1)^n q_{n-1}, \qquad s_n = (-1)^{n-1}p_{n-1}$$

である．

[証明] $n=1, 2$ のとき．$-x_1=q_0x_0-p_0x_1$，および

$$x_2 = x_0-k_0x_1 = q_1x_0-p_1x_1$$

である．(2.9) が $n-1$ まで成り立つとすれば

$$\begin{aligned} (-1)^n x_n &= (-1)^{n-2}x_{n-2}+(-1)^{n-1}k_{n-2}x_{n-1} \\ &= (q_{n-3}x_0-p_{n-3}x_1)+k_{n-2}(q_{n-2}x_0-p_{n-2}x_1) \\ &= (q_{n-2}k_{n-2}+q_{n-3})x_0-(p_{n-2}k_{n-2}+p_{n-3})x_1 \\ &= q_{n-1}x_0-p_{n-1}x_1 \end{aligned}$$

が成り立つ．▌

b) 連 分 数

以上は，Euclid の互除法に現われる係数 $k_0, k_1, \cdots$ によって，2 数 x_0, x_1 の最大公約数 x_m を x_0, x_1 の 1 次式として表わすときの係数 r_m, s_m:

$$x_m = r_mx_0+s_mx_1$$

がどのような式で表わされるかということをたどってみたのである.

しかし，この計算は Euclid の互除法という立場からも自然に導かれるが，つぎに見るように連分数においても説明される．すなわち，a, b が正の整数のとき，a/b をつぎのように $k_0, k_1, \cdots, k_{m-1}$ の連分数の形で表わそう．$x_0=a$, $x_1=b$ とし

$$\omega=\frac{x_0}{x_1}, \qquad \omega_1=\frac{x_1}{x_2}, \qquad \cdots, \qquad \omega_{m-1}=\frac{x_{m-1}}{x_m}$$

とおく．ここで

$$\omega>0, \qquad \omega_1>1, \qquad \cdots, \qquad \omega_{m-1}=k_{m-1}>0$$

であって

$$(2.10)\qquad \begin{cases} \omega=\dfrac{x_0}{x_1}=k_0+\dfrac{x_2}{x_1}=k_0+\dfrac{1}{\omega_1}, \\ \omega_1=\dfrac{x_1}{x_2}=k_1+\dfrac{x_3}{x_2}=k_1+\dfrac{1}{\omega_2}, \\ \qquad\cdots\cdots\cdots\cdots\cdots \\ \omega_{m-2}=\dfrac{x_{m-2}}{x_{m-1}}=k_{m-2}+\dfrac{x_m}{x_{m-1}}=k_{m-2}+\dfrac{1}{\omega_{m-1}}, \\ \omega_{m-1}=k_{m-1}. \end{cases}$$

したがって

$$\begin{aligned} \omega &= k_0+\frac{1}{\omega_1} \\ &= k_0+\cfrac{1}{k_1+\cfrac{1}{\omega_2}} \\ &= \cdots\cdots \\ &= k_0+\cfrac{1}{k_1+\cfrac{1}{k_2+\cdots+\cfrac{1}{k_{m-2}+\cfrac{1}{k_{m-1}}}}} \end{aligned}$$

の形に表わされる.

定義 2.1　上の形の式を**連分数** (continued fraction) といい，ふつう

$$(2.11)\qquad \omega=k_0+\frac{1}{k_1}+\frac{1}{k_2}+\cdots+\frac{1}{k_{m-1}}$$

あるいは簡単に

(2.12) $$\omega=[k_0, k_1, \cdots, k_{m-1}]$$

と表わすことにしよう. ——

いま, $\omega>0$ としたので $k_0\geqq 0$ であるが, 一般の有理数 $\omega=a/b$ に対しては $k_0\leqq\omega<k_0+1$ に整数をとり, 残りの $k_1, \cdots, k_{m-1}$ は正の整数とする.

連分数展開の第 n 項までをとれば

$$\omega=k_0+\frac{1}{k_1}+\cdots+\frac{1}{k_{n-1}}+\frac{1}{\omega_n}=[k_0, k_1, \cdots, k_{n-1}, \omega_n]$$

の形になり, (I) を用いれば

(2.13) $$\omega=\frac{x_0}{x_1}=\frac{p_n x_n+p_{n-1}x_{n+1}}{q_n x_n+q_{n-1}x_{n+1}}=\frac{p_n\omega_n+p_{n-1}}{q_n\omega_n+q_{n-1}}$$

と表わされる. 特に $\omega_{m-1}=k_{m-1}$ の場合には

(2.14) $$\omega=k_0+\frac{1}{k_1}+\cdots+\frac{1}{k_{m-1}}=\frac{p_m}{q_m}=[k_0, k_1, \cdots, k_{m-1}]$$

である.

例 2.1 $a=42$, $b=11$ とすれば

$$\begin{aligned}42&=3\times 11+9,\\ 11&=1\times 9+2,\\ 9&=4\times 2+1,\\ 2&=2\times 1.\end{aligned}$$

したがって $k_0=3$, $k_1=1$, $k_2=4$, $k_3=2$ で

$$\frac{42}{11}=3+\frac{1}{1}+\frac{1}{4}+\frac{1}{2}=[3, 1, 4, 2]$$

と表わされる. (ただし最後の項は

$$\frac{42}{11}=3+\frac{1}{1}+\frac{1}{4}+\frac{1}{1}+\frac{1}{1}=[3, 1, 4, 1, 1]$$

と表わすこともできる.) ここに $(42, 11)=1$ で

$$1=x_4=q_3x_0-p_3x_1,$$

$$q_3=\boldsymbol{g}(1, 4)=5, \qquad p_3=\boldsymbol{g}(3, 1, 4)=19.$$

したがって

$$1=5\times 42-19\times 11$$

である．——

すでに述べたことであるが，大切な事であるので，いま一度はっきりと定理として述べておく．

定理 2.1　任意の有理数 ω は

$$\omega = k_0 + \frac{1}{k_1} + \cdots + \frac{1}{k_{m-1}} = [k_0, k_1, \cdots, k_{m-1}]$$

$$(k_0 \in \boldsymbol{Z},\ \ k_1, \cdots, k_{m-1} \in \boldsymbol{N})$$

と表わされる．逆に，このような $k_0, k_1, \cdots, k_{m-1}$ の有限の連分数によって表わされる $\omega \in \boldsymbol{R}$ は有理数である．

有理数 ω が

$$\omega = k_0 + \frac{1}{k_1} + \cdots + \frac{1}{k_{m-1}} = [k_0, k_1, \cdots, k_{m-1}]$$

と表わされるとき，$k_0 \in \boldsymbol{Z}$, $k_1, \cdots, k_{m-1} \in \boldsymbol{N}$ であるが，$k_{m-1}=1$ のときは

$$\omega = k_0 + \frac{1}{k_1} + \cdots + \frac{1}{(k_{m-2}+1)} = [k_0, k_1, \cdots, k_{m-2}+1]$$

とも表わされるし，また $k_{m-1}>1$ のときは

$$\omega = k_0 + \frac{1}{k_1} + \cdots + \frac{1}{(k_{m-1}-1)} + \frac{1}{1} = [k_0, k_1, \cdots, k_{m-1}-1, 1]$$

とも表わされる．したがって，有理数 ω は少なくも二通りの方法で連分数として表わされ，項数は偶数にも奇数にもとることができる．——

c）実数の連分数展開

b) では，Euclid の互除法と関連して，有理数の連分数表示を考えた．こんどは，一般の実数 ω の連分数展開を考えよう．すなわち，与えられた無理数 $\omega \in \boldsymbol{R}$ に対して

$$\omega = k_0 + \frac{1}{\omega_1} \qquad (k_0 < \omega < k_0+1,\ \ k_0 \in \boldsymbol{Z}),$$

$\omega_1 > 1$ に対して

$$\omega_1 = k_1 + \frac{1}{\omega_2} \qquad (k_1 < \omega_1 < k_1+1,\ \ k_1 \in \boldsymbol{N})$$

として，$k_i < \omega_i < k_i+1$ $(k_i \in \boldsymbol{N},\ \ i=1, 2, \cdots)$ をとり，

$$\omega = k_0 + \frac{1}{\omega_1} = \cdots = k_0 + \frac{1}{k_1} + \cdots + \frac{1}{k_{n-1}} + \frac{1}{\omega_n}$$

と表わすことができる.

ω が無理数であれば, $k_0, k_1, \cdots$ は無限につづく. いまこの連分数を途中できって

(2.14)* $$\frac{p_n}{q_n} = k_0 + \frac{1}{k_1} + \cdots + \frac{1}{k_{n-1}} = [k_0, k_1, \cdots, k_{n-1}] \qquad (n=1, 2, \cdots),$$

ただし $p_n = \boldsymbol{g}(k_0, k_1, \cdots, k_{n-1})$, $q_n = \boldsymbol{g}(k_1, \cdots, k_{n-1})$ とおく. このとき

(2.15) $$\frac{p_n}{q_n} - \omega = \frac{p_n}{q_n} - \frac{p_n\omega_n + p_{n-1}}{q_n\omega_n + q_{n-1}} = \frac{p_n q_{n-1} - p_{n-1} q_n}{q_n(q_n\omega_n + q_{n-1})}$$
$$= \frac{(-1)^n}{q_n(q_n\omega_n + q_{n-1})}$$

である. ここで $q_n = \boldsymbol{g}(k_1, \cdots, k_{n-1})$ $(k_1, \cdots, k_{n-1} \geqq 1)$,

$$q_1 = 1, \quad q_2 = k_1, \quad \cdots, \quad q_n = k_{n-1}q_{n-1} + q_{n-2}, \quad \cdots$$

であるから

(2.16) $$1 = q_1 \leqq q_2 < \cdots < q_n < \cdots$$

で, かつ q_n はすべて整数であるから

$$\lim_{n\to\infty} q_n = \infty$$

である. よって (2.15) より, $\omega_n > k_n$ を用いて

$$\left|\omega - \frac{p_n}{q_n}\right| = \frac{1}{q_n(q_n\omega_n + q_{n-1})} < \frac{1}{q_n q_{n+1}} < \frac{1}{q_n^{\ 2}}$$

が成り立ち, したがって

$$\lim_{n\to\infty} \frac{p_n}{q_n} = \omega$$

となる.

定義 2.2 p_n/q_n を ω の $\boldsymbol{n}$ **次近似分数** (n-th convergent) という.

定理 2.2 任意の無理数 ω は無限連分数に展開される. すなわち

(2.17) $$\omega = k_0 + \frac{1}{k_1} + \frac{1}{k_2} + \cdots + \frac{1}{k_n} + \cdots$$
$$= [k_0, k_1, \cdots, k_n, \cdots] \qquad (k_0 \in \boldsymbol{Z}, \ k_n \in \boldsymbol{N}, \ n=1, 2, \cdots)$$

とすれば

$$\frac{p_n}{q_n} = k_0 + \frac{1}{k_1} + \cdots + \frac{1}{k_{n-1}} = [k_0, k_1, \cdots, k_{n-1}] \qquad (n=1, 2, \cdots)$$

に対して

(2.18) $$\left|\omega - \frac{p_n}{q_n}\right| < \frac{1}{q_n q_{n+1}} < \frac{1}{q_n^2}$$

となり，したがって

(2.19) $$\lim_{n\to\infty} \frac{p_n}{q_n} = \omega$$

となる．

逆に，任意の無限連分数(2.17)は(2.19)によって実数 ω を定め，ω の連分数展開は与えられた無限連分数と一致する．

このように，無理数と無限連分数とは1対1に対応する．

証明 前半はすでに証明してある．後半はつぎの(IV)よりわかる．▮

(IV) $\omega, \omega' \in \boldsymbol{R}$ を連分数に展開して

$$\omega = k_0 + \frac{1}{k_1} + \cdots + \frac{1}{k_{n-1}} + \frac{1}{k_n} + \cdots,$$

$$\omega' = k_0 + \frac{1}{k_1} + \cdots + \frac{1}{k_{n-1}} + \frac{1}{k_n'} + \cdots$$

となり，初めの n 項まで一致していて，第 $n+1$ 項で $k_n > k_n'$ とする．そのとき，一般に

（イ） n が偶数ならば，$\omega > \omega'$.

（ロ） n が奇数ならば，$\omega < \omega'$.

（ハ） ただし，例外として，ω, ω' が有理数で，定理2.1のように $k_n > 1$, $k_{n+1} = \cdots = 0$ かつ $k_n' = k_n - 1$, $k_{n+1}' = 1$, $k_{n+2}' = \cdots = 0$ の場合には，$\omega = \omega'$ となる．

[証明] $$\omega = \frac{p_n \omega_n + p_{n-1}}{q_n \omega_n + q_{n-1}}, \qquad \omega' = \frac{p_n \omega_n' + p_{n-1}}{q_n \omega_n' + q_{n-1}}$$

とおくと

$$\omega - \omega' = \frac{(-1)^n (\omega_n - \omega_n')}{(q_n \omega_n + q_{n-1})(q_n \omega_n' + q_{n-1})}$$

で，分母は正である．k_n と k_n' との定め方より $\omega_n \geqq k_n \geqq k_n' + 1 \geqq \omega_n' \geqq k_n'$ である．$k_n > k_n'$ より，上の不等式のどこかに $>$ が存在する．それが ω_n と ω_n' の間

にあれば $\omega_n-\omega_n'>0$ となり，(イ)，(ロ)が成り立つ．そうでなければ，$\omega_n=k_n=k_n'+1=\omega_n'$ となり，(ハ)の場合となる．▌

ω を近似分数 p_n/q_n によって近似するときの様子は

$$(2.20)\qquad \frac{p_{2n-1}}{q_{2n-1}}<\omega<\frac{p_{2n}}{q_{2n}}\qquad (n=1,2,\cdots),$$

$$(2.20)^*\qquad \left|\omega-\frac{p_n}{q_n}\right|<\left|\omega-\frac{p_{n-1}}{q_{n-1}}\right|\qquad (n=1,2,\cdots)$$

である．(2.20)は(2.15)の分母 $q_n(q_n\omega_n+q_{n-1})>0$ よりわかる．また $(2.20)^*$ は

$$\left|\frac{p_{n-1}}{q_{n-1}}-\frac{p_n}{q_n}\right|=\frac{1}{q_{n-1}q_n},\qquad \left|\omega-\frac{p_n}{q_n}\right|<\frac{1}{q_nq_{n+1}},$$

かつ $q_{n+1}=k_nq_n+q_{n-1}\geqq 2q_{n-1}$ よりわかる．

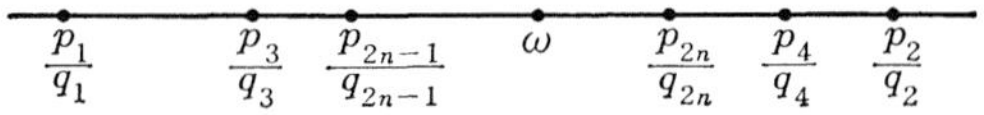

図 2.1

例 2.2 或る実数 ω が無理数であることを示すのに，実際に ω の連分数展開が無限につづくことを示せばよい．

たとえば，$\sqrt{2}$ が無理数であることは，ふつう自然数の素因数分解の一意性を用いて，背理法によるが，$\sqrt{2}$ を連分数に展開することによってもわかる．すなわち

$$\omega=\sqrt{2}=1+\omega_1,\qquad 0<\omega_1=\sqrt{2}-1<1,$$

$$\frac{1}{\omega_1}=\frac{1}{\sqrt{2}-1}=1+\sqrt{2}=2+\omega_2,\qquad 0<\omega_2=\sqrt{2}-1<1,$$

したがって以下同じ計算が繰り返されて，$\omega_1=\omega_2=\cdots$ となり，

$$\sqrt{2}=1+\frac{1}{2}{}_{+\cdots+}\frac{1}{2}{}_{+\cdots}=[1,2,2,\cdots]=[1,\dot{2}]$$

と無限連分数に展開される．ただし $\dot{2}$ は2が限りなくつづくことを示す．

この計算はまた作図によっても示すこともできる．すなわち，図2.2において $A_1A_2=A_2A_3=1$，$A_1A_3=\sqrt{2}$ に対して，$A_1B_1=A_1A_2$ にとる．$A_3B_1=\sqrt{2}-1$ である．$\triangle A_3B_1B_2$ を直角三角形にとれば，$A_3B_2=\sqrt{2}(\sqrt{2}-1)=2-\sqrt{2}$，$A_2B_2=$

$1-(2-\sqrt{2})=\sqrt{2}-1=B_1B_2$ である．よって $B_2C_2=B_1B_2$ にとれば

$$A_1A_2 = 2B_1B_2+A_3C_2 = 2B_1B_2+C_1C_2.$$

以下同様の作図をつづければ

$$B_1B_2 = 2C_1C_2+D_1D_2, \quad \cdots.$$

これは，$a=\sqrt{2}$，$b=1$ に対する Euclid の互除法の公式であり，連分数で表わせば，$k_0=1$，$k_1=k_2=\cdots=2$，すなわち

$$\sqrt{2} = [1, 2, 2, \cdots] = [1, \dot{2}]$$

を示している．

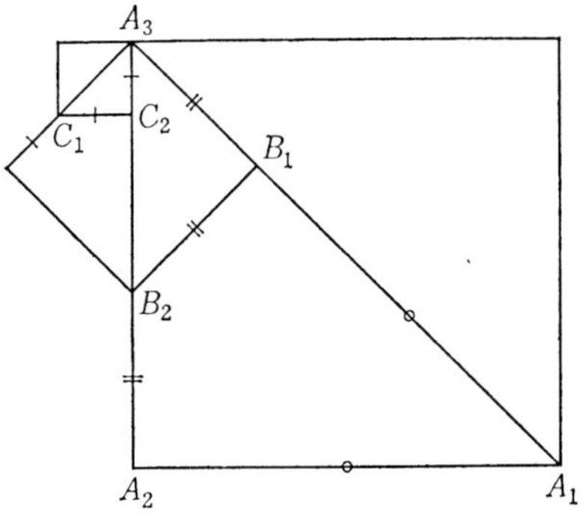

図 2.2

例 2.3 $\tau=(1+\sqrt{5})/2=1.61803\cdots$ は，古来**黄金比**として知られている．$\tau^2-\tau-1=0$ であるから

$$\tau-1 = \tau_1, \qquad \tau_1 = \frac{1}{\tau}$$

となる．τ を連分数展開すれば

$$\tau = 1+\frac{1}{1}+\frac{1}{1}+\cdots = [\dot{1}]$$

と循環する連分数に展開される．τ の n 次近似を p_n/q_n とすれば，(2.8) によって $p_n=\boldsymbol{g}(1, \cdots, 1)$ (1 が n 個)，$q_n=p_{n-1}$ となる．したがって (2.7) より

(2.21) $$p_1 = 1, \qquad p_n = p_{n-1}+p_{n-2} \qquad (p_0=1)$$

によって定められる．(2.21) によって定義される数列は **Fibonacci 数列**と呼ばれる．それらは (2.21) より

$$1, \quad 1+1 = 2, \quad 1+2 = 3, \quad 2+3 = 5, \quad 8, \quad 13, \quad 21, \quad \cdots$$

である．容易に計算されるように

$$p_n = \frac{1}{\sqrt{5}}\left(\left(\frac{1+\sqrt{5}}{2}\right)^{n+1} - \left(\frac{1-\sqrt{5}}{2}\right)^{n+1}\right) \qquad (n=1, 2, \cdots)$$

と表わされる．

以上はまた簡単に作図によって示される．

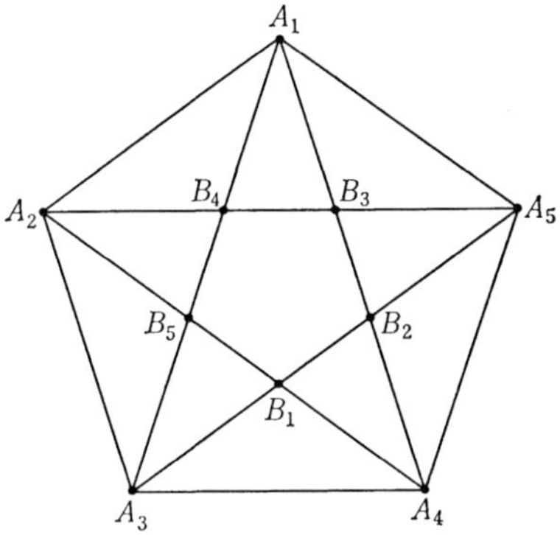

図 2.3

正五角形 $A_1A_2\cdots A_5$ において $A_iA_{i+1}=1$ ($i=1, 2, \cdots, 5$, ただし $A_6=A_1$) とすると，$A_1A_4=A_2A_5=\cdots=\tau=2\cos(\pi/5)$ とおくと，$A_2A_5/A_1A_2=A_1A_2/A_2B_4$ より $A_2B_4=1/\tau$, $\tau-1=1/\tau$ となる．したがって，τ の連分数展開の式は，この作図からもわかる．

同様に

$$\sqrt{3} = 1+\frac{1}{1+}\frac{1}{2+}\frac{1}{1+}\frac{1}{2+}\cdots = [1, \dot{1}, \dot{2}],$$

$$\sqrt{5} = 2+\frac{1}{4+}\frac{1}{4+}\cdots = [2, \dot{4}]$$

(ただし $\dot{1}, \dot{2}$ は 1, 2 が循環してつづくことを示す) となる．このように $\sqrt{n}$ は，いくつかの項の後は，かならず循環する無限連分数として表わされる．これは，Lagrange の定理 (定理 3.4) として，§3.3 で述べることにする．

例 2.4 $\pi=3.1415926535\cdots$ を連分数に展開すれば

$$\pi = 3+\frac{1}{7+}\frac{1}{15+}\frac{1}{1+}\frac{1}{292+}\frac{1}{1+}\frac{1}{1+}\cdots$$

となる．π の近似分数を計算すれば

$$\frac{3}{1} < \frac{333}{106} < \frac{103993}{33102} < \frac{208341}{66317} < \cdots < \pi < \cdots < \frac{104348}{33215} < \frac{355}{113} < \frac{22}{7}$$

である.

例 2.5 $e=2.7182818284\cdots$ の連分数展開は，$e=[2, 1, 2, 1, 1, 4, 1, 1, 6, 1, 1, \cdots]$ となる.

§2.2 格 子 点

a) 格 子 点

すでに§1.3, 定理1.16のLegendreの平方剰余記号の相互法則の証明や，§1.1, d)でのGaussの整数についての説明において，平面上の格子点の考え方を利用した．一般に格子点の考え方は，幾何学的直観を数論に持ち込むもので，以下に説明するように，不定方程式の理論や，無理数の有理数による近似や，特に連分数の説明などに，極めて有効な手段である．一般に n 次元格子点の考え方が用いられるが，初めに平面上の格子点について述べよう.

(x, y) 平面上で，x, y 共に整数であるような点を**格子点** (lattice point) という．(3次元以上でも同様である.)

(I) (x, y) 平面上の格子点 (x, y) の全体は，原点を始点とし，格子点を終点とする位置ベクトルの加法，減法に関して加法群 G を作る．G を平面上の**格子群**と呼ぼう．すなわち

$$(a_1, b_1)+(a_2, b_2) = (a_1+a_2, b_1+b_2) \qquad (a_i, b_i \in \boldsymbol{Z}),$$
$$-(a, b) = (-a, -b) \qquad (a, b \in \boldsymbol{Z}).$$

また，加法の単位元は $(0, 0)$ である．特に，$\{(0, 1), (1, 0)\}$ は加法群 G の**自由生成系**で，任意の $(a, b) \in G$ は

$$(a, b) = a(1, 0)+b(0, 1)$$

とただ一通りに表わされる．G の生成系のとり方は一通りではない.

(II) $\{(a_1, b_1), (a_2, b_2)\}$ が格子群 G の自由生成系であるための必要十分条件は

$$a_1b_2-a_2b_1 = \pm 1 \tag{2.22}$$

が成り立つことである.

すなわち，(x, y) 平面上で，$(0, 0)$, (a_1, b_1), (a_2, b_2), (a_1+a_2, b_1+b_2) を頂点とする平行四辺形の面積が1となることである.

[証明] (i) (十分性)

$$\pm(1,0) = b_2(a_1, b_1) - b_1(a_2, b_2),$$
$$\pm(0,1) = -a_2(a_1, b_1) + a_1(a_2, b_2)$$

よりわかる.

(ii) (必要性)

$$(1,0) = x_1(a_1, b_1) + y_1(a_2, b_2) \qquad (x_1, y_1 \in \boldsymbol{Z})$$

と表わされるならば, $x_1a_1+y_1a_2=1$, $x_1b_1+y_1b_2=0$ である.

$$(0,1) = x_2(a_1, b_1) + y_2(a_2, b_2) \qquad (x_2, y_2 \in \boldsymbol{Z})$$

と表わされれば, $x_2a_1+y_2a_2=0$, $x_2b_1+y_2b_2=1$ となる. これらから, a_1, a_2, b_1, b_2, x_1, y_1, x_2, y_2 は互いに素となり, (2.22) が導かれる. ▮

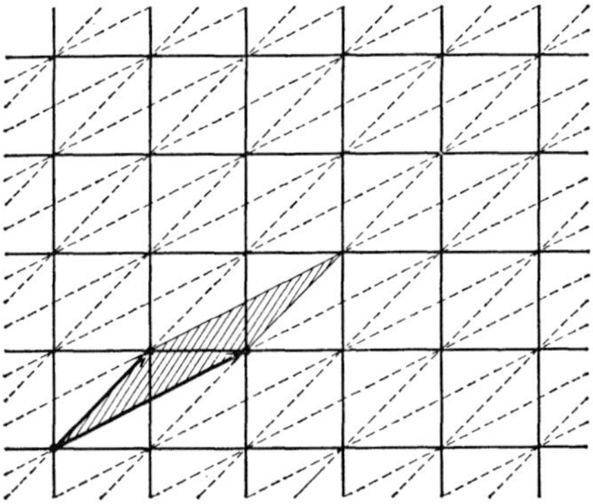

図 2.4

(III) (i) 格子点 P_1, P_2, P_3, P_4 を頂点とする平行四辺形において, その内部に s 個の格子点があり, また辺上に (頂点を含めて) t 個の格子点があれば, この平行四辺形の面積 A は

$$A = s + \frac{t}{2} - 1 \tag{2.23}$$

で与えられる.

これらの格子点は, 平行四辺形の中心に関して対称に分布している.

(ii) 特に平行四辺形 $P_1P_2P_3P_4$ の面積が 1 であるための必要十分条件は, 頂点以外に, 内部にも辺上にも格子点のないことである. (あるいは三角形 $P_1P_2P_3$ の

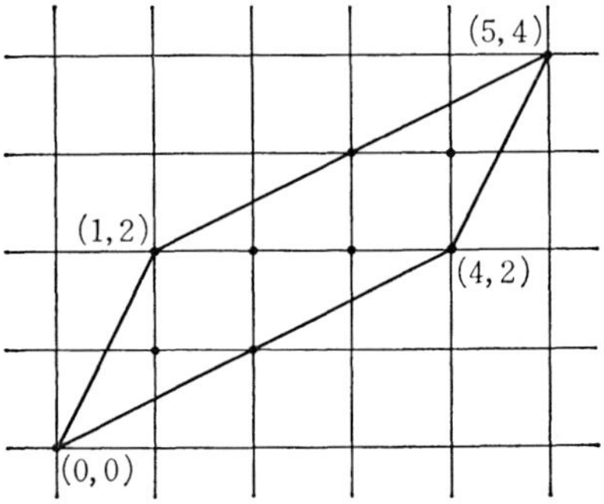

図 2.5

内部にも辺上にも頂点以外の格子点がないことである.)

[証明]　まず(ii)を証明する．平行四辺形 $OABC$ の頂点が格子点で，その他に内部にも辺上にも格子点がないとする．(II)によって O を原点にとるとき，$\overrightarrow{OA}$, $\overrightarrow{OB}$ が格子群の自由生成系となることを示せばよい．これは $\overrightarrow{OP}=m\overrightarrow{OA}+n\overrightarrow{OB}$ $(m, n\in \boldsymbol{Z})$ となる格子点 P の全体 H が格子群の全体 G と一致しないとすれば，矛盾を生じることを言えばよい．(これは平行四辺形 $OABC$ が平面の平行移動群 H の基本領域となっているという考え方を用いればよい.)　その詳細は読者諸氏にまかせよう．▮

(i)はつぎのように，もっと一般化した方が，かえって証明し易い．

(IV)　格子点を頂点とする単連結な図形 F(すなわち内部に穴があいていない図形)の内部に s 個の格子点，辺上に(頂点も含めて) t 個の格子点があれば，この図形の面積 A は(2.23)で表わされる．

[証明]　この図形 F を，二つの同様な図形 F_1, F_2 に分ける．F_1, F_2 に対して，s_1, s_2, t_1, t_2 を同様に定める．F_1 と F_2 を分ける辺上に(端点も含めて) r 個の格子点があるとすれば

$$s = s_1+s_2+r-2, \qquad t = t_1+t_2-2r+2$$

となる．よって F_1, F_2 の面積 A_1, A_2 に対して(2.23)が成り立てば，$A=A_1+A_2$ に対しても(2.23)が成り立つことがわかる．▮

(III) (i)の証明にもどる．もっとも簡単な図形(三角形)に対して(2.23)が成

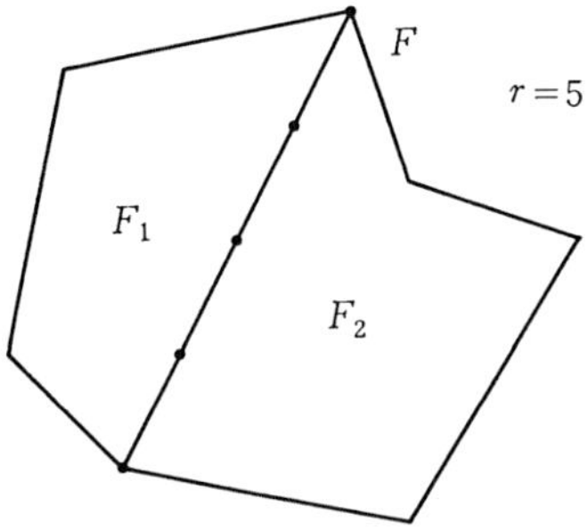

図 2.6

り立つこと((ii)の場合)から，一般の場合に(2.23)が成り立つことがわかる. ▌

(V) 直線 $ax+by=c$ $(a, b, c \in \boldsymbol{Z})$ の上に格子点 (x_0, y_0) が存在するための必要十分条件は，a, b の最大公約数 $d=(a, b)$ によって c が整除されることである. そのとき，この直線上に無限の格子点 (x_n, y_n) $(n \in \boldsymbol{Z})$,

$$x_n = x_0+nb', \qquad y_n = y_0-na'$$

がある. ただし，$a'=a/d$, $b'=b/d$ とする.

[証明] これはすでに§1.1, 定理1.3と(V)において証明されている. ▌

(VI) 平面上の格子点 (a, b) が与えられているとき，適当に格子点 (c, d) をとって，$\{(a, b), (c, d)\}$ が格子群の自由生成系となるための必要十分条件は，a, b の最大公約数 $d=1$ となることである. すなわち，原点と (a, b) を結ぶ線分上に両端点以外に格子点が存在しないことである.

[証明] a, b の最大公約数が1であれば，$ax-by=1$ は整数解 (d, c) を持ち，$ad-bc=1$ となる. したがって (a, b) と (c, d) が格子群の自由生成系となる. ▌

b) Farey 数列

Farey 数列を格子点を用いて説明しよう.

定義 2.3 正の整数 n を一つとる. 分母・分子ともに n を超えない自然数によって与えられる既約分数に0を合わせ，これらを大きさの順に並べる. これを n に対する **Farey 数列**という.

例 2.6 $n=5$ とすれば，区間 $[0,1]$ の上に，5に対する Farey 数列は

$$\frac{0}{1}, \frac{1}{5}, \frac{1}{4}, \frac{1}{3}, \frac{2}{5}, \frac{1}{2}, \frac{3}{5}, \frac{2}{3}, \frac{3}{4}, \frac{4}{5}, \frac{1}{1}$$

である．

定理 2.3　(i)　Farey 数列において隣り合う二つの分数を $a/b>c/d$ とすれば，

$$ad-bc = 1.$$

(ii)　$ad-bc=1\ (a,b,c,d \in \boldsymbol{N})$ ならば，a/b, c/d はそれらを初めて含む Farey 数列において隣り合わせである．

(iii)　n に対応する Farey 数列の隣り合う三つの分数を $a/b, c/d, e/f$ とすれば，

$$\frac{c}{d} = \frac{a+e}{b+f}.$$

証明　(i)　(x, y) 平面で，$(0,0), (n,0), (n,n)$ を頂点とする三角形の内部および辺上の格子点をすべてとり，それと原点 $(0,0)$ とを結んだ線分を画く．ただし，その線分上に二つ以上の格子点のある場合には，原点に最も近いもののみを残して，あとは消し去り，$P_1, \cdots, P_k$ とする．そのとき，原点と P_i とを結ぶ直線を

$$y = \alpha_i x \qquad (i=1,2,\cdots,k)$$

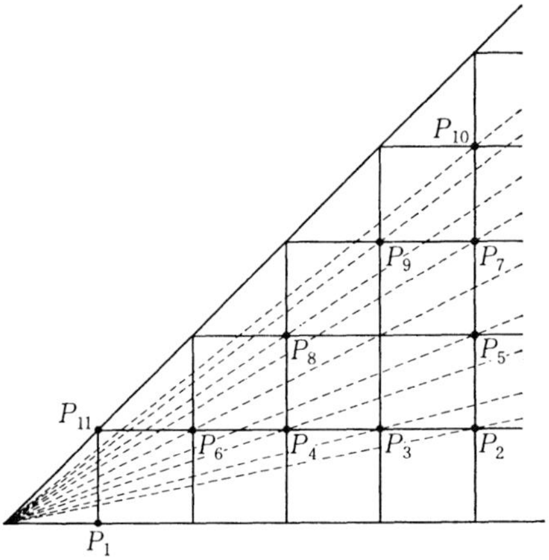

図 2.7

とする．ただし $P_1, \cdots, P_k$ の順序を $0=\alpha_1<\cdots<\alpha_k=1$ となるようにする．これらの直線と直線 $y=0$ とのなす角を θ_i とすれば，$\alpha_i=\tan\theta_i$ であり，$P_i=(x_i, y_i)$ とすれば，$\alpha_i=y_i/x_i$ である．

いま，$a/b, c/d$ が Farey 数列に属する隣り合う分数とすれば，$\alpha_i=c/d$，$\alpha_{i+1}=a/b$ で，三角形 $(0,0), (b,a), (d,c)$ の内部にも，また辺上にも格子点がない．よ

って (II), (III) によって $ad-bc=1$ となることがわかる.

(ii) についても同様である.

(iii) (i) によって $ad-bc=1$, $cf-de=1$, したがって c, d をこれらの連立方程式より解けば

$$c(af-be) = a+e, \qquad d(af-be) = b+f$$

となり $c/d=(a+e)/(b+f)$ が成り立つ. ▮

c) 連分数と格子点

ω を無理数とし, (x, y) 平面上で直線 $y=\omega x$ を画くと, この直線上に格子点はないが, その上下でいかほどでもこの直線に近い格子点が存在する. これは定理 2.2 および (2.19), (2.20) で示されている. すなわち, ω を連分数展開して

$$\omega = k_0+\frac{1}{k_1+}\frac{1}{k_2+}\cdots+\frac{1}{k_n+}\cdots$$

としたとき, ω は

$$p_n = \boldsymbol{g}(k_0, k_1, \cdots, k_{n-1}), \qquad q_n = \boldsymbol{g}(k_1, \cdots, k_{n-1}),$$
$$\left|\omega-\frac{p_n}{q_n}\right| < \frac{1}{{q_n}^2}$$

と近似分数 p_n/q_n によって近似される. これを Klein にならって, (x, y) 平面上の格子点によって示そう.

$$A_{-1} = (1, 0), \quad A_0 = (q_0, p_0) = (0, 1), \quad A_1 = (q_1, p_1) = (1, k_0),$$
$$\cdots, \quad A_n = (q_n, p_n), \quad \cdots$$

とおくと, (2.20) によって $A_{-1}, A_1, A_3, \cdots$ は直線 $y=\omega x$ の下に, $A_0, A_2, A_4, \cdots$ は直線 $y=\omega x$ の上に位置する. かつ $|p_nq_{n-1}-p_{n-1}q_n|=1$ であるから, 平行四辺形 $OA_{n-1}A_nB_n$ (ただし $\overrightarrow{OB_n}=\overrightarrow{OA_{n-1}}+\overrightarrow{OA_n}$, すなわち $B_n=(q_{n-1}+q_n, p_{n-1}+p_n)$ とする) の面積は 1 で, A_{n-1}, A_n は格子群の自由生成系である.

$p_{n+1}=p_nk_n+p_{n-1}$, $q_{n+1}=q_nk_n+q_{n-1}$ より

$$\overrightarrow{A_{n-1}A_{n+1}} = k_n\overrightarrow{OA_n} \qquad (n=1, 2, \cdots)$$

である. この関係から直線 $y=\omega x$ が与えられるとき, (x, y) 平面上で $A_n=(q_n, p_n)$ $(n=1, 2, \cdots)$ をつぎのように作図によって順に求めることができる. まず

$$A_{-1} = (1, 0), \qquad A_0 = (0, 1)$$

より出発し, 直線 $y=\omega x$ の下にあって直線 $x=1$ の上にある最も近い格子点を

$$A_1=(1,k_0),\qquad k_0<\omega<k_0+1$$

とする．つぎに，格子点 A_2 を

$$\overrightarrow{A_0A_2}=k_1\overrightarrow{OA_1},$$

ただし格子点 A_2 は直線 $y=\omega x$ の上方にあり，かつ

$$\overrightarrow{A_0B_2}=(k_1+1)\overrightarrow{OA_1}$$

とすれば，格子点 B_2 は直線 $y=\omega x$ の下方にある．同様に，格子点 A_3 を

$$\overrightarrow{A_1A_3}=k_2\overrightarrow{OA_2},$$

ただし格子点 A_3 は直線 $y=\omega x$ の下方にあり，かつ

$$\overrightarrow{A_1B_3}=(k_2+1)\overrightarrow{OA_2}$$

とすれば，格子点 B_3 は直線 $y=\omega x$ の上方にある．以下同様に，格子点 $A_4, A_5, \cdots, A_n, \cdots$ を，n が偶数であれば A_n は直線 $y=\omega x$ の上方に，n が奇数であれば A_n は下方に定めていくことができる．これらを (x,y) 平面上に図示すれば，つぎのようである．

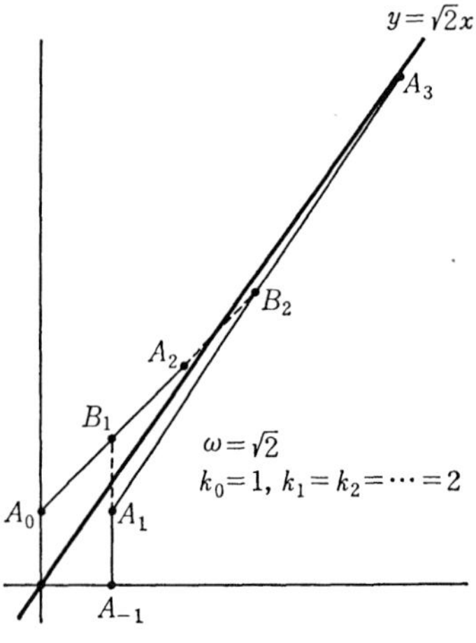

図 2.8

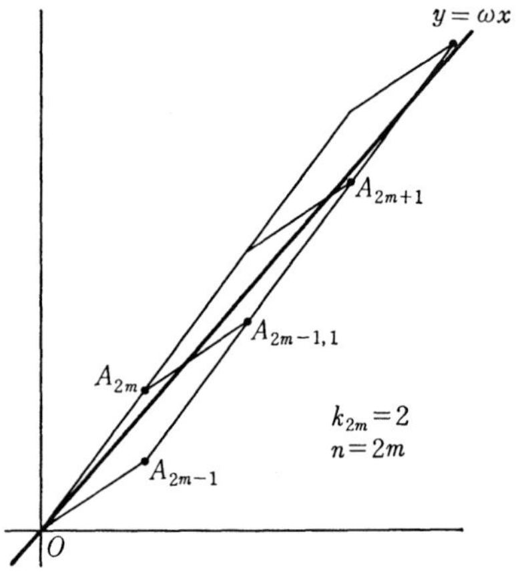

図 2.9

図2.9において，線分 $A_{n-1}A_{n+1}$ 上にある格子点は，A_{n-1}, A_{n+1} の他に k_n-1 個の

(2.24)　　$A_{n-1,i}=(q_{n-1}+iq_n,\ p_{n-1}+ip_n)\qquad(i=1,2,\cdots,k_n-1)$

がある.

定義 2.4 $A_{n,i}$ に対応する分数

$$\frac{ip_n+p_{n-1}}{iq_n+q_{n-1}} \qquad (i=1, 2, \cdots, k_n-1) \tag{2.25}$$

を ω の**中間近似分数** (intermediate convergent) という. これに対して p_n/q_n を**主近似分数** (principal convergent) という. ——

近似分数はつぎに見るように, 或る意味で最良のものである.

(VII) ω を任意の実数とする. 正の数 A を与えるとき, 分母が A を超えない分数のうち, ω より小さくて (または ω より大きくて) ω にもっとも近いものは, 奇数次の (または偶数次の) 主または中間近似分数である.

[証明] 奇数次の主または中間近似分数の分母は

$$q_1=1; \quad q_1+q_2, \quad q_1+2q_2, \quad \cdots, \quad q_1+(k_2-1)q_2;$$
$$q_3=q_1+k_2q_2; \quad q_3+q_4, \quad \cdots$$

であって, これらは単調に増大し, かつ ω が無理数ならば無限に大きくなる. また, $\omega=p/q$, $(p, q)=1$ であれば, q_n は q まで増大する. よって, これらのうち A を超えない最大のものを s とすれば, $s\leqq A<s+q_n$ となる. 一方, s を分母とする主または中間近似分数を r/s とすると, $r/s<\omega<p_n/q_n$, $p_ns-q_nr=1$ となる (図 2.9 参照). そのとき, $r/s<u/v<\omega$, $v\leqq A$ となる分数 u/v が存在しないことを言えばよい. もしこのような u/v があるとすれば, $r/s<u/v<p_n/q_n$ である. 定理 2.3 (iii) の証明と同様な考察によれば, $su-rv=a>0$, $p_nv-q_nu=b>0$, $p_ns-q_nr=1$ より $v=aq_n+bs\geqq q_n+s$ となる. これは $v\leqq A$ と矛盾する. ▌

(VIII) ω を任意の実数とする. ω の n 次主近似分数を p_n/q_n とすると, $q\leqq q_n$ かつ

$$\left|\omega-\frac{p}{q}\right| < \left|\omega-\frac{p_n}{q_n}\right| \tag{2.26}$$

となる分数 p/q は存在しない.

[証明] n を奇数としよう. (VII) によって ω より小さい分数 p/q で (2.26) を満足するものはない. ω より大きい分数では, (VII) によって p_{n-1}/q_{n-1} が条件 $q\leqq q_n$ に適する最良のものである. しかし (2.20)* より, $|\omega-p_{n-1}/q_{n-1}|>|\omega-p_n/q_n|$ であるので, (2.26) を満足しない. ▌

d) Lagrange の定理と Waring の問題

§1.1, e), 例1.6に挙げた Lagrange の定理をここで証明しよう．まず

定理 2.4　素数 $p\,(p\neq 2)$ が

(2.27)
$$p = x^2+y^2 \qquad (x, y \in \boldsymbol{Z})$$

と2個の平方数の和として表わされるための必要かつ十分な条件は

$$p \equiv 1 \pmod 4$$

となることである．——

この定理は Fermat が言明し，Euler によって初めて証明されたものである．

証明　この定理は後に2次体 $\boldsymbol{Q}(\sqrt{-1})$ の数論における基本的定理として示される．ここでは連分数を用いるものと，Fermat 自身によるものとを述べよう．

(i)　まず，任意の $x, y \in \boldsymbol{Z}$ に対して $x^2, y^2 \equiv 0$ または $1 \pmod 4$ であるから，$x^2+y^2 \equiv 0, 1, 2 \pmod 4$ としかなり得ない．よって，(2.27) となる $p\,(\neq 2)$ は $p\equiv 1 \pmod 4$ しかあり得ない．

(ii)　逆に，$p\equiv 1 \pmod 4$ に対して (2.27) が解けることを見よう．

まず Fermat の方法を述べよう．$p\equiv 1 \pmod 4$ より -1 が $\bmod p$ で平方剰余であるので，$1+x^2=mp$ と表わされる $x\in\boldsymbol{Z}$ が存在する．ただし x の代りに $x+rp\ (r\in\boldsymbol{Z})$ としてもよいので，$0<x<p$ にとれば，$m<p$ である．一般に

$$x^2+y^2 = mp, \qquad (x, p) = (y, p) = 1 \qquad (0<m<p)$$

と表わされる m の最小値を m_0 とする．$m_0=1$ を示せばよい．もしも $1<m_0<p$ として，矛盾に導こう．m_0 が x および y の公約数であれば，$m_0^2 \mid m_0 p$ となり，$(m_0, p)=m_0$ となるので，矛盾である．よって

$$x_1 = x-cm_0, \qquad y_1 = y-dm_0 \qquad (|x_1|\leqq m_0/2,\ |y_1|\leqq m_0/2)$$

とするとき，$x_1^2+y_1^2>0$ である．このとき

$$x_1^2+y_1^2 \equiv x^2+y^2 \equiv 0 \pmod{m_0}$$

であるが，$0<x_1^2+y_1^2\leqq 2(m_0/2)^2<m_0^2$ であるから

$$x_1^2+y_1^2 = m_0 m_1 \qquad (0<m_1<m_0)$$

となる．故に

$$m_0^2 m_1 p = (x^2+y^2)(x_1^2+y_1^2) = (xx_1+yy_1)^2+(xy_1-x_1y)^2$$

において

$$xx_1+yy_1 = x(x-cm_0)+y(y-dm_0) = m_0 x_2,$$

$$xy_1-x_1y = x(y-dm_0)-y(x-cm_0) = m_0y_2,$$

ただし $x_2=p-cx-dy$, $y_2=cy-dx$ となる．故に

$$m_1p = x_2^2+y_2^2 \qquad (0<m_1<m_0)$$

が示された．これは矛盾である．▌

つぎに，連分数を用いて，つぎのように拡張された定理を証明しよう．

定理 2.4* 素数 p が $p\equiv 1 \pmod 4$ であれば，任意の $e>0$ に対して p^e は

$$p^e = x^2+y^2 \qquad ((x, y)=1,\ x, y \in \boldsymbol{Z})$$

と表わすことができる．

証明 まず，$p\equiv 1 \pmod 4$ であれば，定理 1.16 (i) により，-1 は $\bmod p$ で平方剰余である．故に定理 1.13 により，-1 は $\bmod p^e$ でも平方剰余となり，$l^2\equiv -1 \pmod{p^e}$ となる $l \in \boldsymbol{Z}$ が存在する．

定理 2.2 によって，$-l/p^e$ の連分数展開の n 次近似分数 p_n/q_n $(n=1, 2, \cdots)$ とするとき，q_n は単調に p^e まで増加するから

$$q_n < p^{e/2} \leqq q_{n+1}$$

となる n が存在する．そのとき (2.18) によって

$$\left|-\frac{l}{p^e}-\frac{p_n}{q_n}\right| < \frac{1}{q_nq_{n+1}} \leqq \frac{1}{q_np^{e/2}}$$

となる．このとき $a=lq_n+p^ep_n$ とおくと，上の不等式から

$$|a| < p^{e/2}, \qquad 0 < a^2+q_n^2 < 2p^e$$

が成り立つ．かつ $a\equiv lq_n \pmod{p^e}$ であるから

$$a^2+q_n^2 \equiv l^2q_n^2+q_n^2 \equiv (1+l^2)q_n^2 \equiv 0 \pmod{p^e}$$

となる．故に $p^e=a^2+q_n^2$ でなければならない．

このとき $(a, q_n)=1$ となることは

$$p^e = (lq_n+p^ep_n)^2+q_n^2 = (1+l^2)q_n^2+2lp^ep_nq_n+p^{2l}p_n^2$$

より

$$1 = \frac{1+l^2}{p^e}q_n^2+lp_nq_n+p_n(lq_n+p^ep_n) = uq_n+ap_n$$

がわかる．▌

注意 $x^2+y^2=p^e$, $p\equiv 1 \pmod 4$ の解は

(x, y), $(-x, y)$, $(x, -y)$, $(-x, -y)$, (y, x), $(-y, x)$, $(y, -x)$, $(-y, -x)$

の8個しかない．すなわち，平面上の $x^2+y^2=p^e$ で定義される円周上に，ちょうど8個の格子点がある．

何故ならば，$y\equiv lx \pmod{p^e}$ $(x>0,\ y>0)$ とすると

$$x^2+y^2 \equiv x^2(1+l^2) \equiv 0 \pmod{p^e}$$

より，$l^2\equiv -1 \pmod{p^e}$ となる．定理1.9より，このような l は l と $1/l$ の二組しかなく，二組の解 (x, y) および (y, x) に対応しているからである．(同一の l に対するこのような解 (x, y) はただ一組しかない．)

定理 2.5 自然数 n に対して

$$x^2+y^2 = n \tag{2.28}$$

が $(x, y)=1$ となる解 $x, y\in \boldsymbol{Z}$ (すなわち**原始解**)を持つための必要十分条件は，n を素因数分解して $n=\prod_i p_i^{e_i}$ $(e_i>0)$ とするとき，$4\nmid n$ かつ $p_i\equiv 3 \pmod 4$ となる p_i が含まれないことである．

証明 (必要性) $p_1\equiv 3 \pmod 4$ とする．(2.28)の原始解 (x, y) があれば，$x\equiv ly \pmod{p_1}$ とすれば，$n=x^2+y^2\equiv y^2(1+l^2)\equiv 0 \pmod{p_1}$ より $l^2\equiv -1 \pmod{p_1}$ でなければならない．これは $p_1\equiv 3 \pmod 4$ と矛盾する．

(十分性) (2.28)が n_1, n_2 に対して解 (x_1, y_1) および (x_2, y_2) を持ち，かつ $(n_1, n_2)=1$ とする．等式

$$({x_1}^2+{y_1}^2)({x_2}^2+{y_2}^2) = (x_1x_2+y_1y_2)^2+(x_1y_2-x_2y_1)^2 \tag{2.29}$$

によって，$n=n_1n_2$ に対して

$$n = x^2+y^2,$$

$$x = x_1x_2+y_1y_2, \qquad y = x_1y_2-x_2y_1$$

と表わされる．もしも素数 q が x および y を割るとすれば，q は n_1 または n_2 の約数である．いま $q\mid n_2$ とすると，$(q, n_1)=1$ である．そのとき

$$x_2n_1 = x_2({x_1}^2+{y_1}^2) = x_1(x_1x_2+y_1y_2)-y_1(x_1y_2-y_1x_2),$$

$$y_2n_1 = y_2({x_1}^2+{y_1}^2) = y_1(x_1x_2+y_1y_2)+x_1(x_1y_2-y_1x_2)$$

より，q は x_2 と y_2 の公約数となり，$(x_2, y_2)=1$ に矛盾する．故に $(x, y)=1$ となる．以上と定理 2.4* と合わせれば，十分性が証明された．▌

注意 $n=x^2+y^2$ の解で，$(x, y)=1$ となるものの個数 $U_2(n)$ は，n の異なる素因数 p_i $(p_i\neq 2)$ がすべて $p_i\equiv 1 \pmod 4$ で，その個数を s とするとき，$U_2(n)=2^{s+2}$ である．——

つづいて，自然数 n を4個の平方数の和として表わす問題を考えよう．

定理 2.6 (Lagrange) 任意の自然数 n は

(2. 30) $$n = x_1^2+x_2^2+x_3^2+x_4^2 \qquad (x_1, x_2, x_3, x_4 \in \boldsymbol{Z})$$

と，4個の平方数の和として表わされる.

証明 まず公式

(2. 31)
$$\begin{aligned}(x_1^2+x_2^2+x_3^2+x_4^2)(y_1^2+y_2^2+y_3^2+y_4^2) &= (x_1y_1+x_2y_2+x_3y_3+x_4y_4)^2+(x_1y_2-x_2y_1+x_3y_4-x_4y_3)^2 \\ &\quad +(x_1y_3-x_3y_1+x_4y_2-x_2y_4)^2+(x_1y_4-x_4y_1+x_2y_3-x_3y_2)^2\end{aligned}$$

を用いれば，任意の素数 p に対して (2. 30) が解を持つことを示せば十分である. $p=2$ および $p\equiv 1 \pmod 4$ に対して (2. 30) が解を持つことはすでに見た通りである. よって，$p\equiv 3 \pmod 4$ のときに確かめればよい. ここでは，まず一般に，素数 p ($p\neq 2$) に対して

$$x_1^2+x_2^2+1 \equiv 0 \pmod p$$

が解を持つことを見よう. $x_1=0, 1, \cdots, (p-1)/2$ を動くとき，x_1^2 は $\bmod p$ で異なる剰余類に属する. 同じく $x_2=0, 1, \cdots, (p-1)/2$ に対して $-1-x_2^2$ も $\bmod p$ で異なる剰余類に属する. しかし x_1, x_2 両方を動かせば，$(p+1)/2+(p+1)/2>p$ より，或る x_1 と或る x_2 とに対して $x_1^2\equiv -1-x_2^2 \pmod p$ とならねばならない. よって

$$x_1^2+x_2^2+1 = mp$$

は，或る $0\leqq x_1, x_2\leqq (p-1)/2$ に対して解を持つ. この場合には，$x_1^2+x_2^2+1<1+2(p/2)^2<p^2$，すなわち $0<m<p$ である.

定理 2.4 の証明と同様に

(2. 32) $$x_1^2+x_2^2+x_3^2+x_4^2 = mp \qquad (0<m<p)$$

となる m の最小値を m_0 とし，$m_0>1$ として矛盾に導けばよい.

(イ) m_0 が偶数の場合. (i) x_1, x_2, x_3, x_4 はすべて偶数，(ii) x_1, x_2, x_3, x_4 はすべて奇数，(iii) x_1, x_2 は偶数かつ x_3, x_4 は奇数，の三つの型がある. いずれの場合にも x_1+x_2，x_1-x_2，x_3+x_4，x_3-x_4 はすべて偶数であるから

$$\left(\frac{x_1+x_2}{2}\right)^2+\left(\frac{x_1-x_2}{2}\right)^2+\left(\frac{x_3+x_4}{2}\right)^2+\left(\frac{x_3-x_4}{2}\right)^2 = \frac{m_0}{2}p$$

となり，m_0 の最小性に矛盾する.

(ロ) m_0 が奇数の場合. まず x_1, x_2, x_3, x_4 がすべて m_0 の倍数とすれば，(2. 32) の左辺は m_0^2 の倍数となり，$0<m_0<p$ と矛盾する. よって

$$y_i = x_i - b_i m_0 \qquad (|y_i| < m_0/2)$$

とすれば,

$$0 < y_1^2 + y_2^2 + y_3^2 + y_4^2 < 4\left(\frac{m_0}{2}\right)^2 = m_0^2$$

かつ $y_1^2+y_2^2+y_3^2+y_4^2 \equiv 0 \pmod{m_0}$ である．いま

$$x_1^2+x_2^2+x_3^2+x_4^2 = m_0 p \qquad (m_0 < p),$$

$$y_1^2+y_2^2+y_3^2+y_4^2 = m_0 m_1 \qquad (0 < m_1 < m_0)$$

とおく．これらを (2. 31) に代入して得られる右辺の各項を z_1, z_2, z_3, z_4 とすれば

$$z_1^2+z_2^2+z_3^2+z_4^2 = m_0^2 m_1 p$$

となる．ところで

$$z_1 = \sum_{i=1}^{4} x_i y_i = \sum_{i=1}^{4} x_i(x_i - b_i m_0) \equiv \sum_{i=1}^{4} x_i^2 \equiv 0 \pmod{m_0}$$

および同様に，z_2, z_3, z_4 もすべて m_0 の倍数となる．故に $z_i = m_0 t_i$ $(i=1, 2, 3, 4)$ とおくと，上の式の両辺を m_0^2 で割って

$$t_1^2+t_2^2+t_3^2+t_4^2 = m_1 p \qquad (0 < m_1 < m_0)$$

となる．これは矛盾である．▌

注意　(2. 29) の式は，複素数 $\alpha_j = x_j + \sqrt{-1}\, y_j$ $(j=1, 2)$ を用いると，左辺は

$$\alpha_1\bar{\alpha}_1 = x_1^2+y_1^2, \qquad \alpha_2\bar{\alpha}_2 = x_2^2+y_2^2$$

の積で，右辺は $(\alpha_1\alpha_2)(\overline{\alpha_1\alpha_2})$ を表わす．$\alpha\bar{\alpha} = N\alpha$ と表わせば，(2. 29) は

(2. 33)　$$(N\alpha_1)(N\alpha_2) = N(\alpha_1\alpha_2)$$

という複素数についての公式を表わす．

同様に，4元数

$$\alpha = x_1 + ix_2 + jx_3 + kx_4 \qquad (x_i \in \boldsymbol{R}),$$

$$i^2 = j^2 = k^2 = -1, \quad ij = -ji = k, \quad jk = -kj = i, \quad ki = -ik = j$$

に対して

$$N\alpha = x_1^2+x_2^2+x_3^2+x_4^2$$

とおくとき，(2. 31) は

(2. 34)　$$(N\alpha)(N\beta) = N(\alpha\beta)$$

と表わされる．定理 2. 4 が 2 次体 $\boldsymbol{Q}(\sqrt{-1})$ の数論と深い関係にあるように，定理 2. 6 は $\boldsymbol{Q}$ 上の 4 元数体の数論を用いて証明される．しかしここではこの Hurwitz の方法について述べることができない (Hardy-Wright [2], pp. 303-310). ——

定理 2. 6 で n を与えたときの x_1, x_2, x_3, x_4 の解の個数を $Q_4(n)$ とすると，

$$
(2.35)\qquad \begin{cases} Q_4(n) = 8\left(\sum_{d|n} d\right) & ((2, n)=1), \\ Q_4(2^l u) = 24\left(\sum_{d|n} d\right) & (l>0) \end{cases}
$$

であることが知られている．代数的証明は，たとえば Landau [6], I, pp. 110-113 を参照．Hardy-Wright [2], pp. 311-314 には，Ramanujan による証明があげてある．それは解析的方法で初等的ではあるが，楕円関数論に属するものである．それはまず，つぎの生成関数の考えを用いる．いま $|x|<1$ として

$$
(1+2x+2x^4+\cdots)^4 = \left(\sum_{m=-\infty}^{\infty} x^{m^2}\right)^4 = \sum_{n=0}^{\infty} Q_4(n) x^n
$$

とおく．$Q_4(n)$ は，n を 4 個の平方数の和として表わす場合の解の個数である．この左辺を初等的ではあるがたくみに変形していくと，(2.35) に達するのである．この方法によると，任意の n に対して $Q_4(n)>0$ となることがわかり，定理 2.6 自体の証明にもなっているのである．

つぎに，任意の $n \in \boldsymbol{N}$ を

$$
(2.36)\qquad n = {x_1}^2+{x_2}^2+{x_3}^2 \qquad (x_1, x_2, x_3 \in \boldsymbol{N})
$$

と表わすことができるかという問題を考える．たとえば $n=7$ とすると，(2.36) の解が存在しない．

(IX) 不定方程式 (2.36) の解が存在しないための必要十分条件は

$$
n = 4^a(7+8b) \qquad (a \geqq 0,\ \ b \geqq 0)
$$

と表わされることである (Landau [6], I, pp. 114-125)．——

証明は，ここでは省略する．

Lagrange の定理 2.6 は，Waring の問題 (1770) から出発している．すなわち，E. Waring (1734-1798) はつぎの問題を予想した．

"任意の $k \in \boldsymbol{N}$ に対して適当な $s=s(k)$ をとるとき，任意の $n>0$ が

$$
(2.37)\qquad n = {x_1}^k+{x_2}^k+\cdots+{x_s}^k \qquad (x_1, \cdots, x_s \in \boldsymbol{Z})
$$

として表わすことができる."

この問題を **Waring の問題**という．さらに，Waring は $k=2$ のとき $s=4$, $k=3$ のとき $s=9$, $k=4$ のとき $s=19$ 等々を予想した．Lagrange は同じ年のうちに，$k=2$ の場合に証明を与えたのである．$k=3, 4, 5, 6, 7, 8, 10$ の場合に適当

な s をとれば，Waring の予想が正しいことは1800年代に証明されたが，一般の k に対して Waring の予想の正しいことを証明したのは Hilbert (1909) である．Hilbert の方法は新しい解析的方法であって，その後多くの数学者の手によって，$s(k)$ のもっとも小さい値を求める問題，解の個数の問題などが，さらに解析的方法を改良することによって得られている．Landau [6], I, pp. 235-260 に，その時までに得られている結果についてのくわしい証明がなされている．また，Hardy-Wright [2], pp. 297-339 にもこれに関連した興味深い解説がある．

§2.3 Minkowski の定理と Dirichlet の論法

a) Minkowski の定理

数論に幾何学的方法を積極的に導入して，いわゆる‘数の幾何’の分野を開拓したのは H. Minkowski (1864-1909) である．つぎの Minkowski の定理は数論においていろいろと応用が広い．

定義 2.5 平面(または一般に n 次元 Euclid 空間)における領域 S が**凸形** (convex) であるとは，S 内の任意の2点を結ぶ線分が全く S 内に含まれることをいう．また，S が**有心**とは，S の1点 O に関して S が対称であることを言う．このとき O を S の**中心**という．

定理 2.7 (Minkowski) (x, y) 平面上の有心凸形 S の中心 O が格子点であり，かつ S の面積 $A=4$ であれば，S またはその周上に中心以外に少なくも一つの格子点を含む．——

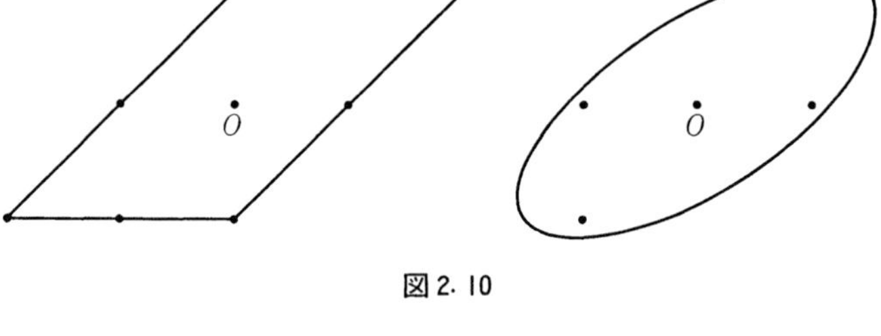

図 2.10

まずつぎの命題を証明しよう．

(I) 面積1の有界領域 S ($A(S)=1$) が与えられているとき，S またはその周上の2点 $P_0=(x_0, y_0)$，$P_1=(x_1, y_1)$ で $x_0-x_1 \in \boldsymbol{Z}$ かつ $y_0-y_1 \in \boldsymbol{Z}$ となるもの

が存在する.

[証明] (x, y)平面を格子点を頂点とする正方形に分け，S とそれらの共通部分をとって

$$S = S_1 \cup S_2 \cup \cdots \cup S_k$$

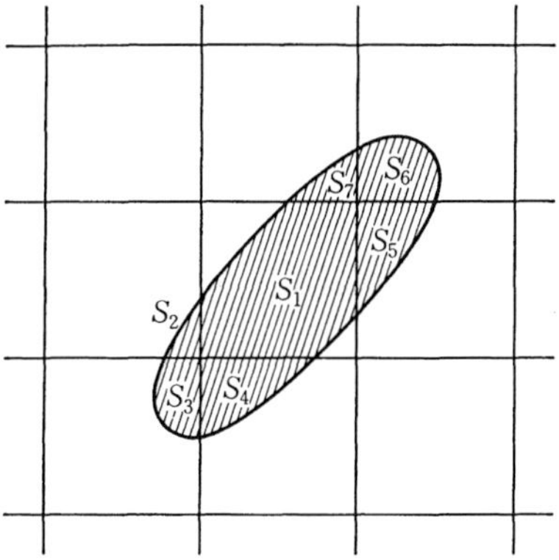

図 2.11

とする．これら S_i を一つの正方形 I 内に平行移動 τ_i によって移す：$\tau_i(S_i) \subset I$. もしも或る $i \neq j$ に対して $\tau_i(S_i) \cap \tau_j(S_j) \neq \phi$ であれば，その共通部分内に 1 点 P をとるとき，$P_0 = \tau_i^{-1}(P)$，$P_1 = \tau_j^{-1}(P)$ をとると，$P_0 \in S_i \subset S$, $P_1 \in S_j \subset S$, かつ $\tau_j^{-1} \circ \tau_i(P_0) = P_1$ となる．このとき，P_0, P_1 は求める性質を持つ．もしも $i \neq j$ ならば $\tau_i(S_i) \cap \tau_j(S_j) = \phi$ であれば，$A(\tau_i(S_i)) = A(S_i)$ (ただし A は面積を表わす) であるので

$$1 = A(I) \geqq A\left(\bigcup_{i=1}^{k} \tau_i(S_i)\right) = \sum_{i=1}^{k} A(\tau_i(S_i)) = \sum_{i=1}^{k} A(S_i)$$
$$= A(S) = 1$$

となる．これは矛盾でないが，もしも $A(S) > 1$ であれば矛盾となり，或る $i \neq j$ に対して $\tau_i(S_i) \cap \tau_j(S_j) \neq \phi$ でなければならない．よって $A(S) = 1$ で，$i \neq j$ のとき $\tau_i(S_i) \cap \tau_j(S_j) = \phi$ であれば，S_1 の周上の 1 点 P を中心とする ε 近傍 $U_\varepsilon(P)$ をとり $S^* = S \cup U_\varepsilon(P)$ とすれば，$A(S^*) > 1$ となり，$\tau_1(S_1^*) \cap \tau_i(S_i) \neq \phi$ とならねばならない．ただし $S_1^* = S_1 \cup U_\varepsilon(P)$ とする．その共通部分より 1 点 P_ε をとると，$P_{0,\varepsilon} = \tau_1^{-1}(P_\varepsilon)$，$P_{1,\varepsilon} = \tau_i^{-1}(P_\varepsilon)$ は，求める性質を持つ．いま $\varepsilon = 1/n$ $(n=1,$

2, …) とすれば，$P_{0,1/n}\in S_1\cup U_{1/n}(P)$，$P_{1,1/n}\in S_{j(n)}$ となる．ここで $j(n)$ $(n=1, 2, \cdots)$ は無限に多くの n に対して，一定の j となる．よって $j(n')=j$ となる n' について，$\lim_{n'\to\infty} P_{0,1/n'}=P_0\in$ (S_1 の周)，$\lim_{n'\to\infty} P_{1,1/n'}=P_1\in$ (S_j の周) となり，この P_0, P_1 は S の周上にあって求める性質を持つ．▌

定理 2.7 の証明　S の中心 O を原点にとり，O を中心として，S を 1/2 に縮小した凸形を S' とする．S' の面積は 1 となる．故に (I) によって，S' またはその周上の 2 点 $P_0=(x_0, y_0)$，$P_1=(x_1, y_1)$ で，$x_0-x_1\in\boldsymbol{Z}$，$y_0-y_1\in\boldsymbol{Z}$ となるものがある．O に関して P_1 の対称点を $Q_1=(-x_1, -y_1)$ とする．S' も凸形であるから，P_0 と Q_1 の中点 $R'=((x_0-x_1)/2, (y_0-y_1)/2)\in S'$ (またはその周) となる．よって OR' を 2 倍に延ばした OR をとれば $R\in S$ (またはその周) となり，かつ $R=(x_0-x_1, y_0-y_1)$ は格子点となる．よって定理は成立する．▌

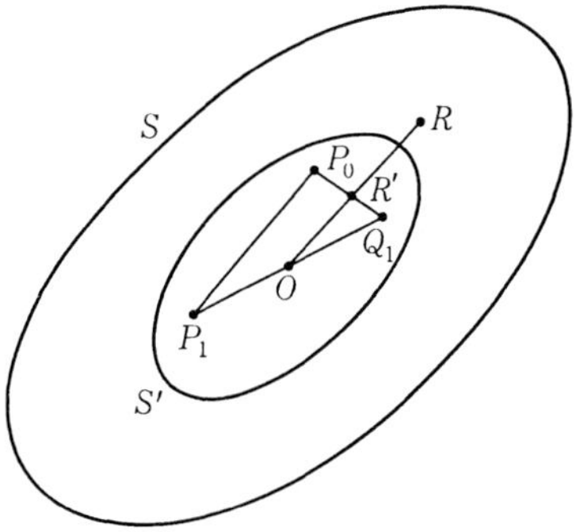

図 2.12

注意　Minkowski の定理 2.7 は，平面上の凸形のみでなく，"n 次元 Euclid 空間内の格子点を中心とする有心凸形 S で，その体積が 2^n ならば，S または S の周上に中心以外に格子点を持つ" という形に拡張される．その証明は，平面の場合と全く同様である．

(**II**)　(x, y) 平面上にて

$$\xi=\alpha x+\beta y,\qquad \eta=\gamma x+\delta y\qquad (\alpha, \beta, \gamma, \delta\in\boldsymbol{R})$$

とおく．$hk=|\alpha\delta-\beta\gamma|$ とすれば

$$|\xi|\leqq h,\qquad |\eta|\leqq k$$

を満足する格子点 $(x, y)\neq(0, 0)$ が必ず存在する．

[証明]　$\xi=\pm h$，$\eta=\pm k$ で囲まれる平行四辺形を S とする．この S は有心凸形である．$\xi=h$ と $\eta=0$ との交点を (a, b)，$\eta=k$ と $\xi=0$ との交点を (c, d) とす

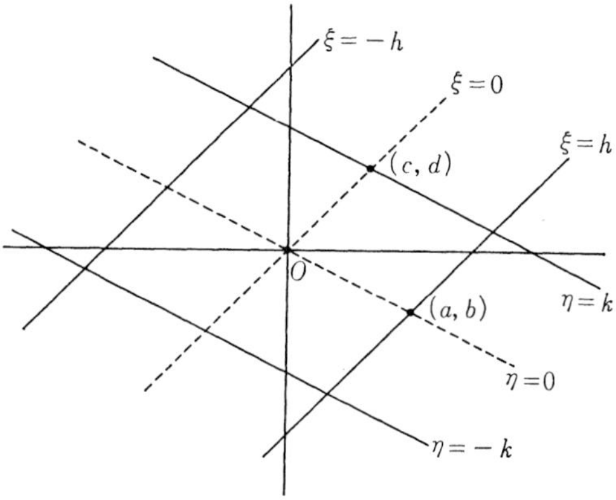

図 2.13

れば，$A(S)/4=\begin{vmatrix} a & b \\ c & d \end{vmatrix}$ である．一方

$$\begin{vmatrix} \alpha & \beta \\ \gamma & \delta \end{vmatrix} \cdot \begin{vmatrix} a & b \\ c & d \end{vmatrix} = \begin{vmatrix} \alpha a+\beta b & \alpha c+\beta d \\ \gamma a+\delta b & \gamma c+\delta d \end{vmatrix} = \begin{vmatrix} h & 0 \\ 0 & k \end{vmatrix} = hk$$

となるから

$$|\alpha\delta-\beta\gamma| \times \frac{A(S)}{4} = hk.$$

すなわち $A(S)=4$ となる．よって Minkowski の定理 2.7 より，求める命題が成り立つ．▌

(III) 平行四辺形が面積 4 で，かつ中心と周上にのみ格子点を持つとき，その格子点の位置は図 2.14 の (イ) または (ロ) の場合に限る．すなわち，(イ) 4 頂

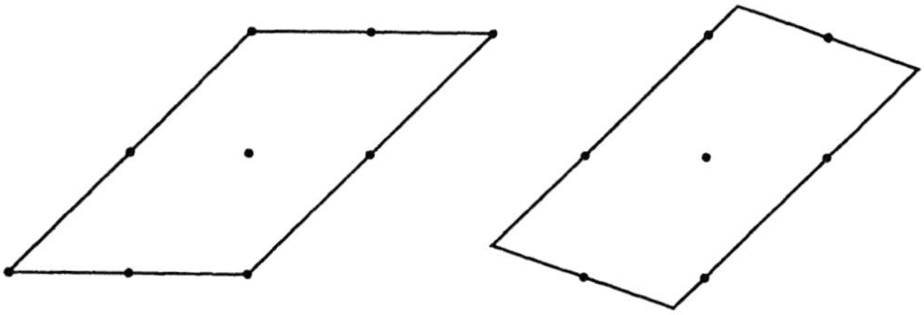

(イ)　　(ロ)

図 2.14

点と四つの辺の中点，(ロ) 二つの辺の中点と残りの二つの辺上に各二つずつ．

［証明］ 平行四辺形の面積 $A=4$ で，その内部の中心にただ一つの格子点を持つとする．もしも頂点がすべて格子点であれば，§2.2 (III) によって，周上に全体で8個の格子点がある．4辺のうち，2辺は端点以外に2個の格子点を持ち，他の2辺は端点以外に格子点を持たないとすれば，図2.15(1)のように，その内部に中心以外に格子点を含まなければならない．これは仮定に反する．よって，四つの辺は，すべて端点以外にちょうど一つの格子点を持ち，それらは辺の中点でなければならない．すなわち(イ)の場合である．

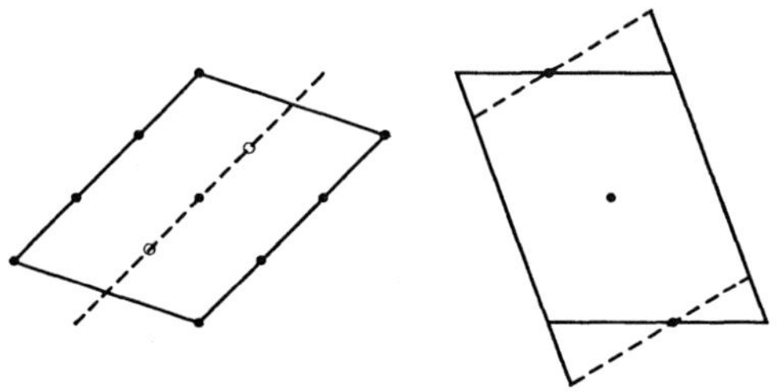

(1)　　(2)　　(3)

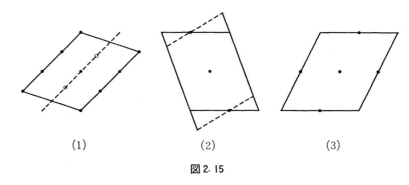

図2.15

また，この平行四辺形の頂点が格子点でない場合は，定理2.7によって周上に少なくも一つの格子点がある．或る辺上にただ一つの格子点があるときは，その格子点はその辺の中点でなければならない．そうでなければ，図2.15(2)のように，その辺をすこし傾ければ，内部に中心以外の格子点がなく，しかも面積 $A>4$ となる平行四辺形が作られて，矛盾となる．また，或る辺上に全く格子点がなければ，その辺をすこし外側に平行移動しても，内部に中心以外に格子点がなく，やはり矛盾となる．もしも4辺ともただ一つしか格子点がなければ，図2.15(3)のように，それらは辺の中点となり，(イ)の場合となり，これも頂点が格子点でないという仮定に矛盾する．残りの場合は，或る辺上に二つの格子点のある場合である．以上の場合分けから，残された図形は(ロ)の場合に限ることになる．▍

例 2.7　$a, b, c \in \boldsymbol{R}$，$D=b^2-4ac<0$ ならば

$$f(x, y) = ax^2+bxy+cy^2$$

とおくとき

$$f(x, y) \leqq \frac{2\sqrt{|D|}}{\pi}$$

は $(0, 0)$ 以外の整数解 (x, y) を持つ.（もちろん解の個数は有限である.）

[証明] $f(x, y)=k$ は平面上の楕円 S を表わす. S は原点を中心とする有心凸形である. その面積 $A(S)$ は, 容易に計算されるように,

$$A(S) = \frac{2k\pi}{\sqrt{|D|}}$$

である. したがって $k=2\sqrt{|D|}/\pi$ のとき, $A(S)=4$ となり, Minkowski の定理 2.7 を適用すればよい. ▌

b) Dirichlet の部屋割り論法

Minkowski の定理は極めて役に立つ定理であるが, 別に, 数論においてしばしば用いられる別の論法を紹介しよう.

Dirichlet の部屋割り論法. “いま n 個の場所へ m 個 (ただし $m>n$) の物を置くとすれば, 少なくも 1 カ所には 2 個以上の物が置かれなければならない.”

証明はほとんど自明である. その一つの応用をあげよう.

定理 2.8 任意の実数 ω と, 自然数 n とを与えるとき

$$|\omega x-y| < \frac{1}{n} \qquad (0<x\leqq n)$$

となる整数 (x, y) が必ず存在する.

証明 いま区間 $[0, 1)$ を n 個の区間

$$[0, 1/n), \quad [1/n, 2/n), \quad \cdots, \quad [(n-1)/n, 1)$$

に分ける. 一方, x に $0, 1, 2, \cdots, n$ の $n+1$ 個の値を与えるとき,

$$0 \leqq \omega i-y_i < 1 \qquad (i=0, 1, \cdots, n)$$

となる整数 y_i をとることができる. Dirichlet の部屋割り論法を適用すれば, 或る二つの $\omega i-y_i$, $\omega j-y_j$ $(i\neq j)$ は同一の区間に属する. したがって

$$|(\omega i-y_i)-(\omega j-y_j)| < \frac{1}{n}$$

となる. いま $i>j$ とすれば $x=i-j>0$, $y=y_i-y_j \in \boldsymbol{Z}$ に対して, $|\omega x-y|<1/n$ $(0<x\leqq n)$ が成り立つ. ▌

定理 2.8 は連分数を用いても証明される. まず, ω を無理数としよう. ω を連分数に展開して, n 次近似分数を p_n/q_n $(n=1, 2, \cdots)$ とする. $q_1\leqq q_2<\cdots$, $\lim q_n$

$=\infty$ であるから，与えられた n に対して $n \leqq q_r$ となる r が存在する．そのとき定理 2.2 の (2.18) より

$$\left|\omega-\frac{p_r}{q_r}\right|<\frac{1}{q_r q_{r+1}}<\frac{1}{{q_r}^2}$$

より $|q_r\omega-p_r|<1/q_r\leqq 1/n$ となる．よって求める整数 (x, y) が得られた．

さらに Minkowski の定理からも，もっと良い結果が導かれる．

(IV)　$a, b, c \in \boldsymbol{R}$, $D=b^2-4ac>0$ ならば

$$f(x, y)=ax^2+bxy+cy^2$$

とおくとき

$$|f(x, y)|<\frac{\sqrt{D}}{2}$$

となる整数解 (x, y) を無数に持つ．

［証明］　$ax^2+bxy+cy^2=(\alpha x+\beta y)(\gamma x+\delta y)$,　　$\varDelta=\alpha\delta-\beta\gamma$

と因数分解すれば，$D=\varDelta^2$ である．$\varDelta>0$ と仮定する．$\xi=\alpha x+\beta y$, $\eta=\gamma x+\delta y$ とおく．$f(x, y)=\xi\eta$ である．α/β または γ/δ が有理数ならば，$\xi=0$ または $\eta=0$ が無数の整数解を持つから，あらかじめ除外しておく．

$$\xi-\eta=(\alpha-\gamma)x+(\beta-\delta)y, \qquad \xi+\eta=(\alpha+\gamma)x+(\beta+\delta)y$$

に対して，係数の行列式は $(\alpha-\gamma)(\beta+\delta)-(\beta-\delta)(\alpha+\gamma)=2\varDelta$ であるから，(II) によって

(2.38)　　$$|\xi-\eta|\leqq\sqrt{2\varDelta}, \qquad |\xi+\eta|\leqq\sqrt{2\varDelta}$$

は (0, 0) 以外の整数解を少なくも一つ持つ．さらに (III) によれば，どちらか任意の一方は $<$ として成立する．よって $|\xi|+|\eta|<\sqrt{2\varDelta}$ は (0, 0) 以外の整数解を持つ．それは $4|\xi\eta|\leqq(|\xi|+|\eta|)^2<2\varDelta$, したがって

$$|\xi\eta|<\frac{\varDelta}{2}$$

を満足する．さて (2.38) は有限個の整数解しか持たないから $(\xi\neq 0)$，それらの中で $|\xi|$ を最小ならしめるものがある．その最小値を $\xi_0=\alpha x_0+\beta y_0$ とする．

つぎに $\mu=\xi_0/\sqrt{2\varDelta}$ とおくとき，連立1次式 ξ/μ, $\mu\eta$ の係数の行列式も同じく $\varDelta$ であるから

$$\left|\frac{\xi}{\mu}\right|+|\mu\eta|<\sqrt{2\varDelta}$$

となる整数解 (x_1, y_1) $(\neq(0,0))$ が存在し，したがって (x_1, y_1) は $|\xi\eta|<\Delta/2$ の解となる．そのとき $|\xi/\mu|<\sqrt{2\Delta}$，したがって $|\xi|<|\xi_0|$ となり，$(x_0, y_0)\neq(x_1, y_1)$ である．この方法をくりかえせば，$|\xi\eta|<\Delta/2$ は無数の解を持つことがわかる．▌

注意　(IV) の結果を $|f(x, y)|\leqq\Delta/\sqrt{5}$ にまで改良できるが，それ以上には改良されない．たとえば $f(x, y)=x^2+xy-y^2$ に対して $\Delta=\sqrt{5}$ であるので，$1/\sqrt{5}$ をより小さい数でおきかえることはできない (Leveque [3], I, p. 154).

(V)　任意の $\omega\in\boldsymbol{R}$ に対して

$$|\omega x-y|<\frac{1}{2|x|}$$

となる整数解 (x, y) が無限に存在する．

[証明]　$\xi=\omega x-y$, $\eta=x$, $f(x, y)=\xi\eta$ とすれば，(IV) において $\Delta=1$ である．よって $|x(\omega x-y)|<1/2$ は無数の整数解を持つ．▌

(V) は定理 2.8 と比べてみると，右辺に 1/2 の係数があるので，その改良となっている．

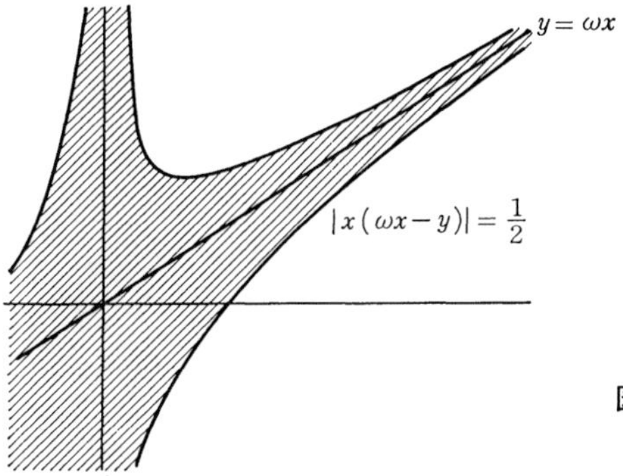

図 2.16

§2.4　Diophantus 近似

a）連分数による近似

与えられた実数 ω を有理数によって近似する問題を一般に Diophantus 近似の問題という．任意の実数 ω は有理数列の極限として表わされるので，ω に何程でも近い有理数が存在することは明らかであるが，その近似の度合を，近似する有理数を既約分数 p/q と表わすとき，q を尺度としようというのである．たと

えば，$\pi=3.1415926\cdots$ に対して $p/q=3141/1000$ とおくと，$|\pi-p/q|<1/1000$ である．すなわち近似の度合としては

$$\left|\omega-\frac{p}{q}\right|<\frac{1}{q}$$

の程度である．それに対して，π の連分数展開

$$\pi=[3, 7, 15, 1, 292, 1, 1, \cdots]$$

の n 次近似分数 p_n/q_n を用いれば

$$\left|\omega-\frac{p_n}{q_n}\right|<\frac{1}{q_n{}^2}$$

である．もっとくわしく右辺を $1/q_nq_{n+1}$ にとれる．したがって $n=4$, $p_4/q_4=355/113$ とすれば，$q_4=113$, $q_5=33102$ であるから

$$\left|\pi-\frac{355}{113}\right|<\frac{1}{113\times 33102}$$

という近似となり，小数展開を用いる近似と比べるとはるかによいものと言えよう．ここでは，Diophantus 近似について十分に解説することはできないが，いくつかの問題と結果を挙げよう．

定理 2.9　(i)　ω が有理数であるとき

$$\left|\omega-\frac{p}{q}\right|<\frac{1}{q^2}\qquad ((p, q)=1) \tag{2.39}$$

となる分数 p/q は高々有限個しか存在し得ない．

(ii)　ω が無理数であれば，このような分数 p/q は無限に多く存在する．

証明　(i)　ω を有理数 a/b $((a, b)=1)$ とする．

$$\left|\frac{a}{b}-\frac{p}{q}\right|=\frac{|aq-pb|}{bq}\geqq\frac{1}{bq}.$$

ただし $a/b\neq p/q$ とする．故に，左辺$<1/q^2$ ならば $q<b$ でなければならない．よって条件に適する p/q は有限個しか有り得ない．

(ii)　これに対して，ω が無理数であれば，ω の連分数展開による n 次近似分数はすべて (2.39) を満足する．▮

つぎに，(2.39) の右辺を $1/q^2$ の代りに，1 より小さい定数 c により

$$\frac{c}{q^2}\qquad (c>0)$$

で置きかえることができるであろうか．これはすでに (V) において $c=1/2$ とす

ることができることを示してある．一般につぎの定理が知られている．

定理 2.10 “与えられた無理数 ω に対して

$$\left|\omega-\frac{p}{q}\right|<\frac{c}{q^2} \qquad (c>0,\ (p,q)=1) \tag{2.40}$$

となる既約分数 p/q が無限に多く存在する”という命題を**命題 P** と呼ぼう．

（i） $c=1/2$ に対して，命題 P は正しい．すなわち，任意の相つづく二つの近似分数 p_n/q_n，p_{n+1}/q_{n+1} の一方は，(2.40) を満足する (Vahlen).

（ii） $c=1/\sqrt{5}$ に対して，命題 P は正しい．すなわち，任意の相つづく三つの近似分数 p_n/q_n，p_{n+1}/q_{n+1}，p_{n+2}/q_{n+2} のうちの或る一つは，(2.40) を満足する (Hurwitz).

(iii) $\omega=(1+\sqrt{5})/2=[\dot{1}]$ に対して，$c<1/\sqrt{5}$ とすれば，命題 P は正しくない．

(iv) ω を連分数展開したとき，$\omega=[k_0,\cdots,k_n,\dot{1}]$ (すなわち第 $n+1$ 項以下がすべて 1) となる場合を除いて，$c=1/\sqrt{8}$ に対して命題 P は正しい．

（v） $\omega=\sqrt{2}=[1,\dot{2}]$ に対して，命題 P は $c<1/\sqrt{8}$ に対して成立しない．

(vi) ω を連分数展開したとき，$\omega=[k_0,\cdots,k_n,\dot{1}]$ または $\omega=[h_0,\cdots,h_m,\dot{2}]$ となる場合を除いて，$c=6/17$ にとるとき，命題 P は正しい．

(vii) $c=1/3$ とするとき，命題 P の成り立たないような ω は非可算無限個存在する．——

これらの証明をここに述べるだけの紙数がない (高木 [1], pp. 154-157, Leveque [3], I, Chap. 9 参照).

注意 無理数 ω に対して

$$\left|\omega-\frac{p}{q}\right|<\frac{1}{2q^2}$$

を満足する既約分数 p/q は，ω の主近似分数に限ることが証明される (高木 [1], pp. 154-155).

b）代数的数の有理数による近似

定義 2.6 或る数 ω (実数または複素数) が ***n* 次の代数的数** (algebraic number) であるとは，ω が $\boldsymbol{Q}$ 上既約な n 次代数方程式の根となっていることをいう：

$$f(X)=a_0+a_1X+\cdots+a_nX^n \qquad (a_n\neq 0,\ a_i\in\boldsymbol{Q}),$$

かつ $f(X)$ は $\boldsymbol{Q}$ 上既約で，

$$f(\omega)=0.$$

特に2次の実代数的数を簡単に**2次無理数**と呼ぼう．

定理 2.11 (Liouville)　ω を n 次代数的数とする．ω に対して或る正の定数 c をとるとき，任意の既約分数 p/q に対して

$$\left|\omega-\frac{p}{q}\right|>\frac{c}{q^n} \qquad ((p,q)=1,\ q>0) \tag{2.41}$$

が成り立つようにできる．

証明　$f(X)=a_nX^n+a_{n-1}X^{n-1}+\cdots+a_1X+a_0 \qquad (a_n>0,\ a_0,\cdots,a_n\in \boldsymbol{Z})$ を $\boldsymbol{Q}$ 上既約な多項式で，$f(\omega)=0$ とする．$f(X)=0$ の根を $\omega_1,\cdots,\omega_n\in\boldsymbol{C}$ とし，特に $\omega=\omega_1$ とする．$f(X)=a_n(X-\omega_1)\cdots(X-\omega_n)$ である．

$$q^nf\left(\frac{p}{q}\right)=a_np^n+a_{n-1}p^{n-1}q+\cdots+a_1pq^{n-1}+a_0q^n$$

は整数で，かつ0でない．したがってその絶対値は少なくも1である．故に

$$\left|\omega-\frac{p}{q}\right|=\left|q^nf\left(\frac{p}{q}\right)\right|\Big/\left(a_nq^n\prod_{k=2}^{n}\left|\omega_k-\frac{p}{q}\right|\right)$$
$$\geqq 1\Big/\left(a_nq^n\prod_{k=2}^{n}\left|\omega_k-\frac{p}{q}\right|\right)$$

となる．いま

$$\lambda=\max(|\omega_1|,\cdots,|\omega_n|)$$

とおく．

(i)　$|p/q|>2\lambda$ の場合．

$$\left|\omega-\frac{p}{q}\right|>2\lambda-\lambda\geqq\frac{\lambda}{q^n}$$

である．

(ii)　$|p/q|\leqq 2\lambda$ の場合．

$$\left|\omega_k-\frac{p}{q}\right|\leqq 3\lambda \qquad (k=2,\cdots,n)$$

である．故に上の不等式より

$$\left|\omega-\frac{p}{q}\right|\geqq\frac{1}{a_nq^n(3\lambda)^{n-1}}$$

となる．よって

$$c=\min\left(\lambda, \frac{1}{a_n(3\lambda)^{n-1}}\right)$$

とおけば (2.41) の成り立つことがわかった. ▮

この定理は, 定理 2.10 の右辺の c/q^2 をどのようにとり得るか (とり得ないか) を示すものであって, 一方では, 超越数の存在を示す手段となるが, 他方では, 不定方程式の理論にも有効に応用されるのである.

いま, つぎの命題を考える.

命題 P_ν ω を n 次代数的数とする. そのとき n に対して 或る $\nu>0$ をとると, ω に対して定まる或る正の数 c があって, 任意の既約分数 p/q に対して

$$\left|\omega-\frac{p}{q}\right|>\frac{c}{q^\nu} \tag{2.42}$$

が成り立つ. ——

Liouville の定理 2.11 は, $\nu=n$ に対して命題 P_n が正しいことを証明したのである. 後に A. Thue (1908) はつぎの定理を与えた.

定理 2.12 (Thue) (i) 命題 P_ν は $\nu=n/2+1$ に対して正しい.

(ii) $$f(X)=a_nX^n+a_{n-1}X^{n-1}+\cdots+a_1X+a_0 \qquad (a_n>0,\ a_i\in \boldsymbol{Z},\ n\geqq 3)$$

が $\boldsymbol{Q}$ 上既約であるとする. そのとき

$$a_nX^n+a_{n-1}X^{n-1}Y+\cdots+a_1XY^{n-1}+a_0Y^n=b \qquad (b\neq 0,\ b\in\boldsymbol{Z}) \tag{2.43}$$

は, 高々有限個の整数解 (x, y) しか持たない.

証明 (i) の証明は複雑でここに述べることができない. (ii) は (i) を用いれば, 簡単に示すことができる. すなわち, $f(X)=0$ の根を $\omega_1, \cdots, \omega_n$ とし

$$\mu=\min_{i\neq j}(|\omega_i-\omega_j|)$$

とおく. もしも (2.43) が無限に多くの整数解 (x_m, y_m) $(m=1, 2, \cdots)$ を持つとする. このとき $\{x_m\}$ も $\{y_m\}$ も有界ではあり得ない. また $\omega_1, \cdots, \omega_n$ の一つに対して $\{(x_m, y_m)\}$ の或る部分列 $\{(x_{m_j}, y_{m_j})\}$ をとると, $\lim\limits_{j\to\infty} x_{m_j}/y_{m_j}=\omega_k$ となる. 何故ならば, もしもそうでないとすれば, 或る $\varepsilon>0$ が存在して

$$\left|\omega_k-\frac{x_m}{y_m}\right|>\varepsilon \qquad (1\leqq k\leqq n,\ \ m=1, 2, \cdots)$$

となる. 故に

$$|b| = \left|y_m{}^n f\left(\frac{x_m}{y_m}\right)\right| = a_n|y_m|^n\left|\prod_{k=1}^{n}\left(\frac{x_m}{y_m}-\omega_k\right)\right| \geqq a_n|y_m|^n\varepsilon^n$$

となるが，$\{y_m\}$ が有界でないので，矛盾となる．そこで，番号をつけかえて

$$\left|\omega-\frac{x_m}{y_m}\right| < \frac{\mu}{2} \qquad (\omega=\omega_1,\ \ m=1, 2, \cdots)$$

とする．そのとき

$$\left|\omega-\frac{x_m}{y_m}\right| = \frac{|b|}{a_n|y_m|^n\prod_{k=2}^{n}\left|\frac{x_m}{y_m}-\omega_k\right|} \leqq \frac{|b|}{a_n\left(\frac{\mu}{2}\right)^{n-1}}\cdot\frac{1}{|y_m|^n}$$

となる．一方，命題 P_ν が $p/q=x_m/y_m$ に対して成り立ち，かつ $\lim|y_m|=\infty$ とすれば，$\nu=n/2+1<n$ より矛盾を生じる．よって(2.43)は高々有限個の整数解しか持たない．▌

Thue の不等式(命題 P_ν，$\nu=n/2+1$)：ω を n 次代数的数とするとき

(2.44)
$$\left|\omega-\frac{p}{q}\right| > \frac{c}{q^{n/2+1}} \qquad \left(\exists c>0,\ \ \forall\frac{p}{q}\right)$$

は，C. L. Siegel によって(命題 P_ν，$\nu=2\sqrt{n}$)：

(2.45)
$$\left|\omega-\frac{p}{q}\right| > \frac{c}{q^{2\sqrt{n}}} \qquad \left(\exists c>0,\ \ \forall\frac{p}{q}\right)$$

にまで改良された．しかし，命題 P_ν に対する最終的な結果は，つぎの定理で与えられた．

K. F. Roth の定理 (1955) (命題 P_ν，$\nu=2+\varepsilon$)：ω を n 次代数的数とするとき，任意の $\varepsilon>0$ に対して

(2.46)
$$\left|\omega-\frac{p}{q}\right| > \frac{c}{q^{2+\varepsilon}} \qquad \left(\exists c>0,\ \ \forall\frac{p}{q}\right)$$

が成り立つ．——

Roth の定理の証明は簡単でない．たとえば，Leveque[3]，II，Chap. 4 を参照されたい．

c) 超越数

定義 2.7　数 ω (実数または複素数)が**超越数**(transcendental number)であるとは，代数的数でないことをいう．すなわち，任意の有理係数多項式 $f(X)$ に対して $f(\omega)\neq 0$ となることをいう．——

集合論によれば，$|\boldsymbol{C}|$（複素数全体の濃度）は，非可算であるのに，代数的数全体の集合 A の濃度は可算であるので，超越数の全体の集合 $T=\boldsymbol{C}-A$ の濃度は $|\boldsymbol{C}|$ に等しい．すなわち，$T\neq\phi$ であるばかりでなく，$|T|>|A|$ である．したがって，超越数の方が代数的数よりも沢山あることになる．しかし，実際に超越数を構成することは易しくない．Liouville は代数的数を特徴づける定理 2.11 を用いて，逆に超越数の存在を示した．

（I）
$$\omega=\frac{1}{10^{1!}}+\frac{1}{10^{2!}}+\cdots+\frac{1}{10^{n!}}+\cdots$$

は超越数である．

［証明］ N を任意の正数とする．上の級数の右辺の最初の n 項の和を ω_n とおき

$$\omega_n=\frac{p_0}{10^{n!}}=\frac{p}{q} \qquad ((p,q)=1)$$

とする．$n>N$ であれば

$$0<\omega-\frac{p}{q}=\omega-\omega_n=\sum_{r=n+1}^{\infty}\frac{1}{10^{r!}}<\frac{2}{10^{(n+1)!}}<\frac{2}{q^N}.$$

したがって定理 2.11 により ω は超越数である．▌

（II） 実数 ω を無限連分数を用いて

$$\omega=[1,10,10^{2!},10^{3!},\cdots,10^{n!},\cdots]$$

により定義すると，ω は超越数である．

［証明］ 任意の正数 N に対して，$n>2N$ とする．ω の n 次近似分数を p_n/q_n とすると

$$\left|\omega-\frac{p_n}{q_n}\right|<\frac{1}{q_nq_{n+1}}<\frac{1}{k_nq_n^{\,2}}<\frac{1}{k_n}.$$

ただし，$k_n=10^{n!}$ である．ここで

$$q_1=1, \qquad \frac{q_{n+1}}{q_n}=k_n+\frac{q_{n-1}}{q_n}<k_n+1 \quad (n\geqq 1)$$

であるから

$$\begin{aligned}q_n&<(k_1+1)(k_2+1)\cdots(k_{n-1}+1)\\&=\left(1+\frac{1}{10}\right)\left(1+\frac{1}{10^{2!}}\right)\cdots\left(1+\frac{1}{10^{(n-1)!}}\right)k_1k_2\cdots k_{n-1}\end{aligned}$$

$$< 2k_1k_2\cdots k_{n-1} = 2\cdot 10^{1+2!+\cdots+(n-1)!} < 10^{2(n-1)!} = {k_{n-1}}^2.$$

したがって

$$\left|\omega - \frac{p_n}{q_n}\right| < \frac{1}{k_n} = \frac{1}{{k_{n-1}}^n} < \frac{1}{{q_n}^{n/2}} < \frac{1}{{q_n}^N}$$

である．よって定理2.11により ω は超越数である．▌

このように，定理2.11によって示される超越数を **Liouville の超越数**という．

或る数 $\omega \in \boldsymbol{C}$ が超越数であるかどうかを決定するのは，なかなか困難である．

(i) e は超越数である (Hermite, 1873).

(ii) π は超越数である (Lindemann, 1882).

Hilbert は1900年の彼の提出した23の問題の中で，或る種の数が超越数であることを示すことを要求した．20世紀になって，この方面でも次第に新しい結果が得られた．たとえば

(iii) α, β は代数的数で，$\alpha \neq 0, 1$，$\beta \notin \boldsymbol{Q}$ ならば，α^β は超越数である．たとえば $e^\pi = (-1)^{-i}$，$2^{\sqrt{2}}$ は超越数である (Gel'fond, 1934, Schneider, 1935).

これは Hilbert の問題の解決であった．

(iv) $\alpha\,(\neq 0)$ が代数的数であれば，$\exp\alpha$ は超越数である．したがって，$\beta\,(\neq 1)$ が代数的数であれば，$\log\beta$ は超越数である．したがって，$e = \exp(1)$，$\pi = -2i\log i$ は超越数である．

また，$\log 2$，$\sin 1 = \mathrm{Re}(\exp(i))$ も超越数である．その他，楕円関数 $\wp$，モジュラ関数 J，Bessel 関数 J_0 の特殊値についても，いろいろな結果が得られている．以上については，邦書では，三井孝美："解析数論"(超越数論とディオファンタス近似論) (1977) に詳しい解説がある．

問　題

1 $\omega = [\dot{b}, \dot{a}]$ (ただし $b = ac$，$c \in \boldsymbol{N}$) の n 次近似分数を p_n/q_n とするとき

$$p_n = c^{-[n/2]}u_{n+1}, \qquad q_n = c^{-[n/2]}u_n$$

かつ

$$u_n = \frac{x^n - y^n}{x - y} \qquad (n = 1, 2, \cdots)$$

となることを示せ．ただし，$[n/2]$ は Gauss 記号 (p. 100 参照) で x, y は

$$x^2 - bx - c = 0$$

の2根とする．特に $a=b=c=1$ のとき，$x=(1+\sqrt{5})/2$, $y=(1-\sqrt{5})/2$ で，$u_1, u_2, \cdots$ は Fibonacci 数列となる．

2　e および π の数値から，その連分数展開の初めの方の項を計算せよ (pp. 61-62)．

3　$x_1{}^2+y_1{}^2=41$, $x_2{}^2+y_2{}^2=41^2$ の整数解を(連分数を用いて)求めよ．

4　無理数 ω に対して

$$\left|\omega-\frac{p}{q}\right|<\frac{1}{2q^2}$$

ならば，既約分数 p/q は ω の主近似分数である (p. 85)．

5　$x^2+y^2=n$ の原始解の個数を $U_2(n)$ とおく．

(i)　$n=p^e$, $p\equiv 1 \pmod 4$ のとき，$U_2(n)=8$,

(ii)　$n=\prod_{i=1}^{s} p_i{}^{e_i}$, $p_i\equiv 1 \pmod 4$ のとき，$U_2(n)=2^{s+2}$

を示せ (p. 72)．

6　$x^2+y^2=n$ の整数解の個数を $Q_2(n)$ とおく．$Q_2(n)=\sum_{d^2|n} U_2\left(\frac{n}{d^2}\right)$ である．また

$$Q_2(n)=4\sum_{\substack{u|n\\ 2\nmid u}}(-1)^{(u-1)/2}$$

を示せ．

7　$n=0, 1, 2, \cdots$ に対して

$$\Psi_n=a_n+\sum_{r=1}^{\infty}\frac{1}{1\cdot 3\cdots(2n+2r-1)}\cdot\frac{1}{2\cdot 4\cdots 2r}\cdot\frac{1}{2^{2r}}$$

とおく．ただし

$$a_0=1,\qquad a_n=\frac{1}{1\cdot 3\cdots(2n-1)}$$

とする．特に

$$\Psi_0=\frac{1}{2}\left(\sqrt{e}+\frac{1}{\sqrt{e}}\right),\qquad \Psi_1=\sqrt{e}-\frac{1}{\sqrt{e}}$$

である．以下

$$4\Psi_n=4(2n+1)\Psi_{n+1}+\Psi_{n+2}\qquad (n=0, 1, \cdots)$$

によって定められる．$\omega_n=2\Psi_n/\Psi_{n+1}$ $(n=0, 1, \cdots)$ とおくと

$$\omega_n=2(2n+1)+\frac{1}{\omega_{n+1}}\qquad (n=0, 1, \cdots).$$

これから ω_0 の連分数展開は

$$\omega_0=[2, 6, 10, \cdots, 2(2n+1), \cdots].$$

これから $e=2\xi-1$, $\xi=1+1/(\omega_0-1)=[1, 1, 6, 10, \cdots]$ の関係を用いて

$$e=[2, 1, 2, 1, 1, 4, 1, 1, 6, \cdots, 2n, 1, 1, 2n+2, 1, \cdots]$$

を証明せよ．

8　定理 2.10 (i), (ii), (iii), (iv), (v), (vi) の証明を考えてみよ．

第3章　整係数2元2次形式

§3.1　整係数2元2次形式の対等

a) 整係数2元2次形式の対等

定義3.1　2変数 x, y の2次形式

(3.1) $$f(x, y) = ax^2+bxy+cy^2$$

を**2元2次形式** (binary quadratic form) という．a, b, c を2元2次形式 $f(x, y)$ の**係数**という．この章ではもっぱら $a, b, c \in \boldsymbol{Z}$ とする．したがって**整係数2元2次形式**のことを単に2次形式ということにする．特に $(a, b, c)=1$ のとき $f(x, y)$ を**原始的** (primitive) であるという．——

すでに第1章で述べたごとく，2次形式 $f(x, y)$ が与えられたとき，或る $n \in \boldsymbol{Z}$ に対して

(3.2) $$f(x, y) = n$$

が解 (x, y) をいつ持つか，またその解はどのくらいあるか，という不定方程式の問題が，昔から考えられている．Gauss は単に不定方程式を考えるだけでなく，積極的に2元2次形式自体を研究の対象とした．すなわち，これから説明するように，2元2次形式の変数 x, y の1次変換を行ない，対等の考えを導入し，判別式 $D=b^2-4ac$ がこの対等に関する類の不変量であることを確かめ，同一の判別式を持つ2元2次形式の対等類への類別を考えた．Gauss はこれらの結果を (3.2) を解くことに応用した．19世紀の初めは，まだ複素数が正面からとり上げられていなかったが，19世紀半ばにいたって，Dirichlet は $ax^2+bx+c=0$ の根 ω と (3.1) の $f(x, y)$ との関係を用いて，2元2次形式論を簡易化した．さらに，Dedekind のイデアル論ができ上がってから，判別式 D を持つ2元2次形式と2次体 $k=\boldsymbol{Q}(\sqrt{D})$ のイデアルとの関係を与えることによって，Gauss の理論が2次体のイデアル論において簡明に表現されるようになった．

このように，Gauss の2元2次形式の理論は，19世紀を通じて，代数体のイデアル論の発展をもたらしたが，また他方では，多元2次形式の理論の発展を促し，

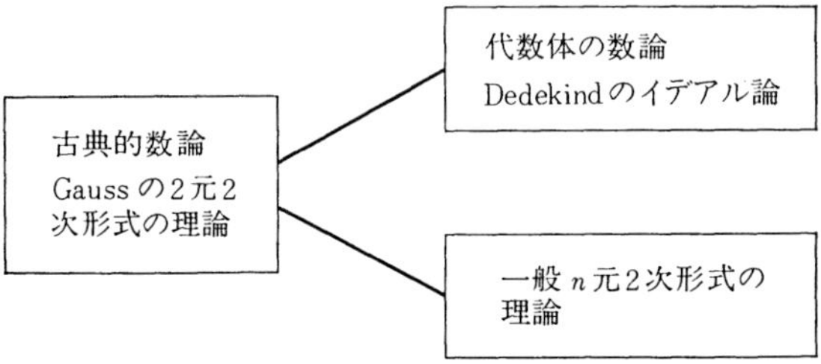

特に今世紀にいたって，H. Minkowski や C. L. Siegel 等の美しい理論が生れるにいたった．この“数論”では，これらについてそれぞれ第I部，第II部，第III部でふれるつもりである．

定義 3.2　2元2次形式(3.1)に対して

$$D = b^2-4ac$$

をその**判別式**(discriminant)という．——

行列を用いれば

$$f(x, y) = [x, y]\begin{bmatrix} a & b/2 \\ b/2 & c \end{bmatrix}\begin{bmatrix} x \\ y \end{bmatrix}$$

と表わされる．その判別式は

$$D = -4\begin{vmatrix} a & b/2 \\ b/2 & c \end{vmatrix}$$

である．

変数 x, y についての1次変換

$$\begin{cases} x = rx'+sy', \\ y = tx'+uy' \end{cases}$$

すなわち

$$\begin{bmatrix} x \\ y \end{bmatrix} = \begin{bmatrix} r & s \\ t & u \end{bmatrix}\begin{bmatrix} x' \\ y' \end{bmatrix} \tag{3.3}$$

を考える．

定義 3.3　(3.3)において，$r, s, t, u \in \boldsymbol{Z}$，かつ

$$ru-st = \pm 1 \tag{3.4}$$

のとき，**特殊1次変換**という．(3.4)の右辺が$+1$(-1)のとき，**正の**(**負の**)特

殊1次変換という．正の(負の)特殊1次変換の全体を $SL(\boldsymbol{Z})^+$ $(SL(\boldsymbol{Z})^-)$ で表わす．——

(I)　$SL(\boldsymbol{Z})^+$ は，行列の演算に関して群を作る．

$$SL(\boldsymbol{Z})^{\pm} = SL(\boldsymbol{Z})^+ \cup SL(\boldsymbol{Z})^-$$

とおくとき，$SL(\boldsymbol{Z})^{\pm}$ も群を作る．

［証明］　ほとんど自明である：すなわち

$$\begin{bmatrix} r & s \\ t & u \end{bmatrix}\begin{bmatrix} r' & s' \\ t' & u' \end{bmatrix} = \begin{bmatrix} r'' & s'' \\ t'' & u'' \end{bmatrix}$$

であれば

$$\begin{vmatrix} r & s \\ t & u \end{vmatrix} \cdot \begin{vmatrix} r' & s' \\ t' & u' \end{vmatrix} = \begin{vmatrix} r'' & s'' \\ t'' & u'' \end{vmatrix}$$

であり，また

$$\begin{bmatrix} r & s \\ t & u \end{bmatrix}^{-1} = \pm\begin{bmatrix} u & -s \\ -t & r \end{bmatrix}$$

である．これらから $SL(\boldsymbol{Z})^+$, $SL(\boldsymbol{Z})^{\pm}$ は群を作ることがわかる．∎

定義 3.4　(3.1)の2元2次形式 $f(x, y)$ に特殊1次変換(3.3)を施せば

$$\begin{aligned} f(x, y) &= [x, y]\begin{bmatrix} a & b/2 \\ b/2 & c \end{bmatrix}\begin{bmatrix} x \\ y \end{bmatrix} \\ &= [x', y']\begin{bmatrix} r & t \\ s & u \end{bmatrix}\begin{bmatrix} a & b/2 \\ b/2 & c \end{bmatrix}\begin{bmatrix} r & s \\ t & u \end{bmatrix}\begin{bmatrix} x' \\ y' \end{bmatrix} \\ &= f'(x', y'). \end{aligned}$$

ただし

(3.5)　$$f'(x', y') = a'x'^2 + b'x'y' + c'y'^2,$$

(3.6)　$$\begin{cases} a' = ar^2 + brt + ct^2, \\ b' = 2ars + b(ru+st) + 2ctu, \\ c' = as^2 + bsu + cu^2 \end{cases}$$

と表わされる．このとき2元2次形式 $f(x, y)$ と $f'(x', y')$ とは**対等** (equivalent) であるといい，$f \sim f'$ で表わす．特に変換(3.3)が正の特殊1次変換であるとき**正に対等**といい，負の特殊1次変換であるとき**負に対等**であるという．——

(I)により $SL(\boldsymbol{Z})^+$ および $SL(\boldsymbol{Z})^{\pm}$ は群を作るから，2元2次形式の対等の関係(および正に対等の関係)は同値関係である：$f \sim f$；$f \sim f' \Longrightarrow f' \sim f$；$f \sim f'$ か

つ $f'\sim f'' \Rightarrow f\sim f''$.

また，$f\sim f'$ で f が原始的であれば，f' も原始的である.

(II) 2元2次形式 f, f' が対等ならば，f と f' とは同一の判別式を持つ.

[証明]
$$D' = -4\begin{vmatrix} a' & b'/2 \\ b'/2 & c' \end{vmatrix} = -4\begin{vmatrix} r & s \\ t & u \end{vmatrix}^2 \cdot \begin{vmatrix} a & b/2 \\ b/2 & c \end{vmatrix} = D.$$ ▌

定義 3.5　同一の判別式 D を持つ2元2次形式の全体を，対等(正に対等)の関係で類別して得られる各類を，判別式 D を持つ2元2次形式の**類**(class) (**狭義の類**)という. ——

後に，2元2次形式の**類数** $h(D)$ (**狭義の類数** $h^+(D)$) は有限であることを示す. なお，第II部で $h(D)$ を表わす Dirichlet によって与えられた公式を証明しよう.

b) 2次の代数的数の対等

定義 3.6　実(あるいは複素)数 ξ が**2次の代数的数**であるとは，或る $a, b, c \in \boldsymbol{Z}$ に対して

$$a\xi^2+b\xi+c = 0 \tag{3.7}$$

が成り立つことをいう. ただし，この2次多項式

$$f(x) = ax^2+bx+c$$

は，有理数体 $\boldsymbol{Q}$ において，二つの1次式の積には分解されないものとする. すなわち，$f(x)$ の判別式 $D=b^2-4ac$ が $\boldsymbol{Z}$ において0または平方数ではないとする.

特に ξ が実の2次代数的数のとき，ξ を**2次無理数**という. (以上は第2章ですでに定義した.) ——

定義 3.7　二つの2次の代数的数 ξ, η が**対等**(equivalent)であるとは，或る r, s, t, u で

$$ru-st = \pm 1 \qquad (r, s, t, u \in \boldsymbol{Z}) \tag{3.8}$$

によって

$$\eta = \frac{r\xi+s}{t\xi+u} \tag{3.9}$$

と表わされることをいう.

条件(3.8)のもとに(3.9)の変換を**モジュラ変換**という. (3.8)の右辺が $+1$ (または -1)のとき**正の**(または**負の**)**モジュラ変換**という. ——

注意　ふつう正のモジュラ変換のことを単にモジュラ変換という.

二つのモジュラ変換

$$\eta=\frac{r\xi+s}{t\xi+u},\qquad \eta=\frac{r'\xi+s'}{t'\xi+u'}$$

が等しいための必要十分条件は

$$\begin{bmatrix} r & s \\ t & u \end{bmatrix}=\pm\begin{bmatrix} r' & s' \\ t' & u' \end{bmatrix}$$

となることである．また，二つのモジュラ変換

$$\xi_2=\frac{r_1\xi_1+s_1}{t_1\xi_1+u_1},\qquad \xi_3=\frac{r_2\xi_2+s_2}{t_2\xi_2+u_2}$$

を合成すれば

$$\xi_3=\frac{r_3\xi_1+s_3}{t_3\xi_1+u_3}$$

もモジュラ変換で，

$$\begin{bmatrix} r_3 & s_3 \\ t_3 & u_3 \end{bmatrix}=\begin{bmatrix} r_2 & s_2 \\ t_2 & u_2 \end{bmatrix}\begin{bmatrix} r_1 & s_1 \\ t_1 & u_1 \end{bmatrix}$$

が成り立つ．

また，(3.9) を逆にとけば

$$\xi=\frac{u\eta-s}{(-t)\eta+r},\qquad ru-st=\pm 1$$

となる．以上より

(III)　正のモジュラ変換の全体 M^+ は，変換の結合によって群を作り

$$M^+\cong SL(\boldsymbol{Z})^+/\{\pm I\}$$

である．正または負のモジュラ変換の全体 $M^\pm$ は，同じく群を作り

$$M^\pm\cong SL(\boldsymbol{Z})^\pm/\{\pm I\}$$

である．ただし $I=\begin{bmatrix} 1 & 0 \\ 0 & 1 \end{bmatrix}$ とする．——

正の (負の) モジュラ変換によって互いに移る実 (または複素) 数を互いに**正に (負に) 対等**であるという．(III) によって，正に (正または負に) 対等の関係は同値関係である．

特に ξ が2次の代数的数であれば，それに対等な η も2次の代数的数であることは容易に確かめられる．

故に2次の代数的数を対等な同値関係によって類にまとめることができる．

c) 整係数2元2次形式と2次代数的数との対応

整係数2元2次形式

$$f(x, y) = ax^2+bxy+cy^2 \qquad (a, b, c \in \boldsymbol{Z})$$

(ただし $D=b^2-4ac$ は0でも平方数でもないとする)に対して，2次方程式

$$ax^2+bx+c=0$$

の根 ξ を対応させよう．ただし，この2次方程式は異なる二つの根

$$\xi = \frac{-b+\sqrt{D}}{2a}, \qquad \xi' = \frac{-b-\sqrt{D}}{2a} \tag{3.10}$$

を持つ．$D>0$ のときは $\sqrt{D}>0$ とし，対応する ξ をこの2次方程式の**第1根**，ξ' を**第2根**と呼ぼう．また，$D<0$ のとき

$$\xi = \frac{-b+i\sqrt{-D}}{2a}, \qquad \xi' = \frac{-b-i\sqrt{-D}}{2a} \tag{3.11}$$

をそれぞれ第1根，第2根と呼ぶことにする．

(IV) 整係数2元2次形式

$$f_i(x, y) = a_ix^2+b_ixy+c_iy^2 \qquad (a_i, b_i, c_i \in \boldsymbol{Z},\ \ i=1, 2)$$

と，2次の代数的数

$$a_i{\xi_i}^2+b_i\xi_i+c_i = 0 \qquad (i=1, 2)$$

を考える．ただし ξ_i は $a_ix^2+b_ix+c_i=0$ の第1根とし，対応する第2根を ξ_i' とする．そのとき

(i) $f_1(x, y)$ と $f_2(x, y)$ が正に対等 $\Longleftrightarrow$ ξ_1 と ξ_2 (ξ_1' と ξ_2') は正に対等，

(ii) $f_1(x, y)$ と $f_2(x, y)$ が負に対等 $\Longleftrightarrow$ ξ_1 と ξ_2' (ξ_1' と ξ_2) は負に対等，

(iii) $f_1(x, y)$ と $-f_2(x, y)$ が正に対等 $\Longleftrightarrow$ ξ_1 と ξ_2' (ξ_1' と ξ_2) は正に対等，

(iv) $f_1(x, y)$ と $-f_2(x, y)$ が負に対等 $\Longleftrightarrow$ ξ_1 と ξ_2 (ξ_1' と ξ_2') は負に対等

である．

[証明] (i), (ii) をまとめて考える．

($\Longrightarrow$) $f_1(x, y)$ と $f_2(x, y)$ が，正に対等であれば，(3.6) より

$$a_2 = a_1r^2+b_1rt+c_1t^2,$$
$$b_2 = 2a_1rs+b_1(ru+st)+2c_1tu,$$
$$c_2 = a_1s^2+b_1su+c_1u^2$$

である．そのとき，簡単な計算で(いわゆる分母の有理化によって)

$$\frac{u\xi_1-s}{-t\xi_1+r}=\xi_2, \qquad \frac{u\xi_1'-s}{-t\xi_1'+r}=\xi_2'$$

をためすことができる．(また，負に対等であれば，この2式の右辺はそれぞれ ξ_2', ξ_2 となる.) すなわち

$$\xi_1=\frac{r\xi_2+s}{t\xi_2+u}, \qquad \xi_1'=\frac{r\xi_2'+s}{t\xi_2'+u}.$$

(または，この2式の左辺をそれぞれ ξ_1' および ξ_1 でおきかえた等式を得る.)

($\Longleftarrow$)についても全く同様に計算される.

(iii), (iv) は (i), (ii) の言いかえである. ▌

以上の系として，つぎのことがわかる.

(**V**) 整係数2元2次形式

$$f(x, y)=ax^2+bxy+cy^2$$

(ただし D は $\neq 0$ かつ平方数でないとする) の正の対等に関する類と，対応する2次方程式

$$ax^2+bx+c=0$$

の第1根の正の対等に関する類とは1対1に対応する.

注意 負の対等については，(V) のように好都合な関係はない. ——

今後，整係数2元2次形式の対等について考えるときは，もっぱら正の対等のみを考えることにする.

§3.2 整係数2元2次形式の類数の有限性

a) $D<0$ (定符号の場合)

Gauss は整係数2元2次形式の判別式 D に対する類数 $h^+(D)$ は有限であることを証明した．その証明は $D>0$ の場合と，$D<0$ の場合でいちじるしく異なる.

(3.12) $$f(x, y)=ax^2+bxy+cy^2 \qquad (a, b, c \in \boldsymbol{Z}),$$
$$D=b^2-4ac \quad (\neq 0,\ \neq \text{平方数})$$

で，$D<0$ であれば，$f(x, y)$ は (x, y) $(\neq (0, 0))$ $(x, y \in \boldsymbol{Z})$ のすべての値に対して，同じ符号をとる.

$D<0$ であるから，$ac>0$，したがって，a と c とは同符号である.

いま，2元2次形式 (3.12) で，$a>0$ (したがって $c>0$) を**正の2元2次形式**,

$a<0$ (したがって $c<0$) を**負の2元2次形式**ということにする．正の(負の)2元2次形式はつねに正の(負の)値をとる．また，変換の公式(3.6)より明らかに，正の(負の)2元2次形式は変換によって正の(負の)2元2次形式にうつる．

また，正に $f_1(x, y) \sim f_2(x, y)$ であれば，正に $-f_1(x, y) \sim -f_2(x, y)$ となる．よって今後，正の2元2次形式に限り，正の対等の問題を考えることにしよう．

定義 3.8　判別式 $D<0$ の正の2元2次形式

$$f(x, y) = ax^2+bxy+cy^2 \qquad (a>0)$$

が

$$c > a \geqq b > -a \quad \text{または} \quad c = a \geqq b \geqq 0 \tag{3.13}$$

であるとき，$f(x, y)$ を**簡約2元2次形式** (reduced form) という．

定理 3.1　(i)　$D<0$ の正の2元2次形式 $f(x, y)$ は，或る簡約2元2次形式に正に対等である．

(ii)　$D<0$ の正の2元2次形式を与えるとき，これと正に対等な簡約2元2次形式はただ一つである．

(iii)　$D<0$ を定めるとき，判別式 D の簡約2次形式の個数は有限である．

(iv)　$D<0$ の正の2元2次形式の(狭義の)類数 $h^+(D)$ は，簡約2元2次形式の個数と等しく，有限である．

証明　(iii)の証明は簡単である．すなわち，$D=b^2-4ac<0$ を定めておけば，$|b|\leqq a\leqq c$ より

$$3b^2 = 4b^2-b^2 \leqq 4ac-b^2 = |D|.$$

すなわち $|b|\leqq\sqrt{|D|/3}$ で有界である．よって，b のとり得る範囲を $0, \pm1, \cdots, \pm k$, $k=[\sqrt{|D|/3}]$ とすれば，$4ac=b^2-D$ であるから，a, c のとり得る範囲は $|D|$, $|D|+1$, $|D|+2^2$, $\cdots$, $|D|+k^2$ の約数に限られる．すなわち有限である．

注意　実数 α に対して $n\leqq\alpha<n+1$ となる整数を

$$[\alpha]$$

と書く．この記号は Gauss によって用いられたので，しばしば **Gauss の記号**と呼ばれる．

(i), (ii)の証明は§3.1(V)の方針によって，つぎの(I)のように複素数の対等の問題に帰着される．(iv)は(i), (ii), (iii)の帰結である．

(I)　$D<0$ のとき，正の2元2次形式に対応する2次の代数的数 $\xi=x+yi$ (ただし $\mathrm{Im}\,\xi>0$) は

$$-\frac{1}{2} \leqq x < \frac{1}{2} \quad \text{かつ} \quad |\xi| > 1$$

または

$$-\frac{1}{2} \leqq x \leqq 0 \quad \text{かつ} \quad |\xi| = 1$$

で定められる領域 G に属する．また，この逆も成り立つ．

［証明］ $a\xi^2+b\xi+c=0$ の根 $\xi\,(\mathrm{Im}\,\xi>0)$:

$$\xi = \frac{-b+i\sqrt{-D}}{2a}$$

において，$c>a\geqq b>-a$ であれば

$$-\frac{1}{2} \leqq \mathrm{Re}\,\xi = \frac{-b}{2a} < \frac{1}{2}, \qquad |\xi|^2 = \frac{c}{a} > 1$$

である．また，$c=a\geqq b\geqq 0$ であれば

$$-\frac{1}{2} \leqq \mathrm{Re}\,\xi = \frac{-b}{2a} \leqq 0, \qquad |\xi|^2 = 1$$

である．すなわち，ξ は G 上にある．

逆の関係も全く同じである．▮

定理 3.2 任意の複素数 ξ（ただし $\mathrm{Im}\,\xi>0$）は正のモジュラ変換によって，領域 G に属するただ一つの ξ と正に対等である．

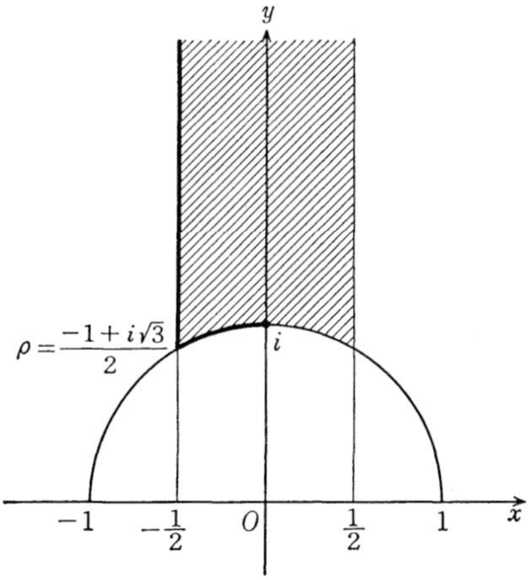

図 3.1

証明　(i)　正のモジュラ変換

$$S(\xi)=\xi+1,\qquad T(\xi)=\frac{-1}{\xi} \tag{3.14}$$

をとるとき，任意の正のモジュラ変換 M は

$$M=S^{k_n}TS^{k_{n-1}}T\cdots TS^{k_1}TS^{k} \tag{3.15}$$

と表わされる．ただし $k, k_1, \cdots, k_n$ は正または負の整数で，k と k_n とは0であることもある．

(ii)　領域 G に属する ξ は，正のモジュラ変換で，G 内の η にうつるならば，$\xi=\eta$ である．

以上は，良く知られていることなので，ここでは証明を省略する．

実際，$\mathrm{Im}\,\xi>0$ である複素数 ξ が与えられるとき，これを G にうつす(3.15)の M は，つぎのようにして見出すことができる．

ξ に $S^{\pm n}$ を施すことは，ξ に $\pm n$ を加えることである．よって，$\xi=x+iy$ に S^k を施して $-1/2\leqq x_1<1/2$ になる ξ_1 にうつす．もしも $|\xi_1|>1$ ならば，$\xi_1\in G$ である．また，$|\xi_1|=1$ ならば，ξ_1 または $T\xi_1\in G$ になる．$|\xi_1|<1$ ならば，$\xi_2=T\xi_1$ は $|\xi_2|>1$ である．その実部 x_2 が $-1/2\leqq x_2<1/2$ であれば，$\xi_2\in G$ である．そうでなければ，或る $k_1\in \boldsymbol{Z}$ に対して $\xi_3=S^{k_1}(\xi_2)$ の実部 x_3 が $-1/2\leqq x_3<1/2$ にできる．以下同様の操作をくり返すのであるが，それが有限回の後に $\xi_n\in G$ となるということである．その論点は $\mathrm{Im}\,\xi_2>\mathrm{Im}\,\xi$ ということと，有限回ということを示すにある．(以上の詳細については，たとえば高木[1], pp. 187-195 参照.) ▮

注意　モジュラ群の元を S と T とのベキ積に表わす仕方は一意ではない．たとえば

$$T^2=1,\qquad (TS)^3=1$$

である．逆に，S と T との間に成り立つ関係は，すべて上の二つの関係式から形式的に導かれることが知られている．

(II)　$\xi\in G$ に対して

$$M\xi=\xi\qquad (M\text{: 正のモジュラ変換})$$

となるのは

(イ)　$\xi=i$ のとき，$M=I,\ T\ (T^2=I)$,

(ロ)　$\xi=\rho=(-1+i\sqrt{3})/2$ のとき，$M=I,\ TS,\ (TS)^2\ ((TS)^3=I)$,

（ハ） その他のときは，$M=I$

に限る．一般に，$\mathrm{Im}\,\xi>0$ である ξ に対して

（イ） ξ が i と対等なときは，ξ を動かさない M は2個，

（ロ） ξ が ρ と対等なときは，M は3個，

（ハ） その他のときは，$M=I$

に限る．

証明はここでは省略する．

例 3.1 $D=b^2-4ac$（ただし $(a, b, c)=1$）のとり得る値は $D\equiv 0$ または $1 \pmod 4$ である．

（i） $D=-3$．$k=[\sqrt{|D|/3}]=[\sqrt{3/3}]=1$．$|b|\leqq 1$ より，b のとり得る範囲は $0, \pm 1$ である．$b=0$ とすれば $4ac=3$ は整数解がない．$b=\pm 1$ のとき $4ac=3+1$ の解 $(c\geqq a>0)$ は $c=a=1$．これに対する b の値は $c=a\geqq b\geqq 0$ より $b=1$ である．よって求める簡約形式はただ一つで

$$f(x, y) = x^2+xy+y^2.$$

（ii） $D=-4$．$k=[\sqrt{4/3}]=1$．$|b|\leqq 1$ より，$b=0, \pm 1$ の範囲である．$b=0$ に対しては $ac=1$，$c\geqq a$ より $a=c=1$．$b=\pm 1$ に対しては $4ac=4+1=5$ は整数解を持たない．よって求める簡約形式はただ一つで

$$f(x, y) = x^2+y^2.$$

（iii） $D=-7$．簡約形式はただ一つで

$$f(x, y) = x^2+xy+2y^2.$$

（iv） $D=-8$．簡約形式はただ一つで

$$f(x, y) = x^2+2y^2.$$

（v） $D=-11, -19, -43, -67$ に対しても簡約形式はただ一つである．

（vi） $D=-20$．$k=[\sqrt{20/3}]=2$．b のとり得る値は $0, \pm 1, \pm 2$，$4ac=20+b^2$ を解いて，簡約形式は二つあって，それらは

$$f(x, y) = x^2+5y^2,\ \ 2x^2+2xy+3y^2$$

である．

（vii） $D=-15$ のとき，（vi）と同様に，簡約形式は二つあって

$$f(x, y) = x^2+xy+4y^2, \qquad 2x^2+xy+2y^2$$

である．

以上により

$$h^+(-3) = h^+(-4) = h^+(-7) = h^+(-8) = h^+(-11) = 1,$$
$$h^+(-15) = h^+(-20) = 2$$

が示された．その他いくつかの値を示そう：

D	-19	-23	-24	-31	-35	-39	-40	-43	-47
$h^+(D)$	1	3	2	3	2	4	2	1	5

b）$D>0$（不定符号の場合）

整係数2元2次形式

$$f(x, y) = ax^2+bxy+cy^2 \qquad (a, b, c \in \boldsymbol{Z}),$$
$$D = b^2-4ac > 0 \quad (\neq 0,\ \neq 平方数)$$

とする．このとき，$f(x, y)$ は不定符号であって，$f(x, y)$ $(x, y \in \boldsymbol{Z})$ の値は正負両方の値をとることができる．

定義 3.9　判別式 $D>0$ の整係数2元2次形式 $f(x, y)$ が**簡約2元2次形式**であるとは

(3.16)　$$a > 0, \quad b < 0, \quad c < 0, \quad a+b+c < 0, \quad a-b+c > 0$$

であることをいう．——

この条件は

(3.17)　$$\frac{-b+\sqrt{D}}{2a} > 1 > \frac{b+\sqrt{D}}{2a} > 0$$

と同値である．

何となれば，まず (3.17) ⟹ (3.16) を示そう．まず，（イ）$-b/2a>b/2a$ より a と b は異符号である．$a<0$, $b>0$ とすれば $(+b+\sqrt{D})/2a>0$ に矛盾する．よって $a>0$, $b<0$ である．（ロ）$b+\sqrt{D}>0$ より $b^2-4ac>b^2$，したがって a と c とは異符号，故に $c<0$ である．（ハ）$2a>b+\sqrt{D}$，したがって $2a-b>\sqrt{D}$．この両辺を2乗して $4a$ で割れば $a-b+c>0$．（ニ）$\sqrt{D}>2a+b$ で $2a+b>0$ ならば両辺を2乗して $4a$ で割れば $a+b+c<0$ となる．$2a+b<0$ ならば $2a<-b=|b|$，よって $a+b+c=a-|b|-|c|<a-|b|<0$ である．

(3.16) ⟹ (3.17)　上の証明を逆にたどることができる．

定理 3.3　(i)　$D>0$ の整係数2元2次形式 $f(x,y)=ax^2+bxy+cy^2$ $(a,b,c\in\boldsymbol{Z})$ は或る簡約2元2次形式に正に対等である.

(ii)　与えられた判別式 $D>0$ を持つ簡約2元2次形式の個数は有限である. (ただし $f(x,y)$ と対等な簡約2元2次形式はただ一つに定まるとは限らない.)

したがって $D>0$ の場合も2元2次形式の類の個数は有限である.

証明　(ii)　(3.17) より

$$-b+\sqrt{D}>2a>b+\sqrt{D}>0.$$

したがって $|b|<\sqrt{D}$ である. $k=[\sqrt{D}]$ として, $b=-1,-2,\cdots,-k$ を動かし, $4ac=b^2-D$ によって a,c を定めれば, a,c のとり得る値 $(a>0,\ c<0)$ は有限個である.

(i) は後に証明する. ▌

さて, 定理3.3 (i) を証明すること, および "(iii) いつ二つの簡約2次形式が正に (または負に) 対等であるか" については, $D<0$ と同様に, 2元2次形式 $f(x,y)$ に対応する2次無理数 ξ について考察する方がわかり易い.

(III)　2元2次形式 $f(x,y)=ax^2+bxy+cy^2$ $(a,b,c\in\boldsymbol{Z})$, $D>0$ に対して

$$f(x)=ax^2+bx+c=0$$

の第1, 第2根をそれぞれ ξ,ξ' とするとき, $f(x,y)$ が簡約2次形式であるための必要十分条件は

(3.18)　$$\xi>1,\qquad 0>\xi'>-1$$

となることである.

このとき ξ を**簡約2次無理数**という.

[証明]　$\xi=(-b+\sqrt{D})/2a$, $\xi'=(-b-\sqrt{D})/2a$ であるから, (3.17) と (3.18) とは同値である. ▌

注意　(3.16) はまた

(3.16)*　$$a>0,\qquad f(-1)>0,\qquad f(0)<0,\qquad f(1)<0$$

と同値である.

何となれば, (3.16) において $c=f(0)$, $a+b+c=f(1)$, $a-b+c=f(-1)$ であるから, (3.16)* となる. 逆に, (3.16)* であれば, $2b=f(1)-f(-1)<0$ が導かれるので, (3.16) となる. (3.16)* より $f(x)=0$ は $\omega>1$, $0>\omega'>-1$ の2根を持つことは図3.2よりも直ちに読みとれることである. ——

(III) を用いれば, 定理3.3は, $f(x,y)$ に対応する2次無理数 ξ の性質に帰

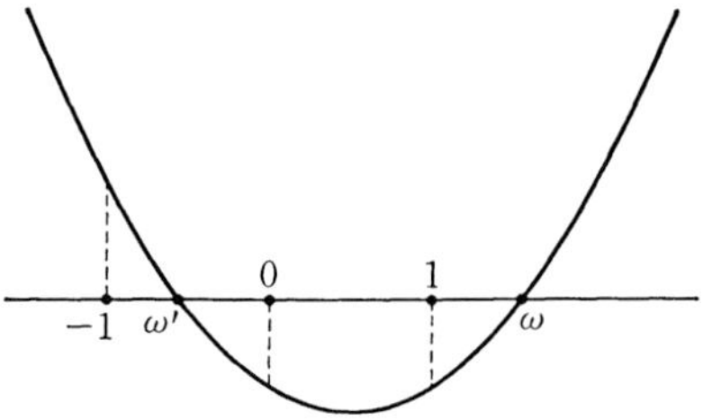

図 3.2

着される．これを連分数を用いて§3.3で説明しよう．

例 3.2　$D>0$ をいろいろ与えて，D に対する簡約形式を求めよう．すなわち，$k=[\sqrt{D}]$ とし $b=-1, \cdots, -k$ とし，$4ac=b^2-D$ より a, c の可能な値を求め，(3.16) を確かめればよい．

$D=b^2-4ac$（ただし $(a, b, c)=1$）のとり得る値は $D\equiv 1, 0 \pmod 4$ である．

（i）$D=5$．$[\sqrt{5}]=2$．b の可能な値は $-1, -2$．$4ac=b^2-D$ が 4 の倍数となるのは $b=-1$，このとき $ac=-1$．故に $a=1$，$c=-1$．これは条件 (3.16) に適している．故に簡約形式はただ一つで

$$f(x, y) = x^2-xy-y^2.$$

（ii）$D=8$．簡約形式はただ一つで

$$f(x, y) = x^2-2xy-y^2.$$

（iii）$D=13$．簡約形式はただ一つで

$$f(x, y) = x^2-3xy-y^2.$$

（iv）$D=12$．簡約形式は二つあって

$$f_1(x, y) = 2x^2-2xy-y^2, \qquad f_2(x, y) = x^2-2xy-2y^2.$$

（v）$D=17$．簡約形式は三つあって

$$f_1(x, y) = 2x^2-xy-2y^2, \qquad f_2(x, y) = x^2-3xy-2y^2,$$
$$f_3(x, y) = 2x^2-3xy-y^2.$$

$D=5, 8, 13$ の類数は 1 であるが，$D=12, 17$ の場合は $\leqq 2$，$\leqq 3$ しかわからない．実はこれらの場合も類数 $h(D)$ は 1 になるのであるが，これはつぎのように連分数を用いて確かめることができる．

まず，簡約形式 $f(x, y)=ax^2+bxy+cy^2$ に対応する 2 次無理数 ξ による $a\xi^2+b\xi+c=0$ $(\xi>1)$ の連分数展開をしよう．

(i) $D=5$. $\xi=(1+\sqrt{5})/2$, $\xi-1=1/\xi$ より $\xi=[\dot{1}]$.

(ii) $D=8$. $\xi=1+\sqrt{2}$, $\xi-2=1/\xi$ より $\xi=[\dot{2}]$.

(iii) $D=13$. $\xi=(3+\sqrt{13})/2$, $\xi-3=1/\xi$ より $\xi=[\dot{3}]$.

(iv) $D=12$. $f_i(x, y)$ $(i=1, 2)$ に対応する2次無理数 ξ_1, ξ_2 は $\xi_1=(1+\sqrt{3})/2$, $\xi_2=1+\sqrt{3}$ で,

$$\xi_1-1=\frac{1}{\xi_2}, \qquad \xi_2-2=\frac{1}{\xi_1}.$$

したがって $\xi_1=[\dot{1}, \dot{2}]$, $\xi_2=[\dot{2}, \dot{1}]$ である. これから

$$\xi_1=[1, \xi_2], \qquad \xi_2=[2, \xi_1]$$

であるから

$$\xi_2=\frac{p_1\xi_1+p_0}{q_1\xi_1+q_0}=\frac{1}{\xi_1-1}, \qquad p_1q_0-p_0q_1=-1.$$

したがって ξ_1 は ξ_2 と負に対等である. よって $h(12)=1$ である. ただし, ξ_2 は ξ_1 と正に対等にはならないので, $h^+(12)=2$ である.

(v) $D=17$. $f_i(x, y)$ $(i=1, 2, 3)$ に対応する2次無理数を ξ_i $(i=1, 2, 3)$ とすると

$$\xi_1=\frac{1+\sqrt{17}}{4}, \qquad \xi_2=\frac{3+\sqrt{17}}{2}, \qquad \xi_3=\frac{3+\sqrt{17}}{4}$$

となる.

$$\xi_1-1=\frac{1}{\xi_2}, \qquad \xi_2-3=\frac{1}{\xi_3}, \qquad \xi_3-1=\frac{1}{\xi_1}$$

より, ξ_1, ξ_2, ξ_3 の連分数展開は

$$\xi_1=[\dot{1}, 3, \dot{1}], \qquad \xi_2=[\dot{3}, 1, \dot{1}], \qquad \xi_3=[\dot{1}, 1, \dot{3}]$$

である. よって $\xi_1=[1, \xi_2]=[1, 3, \xi_3]$ より

$$\xi_2=\frac{p_1\xi_1+p_0}{q_1\xi_1+q_0}, \quad p_1q_0-p_0q_1=-1\,; \qquad \xi_3=\frac{p_2\xi_1+p_1}{q_2\xi_1+q_1}, \quad p_2q_1-p_1q_2=1$$

となる. よって $f_1(x, y)\sim f_2(x, y)\sim f_3(x, y)$ となり, $h(17)=1$ となる.

このとき正の対等ばかりを考えると, $f_1\sim f_3$ であるが, 一方, $\xi_1=[1, 3, 1, 1, \xi_2]$, したがって

$$\xi_2=\frac{p_4\xi_1+p_3}{q_4\xi_1+q_3}, \qquad p_4q_3-p_3q_4=1$$

とも表わされるので，$f_1 \sim f_2$ は正の対等としても成り立つ．故に $h^+(17)=1$ も成り立つ．——

与えられた $D>0$ に対する簡約2次形式を正に（正または負に）対等な類に分類する一般論は定理3.6によって与えられる．それは上の例の結果を一般にしたものとなる．これを§3.3で考察しよう．

§3.3　2次無理数と連分数

a）無理数の対等と連分数展開

まず，無理数の対等と連分数展開との関係をしらべよう．

（I）（i）無理数 η ($\eta \in \boldsymbol{R}$) を連分数に展開して

$$\eta = [k_0, k_1, \cdots, k_{n-1}, \xi] \qquad (k_i \in \boldsymbol{Z},\ \ \xi \in \boldsymbol{R})$$

であれば

$$\eta = \frac{p_n\xi + p_{n-1}}{q_n\xi + q_{n-1}}, \qquad p_nq_{n-1} - p_{n-1}q_n = (-1)^n \tag{3.19}$$

である．すなわち，n が偶数ならば ξ と η とは正に対等，n が奇数ならば ξ と η とは負に対等である．

(ii) $\xi, \eta \in \boldsymbol{R}$,

$$\eta = \frac{r\xi + s}{t\xi + u} \qquad (r, s, t, u \in \boldsymbol{Z},\ \ ru - st = \pm 1) \tag{3.20}$$

とする．もしも

$$t > u > 0 \quad \text{かつ} \quad \xi > 1 \tag{3.21}$$

であれば，或る n に対して

$$\eta = [k_0, k_1, \cdots, k_{n-1}, \xi]$$

と表わされ，η の近似分数 p_n/q_n に対して (3.19) が成り立つ：

$$r = p_n, \qquad s = p_{n-1}, \qquad t = q_n, \qquad u = q_{n-1}.$$

ここで，ξ と η とが正に（負に）対等であれば n は偶数（奇数）である．

［証明］ (i) は第2章で証明したことである．ここで問題となるのは (3.21) の条件のもとに逆を証明することである．まず，有理数 r/t を連分数に展開して

$$\frac{r}{t} = [k_0, k_1, \cdots, k_{n-1}]$$

とする．ここに定理2.1に述べたように，n は偶数にも奇数にもとれるので

$$ru-st=(-1)^n=p_nq_{n-1}-p_{n-1}q_n$$

にとることができる．ここで，$(r,t)=1$，$t>0$ および $(p_n,q_n)=1$，$q_n>0$ および $r/t=p_n/q_n$ より

$$r=p_n, \qquad t=q_n$$

でなければならない．したがって

$$p_nu-q_ns=ru-st=(-1)^n=p_nq_{n-1}-p_{n-1}q_n$$

より $p_n(u-q_{n-1})=q_n(s-p_{n-1})$ である．これから $q_n\,|\,u-q_{n-1}$ となるが，$q_n=t>u>0$，$q_n\geqq q_{n-1}>0$ より $|u-q_{n-1}|<q_n$ である．したがって $u=q_{n-1}$，$s=p_{n-1}$ でなければならない．▌

(II)　無理数 ξ,η $(\xi,\eta\in\boldsymbol{R})$ が(正または負に)対等であれば，或る l,m に対して

$$\xi=[k_0,\cdots,k_{l-1},\xi_l], \qquad \eta=[h_0,\cdots,h_{m-1},\eta_m]$$

とするとき

$$\xi_l=\eta_m$$

となる．

ξ と η とが正に対等であれば，l,m ともに偶数(あるいはともに奇数)となる．ξ と η とが負に対等であれば，l,m の一方は偶数，他方は奇数になる．

[証明]　$\xi\sim\eta$ より

$$\eta=\frac{r\xi+s}{t\xi+u} \qquad (r,s,t,u\in\boldsymbol{Z},\ ru-st=\pm1) \tag{3.22}$$

とする．$t\xi+u<0$ ならば r,s,t,u をすべて符号を変えることにより，$t\xi+u>0$ としてよい．ξ を連分数に展開して

$$\xi=[k_0,\cdots,k_{n-1},\xi_n]=\frac{p_n\xi_n+p_{n-1}}{q_n\xi_n+q_{n-1}}$$

とすれば，(3.22)に代入して

$$\eta=\frac{A_n\xi_n+B_n}{C_n\xi_n+D_n},$$

ここに

$$A_n=rp_n+sq_n, \qquad B_n=rp_{n-1}+sq_{n-1},$$

$$C_n = tp_n + uq_n, \qquad D_n = tp_{n-1} + uq_{n-1},$$

かつ $A_nD_n - B_nC_n = \pm 1$ である．§2.1, (2.18) より

$$p_n = \xi q_n + \frac{\delta}{q_n}, \qquad p_{n-1} = \xi q_{n-1} + \frac{\delta'}{q_{n-1}}$$

(ただし $|\delta|<1$, $|\delta'|<1$) と表わされる．故に

$$C_n = (t\xi + u)q_n + \frac{t\delta}{q_n}, \qquad D_n = (t\xi + u)q_{n-1} + \frac{t\delta'}{q_{n-1}}$$

となる．ここで，$t\xi + u > 0$, $q_n > q_{n-1} > 0$ および $\lim_{n\to\infty} q_n = \infty$ であるから，十分大きい l に対して

$$\left|\frac{t\delta}{q_{l-1}}\right|, \quad \left|\frac{t\delta'}{q_{l-2}}\right| < t\xi + u$$

となる．したがって $C_l > D_l > 0$ となる．よって

$$\eta = \frac{A_l\xi_l + B_l}{C_l\xi_l + D_l} \qquad (C_l > D_l > 0,\ \xi_l > 1)$$

に対して (I) (ii) を適用すれば，或る m に対し $\eta = [h_0, \cdots, h_{m-1}, \xi_l]$ が成り立つ．

特に ξ, η が正に対等であれば，l を偶数（奇数）にとれば η と ξ_l とは正に（負に）対等となる．したがって，(I) により m は偶数（奇数）でなければならない．ξ, η が負に対等なときも同様である．▌

b）循環連分数と2次無理数

定義 3.10 無限連分数

$$\omega = [k_0, k_1, \cdots, k_n, \cdots]$$

が**循環** (cyclic) **連分数**であるとは，或る m と l とに対して $n > l$ であれば

$$k_{n+m} = k_n$$

であることをいう．すなわち，k_n が $n > l$ に対して或る m を周期として周期的になることをいう．あるいは，

$$\omega = [k_0, \cdots, k_{n-1}, \omega_n]$$

と表わすとき，$n > l$ であれば或る m に対して $\omega_{n+m} = \omega_n$ となることである．——

たとえば

$$\omega = [k_0, \cdots, k_l, 1, 2, 3, \cdots, m, 1, 2, \cdots, m, 1, 2, \cdots]$$

は循環連分数である．これを

$$\omega = [k_0, \cdots, k_l, \dot{1}, 2, \cdots, \dot{m}] \tag{3.23}$$

と表わす．特に

$$\omega=[\dot{k}_0, \cdots, \dot{k}_{m-1}]$$

のとき，この無限連分数を**純循環**(pure cyclic)であるという．

定理 3.4 (Lagrange)　(i)　無理数 ω ($\omega \in \boldsymbol{R}$) が循環連分数として表わされれば，$\omega$ は2次無理数である．

(ii)　逆に，任意の2次無理数 ω の連分数展開は循環連分数である．

証明　(i)　ω が循環連分数に展開されれば，或る m, n に対して

$$\omega=[k_0, \cdots, k_{n-1}, \omega_n],$$

かつ ω_n は純循環:

$$\omega_n=[h_0, \cdots, h_{m-1}, \omega_n]$$

と表わされる．すなわち，この第2式より

$$\omega_n=\frac{p_m'\omega_n+p_{m-1}'}{q_m'\omega_n+q_{m-1}'}$$

が成り立つ．故に

$$q_m'\omega_n^2+(q_{m-1}'-p_m')\omega_n-p_{m-1}'=0$$

となり，ω_n は2次無理数である．よって§3.1(III)によって，ω_n と対等な ω も2次無理数となる．

(ii)　逆に，ω を2次無理数とする．すなわち

$$a\omega^2+b\omega+c=0 \qquad (a, b, c \in \boldsymbol{Z})$$

とし，ω の n 次近似分数を p_n/q_n とする．

$$\omega=\frac{p_n\omega_n+p_{n-1}}{q_n\omega_n+q_{n-1}}$$

とすれば，

$$A_n\omega_n^2+B_n\omega_n+C_n=0,$$

かつ

$$\begin{aligned}
A_n&=ap_n^2+bp_nq_n+cq_n^2,\\
B_n&=2ap_np_{n-1}+b(p_nq_{n-1}+p_{n-1}q_n)+2cq_nq_{n-1},\\
C_n&=ap_{n-1}^2+bp_{n-1}q_{n-1}+cq_{n-1}^2,\\
B_n^2-4A_nC_n&=b^2-4ac
\end{aligned}$$

である．(2.18)により

$$p_n=\omega q_n+\frac{\delta_n}{q_n} \qquad (|\delta_n|<1)$$

となる．故に

$$A_n = a\left(\omega q_n + \frac{\delta_n}{q_n}\right)^2 + bq_n\left(\omega q_n + \frac{\delta_n}{q_n}\right) + cq_n^2$$
$$= (a\omega^2 + b\omega + c)q_n^2 + 2a\omega\delta_n + a\left(\frac{\delta_n^2}{q_n^2}\right) + b\delta_n.$$

この第1項は0となるので

$$|A_n| < 2|a\omega| + |a| + |b|,$$

同様に

$$|C_n| < 2|a\omega| + |a| + |b|,$$

また

$$B_n^2 = 4A_nC_n + (b^2 - 4ac) \leqq 4(2|a\omega| + |a| + |b|)^2 + |b^2 - 4ac|$$

である．すなわち，A_n, B_n, C_n $(n=1, 2, \cdots)$ は有界である．A_n, B_n, C_n は整数であるから，少なくも一組の (A, B, C) は，或る三組の (A_l, B_l, C_l), (A_m, B_m, C_m), (A_n, B_n, C_n) と表わされる．故に $\omega_l, \omega_m, \omega_n$ は同一の2次方程式 $Ax^2+Bx+C=0$ の根であるから，そのうちの少なくも二つは一致する：それを $\omega_l=\omega_m$ とする．よって ω は循環連分数となる．▌

c）純循環連分数と簡約2次無理数

定理 3.5 2次無理数 ω の連分数展開が純循環するとき，すなわち，或る m に対して

$$\omega = \frac{p_m\omega + p_{m-1}}{q_m\omega + q_{m-1}}$$

となるための必要十分条件は，ω が簡約2次無理数であることである．すなわち，$a\omega^2+b\omega+c=0$ の他の根を ω' とするとき

$$\omega > 1, \qquad 0 > \omega' > -1$$

となることである．

証明 （必要性） ω を純循環連分数とする：

$$\omega = [k_0, \cdots, k_{m-1}, \omega].$$

$k_m=k_0\geqq 1$ である．そのとき $\omega=(p_m\omega+p_{m-1})/(q_m\omega+q_{m-1})$ と表わされ

$$q_m\omega^2 + (q_{m-1} - p_m)\omega - p_{m-1} = 0$$

となる．ここで

$$f(x) = q_m x^2 + (q_{m-1} - p_m)x - p_{m-1} \qquad (q_m > 0)$$

とおく．

(i)　$$f(0) = -p_{m-1} < 0,$$

(ii)　$q_m \geqq q_{m-1}$ および $k_{m-1} \geqq 1$ より $p_m > p_{m-1}$ である．したがって

$$f(-1) = q_m - q_{m-1} + p_m - p_{m-1} > 0$$

(iii)　(2.18)によれば ω の m 次および $m-1$ 次近似分数 p_m/q_m, $p_{m-1}/q_{m-1} > 1$ より

$$\begin{aligned} f(1) &= q_m + q_{m-1} - p_m - p_{m-1} \\ &= q_m\left(1 - \frac{p_m}{q_m}\right) + q_{m-1}\left(1 - \frac{p_{m-1}}{q_{m-1}}\right) < 0. \end{aligned}$$

(i), (ii), (iii) より ω は簡約2次無理数である．

(十分性)　ω を簡約2次無理数とする．ω を無限連分数に展開して $\omega = [k_0, k_1, \cdots]$ とする．これをまた $\omega = [k_0, \cdots, k_{n-1}, \omega_n]$ $(n = 1, 2, \cdots)$ とおく．特に $\omega_0 = \omega$ とする．まず ω が簡約2次無理数ならば $\omega_1, \omega_2, \cdots$ もすべて簡約2次無理数であることを見よう．

$$f(x) = ax^2 + bx + c \quad (a > 0), \qquad f(\omega) = 0$$

とする．(3.16)* により $f(-1) > 0$, $f(0) < 0$, $f(1) < 0$ である．$\omega = k_0 + 1/\omega_1$ を $f(\omega) = 0$ に代入すれば

$$g(x) = Ax^2 + Bx + C, \qquad g(\omega_1) = 0,$$

ただし

$$A = -(ak_0^2 + bk_0 + c), \qquad B = -(2ak_0 + b), \qquad C = -a$$

となる．k_0 は $1 \leqq k_0 < \omega < k_0 + 1$ であるから，図3.3において，$f(k_0) < 0$, $f(k_0 + 1) > 0$, $f(k_0 - 1) < 0$ である．一方，$A = -f(k_0) > 0$, $g(1) = -f(k_0 + 1) < 0$, $g(0)$

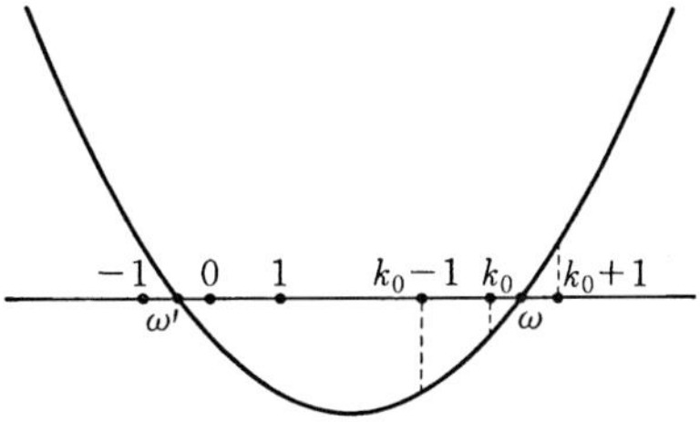

図3.3

$=-a<0$, $g(-1)=-f(k_0-1)>0$ であるから(3.16)* より ω_1 も簡約2次無理数である．以下，帰納法により $\omega_2, \omega_3, \cdots$ も簡約2次無理数であることがわかる．

つぎに ω が2次無理数であるから，或る m, n $(m>n)$ に対して $\omega_m=\omega_n$ となる．もし $n>0$ であれば

$$\omega_{n-1}=k_{n-1}+\frac{1}{\omega_n}, \qquad \omega_{m-1}=k_{m-1}+\frac{1}{\omega_m}.$$

したがって $\omega_{n-1}-\omega_{m-1}=k_{n-1}-k_{m-1}\in \boldsymbol{Z}$ である．ω_n の共役2次無理数を ω_n' $(n=1, 2, \cdots)$ とする．そのとき $\omega_{n-1}'-\omega_{m-1}'=k_{n-1}-k_{m-1}$ となる．

何とならば，$\omega_{n-1}=(-b_{n-1}+\sqrt{D})/2a_{n-1}$，$\omega_{m-1}=(-b_{m-1}+\sqrt{D})/2a_{m-1}$ とすれば，$\omega_{n-1}-\omega_{m-1}\in \boldsymbol{Z}$ より $\sqrt{D}/2a_{n-1}=\sqrt{D}/2a_{m-1}$ である．故に $\omega_{n-1}'=(-b_{n-1}-\sqrt{D})/2a_{n-1}$，$\omega_{m-1}'=(-b_{m-1}-\sqrt{D})/2a_{m-1}$ に対して，$\omega_{n-1}'-\omega_{m-1}'=\omega_{n-1}-\omega_{m-1}=k_{n-1}-k_{m-1}$ が成り立つ．

さて ω_{n-1}, ω_{m-1} も簡約2次無理数であるから，$-1<\omega_{n-1}'<0$, $-1<\omega_{m-1}'<0$ である．故に $|\omega_{n-1}'-\omega_{m-1}'|<1$ となり，$|k_{n-1}-k_{m-1}|<1$ となる．したがって $k_{n-1}=k_{m-1}$ となり，$\omega_m=\omega_n$ から $\omega_{m-1}=\omega_{n-1}$ が導かれた．この操作をつづければ，$\omega_0=\omega_{m-n}$ となり，ω が純循環であることがわかった．▌

以上の結果を用いれば定理3.3(i)が証明される．すなわち

(III) 任意の2次無理数は，或る簡約2次無理数と正に対等である．

[証明] 任意の2次無理数 ξ を連分数に展開して

$$\xi=[k_0, k_1, \cdots, k_{n-1}, \xi_n] \qquad (n=0, 1, 2, \cdots)$$

とすれば，定理3.4により，これは循環連分数で，或る $n<m$ に対して $\xi_n=\xi_m$ となる．すなわち

$$\xi_n=[k_n, \cdots, k_{m-1}, \xi_n]$$

となり，ξ_n は純循環連分数に展開される．故に定理3.5によって ξ_n は簡約2次無理数である．一方，(I)(i)によって ξ と ξ_n とは n が偶数であれば正に(n が奇数であれば負に)対等である．

一方，ξ_n が純循環であれば ξ_{n+1} も純循環である：

$$\xi_{n+1}=[k_{n+1}, \cdots, k_m, \xi_{n+1}] \qquad (k_m=k_n).$$

よって n が奇数であれば，ξ と ξ_{n+1} は正に対等である．いずれにせよ ξ は簡約2次無理数と正に対等になる．▌

定理 3.6　(i)　簡約2次無理数の連分数展開を $\xi=[k_0, k_1, \cdots, k_{n-1}, \xi_n]$ $(n=1, 2, \cdots)$ とする．$m\geqq 1$ を最小周期，すなわち $\xi=\xi_m$ となる最小の値とする．そのとき

$$\xi,\quad \xi_1,\ \cdots,\ \xi_{m-1} \tag{3.24}$$

は同じ判別式 D を持つ(異なる)簡約2次無理数である．

(イ)　m が奇数であれば，(3.24)の $\xi, \cdots, \xi_{m-1}$ は互いに正に対等である．

(ロ)　m が偶数であれば，$\xi, \xi_2, \xi_4, \cdots, \xi_{m-2}$ は互いに正に対等であるが，ξ と $\xi_1, \xi_3, \cdots, \xi_{m-1}$ は負に対等であるが，正に対等でない．

(ii)　簡約2次無理数 ξ に対等な簡約2次無理数は(3.24)に挙げたものの他には存在しない．

証明　(i)
$$\xi = \frac{p_n\xi_n+p_{n-1}}{q_n\xi_n+q_{n-1}}, \qquad p_nq_{n-1}-p_{n-1}q_n = (-1)^n$$
より，n が偶数であれば ξ と ξ_n は正に対等，n が奇数であれば負に対等である．

ξ が簡約2次無理数であれば，定理3.5より ξ は純循環連分数に展開される：
$$\xi = [\dot{k}_0, \cdots, \dot{k}_{m-1}].$$
m を最小の周期とすると
$$\xi_1 = [\dot{k}_1, \cdots, k_{m-1}, \dot{k}_0], \qquad \cdots, \qquad \xi_{m-1} = [\dot{k}_{m-1}, k_0, \cdots, \dot{k}_{m-2}]$$
となり，$\xi, \xi_1, \cdots, \xi_{m-1}$ もすべて異なる純循環連分数に展開される．よってこれらはまた簡約2次無理数である．

(イ)　特に(3.24)で m が奇数であれば
$$\xi_1 = \xi_{m+1}, \qquad \xi_3 = \xi_{m+3}, \qquad \cdots$$
で $m+1, m+3, \cdots$ は偶数であるから，ξ は $\xi_1, \xi_3, \cdots$ とも正に対等になる．

(ロ)は(II)の終りの正負の対等についての性質よりわかる．

(ii)は(II)よりわかる．▌

例 3.3　例3.2にあげた $D=5, 8, 12, 13, 17$ はすべて類数1 $(h(D)=1)$ の場合であった．

(i)　$D=40$．例3.2と同じ方法で簡約2次形式をすべて求めれば
$$f_1 = 3x^2-2xy-3y^2, \qquad f_2 = 2x^2-4xy-3y^2,$$
$$f_3 = 3x^2-4xy-2y^2, \qquad f_4 = x^2-6xy-y^2$$
の四つである．対応する簡約2次無理数は

$$\xi_1=\frac{1+\sqrt{10}}{3},\qquad \xi_2=\frac{2+\sqrt{10}}{2},\qquad \xi_3=\frac{2+\sqrt{10}}{3},\qquad \xi_4=3+\sqrt{10}.$$

これらを連分数に展開すれば

$$\xi_1=[1,2,\dot{1}],\qquad \xi_2=[\dot{2},1,\dot{1}],\qquad \xi_3=[\dot{1},1,\dot{2}],\qquad \xi_4=[\dot{6}]$$

である．したがって $\xi_1\sim\xi_2\sim\xi_3$ と ξ_4 は二つの異なる類を定める．ξ_1 の周期は3であるから，ξ_1,ξ_2,ξ_3 は正(かつ負)に対等である．よって $h(40)=h^+(40)=2$ となる．

(ii) $D=60$. 簡約2次形式は

$$f_1=x^2-6xy-6y^2,\qquad f_2=2x^2-6xy-3y^2,$$
$$f_3=3x^2-6xy-2y^2,\qquad f_4=6x^2-6xy-y^2.$$

対応する簡約2次無理数は

$$\xi_1=3+\sqrt{15},\qquad \xi_2=\frac{3+\sqrt{15}}{2},\qquad \xi_3=\frac{3+\sqrt{15}}{3},\qquad \xi_4=\frac{3+\sqrt{15}}{6}$$

で，これらの連分数展開は

$$\xi_1=[\dot{6},\dot{1}],\qquad \xi_2=[\dot{3},\dot{2}],\qquad \xi_3=[\dot{2},\dot{3}],\qquad \xi_4=[\dot{1},\dot{6}].$$

したがって $\xi_1\sim\xi_4$ (負に)，$\xi_2\sim\xi_3$ (負に)である．よって $h(60)=2$ であるが，$h^+(60)=4$ となる．

以下，判別式 $D>0$ ($D\equiv0,1\pmod 4$，ただし D は8で割れず，2以外の平方因子を持たず，$D=4m$ のときは $m\not\equiv1\pmod 4$ とする)の類数の表を掲げよう．

D	5	8	12	13	17	21	24	28	29	33
$h(D)$	1	1	1	1	1	1	1	1	1	1
$h^+(D)$	1	1	2	1	1	2	2	2	1	2

D	37	40	41	44	53	56	57	60	61	65
$h(D)$	1	2	1	1	1	1	1	2	1	2
$h^+(D)$	1	2	1	2	1	2	2	4	1	2

D	69	73	76	77	85	88	89	92	93	97
$h(D)$	1	1	1	1	2	1	1	1	1	1
$h^+(D)$	2	1	2	2	2	2	1	2	2	1

§3.4　整係数2元2次形式の自己変換とPell方程式

a)　自己変換

二つの整係数2元2次形式

$$f(x, y) = ax^2+bxy+cy^2 \qquad (a, b, c \in \boldsymbol{Z}),$$
$$g(x, y) = a'x^2+b'xy+c'y^2 \qquad (a', b', c' \in \boldsymbol{Z})$$

が与えられているとき,

問題1　$f(x, y)$ と $g(x, y)$ はいつ正に対等であるか. ——

この解答は§3.2, §3.3で与えられている. すなわち, $f(x, y)$ と $g(x, y)$ とに対等な簡約2元2次形式をそれぞれ $f_0(x, y)$ および $g_0(x, y)$ とするとき

(i)　$D<0$ のとき, $f(x, y) \sim g(x, y) \Longleftrightarrow f_0(x, y) = g_0(x, y)$.

(ii)　$D>0$ のとき, $f(x, y) \sim g(x, y) \Longleftrightarrow f_0(x, y) \sim g_0(x, y)$, かつ $f_0(x, y) \sim g_0(x, y)$ は対応する2次無理数 ξ, η の純循環連分数展開 $\xi=[\dot{k}_0, \cdots, \dot{k}_m]$, $\eta=[\dot{h}_0, \cdots, \dot{h}_n]$ をとるとき, $m=n$, かつ或る j に対して

$$h_0 = k_j, \qquad h_1 = k_{j+1}, \qquad \cdots, \qquad h_m = k_{j+m}$$

となることであった.

そのつぎの問題は

問題2　$f(x, y) \sim g(x, y)$ であるとき, $f(x, y)$ を $g(x, y)$ にうつす正の特殊1次変換

(3.25)
$$\begin{bmatrix} x \\ y \end{bmatrix} = \begin{bmatrix} r & s \\ t & u \end{bmatrix} \begin{bmatrix} x' \\ y' \end{bmatrix},$$

あるいは行列

$$T = \begin{bmatrix} r & s \\ t & u \end{bmatrix} \in SL(\boldsymbol{Z})^+$$

をすべて求めること. ——

T_1, T_2 に対応する変換がどちらも f を g にうつすならば, $T_1^{-1} \circ T_2 = T_0$ に対応する変換は f を f 自身にうつす. 逆に, T_0 が f を f 自身にうつすならば, $T_2 = T_1 \circ T_0$ は f を g にうつす. 故に問題2はつぎの問題3に帰着される.

問題3　整係数2元2次形式 $f(x, y)$ を自分自身にうつす正の特殊1次変換(3.25), あるいは対応する行列 $T \in SL(\boldsymbol{Z})^+$ をすべて求めること. ——

このような変換全体(あるいは行列全体)は乗法群を作る. これを2元2次形

式 f の**自己変換群** (group of automorphs) という．これを $\Gamma^+(f)$ と書く．

以上は整係数2元2次形式 f について考えたが，§3.1 (IV) によれば，これは対応する2次の代数的数の問題に移される：

問題4　2次の代数的数 ξ を自分自身にうつすすべての正のモジュラ変換を求めること．——

この場合には，さらに，つぎのように少し拡張して考えることにする．その方が第II部の議論に対して都合がよい．

問題3,4に対する答は，$D<0$ と $D>0$ の場合では非常に異なる．$D<0$ の場合は極めて簡単である．すなわち，§3.2 (II) によって，つぎのことがわかる．

定理3.7　判別式 $D<0$ の場合に，2次の代数的数 $\xi\,(\mathrm{Im}\,\xi>0)$ の自己変換群 $\Gamma^+(\xi)$ は

(i)　ξ が i に対等なときは，$|\Gamma^+(\xi)|=2$.

(ii)　ξ が ρ に対等なときは，$|\Gamma^+(\xi)|=3$.

(iii)　その他のときは，$\Gamma^+(\xi)=I$（恒等変換）.

したがって，原始的2元2次形式 $f(x,y)$ についていえば

(i)　$f(x,y)$ が x^2+y^2 に対等なときは，$|\Gamma^+(f)|=2$.

(ii)　$f(x,y)$ が x^2+xy+y^2 に対等なときは，$|\Gamma^+(f)|=3$.

(iii)　その他の $f(x,y)$ に対しては，$\Gamma^+(f)=I$. ——

つぎに，$D>0$ の場合を考えよう．

問題5　与えられた2次無理数 $\xi\in\boldsymbol{R}$,

$$a\xi^2+b\xi+c=0 \qquad (a,b,c\in\boldsymbol{Z},\ \text{ただし}\ (a,b,c)=1)$$

に対して，ξ の自己変換，すなわち正または負のモジュラ変換：

$$\xi=\frac{r\xi+s}{t\xi+u} \qquad (r,s,t,u\in\boldsymbol{Z},\ ru-st=\pm1) \tag{3.26}$$

の全体の作る ξ の**自己変換群**を求めること．——

ここで上の性質をもつ正のモジュラ変換（正の自己変換）の全体を $\Gamma^+(\xi)$，正および負のモジュラ変換（正および負の自己変換）の全体を $\Gamma^\pm(\xi)$ と表わす．

(**I**)　2次の代数的数 ξ に対して，(3.26) が $\Gamma^+(\xi)$ に属するための必要十分条件は，

$$x^2-Dy^2=4, \qquad D=b^2-4ac>0 \tag{3.27}$$

の解 $x, y \in \boldsymbol{Z}$ によって

$$\begin{bmatrix} r & s \\ t & u \end{bmatrix} = \begin{bmatrix} \dfrac{x-by}{2} & -cy \\ ay & \dfrac{x+by}{2} \end{bmatrix} \tag{3.28}$$

と表わされることである.

また, (3.26) が $\Gamma^{\pm}(\xi)$ に属するための必要十分条件は

$$x^2-Dy^2 = \pm 4 \tag{3.29}$$

の解 x, y によって (3.28) と表わされることである. ——

(3.27) または (3.29) を **Pell 方程式**という.

[証明]　(3.26) のモジュラ変換が $\Gamma^{+}(\xi)$ に属するとする. すなわち

$$t\xi^2+(u-r)\xi-s = 0 \tag{3.30}$$

とする. ξ は $a\xi^2+b\xi+c=0$ を満足し, かつ有理数ではないので

$$\frac{t}{a} = \frac{u-r}{b} = \frac{-s}{c} = y \tag{3.31}$$

となる. 仮定により $(a, b, c)=1$ としたので, $y \in \boldsymbol{Z}$ でなければならない. いま $u+r=x$ とおくと

$$\begin{aligned} r &= \frac{x-by}{2}, \qquad s = -cy, \\ t &= ay, \qquad\quad u = \frac{x+by}{2} \end{aligned} \tag{3.32}$$

と解かれる. 一方

$$ru-st = \frac{x^2-b^2y^2}{4}+acy^2 = 1.$$

すなわち

$$x^2-Dy^2 = 4$$

となる. 逆に, $x^2-Dy^2=4$ の解 x, y に対して (3.32) のように r, s, t, u をとれば, (3.31) となり, したがって (3.30) が成り立つ. ただしここで $r, s, t, u \in \boldsymbol{Z}$ を確かめなければならない.

まず, D が偶数であれば, $b^2=D+4ac$ より b も偶数であり, また $x^2=Dy^2+4$ より x も偶数となり, (3.32) で定める r, u は整数となる. また, D が奇数なら

ば，同様に b は奇数となり，また $x^2-Dy^2=4$ より $x\equiv y \pmod 2$ である．よって (3.32) で定める r, u は整数となる．

(3.26) が $\Gamma^{\pm}(\xi)$ に属する場合も全く同様である．▌

つぎに，Pell 方程式がいつ解を持つか，また，どのくらい多くの解を持つかをしらべよう．

さて Pell 方程式について後に述べる性質 (定理 3.9) を仮定すれば，問題 4，問題 5 はつぎのように解決される．

定理 3.8 (i) 2次無理数 $\xi\in\boldsymbol{R}$ の自己変換群 $\Gamma^+(\xi)$ は無限次巡回群である．すなわち，或る

$$\begin{bmatrix} r_1 & s_1 \\ t_1 & u_1 \end{bmatrix} \in \Gamma^+(\xi)$$

をとれば，$\Gamma^+(\xi)$ は

$$\begin{bmatrix} r_1 & s_1 \\ t_1 & u_1 \end{bmatrix}^n \qquad (n=0, \pm 1, \cdots)$$

の全体である．

(ii) ξ の自己変換群 $\Gamma^{\pm}(\xi)$ に対しては

(イ) $$\Gamma^{\pm}(\xi)=\Gamma^+(\xi),$$

すなわち ξ の負の自己変換が全く存在しないか，または

(ロ) $$\Gamma^{\pm}(\xi) \supsetneqq \Gamma^+(\xi),$$

かつ $\Gamma^{\pm}(\xi)$ も無限次巡回群で，その一つの生成元

$$\begin{bmatrix} r_1^* & s_1^* \\ t_1^* & u_1^* \end{bmatrix} \in \Gamma^-(\xi)$$

に対して

$$\begin{bmatrix} r_1 & s_1 \\ t_1 & u_1 \end{bmatrix} = \begin{bmatrix} r_1^* & s_1^* \\ t_1^* & u_1^* \end{bmatrix}^2$$

と表わされる．すなわち

$$[\Gamma^{\pm}(\xi):\Gamma^+(\xi)]=2$$

である．——

以上を判別式 $D>0$ の2元2次形式 $f(x, y)$ に戻せば，つぎの結果となる．

定理 3.8* 判別式 $D>0$ の原始的整係数2元2次形式 $f(x, y)$ の正の自己変換群 $\Gamma^+(f)$ は無限次巡回群である．

b）Pell 方程式

ここでは**一般の Pell 方程式**

(3.33) $$x^2-dy^2=k \qquad (d, k \in \boldsymbol{Z})$$

を考えよう．この方程式は Fermat が問題として提出し，イギリスの Pell が解答を寄せたという．ただし，この解答は完全なものでなく，Lagrange が完全な解答を与えた．

まず簡単な場合，$k=1$ を考える：

(3.34) $$x^2-dy^2=1.$$

ここで d が負の整数の場合は簡単である．

(i) $d=-1$ のとき．解は $(\pm 1, 0)$ と $(0, \pm 1)$ だけである．

(ii) $d<-1$ のとき．解は $(\pm 1, 0)$ だけである．

よって今後は $d>0$ とする．もしも d が平方数 $d=c^2$ $(c \in \boldsymbol{Z})$ であれば

$$x^2-(cy)^2=1$$

の解は $(\pm 1, 0)$ に限る．よって今後この節ではいちいち断わらないが，d は平方数ではないものとする．

(II) Pell 方程式

(3.35) $$x^2-dy^2=k \qquad (d>0)$$

は，或る $|k|<1+2\sqrt{d}$ に対して，$x>0$，$y>0$ となる無限に多くの整数解 (x, y) を持つ．

［証明］ 定理2.8によって

$$|y(x-\sqrt{d}\,y)|<1$$

は無限に多くの正の整数解 (x, y) を持つ．そのとき

$$|x+y\sqrt{d}\,|=|x-y\sqrt{d}+2y\sqrt{d}\,|<\frac{1}{y}+2y\sqrt{d} \leqq (1+2\sqrt{d}\,)y,$$

したがって

$$|x^2-dy^2|=|x+\sqrt{d}\,y|\cdot|x-\sqrt{d}\,y|<\frac{1}{y}(1+2\sqrt{d}\,)y=1+2\sqrt{d}$$

となる．故に，無限に多くの (x, y) に対して，x^2-dy^2 は同一の値 k をとる．∎

(III) Pell 方程式 $x^2-dy^2=1$ $(d>0)$ は，少なくも一つの整数解 (x, y) $(y \neq 0)$ を持つ．

[証明] (3.35) が無限に多くの整数解 (x, y) を持つとき，(x, y) を $\mathrm{mod}\, k$ によって分類することによって k^2 個の類に分ける．そのとき，少なくも一つの類は無限に多くの整数解 (x, y) を含む．よって

$$x_1 \equiv x_2 \pmod{k}, \qquad y_1 \equiv y_2 \pmod{k}$$

となる二つの異なる解 (x_1, y_1), (x_2, y_2) $(x_1, x_2>0)$ がある．

$$x = \frac{x_1x_2 - dy_1y_2}{k}, \qquad y = \frac{x_1y_2 - x_2y_1}{k}$$

とおく．そのとき $x, y \in \boldsymbol{Z}$ $(y \neq 0)$ かつ $x^2-dy^2=1$ が成り立つことを示そう．まず $x_1y_2 \equiv x_2y_1 \pmod{k}$ より $y \in \boldsymbol{Z}$ となることがわかる．また

$$x_1x_2 - dy_1y_2 \equiv x_1{}^2 - dy_1{}^2 = k \equiv 0 \pmod{k}$$

より，$x \in \boldsymbol{Z}$ も成り立つ．さらに

$$\begin{aligned} x^2 - dy^2 &= \frac{(x_1x_2 - dy_1y_2)^2 - d(x_1y_2 - x_2y_1)^2}{k^2} \\ &= \frac{x_1{}^2x_2{}^2 - dx_1{}^2y_2{}^2 + d^2y_1{}^2y_2{}^2 - dx_2{}^2y_1{}^2}{k^2} \\ &= \frac{(x_1{}^2 - dy_1{}^2)(x_2{}^2 - dy_2{}^2)}{k^2} = 1 \end{aligned}$$

となる．ここで，もしも $y=0$ であれば，$x_1y_2 = x_2y_1$ となり，或る有理数 h に対して $x_1 = hx_2$，$y_1 = hy_2$ となる．これらを $x^2-dy^2=k$ に代入すれば，$h=1$ でなければならない．これは矛盾である．▮

(IV) (x_1, y_1), (x_2, y_2) が共に Pell 方程式 $x^2-dy^2=1$ $(d>0)$ の整数解であれば

$$(x_1 + \sqrt{d}\, y_1)(x_2 + \sqrt{d}\, y_2) = x + \sqrt{d}\, y \tag{3.36}$$

となる (x, y) も同じ Pell 方程式の整数解である．また

$$(x_1 + \sqrt{d}\, y_1)^{-1} = x_1 - \sqrt{d}\, y_1$$

となる $(x_1, -y_1)$ も解である．

[証明] (3.36) であれば

$$(x_1 - \sqrt{d}\, y_1)(x_2 - \sqrt{d}\, y_2) = x - \sqrt{d}\, y$$

となる．両者より

$$x^2 - dy^2 = (x_1{}^2 - dy_1{}^2)(x_2{}^2 - dy_2{}^2) = 1$$

が成り立つ．▮

（V）Pell 方程式

$$x^2-dy^2=1 \qquad (d>0)$$

の整数解 (x, y) のうち，$\omega=x+y\sqrt{d}$ が 1 より大きい最小値をとるものを

$$\omega_1=x_1+y_1\sqrt{d}$$

とすれば，この Pell 方程式の整数解の全体は $\{(\pm x_n, \pm y_n)\,|\,n=0, \pm 1, \cdots\}$（符号同順）である．ただし

$$\omega_1{}^n=x_n+y_n\sqrt{d} \qquad (n=0, \pm 1, \cdots)$$

と表わされるものとする．

［証明］ Pell 方程式 $x^2-dy^2=1$ の整数解は $(\pm x, \pm y)$ の四つずつが組を作るが，その中で整数解 (x, y) $(x>0,\ y>0)$ に対して

$$\omega=x+y\sqrt{d}, \qquad \omega'=x-y\sqrt{d}, \qquad -\omega, \qquad -\omega'$$

の四つの数を対応させるとき，$\omega>1$，$1>\omega'=1/\omega>0$，$0>-\omega'>-1$，$-1>-\omega$ である．

故に $\pm\omega_1{}^n$ $(n=0, \pm 1, \cdots)$ は，$\omega>1$，$1>\omega>0$，$0>\omega>-1$，$-1>\omega$ の四組に分かれる．

また，二組の整数解 (x_1, y_1)，(x_2, y_2) $(x_1, x_2, y_1, y_2>0)$ に対して $x_1>x_2$ と $\omega_1=x_1+y_1\sqrt{d}>\omega_2=x_2+y_2\sqrt{d}$ とは同値である．（何故ならば $y_1{}^2=(x_1{}^2-1)/d>y_2{}^2=(x_2{}^2-1)/d$ であるから.）よって，解のうち $\omega_1>1$ の最小と $x_1\geqq 1$ の最小とは同値な条件である．

よって，任意の整数解 (x, y) $(x>0,\ y>0)$ は或る $n\geqq 1$ に対して (x_n, y_n) と表わされることを言えばよい．

$\omega=x+y\sqrt{d}$ とおくとき，$\omega_1{}^n\leqq\omega<\omega_1{}^{n+1}$ となる n が定まる．そのとき $\omega\omega_1{}^{-n}=x'+y'\sqrt{d}$ とおくと，(x', y') も (IV) によって (3.34) の解となり，かつ $\omega_1>\omega\omega_1{}^{-n}\geqq 1$ である．故に上に見たように，$\omega\omega_1{}^{-n}=1$，すなわち $\omega=\omega_1{}^n$ でなければならない．▌

（VI）Pell 方程式

(3.37)
$$z^2-dt^2=-1 \qquad (d>0),$$

(3.38)
$$x^2-dy^2=1 \qquad (d>0)$$

において，もしも (3.37) が解を持てば，(z_1, t_1) $(z_1>0,\ t_1>0)$ をその正の最小整数解とするとき，(3.37) のすべての解 (z, t) は

$$z+t\sqrt{d} = \pm(z_1+t_1\sqrt{d})^{2n+1} \qquad (n=0, \pm 1, \cdots)$$

で与えられる．また(3.38)の正の最小整数解(x_1, y_1)をとると，

(3.39) $$\omega_1 = x_1+y_1\sqrt{d} = (z_1+t_1\sqrt{d})^2$$

が成り立つ．

［証明］ まず(3.39)を証明する．$\varepsilon_1=z_1+t_1\sqrt{d}$ に対して，$\varepsilon_1^2=(z_1+t_1\sqrt{d})^2=z'+t'\sqrt{d}$ をとると，(z', t')は(3.38)の整数解である．故に(x_1, y_1)の性質より

$$1 < x_1+y_1\sqrt{d} \leqq (z_1+t_1\sqrt{d})^2$$

である．各辺に $\varepsilon_1^{-1}=(z_1+t_1\sqrt{d})^{-1}=-z_1+t_1\sqrt{d}$ を乗ずれば

$$\begin{aligned}\varepsilon_1^{-1} = -z_1+t_1\sqrt{d} &< -z_1x_1+dy_1t_1+(-z_1y_1+t_1x_1)\sqrt{d}\\ &\leqq z_1+t_1\sqrt{d} = \varepsilon_1\end{aligned}$$

で，この中央項を $\eta=z+t\sqrt{d}$ と表わすとき，(z, t)も(3.37)の解となる．

故に $\eta\neq 1$ である．もしも $1<\eta\leqq\varepsilon_1$ であれば，ε_1 の定め方から $\eta=\varepsilon_1$ でなければならない．このとき(3.39)が成り立つ．もしも $\varepsilon_1^{-1}<\eta<1<\varepsilon_1$ とすれば，$\varepsilon_1>\eta^{-1}>1$ となって ε_1 の定め方と矛盾する．故に(3.39)でなければならない．

つぎに，(V)の証明と同様に，(3.37)の任意の整数解(z, t) $(z>0,\ t>0)$に対して，或る n があって $\omega_1^n\leqq z+t\sqrt{d} <\omega_1^{n+1}$ とはさむことができる．(3.39)より $\omega_1=\varepsilon_1^2$ であるから

$$\varepsilon_1^{-1} \leqq (z+t\sqrt{d})\varepsilon_1^{-2n-1} < \varepsilon_1$$

となる．この中央の項を $x'+y'\sqrt{d}$ とおくと，(x', y')は(3.38)の解となる．このとき

$$\omega_1^{-1} < \varepsilon_1^{-1} \leqq x'+y'\sqrt{d} < \varepsilon_1 < \omega_1$$

が成り立つから，$x'+y'\sqrt{d}=1$ となる．したがって

$$z+t\sqrt{d} = (z_1+t_1\sqrt{d})^{2n+1}$$

となる．▌

注意 (3.37)は必ずしも整数解(z, t)を持たない．たとえば $x^2-3y^2=-1$ を考えると，$x^2-3y^2 \pmod 4$ は 0, 1, 2 (mod 4) の値しかとりえない．

つぎに，$k=\pm 4$ の場合を考えよう．

定理 3.9 Pell 方程式

(3.40) $$x^2-dy^2 = 4 \qquad (d>0)$$

の正の整数解(x, y)のうち $x_1+y_1\sqrt{d}$ が最小となる $x_1>0,\ y_1>0$ をとるとき，

(3.40) の一般解 (x, y) は

$$\frac{x+y\sqrt{d}}{2} = \pm\left(\frac{x_1+y_1\sqrt{d}}{2}\right)^n \qquad (n=0, \pm 1, \cdots)$$

で与えられる.

また, Pell 方程式

$$(3.41) \qquad x^2-dy^2 = -4 \qquad (d>0)$$

が少なくも一つの整数解を持てば, その正の最小整数解 $(x_1{}^*, y_1{}^*)$ をとるとき, その一般解 (x^*, y^*) は

$$\frac{x^*+y^*\sqrt{d}}{2} = \pm\left(\frac{x_1{}^*+y_1{}^*\sqrt{d}}{2}\right)^{2n+1} \qquad (n=0, \pm 1, \cdots)$$

で与えられる. また

$$\frac{x_1+y_1\sqrt{d}}{2} = \left(\frac{x_1{}^*+y_1{}^*\sqrt{d}}{2}\right)^2$$

と表わされる.

証明 (3.34) の整数解 (x, y) に対して, $(2x, 2y)$ は (3.40) の整数解である. しかし (3.40) の整数解がすべてこのようにして得られるのではない. (たとえば, $x^2-5y^2=4$ の一組の整数解 $(3, 1)$ はその例である.)

証明は, (VI) の証明とほとんど同じである. ただし (x_1, y_1), (x_2, y_2) が (3.40) の整数解であるとき

$$\frac{x+y\sqrt{d}}{2} = \frac{x_1+y_1\sqrt{d}}{2}\cdot\frac{x_2+y_2\sqrt{d}}{2},$$

$$\frac{x_1-y_1\sqrt{d}}{2} = \left(\frac{x_1+y_1\sqrt{d}}{2}\right)^{-1}$$

とすれば, (x, y), $(x_1, -y_1)$ も (3.40) の解となるということを用いればよい.

たとえば, $x_i{}^2 \equiv dy_i{}^2 \pmod 2$ $(i=1, 2)$ より $x_i \equiv dy_i \pmod 2$ $(i=1, 2)$ となるので

$$2x = x_1x_2+dy_1y_2 \equiv d^2y_1y_2+dy_1y_2 = d(d+1)y_1y_2 \equiv 0 \pmod 2,$$

$$2y = x_1y_2+x_2y_1 \equiv dy_1y_2+dy_1y_2 = 2dy_1y_2 \equiv 0 \pmod 2.$$

したがって $x, y \in \boldsymbol{Z}$ となる. このとき

$$x^2-dy^2 = (x+y\sqrt{d})(x-y\sqrt{d}) = 4\frac{x_1{}^2-dy_1{}^2}{4}\cdot\frac{x_2{}^2-dy_2{}^2}{4} = 4$$

となる. ▌

この定理3.9より, 定理3.8は容易に導かれる.

すなわち,

$$(3.28)^* \qquad \begin{bmatrix} r_i & s_i \\ t_i & u_i \end{bmatrix} = \begin{bmatrix} \dfrac{x_i - by_i}{2} & -cy_i \\ ay_i & \dfrac{x_i + by_i}{2} \end{bmatrix} \qquad (i=1, 2)$$

であれば

$$\begin{bmatrix} r_3 & s_3 \\ t_3 & u_3 \end{bmatrix} = \begin{bmatrix} r_1 & s_1 \\ t_1 & u_1 \end{bmatrix} \begin{bmatrix} r_2 & s_2 \\ t_2 & u_2 \end{bmatrix},$$

$$\frac{x_3 + y_3\sqrt{d}}{2} = \frac{x_1 + y_1\sqrt{d}}{2} \cdot \frac{x_2 + y_2\sqrt{d}}{2}$$

とするとき, $(3.28)^*$ が $i=3$ に対しても成り立つことを用いればよい.

つぎに, Pell 方程式 (3.40) または (3.41) の解を連分数を用いて実際に計算する方法を示そう.

(VII)　(i)　2次無理数 ξ ($\in \boldsymbol{R}$) が判別式 $D>0$ を持つとき, ξ に対して

$$\xi = \frac{r\xi + s}{t\xi + u} \qquad (r, s, t, u \in \boldsymbol{Z}, \ \ ru - st = \pm 1)$$

であれば

$$(3.42) \qquad \omega = t\xi + u = \frac{x + y\sqrt{D}}{2}$$

と表わすとき, (x, y) は Pell 方程式

$$x^2 - Dy^2 = \pm 4$$

の解である.

(ii)　判別式 D をもつ簡約2次無理数 ξ を

$$\xi = [k_0, \cdots, k_{m-1}, \xi_m], \qquad \xi_m = \xi$$

と純循環連分数に表わすとき, その最小の周期を m とする:

$$\xi = \frac{p_m \xi + p_{m-1}}{q_m \xi + q_{m-1}}.$$

(イ)　m が偶数のとき

$$(3.43) \qquad \omega_1 = q_m \xi + q_{m-1} = \frac{x_1 + y_1\sqrt{D}}{2}$$

と表わせば，(x_1, y_1) は Pell 方程式 $x^2-Dy^2=4$ の正の最小の解である.

（ロ） m が奇数のとき，(3.43) で定まる (x_1, y_1) は $x^2-Dy^2=-4$ の正の最小解である．このとき

$$\omega_2 = q_{2m}\xi+q_{2m-1} = \frac{x_2+y_2\sqrt{D}}{2}$$

で定まる (x_2, y_2) は $x^2-Dy^2=4$ の正の最小解である.

[証明] （i） $a\xi^2+b\xi+c=0$ とすると，(3.32) によれば

$$t\xi+u = ay\xi+\frac{x+by}{2} = y\frac{-b+\sqrt{D}}{2}+\frac{x+by}{2} = \frac{x+y\sqrt{D}}{2}$$

となる.

(ii) 定理3.6によって純循環連分数で表わされる ξ と正または負に対等な数は，$\xi=[k_0, \cdots, k_{n-1}, \xi_n]$ とするとき，ξ_n $(n=0, 1, \cdots)$ しかない．このうち $\xi_n=\xi$ となるのは n が m の倍数であるものに限る．一方，$n>l$ ならば

$$q_n\xi+q_{n-1} > q_l\xi+q_{l-1}$$

であるから $q_m\xi+q_{m-1}$ は (3.40) または (3.41) に対する最小の解に対応する.

m が偶数，奇数に応じて場合を分けて考えれば，（イ），（ロ）となる. ▌

注意 同一の判別式 $D>0$ をもつ簡約2次無理数はただ一つとは限らない．しかし異なる2次無理数に対して (VII) (ii) で得られる x_1, y_1 は同じ値になる.

例 3.4 $D=60$ (例3.3(ii))．簡約2次無理数

$$\xi_1 = 3+\sqrt{15} = [\dot{6}, \dot{1}], \qquad \xi_2 = \frac{3+\sqrt{15}}{2} = [\dot{3}, \dot{2}],$$

$$\xi_3 = \frac{3+\sqrt{15}}{3} = [\dot{2}, \dot{3}], \qquad \xi_4 = \frac{3+\sqrt{15}}{6} = [\dot{1}, \dot{6}]$$

に対して

$$\xi_i = \frac{p_2\xi_i+p_1}{q_2\xi_i+q_1} \qquad (i=1, 2, 3, 4)$$

とおくとき，(3.43) の $\omega_1=q_2\xi_i+q_1$ を $i=1, 2, 3, 4$ に対して求めれば

$$\omega_1 = \xi_1+1 = 2\xi_2+1 = 3\xi_3+1 = 6\xi_4+1 = 4+\sqrt{15}$$

となる.

(VIII) (VII) (ii) において，m が偶数であるか奇数であるかは，判別式 $D>0$ のみによって定まり，D に属する簡約2次無理数のとり方によらない．故に D

>0 の場合，周期 m が奇数，偶数に応じて

$$h^+(D) = h(D) \quad \text{または} \quad h^+(D) = 2h(D)$$

のいずれかとなる．

注意　$D=40, 60$ の場合には，例3.3でこの事実を見た．

Pell方程式

$$x^2-Dy^2 = \pm 4$$

の正の最小解をいくつかの D に対して計算しよう．(VII)によって

(i)　$x^2-Dy^2=-4$ が解を持たないときは

$$\omega_1 = \frac{x_1+y_1\sqrt{D}}{2} \qquad ((3.43)\text{式})$$

より，(x_1, y_1) が $x^2-Dy^2=4$ の正の最小解である．このときは $h^+(D)=2h(D)$ である．

(ii)　$x^2-Dy^2=-4$ が解を持つときは

$$\omega_1 = \frac{x_1+y_1\sqrt{D}}{2} \qquad ((3.43)\text{式})$$

より，(x_1, y_1) が正の最小解，そのときは

$$\omega_2 = \omega_1{}^2 = \frac{x_2+y_2\sqrt{D}}{2}$$

より，(x_2, y_2) が $x^2-Dy^2=4$ の正の最小解である．このときは $h^+(D)=h(D)$ である．

よって以下の例においては，ω_1 と，$h^+=2h$ または $h^+=h$ のいずれであるかを示すにとどめる．

例3.5　(i)　$D=5$. 簡約2次無理数 ξ は $\xi=(1+\sqrt{5})/2$, $\xi=[\dot{1}]$. このとき $h^+=h$ で

$$\xi = \frac{p_1\xi+p_0}{q_1\xi+q_0}, \qquad \omega_1 = q_1\xi+q_0 = \xi = \frac{1+\sqrt{5}}{2}.$$

(ii)　$D=8$. 簡約2次無理数 ξ は $\xi=1+\sqrt{2}=[\dot{2}]$, したがって $h^+=h$, かつ(i)と同様に $\omega_1=\xi$ である．

(iii)　$D=13$. 簡約2次無理数 $\xi=(3+\sqrt{13})/2=[\dot{3}]$, $h^+=h$, かつ(i)と同様に $\omega_1=\xi$ である．

(iv)　$D=12$. 一つの簡約2次無理数は $\xi=1+\sqrt{3}=[\dot{2}, \dot{1}]$, $h^+=2h$, このとき

$$\xi = \frac{p_2\xi+p_1}{q_2\xi+q_1},$$

$$\omega_1 = q_2\xi+q_1 = \xi+1 = 2+\sqrt{3} \qquad (q_1=1,\ q_2=k_1=1 \text{ より}).$$

（v）$D=17$. 一つの簡約2次無理数は $\xi=(3+\sqrt{17})/2=[\dot{3}, 1, \dot{1}]$, $h^+=h$, このとき

$$\xi = \frac{p_3\xi+p_2}{q_3\xi+q_2},$$

$$\omega_1 = q_3\xi+q_2 = 2\xi+1 = 4+\sqrt{17} \qquad (q_3=k_1k_2+1=2,\ q_2=k_1=1 \text{ より}).$$

以下, ω_1 の値を挙げると, つぎのようになる:

D	21	24	28	29	33	37
ω_1	$(5+\sqrt{21})/2$	$5+2\sqrt{6}$	$8+3\sqrt{7}$	$(5+\sqrt{29})/2$	$23+4\sqrt{33}$	$6+\sqrt{37}$
類数	$h^+=2h$	$h^+=2h$	$h^+=2h$	$h^+=h$	$h^+=2h$	$h^+=h$

§3.5　整係数2元2次形式による数の表示

Gauss にならって, これまで説明してきた整係数2元2次形式の理論を, つぎの2元2次不定方程式に応用しよう.

問題6　整係数2元2次形式を

$$f(x, y) = ax^2+bxy+cy^2 \qquad (a, b, c \in \boldsymbol{Z})$$

とする. ただし, $f(x, y)$ は原始的, すなわち $(a, b, c)=1$ と仮定しよう. そのとき, $n \in \boldsymbol{Z}$ に対して

$$f(x, y) = n \tag{3.44}$$

は, どのような n に対して整数解 $(x, y) \in \boldsymbol{Z}$ を持つか.

問題7　整数解を持つ場合には, その全体を求めること.

定義3.11　$f(x, y)=n$ が整数解 (x, y) を持ち, かつ $(x, y)=1$ のとき, x, y を**原始解** (primitive solution) といい, n を $f(x, y)$ によって**原始的に表示されるという**.

（I）二つの整係数2元2次形式 $f_1(x, y)$ と $f_2(x', y')$ とが対等であるとする. そのとき

$$f_1(x, y) = n$$

が整数解を持てば

$$f_2(x', y') = n$$

も整数解を持つ．また，その逆も真である．

［証明］ f_1 を f_2 にうつす変換を

$$\begin{bmatrix} x \\ y \end{bmatrix} = \begin{bmatrix} r & s \\ t & u \end{bmatrix} \begin{bmatrix} x' \\ y' \end{bmatrix} \qquad (ru - st = \pm 1)$$

とすれば，$f_1(x, y) = n$ の整数解 (x, y) に対して，上の変換で定められる

$$\begin{bmatrix} x' \\ y' \end{bmatrix} = \pm \begin{bmatrix} u & -s \\ -t & r \end{bmatrix} \begin{bmatrix} x \\ y \end{bmatrix}$$

に対して $f_2(x', y') = n$ が成り立つ．▌

（**II**） 2元2次不定方程式 $f(x, y) = n$ が整数解 (x, y) を持てば，$f(x, y)$ の自己変換

$$\begin{bmatrix} x \\ y \end{bmatrix} = \begin{bmatrix} r & s \\ t & u \end{bmatrix} \begin{bmatrix} x' \\ y' \end{bmatrix}$$

に対して $f(x', y') = n$ も成り立つ．——

さて，問題6にもどろう．いま原始的2元2次形式 f に対して

$$f(x, y) = n$$

が原始解 $r, t \in \boldsymbol{Z}$ $((r, t) = 1)$ を持つとする：$f(r, t) = n$．これに対して

$$ru - st = 1$$

は整数解 s, u を持つ．その一つの解を s_0, u_0 とすれば，一般の整数解は

$$s = s_0 + rk, \qquad u = u_0 + tk \qquad (k \in \boldsymbol{Z})$$

と表わされる．

$$\begin{bmatrix} x \\ y \end{bmatrix} = \begin{bmatrix} r & s \\ t & u \end{bmatrix} \begin{bmatrix} x' \\ y' \end{bmatrix} \tag{3.45}$$

を $f(x, y)$ に代入して

$$f(x, y) = g(x', y') = nx'^2 + mx'y' + ly'^2$$

とすれば，すでに述べたように，

$$\begin{cases} n = ar^2 + brt + ct^2, \\ m = 2ar(s_0 + rk) + b(ru_0 + rtk + s_0t + rtk) + 2ct(u_0 + tk) \\ \quad = 2ars_0 + b(ru_0 + s_0t) + 2ctu_0 + 2nk, \\ l = as^2 + bsu + cu^2 \end{cases} \tag{3.46}$$

である．ここで m は r, t より $\mathrm{mod}\ 2n$ で定まる．故に

$$0 \leqq m < 2n$$

に m をとる．そのとき $D=b^2-4ac=m^2-4nl$ であるから

$$l=\frac{m^2-D}{4n}$$

である．以上をまとめて書くと

(III)　r, t が原始的2元2次形式 $f(x, y)=n>0$ の原始解とする．そのとき，つぎの条件を満たす $s, u \in \boldsymbol{Z}$ が一意に定まる：

(3.47)　$$ru-st=1,$$

(3.48)　$$f(x, y)=nx'^2+mx'y'+ly'^2$$

（ただし，x', y' は (3.45) より定める），

(3.49)　$$0 \leqq m < 2n \quad \text{かつ} \quad m^2 \equiv D \pmod{4n},$$

(3.50)　$$l=\frac{m^2-D}{4n}.$$　——

この逆について考えよう．

定理 3.10　(i)　原始的整係数2元2次形式 $f(x, y)$ の判別式を D とする．$n>0$ に対して

(3.51)　$$0 \leqq m < 2n, \qquad m^2 \equiv D \pmod{4n}$$

となる m をとり，$l=(m^2-D)/4n$ とおく．もしも $g(x', y')=nx'^2+mx'y'+ly'^2$ が与えられた $f(x, y)$ と正に対等であれば，(3.45) となる $r, t \in \boldsymbol{Z}$ は $f(x, y)=n$ の原始解である．

(ii)　(i) のようにして得られる整数解を

$$(r_1, t_1), \quad \cdots, \quad (r_N, t_N)$$

とする．そのとき，$f(x, y)=n$ のすべての整数解は，これらから (II) の方法によって得られる解として導かれる．

(iii)　特に判別式 D の類数 $h^+(D)$ が1の場合には，(i) においてつねに $f \sim g$ となり，(3.51) の整数解 m に対して $f(x, y)=n$ の原始解は必ず存在する．——

証明は (III) を逆にたどればよい．

以上が問題6に対する解答である．もしも問題6を弱い形にして

問題 6*　判別式 D を与えるとき，与えられた整数 $n>0$ を表わす整係数2元

2次形式 $f(x,y)$ で，D を判別式とするものが，いつ存在するか．——

それに対する解答としては

(IV) $$m^2 \equiv D \pmod{4n}$$

が解 m を持てば，すなわち，D が $4n$ を法として平方剰余であれば，D を判別式とする或る2元2次形式 $f(x,y)$ が存在して，$f(x,y)=n$ は整数解を持つ．すなわち，判別式 D に対して $h^+(D)$ は有限であるから，各類の代表を $f_i(x,y)$ ($i=1,\cdots,h^+(D)$) とすれば，或る i ($1\leqq i\leqq h^+(D)$) に対して

$$f_i(x,y)=n$$

は整数解を持つ．——

特に $h^+(D)=1$ の場合は，答は簡明になる．

問題7に対する解答としては，問題4の解答と組み合わせればよい．問題4の解答は定理3.7および定理3.8で与えられている．

例 3.6　$f(x,y)=x^2+y^2$ に対して，不定方程式

(3.52) $$x^2+y^2=n>0$$

の原始解を求めること．$f(x,y)$ の判別式は $D=-4$ である．いま $n=p$ が素数とすれば

$$m^2\equiv -4 \pmod{4p} \qquad (0\leqq m<2p).$$

すなわち $m=2m_0$，$m_0{}^2\equiv -1 \pmod{p}$ でなければならない．したがって $f(x,y)=p$ が解けるためには，$p\equiv 1 \pmod 4$ が必要条件である（例1.14）．このとき，$l=(m^2+4)/4p=(m_0{}^2+1)/p$ とおいて $g(x',y')=px'^2+mx'y'+ly'^2$ とおく．判別式 -4 の2次形式の類数 $h^+(-4)=1$ であったから（例3.1），$f\sim g$ である．よってこの場合に (3.52) は原始解を持つ．またその解の全体は (x,y)，$(-x,y)$，$(x,-y)$，$(-x,-y)$ である．

よって，$p\equiv 1 \pmod 4$ が $f(x,y)=p$ に整数解のあるための必要十分条件である．以上は第1章で与えた答と一致する．

例 3.7　$f(x,y)=x^2+xy+y^2$ に対して，不定方程式

(3.53) $$x^2+xy+y^2=n$$

の原始解を求めること．$f(x,y)$ の判別式は $D=-3$．判別式 -3 に対する類数 $h^+(-3)=1$ であった（例3.1）．$n=p$（素数）の場合には，$m^2\equiv -3 \pmod{4p}$ が解ければ，p は $f(x,y)$ で原始的に表示される．$m^2\equiv -3 \pmod{4p}$ が解けるのは，

$p\equiv 1 \pmod 3$ の場合である(例1.14)．よってこの場合には，$p=x^2+xy+y^2$ と表わされる．その整数解の個数は6通りある．

例3.8　(i)　$D=-20$ の場合．この場合の類数は $h^+(D)=2$ で，簡約形式は

$$x^2+5y^2, \qquad 2x^2+2xy+3y^2$$

であった(例3.1)．$f(x, y)=p$ (p は素数，$\neq 2$) が判別式 $D=-20$ の2次形式 f に対して原始解を持つための必要条件は，$m^2\equiv -20 \pmod{4p}$，すなわち，$m=2m_0$ として $m_0{}^2\equiv -5 \pmod p$ が解けることである．例1.14より

$$p\equiv 1,\ 3,\ 7,\ 9 \pmod{20}$$

のとき解けて，残りの 11, 13, 17, 19 (mod 20) の場合には解がない．(IV)によれば，$p\equiv 1, 3, 7, 9 \pmod{20}$ の場合には

$$x^2+5y^2=p, \qquad 2x^2+2xy+3y^2=p$$

のいずれか一方が整数解 (x, y) を持つ．

さて，$x^2+5y^2=p$ が整数解を持てば $x^2\equiv p \pmod 5$ となる．また，$2x^2+2xy+3y^2=p$ が整数解を持てば $2p=(2x+y)^2+5y^2$ である．したがって $2p\equiv(2x+y)^2 \pmod 5$ である．しかるに2は mod 5 で平方非剰余であるから p も mod 5 で非剰余でなければならない．

以上より，$p\equiv 1, 9 \pmod{20}$ のとき $x^2+5y^2=p$ は整数解を持ち，$p\equiv 3, 7 \pmod{20}$ のときは $2x^2+2xy+3y^2=p$ は整数解を持つことがわかる．それらの解は $(x, y), (-x, -y)$ の2通りしかない．たとえば，$41=6^2+5\times 1^2$，$29=3^2+5\times 2^2$ は前者，$23=2\times 2^2+2\times 2\times(-3)+3\times(-3)^2$，$47=2\times 2^2+2\times 2\times 3+3\times 3^2$ は後者の例である．

(ii)　$D=-15$ の場合．この場合も類数は $h^+(D)=2$ で，簡約形式は

$$x^2+xy+4y^2, \qquad 2x^2+xy+2y^2$$

であった(例3.1)．$f(x, y)=p$ ($p\neq 2$ は素数) が判別式 $D=-15$ の2次形式に対して整数解を持つための必要条件は $m^2\equiv -15 \pmod{4p}$，したがって例1.14より，

$$p\equiv 1,\ 2,\ 4,\ 8 \pmod{15}$$

のとき解けて，$p\equiv 7, 11, 13, 14 \pmod{15}$ のとき解がない．

もしも $x^2+xy+4y^2=p$ の整数解 (x, y) が存在すれば，$4p\equiv(2x+y)^2 \pmod{15}$，したがって $4p\equiv 1, 4 \pmod{15}$，$p\equiv 4, 1 \pmod{15}$ でなければならない．ま

たもしも $2x^2+xy+2y^2=p$ の整数解 (x, y) が存在すれば，$8p\equiv(4x+y)^2 \pmod{15}$，したがって $8p\equiv 1, 4 \pmod{15}$，$p\equiv 2, 8 \pmod{15}$ でなければならない．

よって(i)と同様に，逆に $p\equiv 1, 4 \pmod{15}$ ならば $p=x^2+xy+4y^2$ と表わされ，$p\equiv 2, 8 \pmod{15}$ ならば $p=2x^2+xy+2y^2$ と表わされる．たとえば，$19=1^2+1\times 2+4\times 2^2$，$17=2\times(-1)^2+(-1)\times 3+2\times 3^2$ と表わされる．

例 3.9 判別式 $D>0$ の場合には，n が $f(x, y)$ で表示された場合に，その整数解が無数にある点が大きい違いで，その他は $D<0$ の場合と同様である．

(i) $D=5$. 簡約2次形式は $f(x, y)=x^2-xy-y^2$ のただ一つである．したがって素数 p が $f(x, y)$ で表わされる必要十分条件は $m^2\equiv 5 \pmod{4p}$，すなわち，$m^2\equiv 5 \pmod{p}$ である．例1.14で見たように，この条件は $p\equiv 1, 4 \pmod{5}$ と同値である．たとえば，

$$p=11=5^2-2\times 5-2^2, \qquad p=19=7^2-3\times 7-3^2$$

と表示される．

(ii) $D=12$. $h=1$，$h^+=2$ で簡約2次形式は $f_1(x, y)=x^2-2xy-2y^2$，$f_2(x, y)=2x^2-2xy-y^2$ の二つだけである．或る素数 p が $f_1(x, y)$ または $f_2(x, y)$ で表示されるための必要十分条件は $m^2\equiv 12 \pmod{4p}$ である．例1.14より，この条件は $p\equiv 1, 11 \pmod{12}$ と同値である．

一方，p が $f_1(x, y)$ で表示されれば $p\equiv(x-y)^2 \pmod{3}$ より $p\equiv 1 \pmod{3}$ であり，p が $f_2(x, y)$ で表示されれば $2p\equiv(2x-y)^2 \pmod{3}$ より $p\equiv 2 \pmod{3}$ となる．よって，p が $f_1(x, y)$ および $f_2(x, y)$ で表示されるための必要十分条件は，それぞれ $p\equiv 1 \pmod{12}$ および $p\equiv 11 \pmod{12}$ である．たとえば，

$$p=13=3^2-2\times 3\times(-1)-2\times(-1)^2,$$
$$p=23=2\times 3^2-2\times 3\times(-1)-(-1)^2$$

である．

注意 $h^+(D)=1$ の場合には，定理3.10あるいは(IV)によって，極めて簡明な結論が得られた(例3.6, 3.7)．しかし，$h^+(D)>1$ のときは，(IV)のように，余り簡単な結果が得られていない．それにもかかわらず，例3.8, 3.9のように，$h^+(D)=2$ の場合にも $p \pmod{20}$，$p \pmod{15}$，$p \pmod{12}$ によって，解の存在するための条件が明瞭に示されている．しかし，このことは $h^+(D)=2$ の場合が特に好都合なのであって，$h^+(D)>2$ のときは一般にこのような都合のよい条件は与えられない．これらの事情は第II部の考察によって次第に明らかになるであろう．——

Gauss の展開した整係数 2 元 2 次形式の理論 (§ 3.1-3.4) を用いるとき，2 元 2 次不定方程式 $f(x, y)=n$ の解法について，上に述べたように筋道立った考察を進めることができた．また，Dirichlet は，2 元 2 次形式の代りに，2 次の代数的数を用いることによって，その議論を見易くした．第 II 部では，さらに 2 次体の代数的整数論を用いて，一層見通しのよいものとしよう．この“数論”では，ケーブルカーなどによって一気に高い山の上に登るのでなく，根気よく一歩一歩山道を辿るようにしたい．

問　　題

1　定理 3.2 (複素上半平面に作用する正のモジュラ変換に関する基本領域が G であること) の証明を完成せよ．

2　判別式 $D<0$ に対する整係数 2 元 2 次形式の類数 $h^+(D)$ を $D=-19, -23, -24, -31, -35, -39, -40, -43, -47$ に対して計算せよ (p. 104)．

3　判別式 $D>0$ に対する整係数 2 元 2 次形式の類数 $h(D)$，$h^+(D)$ を $D<100$ に対して計算せよ (p. 116)．

4　Pell 方程式 $x^2-Dy^2=\pm 4$ の正の最小解 (x, y) を $0<D<40$ に対して計算せよ (p. 128)．

5　(i)　$3x^2-4xy+3y^2=35$,

(ii)　$3x^2+14xy+5y^2=6$

の整数解をすべて求めよ．

第Ⅱ部　代数的数論

——Dirichlet–Dedekind–Hilbert——

第I部の古典的数論につづいて，第II部では主として19世紀の数論の解説を試みる．19世紀前半のDirichletの算術級数における素数定理と類数公式は第6章で証明を与える．2元2次形式の理論は2次体の数論として解明される．これは§5.2で解説する．2次体の数論と並んで，Kummerが主としてFermatの問題の解明のために取り扱った円分体の数論に対して，わかり易い基礎を与えたのがDedekindのイデアル論である．それは20世紀の抽象代数学によって再び吟味された．ここでは§4.1で因子の理論の立場に立って解説する．§4.2でイデアル論の一般論を述べ，§5.1で2次体の場合を詳しく述べる．第7章で再びイデアル論の一般論に戻る．それは第8章で円分体に適用されて，§8.1のKroneckerの定理の証明を一つの目標とする．この定理は現在では類体論の極めて簡単な一例にすぎないが，その歴史的意義は重要である．2次体や円分体の理論の中には，類体論を学ぶとき，極めて適切な実例となっているものが多い．種の理論などはその一例である．最後に§8.2で円分体の理論のKummerによるFermatの問題への一つの応用を例示する．

第II部の中では，p.3に挙げた書物[1]-[6]の他に，次の書物をも直接に引用する．

[7] P. G. L. Dirichlet: Vorlesungen über Zahlentheorie, J. W. R. Dedekind 編, 1863(第2版1871, 第3版1880, 第4版1894), Braunschweig (酒井孝一訳: ディリクレ・デデキント整数論講義(共立出版)),

[8] 高木貞治: 代数的整数論, 第2版(1971)(岩波書店),

[9] 末綱恕一: 解析的整数論(1950)(岩波書店),

[10] 黒田成勝, 久保田富雄: 整数論(1963)(朝倉書店),

[11] 藤崎源二郎: 代数的整数論入門(上),(下)(1975)(裳華房),

[12] 石田信: 代数的整数論(1974)(森北出版),

[13] E. Hecke: Vorlesungen über die Theorie der algebraischen Zahlen (1923) (リプリント版1948, Chelsea),

[14] B. L. van der Waerden: Algebra I, II (1930-31) (Springer) (邦訳あり).

第4章　代数体の数論

§4.1　因子とイデアル

a) いくつかの例

第3章までは，有理整数環 $\boldsymbol{Z}$ における数論を扱ってきた．もっとも2元2次形式の理論や連分数論には2次の代数的数も用いられた．代数的数の用いられる別の例を挙げよう．(以下の三つの例は，つぎに挙げる公理系のためのものであるのでくわしい証明は省いた．§5.1を読めば自ずから明らかになることである．)

例4.1　**Gaussの整数** α とは $\alpha=a+b\sqrt{-1}$ $(a, b\in\boldsymbol{Z})$ と表わされる数のことをいう．その全体を I_G と表わす：

$$I_G=\boldsymbol{Z}+\boldsymbol{Z}\sqrt{-1}.$$

§1.1, d) (p.16) で述べたように，整域 I_G では単数は $\pm1, \pm\sqrt{-1}$ の4個に限り，任意の $\alpha\in I_G$ は素因数分解ができる．すなわち α は

$$\alpha=\varepsilon{\pi_1}^{e_1}\cdots{\pi_r}^{e_r}$$

の形に表わされる．ただし，ε は単数，$\pi_1, \cdots, \pi_r$ は I_G における素数とする．このことを応用してみよう．

(i)　有理素数 p が $p=x^2+y^2$ $(x, y\in\boldsymbol{Z})$ と表わされるための必要十分条件は，$p=2$ または $p\equiv1 \pmod 4$ である (§2.2, d)，定理2.4 (p.70) 参照)．このことから I_G において

(イ)　$2=\sqrt{-1}\cdot\lambda^2$，ただし $\lambda=1-\sqrt{-1}$，$\bar{\lambda}=\sqrt{-1}\cdot\lambda$,

(ロ)　$p\equiv1 \pmod 4$ のとき，$p=\pi\bar{\pi}=x^2+y^2$，ただし $\pi=x+y\sqrt{-1}$，$\bar{\pi}=x-y\sqrt{-1}$，$\bar{\pi}\neq\varepsilon\pi$ (ε は単数),

(ハ)　$p\equiv3 \pmod 4$ のとき，p は I_G においても素数,

と表わされることがわかる．(これは，第5章で別の方法で証明する．)

(ii)　不定方程式

$$x^2+y^2=z^2 \qquad (x, y, z\in\boldsymbol{Z},\ (x, y)=1,\ x>0,\ y>0,\ z>0)$$

の解は，或る $a, b\in\boldsymbol{Z}$ $(a>b>0)$ によって

$$x=2ab,\qquad y=a^2-b^2,\qquad z=a^2+b^2$$

(または x と y とを入れかえたもの)と表わされる(§1.1 (VIII) (p. 18)).

(i)を用いる(ii)の証明の方針を述べよう．上式に解があれば，I_G において

$$(x+y\sqrt{-1})(x-y\sqrt{-1})=z^2$$

となる．この式の両辺を I_G で素因数分解する．$x+y\sqrt{-1}$ と $x-y\sqrt{-1}$ とに共通因子があるとすれば，$(x, y)=1$ であることから(i)の(イ)の場合で，共通因子は λ またはそのベキに限ることがわかる．もしも $x\pm y\sqrt{-1}$ が $\lambda=1-\sqrt{-1}$ で割れるならば $x\equiv y\equiv 1 \pmod 2$ でなければならないことが直ちにわかる．x, y ともに奇数ならば z は偶数となり，$x^2+y^2\equiv 2 \pmod 4$ と矛盾する．故に $x+y\sqrt{-1}$ と $x-y\sqrt{-1}$ は共通因子を持ち得ない．故に右辺が平方数であるから，

$$x+y\sqrt{-1}=\varepsilon(a+b\sqrt{-1})^2,\qquad x-y\sqrt{-1}=\bar{\varepsilon}(a-b\sqrt{-1})^2$$

でなければならない．ただし $\varepsilon=\pm 1$ または $\pm\sqrt{-1}$ である．$a+b\sqrt{-1}$ と $a-b\sqrt{-1}$ とは共通素因子を持たないことから，a, b の一方は奇数，他方は偶数となる．したがって

$$x+y\sqrt{-1}=\varepsilon(a^2-b^2+2ab\sqrt{-1}),\qquad z=a^2+b^2.$$

すなわち，(ii)が成り立つ．

(iii)　§2.2, 定理2.5 (p. 72)も同様にして解かれる(p. 74の注意参照).

例4.2　ω を1の3乗根 $\omega=(-1+\sqrt{-3})/2$ とする．すなわち

$$1+\omega+\omega^2=0.$$

2次体

$$k=\boldsymbol{Q}(\sqrt{-3})=\{x+y\sqrt{-3}\mid x, y\in\boldsymbol{Q}\}=\{x'+y'\omega\mid x', y'\in\boldsymbol{Q}\}$$

において

$$I_k=\boldsymbol{Z}+\boldsymbol{Z}\omega=\{a+b\omega\mid a, b\in\boldsymbol{Z}\}$$

とおく．$\omega^2=-1-\omega$ より I_k は整域となり，k は I_k の商の体

$$k=\{\alpha/\beta\mid\alpha, \beta\in I_k,\ \ \beta\neq 0\}$$

である．Gauss の整数の場合と同じ方法で I_k も Euclid 整域となることが示される．したがって I_k でも素因数分解が可能となる．ただし I_k の単数は

$$\pm 1,\qquad \pm\omega,\qquad \pm\omega^2$$

の6個である．$\alpha=x-y\omega\in I_k$ に対して，α の代数的共役数 α' は $\alpha'=\bar{\alpha}=x-y\bar{\omega}$ ($\bar{\omega}=\omega^2$) で，$N_{k/\boldsymbol{Q}}\alpha=\alpha\alpha'=x^2-xy(\omega+\omega^2)+y^2\omega^3=x^2+xy+y^2$ である．

故に§3.5, 例3.7 (p.132) より，有理素数 p の I_k における素因数分解は

(イ) $3=-\omega^2\cdot\lambda^2$, ただし $\lambda=1-\omega$, $\lambda'=1-\overline{\omega}=-\omega^2\lambda$,

(ロ) $p\equiv 1 \pmod 3$ のとき，$p=\pi\pi'=x^2+xy+y^2$, ただし $\pi=x-y\omega$, $\pi'\neq\varepsilon\pi$ (ε は単数),

(ハ) $p\equiv 2 \pmod 3$ のとき，p は I_k においても素数,

と表わされる.（これも，第5章で別の方法で証明する.）

これを用いて，Fermat の問題の $n=3$ の場合：

$$x^3+y^3=z^3$$

は，$x, y, z\in \boldsymbol{Z}$ で $xyz\neq 0$ となる解を持たないことが示される．その方針は，解を持つとすれば，上の式を I_k において

$$(x+y)(x+y\omega)(x+y\omega^2)=z^3$$

と分解し，さらに両辺を I_k で素因数分解して，$x=0$ または $y=0$ 以外には成り立ち得ないことを示すのである (§8.2. また高木 [1], p.260 参照).

例 4.3 一般に m を平方因子を持たない整数とし，2次体

$$k=\boldsymbol{Q}(\sqrt{m})=\{x+y\sqrt{m}\mid x, y\in\boldsymbol{Q}\}$$

を考える．k に含まれる代数的整数 α：

$$\alpha^2+a\alpha+b=0 \qquad (a, b\in\boldsymbol{Z})$$

の全体を I_k とする．I_k は整域で I_k の商の体は k となる (詳しくは§4.2で説明する)．いま $m=-5$ とおく．$k=\boldsymbol{Q}(\sqrt{-5})$．そのとき

$$I_k=\boldsymbol{Z}+\boldsymbol{Z}\sqrt{-5}=\{a+b\sqrt{-5}\mid a, b\in\boldsymbol{Z}\}$$

となることがわかる (§5.1参照).

I_k においては素因数分解ができないことは，すでに§1.1, d) (p.16) で注意した．それではどのように考えたらよいであろうか．いくつかの考え方があろう．E. E. Kummer は I_k における分解がまだ十分でなく，理想的因子を導入することを考えた．これを I_k に適用するとき，例4.1, 4.2の分解方式は (単数因子を無視すれば) つぎのような形になる．まず I_k の単数は ± 1 である．

(イ) $2=P_2{}^2$, $5=-(\sqrt{-5})^2$.

(ロ) $p\equiv 1, 9 \pmod{20}$ のとき，$p=\pi\pi'$, $\pi'\neq\pm\pi$ ($\pi, \pi'\in I_k$)．すなわち，$\pi=x+y\sqrt{-5}$, $\pi'=x-y\sqrt{-5}$, $p=\pi\pi'=x^2+5y^2$ と表わされる.

(ハ) $p\equiv 3, 7 \pmod{20}$ のとき，$p=P_pP_p{}'$, $P_p\neq P_p{}'$.

(ニ)　$p\equiv 11, 13, 17, 19 \pmod{20}$ のとき，p は I_k でも素数．

((ロ)は $p=x^2+5y^2$ が整数解を持つための条件(§3.5，例3.8 (p.133))であり，(ニ)は $\chi_{-20}(p)=-1$ の条件(§1.3，例1.14 (iv) (p.46))と一致する．)

ここで，P_2 および P_p, P_p' ($p\equiv 3, 7 \pmod{20}$) は新たに導入された理想的因子を表わす記号で，I_k の数を表わさない．

たとえば

$$6 = 2\cdot 3 = (1+\sqrt{-5})(1-\sqrt{-5}) = P_2{}^2P_3P_3',$$
$$1+\sqrt{-5} = P_2P_3, \qquad 1-\sqrt{-5} = P_2P_3',$$
$$21 = 3\cdot 7 = (1+2\sqrt{-5})(1-2\sqrt{-5}) = P_3P_3'P_7P_7',$$
$$1+2\sqrt{-5} = P_3P_7, \qquad 1-2\sqrt{-5} = P_3'P_7'$$

となるのである．一般に $p\equiv 3, 7 \pmod{20}$ のときは，

$$p = 2x^2+2xy+3y^2 \qquad (x, y\in \boldsymbol{Z})$$

が解を持ち(§3.5，例3.8 (p.133))，

$$2p = (2x+y)^2+5y^2 = \alpha\alpha',$$
$$\alpha = (2x+y)+y\sqrt{-5}, \qquad \alpha' = (2x+y)-y\sqrt{-5}$$

となる．これは，$2p=P_2{}^2P_pP_p'=(P_2P_p)(P_2P_p')$，$P_2P_p=(2x+y)+y\sqrt{-5}=\alpha$，$P_2P_p'=\alpha'$ と表わされることに対応する．——

b) 因子の公理系

例4.3で $k=\boldsymbol{Q}(\sqrt{-5})$ の整数環 I_k の場合に述べたように，I_k で素因数分解ができない場合にも，或る種の理想的素因子を導入すれば，その拡大された領域で素因子分解が可能になるのではないかという問題が想い浮ぶ．ただし，素因子分解という場合のはっきりとした内容を規定しなくてはならない．

いま R を一般に整域とし，R では必ずしも素元分解が可能でないとする．

定義4.1　R を整域とする．R に対する**因子半群** $\boldsymbol{D}$ とは，つぎの公理系A1-A5を満足するものをいう．

A1　$\boldsymbol{D}$ は**因子** (divisor) と呼ばれる元よりなり

(i)　$A, B\in \boldsymbol{D}$ に対して，積 $AB\in \boldsymbol{D}$ が定義され，

(ii)　$AB = BA$,

(iii)　$AC = BC \Longrightarrow A = B$,

(iv)　因子1が存在して，$1A=A$．

A 2 $\boldsymbol{D}$ の中には，**素因子** (prime divisor) と呼ばれる因子 P が含まれ，その全体を $\boldsymbol{P}$ とおく．そのとき，任意の因子 $A \in \boldsymbol{D}$ $(A \neq 1)$ は

$$A = P_1^{e_1} \cdots P_r^{e_r} \qquad (e_i > 0,\ P_i \in \boldsymbol{P})$$

と素因子 $P_1, \cdots, P_r$ を用いて一意に表わされる．したがって

$$A = P_1^{e_1} \cdots P_r^{e_r}, \qquad B = P_1^{f_1} \cdots P_r^{f_r} \qquad (e_i \geqq 0,\ f_i \geqq 0)$$

ならば (ただし $P^0 = 1$ とする)

$$AB = P_1^{e_1+f_1} \cdots P_r^{e_r+f_r}$$

である．

因子 A, B に対して $A = BC$ と表わされるとき，A を B の**倍因子**，B を A の**約因子**といい，$B \mid A$ で表わす．

因子 A, B に対して，その**最大公約因子** $A \wedge B$ が存在して，

$$A \wedge B = P_1^{g_1} \cdots P_r^{g_r}, \qquad g_i = \min(e_i, f_i)$$

で表わされる．

P を素因子というのは $P \mid AB$ ならば $P \mid A$ または $P \mid B$ という性質を持つからである．

A 3 R の元 α $(\alpha \neq 0)$ に対して因子 $A = \Phi(\alpha)$ (**主因子**) が一意に対応し

(i) $\Phi(\alpha\beta) = \Phi(\alpha)\Phi(\beta)$,

(ii) $\Phi(\alpha) = 1 \iff \alpha$ は R の単元

とする．したがって α の属する同伴類 $[\alpha] = \{\varepsilon\alpha \mid \varepsilon$ は単元$\}$ に対して

$$\tilde{\Phi}([\alpha]) = \Phi(\alpha)$$

とおけば $\tilde{R} = R^*/U$ $(R^* = R - \{0\},\ U =$ 単元の全体) は $\tilde{\Phi}$ によって因子半群 $\boldsymbol{D}$ の中へ 1 対 1 に埋め込まれる．

(iii) $\boldsymbol{D}$ において $\Phi(\alpha)$ が $\Phi(\beta)$ の倍因子であれば，R において α は β の倍元である．すなわち

$$\Phi(\alpha) = \Phi(\beta)C \ \ (C \in \boldsymbol{D}) \Longrightarrow \text{或る } \gamma \in R^* \text{ によって } \alpha = \beta\gamma,$$
$$\text{したがって } C = \Phi(\gamma).$$

A 4 因子 A, B について $A \mid B$ かつ $A \neq B$ ならば或る $\alpha \in R$ に対して $A \mid \Phi(\alpha)$ かつ $B \nmid \Phi(\alpha)$ となる．

$A \mid \Phi(\alpha)$ のとき，因子 A が元 α を‘割り切る’ということにすれば，$A \mid B$ かつ $A \neq B$ ならば，A では割り切れるが B では割り切れない元 $\alpha \in R$ が存在する

ことを主張するのである.

A 5　(i)　$A|\Phi(\alpha)$ かつ $A|\Phi(\beta)\Longrightarrow A|\Phi(\alpha\pm\beta)$.

(ii)　$C=A\wedge B$ (最大公約因子) とするとき, $C|\Phi(\gamma)$ ならば, 或る $\alpha,\beta\in R$ で $A|\Phi(\alpha)$, $B|\Phi(\beta)$ となるものによって

$$\gamma=\alpha+\beta$$

と表わされる. ——

これらの公理系から直ちに導かれる性質をしらべよう.

(I)　整域 R に対して公理系 A 1-A 5 を満たす因子半群 $\boldsymbol{D}$ が存在したとする. そのとき

(i)　任意の因子 A に対して, $\Phi(\alpha)$ が A で割り切れるような $\alpha\in R$ の全体 $\mathfrak{a}$ は, R の**イデアル**を作る. これを

$$\mathfrak{a}=\Psi(A)=\{\alpha\in R|\ A|\Phi(\alpha)\}$$

で表わす.

(ii)　$\alpha\in R$ に対して

$$\Psi\circ\Phi(\alpha)=(\alpha)=\alpha R\quad(\text{単項イデアル}).$$

[証明]　(i)　$\Psi(A)=\mathfrak{a}$ が R のイデアルを作ることは, A 5, A 3 より

$$A|\Phi(\alpha),\quad A|\Phi(\beta)\Longrightarrow A|\Phi(\alpha\pm\beta),$$
$$A|\Phi(\alpha)\Longrightarrow A|\Phi(\alpha\beta)\qquad(\beta\in R)$$

が成り立つことからわかる.

(ii)　$\mathfrak{a}=\Psi\circ\Phi(\alpha)$ は, Ψ の定義より $\Phi(\alpha)|\Phi(\beta)$ となる $\beta\in R$ の全体である. これは, A 3 (iii) より $\alpha|\beta$ と同値である. よって $\mathfrak{a}=\alpha R=(\alpha)$ となる. ▌

定義 4.2　一般に整域 R のイデアル $\mathfrak{a},\mathfrak{b}$ の**積** $\mathfrak{ab}$ を

$$\mathfrak{ab}=\left\{\sum_{i=1}^{n}\alpha_i\beta_i\,\middle|\,n=1,2,\cdots,\ \alpha_i\in\mathfrak{a},\ \beta_i\in\mathfrak{b}\right\}$$

と定める. このとき

$$(\mathfrak{ab})\mathfrak{c}=\mathfrak{a}(\mathfrak{bc}),\qquad\mathfrak{ab}=\mathfrak{ba},\qquad\mathfrak{a}R=\mathfrak{a}$$

が成り立つ. また, R のイデアル $\mathfrak{a},\mathfrak{b}$ に対して,

$$(\mathfrak{a},\mathfrak{b})=\{\alpha+\beta\,|\,\alpha\in\mathfrak{a},\ \beta\in\mathfrak{b}\}$$

と定める. これを $\mathfrak{a},\mathfrak{b}$ の**和**という. このことから

$$(\mathfrak{a},\mathfrak{b})\mathfrak{c}=(\mathfrak{ac},\mathfrak{bc})$$

が成り立つ．——

以上によって，整域 R のイデアルの全体 $\mathscr{I}$ は R 自身を単位元とする可換半群を作り，かつ任意の $\mathfrak{a}, \mathfrak{b} \in \mathscr{I}$ に対して，和 $(\mathfrak{a}, \mathfrak{b})$ が定まる．

さて(I)によって，因子 A に対して，イデアル

$$\mathfrak{a} = \Psi(A)$$

が対応する．この対応 $\Psi: \boldsymbol{D} \to \mathscr{I}$ は，どのような性質を持つであろうか．

定理 4.1 整域 R に対して，公理系 A1-A5 を満足する因子半群 $\boldsymbol{D}$ が定まったとする．そのとき

$$\Psi: \boldsymbol{D} \longrightarrow \mathscr{I}$$

は，つぎの性質を満足する．

(i) Ψ は全単射である：

(イ) $\Psi(A) = \Psi(B) \Longrightarrow A = B$,

(ロ) 任意のイデアル $\mathfrak{a}$ に対して $\Psi(A) = \mathfrak{a}$ となる因子 A が存在する．

(ii) Ψ は半群として同型対応である：

$$\Psi(AB) = \Psi(A)\Psi(B).$$

(iii) Ψ によって最大公約因子とイデアルの和とが対応する：

$$\Psi(A \wedge B) = (\Psi(A), \Psi(B)).$$

(iv) $A \mid B \Longleftrightarrow \Psi(A) \supseteqq \Psi(B)$.

証明 証明の順序を変えて，まず(iii)から始める．

(iii) $A \wedge B = C$ とおく．Ψ の定義から直ちに $C \mid A$ かつ $C \mid B$ より $\Psi(C) \supseteqq \Psi(A)$ かつ $\Psi(C) \supseteqq \Psi(B)$ となる．したがって $\Psi(C) \supseteqq (\Psi(A), \Psi(B))$ がわかる．逆に $\gamma \in \Psi(C)$ は A5 (ii) によって $\gamma = \alpha + \beta$, $\alpha \in \Psi(A)$, $\beta \in \Psi(B)$ と表わされるから，$\gamma \in (\Psi(A), \Psi(B))$ となる．合せて $\Psi(C) = (\Psi(A), \Psi(B))$ が成り立つ．

(i)(イ) (iii)において $\Psi(A) = \Psi(B)$ とすれば $C = A \wedge B$ に対して $\Psi(C) = \Psi(A) = \Psi(B)$ である．もしも $A \neq B$ ならば $C \mid A$, $C \neq A$ または $C \mid B$, $C \neq B$ である．したがって A4 によって，$\Psi(C) \neq \Psi(A)$ または $\Psi(C) \neq \Psi(B)$ となって矛盾である．よって $A = B$ でなければならない．

(iv) $A \mid B \Longrightarrow \Psi(A) \supseteqq \Psi(B)$ は Ψ の定義より明らかである．逆に $\Psi(A) \supseteqq \Psi(B)$ ならば(iii)によって $\Psi(A \wedge B) = \Psi(A)$ となり，(i)(イ)によって $A \wedge B = A$, すなわち $A \mid B$ が成り立つ．

(i)(ロ)　因子 $B=P_1^{e_1}\cdots P_r^{e_r}$ $(e_i>0)$ に対して $B'|B$ となる異なる因子 B' の個数は $(e_1+1)\cdots(e_r+1)$ である．したがって，因子の列

$$B_l,\quad B_{l-1},\quad \cdots,\quad B_0=B$$

で $B_i|B_{i-1}$，$B_i\neq B_{i-1}$ $(i=1,\cdots,l)$ となるものの長さは必ず有限である．

いま $A|B$, $B=\Phi(\alpha_0)$ $(\alpha_0\in\Psi(A))$ とおく．$\Psi(A)$ の元 $\alpha_1,\cdots,\alpha_n$ を次々にとって

$$B_1=\Phi(\alpha_0)\wedge\Phi(\alpha_1),\qquad \cdots,\qquad B_n=\Phi(\alpha_0)\wedge\cdots\wedge\Phi(\alpha_n),$$
$$B_1\neq B_2\neq\cdots\neq B_n$$

とする．明らかに $B_i|B_{i-1}$ であるから，このような列は有限列でとどまる．このような最も長さ n の大きい $\alpha_0,\cdots,\alpha_n$ の列をとる．

$A\neq B_n$, $A|B_n$ であれば，A4 によって，$\alpha_{n+1}\in\Psi(A)$, $\alpha_{n+1}\notin\Psi(B_n)$ となる α_{n+1} が存在する．そのとき $B_{n+1}=\Phi(\alpha_0)\wedge\cdots\wedge\Phi(\alpha_{n+1})$ とおけば，n が最大であるという仮定に反する．よって

$$A=\Phi(\alpha_0)\wedge\cdots\wedge\Phi(\alpha_n)$$

と表わされる．このとき(iii)によって

$$\Psi(A)=((\alpha_0),\cdots,(\alpha_n))\qquad(=(\alpha_0,\cdots,\alpha_n)\text{ と書く})$$

となる．

つぎに R の任意のイデアル $\mathfrak{a}$ をとる．$\mathfrak{a}$ に対して上と同様に $\mathfrak{a}\ni\alpha_0$ を一つ定め，以下

$$\mathfrak{a}\supseteqq(\alpha_0,\cdots,\alpha_n)\supsetneqq\cdots\supsetneqq(\alpha_0)$$

となる列をとる．このような列に，Φ によって因子の列 $B_n,\cdots,B_0$ を対応させる．Φ は1対1の対応(単射)であるから上に見たと同じくつねに有限列にとどまる．よって最も長い列をとる．$\mathfrak{a}\neq(\alpha_0,\cdots,\alpha_n)$ ならば，さらに $\mathfrak{a}\supseteqq(\alpha_0,\cdots,\alpha_{n+1})\supsetneqq(\alpha_0,\cdots,\alpha_n)$ に α_{n+1} をとることができて矛盾である．よって

$$\mathfrak{a}=(\alpha_0,\cdots,\alpha_n)=\Psi(A),\qquad A=\Phi(\alpha_0)\wedge\cdots\wedge\Phi(\alpha_n)$$

が成り立つ．

(ii)　$A|\Phi(\alpha_i)$, $B|\Phi(\beta_i)$ ならば $AB|\Phi(\alpha_i)\Phi(\beta_i)=\Phi(\alpha_i\beta_i)$ である．したがって A5(i) より $AB|\Phi(\sum\alpha_i\beta_i)$ となる．$\sum\alpha_i\beta_i$ は $\Psi(A)\Psi(B)$ の一般の元であるから $\Psi(A)\Psi(B)\subseteqq\Psi(AB)$ である．

逆に(i)(ロ)によって $\Psi(A)\Psi(B)=\Psi(C)$ となる因子 C をとる．$\Psi(C)\subseteqq$

$\Psi(AB)$ より，(iv) によって $AB|C$ である．もしも $AB \neq C$ であれば，A, B, C の素因子分解を考えれば，或る素因子 P に対して $ABP|C$ となる．

この素因子 P に対して $A=P^eA'$, $B=P^fB'$, $A' \wedge P=B' \wedge P=1$ とする．$A|PA$, $A \neq PA$ より A 4 によって或る $\alpha \in \Psi(A)$ で $A|\Phi(\alpha)$ かつ $AP \nmid \Phi(\alpha)$ となるものが存在する．このとき $\Phi(\alpha)=P^eA''$, $P \wedge A''=1$ と表わされる．同じく或る $\beta \in \Psi(B)$ に対して $\Phi(\beta)=P^fB''$, $P \wedge B''=1$ となる．このとき $\alpha\beta \in \Psi(A)\Psi(B)=\Psi(C)$, $\Phi(\alpha\beta)=P^{e+f}A''B''$ となる．一方，$C=P^gC'$, $P \wedge C'=1$ であるとすると $ABP|C$ より $g \geqq e+f+1$ である．他方，$\alpha\beta \in \Psi(C)$ より $C|\Phi(\alpha\beta)$ であるから，$g \leqq e+f$ でなければならない．これは矛盾である．故に $C=AB$ となる．▌

よって，整域 R に対して公理系 A 1-A 5 を満足する因子半群 $\boldsymbol{D}$ がもし存在するならば，おのおのの因子 A に対して，R のイデアル $\mathfrak{a}=\Psi(A)$ を考えることによって，因子間の諸関係はすべてイデアルの間の関係として表わされることがわかった．つぎに，整域 R に対して，どのような条件が仮定されれば，求める因子半群 $\boldsymbol{D}$ が存在するか，その条件をしらべてみよう．

注意 Dedekind は，Dirichlet の講義録 [7] の付録の中で，イデアルを定義し，イデアル論を展開した．

Dedekind は上のような公理論を展開して見せなかったが，恐らく心の中には，これに相当したものがあったと想像される．これと比較して，Dedekind の実数論を考えてみよう．たとえば有理数全体の集合 $\boldsymbol{Q}$ をとる．$\boldsymbol{Q}$ においては加減法と順序とが与えられている．しかし，順序について完備性が成り立たない．それで $\boldsymbol{Q}$ を完備性を持つ或る理想的な集合 $\boldsymbol{R}$ に，順序と演算を保って埋め込んだと想像する：$\Phi: \boldsymbol{Q} \to \boldsymbol{R}$. 新たにつけ加えられた元 $\alpha \in \boldsymbol{R}$ に対して

$$\Psi(\alpha) = \{a \in \boldsymbol{Q} \mid a \geqq \alpha\}$$

とおく．$\Psi \circ \Phi(b) = \{a \in \boldsymbol{Q} \mid a \geqq b\}$ である．さてつけ加えられるべき α を $\boldsymbol{Q}$ の中で特徴づけるのに $\Psi(\alpha)$ をもってしようというのが Dedekind の切断 (cut) の考えに相当する．Dedekind のイデアル論も，ちょうど同じ考え方である．

また，上の公理系を満たす因子半群から整域 R の性質をしらべるのに，イデアルの代りに付値論をとることもできる (Borevič–Šafarevič [4], 第 3 章 §3)．これについては第 III 部に説明しよう．

c) Dedekind 整域

まず整域 R において，いくつかの性質を考えよう．

定義 4.3 整域 R において，任意のイデアルの列

$$\mathfrak{a}_1 \subsetneqq \mathfrak{a}_2 \subsetneqq \cdots \subsetneqq \mathfrak{a}_n \subsetneqq \cdots$$

は必ず有限列となるとき，R でイデアルについて**約鎖律**が成り立つという．また R は **Noether 整域**であるという．——

つぎに

定義 4.4　整域 R のイデアル $\mathfrak{p}$ が**素イデアル**(prime ideal)であるとは，$\alpha, \beta \in R$, $\alpha\beta \in \mathfrak{p}$ ならば $\alpha \in \mathfrak{p}$ または $\beta \in \mathfrak{p}$ となることをいう．

またイデアル $\mathfrak{m}$ が**極大イデアル**(maximal ideal)であるとは $R \supseteqq \mathfrak{a} \supseteqq \mathfrak{m}$ となるイデアル $\mathfrak{a}$ は $\mathfrak{a}=R$ または $\mathfrak{a}=\mathfrak{m}$ となることをいう．——

(II)　(i)　R のイデアル $\mathfrak{a}$ に対して，R の $\mathfrak{a}$ を法とする剰余類 $\alpha+\mathfrak{a}$ ($\alpha \in R$) の全体は可換環 $R/\mathfrak{a}$ を作る：

$$(\alpha+\mathfrak{a})+(\beta+\mathfrak{a}) = (\alpha+\beta)+\mathfrak{a}, \qquad (\alpha+\mathfrak{a})(\beta+\mathfrak{a}) = \alpha\beta+\mathfrak{a}.$$

(ii)　$\mathfrak{a}$ が素イデアルであることと $R/\mathfrak{a}$ が整域となることとは同値である．

(iii)　$\mathfrak{a}$ が極大イデアルであることと $R/\mathfrak{a}$ が体となることとは同値である．したがって極大イデアルは素イデアルであるが，逆は必ずしも成り立たない．——

証明は岩波基礎数学選書“体と Galois 理論”参照．

定義 4.5　整域 R が整域 S に含まれているとする．S の元 α が R に関して**整元**(integral element)であるとは，或る $a_1, \cdots, a_n \in R$ に関して

$$\alpha^n + a_1\alpha^{n-1} + \cdots + a_n = 0$$

が成り立つことをいう．

定義 4.6　整域 R が**整閉**(integrally closed)であるとは，R の商の体 k において，R 上の整元はすべて R に含まれることをいう．——

以上を準備として，整域 R に対して因子半群が対応するための条件を考えよう．まず

定理 4.2　整域 R に対して公理系 A1-A5 を満足する因子半群 $\boldsymbol{D}$ が存在するならば，

(i)　R においてイデアルについて約鎖律が成り立ち，

(ii)　R の素イデアルはすべて極大イデアルであり，

(iii)　R は整閉である．

定義 4.7　定理 4.2 の (i), (ii), (iii) を満たす整域を **Dedekind 整域**という．

証明　以下 van der Waerden [14] の方針にしたがって証明しよう．

(i) 定理4.1によって，R のイデアル $\mathfrak{a}$ と $\boldsymbol{D}$ の因子 A とは Ψ によって1対1に対応し，かつ $A|B \Leftrightarrow \Psi(A) \supseteqq \Psi(B)$ であった．故に，定理4.1の(i)(ロ)の証明を，R のイデアルにうつせば，R で約鎖律が成り立つことがわかる．

(ii) 因子半群 $\boldsymbol{D}$ と R のイデアルの半群 $\mathscr{I}$ との対応 Ψ において，$\boldsymbol{D}$ の素因子 P に対応する R のイデアル $\mathfrak{p}=\Psi(P)$ は素イデアルである．何となれば $\alpha\beta \in \mathfrak{p} = \Psi(P)$ ならば $P|\Phi(\alpha\beta)=\Phi(\alpha)\Phi(\beta)$，したがって $P|\Phi(\alpha)$ または $P|\Phi(\beta)$ である．すなわち $\alpha \in \mathfrak{p}$ または $\beta \in \mathfrak{p}$ となる．

逆に R の素イデアル $\mathfrak{p}$ は必ず或る素因子 P により $\mathfrak{p}=\Psi(P)$ と表わされる．何となれば，$\mathfrak{p}=\Psi(A)$，$A \in \boldsymbol{D}$ とする．いま A が素因子でなければ $A=A_1A_2$ $(A_1 \neq 1,\ A_2 \neq 1)$ と表わされる．そのとき公理A4により $\alpha_1 \in \Psi(A_1)$，$\alpha_1 \notin \Psi(A)$ および $\alpha_2 \in \Psi(A_2)$，$\alpha_2 \notin \Psi(A)$ となる α_1, α_2 が存在する．それらに対して $\alpha_1\alpha_2 \in \Psi(A_1)\Psi(A_2)=\Psi(A)$ であるが $\alpha_i \notin \Psi(A)$ $(i=1, 2)$ である．これは $\mathfrak{p}=\Psi(A)$ が素イデアルであることに矛盾する．

つぎに素因子 P に対応するイデアル $\mathfrak{p}=\Psi(P)$ は極大イデアルである．何となれば，$R \supsetneqq \mathfrak{a} \supsetneqq \mathfrak{p}$ となるイデアル $\mathfrak{a}$ があれば，$\mathfrak{a}=\Psi(A)$ と表わすとき，$A|P$，$A \neq P$，$A \neq 1$ である．このようなことは起り得ない．

以上より，R のすべての素イデアルは極大イデアルであることがわかる．

(iii) R の商の体 k の元 α が R 上の整元であるとする．商の体の定義から $\alpha=\beta/\gamma$ $(\beta, \gamma \in R)$ と表わされる．したがって

$$\alpha^n+a_1\alpha^{n-1}+\cdots+a_n = 0 \qquad (a_i \in R)$$

ならば $\alpha=\beta/\gamma$ を代入して，両辺に γ^n を掛けると

$$-\beta^n = a_1\gamma\beta^{n-1}+\cdots+a_{n-1}\gamma^{n-1}\beta+a_n\gamma^n \tag{4.1}$$

となる．いま $\Phi(\beta)=P_1^{e_1}\cdots P_r^{e_r}$，$\Phi(\gamma)=P_1^{f_1}\cdots P_r^{f_r}$ と素因子の積に書く．もしもすべての P_i $(i=1, \cdots, r)$ について $e_i \geqq f_i$ であれば $\boldsymbol{D}$ において $\Phi(\gamma)|\Phi(\beta)$．したがって公理A3(iii)によって R において $\gamma|\beta$，$\alpha=\beta/\gamma \in R$ となる．故に $\alpha \notin R$ とすれば，ある $P=P_i$ に対して $e_i<f_i$ となる．(4.1)において左辺 $\Phi(-\beta^n)$ はちょうど P^{ne_i} で割り切れるが，右辺 $\Phi(a_1\gamma\beta^{n-1}+\cdots+a_n\gamma^n)$ はその各項が少なくも $\Psi(P^{f_i+(n-1)e_i})$ に含まれるので，A5(i)より全体として $\Psi(P^{f_i+(n-1)e_i})$ に含まれる．すなわち $\Phi(a_1\gamma\beta^{n-1}+\cdots+a_n\gamma^n)$ は $P^{f_i+(n-1)e_i}$ で割り切れる．これは $e_i<f_i$ に矛盾する．よって $\alpha \in R$ となり，R は整閉である．∎

逆に，Dedekind 整域 R においては，公理系 A1-A5 を満足する因子半群が存在することを見よう．まず

定理 4.3(E. Noether の定理)　R を Dedekind 整域とする．R の任意のイデアル $\mathfrak{a}$ は，素イデアルの積

$$\mathfrak{a} = \mathfrak{p}_1^{e_1}\cdots\mathfrak{p}_r^{e_r} \qquad (\mathfrak{p}_i \text{ は素イデアル})$$

として表わされる．

証明　いくつかの段階に分けて証明する．

(i)　R の任意のイデアル $\mathfrak{a}$ に対して，素イデアル $\mathfrak{p}_1, \cdots, \mathfrak{p}_r$ を適当にとれば

$$\mathfrak{p}_1\cdots\mathfrak{p}_r \subseteqq \mathfrak{a}$$

とすることができる．

何となれば，まず $\mathfrak{a}$ 自身が素イデアルであれば問題はない．$\mathfrak{a}$ が素イデアルでないとすれば，$bc \in \mathfrak{a}$, $b \notin \mathfrak{a}$ かつ $c \notin \mathfrak{a}$ となる $b, c \in R$ が存在する．そのとき，イデアル $\mathfrak{b}=((b), \mathfrak{a})$，$\mathfrak{c}=((c), \mathfrak{a})$ とおくと，$\mathfrak{b} \supseteqq \mathfrak{a}$ $(\mathfrak{b} \neq \mathfrak{a})$，$\mathfrak{c} \supseteqq \mathfrak{a}$ $(\mathfrak{c} \neq \mathfrak{a})$ かつ

$$\mathfrak{b}\mathfrak{c} = ((b), \mathfrak{a})((c), \mathfrak{a}) = ((bc), (b)\mathfrak{a}, (c)\mathfrak{a}, \mathfrak{a}^2) \subseteqq \mathfrak{a}$$

である．もしも $\mathfrak{b}, \mathfrak{c}$ について $\mathfrak{p}_1\cdots\mathfrak{p}_r \subseteqq \mathfrak{b}$, $\mathfrak{p}_{r+1}\cdots\mathfrak{p}_s \subseteqq \mathfrak{c}$ ならば $\mathfrak{p}_1\cdots\mathfrak{p}_s \subseteqq \mathfrak{b}\mathfrak{c} \subseteqq \mathfrak{a}$ が成り立つ．

以下 R のイデアルに関する約鎖律を用いる．もしも $\mathfrak{b}$, または $\mathfrak{c}$ について上の命題(i)が成り立たなければ $\mathfrak{b}$ (または $\mathfrak{c}$) を含むイデアル $\mathfrak{d}$ $(\mathfrak{b} \neq \mathfrak{d}$, または $\mathfrak{c} \neq \mathfrak{d})$ について命題(i)が成り立たないものがある．以下これをつづければ，約鎖律によって矛盾を生じる．故にすべての $\mathfrak{a}$ について命題(i)が成り立つ．

(ii)　$\mathfrak{p}$ を素イデアルとする．イデアル $\mathfrak{a}, \mathfrak{b}$ について $\mathfrak{a}\mathfrak{b} \subseteqq \mathfrak{p}$ ならば $\mathfrak{a} \subseteqq \mathfrak{p}$ または $\mathfrak{b} \subseteqq \mathfrak{p}$.

何となれば，$\mathfrak{a} \subsetneqq \mathfrak{p}$ かつ $\mathfrak{b} \subsetneqq \mathfrak{p}$ とすれば $a \in \mathfrak{a}$, $a \notin \mathfrak{p}$ および $b \in \mathfrak{b}$, $b \notin \mathfrak{p}$ となる $a, b \in R$ が存在する．そのとき $ab \in \mathfrak{a}\mathfrak{b} \subseteqq \mathfrak{p}$ となり，$\mathfrak{p}$ が素イデアルであることに矛盾する．よって(ii)が成り立つ．

(iii)　素イデアル $\mathfrak{p}$ に対して

$$\mathfrak{p}^{-1} = \{a \in k \mid a\mathfrak{p} \subseteqq R\}$$

とおく．ただし k は R の商の体，$a\mathfrak{p}=\{ab \mid b \in \mathfrak{p}\}$ とする．そのとき $\mathfrak{p}^{-1}$ は R 加群である(すなわち，加群であり，かつ任意の $c \in R$ に対して $c\mathfrak{p}^{-1} \subseteqq \mathfrak{p}^{-1}$)．($\mathfrak{p}^{-1}$ は後に分数イデアルと呼ばれるものの一つである．)

これは $\mathfrak{p}^{-1}$ の定義より明らかである．

(iv) 素イデアル $\mathfrak{p}\,(\neq R)$ に対して $\mathfrak{p}^{-1}\supsetneqq R$ である．

何となれば，$\mathfrak{p}^{-1}\supseteqq R$ は明らかである．つぎに $\mathfrak{p}^{-1}$ の元で，R に含まれないものがあることを見よう．$c\in\mathfrak{p}\,(c\neq 0)$ を任意にとる．(i) によって素イデアル $\mathfrak{p}_1, \cdots, \mathfrak{p}_r$ で $\mathfrak{p}_1\cdots\mathfrak{p}_r\subseteqq(c)$ となるものがある．ここで $\mathfrak{p}_1, \cdots, \mathfrak{p}_r$ をこれ以上省けないとする．たとえば $\mathfrak{p}_2\cdots\mathfrak{p}_r\subseteqq\!\!\!\!/\,(c)$ とする．一方，$\mathfrak{p}_1\cdots\mathfrak{p}_r\subseteqq(c)\subseteqq\mathfrak{p}$ より (ii) によって或る $\mathfrak{p}_i\subseteqq\mathfrak{p}$ ($i=1$ としよう) となる．すべての素イデアルは極大イデアルであるから $\mathfrak{p}_1=\mathfrak{p}$ でなければならない．このとき

$$\mathfrak{p}\mathfrak{p}_2\cdots\mathfrak{p}_r\subseteqq(c), \qquad \mathfrak{p}_2\cdots\mathfrak{p}_r\subseteqq\!\!\!\!/\,(c)$$

である．したがって或る $b\in\mathfrak{p}_2\cdots\mathfrak{p}_r$, $b\notin(c)$ となる $b\in R$ が存在する．そのとき $b\mathfrak{p}\subseteqq\mathfrak{p}\mathfrak{p}_2\cdots\mathfrak{p}_r\subseteqq(c)$，したがって $(b/c)\mathfrak{p}\subseteqq R$ である．故に $b/c\in\mathfrak{p}^{-1}$ となる．一方，$b\notin(c)$ より $b/c\notin R$ となる．よって (iv) が成り立つ．

(v) 素イデアル $\mathfrak{p}\,(\neq R)$ に対して $\mathfrak{p}\mathfrak{p}^{-1}=R$ となる．

何となれば，$R\subseteqq\mathfrak{p}^{-1}$ であるから，$\mathfrak{p}=R\mathfrak{p}\subseteqq\mathfrak{p}^{-1}\mathfrak{p}\subseteqq R$．したがって $\mathfrak{p}$ が極大イデアルであることから，$\mathfrak{p}\mathfrak{p}^{-1}=\mathfrak{p}$ または $=R$ である．いま $\mathfrak{p}\mathfrak{p}^{-1}=\mathfrak{p}$ として矛盾に導こう．$\mathfrak{p}(\mathfrak{p}^{-1})^2=(\mathfrak{p}\mathfrak{p}^{-1})\mathfrak{p}^{-1}=\mathfrak{p}\mathfrak{p}^{-1}=\mathfrak{p}$，同じく $\mathfrak{p}(\mathfrak{p}^{-1})^3=\mathfrak{p}$ 等々．いま $a\in\mathfrak{p}$, $b\in\mathfrak{p}^{-1}$ を任意にとれば $ab^e\in\mathfrak{p}(\mathfrak{p}^{-1})^e\subseteqq R$ ($e=1, 2, \cdots$) となる．そこでつぎの (vi) を用いると $b\in R$ となる．これは (iv) と矛盾する．よってつぎの (vi) を証明すればよい．

(vi) $a\in R$, $b\in k$ (R の商の体) に対して

$$ab^e\in R \qquad (e=1, 2, \cdots)$$

であれば，$b\in R$ である．

何となれば，

$$(a)\subseteqq(a, ab)\subseteqq(a, ab, ab^2)\subseteqq\cdots\subseteqq(a, ab, ab^2, \cdots, ab^n)\subseteqq\cdots\subseteqq R$$

は R のイデアルの列である．約鎖律によって，或る n について等号となる；$(a, ab, \cdots, ab^{n-1})=(a, ab, \cdots, ab^n)$．このとき

$$ab^n=c_0a+c_1ab+\cdots+c_{n-1}ab^{n-1} \qquad (c_i\in R)$$

と表わされる．両辺を a で割れば，b は R 上の整元となる．R は整閉であるという仮定から $b\in R$ となる．

(vii) R の任意のイデアル $\mathfrak{a}$ は，有限個の素イデアルの積として表わされる．

何となれば，$\mathfrak{a} \neq R$ とし，$\mathfrak{a}$ を含むイデアルの列を考えれば，約鎖律によって $\mathfrak{a} \subseteqq \mathfrak{p}_1 \subsetneqq R$ となる極大イデアル $\mathfrak{p}_1$ が必ず存在する．そのとき $\mathfrak{a}\mathfrak{p}_1^{-1} \subseteqq \mathfrak{p}_1\mathfrak{p}_1^{-1} = R$ である．$\mathfrak{a}\mathfrak{p}_1^{-1} \neq R$ ならば，同様にして $(\mathfrak{a}\mathfrak{p}_1^{-1})\mathfrak{p}_2^{-1} \subseteqq R$ となる素イデアル $\mathfrak{p}_2$ が存在する．以下同様にして

$$\mathfrak{a} \subsetneqq \mathfrak{a}\mathfrak{p}_1^{-1} \subsetneqq \mathfrak{a}\mathfrak{p}_1^{-1}\mathfrak{p}_2^{-1} \subsetneqq \cdots \subseteqq R$$

という列を生じる．約鎖律によれば，有限回の操作の後に $\mathfrak{a}\mathfrak{p}_1^{-1}\cdots\mathfrak{p}_r^{-1} = R$ でなければならない．よって(v)より $\mathfrak{a} = \mathfrak{p}_1\cdots\mathfrak{p}_r$ となる．▌

(III) R を Dedekind 整域とする．R のイデアル $\mathfrak{a}$ を素イデアルの積として

$$\mathfrak{a} = \mathfrak{p}_1\cdots\mathfrak{p}_r = \mathfrak{q}_1\cdots\mathfrak{q}_s$$

と表わすとき，$r=s$ で，順序を無視すれば，この分解はただ一通りである．

[証明] $\mathfrak{p}_1\cdots\mathfrak{p}_r \subseteqq \mathfrak{q}_1$ より，定理 4.3 の証明中の(ii)によって，或る $\mathfrak{p}_i$（これを $\mathfrak{p}_1$ としよう）に対して $\mathfrak{p}_1 \subseteqq \mathfrak{q}_1$ となる．$\mathfrak{p}_1$ は極大イデアルであるから $\mathfrak{p}_1 = \mathfrak{q}_1$ となる．よって

$$\mathfrak{p}_2\cdots\mathfrak{p}_r = \mathfrak{a}\mathfrak{p}_1^{-1} = \mathfrak{a}\mathfrak{q}_1^{-1} = \mathfrak{q}_2\cdots\mathfrak{q}_s$$

となる．以下これを繰り返せば（添数をつけかえて）$r=s$, $\mathfrak{p}_1=\mathfrak{q}_1$, $\cdots$, $\mathfrak{p}_r=\mathfrak{q}_r$ となる．▌

(IV) $\mathfrak{a} = \mathfrak{p}_1^{e_1}\cdots\mathfrak{p}_r^{e_r}$，$\mathfrak{b} = \mathfrak{p}_1^{f_1}\cdots\mathfrak{p}_r^{f_r}$ のとき

$$(\mathfrak{a}, \mathfrak{b}) = \mathfrak{p}_1^{g_1}\cdots\mathfrak{p}_r^{g_r}, \qquad g_i = \min(e_i, f_i) \quad (i=1, \cdots, r)$$

となる．

[証明] (i) $\mathfrak{a} \subseteqq (\mathfrak{a}, \mathfrak{b})$，$\mathfrak{b} \subseteqq (\mathfrak{a}, \mathfrak{b})$，(ii) $\mathfrak{a} \subseteqq \mathfrak{c}$, $\mathfrak{b} \subseteqq \mathfrak{c} \Longrightarrow (\mathfrak{a}, \mathfrak{b}) \subseteqq \mathfrak{c}$，より直ちに導かれる．▌

(V) Dedekind 整域 R のイデアル $\mathfrak{a}, \mathfrak{b}$ に対して $\mathfrak{a} \subseteqq \mathfrak{b}$ であることと，$\mathfrak{a} = \mathfrak{b}\mathfrak{c}$ と表わされることとは同値である．

[証明] $\mathfrak{a} = \mathfrak{b}\mathfrak{c}$ であれば，$\mathfrak{c} \subseteqq R$ より $\mathfrak{a} = \mathfrak{b}\mathfrak{c} \subseteqq \mathfrak{b}R = \mathfrak{b}$ である．逆に，$\mathfrak{a} \subseteqq \mathfrak{b}$，$\mathfrak{b} = \mathfrak{p}_1\cdots\mathfrak{p}_r$ ならば，定理 4.3 の証明中の(v)により $\mathfrak{c} = \mathfrak{a}\mathfrak{p}_1^{-1}\cdots\mathfrak{p}_r^{-1} \subseteqq R$ とおくとき，$\mathfrak{a} = \mathfrak{b}\mathfrak{c}$ となる．▌

定理 4.4 R を Dedekind 整域とする．R のイデアル $\mathfrak{a}$ に因子 A を，素イデアル $\mathfrak{p}$ に素因子 P を対応させ，イデアルの積と因子の積とを対応させる．そのとき，因子の半群 $\boldsymbol{D}$ は公理系 A 1-A 5 を満足する．

証明 まず定理 4.3 より任意の因子（イデアル）は素因子（素イデアル）の積と

して表わされる．つぎに R の元 a に対して単項イデアル $(a)=\Phi(a)$ を対応させる．因子 A(イデアル $\mathfrak{a}$)にイデアル $\Psi(A)$ が対応するとき，

$$\Psi(A) = \{a \in R \mid A \mid (a)\} = \{a \in R \mid (a) \subseteq \mathfrak{a}\} = \mathfrak{a}$$

となる．以下公理系 A1-A5 の成り立つことは容易にわかる．▌

これまでの定理の関係を図に示せばつぎのようになる．

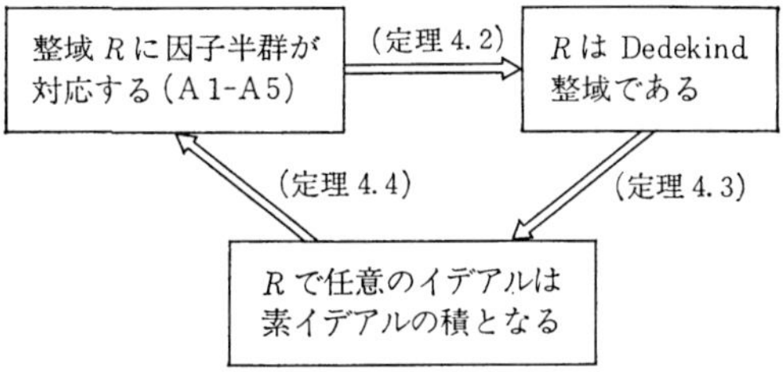

以上によって，Dedekind 環 R に対しては，因子の代りに具体的に R のイデアルをとることによって，因子の性質をすべて持たせることができた．よって今後はもっぱら因子の考えを省いて，イデアルに頼ることにしよう．

§4.2 代数体のイデアル論

a) 代数体 k の整数環

ここでは，体論の基礎的知識を仮定する(岩波基礎数学選書“体と Galois 理論”)．この節で考える体 k は，複素数体 $\boldsymbol{C}$ の部分体(これを**数体**(number field)という)に限る．特に，k として，有理数体の有限次拡大，すなわち $\boldsymbol{Q}$ の有限次代数拡大である数体を考える．ふつうこのような体 k を簡単に**代数体**(algebraic number field)といい，拡大次数 $n=[k:\boldsymbol{Q}]$ を k の**次数**(degree)という．n 次代数体 k は，或る $\omega_1, \cdots, \omega_n \in k$ によって，$\boldsymbol{Q}$ 上の n 次元ベクトル空間として

$$k = \boldsymbol{Q}\omega_1 + \cdots + \boldsymbol{Q}\omega_n \qquad (\text{直和})$$

と表わされる．特に適当な $\theta \in k$ によって

$$k = \boldsymbol{Q} + \boldsymbol{Q}\theta + \cdots + \boldsymbol{Q}\theta^{n-1}$$

と表わされる．すなわち $k=\boldsymbol{Q}(\theta)$ である．このとき θ は有理係数の $\boldsymbol{Q}$ 上既約な n 次多項式 $f(x)$ の根である．

定義 4.8 k の元 α が $\boldsymbol{Z}$ 上の整元であるとき，すなわち或る $a_1, \cdots, a_m \in \boldsymbol{Z}$

により

$$\alpha^m+a_1\alpha^{m-1}+\cdots+a_{m-1}\alpha+a_m=0$$

となるとき，α を**代数的整数**(algebraic integer)という．

(I) $\alpha\in k$ が代数的整数であるための必要十分条件は，或る $\eta_1,\cdots,\eta_N\in k$ で $\eta_i\eta_j\in \boldsymbol{Z}\eta_1+\cdots+\boldsymbol{Z}\eta_N$ (直和でなくてよい) $(i,j=1,\cdots,N)$ となるものが存在して，$\alpha\in\boldsymbol{Z}\eta_1+\cdots+\boldsymbol{Z}\eta_N$ となることである．

[証明]　必要なこと．α が代数的整数で $\alpha^m=a_1\alpha^{m-1}-\cdots-a_{m-1}\alpha-a_m$ $(a_i\in\boldsymbol{Z})$ であるとする．そのとき，$\eta_1=\alpha^{m-1}$，…，$\eta_m=1$ ととれば，上の条件が成り立つ．

十分なこと．$\alpha\in\boldsymbol{Z}\eta_1+\cdots+\boldsymbol{Z}\eta_N$ とすれば，仮定より

$$\alpha\eta_i=\sum_{j=1}^{N}c_{ij}\eta_j \qquad (c_{ij}\in\boldsymbol{Z},\ i=1,\cdots,N)$$

である．$N\times N$ 行列

$$C=(\delta_{ij}\alpha-c_{ij})_{i,j=1,\cdots,N} \qquad (\text{ただし } \delta_{ii}=1,\ \delta_{ij}=0\ (i\neq j))$$

を考えると

$$C\begin{bmatrix}\eta_1\\ \vdots\\ \eta_N\end{bmatrix}=0$$

である．$\det C\neq0$ であれば k において逆行列 C^{-1} が存在し，

$$\begin{bmatrix}\eta_1\\ \vdots\\ \eta_N\end{bmatrix}=C^{-1}C\begin{bmatrix}\eta_1\\ \vdots\\ \eta_N\end{bmatrix}=0.$$

これは $\alpha=\eta_1=\cdots=\eta_N=0$ を意味する．故に $\alpha\neq0$ であれば $\det C=0$ でなければならない．$\det C=0$ を展開すれば，α が代数的整数であることがわかる．▌

定理 4.5　(i)　代数体 k に属する代数的整数の全体を

$$I_k$$

で表わすとき，I_k は整域である．I_k を k の**整数環**(ring of integers)という．

(ii)　任意の $\alpha\in k$ は，或る $m\in\boldsymbol{Z}$ により $m\alpha\in I_k$ $(m\neq0)$ となる．

(iii)　$\alpha\in k$ が

$$\alpha^r+\alpha_1\alpha^{r-1}+\cdots+\alpha_{r-1}\alpha+\alpha_r=0$$

を満足し，かつ $\alpha_1,\cdots,\alpha_r\in I_k$ ならば $\alpha\in I_k$ である．したがって I_k は整閉である．

(iv)　$$I_k \cap \boldsymbol{Q} = \boldsymbol{Z}.$$

(v)　$\alpha \in I_k$ ならば，$\boldsymbol{Q}$ 上の α の代数的共役元 $\alpha^{(1)}, \cdots, \alpha^{(n)}$ もすべて代数的整数である．したがって

$$\alpha \text{ の}\textbf{ノルム}\text{(norm)}:\ N_{k/\boldsymbol{Q}}\alpha = \alpha^{(1)}\cdots\alpha^{(n)}$$

および

$$\alpha \text{ の}\textbf{トレース}\text{(trace)}:\ T_{k/\boldsymbol{Q}}\alpha = \alpha^{(1)}+\cdots+\alpha^{(n)}$$

は $\boldsymbol{Z}$ に属する．また α の最小多項式 $f(x)$ は

$$x^r+a_1x^{r-1}+\cdots+a_r \qquad (a_i \in \boldsymbol{Z})$$

の形である．

証明　(i)　$\alpha, \beta \in I_k$ ならば，$\alpha \in \eta_1\boldsymbol{Z}+\cdots+\eta_N\boldsymbol{Z}$，$\eta_i\eta_j \in \eta_1\boldsymbol{Z}+\cdots+\eta_N\boldsymbol{Z}$ および $\beta \in \zeta_1\boldsymbol{Z}+\cdots+\zeta_M\boldsymbol{Z}$，$\zeta_i\zeta_j \in \zeta_1\boldsymbol{Z}+\cdots+\zeta_M\boldsymbol{Z}$ となる $\{\eta_i\}, \{\zeta_j\}$ がとれる．そのとき

$$\alpha\pm\beta,\ \alpha\beta \in \eta_1\zeta_1\boldsymbol{Z}+\cdots+\eta_i\zeta_j\boldsymbol{Z}+\cdots+\eta_N\zeta_M\boldsymbol{Z},$$
$$(\eta_i\zeta_j)(\eta_k\zeta_l) \in \eta_1\zeta_1\boldsymbol{Z}+\cdots+\eta_N\zeta_M\boldsymbol{Z}$$

である．よって $\alpha\pm\beta, \alpha\beta \in I_k$ となる．

(ii)　$\alpha \in k$ の $\boldsymbol{Q}$ 上の最小多項式を

$$x^r+a_1x^{r-1}+\cdots+a_{r-1}x+a_r \qquad (a_1, \cdots, a_r \in \boldsymbol{Q})$$

とする．$a_1, \cdots, a_r$ の共通分母を掛ければ，α は

$$b_0x^r+b_1x^{r-1}+\cdots+b_r = 0 \qquad (b_0, \cdots, b_r \in \boldsymbol{Z})$$

の根である．したがって $\beta=b_0\alpha$ は

$$x^r+b_1x^{r-1}+b_0b_2x^{r-2}+\cdots+b_0{}^{r-1}b_r = 0$$

の根となる．すなわち $\beta \in I_k$ となる．

(iii)　$\alpha_1, \cdots, \alpha_r \in I_k$ とする．$\alpha_i \in \eta_{i1}\boldsymbol{Z}+\cdots+\eta_{iN_i}\boldsymbol{Z}$，$\eta_{ij}\eta_{ik} \in \eta_{i1}\boldsymbol{Z}+\cdots+\eta_{iN_i}\boldsymbol{Z}$ となる $\{\eta_{ij}\}$ が存在する．そのとき新たに

$$\zeta_{lj_1\cdots j_r} = \alpha^l\eta_{1j_1}\cdots\eta_{rj_r} \qquad (l=0, 1, \cdots, r-1,\ \ j_i=1, \cdots, N_i,\ \ i=1, \cdots, r)$$

について考えれば，$\alpha \in I_k$ となることがわかる．

特に $\alpha \in k$ であれば，I_k 上の整元は I_k に属するので，I_k は整閉である．

(iv)　$I_k \cap \boldsymbol{Q}$ はすなわち $\boldsymbol{Q}$ に属する代数的整数の全体である．(iii) により $\boldsymbol{Z}$ は整閉であるから $I_k \cap \boldsymbol{Q}=\boldsymbol{Z}$ である．

(v)　$\alpha \in I_k$ ならば，或る $a_i \in \boldsymbol{Z}\ (i=1, \cdots, r)$ によって $\alpha^r+a_1\alpha^{r-1}+\cdots+a_r=0$ が成り立つ．このとき α の $\boldsymbol{Q}$ 上の共役数 $\alpha^{(i)}\ (i=1, \cdots, n)$ も同じ等式を満たす．

故に代数的整数である．いま $K \supseteqq k^{(1)}, \cdots, k^{(n)}$ (k の共役体) とすれば，$\alpha^{(i)} \in I_K$ $(i=1, \cdots, n)$．故に $N_{k/\boldsymbol{Q}}\alpha$, $T_{k/\boldsymbol{Q}}\alpha \in I_K \cap \boldsymbol{Q}=\boldsymbol{Z}$ である．また α の満足する最小多項式の係数 a_i は $\alpha^{(1)}, \cdots, \alpha^{(n)}$ の多項式であるから，$I_K \cap \boldsymbol{Q}=\boldsymbol{Z}$ に属する．▌

(**II**) n 次代数体 k の整数環 I_k は，或る $\omega_1, \cdots, \omega_n$ によって

$$I_k = \boldsymbol{Z}\omega_1 + \cdots + \boldsymbol{Z}\omega_n \qquad (\text{直和})$$

として表わされる．すなわち I_k の元 α は一意に

$$\alpha = a_1\omega_1 + \cdots + a_n\omega_n \qquad (a_i \in \boldsymbol{Z})$$

として表わされる．

このような $(\omega_1, \cdots, \omega_n)$ を I_k の**基** (basis) という．

[証明]　$k=\boldsymbol{Q}(\theta)=\boldsymbol{Q}+\boldsymbol{Q}\theta+\cdots+\boldsymbol{Q}\theta^{n-1}$ (直和) となる $\theta \in k$ をとる．定理4.5 (ii) によって，θ の代りに或る $m\theta$ $(m \in \boldsymbol{Z})$ をとれば，$m\theta \in I_k$ となる．よって，初めから $\theta \in I_k$ であると仮定して差支えない．すなわち，任意の $\alpha \in k$ は

$$\alpha = a_0 + a_1\theta + \cdots + a_{n-1}\theta^{n-1} \qquad (a_i \in \boldsymbol{Q})$$

と一意的に表わされる．k の元 α の $\boldsymbol{Q}$ 上の共役元を $\alpha^{(1)}, \cdots, \alpha^{(n)}$ $(\alpha^{(1)}=\alpha)$ と表わせば

$$\begin{cases} \alpha^{(1)} = a_0 + a_1\theta^{(1)} + \cdots + a_{n-1}\theta^{(1)\,n-1}, \\ \alpha^{(2)} = a_0 + a_1\theta^{(2)} + \cdots + a_{n-1}\theta^{(2)\,n-1}, \\ \qquad \cdots\cdots\cdots\cdots\cdots \\ \alpha^{(n)} = a_0 + a_1\theta^{(n)} + \cdots + a_{n-1}\theta^{(n)\,n-1} \end{cases}$$

となる．これを $a_0, \cdots, a_{n-1}$ に関する連立1次方程式と見れば，係数の行列式 $\varDelta$ は，$\theta^{(i)} \neq \theta^{(j)}$ $(i \neq j)$ であるから

$$\varDelta = \begin{vmatrix} 1 & \theta^{(1)} & \cdots & \theta^{(1)\,n-1} \\ 1 & \theta^{(2)} & \cdots & \theta^{(2)\,n-1} \\ \vdots & \vdots & & \vdots \\ 1 & \theta^{(n)} & \cdots & \theta^{(n)\,n-1} \end{vmatrix} = \prod_{i<j}(\theta^{(i)} - \theta^{(j)}) \neq 0$$

である．またこの行列式 $\varDelta$ の第 i 列を $\alpha^{(1)}, \cdots, \alpha^{(n)}$ でおきかえて生じる行列式を $\varDelta^{(i)}$ とおくと，

$$a_i = \frac{\varDelta^{(i+1)}}{\varDelta} \qquad (i=0, \cdots, n-1)$$

と表わされる．ここで $\varDelta, \varDelta^{(i)}=a_{i-1}\varDelta \in \boldsymbol{Q}$ となる．一方，$\alpha \in I_k$ に対しては定理

4.5 の (i), (iv), (v) によって $\varDelta, \varDelta^{(i)} \in \boldsymbol{Z}$ $(i=0, 1, \cdots, n-1)$ となる．したがって

$$I_k \subseteqq \boldsymbol{Z}\frac{1}{\varDelta}+\boldsymbol{Z}\frac{\theta}{\varDelta}+\cdots+\boldsymbol{Z}\frac{\theta^{n-1}}{\varDelta} \qquad (\text{直和})$$

となる．この右辺は $1/\varDelta, \cdots, \theta^{n-1}/\varDelta$ を基とする自由加群である．故に I_k は自由加群の部分加群となり，I_k 自身も自由加群である．一方，I_k は $\boldsymbol{Z}$ 上1次独立な n 個の数 $1, \theta, \cdots, \theta^{n-1}$ を含むから，I_k の基はちょうど n 個よりなる．よって I_k の基 $(\omega_1, \cdots, \omega_n)$ が存在する．▌

(III)　(i)　k の整数環 I_k の基 $(\omega_1, \cdots, \omega_n)$ に対して

$$(4.2) \qquad \varDelta(\omega_1, \cdots, \omega_n) = \begin{vmatrix} {\omega_1}^{(1)} & {\omega_2}^{(1)} & \cdots & {\omega_n}^{(1)} \\ {\omega_1}^{(2)} & {\omega_2}^{(2)} & \cdots & {\omega_n}^{(2)} \\ & \cdots\cdots\cdots & & \\ {\omega_1}^{(n)} & {\omega_2}^{(n)} & \cdots & {\omega_n}^{(n)} \end{vmatrix}$$

とおく．そのとき

$$(4.3) \qquad \varDelta(\omega_1, \cdots, \omega_n)^2 = \begin{vmatrix} T_{k/\boldsymbol{Q}}({\omega_1}^2) & T_{k/\boldsymbol{Q}}(\omega_1\omega_2) & \cdots & T_{k/\boldsymbol{Q}}(\omega_1\omega_n) \\ T_{k/\boldsymbol{Q}}(\omega_2\omega_1) & T_{k/\boldsymbol{Q}}({\omega_2}^2) & \cdots & T_{k/\boldsymbol{Q}}(\omega_2\omega_n) \\ & \cdots\cdots\cdots\cdots & & \\ T_{k/\boldsymbol{Q}}(\omega_n\omega_1) & T_{k/\boldsymbol{Q}}(\omega_n\omega_2) & \cdots & T_{k/\boldsymbol{Q}}({\omega_n}^2) \end{vmatrix}$$

は $\boldsymbol{Z}$ に属し，$\neq 0$ である．

(ii)　I_k の別の基 $(\eta_1, \cdots, \eta_n)$ をとっても

$$\varDelta(\omega_1, \cdots, \omega_n)^2 = \varDelta(\eta_1, \cdots, \eta_n)^2$$

である．

[証明]　I_k の元のトレースは $\boldsymbol{Z}$ に属するから

$$\varDelta(\omega_1, \cdots, \omega_n)^2 = \begin{vmatrix} {\omega_1}^{(1)} & {\omega_1}^{(2)} & \cdots & {\omega_1}^{(n)} \\ & \cdots\cdots\cdots & & \\ {\omega_n}^{(1)} & {\omega_n}^{(2)} & \cdots & {\omega_n}^{(n)} \end{vmatrix} \cdot \begin{vmatrix} {\omega_1}^{(1)} & \cdots & {\omega_n}^{(1)} \\ \vdots & & \vdots \\ {\omega_1}^{(n)} & \cdots & {\omega_n}^{(n)} \end{vmatrix}$$
$$= \det(T_{k/\boldsymbol{Q}}(\omega_i\omega_j))_{i,j=1,\cdots,n} \in \boldsymbol{Z}$$

である．故に (i) が成り立つ．また

$$\begin{bmatrix} \eta_1 \\ \vdots \\ \eta_n \end{bmatrix} = (a_{ij}) \begin{bmatrix} \omega_1 \\ \vdots \\ \omega_n \end{bmatrix} \qquad (a_{ij} \in \boldsymbol{Z})$$

とすれば

$$\Delta(\eta_1, \cdots, \eta_n)^2 = \det(a_{ij})^2 \Delta(\omega_1, \cdots, \omega_n)^2.$$

ここに行列 $A=(a_{ij})$ は $\boldsymbol{Z}$ の中で逆行列を持つ．故に $\det A=\pm 1$ である．これから(ii)の成り立つことがわかる．

ここで $(\eta_1, \cdots, \eta_n)$ の代りに $(1, \theta, \cdots, \theta^{n-1})$ をとれば，$a_{ij} \in \boldsymbol{Z}$ は一般に成り立たないが，やはり

$$\Delta(1, \theta, \cdots, \theta^{n-1})^2 = \det(A)^2 \Delta(\omega_1, \cdots, \omega_n)^2$$

となる．よって $\Delta(\omega_1, \cdots, \omega_n) \neq 0$ である．▌

定義 4.9　代数体 k の**判別式**(discriminant) D_k を

$$D_k = \Delta(\omega_1, \cdots, \omega_n)^2$$

によって定義する．ただし，$(\omega_1, \cdots, \omega_n)$ は I_k の任意の基とする．

$D_k \neq 0$, $D_k \in \boldsymbol{Z}$ である．——

判別式に対して，つぎの二つの重要な定理が成り立つ．

Minkowski の定理　"$D_k=\pm 1$ となるのは $k=\boldsymbol{Q}$ に限る．"

Hermite-Minkowski の定理　"$N>0$ を与えるとき，$|D_k|<N$ となる代数体 k は有限個しか存在しない．"

(証明は第 III 部にゆずる.)

一般に k の次数 n による判別式 D_k の絶対値の(下からおよび上からの)評価がいろいろと計算されているが，これについても後に説明しよう．

(IV)　(i)　I_k のイデアル $\mathfrak{a}$ も基 $(\alpha_1, \cdots, \alpha_n)$ を持つ：

$$\mathfrak{a} = \boldsymbol{Z}\alpha_1 + \cdots + \boldsymbol{Z}\alpha_n \qquad (\text{直和}).$$

そのとき $\Delta(\alpha_1, \cdots, \alpha_n)$ を (4.2) のように定めると

$$N = \frac{\Delta(\alpha_1, \cdots, \alpha_n)}{\Delta(\omega_1, \cdots, \omega_n)}$$

は $\boldsymbol{Z}$ の元である．$|N|$ は $(\alpha_1, \cdots, \alpha_n)$ および $(\omega_1, \cdots, \omega_n)$ の取り方によらない．

(ii)　剰余環 $I_k/\mathfrak{a}$ は有限環であってその元の個数は $|N|$ に等しい．

(4.4)
$$|N| = N\mathfrak{a}$$

を I_k のイデアル $\mathfrak{a}$ の**ノルム**という．

[証明]
$$\begin{bmatrix}\alpha_1\\ \vdots \\ \alpha_n\end{bmatrix} = A\begin{bmatrix}\omega_1\\ \vdots \\ \omega_n\end{bmatrix}, \qquad A=(a_{ik}) \quad (a_{ik} \in \boldsymbol{Z})$$

とすれば $\Delta(\alpha_1, \cdots, \alpha_n)=(\det A)\Delta(\omega_1, \cdots, \omega_n)$ である．このとき $|\det A|$ の値は，I_k および $\mathfrak{a}$ の基の取り方によらないことは(III)と同じである．単因子論を用いれば

$$A=\begin{bmatrix} e_1 & 0 & \cdots & 0 \\ 0 & e_2 & \cdots & \vdots \\ \vdots & & \ddots & \vdots \\ 0 & 0 & \cdots & e_n \end{bmatrix} \qquad (e_i \in \boldsymbol{Z})$$

となるような基$(\omega_1, \cdots, \omega_n)$および$(\alpha_1, \cdots, \alpha_n)$が存在する．そのとき $I_k \bmod \mathfrak{a}$ の各剰余類は

$$a_1\omega_1+\cdots+a_n\omega_n \qquad (0 \leqq a_i < |e_i|,\ i=1, \cdots, n)$$

によって一意的に代表される．したがって $I_k/\mathfrak{a}$ の元の個数は $|e_1\cdots e_n|=|\det A|$ に等しい．▌

イデアル $\mathfrak{a}$ のノルムの持ついろいろな性質はまた後に述べることにして，まずつぎの基本定理を証明しよう．

定理 4.6 代数体 k の整数環 I_k は Dedekind 整域である．したがって I_k の任意のイデアル $\mathfrak{a}$ は素イデアルの積として表わされる：

$$\mathfrak{a}=\mathfrak{p}_1^{e_1}\cdots\mathfrak{p}_r^{e_r} \qquad (\mathfrak{p}_i \text{ は素イデアル，} e_i \geqq 1).$$

その他§4.1に挙げた諸性質は I_k に対して成立する．

証明 I_k が Dedekind 整域であるための三つの条件をためせばよい．

(i) I_k のイデアルについて約鎖律が成り立つこと．

I_k のイデアルの列

$$\mathfrak{a}_1 \subsetneqq \mathfrak{a}_2 \subsetneqq \cdots \subsetneqq \mathfrak{a}_m \subsetneqq I_k$$

をとるとき，剰余環 $I_k/\mathfrak{a}_i$ の元の個数 $N\mathfrak{a}_i$ に対して

$$N\mathfrak{a}_1 > N\mathfrak{a}_2 > \cdots > 1$$

でなければならない．よって $m \leqq N\mathfrak{a}_1 < \infty$ である．

(ii) I_k は整閉である(定理4.5(iii))．

(iii) I_k の任意の素イデアル $\mathfrak{p}$ は極大イデアルである．

何となれば，$\mathfrak{p}$ が素イデアルであれば $I_k/\mathfrak{p}$ は整域であるが，一方，(IV)によって有限整域である．故に，"任意の有限整域は体である"ことを証明すれば，$I_k/\mathfrak{p}$ は体となり，$\mathfrak{p}$ は極大イデアルである．

いま R を任意の有限整域とする．任意の $a\in R$ $(a\neq 0)$ に対して加法に関する準同型 $\varphi_a: R\to R$ を $\varphi_a(x)=ax$ で定義する．R は整域であるから $\varphi_a(x)=0$ となるのは $x=0$ に限る．したがって φ_a は1対1写像である．R は有限であるから，φ_a は全射でなければならない．特に $\varphi_a(x)=1$ となる $x\in R$ が存在する．よって $a\neq 0$ は必ず逆元を持つ．故に R は体である．▌

Dedekind 整域について一般に成り立つ簡単な性質をあげよう．

(V) (i) I_k のイデアル $\mathfrak{a}, \mathfrak{c}$ について $\mathfrak{a}\subseteqq\mathfrak{c}$ とする．そのとき或る $\beta\in\mathfrak{c}$ をとって

$$\mathfrak{c}=(\mathfrak{a}, (\beta))$$

と表わすことができる．

(ii) I_k の任意のイデアル $\mathfrak{a}$ は，或る $\alpha, \beta\in\mathfrak{a}$ によって

$$\mathfrak{a}=((\alpha), (\beta))$$

と表わされる．今後これを簡単に $\mathfrak{a}=(\alpha, \beta)$ と書く．

[証明] (i) $\mathfrak{a}=\mathfrak{p}_1^{e_1}\cdots\mathfrak{p}_r^{e_r}$, $\mathfrak{c}=\mathfrak{p}_1^{f_1}\cdots\mathfrak{p}_r^{f_r}$ $(e_i>0,\ f_i\geqq 0)$ と素イデアルの積に表わすとき，$\mathfrak{a}\subseteqq\mathfrak{c}$ より $e_1\geqq f_1, \cdots, e_r\geqq f_r$ である．いま

$$\mathfrak{b}=\mathfrak{p}_1^{f_1+1}\cdots\mathfrak{p}_r^{f_r+1}, \qquad \mathfrak{b}_i=\mathfrak{p}_1^{f_1+1}\cdots\mathfrak{p}_i^{f_i}\cdots\mathfrak{p}_r^{f_r+1}\ (\subseteqq\mathfrak{c})\quad (i=1, \cdots, r)$$

とおく．$\mathfrak{b}\subsetneqq\mathfrak{b}_i$ より $\beta_i\in\mathfrak{b}_i$, $\beta_i\notin\mathfrak{b}$ となる β_i が存在する．そのとき $\mathfrak{b}=\mathfrak{b}_i\cap\mathfrak{p}_i^{f_i+1}$ であるから $\beta_i\notin\mathfrak{p}_i^{f_i+1}$ である．また $\beta_i\in\mathfrak{b}_i\subseteqq\mathfrak{p}_j^{f_j+1}$ $(i\neq j)$ となる．そこで $\beta=\beta_1+\cdots+\beta_r$ とおくと，$\beta\in\mathfrak{c}$ であるが，$\beta\notin\mathfrak{p}_i^{f_i+1}$ $(i=1, \cdots, r)$ である．したがって $(\beta)=\mathfrak{p}_1^{f_1}\cdots\mathfrak{p}_r^{f_r}\mathfrak{q}$ (ただしイデアル $\mathfrak{q}$ は素因子 $\mathfrak{p}_1, \cdots, \mathfrak{p}_r$ を持たない) と表わされるから，$(\mathfrak{a}, (\beta))=\mathfrak{p}_1^{f_1}\cdots\mathfrak{p}_r^{f_r}=\mathfrak{c}$ となる．

(ii) 任意に $\alpha\ (\neq 0)$ を $\mathfrak{a}$ からとり，$\mathfrak{c}=(\alpha)$ とおいて (i) を適用すればよい．▌

(VI) I_k の任意のイデアル $\mathfrak{b}, \mathfrak{c}$ に対して，或る

$$(\mathfrak{d}, \mathfrak{b})=I_k$$

となるイデアル $\mathfrak{d}$ をとって $\mathfrak{c}\mathfrak{d}=(\beta)$ (単項イデアル) とすることができる．

[証明] $\mathfrak{a}=\mathfrak{b}\mathfrak{c}$ とおく．$\mathfrak{a}\subseteqq\mathfrak{c}$ である．故に (V) (i) によって $\mathfrak{c}=(\mathfrak{a}, (\beta))$ となる β が存在する．$(\beta)\subseteqq\mathfrak{c}$ であるから，或るイデアル $\mathfrak{d}$ に対して $(\beta)=\mathfrak{c}\mathfrak{d}$ と表わされる．このとき

$$\mathfrak{c}=(\mathfrak{a}, (\beta))=(\mathfrak{b}\mathfrak{c}, \mathfrak{c}\mathfrak{d})=\mathfrak{c}(\mathfrak{b}, \mathfrak{d})$$

であるから，$(\mathfrak{b}, \mathfrak{d})=I_k$ となる．▌

(VII)　I_k の任意のイデアル $\mathfrak{a}, \mathfrak{b}$ に対して，I_k 加群として

$$I_k/\mathfrak{b} \cong \mathfrak{a}/\mathfrak{a}\mathfrak{b}.$$

[証明]　(V)によって $\mathfrak{a}\mathfrak{b} \subsetneqq \mathfrak{a}$ に対して $\mathfrak{a}=(\mathfrak{a}\mathfrak{b}, (\alpha))$ となる $\alpha \in \mathfrak{a}$ が存在する．そこで $I_k \ni \beta$ に対して $\varphi_\alpha(\beta)=\alpha\beta \bmod \mathfrak{a}\mathfrak{b}$ という I_k 準同型 $\varphi_\alpha : I_k \to \mathfrak{a}/\mathfrak{a}\mathfrak{b}$ が定義される．そのとき

$$\operatorname{Im} \varphi_\alpha = \{\alpha\beta \bmod \mathfrak{a}\mathfrak{b} \mid \beta \in I_k\} = \{(\mathfrak{a}\mathfrak{b}, (\alpha)) \bmod \mathfrak{a}\mathfrak{b}\} = \mathfrak{a}/\mathfrak{a}\mathfrak{b}$$

である．また $\operatorname{Ker} \varphi_\alpha = \{\beta \in I_k \mid \alpha\beta \in \mathfrak{a}\mathfrak{b}\} = \mathfrak{b}$ となることは，

$$\alpha\beta \in \mathfrak{a}\mathfrak{b} \implies \mathfrak{a}(\beta) = (\mathfrak{a}\mathfrak{b}(\beta), (\alpha\beta)) \subseteqq \mathfrak{a}\mathfrak{b} \implies (\beta) \subseteqq \mathfrak{b}$$

よりわかる．故に

$$\mathfrak{a}/\mathfrak{a}\mathfrak{b} \cong I_k/\operatorname{Ker} \varphi_\alpha = I_k/\mathfrak{b}$$

が成り立つ．▌

(VIII)　I_k のイデアル $\mathfrak{a}, \mathfrak{b}$ に対して

$$N\mathfrak{a}\mathfrak{b} = N\mathfrak{a}N\mathfrak{b}$$

が成り立つ．

[証明]　(VII)を用いれば

$$N\mathfrak{a}\mathfrak{b} = [I_k : \mathfrak{a}\mathfrak{b}] = [I_k : \mathfrak{a}][\mathfrak{a} : \mathfrak{a}\mathfrak{b}] = [I_k : \mathfrak{a}][I_k : \mathfrak{b}] = N\mathfrak{a}N\mathfrak{b}. \qquad ▌$$

(IX)　(i)　$\alpha \in I_k$ に対して

$$N(\alpha) = |N_{k/\boldsymbol{Q}}\alpha|.$$

ただし，$N_{k/\boldsymbol{Q}}\alpha$ は $k/\boldsymbol{Q}$ に関する α のノルムである．

(ii)　$k/\boldsymbol{Q}$ が Galois 拡大体，すなわち $k^{(1)}=\cdots=k^{(n)}$ であれば，I_k のイデアル $\mathfrak{a}$ に対して

$$(N\mathfrak{a}) = \mathfrak{a}^{(1)}\cdots\mathfrak{a}^{(n)}$$

である．ただし

$$\mathfrak{a}^{(i)} = \{\alpha^{(i)} \mid \alpha \in \mathfrak{a}\}$$

とする．

[証明]　(i)　I_k の基を $(\omega_1, \cdots, \omega_n)$ とすれば，単項イデアル (α) の基として $(\alpha\omega_1, \cdots, \alpha\omega_n)$ をとることができる．したがって

$$N(\alpha) = \left|\frac{\Delta(\alpha\omega_1, \cdots, \alpha\omega_n)}{\Delta(\omega_1, \cdots, \omega_n)}\right| = |\alpha^{(1)}\alpha^{(2)}\cdots\alpha^{(n)}| = |N_{k/\boldsymbol{Q}}\alpha|$$

である．

(ii)（イ）$\mathfrak{m} \subseteqq \mathfrak{n} \Longrightarrow \mathfrak{m}^{(i)} \subseteqq \mathfrak{n}^{(i)}$,

（ロ）$\mathfrak{p}$ が素イデアル $\Longrightarrow$ $\mathfrak{p}^{(i)}$ も素イデアル

である．いま $\mathfrak{a}$ に対して $\mathfrak{a}\mathfrak{b}=(\beta)$ となるイデアル $\mathfrak{b}$ をとる．この $\mathfrak{b}$ に対して $(\mathfrak{b}^{(1)}\cdots\mathfrak{b}^{(n)}, \mathfrak{c})=I_k$ かつ $\mathfrak{a}\mathfrak{c}=(\gamma)$ となるイデアル $\mathfrak{c}$ をとる((VI)による)．(イ), (ロ)より $(\mathfrak{b}^{(1)}\cdots\mathfrak{b}^{(n)}, \mathfrak{c}^{(1)}\cdots\mathfrak{c}^{(n)})=I_k$ となることがわかる．そのとき

$$\mathfrak{a}^{(1)}\cdots\mathfrak{a}^{(n)}\mathfrak{b}^{(1)}\cdots\mathfrak{b}^{(n)} = (\beta^{(1)})\cdots(\beta^{(n)}) = (N_{k/\boldsymbol{Q}}\beta) = (b),$$

$$\mathfrak{a}^{(1)}\cdots\mathfrak{a}^{(n)}\mathfrak{c}^{(1)}\cdots\mathfrak{c}^{(n)} = (\gamma^{(1)})\cdots(\gamma^{(n)}) = (N_{k/\boldsymbol{Q}}\gamma) = (c)$$

である．ただし $N_{k/\boldsymbol{Q}}\beta=b\in\boldsymbol{Z}$, $N_{k/\boldsymbol{Q}}\gamma=c\in\boldsymbol{Z}$ とする．故に

$$(a) = (b, c) = \mathfrak{a}^{(1)}\cdots\mathfrak{a}^{(n)}(\mathfrak{b}^{(1)}\cdots\mathfrak{b}^{(n)}, \mathfrak{c}^{(1)}\cdots\mathfrak{c}^{(n)}) = \mathfrak{a}^{(1)}\cdots\mathfrak{a}^{(n)}$$

が成り立つ．ただし $a\in\boldsymbol{Z}\,(a>0)$ である．さて

$$(a) = \mathfrak{a}^{(1)}\cdots\mathfrak{a}^{(n)}$$

の両辺のノルムをとれば $a\in\boldsymbol{Z}\,(a>0)$ に対して $N(a)=a^n$ であるから

$$a^n = N\mathfrak{a}^{(1)}\cdots N\mathfrak{a}^{(n)} = (N\mathfrak{a})^n \qquad (N\mathfrak{a}^{(i)}=N\mathfrak{a}).$$

したがって $a=N\mathfrak{a}$ が成り立つ．▌

定理 4.7　(i)　I_k の素イデアル $\mathfrak{p}$ は，或る有理素数 p の因子である．

(ii)
$$N\mathfrak{p} = p^f.$$

f を素イデアル $\mathfrak{p}$ の**次数**(degree)という．

(iii)
$$(p) = \mathfrak{p}_1^{e_1}\cdots\mathfrak{p}_g^{e_g}, \qquad N\mathfrak{p}_i = p^{f_i} \quad (i=1, \cdots, g)$$

と素イデアル分解すれば，$n=[k:\boldsymbol{Q}]$ に対して

$$n = e_1f_1+\cdots+e_gf_g$$

である．したがって，

$$1 \leqq e_i, f_i, g \leqq n$$

である．

(iv)
$$I_k/\mathfrak{p} \cong \boldsymbol{F}_{N\mathfrak{p}} \qquad (N\mathfrak{p}=p^f \text{ 個の元よりなる有限体}).$$

(v)　任意の $\alpha\in I_k\,(\alpha\neq 0)$ に対して

$$\alpha^{N\mathfrak{p}-1} \equiv 1 \pmod{\mathfrak{p}}.$$

証明　(i)　$(p)=\mathfrak{p}\cap\boldsymbol{Z}$ とおく．すなわち p は $\mathfrak{p}$ に含まれる最小の正の有理整数とする．p が素数であることは，$p=ab\ (1<a<p,\ 1<b<p)$ であるとすれば，$ab\in\mathfrak{p}$ より $a\in\mathfrak{p}$ または $b\in\mathfrak{p}$ となり矛盾であることからわかる．

(ii), (iii)　$p\in\mathfrak{p}$ より $(p)\subseteqq\mathfrak{p}$.

$(p)=\mathfrak{p}_1^{e_1}\cdots\mathfrak{p}_g^{e_g}$，$\mathfrak{p}=\mathfrak{p}_1$ とすれば

$$p^n = N(p) = (N\mathfrak{p}_1)^{e_1}\cdots(N\mathfrak{p}_g)^{e_g}.$$

したがって $N\mathfrak{p}_i=p^{f_i}$ でなければならない．これからまた

$$n = e_1f_1+\cdots+e_gf_g.$$

(iv) $I_k/\mathfrak{p}$ は $N\mathfrak{p}=p^f$ 個の元よりなる体，すなわち有限体 $\boldsymbol{F}_{p^f}$ である．

(v) $I_k/\mathfrak{p}$ の乗法群は $N\mathfrak{p}-1$ 個の元よりなることからわかる．▮

例 4.4　(i) I_k のイデアル $\mathfrak{m}_1, \mathfrak{m}_2$ に対して

(4.5)　$$x \equiv \alpha_1 \pmod{\mathfrak{m}_1}, \qquad x \equiv \alpha_2 \pmod{\mathfrak{m}_2}$$

が $\alpha_1, \alpha_2 \in I_k$ に対して解 $x \in I_k$ を持つための必要十分条件は

(4.6)　$$\alpha_1 \equiv \alpha_2 \pmod{(\mathfrak{m}_1, \mathfrak{m}_2)}$$

である．そのとき解 x は $\bmod\ \mathfrak{m}_1 \cap \mathfrak{m}_2$ に関して一意に定まる．

(ii) I_k のイデアル $\mathfrak{m}_1, \cdots, \mathfrak{m}_r$ がどの二つも共通因子を持たなければ，任意の $\alpha_1, \cdots, \alpha_r \in I_k$ に対して

$$x \equiv \alpha_1 \pmod{\mathfrak{m}_1}, \qquad \cdots, \qquad x \equiv \alpha_r \pmod{\mathfrak{m}_r}$$

はつねに解 $x \in I_k$ を持ち，その解は $\bmod\ \mathfrak{m}_1\cdots\mathfrak{m}_r$ に関してただ一つ定まる．さらに環として

$$I_k/\mathfrak{m}_1\cdots\mathfrak{m}_r \cong I_k/\mathfrak{m}_1 \oplus\cdots\oplus I_k/\mathfrak{m}_r \qquad (\text{直和})$$

である．

［証明］ (i) $\alpha_1-\alpha_2 \in (\mathfrak{m}_1, \mathfrak{m}_2)$ ならば $\alpha_1-\alpha_2=\lambda_1-\lambda_2$ となる $\lambda_i \in \mathfrak{m}_i\ (i=1, 2)$ がとれる．そのとき $x=\alpha_1-\lambda_1=\alpha_2-\lambda_2$ は求める解である．逆も同様．また x, x' が解ならば，$x-x' \in \mathfrak{m}_1 \cap \mathfrak{m}_2$ である．

(ii) (i) を繰り返せばよい．このときは $\mathfrak{m}_1\cap\cdots\cap\mathfrak{m}_r=\mathfrak{m}_1\cdots\mathfrak{m}_r$ である．▮

例 4.5　I_k のイデアル $\mathfrak{m}$ に対して

(4.7)　$$\alpha x \equiv \beta \pmod{\mathfrak{m}}$$

が $\alpha, \beta \in I_k$ に対して解 $x \in I_k$ を持つための必要十分条件は

(4.8)　$$\beta \in (\mathfrak{m}, (\alpha))$$

である．$\mathfrak{m}=\mathfrak{n}(\mathfrak{m}, (\alpha))$ とするとき，解 $x \in I_k$ は $\bmod\ \mathfrak{n}$ に対して一意に定まる．

［証明］ (4.7) に解があれば，$\beta=\alpha x+y\ (y \in \mathfrak{m})$ と表わされる．すなわち，(4.8) である．逆も同様．また x, x' がどちらも (4.8) の解であれば $\alpha(x-x')\equiv 0 \pmod{\mathfrak{m}}$．したがって $x-x'\equiv 0 \pmod{\mathfrak{n}}$ となる．▮

例 4.6 I_k のイデアル $\mathfrak{m}$ を法とする剰余環 $I_k/\mathfrak{m}$ において，$((\alpha), \mathfrak{m})=I_k$ となる $\alpha\in I_k$ を代表とする剰余類を $\bmod\mathfrak{m}$ の**既約剰余類**という．その全体は乗法に関して群を作る．これを

$$(I_k/\mathfrak{m})^\times$$

で表わす．

$\bmod\mathfrak{m}$ の既約剰余類全体の個数を

$$\varphi(\mathfrak{m}) = |(I_k/\mathfrak{m})^\times| \tag{4.9}$$

とおく．

(i) $$\varphi(\mathfrak{p}) = N\mathfrak{p}-1.$$

(ii) $$\varphi(\mathfrak{p}^e) = (N\mathfrak{p})^{e-1}(N\mathfrak{p}-1).$$

(iii) $\mathfrak{m}=\mathfrak{m}_1\mathfrak{m}_2$，$(\mathfrak{m}_1, \mathfrak{m}_2)=I_k$ ならば

$$\varphi(\mathfrak{m}) = \varphi(\mathfrak{m}_1)\varphi(\mathfrak{m}_2).$$

したがって $\mathfrak{m}=\mathfrak{p}_1{}^{e_1}\cdots\mathfrak{p}_r{}^{e_r}$ とすれば

$$\varphi(\mathfrak{m}) = \varphi(\mathfrak{p}_1{}^{e_1})\cdots\varphi(\mathfrak{p}_r{}^{e_r}) = (N\mathfrak{m})\left(1-\frac{1}{N\mathfrak{p}_1}\right)\cdots\left(1-\frac{1}{N\mathfrak{p}_r}\right).$$

この $\varphi(\mathfrak{m})$ を代数体 k における **Euler の関数**という．

[証明] (i) $I_k/\mathfrak{p}$ は $N\mathfrak{p}$ 個の元をもつ有限体である．したがって $(I_k/\mathfrak{p})^\times$ は，それから0だけを除外したものであって，その元の個数は $N\mathfrak{p}-1$ となる．

$I_k/\mathfrak{p}\cong \boldsymbol{F}_{p^f}$ の0以外の元は p^f-1 次の巡回群を作る．したがってその生成元を $\rho \bmod \mathfrak{p}$ とすれば $\alpha_1, \cdots, \alpha_{N\mathfrak{p}}$ として，$0, 1, \rho, \rho^2, \cdots, \rho^{p^f-2}$ $(\rho^{p^f-1}\equiv 1 \pmod{\mathfrak{p}})$ をとることができる．このような ρ を $\bmod\mathfrak{p}$ の**原始根**という．

(ii) いま $\mathfrak{p}^2\subsetneqq\mathfrak{p}$ であるから，$\pi\in\mathfrak{p}$，$\pi\notin\mathfrak{p}^2$ となる π を任意に一つとる．つぎに

$$\alpha_1, \cdots, \alpha_{N\mathfrak{p}}\in I_k \qquad (\text{ただし } \alpha_1=0 \text{ とおく})$$

を $I_k/\mathfrak{p}$ の各剰余類からの任意の代表(たとえば $0, 1, \rho, \cdots, \rho^{N\mathfrak{p}-2}$)とする．

いま任意に $\lambda\in I_k$ をとれば

$$\lambda \equiv \alpha_{i_0} \pmod{\mathfrak{p}}$$

となる α_{i_0} がただ一つ定まる．つぎに例4.5において，$(\mathfrak{p}^2, (\pi))=\mathfrak{p}$ より

$$\lambda-\alpha_{i_0} \equiv \alpha_{i_1}\pi \pmod{\mathfrak{p}^2}$$

となる α_{i_1} がただ一つ定まる．

以下同様にして

(4.10)
$$\lambda \equiv \alpha_{i_0} + \alpha_{i_1}\pi + \cdots + \alpha_{i_{e-1}}\pi^{e-1} \pmod{\mathfrak{p}^e}$$
となる $\alpha_{i_0}, \cdots, \alpha_{i_{e-1}}$ が定まる．ここで $((\lambda), \mathfrak{p}) = I_k$ となるのは $\alpha_{i_0} \neq 0$ の場合である．よって

$$\varphi(\mathfrak{p}^e) = (N\mathfrak{p})^e - (N\mathfrak{p})^{e-1} = (N\mathfrak{p})^e \left(1 - \frac{1}{N\mathfrak{p}}\right).$$

(iii) は例 4.4 (ii) よりわかる．▌

つぎのイデアル因子の考えは，しばしば極めて有用である．いま n 変数 $x_1, \cdots, x_n$ の多項式 $f(x_1, \cdots, x_n)$ の係数（これを $\alpha_1, \cdots, \alpha_r$ とする）がすべて I_k に属するとき，すなわち

$$f(x_1, \cdots, x_n) \in I_k[x_1, \cdots, x_n]$$

であるとき，$\alpha_1, \cdots, \alpha_r$ より生成される I_k のイデアル

$$\mathfrak{a} = (\alpha_1, \cdots, \alpha_r) = \left\{ \sum_{i=1}^{r} \lambda_i \alpha_i \,\middle|\, \lambda_i \in I_k \right\}$$

を，多項式 $f(x_1, \cdots, x_n)$ の**イデアル因子**（独 Inhalt）という．

(**X**)　多項式 $f(x_1, \cdots, x_n), g(x_1, \cdots, x_n) \in I_k[x_1, \cdots, x_n]$ の積を

$$h(x_1, \cdots, x_n) = f(x_1, \cdots, x_n) g(x_1, \cdots, x_n)$$

とし，f, g, h のイデアル因子をそれぞれ $\mathfrak{a}, \mathfrak{b}, \mathfrak{c}$ とすれば，$\mathfrak{a}\mathfrak{b} = \mathfrak{c}$ である．

［証明］　$\mathfrak{a} = (\alpha_1, \cdots, \alpha_r)$，$\mathfrak{b} = (\beta_1, \cdots, \beta_s)$，$\mathfrak{c} = (\gamma_1, \cdots, \gamma_t)$ とする．いま任意の素イデアル $\mathfrak{p}$ に対して，$\mathfrak{a} = \mathfrak{p}^a \mathfrak{a}'$，$\mathfrak{b} = \mathfrak{p}^b \mathfrak{b}'$，$\mathfrak{c} = \mathfrak{p}^c \mathfrak{c}'$，$a \geqq 0$，$b \geqq 0$，$c \geqq 0$（ただし，$\mathfrak{a}'$, $\mathfrak{b}', \mathfrak{c}'$ は $\mathfrak{p}$ で割れない）とおくとき $a + b = c$ を示せばよい．$\alpha_i \in \mathfrak{a} \subseteqq \mathfrak{p}^a$，$\beta_j \in \mathfrak{b} \subseteqq \mathfrak{p}^b$ で γ_k は $\sum \alpha_i \beta_j$ の形であるから $\gamma_k \in \mathfrak{p}^{a+b}$．したがって $c \geqq a + b$ である．

そこで或る γ_k に対して $\gamma_k \in \mathfrak{p}^{a+b}$ であるが $\gamma_k \notin \mathfrak{p}^{a+b+1}$ となることを示せばよい．いま $f(x_1, \cdots, x_n)$ の各項を $x_1, \cdots, x_n$ についての辞書式順序にしたがって並べるとき項 $\alpha_I x_1^{i_1} \cdots x_n^{i_n}$ が $\alpha_I \in \mathfrak{p}^a$，$\alpha_I \notin \mathfrak{p}^{a+1}$ となる最初のものとし，$g(x_1, \cdots, x_n)$ において項 $\beta_J x_1^{j_1} \cdots x_n^{j_n}$ が $\beta_J \in \mathfrak{p}^b$，$\beta_J \notin \mathfrak{p}^{b+1}$ となる最初のものとする．そのとき $h(x_1, \cdots, x_n)$ において項 $\gamma_L x_1^{i_1+j_1} \cdots x_n^{i_n+j_n}$ を考えるとき

$$\gamma_L = \sum \alpha_{I'} \beta_{J'}$$

で $I' \leqq I$ または $J' \leqq J$ である．したがって $\alpha_I \beta_J$ の項を除くと $\alpha_{I'} \beta_{J'} \in \mathfrak{p}^{a+b+1}$ となり，かつ $\alpha_I \beta_J \notin \mathfrak{p}^{a+b+1}$ であるから，$\gamma_L \notin \mathfrak{p}^{a+b+1}$ でなければならない．よって $c = a + b$ が成り立つ．▌

例 4.7　k を $\boldsymbol{Q}$ 上の Galois 拡大：$k=k^{(1)}=\cdots=k^{(n)}$，$n=[k:\boldsymbol{Q}]$ とする．I_k のイデアル $\mathfrak{a}$ の基を $(\alpha_1, \cdots, \alpha_n)$ とし

$$F(x_1, \cdots, x_n)=\prod_{i=1}^{n}(\alpha_1{}^{(i)}x_1+\cdots+\alpha_n{}^{(i)}x_n)$$

とおく．$\alpha^{(i)}$ $(i=1, \cdots, n)$ は α の共役元とする．$F(x_1, \cdots, x_n)$ は n 元 n 次多項式で，その係数は $(\alpha_1{}^{(i)}, \cdots, \alpha_n{}^{(i)})$ の対称式であるから $\boldsymbol{Z}$ に属する．$(\alpha_1x_1+\cdots+\alpha_nx_n)$ のイデアル因子は $\mathfrak{a}$ であるから，$F(x_1, \cdots, x_n)$ のイデアル因子は

$$(N\mathfrak{a})=\mathfrak{a}^{(1)}\cdots\mathfrak{a}^{(n)}$$

に等しい((IX)参照)．すなわち，$F(x_1, \cdots, x_n)$ の各項の係数の最大公約数は $N\mathfrak{a}$ に等しい．

b）分数イデアル，イデアル類

k を $\boldsymbol{Q}$ 上の n 次代数体，I_k を k の整数環とする．これまでは I_k のイデアルを考えてきたが，イデアルの考えをすこしばかり拡張しよう．

定義 4.10　代数体 k の部分集合 $\mathfrak{a}$ $(\mathfrak{a}\neq\{0\})$ が，つぎの三つの条件を満たすとき，$\mathfrak{a}$ を k の**分数イデアル** (fractional ideal) という．

（i）$\mathfrak{a}$ は加群を作る：

$$\alpha, \beta \in \mathfrak{a} \Longrightarrow \alpha\pm\beta \in \mathfrak{a}.$$

（ii）$\mathfrak{a}$ は I_k 加群である：

$$\alpha \in \mathfrak{a}, \quad \lambda \in I_k \Longrightarrow \lambda\alpha \in \mathfrak{a}.$$

（iii）或る $\mu \in I_k$ $(\mu\neq 0)$ に対して

$$\mu\mathfrak{a} \subseteqq I_k$$

となる．

I_k の普通のイデアルは，もちろん分数イデアルの一種である．これを k の**整イデアル** (integral ideal) ともいう．——

k の分数イデアル $\mathfrak{a}, \mathfrak{b}$ に対して，積を

$$\mathfrak{a}\mathfrak{b}=\left\{\sum_{i=1}^{n}\alpha_i\beta_i \middle| n=1, 2, \cdots, \ \alpha_i \in \mathfrak{a}, \ \beta_i \in \mathfrak{b}\right\}$$

によって定義することができる．また和

$$(\mathfrak{a}, \mathfrak{b})=\{\alpha+\beta \mid \alpha \in \mathfrak{a}, \ \beta \in \mathfrak{b}\}$$

も定義される．

$$\mathfrak{a}\mathfrak{b}=\mathfrak{b}\mathfrak{a}, \qquad (\mathfrak{a}\mathfrak{b})\mathfrak{c}=\mathfrak{a}(\mathfrak{b}\mathfrak{c}), \qquad \mathfrak{a}(\mathfrak{b},\mathfrak{c})=(\mathfrak{a}\mathfrak{b},\mathfrak{a}\mathfrak{c})$$

は整イデアルと同様に成り立つ.

分数イデアル $\mathfrak{a}$ に対して

$$\mathfrak{a}^{-1}=\{\alpha\in k\,|\,\alpha\mathfrak{a}\subseteqq I_k\}$$

とおく. $\mathfrak{a}^{-1}$ も分数イデアルである.

何となれば, $\mathfrak{a}^{-1}$ が I_k 加群であることは直ちにわかるが, また任意に $\mu\in\mathfrak{a}$ をとれば $\mu\mathfrak{a}^{-1}\subseteqq I_k$ である.

われわれは, すでに前節の定理4.3の証明中で素イデアル $\mathfrak{p}$ に対して $\mathfrak{p}^{-1}$ を定義して, これを用いた. その定義と, ここの定義とはもちろん同じである.

定理 4.8 k の分数イデアルの全体 $\mathcal{I}_k$ は, 乗法に関して可換群を作る. 特に単位元は I_k, $\mathfrak{a}$ の逆元は $\mathfrak{a}^{-1}$ である:

$$\mathfrak{a}I_k=\mathfrak{a}, \qquad \mathfrak{a}\mathfrak{a}^{-1}=I_k.$$

証明 (i) 素イデアル $\mathfrak{p}$ に対して $\mathfrak{p}\mathfrak{p}^{-1}=I_k$ はすでに定理4.3の証明中の(v)において示してある. これを繰り返し用いれば

(ii) 整イデアル $\mathfrak{a}$ について $\mathfrak{a}=\mathfrak{p}_1^{e_1}\cdots\mathfrak{p}_r^{e_r}$ であれば $\mathfrak{a}^{-1}=(\mathfrak{p}_1^{-1})^{e_1}\cdots(\mathfrak{p}_r^{-1})^{e_r}$, かつ $\mathfrak{a}\mathfrak{a}^{-1}=I_k$ が成り立つことがわかる.

(iii) 分数イデアル $\mathfrak{a}$ は, 或る $\lambda\in I_k$ に対して

$$\mathfrak{a}=\mathfrak{a}_0\lambda^{-1}, \qquad \mathfrak{a}_0\subseteqq I_k$$

と表わされる. そのとき,

$$\mathfrak{a}^{-1}=\mathfrak{a}_0^{-1}\lambda$$

となり, $\mathfrak{a}\mathfrak{a}^{-1}=I_k$ が成り立つ.

以上より $\mathcal{I}_k$ が乗法群を作ることがわかる. ▌

この定理と定理4.6とを結びつければ, つぎの命題が成り立つことがわかる.

(**XI**) (i) k の分数イデアル $\mathfrak{a}$ は,

$$\mathfrak{a}=\mathfrak{p}_1^{e_1}\cdots\mathfrak{p}_r^{e_r} \qquad (e_i\in \boldsymbol{Z})$$

として一意に表わされる. このとき

$$\mathfrak{a}\subseteqq I_k \Leftrightarrow e_1\geqq 0, \quad \cdots, \quad e_r\geqq 0.$$

(ii) $$\mathfrak{a}=\mathfrak{b}\mathfrak{c}, \quad \mathfrak{c}\subseteqq I_k \Leftrightarrow \mathfrak{a}\subseteqq\mathfrak{b}.$$

定義 4.11 分数イデアル $\mathfrak{a}$ も基 $(\alpha_1,\cdots,\alpha_n)$ $(\alpha_i\in k)$ を持つ.

$$\mathfrak{a}=\boldsymbol{Z}\alpha_1+\cdots+\boldsymbol{Z}\alpha_n \qquad (\text{直和}),$$

$$I_k = \boldsymbol{Z}\omega_1 + \cdots + \boldsymbol{Z}\omega_n \qquad (\text{直和})$$

と表わすとき

$$N\mathfrak{a} = \left| \frac{\Delta(\alpha_1, \cdots, \alpha_n)}{\Delta(\omega_1, \cdots, \omega_n)} \right| \in \boldsymbol{Q}$$

を $\mathfrak{a}$ の**ノルム**という.

$N\mathfrak{a}$ は基 $(\alpha_1, \cdots, \alpha_n)$, $(\omega_1, \cdots, \omega_n)$ のとり方によらない. ——

(XII) 分数イデアル $\mathfrak{a}, \mathfrak{b}$ についても

$$N\mathfrak{a}\mathfrak{b} = N\mathfrak{a}N\mathfrak{b}.$$

[証明] $\mathfrak{a}=\mathfrak{a}_0\lambda$, $\mathfrak{a}_0 \subseteqq I_k$, $\lambda \in k$ とするとき, $\mathfrak{a}_0$ の基 $(\alpha_1', \cdots, \alpha_n')$ に対して $\mathfrak{a}$ の基 $(\lambda\alpha_1', \cdots, \lambda\alpha_n')$ をとることができる. このとき

$$N\mathfrak{a} = \left| \frac{\Delta(\lambda\alpha_1', \cdots, \lambda\alpha_n')}{\Delta(\omega_1, \cdots, \omega_n)} \right| = |N_{k/\boldsymbol{Q}}\lambda| \left| \frac{\Delta(\alpha_1', \cdots, \alpha_n')}{\Delta(\omega_1, \cdots, \omega_n)} \right| = |N_{k/\boldsymbol{Q}}\lambda| N\mathfrak{a}_0$$

が成り立つ. したがって $\mathfrak{b}=\mathfrak{b}_0\mu$, $\mathfrak{b}_0 \subseteqq I_k$, $\mu \in k$ に対して $\mathfrak{a}\mathfrak{b}=\mathfrak{a}_0\mathfrak{b}_0\lambda\mu$ となり

$$N\mathfrak{a}\mathfrak{b} = N\mathfrak{a}_0\mathfrak{b}_0|N_{k/\boldsymbol{Q}}(\lambda\mu)| = (N\mathfrak{a}_0|N_{k/\boldsymbol{Q}}\lambda|)(N\mathfrak{b}_0|N_{k/\boldsymbol{Q}}\mu|) = N\mathfrak{a}N\mathfrak{b}$$

が成り立つ. ▮

さて, k の分数イデアル全体を, 単項イデアルを用いて類別する.

定義 4.12 k の分数イデアル $\mathfrak{a}, \mathfrak{b}$ が或る $\lambda \in k$ $(\lambda \neq 0)$ に対して $\mathfrak{a}=\mathfrak{b}(\lambda)$ と表わされるとき

$$\mathfrak{a} \sim \mathfrak{b} \qquad (\text{同値})$$

という. $\sim$ は同値関係である. k の分数イデアルの同値類の全体 $\mathcal{C}_k$ は乗法群を作る. これを, k の**イデアル類群** (ideal class group) という. ——

k の単項イデアル $(\lambda)=\lambda I_k$ $(\lambda \in k,\ \lambda \neq 0)$ の全体 $\mathcal{P}_k$ は, $\mathcal{I}_k$ の部分群を作り,

(4.11)
$$\mathcal{C}_k \cong \mathcal{I}_k/\mathcal{P}_k$$

である.

定義 4.13 k の元 ε $(\neq 0)$ に対して, 単項イデアル (ε) が I_k と等しいとき, ε を k の**単数** (unit) という.

k の単数の全体 E_k は, 乗法群を作る. E_k を k の**単数群** (unit group) という.

(XIII) k の元 ε が単数であるための必要十分条件は

$$\varepsilon \in I_k \quad \text{かつ} \quad \varepsilon^{-1} \in I_k$$

が成り立つことである.

[証明] $(\varepsilon)=I_k$ ならば，(XI) (i) より $\varepsilon\in I_k$ である．このとき $(\varepsilon^{-1})=I_k$ で，同じく $\varepsilon^{-1}\in I_k$ となる．

逆に $\varepsilon, \varepsilon^{-1}\in I_k$ とすると，(ε) の素イデアル分解をとれば，$(\varepsilon)=I_k$ でなければならない．▌

定義より直ちに

(4.12) $$\mathcal{P}_k\cong k^{\times}/E_k$$

が成り立つことがわかる．ただし $k^{\times}=k-\{0\}$ の作る乗法群とする．

もしも，k のすべてのイデアルが単項イデアルであれば，k のイデアル類群 $\mathcal{C}_k$ は単位元のみよりなる．この条件は k の整数環 I_k が単項イデアル整域であるといってもよい．明らかにこの逆の命題も成り立つ．

定理 4.9 k のイデアル類群 $\mathcal{C}_k$ は有限群である．

定義 4.14 k のイデアル類群 $\mathcal{C}_k$ の元の個数 h_k を k の**類数** (class number) という．——

この定理の証明には，つぎの補題を用いる．

(XIV) k のみに関する或る定数 N_0 があって，k の任意の整イデアル $\mathfrak{a}$ は

$$|N\alpha|\leqq N_0N\mathfrak{a}$$

となる元 $\alpha\,(\neq 0)$ を含む．

[証明] I_k の一つの基 $(\omega_1, \cdots, \omega_n)$ をとる．I_k の元

$$a_1\omega_1+\cdots+a_n\omega_n \qquad (a_i\in \boldsymbol{Z})$$

において各 a_i に $0, 1, \cdots, g=[(N\mathfrak{a})^{1/n}]$ の値をとらすとき，全体で $(g+1)^n$ 個の I_k の元を得る．一方，$(g+1)^n\geqq N\mathfrak{a}$ であるから，それらの I_k の元の中に $\bmod\,\mathfrak{a}$ で同一の剰余類に属するものが存在しなければならない (Dirichlet の部屋割り論法である)．それらを，たとえば $\sum a_i\omega_i$ と $\sum b_i\omega_i$ とすれば $a_i-b_i=c_i\ (i=1, \cdots, n)$ に対して

$$\alpha=\sum c_i\omega_i=\sum a_i\omega_i-\sum b_i\omega_i\in\mathfrak{a}$$

となり，かつ $|c_i|\leqq g\ (i=1, \cdots, n)$ である．

いま $N_1=n\max\{|\omega_i{}^{(j)}|\,|\,i, j=1, \cdots, n\}$ とすれば，α の共役数 $\alpha^{(j)}=\sum_i c_i\omega_i{}^{(j)}$ に対して $|\alpha^{(j)}|\leqq gN_1\ (j=1, \cdots, n)$ である．故に

$$|N_{k/\boldsymbol{Q}}\alpha|=|\alpha^{(1)}\cdots\alpha^{(n)}|\leqq g^nN_1{}^n\leqq N_1{}^nN\mathfrak{a}$$

となる．よって $N_0=N_1{}^n$ に対して命題が成り立つ．▌

注意　ふつうの証明法は Minkowski の定理 (定理 2.7 の一般の場合) を用いる．そのときは上記 N_0 として $\sqrt{|D_k|}$ をとることができる．ここにあげた初等的方法は Hurwitz によるという (高木 [8], p. 42)．

k のイデアル類は，k の分数イデアルを用いて定義した．もしも I_k のイデアルのみを用いて考えるならば，つぎのように定めることもできる．

I_k のイデアル $\mathfrak{a}, \mathfrak{b}$ が同値 $(\mathfrak{a}\sim\mathfrak{b})$ であるとは，或る $\alpha, \beta\in I_k$ によって

$$(\alpha)\mathfrak{a} = (\beta)\mathfrak{b} \tag{4.13}$$

が成り立つことをいう．この関係が同値関係であることは直ちにわかる．このとき容易につぎのことが証明される．

(XV)　I_k のイデアル $\mathfrak{a}, \mathfrak{b}$ が定義 4.12 の意味で同値であることと，(4.13) の意味で同値であることとは一致する．——

さて，代数体 k が与えられたときに，

問題 I　k のイデアル類群 $\mathcal{C}_k$，特に k の類数 h_k を求めること，

問題 II　k の単数群 E_k を決定すること

の二つは，大切な問題である．

Dirichlet はこの二つに対して重要な貢献をなした．すなわち，問題 I に対しては (特に 2 次体の場合に) h_k を無限級数を用いて表わす公式を証明した．また問題 II に対しては，E_k の構造を明らかにする単数定理を証明した．われわれは，第5章で，$n=2$，すなわち 2 次体 k の場合に，これらの問題の解答を具体的に説明することにする．一般の場合については，第 III 部で説明しよう．

ここでは k の単数について，後に利用される簡単な結果を述べておく．

(XVI)　k に含まれる 1 のベキ根の全体 W は有限巡回群を作る．

[証明]　$\zeta_n\in k$ であれば，ζ_n は $\boldsymbol{Q}$ 上 $\varphi(n)$ 次の既約多項式の根であるから $\varphi(n)$ は $[k:\boldsymbol{Q}]$ を超えない．よって k に含まれる 1 のベキ根の全体は有限である．また任意の m に対して $\zeta^m=1$ となる ζ はたかだか m 個しかない．このことから W は巡回群となる (p. 29，定理 1.8 の証明参照)．∎

(XVII) (Kronecker)　$[k:\boldsymbol{Q}]=n$，$\xi\in I_k$ で，ξ の n 個の共役数 $\xi^{(1)}, \cdots, \xi^{(n)}$ がすべて $|\xi^{(i)}|\leqq 1$ $(i=1, \cdots, n)$ であれば，ξ は 1 のベキ根である．

[証明]　I_k の基を $\omega_1, \cdots, \omega_n$ とし，$\xi=a_1\omega_1+\cdots+a_n\omega_n$ $(a_i\in\boldsymbol{Z})$ と表わす．その共役をとれば

$$\xi^{(i)} = a_1\omega_1^{(i)} + \cdots + a_n\omega_n^{(i)} \qquad (i=1, \cdots, n).$$

これを逆にとけば

$$a_i = \frac{\Delta(\omega_1, \cdots, \overset{i}{\breve{\xi}}, \cdots, \omega_n)}{\Delta(\omega_1, \cdots, \omega_n)}$$

である．$|\xi^{(i)}| \leqq 1$ であるから，或る $N>0$ に対して $|a_i| \leqq N$ となる．すなわちこのような $\xi \in I_k$ の個数は有限である．よって $\xi, \xi^2, \cdots, \xi^m, \cdots$ を考えると，それらについても $|\xi^{m(i)}| \leqq 1$ であるから，それらの中に等しいものがなくてはならない．よって $\xi^m = \xi^{m+r}$ とすれば $\xi^r = 1$ となる．▌

問　　題

1　代数体 k の判別式 D_k は

$$D_k \equiv 0 \text{ または } 1 \pmod 4$$

である (Stickelberger) (藤崎 [11]，上，p. 122)．

2　m, n が平方因子を持たない互いに素な正の整数とし，$k = \boldsymbol{Q}(\sqrt[3]{mn^2})$ とする．

(i)　I_k の基はつぎのようにとれる．

(イ)　$m^2 \not\equiv n^2 \pmod 9$ のときは $\{1, \sqrt[3]{mn^2}, \sqrt[3]{m^2n}\}$，

(ロ)　$m^2 \equiv n^2 \pmod 9$ のときは $\{(1+m\sqrt[3]{mn^2}+n\sqrt[3]{m^2n})/3, \sqrt[3]{mn^2}, \sqrt[3]{m^2n}\}$．

(ii)　k の判別式 D_k は

$$\text{(イ) のとき}\quad D_k = -3^3m^2n^2,$$
$$\text{(ロ) のとき}\quad D_k = -3m^2n^2$$

である (Dedekind) (藤崎 [11]，上，p. 117，p. 123)．

3　$f(X) = X^3+6X+1$ の根の一つを θ とし，$k = \boldsymbol{Q}(\theta)$ とする．I_k の基として $(1, \theta, \theta^2)$ をとることができる．また判別式 D_k は $D_k = -3^4 \cdot 11$ である (藤崎 [11]，下，p. 122)．

4　$k = \boldsymbol{Q}(\sqrt{m}, \sqrt{n})$，$m = lm_1$，$n = ln_1$，$(m_1, n_1) = 1$，$\sqrt{m}\sqrt{n} = l\sqrt{m_1n_1}$ とする．整数環 I_k の基はつぎのようにとれる．

(i)　$(m, n) \equiv (1, 1)$，$(m_1, n_1) \equiv (1, 1) \pmod 4$ のとき

$$\{1, (1+\sqrt{m})/2, (1+\sqrt{n})/2, (1+\sqrt{m}+\sqrt{n}+\sqrt{m_1n_1})/4\}.$$

(ii)　$(m, n) \equiv (1, 1)$，$(m_1, n_1) \equiv (3, 3) \pmod 4$ のとき

$$\{1, (1+\sqrt{m})/2, (1+\sqrt{n})/2, (1-\sqrt{m}+\sqrt{n}+\sqrt{m_1n_1})/4\}.$$

(iii)　$(m, n) \equiv (1, 2) \pmod 4$ のとき

$$\{1, (1+\sqrt{m})/2, \sqrt{n}, (\sqrt{n}+\sqrt{m_1n_1})/2\}.$$

(iv)　$(m, n) \equiv (2, 3) \pmod 4$ のとき

$$\{1, \sqrt{m}, \sqrt{n}, (\sqrt{m}+\sqrt{m_1n_1})/2\}.$$

(v)　$(m, n) \equiv (3, 3) \pmod 4$ のとき

$$\{1, \sqrt{m}, (\sqrt{m}+\sqrt{n})/2, (1+\sqrt{m_1n_1})/2\}.$$

k の判別式 D_k は

(i), (ii)　　のとき　$D_k = mnm_1n_1$

(iii), (v)　　のとき　$D_k = 4^2mnm_1n_1$

(iv)　　のとき　$D_k = 4^3mnm_1n_1$

である (藤崎 [11], 下, p. 128).

5　問題4において $k_1=\boldsymbol{Q}(\sqrt{d_1})$, $k_2=\boldsymbol{Q}(\sqrt{d_2})$ (d_1, d_2 は k_1, k_2 の判別式)であるとし, $k_3=\boldsymbol{Q}(\sqrt{d_1d_2})$ の判別式を d_3 とすれば, $K=k_1k_2=\boldsymbol{Q}(\sqrt{d_1}, \sqrt{d_2})$ の判別式 D_K は

$$D_K = d_1d_2d_3$$

と表わされる.

6　$k=\boldsymbol{Q}(\theta)$, $\theta\in I_k$, θ の満足する最小多項式を $f(x)$ (最高次の係数は1とする), $(D_{k/\mathbf{Q}}(\theta))=\mathfrak{d}_k\mathfrak{f}$ とする. ($\mathfrak{d}_k$ および $D_{k/\mathbf{Q}}(\theta)$ については定義7.1 (p. 245) および (7.10)$_2$ (p. 246) を, また定理7.2を参照.) 素数 p が $((p), \mathfrak{f})=I_k$ であれば

$$f(x) \equiv P_1(x)^{e_1}\cdots P_g(x)^{e_g} \pmod{p}$$

を $\boldsymbol{F}_p=\boldsymbol{Z}/p\boldsymbol{Z}$ に関する既約分解とするとき, I_k において

$$(p) = \mathfrak{p}_1^{e_1}\cdots\mathfrak{p}_g^{e_g}, \qquad \mathfrak{p}_i = (p, P_i(\theta))$$

と素イデアル分解される (黒田-久保田 [10], p. 152; 高木 [8], p. 80).

第5章　2次体の数論

第4章においては，まず抽象的な因子論から入って，Dedekind 整域にいたり，後半に代数体のイデアル論の基本的性質を説明した．この章では時代をさかのぼり，まず§5.1で，極めて身近な2次体の場合に第4章の諸結果をあてはめ，かつ§5.2で第3章で扱った整係数2元2次形式の理論との関係をていねいに説明しよう．

§5.1　2次体のイデアル論

a）2次体の判別式，単数

有理数体 $\boldsymbol{Q}$ 上の2次の拡大体 k，すなわち $[k:\boldsymbol{Q}]=2$ となる数体 k を**2次体** (quadratic field) といった．このとき，k は $\boldsymbol{Q}$ に数 α を添加して得られる：

$$k=\boldsymbol{Q}(\alpha).$$

α は $\boldsymbol{Q}$ 上の既約2次多項式

$$f(x)=ax^2+bx+c \qquad (a, b, c\in \boldsymbol{Z})$$

の根：$f(\alpha)=0$ である．$\alpha=(-b\pm\sqrt{b^2-4ac})/2a$ と表わされるから，$m=b^2-4ac$ とおくとき

$$(5.1) \qquad k=\boldsymbol{Q}(\sqrt{m}) \qquad (m\in \boldsymbol{Z})$$

とも表わされる．$m=m_0m_1{}^2$ ($m_0, m_1\in \boldsymbol{Z}$, m_0 は平方因子を持たない) とすれば，$\sqrt{m}=m_1\sqrt{m_0}$ より

$$k=\boldsymbol{Q}(\sqrt{m_0})$$

である．よって初めから(5.1)において，m は平方因子がないものとしても一般性は失われない．

$m>0$ のとき，$\boldsymbol{Q}(\sqrt{m})$ は実数体 $\boldsymbol{R}$ に含まれる．このとき，$\boldsymbol{Q}(\sqrt{m})$ を**実2次体**という．

$m<0$ のとき，$\boldsymbol{Q}(\sqrt{m})$ は実数体 $\boldsymbol{R}$ に含まれない．このとき $\boldsymbol{Q}(\sqrt{m})$ を**虚2次体**という．

まず2次体 k の整数環 I_k を決定しよう．

（I）　I_k は基(ω_1, ω_2)によって

$$I_k = \boldsymbol{Z}\omega_1 + \boldsymbol{Z}\omega_2$$

と表わされる．今後この右辺を $[\omega_1, \omega_2]$ と表わす．

（i）　$m \equiv 1 \pmod 4$ のとき

$$\omega_1 = 1, \qquad \omega_2 = \frac{1+\sqrt{m}}{2},$$

（ii）　$m \equiv 2$ または $m \equiv 3 \pmod 4$ のとき

$$\omega_1 = 1, \qquad \omega_2 = \sqrt{m}$$

ととることができる．

［証明］　I_k の元を $\alpha = a + b\sqrt{m}$ $(a, b \in \boldsymbol{Q})$ とする．α が k の代数的整数であるから，或る $a_0, b_0 \in \boldsymbol{Z}$ により

$$\alpha^2 + a_0\alpha + b_0 = 0$$

となる．したがって，α の代数的共役数を $\alpha' = a - b\sqrt{m}$ とすると

$$-a_0 = \alpha + \alpha' = 2a \in \boldsymbol{Z}, \qquad b_0 = \alpha\alpha' = a^2 - b^2 m \in \boldsymbol{Z}.$$

故に

$$\alpha = a + b\sqrt{m} \in I_k \iff a = \frac{u}{2}, \quad b = \frac{v}{2} \quad (u, v \in \boldsymbol{Z})$$
$$\text{かつ}\quad u^2 - mv^2 \equiv 0 \pmod 4.$$

(i) の場合には $u^2 \equiv v^2 \pmod 4$ より，

$$\alpha \in I_k \iff \alpha = \frac{u + v\sqrt{m}}{2}, \quad u \equiv v \pmod 2.$$

よって $\omega_1 = 1$，$\omega_2 = (1+\sqrt{m})/2$ は I_k に属し，かつ任意の $\alpha \in I_k$ は $\alpha = (u+v\sqrt{m})/2 = x\omega_1 + y\omega_2$ $(x = (u-v)/2,\ y = v,\ x, y \in \boldsymbol{Z})$ と表わされる．

(ii) の場合には $u^2 - mv^2 \equiv 0 \pmod 4$ となるのは，$u \equiv v \equiv 0 \pmod 2$ の場合に限る．故に $I_k \ni \alpha = (u/2)1 + (v/2)\sqrt{m}$ より $\omega_1 = 1$，$\omega_2 = \sqrt{m}$ が I_k の基となる．∎

（II）　$k = \boldsymbol{Q}(\sqrt{m})$ の判別式 D_k は

（i）　$m \equiv 1 \pmod 4$ のときは，$D_k = m$,

（ii）　$m \equiv 2$ または $m \equiv 3 \pmod 4$ のときは，$D_k = 4m$.

［証明］

$$D_k = \begin{vmatrix} \omega_1 & \omega_2 \\ \omega_1' & \omega_2' \end{vmatrix}^2$$

（ただし ω_1, ω_2 は I_k の基，$'$ は代数的共役数を示す）であるから

(i)　$D_k=\begin{vmatrix}1 & (1+\sqrt{m})/2\\ 1 & (1-\sqrt{m})/2\end{vmatrix}^2=m,$

(ii)　$D_k=\begin{vmatrix}1 & \sqrt{m}\\ 1 & -\sqrt{m}\end{vmatrix}^2=4m.$ ▮

$\varepsilon\in I_k$ で，同時に $\varepsilon^{-1}\in I_k$ となるものを k の**単数**と呼んだ．この条件は，$\varepsilon\in I_k$ かつ

$$N_{k/\boldsymbol{Q}}\varepsilon=\varepsilon\varepsilon'=\pm1$$

と同値である．

(i)　$m\equiv1\pmod 4$ のとき $\varepsilon=(u+v\sqrt{m})/2$ $(u,v\in\boldsymbol{Z})$，$u\equiv v\pmod 2$ と表わすとき，

$$N_{k/\boldsymbol{Q}}\varepsilon=\frac{u^2-mv^2}{4}=\pm1.$$

(ii)　$m\equiv2$ または $m\equiv3\pmod 4$ のとき，$\varepsilon=u+v\sqrt{m}$ $(u,v\in\boldsymbol{Z})$ と表わすとき

$$N_{k/\boldsymbol{Q}}\varepsilon=u^2-mv^2=\pm1.$$

両者合せて，

$$\varepsilon=\frac{x+y\sqrt{D_k}}{2}\qquad(x,y\in\boldsymbol{Z})\tag{5.2}$$

が単数となるための必要十分条件は

$$x^2-D_ky^2=\pm4\tag{5.3}$$

である．ただし，(i)のときは $D_k=m$，$x=u$，$y=v$，(ii)のときは $D_k=4m$，$x=2u$，$y=v$ である．

(5.3)は Pell 方程式(§3.4)と一致する．

(III)　2次体 $k=\boldsymbol{Q}(\sqrt{m})$ の単数全体の作る乗法群 E_k (**単数群**)は

(i)　k が虚2次体の場合，

(イ)　$k=\boldsymbol{Q}(\sqrt{-1})$ のとき $E_k=\{\pm1,\pm\sqrt{-1}\}$，

(ロ)　$k=\boldsymbol{Q}(\sqrt{-3})$ のとき $E_k=\{\pm1,\pm\rho,\pm\rho^2\}$．ただし，$\rho$ は1の3乗根 $\rho=(-1+\sqrt{-3})/2$ を表わす．

(ハ)　その他の虚2次体 k に対しては $E_k=\{\pm1\}$．

(ii)　k が実2次体のときは，E_k の元は無限にあり，かつ1より大きい最小の単数 ε_0 をとると

$$E_k=\{\pm\varepsilon_0{}^n\mid n=0,\pm1,\pm2,\cdots\}$$

と表わされる.

ε_0 を k の**基本単数** (fundamental unit) という.

[証明] (i) $D=D_k<0$ の場合.

$$x^2-Dy^2 = \pm 4$$

は，右辺が $+4$ のときのみ解を持ち，

(イ) $D=-3$ のとき，$\{x=\pm 1,\ y=\pm 1\}$ および $\{x=\pm 2,\ y=0\}$ の6組の解がある．これらは，$\varepsilon=\pm\rho,\ \pm\rho^2$ および $\varepsilon=\pm 1$ に当る.

(ロ) $D=-4$ のとき，$\{x=\pm 2,\ y=0\}$ および $\{x=0,\ y=\pm 1\}$ の4組の解がある．これらは $\varepsilon=\pm 1$ および $\varepsilon=\pm\sqrt{-1}$ に当る.

(ハ) その他の $D<0$ に対しては $\{x=\pm 2,\ y=0\}$ のみが解である．これらは $\varepsilon=\pm 1$ に当る.

(ii) $D>0$ の場合．§3.4 (定理3.9) においてすでに証明されている．∎

そこですでに見たように，基本単数 ε_0 に対して

(イ) $N_{k/\boldsymbol{Q}}\varepsilon_0 = +1$

の場合と，

(ロ) $N_{k/\boldsymbol{Q}}\varepsilon_0 = -1$

の場合がある.

また第3章では連分数を用いて，ε_0 を具体的に計算する方法を与えてある．これにより，2次体 k の判別式 $D_k>0$ を定めるとき，$k=\boldsymbol{Q}(\sqrt{m})=\boldsymbol{Q}(\sqrt{D_k})$ の基本単数 ε_0 の値が与えてある．再びそれらを書くと

m	2	3	5	6	7	10	11	13	14
D	8	12	5	24	28	40	44	13	56
ε_0	$1+\sqrt{2}$	$2+\sqrt{3}$	$\frac{1+\sqrt{5}}{2}$	$5+2\sqrt{6}$	$8+3\sqrt{7}$	$3+\sqrt{10}$	$10+3\sqrt{11}$	$\frac{3+\sqrt{13}}{2}$	$15+4\sqrt{14}$
$N_{k/\boldsymbol{Q}}\varepsilon_0$	-1	1	-1	1	1	-1	1	-1	1

b) 2次体における素イデアル分解

k の整数環 I_k のイデアル $\mathfrak{a}$ ($\mathfrak{a}\subseteqq I_k$) は，その基によって

$$\mathfrak{a} = \boldsymbol{Z}\alpha_1+\boldsymbol{Z}\alpha_2 = [\alpha_1, \alpha_2]$$

と表わされる．$\mathfrak{a}$ がイデアルであるための条件は，任意の $\lambda\in I_k$ に対して，$\lambda\alpha_i\in\mathfrak{a}$ $(i=1,2)$ である．特に (I) のように $I_k=[1,\omega_2]$ $(\omega_1=1)$ とすれば，λ としてただ

一つの ω_2 に対する条件 $\omega_2\alpha_i \in \mathfrak{a}\ (i=1,2)$ で表わされる.

一方, $\mathfrak{a}=[\alpha_1, \alpha_2]$, すなわち, α_1, α_2 が $\mathfrak{a}$ の基となるとき, それらのとり方は一通りでない. 一般に

$$\begin{cases} \beta_1 = a_{11}\alpha_1+a_{12}\alpha_2, \\ \beta_2 = a_{21}\alpha_1+a_{22}\alpha_2 \end{cases} \qquad (a_{ij} \in \boldsymbol{Z})$$

とするとき, $\mathfrak{a}=[\beta_1, \beta_2]$ となるための必要十分条件は

$$\begin{vmatrix} a_{11} & a_{12} \\ a_{21} & a_{22} \end{vmatrix} = \pm 1$$

となることである.

(IV)　(i)　イデアル $\mathfrak{a}$ の基として

(5.4)　$$\mathfrak{a} = [a, b+c\omega_2] \qquad (a, b, c \in \boldsymbol{Z},\ a>0,\ c>0)$$

となるものが必ず存在する.

(ii)　I_k のイデアル $\mathfrak{a}$ が(5.4)と表わされるとき, (イ) a は $\mathfrak{a}$ に属する正の最小の $\boldsymbol{Z}$ の元であり $a\boldsymbol{Z}=\mathfrak{a}\cap\boldsymbol{Z}$. (ロ) c は $\mathfrak{a}$ に属する数 $\alpha=u+v\omega_2\ (u, v \in \boldsymbol{Z})$ のうち, v のとり得る正の最小の数である. 一般の v は c の倍数である.

(iii)　このとき, a, b は c の倍数となる. 故に $a=ca_0$, $b=cb_0$ とすれば

(5.5)　$$\mathfrak{a} = c[a_0, b_0+\omega_2] \qquad (a_0>0)$$

となる. ($c=1$ のとき $\mathfrak{a}$ を**原始的イデアル**という.)

(iv)　$\mathfrak{a}=[a_0, b_0+\omega_2]$ が I_k のイデアルであるための必要十分条件は

(5.6)　$$N_{k/\boldsymbol{Q}}(b_0+\omega_2) = (b_0+\omega_2)(b_0+\omega_2') \in a_0\boldsymbol{Z}$$

である.

[証明]　(i)　$\alpha_1=a_1+b_1\omega_2$, $\alpha_2=a_2+b_2\omega_2$ とすれば $\beta_1=(a_1a_{11}+a_2a_{12})+(b_1a_{11}+b_2a_{12})\omega_2$ である. したがって, $b_1\neq 0$, $b_2\neq 0$ とすれば, 或る $a_{11}, a_{12} \in \boldsymbol{Z}$ で $(a_{11}, a_{12})=1$ かつ $b_1a_{11}+b_2a_{12}=0$ となるものがある. そのとき $\beta_1=a_1a_{11}+a_2a_{12}=a \in \boldsymbol{Z}$ となる. この a_{11}, a_{12} に対して $a_{11}a_{22}-a_{12}a_{21}=\pm 1$ となるように $a_{21}, a_{22} \in \boldsymbol{Z}$ をとれば, イデアル $\mathfrak{a}$ の基として(5.4)の形のものがとれる.

(ii)　(イ) (5.4)において $\boldsymbol{Z}\cap\mathfrak{a}$ は a の倍数の全体である. (ロ) $\mathfrak{a} \ni \alpha=xa+y(b+c\omega_2)=(xa+yb)+yc\omega_2\ (x, y \in \boldsymbol{Z})$ よりわかる.

(iii)　(5.4)ならば $a\omega_2 \in \mathfrak{a}$, したがって(ii) (ロ)より a は c の倍数となる. また $\omega_2(b+c\omega_2) \in \mathfrak{a}$ であるが, ${\omega_2}^2=u+v\omega_2\ (u, v \in \boldsymbol{Z})$ であるので, $\omega_2(b+c\omega_2)$

$=cu+(cv+b)\omega_2$. 故に(ii)(ロ)より $cv+b$ は c の倍数となり，したがって b も c の倍数である．

(iv)　$\omega_2' \in I_k$ より，(ii)(イ)によって(5.6)は必要条件である．逆に(5.6)が成り立つとき，$\mathfrak{a}=[a_0, b_0+\omega_2]$ が I_k のイデアルであることは $a_0\omega_2 \in \mathfrak{a}$ および $(b_0+\omega_2)\omega_2 \in \mathfrak{a}$ をいえばよい．まず $a_0\omega_2=-b_0a_0+a_0(b_0+\omega_2) \in \mathfrak{a}$. つぎに，$\omega_2^2=u+v\omega_2$ $(u, v \in \boldsymbol{Z})$ とすれば $N_{k/\boldsymbol{Q}}\omega_2=\omega_2\omega_2'=-u$，$T_{k/\boldsymbol{Q}}\omega_2=\omega_2+\omega_2'=v$ である．いま(5.6)が成り立てば，$N_{k/\boldsymbol{Q}}(b_0+\omega_2)=(b_0+\omega_2)(b_0+\omega_2')=b_0^2+vb_0-u=a_0s$ とおくとき

$$(b_0+\omega_2)\omega_2 = b_0\omega_2+(u+v\omega_2) = -(b_0^2+vb_0-u)+(b_0+v)(b_0+\omega_2)$$
$$= -sa_0+(b_0+v)(b_0+\omega_2) \in \mathfrak{a}$$

が成り立つ．よって $\mathfrak{a}$ は I_k のイデアルとなる．▌

さて，2次体 $k=\boldsymbol{Q}(\sqrt{m})$ において，有理素数 p より生成される $\boldsymbol{Z}$ の素イデアル (p) の I_k への延長の素イデアル分解は

(イ)　$(p)=\mathfrak{p}^2$,　　$N\mathfrak{p}=p$,

(ロ)　$(p)=\mathfrak{p}$,　　$N\mathfrak{p}=p^2$,

(ハ)　$(p)=\mathfrak{p}_1\mathfrak{p}_2$,　$N\mathfrak{p}_1=N\mathfrak{p}_2=p$　$(\mathfrak{p}_1\neq\mathfrak{p}_2)$

の三つの場合に分れる(定理4.7による). (§7.1, 定理7.3を用いれば(イ)の場合が起るのは，素数 p が k の判別式 D_k を割る場合であり，またそのときに限る.) I_k のイデアル $\mathfrak{a}$ の共役イデアルを

$$\mathfrak{a}' = \{\alpha' \mid \alpha \in \mathfrak{a}\}$$

と表わすとき，(イ),(ロ)においては $\mathfrak{p}'=\mathfrak{p}$ であり(ハ)においては

$$\mathfrak{p}_2 = \mathfrak{p}_1', \qquad \mathfrak{p}_1 = \mathfrak{p}_2'$$

である．ここでは定理7.3を仮定せず，直接につぎの定理を証明しよう．

定理5.1　2次体 k の判別式を D_k とするとき，I_k において

(i)　$p \mid D_k$ のとき

$$(p) = \mathfrak{p}^2, \qquad N\mathfrak{p} = p.$$

(ii)　$p \nmid D_k$，$p\neq 2$ のとき

(イ)　$$(p) = \mathfrak{p}\mathfrak{p}' \ (\mathfrak{p}\neq\mathfrak{p}') \Longleftrightarrow \left(\frac{D_k}{p}\right) = 1,$$

（ロ）　$$(p)=\mathfrak{p} \Leftrightarrow \left(\frac{D_k}{p}\right)=-1.$$

(iii)　$2\nmid D_k$ のとき（すなわち $2\nmid m$, $m\equiv 1 \pmod 4$, $D_k=m$ のとき）

（イ）　$$(2)=\mathfrak{p}\mathfrak{p}' \ \ (\mathfrak{p}\neq\mathfrak{p}') \Leftrightarrow D_k\equiv 1 \pmod 8,$$

（ロ）　$$(2)=\mathfrak{p} \Leftrightarrow D_k\equiv 5 \pmod 8.$$

証明　$k=\boldsymbol{Q}(\sqrt{m})$, $m\in\boldsymbol{Z}$, m は平方因子を持たないとする.

(1)　$m\equiv 1 \pmod 4$, $D_k=m$, $I_k=\left[1, \dfrac{1+\sqrt{m}}{2}\right]$ の場合.

(i)　$p|m$ のとき

$$\mathfrak{p}=\left[p, \frac{m+\sqrt{m}}{2}\right]$$

とおく. $N_{k/\boldsymbol{Q}}((m+\sqrt{m})/2)=m(m-1)/4$ は p の倍数である. よって(IV)により $\mathfrak{p}$ は I_k のイデアルとなる. このとき $\mathfrak{p}'=[p, (m-\sqrt{m})/2]=\mathfrak{p}$ となり, かつ

$$\mathfrak{p}^2=\mathfrak{p}\mathfrak{p}'=\left[p^2, \frac{p(m+\sqrt{m})}{2}, \frac{p(m-\sqrt{m})}{2}, \frac{m(m-1)}{4}\right]=(p).$$

(ii)　$p\nmid m$, $\left(\dfrac{m}{p}\right)=1$ とする. このとき平方剰余記号の定義により, $a^2\equiv m \pmod p$ となる $a\in\boldsymbol{Z}$ が存在する. また a の代りに $a-p$ をとってもよいので, a は奇数としてよい. したがって $a^2\equiv 1 \pmod 4$ となり, 合せて $a^2\equiv m \pmod{4p}$ となる. $a=2b-1$ と置くと $(2b-1)^2\equiv m \pmod{4p}$. したがって I_k において

$$N_{k/\boldsymbol{Q}}\left(b-\frac{1+\sqrt{m}}{2}\right)=\left(b-\frac{1+\sqrt{m}}{2}\right)\left(b-\frac{1-\sqrt{m}}{2}\right)\equiv 0 \pmod p.$$

よって(IV)により

$$\mathfrak{p}=\left[p, b-\frac{1+\sqrt{m}}{2}\right]$$

は I_k のイデアルとなる. このとき $\mathfrak{p}'=[p, b-(1-\sqrt{m})/2]$ である. まず $\mathfrak{p}\neq\mathfrak{p}'$ となる. 何となれば $\mathfrak{p}=\mathfrak{p}'$ とすれば, 或る $x, y\in\boldsymbol{Z}$ により $b-(1-\sqrt{m})/2=xp+y(b-(1+\sqrt{m})/2)$, したがって

$$(b-1)+\frac{1+\sqrt{m}}{2}=(xp+yb)-y\frac{1+\sqrt{m}}{2}.$$

よって $y=-1$, $b-1=xp+yb$ となり, $a=2b-1\equiv 0 \pmod p$ となる. これは $a^2\equiv m \pmod p$, $p\nmid m$ と矛盾する. よって $\mathfrak{p}\neq\mathfrak{p}'$ である. つぎに

$$\mathfrak{p}\mathfrak{p}' = \left[p^2, p\left(b-\frac{1+\sqrt{m}}{2}\right), p\left(b-\frac{1-\sqrt{m}}{2}\right), \frac{(2b-1)^2-m}{4}\right]$$

$$= p\left[p, b-\omega_2, b-1+\omega_2, \frac{(2b-1)^2-m}{4p}\right] \qquad (=p[\cdot] \text{ とおく}).$$

ここで $[\cdot]$ に 1 と ω_2 とが含まれることが直ちにわかる．故に $[\cdot]=I_k$．よって $\mathfrak{p}\mathfrak{p}'=(p)$ が成り立つ．

逆に $p\nmid m$, $(p)=\mathfrak{p}\mathfrak{p}'$, $N\mathfrak{p}=N\mathfrak{p}'=p$ とする．したがって任意の $\alpha\in I_k$ に対して $\alpha\equiv a \pmod{\mathfrak{p}}$ となる $a\in \boldsymbol{Z}$ が存在する．特に $\omega_2=(1+\sqrt{m})/2\equiv a \pmod{\mathfrak{p}}$ より $2a-1\equiv\sqrt{m} \pmod{2\mathfrak{p}}$, $(2a-1)^2\equiv m \pmod{4\mathfrak{p}}$ となり，$(2a-1)^2-m\in \boldsymbol{Z}\cap 4\mathfrak{p}=(4p)\boldsymbol{Z}$, すなわち m は mod $4p$ で平方剰余となる．すなわち $\left(\dfrac{m}{p}\right)=1$ となる．

(iii) このときは $2\nmid D_k=m$ である．

$m\equiv 1 \pmod 8$ とする．$(2a-1)^2\equiv m \pmod 8$ となる $a\in\boldsymbol{Z}$ が存在する．

$$\mathfrak{p} = \left[2, a-\frac{1+\sqrt{m}}{2}\right]$$

とおく．$N_{k/\boldsymbol{Q}}(a-(1+\sqrt{m})/2)=((2a-1)^2-m)/4\equiv 0 \pmod 2$ より，$\mathfrak{p}$ は I_k のイデアルとなる．(ii) と同様に $\mathfrak{p}'\neq\mathfrak{p}$ および $\mathfrak{p}\mathfrak{p}'=(2)$ が計算される．

逆に $(2)=\mathfrak{p}\mathfrak{p}'$ とすれば，(ii) と同様に I_k において $a\equiv(1+\sqrt{m})/2 \pmod{\mathfrak{p}}$ となる $a\in\boldsymbol{Z}$ が存在する．したがって $2a-1\equiv\sqrt{m} \pmod{2\mathfrak{p}}$, $(2a-1)^2\equiv m \pmod{4\mathfrak{p}}$ となる．故に $\boldsymbol{Z}$ において $(2a-1)^2\equiv m \pmod{4p}$ となり，$m\equiv 1 \pmod 8$ でなければならない．

(2) $m\not\equiv 1 \pmod 4$, $D_k=4m$, $I_k=[1,\sqrt{m}]$ の場合．

(i) $p\mid m$ の場合．$\mathfrak{p}=[p,\sqrt{m}]$ は I_k のイデアルで，$\mathfrak{p}'=[p,-\sqrt{m}]=\mathfrak{p}$, $\mathfrak{p}^2=\mathfrak{p}\mathfrak{p}'=(p)$ となることがわかる．また $m\equiv 3 \pmod 4$, $D_k=4m$ のとき，$2\mid D_k$ であるが $\mathfrak{p}=[2,1+\sqrt{m}]$ が I_k のイデアルとなり，$\mathfrak{p}'=\mathfrak{p}$, $\mathfrak{p}^2=(2)$ が容易にわかる．

(ii) $p\nmid D_k=4m$ の場合．

$\left(\dfrac{4m}{p}\right)=1$ とすれば，$\left(\dfrac{m}{p}\right)=1$, したがって $a^2\equiv m \pmod p$ となる $a\in\boldsymbol{Z}$ が存在する．このとき $\mathfrak{p}=[p,a+\sqrt{m}]$ とおくと $N_{k/\boldsymbol{Q}}(a+\sqrt{m})=a^2-m\equiv 0 \pmod p$ であるから，$\mathfrak{p}$ は I_k のイデアルである．このとき $\mathfrak{p}'=[p,a-\sqrt{m}]\neq\mathfrak{p}$, $\mathfrak{p}\mathfrak{p}'=(p)$ が成り立つ．

逆に $(p)=\mathfrak{p}\mathfrak{p}'$, $\mathfrak{p}\neq\mathfrak{p}'$, $N\mathfrak{p}=p$ とする．このとき I_k において $a\equiv\sqrt{m} \pmod{\mathfrak{p}}$

となる $a\in\boldsymbol{Z}$ が存在する．したがって $a^2\equiv m\ (\mathrm{mod}\ \mathfrak{p})$，$a^2\equiv m\ (\mathrm{mod}\ p)$ となり $\left(\dfrac{4m}{p}\right)=\left(\dfrac{m}{p}\right)=1$ となる．▌

さて $k=\boldsymbol{Q}(\sqrt{m})$ を与えた場合，I_k において (p) がどのように分解されるかという問題は定理5.1によっておのおのの p に対して解決されたが，これを一まとめにして表わすにはどうすればよいか．これは§1.3の問題Bとして述べてある．すなわち D_k を与えるとき，どの p に対して D_k が $\mathrm{mod}\ p$ の平方剰余になるかという問題に帰着される．これは定理1.18によって解決されている．すなわち

定理 5.2　2次体 $k=\boldsymbol{Q}(\sqrt{m})$ の判別式を D_k とする．$p\nmid D_k$ に対して

（イ）　　$(p)=\mathfrak{p}\mathfrak{p}',\quad N\mathfrak{p}=N\mathfrak{p}'=p\quad(\mathfrak{p}\neq\mathfrak{p}')\iff\chi_{D_k}(p)=1.$

（ロ）　　$(p)=\mathfrak{p},\quad N\mathfrak{p}=p^2\iff\chi_{D_k}(p)=-1.$

ただし，χ_{D_k} は Kronecker の記号(§1.3, p.43)とする．——

ここに χ_{D_k} は $\boldsymbol{Z}\ \mathrm{mod}\ D_k$ の指標であった．すなわち，素数 p が D_k を法とするどの剰余類に属するかによって定まり，かつ $\mathrm{mod}\ D_k$ の半分の類に属する p に対して $\chi_{D_k}(p)=1$，残りの半分の類に属する p に対して $\chi_{D_k}(p)=-1$ となる．

これは類体論の最も簡単な場合である．

証明は，すでに定理1.18に述べてある．その証明には，Legendre の記号の相互法則(定理1.17)が本質的に用いられたことを想い出しておかなくてはならない．例1.14 (p.46)において，いくつかの m の値に対して $\chi_{D_k}(p)$ の値を $\mathrm{mod}\ D_k$ の条件で示してある($m=-1,-3,-5,-15,2,3,5$)．

c) イデアル類群の構造．両面類

2次体 k のイデアル類群の構造についてすこし調べよう．k の分数イデアルの全体は，イデアルの乗法に関して乗法群 $\mathcal{I}_k$ を作る．それらの中で，k の元 $\alpha\ (\neq 0)$ より生成される単項イデアル $(\alpha)=\alpha I_k$ の全体は，$\mathcal{I}_k$ の部分群 $\mathcal{P}_k$ を作る．$\mathcal{I}_k$ の $\mathcal{P}_k$ に関する剰余類 $\mathfrak{a}\mathcal{P}_k\ (\mathfrak{a}\in\mathcal{I}_k)$ を k の**イデアル類**といい，イデアル類の全体 $\mathcal{C}_k=\mathcal{I}_k/\mathcal{P}_k$ の作る乗法群を k の**イデアル類群**と呼んだ．すでに第4章(定理4.9)で見たように $\mathcal{C}_k$ は有限可換群であり，その位数 h_k を k の**類数**と呼んだ．

いま $\mathcal{P}_k$ の部分群 $\mathcal{P}_k^+$ として，単項イデアル

$$(\alpha),\qquad N_{k/\boldsymbol{Q}}\alpha>0$$

の全体を考える．$\mathcal{I}_k$ の $\mathcal{P}_k^+$ を法とする剰余類を**狭義のイデアル類**という．$\mathcal{C}_k^+$

$=\mathcal{I}_k/\mathcal{P}_k{}^+$ を**狭義のイデアル類群**，$\mathcal{C}_k{}^+$ の位数 $h_k{}^+$ を k の**狭義の類数**と呼ぶ(以下 k を定めておくので，添字 k を省く).

(V)　(i)　k が虚2次体であれば，$\mathcal{P}^+=\mathcal{P}$，$h=h^+$.

(ii)　k が実2次体のとき

(イ)　基本単数 ε_0 に対して $N_{k/\boldsymbol{Q}}\varepsilon_0=-1$ であれば，$\mathcal{P}^+=\mathcal{P}$，$h=h^+$，

(ロ)　基本単数 ε_0 に対して $N_{k/\boldsymbol{Q}}\varepsilon_0=1$ であれば，$\mathcal{P}^+$ は $\mathcal{P}$ の指数2の部分群で，$h^+=2h$ である.

[証明]　(i)　k が虚であれば，任意の k の元 $\alpha=a+b\sqrt{-m}$ ($m>0$, $a, b\in\boldsymbol{Q}$, $\alpha\neq 0$) に対して $N_{k/\boldsymbol{Q}}\alpha=\alpha\alpha'=(a+b\sqrt{-m})(a-b\sqrt{-m})=a^2+mb^2>0$ であるから，$\mathcal{P}=\mathcal{P}^+$ である.

(ii)　k が実のとき，k の元 α には $N_{k/\boldsymbol{Q}}\alpha=a^2-mb^2$ が正の場合と負の場合の両方がある.(イ) $N_{k/\boldsymbol{Q}}\varepsilon_0=-1$ の場合．任意の $\alpha\in k$ ($\alpha\neq 0$) に対して $N_{k/\boldsymbol{Q}}\alpha>0$ または $N_{k/\boldsymbol{Q}}(\varepsilon_0\alpha)>0$ となる．よって $(\alpha)=(\varepsilon_0\alpha)\in\mathcal{P}^+$ となり，この場合にも $\mathcal{P}=\mathcal{P}^+$，$h=h^+$ である．(ロ) $N_{k/\boldsymbol{Q}}\varepsilon_0=1$ の場合．任意の単数 ε に対して $N_{k/\boldsymbol{Q}}\varepsilon=1$ となり $\mathcal{P}\supseteqq\mathcal{P}^+$，$[\mathcal{P}:\mathcal{P}^+]=2$ となる．したがって $\mathcal{C}^+$ の位数 h^+ は $\mathcal{C}$ の位数 h の2倍となる.▌

ここでは，つぎの定理を目標とする.

定理 5.3　2次体 k の判別式 D_k の含む異なる素因子の個数を t とする.

(i)　$t=1$ であれば，$2\nmid h^+$.

(ii)　$t\geqq 2$ の場合に，$2^{t-1}\mid h^+$．より詳しく狭義のイデアル類群は

(5.7)　　$\mathcal{C}^+\cong(\boldsymbol{Z}/2^{s_1}\boldsymbol{Z})\times\cdots\times(\boldsymbol{Z}/2^{s_{t-1}}\boldsymbol{Z})\times(\boldsymbol{Z}/u\boldsymbol{Z})$　　(直積).

ただし $s_1\geqq 1$，…，$s_{t-1}\geqq 1$，$(2, u)=1$ である．すなわち h^+ は2の $s_1+\cdots+s_{t-1}$ ($\geqq t-1$) ベキで割り切れる.

(5.7) は $\mathcal{C}^+$ の元 C で $C^2=1$ となるものの個数が 2^{t-1} 個であることと同値である.——

これの証明には，つぎの両面イデアルの考えを用いる.

定義 5.1　2次体 k のイデアル $\mathfrak{a}$ ($\subseteqq I_k$) が**両面イデアル** (ambig ideal) であるとは，$\mathfrak{a}$ と $\mathfrak{a}$ の共役イデアル $\mathfrak{a}'$ とが一致することをいう：

$$\mathfrak{a}=\mathfrak{a}'.$$

同様に，狭義のイデアル類 C ($\in\mathcal{C}^+$) が**両面イデアル類**であるとは，$C=C'$ の

ことをいう．ただし $C'=\{\mathfrak{a}'\,|\,\mathfrak{a}\in C\}$ とする．——

もしも或るイデアル類 C が両面イデアル $\mathfrak{a}$ を含めば，$C'\ni\mathfrak{a}'$，$\mathfrak{a}=\mathfrak{a}'$ より $C=C'$．すなわち C は両面イデアル類となる．逆に

(VI) 両面イデアル類 C は必ず或る両面イデアルを含む．

[証明]　$C=C'$ とする．$\mathfrak{a}\in C$ $(\mathfrak{a}\subseteqq I_k)$ に対して $\mathfrak{a}'=(\rho)\mathfrak{a}$，$\rho\in k$，$N_{k/\boldsymbol{Q}}\rho>0$ である．$N\mathfrak{a}=N\mathfrak{a}'$ より $\rho\rho'=1$，$\rho=(1+\rho)/(1+\rho')$ となる．$1+\rho=\alpha$ とすれば $\rho=\alpha/\alpha'$ であるが $\alpha\in I_k$ とは限らない．よって或る $a\in\boldsymbol{Z}$ を掛けて $a\alpha\in I_k$ にとる．そのとき $\mathfrak{a}'=(\rho)\mathfrak{a}=(a\alpha\mathfrak{a})(a\alpha')^{-1}$，すなわち $a\alpha\mathfrak{a}=(a\alpha\mathfrak{a})'$ となり，両面イデアルである．このとき $N_{k/\boldsymbol{Q}}(a\alpha)>0$ であれば $a\alpha\mathfrak{a}\in C$ である．もしも $N_{k/\boldsymbol{Q}}(a\alpha)<0$ であれば，(これは k が実の場合で) ρ の代りに $-\rho$ をとることにより，あらかじめ $\rho>0$ とすれば，$(a\alpha)/(a\alpha)'=\rho>0$ より $N_{k/\boldsymbol{Q}}(a\alpha)>0$ が成り立つ．▌

(VII) k の判別式 D_k の素因子を $p_1,\cdots,p_t$ とし，I_k において $(p_i)=\mathfrak{p}_i^2$ $(i=1,\cdots,t)$ とする．そのとき k のイデアル $\mathfrak{a}$ が両面イデアルであるための必要十分条件は，$\mathfrak{a}$ が

$$\mathfrak{a}=\mathfrak{p}_{i_1}\cdots\mathfrak{p}_{i_m}(a)\qquad(0\leqq m\leqq t,\ a\in\boldsymbol{Z})\tag{5.8}$$

と表わされることである．

[証明]　$\mathfrak{p}_i'=\mathfrak{p}_i$ $(i=1,\cdots,t)$ であるから，(5.8) の形のイデアル $\mathfrak{a}$ が両面イデアルであることは明らかである．逆に $\mathfrak{a}$ が両面イデアルであれば，その素イデアル分解をとれば，I_k の素イデアルは $\mathfrak{p}_i=\mathfrak{p}_i'$ $(i=1,\cdots,t)$，$(p)=\mathfrak{p}\mathfrak{p}'$ $(\mathfrak{p}\neq\mathfrak{p}')$ となる $\mathfrak{p}$，(p) の3種類しかないことから，$\mathfrak{a}=\mathfrak{a}'$ となるような $\mathfrak{a}$ は (5.8) の形に限ることがわかる．▌

(VIII) k の両面素イデアル $\mathfrak{p}_1,\cdots,\mathfrak{p}_t$ の間に $\mathfrak{p}_i^2=(p_i)$ $(i=1,\cdots,t)$ の他に $\mathcal{P}^+$ を法として，ただ一つの乗法的関係式がある．

[証明]　まず $\mathfrak{p}_1,\cdots,\mathfrak{p}_t$ の間の $\mathcal{P}^+$ を法とする関係式を実際に求めよう．

(i)　$k=\boldsymbol{Q}(\sqrt{m})$ が虚2次体，あるいは k が実2次体で，かつ基本単数 ε_0 が $N_{k/\boldsymbol{Q}}\varepsilon_0=-1$ の場合．

(イ)　$D_k=m$，$2\nmid m$ または $D_k=8m_0$，$m=2m_0$，$2\nmid m_0$ のとき，$\mathfrak{p}_1\cdots\mathfrak{p}_t=(\sqrt{m})$，

(ロ)　$D_k=4m$，$2\nmid m$ のとき，$\mathfrak{p}_1^2=(2)$ とすると，$\mathfrak{p}_2\cdots\mathfrak{p}_t=(\sqrt{m})$

は，$\mathfrak{p}_1,\cdots,\mathfrak{p}_t$ の間の $\mathrm{mod}\,\mathcal{P}^+$ の一つの関係式である．

(ii)　k は実2次体で，$N_{k/\boldsymbol{Q}}\varepsilon_0=1$ の場合．

$\varepsilon_0\varepsilon_0'=1$ より $\varepsilon_0=(1+\varepsilon_0)/(1+\varepsilon_0')$ $(\varepsilon_0>0)$ である．$(1+\varepsilon_0)=(c)\mathfrak{a}$ ($c\in\boldsymbol{Q}$, $\mathfrak{a}\subseteqq I_k$ は I_k で素イデアル分解するとき $\boldsymbol{Z}$ の素因子 (p) を含まないとする) とすると，$(c)\mathfrak{a}'=(1+\varepsilon_0)'=(1+\varepsilon_0)=(c)\mathfrak{a}$, したがって $\mathfrak{a}'=\mathfrak{a}$ となる．すなわち，$\mathfrak{a}$ は両面イデアルである．また $N_{k/\boldsymbol{Q}}((1+\varepsilon_0)/c)=(1+\varepsilon_0)(1+\varepsilon_0')/c^2=\varepsilon_0(1+\varepsilon_0')^2/c^2>0$. よって $\mathfrak{a}\in\mathcal{P}^+$. また $\mathfrak{a}\neq I_k$ であることは，もしもそうであれば $1+\varepsilon_0=c\eta$, η は単数となる．これから $\varepsilon_0=(1+\varepsilon_0)/(1+\varepsilon_0')=\eta/\eta'=\pm\eta^2$ となり，ε_0 が基本単数であることに矛盾する．よって $\mathfrak{a}=\mathfrak{p}_{i_1}\cdots\mathfrak{p}_{i_r}(a)=(\alpha)$, $a\in\boldsymbol{Z}$, $N_{k/\boldsymbol{Q}}\alpha>0$ という mod $\mathcal{P}^+$ の関係式が得られた．

逆に $\mathfrak{p}_1,\cdots,\mathfrak{p}_t$ の間の $\mathcal{P}^+$ を法とする関係式は，上に挙げたものしか存在しないことを見よう．いま $\mathfrak{a}=\mathfrak{p}_{i_1}\cdots\mathfrak{p}_{i_r}=(\alpha)$ $(r\geqq1)$, $N_{k/\boldsymbol{Q}}\alpha>0$ という関係式が成り立つとする．$\mathfrak{a}'=\mathfrak{a}$ より $\alpha'=\eta\alpha$, $N_{k/\boldsymbol{Q}}\eta>0$, かつ η は単数となる．

(i) $k=\boldsymbol{Q}(\sqrt{m})$ が虚2次体の場合．$m=-1,-3$ の場合は $h=h^+=1$ であるから，その場合を除くと $\eta=1$ または -1 である．

(イ) $\eta=1$ とすれば，$\alpha'=\alpha$ すなわち $\alpha\in\boldsymbol{Z}$ で $\mathfrak{a}=I_k$ しか起り得ない．

(ロ) $\eta=-1$ とすれば $\alpha'=-\alpha$. 故に $\alpha=a+b\sqrt{m}$ とするとき $\alpha=b\sqrt{m}$ $(b\in\boldsymbol{Q})$. 故に起り得るのは $\mathfrak{p}_1\cdots\mathfrak{p}_t=(\sqrt{m})$ または $\mathfrak{p}_2\cdots\mathfrak{p}_t=(\sqrt{m})$ $((2)=\mathfrak{p}_1^2)$ しかない．

(ii) k が実2次体で，$N_{k/\boldsymbol{Q}}\varepsilon_0=-1$ の場合．$\alpha'=\eta\alpha$, $N_{k/\boldsymbol{Q}}\eta>0$ より，$\eta=\pm\varepsilon_0^{2l}$. したがって $\alpha'=\pm\varepsilon_0^{2l}\alpha$ より $\varepsilon_0^l\alpha=\pm\varepsilon_0^{-l}\alpha'=\pm(\varepsilon_0')^l\alpha'$ となる．

(イ) $\varepsilon_0^l\alpha=(\varepsilon_0^l\alpha)'$ のときは，$\varepsilon_0^l\alpha\in\boldsymbol{Z}$ となり，$\mathfrak{a}=I_k$ である．

(ロ) $\varepsilon_0^l\alpha=-(\varepsilon_0^l\alpha)'$ のときは，$\varepsilon_0^l\alpha/\sqrt{m}=(\varepsilon_0^l\alpha/\sqrt{m})'=r\in\boldsymbol{Q}$ である．よって $\mathfrak{a}=(\alpha)=(r\sqrt{m})$ となり，この関係式はこの証明の始めに挙げたものと一致する．

(iii) k が実2次体で，$N_{k/\boldsymbol{Q}}\varepsilon_0=1$ の場合．$\alpha'=\eta\alpha$, $\eta=\alpha'/\alpha=(N_{k/\boldsymbol{Q}}\alpha)/\alpha^2>0$. 故に $\eta=\varepsilon_0^l$ とすれば，$\eta=(1+\varepsilon_0)^l/(1+\varepsilon_0')^l$ となり，

$$\frac{\alpha}{(1+\varepsilon_0)^l}=\frac{\alpha'}{(1+\varepsilon_0')^l}=r\in\boldsymbol{Q}.$$

したがって $\mathfrak{a}=(\alpha)=(r)(1+\varepsilon_0)^l$ となる．これは前半に得た関係式の両辺を l ベキしたものである．ここで $2|l$ ならば自明な式 $\mathfrak{a}=I_k$ となり，$2\nmid l$ のときは，前半に得た関係式と一致する．∎

上の定理の系として

(IX) $k=\boldsymbol{Q}(\sqrt{p})$, $p\equiv1\pmod 4$ では $2\nmid h^+$, したがって $h=h^+$ で，k の基本

単数 ε_0 は $N_{k/Q}\varepsilon_0=-1$ となる．——

前に挙げた ε_0 の表(p. 176)では，確かにそのとおりであった．

(X) $k=\boldsymbol{Q}(\sqrt{pq})$, $p\equiv 3$, $q\equiv 3 \pmod 4$ とする．そのとき I_k で $(p)=\mathfrak{p}^2$, $(q)=\mathfrak{q}^2$ とすれば，$\mathfrak{p}=(\pi_1)$, $N_{k/Q}\pi_1>0$ または $\mathfrak{q}=(\pi_2)$, $N_{k/Q}\pi_2>0$ の一方が成り立つ．

[証明]　k の基本単数 ε_0 に対して $N_{k/Q}\varepsilon_0=-1$ であれば，$x^2-D_ky^2=-4$ は整数解を持つ．したがって $x^2\equiv -4 \pmod p$ が解を持ち，これは $p\equiv 3 \pmod 4$ と矛盾する．よって $N_{k/Q}\varepsilon_0=1$ となる．故に(VIII)の証明中(ii)があてはまる．すなわち $\mathfrak{p}=(\pi_1)$, $N_{k/Q}\pi_1>0$ または $\mathfrak{q}=(\pi_2)$, $N_{k/Q}\pi_2>0$ または $\mathfrak{pq}=(\pi_3)$, $N_{k/Q}\pi_3>0$ のいずれかが成り立つ．もしも $\mathfrak{pq}=(\pi_3)$, $N_{k/Q}\pi_3>0$ とすれば，$\mathfrak{pq}=(\sqrt{pq})=(\pi_3)$ より $\sqrt{pq}=\eta\pi_3$, $N_{k/Q}(\sqrt{pq})=-pq=N_{k/Q}\eta\cdot N_{k/Q}\pi_3>0$ となって矛盾である．∎

以上に基づいて(定理5.2を用いないで)，平方剰余記号の相互法則を2次体のイデアル論の方から再証明しよう．まず

第1補充法則:
$$\left(\frac{-1}{p}\right)=(-1)^{(p-1)/2} \qquad (p\neq 2).$$

[証明]　$\left(\frac{-1}{p}\right)=1$ ならば，定理5.1により (p) は $k=\boldsymbol{Q}(\sqrt{-1})$ において $(p)=\mathfrak{p}_1\mathfrak{p}_2$ と二つの素イデアルの積に分解され，$N\mathfrak{p}_1=N\mathfrak{p}_2=p$ となる．k の類数は1であるから，$\mathfrak{p}_1=(x+y\sqrt{-1})$ $(x, y\in\boldsymbol{Z})$ となり，$p=N_{k/Q}(x+y\sqrt{-1})=x^2+y^2$ が成り立つ．これから $p\equiv 1 \pmod 4$ を得る．

逆に $p\equiv 1 \pmod 4$ ならば $k=\boldsymbol{Q}(\sqrt{p})$ の基本単数 ε_0 は(IX)によって $N_{k/Q}\varepsilon_0=-1$ となる．すなわち $\varepsilon_0=(x+y\sqrt{p})/2$ とおけば，$x^2-py^2=-4$ が成り立つ．よって $x^2\equiv -4 \pmod p$ であるから $\left(\frac{-1}{p}\right)=1$ を得る．∎

第2補充法則:
$$\left(\frac{2}{p}\right)=(-1)^{(p^2-1)/8}.$$

[証明]　$\left(\frac{2}{p}\right)=1$ であれば，(p) は $k=\boldsymbol{Q}(\sqrt{2})$ において $(p)=\mathfrak{p}_1\mathfrak{p}_2$ と分解され，$N\mathfrak{p}_1=N\mathfrak{p}_2=p$ となる(定理5.1)．また定理5.3(i)より $2\nmid h^+$ である．よって $\mathfrak{p}_1^{h^+}=(\pi)$, $N_{k/Q}\pi>0$ となる．$\pi=x+y\sqrt{2}$ $(x, y\in\boldsymbol{Z})$ とすれば $p^{h^+}=N_{k/Q}(x+y\sqrt{2})=x^2-2y^2$ が成り立つ．したがって x は奇数である．y が偶数であれば $p\equiv p^{h^+}\equiv 1 \pmod 8$, y が奇数であれば，$p\equiv p^{h^+}\equiv -1 \pmod 8$ となる．

逆に $p\equiv \pm 1 \pmod 8$ とする．$k=\boldsymbol{Q}(\sqrt{\pm p})$ (符号同順)とするとき，定理5.1に

よって$(2)=\mathfrak{p}_1\mathfrak{p}_2$と分解される．$k$の類数$h^+$は定理5.3(i)により$2\nmid h^+$である．よって$\mathfrak{p}_1^{h^+}=(\alpha)$，$\alpha=(x+y\sqrt{\pm p})/2$，$N_{k/\boldsymbol{Q}}\alpha>0$とすると$2^{h^+}=N(\mathfrak{p}_1)^{h^+}=N_{k/\boldsymbol{Q}}\alpha=(x^2\mp py^2)/4$となる．すなわち$2^{h^++2}=x^2\mp py^2$であるから，$2^{h^++2}$は$\bmod p$で平方剰余となる．故に$\left(\dfrac{2}{p}\right)=\left(\dfrac{2}{p}\right)^{h^++2}=1$が成り立つ．▌

一般相互法則:

$$\left(\frac{q}{p}\right)\left(\frac{p}{q}\right)=(-1)^{(p-1)/2\cdot(q-1)/2}. \tag{5.9}$$

[証明]　(i)　$p\equiv 1 \pmod 4$，$q\equiv 1 \pmod 4$の場合．

$\left(\dfrac{p}{q}\right)=1$であれば，$q$は$k=\boldsymbol{Q}(\sqrt{p})$で$(q)=\mathfrak{q}_1\mathfrak{q}_2$と分解される．定理5.3(i)より$2\nmid h^+$である．よって$\mathfrak{q}_1^{h^+}=(\alpha)$，$N_{k/\boldsymbol{Q}}\alpha>0$である．

$\alpha=(x+y\sqrt{p})/2$ $(x, y\in\boldsymbol{Z})$とおけば$q^{h^+}=N_{k/\boldsymbol{Q}}\alpha=(x^2-py^2)/4$となる．したがって$4q^{h^+}\equiv x^2 \pmod p$より$\left(\dfrac{q}{p}\right)=\left(\dfrac{q}{p}\right)^{h^+}=1$が成り立つ．

また$\left(\dfrac{q}{p}\right)=1$ならば，上と同じく$\left(\dfrac{p}{q}\right)=1$．よって(5.9)が成り立つ．

(ii)　$p\equiv 1 \pmod 4$，$q\equiv 3 \pmod 4$の場合．

$\left(\dfrac{p}{q}\right)=1$ならば$\left(\dfrac{q}{p}\right)=1$となることは(i)と同じである．また$\left(\dfrac{q}{p}\right)=1$ならば，$k=\boldsymbol{Q}(\sqrt{-q})$で考えるとき，$k$において$(p)=\mathfrak{p}_1\mathfrak{p}_2$，$N\mathfrak{p}_1=p$，$p^{h^+}=N\mathfrak{p}_1^{h^+}=N_{k/\boldsymbol{Q}}\alpha=N_{k/\boldsymbol{Q}}((x+y\sqrt{-q})/2)=(x^2+qy^2)/4$（ただし$2\nmid h^+$）となる．したがって$\left(\dfrac{p}{q}\right)=1$が成り立つ．

(iii)　$p\equiv 3 \pmod 4$，$q\equiv 3 \pmod 4$の場合．

$k=\boldsymbol{Q}(\sqrt{pq})$において，(X)によって$(p)=\mathfrak{p}^2$，$\mathfrak{p}=(\pi_1)$，$N_{k/\boldsymbol{Q}}\pi_1>0$としてよい．$\pi_1=(x+y\sqrt{pq})/2$ $(x, y\in\boldsymbol{Z})$とすれば，$p=N_{k/\boldsymbol{Q}}\pi_1=(x^2-pqy^2)/4$となる．よって$4p=x^2-pqy^2$より$x=pu$ $(u\in\boldsymbol{Z})$と表わされ，$4=pu^2-qy^2$が成り立つ．故に$\bmod q$で考えれば，$\left(\dfrac{pu^2}{q}\right)=\left(\dfrac{4}{q}\right)=1$，すなわち$\left(\dfrac{p}{q}\right)=1$である．一方$\mathfrak{p}\mathfrak{q}=(\sqrt{pq})$，$\mathfrak{p}=(\pi_1)$より$\mathfrak{q}=(\pi_2)$，$\pi_2=\sqrt{pq}/\pi_1$と表わされるが$N_{k/\boldsymbol{Q}}\pi_2=-pq/N_{k/\boldsymbol{Q}}\pi_1<0$である．よって，上と同じ計算により$\left(\dfrac{q}{p}\right)=\left(\dfrac{-4}{p}\right)=-1$である．故に(5.9)が成立する．▌

d）ノルム剰余

定義5.2　2次体$k=\boldsymbol{Q}(\sqrt{m})$の判別式を$D_k$とする．いま$d\in\boldsymbol{Z}$を固定する．$a\in\boldsymbol{Z}$に対して，或る$\alpha\in I_k$が存在して

$$N_{k/\mathbf{Q}}\alpha \equiv a \pmod{d} \tag{5.10}$$

となるとき，$a \pmod{d}$ を d を法とする**ノルム剰余** (norm residue) という．——

$$D_k = 2^\nu \prod_{j=1}^{s} p_j \qquad (p_j \neq 2)$$

と素因子分解する．2のベキ指数 ν については，$\nu=0, 2, 3$ の場合がある．

$$\varphi(D_k) = \varphi(2^\nu) \prod_{j=1}^{s} p_j\left(1-\frac{1}{p_j}\right)$$

で，D_k の素因子の個数を t ($t=s$ または $t=s+1$) とすれば，$\varphi(D_k)$ は 2^t で割り切れる．

定理 5.4 $(\boldsymbol{Z}/D_k\boldsymbol{Z})^\times$ の $\varphi(D_k)$ 個の剰余類のうち，$\varphi(D_k)/2^t$ 個の類が D_k を法とするノルム剰余である．

証明 (i) $p=p_j$ ($j=1, \cdots, s$) に対して

$$\chi_p(n) = \left(\frac{n}{p}\right) \qquad (n \in \boldsymbol{Z})$$

とおく．$p \mid D_k$ より I_k において $(p)=\mathfrak{p}^2$, $N\mathfrak{p}=p$ となる．したがって任意の $\alpha \in I_k$ に対して，I_k において

$$\alpha \equiv a \pmod{\mathfrak{p}}$$

となる $a \in \boldsymbol{Z}$ が存在する．したがって $\boldsymbol{Z}$ において $N_{k/\mathbf{Q}}\alpha \equiv a^2 \pmod{p}$ となる．故に $n \in \boldsymbol{Z}$, $(n, p)=1$ が $\bmod p$ のノルム剰余であるための必要十分条件は，或る $a \in \boldsymbol{Z}$ に対して

$$n \equiv a^2 \pmod{p}$$

となることである．すなわち

$$\chi_p(n) = \left(\frac{n}{p}\right) = 1 \tag{5.11}$$

である．

(ii) D_k に含まれる因子2のベキ指数は

(イ) $m \equiv 3 \pmod{4}$ のとき，$2^2 = 4$,

(ロ) $m = 2m_0$, $m_0 \equiv 1 \pmod{4}$ のとき，$2^3 = 8$,

(ハ) $m = 2m_0$, $m_0 \equiv 3 \pmod{4}$ のとき，$2^3 = 8$

である．これらの場合に $I_k=\boldsymbol{Z}+\boldsymbol{Z}\sqrt{m}$ で，$\alpha \in I_k$ を

$$\alpha = x+y\sqrt{m} \qquad (x, y \in \boldsymbol{Z})$$

と表わせば $N_{k/\mathbf{Q}}\alpha=x^2-my^2$ である．よって(イ)，(ロ)，(ハ)の場合に $n\in \mathbf{Z}$ が mod 4, mod 8, mod 8 のノルム剰余であるための必要十分条件は

(イ) $x^2-my^2 \equiv n \pmod 4$,

(ロ) $x^2-my^2 \equiv n \pmod 8$,

(ハ) $x^2-my^2 \equiv n \pmod 8$

が整数解 x, y を持つことである．それらは，容易にためすことができるように

(イ) $n \equiv 1 \pmod 4$,

(ロ) $n \equiv 1, 7 \pmod 8$,

(ハ) $n \equiv 1, 3 \pmod 8$

である．あるいは

$$\chi_2(n)=\begin{cases}(-1)^{(n-1)/2} & \text{((イ)の場合)},\\ (-1)^{(n^2-1)/8} & \text{((ロ)の場合)},\\ (-1)^{(n-1)/2+(n^2-1)/8} & \text{((ハ)の場合)}\end{cases} \tag{5.12}$$

とおけば，$n\in \mathbf{Z}$ が(イ)，(ロ)，(ハ)の場合にそれぞれ mod 4, mod 8, mod 8 のノルム剰余であるための必要十分条件は

$$\chi_2(n)=1$$

である．

(iii) $d=d_1d_2$，$(d_1, d_2)=1$ のとき $n\in \mathbf{Z}$ が mod d のノルム剰余であるための必要十分条件は，n が同時に mod d_1 および mod d_2 のノルム剰余であることである．

何となれば，或る $\alpha\in I_k$ に対して $N_{k/\mathbf{Q}}\alpha\equiv n \pmod{d_1d_2}$ であれば，もちろん $N_{k/\mathbf{Q}}\alpha\equiv n \pmod{d_i}$ $(i=1,2)$ である．

逆に或る n に対して

$$N_{k/\mathbf{Q}}\alpha_1 \equiv n \pmod{d_1}, \qquad N_{k/\mathbf{Q}}\alpha_2 \equiv n \pmod{d_2}$$

であれば

$$a \equiv 1 \pmod{d_1}, \qquad a \equiv 0 \pmod{d_2},$$
$$b \equiv 0 \pmod{d_1}, \qquad b \equiv 1 \pmod{d_2}$$

に a, b をとれば

$$\begin{aligned}N_{k/\mathbf{Q}}(a\alpha_1+b\alpha_2) &= a^2N_{k/\mathbf{Q}}\alpha_1+ab\,T_{k/\mathbf{Q}}(\alpha_1\alpha_2')+b^2N_{k/\mathbf{Q}}\alpha_2\\ &\equiv n \pmod{d_i} \qquad (i=1,2)\end{aligned}$$

より

$$N_{k/\boldsymbol{Q}}(a\alpha_1+b\alpha_2)\equiv n \pmod{d_1d_2}$$

となる．

(iv)　D_k を t 個の素因子に分解するとき，(i), (ii) によって t 個の指標 $\chi_{p_1}, \cdots, \chi_{p_t}$ を定める．(iii) によって

$$n\equiv N_{k/\boldsymbol{Q}}\alpha \pmod{D_k},\qquad (n, D_k)=1$$

となるための必要十分条件は

(5.13)　$$\chi_{p_1}(n)=1,\qquad \cdots,\qquad \chi_{p_t}(n)=1$$

が同時に成り立つことである．その解は $\varphi(D_k)$ 個の $(\boldsymbol{Z}/D_k\boldsymbol{Z})^\times$ のうち，ちょうど全体の $1/2^t$ の mod D_k $((n, D_k)=1)$ の剰余類である．▌

定義 5.3　$d\in\boldsymbol{Z}$ を固定して，I_k の或る整イデアル $\mathfrak{a}$ (ただし $(\mathfrak{a}, (d))=I_k$) に対して

$$N\mathfrak{a}\equiv a \pmod{d}$$

となるとき，$a \pmod{d}$ を d を法とする**イデアルのノルム剰余**であるという．

定理 5.5　2次体 k の判別式 D_k に対して，$n \pmod{D_k}$, $(n, D_k)=1$ がイデアルのノルム剰余であるための必要十分条件は，k の Kronecker 指標

$$\chi_{D_k}=\chi_{p_1}\chi_{p_2}\cdots\chi_{p_t}$$

に対して

(5.14)　$$\chi_{D_k}(n)=\chi_{p_1}(n)\cdots\chi_{p_t}(n)=1$$

となることである．すなわち $(\boldsymbol{Z}/D_k\boldsymbol{Z})^\times$ の $\varphi(D_k)$ 個の類のうちちょうど半分の類がイデアルのノルム剰余となる．

証明　(i)　$N\mathfrak{a}\equiv n \pmod{D_k}$, $(\mathfrak{a}, (D_k))=I_k$ とする．$\mathfrak{a}$ を素イデアル分解して $\mathfrak{a}=\prod_{i=1}^{r}\mathfrak{q}_i^{e_i}$ とする．ここで $(q_i)=\mathfrak{q}_i\mathfrak{q}_i'$ であれば $N\mathfrak{q}_i=q_i$, したがって定理 5.2 より $\chi_{D_k}(q_i)=1$ である．また $(q_j)=\mathfrak{q}_j$ であれば $N\mathfrak{q}_j=q_j^2$, したがって $\chi_{D_k}(N\mathfrak{q}_j)=\chi_{D_k}(q_j)^2=1$ となる．合せて

$$\chi_{D_k}(n)=\chi_{D_k}(N\mathfrak{a})=\prod_{i=1}^{r}\chi_{D_k}(N\mathfrak{q}_i)^{e_i}=1$$

となる．

(ii)　逆に $\chi_{D_k}(n)=1$ $((n, D_k)=1)$ のとき，I_k の或る整イデアル $\mathfrak{a}$ に対して $N\mathfrak{a}\equiv n \pmod{D_k}$ となることを示すために，ここでは後(§6.1)に証明する Dirichlet の算術級数の定理を用いる．すなわち n に対して $n\equiv p \pmod{D_k}$ となる素数 p の存在を仮定する．$\chi_{D_k}(p)=1$ より，定理 5.2 によって I_k において $(p)=\mathfrak{p}_1\mathfrak{p}_2$，$N\mathfrak{p}_1=N\mathfrak{p}_2=p$ となる．よって $n\equiv p=N\mathfrak{p}_1 \pmod{D_k}$ が示された．▮

注意　算術級数の定理を用いないで上の定理の証明をすることは，極めて難しいことである．それは2次体の場合の類体論の算術的証明に相当する．

定理 5.2 と定理 5.5 を合せて，2次体の場合のつぎの類体論による表現を得る．

定理 5.6　2次体 k に対して，$(\boldsymbol{Z}/D_k\boldsymbol{Z})^\times$ の指数2の部分群 H が対応し，

(i)　$H=\{N\mathfrak{a} \pmod{D_k} \mid (\mathfrak{a}, (D_k))=I_k\}$.

(ii)　$p\in\boldsymbol{Z}$ が，I_k において $(p)=\mathfrak{p}_1\mathfrak{p}_2$ と分解するための必要十分条件は，$p \bmod D_k$ が H に属することである．

証明　(i) の H は $\chi_{D_k}(n)=1$ $((n, D_k)=1)$ の全体で与えられる．よって定理 5.2 と定理 5.5 とから導かれる．▮

このように，2次体 k が $(\boldsymbol{Z}/D_k\boldsymbol{Z})^\times$ の指数2の部分群 H で特徴づけられるという性質は，もっと一般に成立する．たとえば第8章の円分体でも示されるが，一般の代数体 K と，K 上の任意の有限次 Abel 拡大体 L についても類体論において同様な定理が証明される．これについては，後に説明をしよう．

e）種の理論

2次体 $k=\boldsymbol{Q}(\sqrt{m})$，その判別式を D_k とする．k の狭義のイデアル類を

$$\mathscr{C}^+=\{C_1, \cdots, C_{h^+}\}$$

とする．すなわち，k の二つの分数イデアル $\mathfrak{a}, \mathfrak{b}$ が同一の類 C_j に属するための必要十分条件は

$$\mathfrak{b}=\mathfrak{a}(\alpha), \qquad N_{k/\boldsymbol{Q}}\alpha>0$$

となる $\alpha\in k$ が存在することである．イデアル類群 $\mathscr{C}^+$ の構造について一般的に成り立つ性質はほとんど知られていない．その中でつぎの種の理論はいちじるしいものといえよう．

ここでつぎの補題を用いる．

(XI)　任意の自然数 D を与えておく．任意のイデアル類 C_j は，整イデアル $\mathfrak{a}_j$ で

$$(\mathfrak{a}_j, (D))=I_k$$

となる $\mathfrak{a}_j$ を含む．

[証明] §4.2(VI)を用いれば直ちにわかる．いま C_j^{-1} に属する任意の整イデアル $\mathfrak{c}$ をとり，$\mathfrak{b}=(D)$ とおく．§4.2(VI)により整イデアル $\mathfrak{d}$ で $(\mathfrak{d},(D))=I_k$ かつ $\mathfrak{c}\mathfrak{d}=(\beta)$ となるものが存在する．

もしも $N_{k/Q}\beta>0$ であれば，$\mathfrak{d}\in(C_j^{-1})^{-1}=C_j$ となる．よって $\mathfrak{a}_j=\mathfrak{d}$ にとればよい．

もしも $N_{k/Q}\beta<0$ であれば β の代りに $\beta'=\beta+tDN\mathfrak{c}$ をとると，t を十分大きくとれば $N_{k/Q}\beta'=N_{k/Q}\beta+(T_{k/Q}\beta)\cdot tDN\mathfrak{c}+t^2D^2(N\mathfrak{c})^2>0$ ならしめることができる．一方，§4.2(VI)の証明で β の代りに β' をとってもよいことは直ちにわかる．▌

いま $\mathcal{C}^+$ の各イデアル類 $C_1,\cdots,C_{h^+}$ より整イデアル $\mathfrak{a}_1,\cdots,\mathfrak{a}_{h^+}$ で $(\mathfrak{a}_i,(D_k))=I_k\ (i=1,\cdots,h^+)$ となるものを任意に選ぶ．

D_k が t 個の素因子 $p_1,\cdots,p_t$ を含むとする．$(\boldsymbol{Z}/D_k\boldsymbol{Z})^\times$ のうち，

$$\chi_{p_1}(n)=\cdots=\chi_{p_t}(n)=1,\qquad (n,D_k)=1$$

となる $n\ (\mathrm{mod}\ D_k)$ の剰余類の全体を H_0 とし

$$\chi_{D_k}(n)=\chi_{p_1}(n)\cdots\chi_{p_t}(n)=1,\qquad (n,D_k)=1$$

となる $n\ (\mathrm{mod}\ D_k)$ の剰余類の全体を H_1 とおく．

定理5.4, 5.5で見たように

$$(\boldsymbol{Z}/D_k\boldsymbol{Z})^\times\supseteqq H_1\supseteqq H_0,\qquad [H_1:H_0]=2^{t-1},$$

かつ H_1/H_0 は $(2,2,\cdots,2)$ 型の可換群である．

つぎに狭義のイデアル類群 $\mathcal{C}^+$ から H_1/H_0 への準同型写像

$$N:\ \mathcal{C}^+\longrightarrow H_1/H_0 \tag{5.15}$$

を，上記の代表 $\mathfrak{a}_j$ を用いて

$$C_j\ni\mathfrak{a}_j\overset{N}{\longmapsto}N\mathfrak{a}_j\ \mathrm{mod}\ D_k$$

により定義しよう．ここで写像 N がはっきり定義されていることは，C_j から別の整イデアル $\mathfrak{b}_j$，$(\mathfrak{b}_j,(D_k))=I_k$，を代表としてとるとき，$(\alpha)\mathfrak{a}_j=(\beta)\mathfrak{b}_j$，$N_{k/Q}\alpha>0$，$N_{k/Q}\beta>0\ (\alpha,\beta\in I_k)$，かつ α,β を D_k と素にとれるから

$$N(\alpha)N\mathfrak{a}_j=N(\beta)N\mathfrak{b}_j$$

となる．$N_{k/Q}\alpha>0$，$N_{k/Q}\beta>0$ としたから $N(\alpha)=N_{k/Q}\alpha$，$N(\beta)=N_{k/Q}\beta$ である．よって $N(\alpha),N(\beta)\ (\mathrm{mod}\ D_k)$ は定理5.4より H_0 に属し，$N\mathfrak{a}_j\ \mathrm{mod}\ D_k$ は定理5.5より H_1 に属する．故に N は $\mathcal{C}^+$ から H_1/H_0 への写像として定まる．

定理 5.7　(i)　(5.15)の写像 $N:\mathcal{C}^+\to H_1/H_0$ は，上への準同型であって，

$$\mathcal{C}^+/\mathrm{Ker}\,N \cong H_1/H_0 \cong (2, \cdots, 2)\text{型可換群}$$

となる．

(ii)
$$\mathrm{Ker}\,N = \{C^2 \mid C \in \mathcal{C}^+\},$$

すなわち，Ker N は或る類の平方類となっているものの全体である．

証明　(i)　$\mathcal{C}^+ \ni C$ に対して

$$C \longmapsto (\chi_{p_1}(N\mathfrak{a}), \cdots, \chi_{p_t}(N\mathfrak{a})),$$

ただし $\mathfrak{a}\in C$，$\mathfrak{a}$ は I_k の整イデアルで $(\mathfrak{a}, (D_k))=I_k$ とする．この像は定理 5.5 によって $\chi_{p_1}(n)\cdots\chi_{p_t}(n)=1$ を満足する $n \bmod D_k$ の全体を動き，特に，定理 5.4 より，C が単項類であるときに限り $C\mapsto(1, \cdots, 1)$ となる．よって(5.15)の写像 N は H_1/H_0 の上への準同型となる．

(ii)　$C_i=C_j^{\,2}$ であれば，$N(C_i)=N(C_j)^2\in H_1^{\,2}\subseteqq H_0$ となる．よって $C_i\in\mathrm{Ker}\,N$ である．すなわち $(\mathcal{C}^+)^2\subseteqq\mathrm{Ker}\,N$ となる．一方，(5.7)によって $[\mathcal{C}^+:(\mathcal{C}^+)^2]=2^{t-1}$ となる．これと $[\mathcal{C}^+:\mathrm{Ker}\,N]=[H_1:H_0]=2^{t-1}$ と比べて $\mathrm{Ker}\,N=(\mathcal{C}^+)^2$ となることがわかる．▮

$\mathcal{H}=\mathrm{Ker}\,N$ は

$$\mathcal{H} = \{C\in\mathcal{C}^+ \mid N\mathfrak{a}\equiv N_{k/\boldsymbol{Q}}\alpha \ (\mathrm{mod}\ D_k),\ \ N_{k/\boldsymbol{Q}}\alpha>0\}.$$

ただし $\mathfrak{a}$ は C に属する任意の整イデアルで，$(\mathfrak{a}, (D_k))=I_k$ とする．

定義 5.4　$\mathcal{H}$ を k の**主種**(principal genus)といい，

$$\mathcal{C}^+/\mathcal{H}$$

の各剰余類を k の**種**(genus)という．——

さて I_k のイデアル $\mathfrak{a}, \mathfrak{b}$ (ただし，$\mathfrak{a}, \mathfrak{b}$ は (D_k) と素)が同一の種に属するならば，(5.15)と H_0, H_1 の定義にしたがって或る $\lambda_1, \lambda_2\in I_k$，$N_{k/\boldsymbol{Q}}\lambda_1>0$，$N_{k/\boldsymbol{Q}}\lambda_2>0$ ($(\lambda_1), (\lambda_2)$ は (D_k) と素)によって

$$N\mathfrak{a}\cdot N_{k/\boldsymbol{Q}}\lambda_1 \equiv N\mathfrak{b}\cdot N_{k/\boldsymbol{Q}}\lambda_2 \quad (\mathrm{mod}\ D_k)$$

と表わされる．実際はもっと強くつぎの結果が成り立つ．

(XII)　I_k のイデアル $\mathfrak{a}, \mathfrak{b}$ が (D_k) と素で，かつ同じ種 $\mathcal{H}_i$ に属するための必要十分条件は，或る $\lambda_1, \lambda_2\in I_k$，$N_{k/\boldsymbol{Q}}\lambda_1>0$，$N_{k/\boldsymbol{Q}}\lambda_2>0$ ($(\lambda_1), (\lambda_2)$ は (D_k) と素)によって

$$N\mathfrak{a}\cdot N_{k/\boldsymbol{Q}}\lambda_1 = N\mathfrak{b}\cdot N_{k/\boldsymbol{Q}}\lambda_2$$

と表わされることである.

[証明]　主種 $\mathscr{H}_0$ に属するイデアル $\mathfrak{c}$ は, 定理5.7により

$$\mathfrak{c} = (\lambda)\mathfrak{j}^2, \qquad N_{k/Q}\lambda > 0$$

と表わされる. (XI)によって, $\mathfrak{j}$ は (D_k) と素にとれる. よって $\mathfrak{a}, \mathfrak{b}$ が同一の種に属するならば

$$\mathfrak{a} = (\lambda)\mathfrak{j}^2\mathfrak{b}.$$

ここに $\lambda=\lambda_1/\lambda_2$, $N_{k/Q}\lambda_1>0$, $N_{k/Q}\lambda_2>0$, $\lambda_1, \lambda_2 \in I_k$ ($(\lambda_1), (\lambda_2)$ は (D_k) と素)にとれば

$$N\mathfrak{a}\cdot N_{k/Q}\lambda_1 = N\mathfrak{b}\cdot N_{k/Q}\lambda_2(N\mathfrak{j})^2$$

が成り立つ. すなわち, $N\mathfrak{a}, N\mathfrak{b}$ は求める関係にある. 逆は自明であろう. ▮

われわれは第6章で2次体の類数 h^+ を表わす Dirichlet の公式を証明する. したがって類数に関するこれ以上の議論はそこに譲り, つぎに2次形式との関係に立ち戻ろう.

§5.2　整係数2元2次形式との関係

a) 2次体の狭義のイデアル類と整係数2元2次形式の類との対応

2次体 $k=\boldsymbol{Q}(\sqrt{m})$ の判別式を D_k とする. k の整数環 I_k のイデアル $\mathfrak{a}$ は基 α_1, α_2 によって

$$\mathfrak{a} = [\alpha_1, \alpha_2] = \boldsymbol{Z}\alpha_1+\boldsymbol{Z}\alpha_2$$

と表わされる. いま $\mathfrak{a}$ に対して, 2元2次形式

(5.16)　$$Ax^2+Bxy+Cy^2 = (\alpha_1x+\alpha_2y)(\alpha_1'x+\alpha_2'y)$$

を対応させる. ただし α_1', α_2' は α_1, α_2 の代数的共役数とする.

(I)　上の対応において

(i)　$A, B, C \in \boldsymbol{Z}$,

(ii)　$B^2-4AC = (N\mathfrak{a})^2D_k$,

(iii)　$(A, B, C) = N\mathfrak{a}$.

したがって

$$Ax^2+Bxy+Cy^2 = N\mathfrak{a}(ax^2+bxy+cy^2)$$

とすれば, $a, b, c \in \boldsymbol{Z}$, $(a, b, c)=1$, $b^2-4ac=D_k$ である. すなわち, 整係数2元2次形式

(5.17) $$f(x, y) = ax^2+bxy+cy^2 = \frac{1}{N\mathfrak{a}}(\alpha_1 x+\alpha_2 y)(\alpha_1' x+\alpha_2' y)$$

は，判別式 D_k を持ち，かつ原始的である．

(iv) $D_k<0$ のときは，つねに $a>0$ である．

(v) $$ax^2+bxy+cy^2 = a(x+\theta y)(x+\theta' y)$$

とすれば

$$\theta = \frac{b+\sqrt{D_k}}{2a}, \quad \theta = \frac{\alpha_2}{\alpha_1} \text{ または } \theta' = \frac{\alpha_2}{\alpha_1}$$

である．

[証明] 証明は容易であるが，順にためしていこう．

(i) (5.16) で

$$A = N_{k/\mathbf{Q}}\alpha_1, \quad B = T_{k/\mathbf{Q}}(\alpha_1\alpha_2'), \quad C = N_{k/\mathbf{Q}}\alpha_2$$

で，$\alpha_1, \alpha_1\alpha_2', \alpha_2 \in I_k$ であるから，それらのノルムやトレースは $\boldsymbol{Z}$ に属する．

(ii) $$B^2-4AC = (\alpha_1\alpha_2'-\alpha_1'\alpha_2)^2 = \Delta(\alpha_1, \alpha_2)^2 = (N\mathfrak{a})^2 D_k$$

(§4.2 (IV) 参照)．

(iii) 一般に $\alpha \in \mathfrak{a}$ ならば $\mathfrak{a}\,|\,(\alpha)$，したがって $N\mathfrak{a}\,|\,N(\alpha)$，故に $N\mathfrak{a}\,|\,A$，同様に $N\mathfrak{a}\,|\,C$ である．また $(N\mathfrak{a})^2\,|\,(N\mathfrak{a})^2 D_k+4AC=B^2$，故に $N\mathfrak{a}\,|\,B$ である．

そこで

$$A = aN\mathfrak{a}, \quad B = bN\mathfrak{a}, \quad C = cN\mathfrak{a}$$

とおくと，$b^2-4ac=D_k$ となる．

つぎに $(a, b, c)=d$ $(d>0)$ とする．もしも $p\,|\,d$ $(p\neq 2)$ とすれば $p^2\,|\,D_k$ となり，$D_k=m$ または $4m$ (m は平方因子なし) と矛盾する．また $2\,|\,d$ とすれば $D_k/4=b_0^2-4a_0c_0$ (ただし $a=a_0d$, $b=b_0d$, $c=c_0d$) となり，$D_k/4\equiv 2$，または $\equiv 3 \pmod 4$ と矛盾する．よって $d=1$ でなければならない．

(iv) $D_k<0$ のときは $N_{k/\mathbf{Q}}\alpha>0$ である．よって $a=(N_{k/\mathbf{Q}}\alpha)/N\mathfrak{a}>0$ である．

(v) 明らかである．∎

(II) (I) において，整イデアル $\mathfrak{a}$ の基 (α_1, α_2) として

$$\mathfrak{a} = \boldsymbol{Z}\alpha_1+\boldsymbol{Z}\alpha_2,$$

(5.18) $$\alpha_2 = \theta\alpha_1, \quad \theta = \frac{b+\sqrt{D_k}}{2a}$$

にとることができる．ただし，$D_k>0$ のとき，$\sqrt{D_k}>0$ とする．

［証明］　もしも $\alpha_2 \neq \theta\alpha_1$ であれば，$\alpha_2=\theta'\alpha_1$ である．ただし $\theta'=(b-\sqrt{D_k})/2a$．故に $\mathfrak{a}=\boldsymbol{Z}\alpha_1+\boldsymbol{Z}(-\alpha_2)$ とおけば，この基に対応する $f(x,y)=a'x^2+b'xy+c'y^2$ では $a=a'$，$b=-b'$，$c=c'$ となる．故に $(-\alpha_2)=\theta_1\alpha_1$，$\theta_1=(b'+\sqrt{D_k})/2a'$ が成り立つ．▮

今後は，イデアル $\mathfrak{a}$ の基 (α_1, α_2) を上のようにとる．

(III)　(i)　(II)が成り立つようなイデアル $\mathfrak{a}$ の二組の基

$$\mathfrak{a} = \boldsymbol{Z}\alpha_1+\boldsymbol{Z}\alpha_2 = \boldsymbol{Z}\beta_1+\boldsymbol{Z}\beta_2,$$
$$\alpha_2 = \theta\alpha_1, \qquad \beta_2 = \eta\beta_1$$

をとる．

$[\alpha_1, \alpha_2]$ および $[\beta_1, \beta_2]$ に対して(5.17)により対応する整係数2元2次形式を

$$f(x,y) = a_1x^2+b_1xy+c_1y^2, \qquad g(x,y) = a_2x^2+b_2xy+c_2y^2$$

とする．これらに対応する2次の代数的数は

$$\theta = \frac{b_1+\sqrt{D_k}}{2a_1}, \qquad \eta = \frac{b_2+\sqrt{D_k}}{2a_2}$$

である．そのとき，$f(x,y)$ と $g(x,y)$ とは正に対等である．

(ii)　さらに一般に，同一の狭義のイデアル類に属する二つの整イデアル $\mathfrak{a}, \mathfrak{b}$（すなわち $(\lambda_1)\mathfrak{a}=(\lambda_2)\mathfrak{b}$，$\lambda_1, \lambda_2 \in I_k$，$N_{k/\boldsymbol{Q}}\lambda_1>0$，$N_{k/\boldsymbol{Q}}\lambda_2>0$ とする）について，

$$\mathfrak{a} = \boldsymbol{Z}\alpha_1+\boldsymbol{Z}\alpha_2, \qquad \mathfrak{b} = \boldsymbol{Z}\beta_1+\boldsymbol{Z}\beta_2$$

に対して(i)と同じく整係数2元2次形式 $f(x,y), g(x,y)$ を定めれば

$$f(x,y) \sim g(x,y) \qquad (\text{正に対等})$$

である．

すなわち，$\boldsymbol{k}$ の任意の狭義のイデアル類に対して，上の方法によって一意に整係数2元2次形式の類が対応する．

［証明］　$(\lambda_1)\mathfrak{a}=(\lambda_2)\mathfrak{b}=[\lambda_1\alpha_1, \lambda_1\alpha_2]=[\lambda_2\beta_1, \lambda_2\beta_2]$ より，或る $\boldsymbol{r, s, t, u} \in \boldsymbol{Z}$ によって

$$(5.19)\qquad \begin{cases} \lambda_1\alpha_1 = r\lambda_2\beta_1+s\lambda_2\eta\beta_1, \\ \lambda_1\theta\alpha_1 = t\lambda_2\beta_1+u\lambda_2\eta\beta_1 \end{cases}$$

と表わされ，

$$\theta=\frac{t+u\eta}{r+s\eta}$$

となる．したがって

$$N_{k/\boldsymbol{Q}}\lambda_1\cdot N_{k/\boldsymbol{Q}}\alpha_1\cdot(\theta'-\theta)=\begin{vmatrix}\lambda_1\alpha_1 & \lambda_1\alpha_1\theta\\ \lambda_1'\alpha_1' & \lambda_1'\alpha_1'\theta'\end{vmatrix}=\begin{vmatrix}\lambda_2\beta_1(r+s\eta) & \lambda_2\beta_1(t+u\eta)\\ \lambda_2'\beta_1'(r+s\eta') & \lambda_2'\beta_1'(t+u\eta')\end{vmatrix}$$

$$=N_{k/\boldsymbol{Q}}\lambda_2\cdot N_{k/\boldsymbol{Q}}\beta_1\begin{vmatrix}r+s\eta & t+u\eta\\ r+s\eta' & t+u\eta'\end{vmatrix}=N_{k/\boldsymbol{Q}}\lambda_2\cdot N_{k/\boldsymbol{Q}}\beta_1\begin{vmatrix}1 & \eta\\ 1 & \eta'\end{vmatrix}\begin{vmatrix}r & t\\ s & u\end{vmatrix}$$

$$=N_{k/\boldsymbol{Q}}\lambda_2\cdot N_{k/\boldsymbol{Q}}\beta_1\cdot(\eta'-\eta)\begin{vmatrix}r & t\\ s & u\end{vmatrix}.$$

(I)より $N_{k/\boldsymbol{Q}}\alpha_1=a_1N\mathfrak{a}$，$N_{k/\boldsymbol{Q}}\beta_1=a_2N\mathfrak{b}$，$\theta'-\theta=-\sqrt{D_k}/a_1$，$\eta'-\eta=-\sqrt{D_k}/a_2$ であるから

$$N_{k/\boldsymbol{Q}}\lambda_1\cdot a_1N\mathfrak{a}\cdot\sqrt{D_k}\cdot\frac{1}{a_1}=N_{k/\boldsymbol{Q}}\lambda_2\cdot a_2N\mathfrak{b}\cdot\sqrt{D_k}\cdot\frac{1}{a_2}\begin{vmatrix}r & t\\ s & u\end{vmatrix}$$

となる．故に

$$N_{k/\boldsymbol{Q}}\lambda_1\cdot N\mathfrak{a}=N_{k/\boldsymbol{Q}}\lambda_2\cdot N\mathfrak{b}\begin{vmatrix}r & t\\ s & u\end{vmatrix}.$$

一方，$(\lambda_1)\mathfrak{a}=(\lambda_2)\mathfrak{b}$ $(N_{k/\boldsymbol{Q}}\lambda_1>0,\ N_{k/\boldsymbol{Q}}\lambda_2>0)$ より $N_{k/\boldsymbol{Q}}\lambda_1\cdot N\mathfrak{a}=N_{k/\boldsymbol{Q}}\lambda_2\cdot N\mathfrak{b}$ であるから

$$\begin{vmatrix}r & t\\ s & u\end{vmatrix}=1$$

でなければならない．一方，(5.19)より

$$N_{k/\boldsymbol{Q}}\lambda_1\cdot N_{k/\boldsymbol{Q}}\alpha_1=N_{k/\boldsymbol{Q}}\lambda_2\cdot N_{k/\boldsymbol{Q}}\beta_1\cdot N_{k/\boldsymbol{Q}}(r+s\eta),$$
$$N_{k/\boldsymbol{Q}}\lambda_1\cdot a_1N\mathfrak{a}=N_{k/\boldsymbol{Q}}\lambda_2\cdot a_2N\mathfrak{b}\cdot N_{k/\boldsymbol{Q}}(r+s\eta).$$

したがって $a_1=a_2N_{k/\boldsymbol{Q}}(r+s\eta)$ である．いま

$$X=rx+ty,\qquad Y=sx+uy$$

とおくとき

$$\begin{aligned}a_2X^2+b_2XY+c_2Y^2&=a_2(X+\eta Y)(X+\eta'Y)\\&=a_2((rx+ty)+\eta(sx+uy))((rx+ty)+\eta'(sx+uy))\\&=a_2((r+s\eta)x+(t+u\eta)y)((r+s\eta')x+(t+u\eta')y)\\&=a_2N_{k/\boldsymbol{Q}}(r+s\eta)\cdot(x+\theta y)(x+\theta'y)\\&=a_1(x+\theta y)(x+\theta'y)\end{aligned}$$

$$= a_1x^2+b_1xy+c_1y^2$$

となる．よって $f(x,y)$ と $g(x,y)$ とは正に対等である．▌

逆に

(IV) 原始的整係数2元2次形式 $f(x,y)=ax^2+bxy+cy^2$ が与えられ，その判別式が $D=b^2-4ac=D_k$ であるとする．ただし $D_k<0$ のときは，$a>0$ と仮定する．そのとき，I_k のイデアル $\mathfrak{a}$ で，(I), (II) の意味で $\mathfrak{a}$ に対応する2元2次形式が，与えられた $f(x,y)$ と一致するものが存在する．

[証明]　上の対応を逆にたどればよい．すなわち

$$\alpha_1=a, \qquad \theta=\frac{b+\sqrt{D}}{2a}, \qquad \alpha_2=\theta\alpha_1=\frac{b+\sqrt{D}}{2}$$

とおく．まず $\alpha_1=a\in \boldsymbol{Z}\subseteq I_k$，$\alpha_2$ は $x^2-bx+ac=0$ の根であるから $\alpha_2\in I_k$ である．

つぎに $\mathfrak{a}=\boldsymbol{Z}\alpha_1+\boldsymbol{Z}\alpha_2$ が I_k のイデアルであることは，$f(x,y)$ が原始的であることから $\mathfrak{a}$ も原始的となり，また $N_{k/\boldsymbol{Q}}\alpha_2=ac$ が a の倍数であることからわかる(§5.1 (IV) による)．また

$$(N\mathfrak{a})^2D=\begin{vmatrix}\alpha_1 & \alpha_2\\ \alpha_1' & \alpha_2'\end{vmatrix}^2=a^2\begin{vmatrix}1 & (b+\sqrt{D})/2\\ 1 & (b-\sqrt{D})/2\end{vmatrix}^2=a^2D$$

より $N\mathfrak{a}=\pm a$ となることがわかる．

(i)　$a>0$ のとき，$N\mathfrak{a}=a$ である．$\mathfrak{a}$ に対応する2元2次形式は

$$\frac{1}{N\mathfrak{a}}(\alpha_1x+\alpha_2y)(\alpha_1'x+\alpha_2'y)=\frac{1}{a}\left(ax+\frac{b+\sqrt{D}}{2}y\right)\left(ax+\frac{b-\sqrt{D}}{2}y\right)$$
$$=ax^2+bxy+cy^2$$

となる．

(ii)　$a<0$ のとき，仮定により $D>0$ でかつ $N\mathfrak{a}=-a$ となる．I_k の標準基 $[1,\omega]$ (§5.1 (I)) をとれば，$D>0$ より $N_{k/\boldsymbol{Q}}\omega<0$ となることがわかる．そこで $\mathfrak{b}=(\omega)\mathfrak{a}$ とおけば，$N\mathfrak{b}=aN_{k/\boldsymbol{Q}}\omega$，かつ $\mathfrak{b}=[\omega\alpha_1,\omega\alpha_2]$ である．よって対応する2元2次形式は

$$\frac{1}{N\mathfrak{b}}(\omega(\alpha_1x+\alpha_2y)\omega'(\alpha_1'x+\alpha_2'y))=\frac{1}{a}(\alpha_1x+\alpha_2y)(\alpha_1'x+\alpha_2'y)$$
$$=ax^2+bxy+cy^2$$

となる．▌

(V)　I_k のイデアル $\mathfrak{a}=\boldsymbol{Z}\alpha_1+\boldsymbol{Z}\alpha_2$，$\mathfrak{b}=\boldsymbol{Z}\beta_1+\boldsymbol{Z}\beta_2$ に (I), (II) の意味で対応する

整係数2元2次形式 $f(x, y)=a_1x^2+b_1xy+c_1y^2$ と $g(x, y)=a_2x^2+b_2xy+c_2y^2$ とが正に対等であれば，イデアル $\mathfrak{a}, \mathfrak{b}$ は同一の狭義のイデアル類に属する．

[証明] (III)の証明を逆にたどればよい．すなわち

$$\begin{cases} X = rx+ty, \\ Y = sx+uy, \end{cases} \qquad \begin{vmatrix} r & t \\ s & u \end{vmatrix} = 1$$

によって，$g(x, y)$ から $f(x, y)$ に写るとする：$g(X, Y)=f(x, y)$.

(III)の計算より

$$a_1 = a_2N_{k/\boldsymbol{Q}}(r+s\eta)$$

となり

$$\frac{t+u\eta}{r+s\eta} = \theta \quad \text{または} \quad = \theta'$$

である．ここで後者とならないことは

$$\frac{t+u\eta}{r+s\eta} = \frac{(t+u\eta)(r+s\eta')}{N_{k/\boldsymbol{Q}}(r+s\eta)} = \frac{a_2}{a_1}\cdot\left(\frac{b_1+(ru-st)\sqrt{D}}{2a_2}\right)$$
$$= \frac{b_1+\sqrt{D}}{2a_1}$$

となることからわかる．そこで

$$\lambda_1 = r\beta_1+s\eta\beta_1, \qquad \lambda_2 = \alpha_1$$

とおく．そうすれば

$$N_{k/\boldsymbol{Q}}\lambda_1 = N_{k/\boldsymbol{Q}}\beta_1\cdot N_{k/\boldsymbol{Q}}(r+s\eta) = N_{k/\boldsymbol{Q}}\beta_1\cdot\frac{a_1}{a_2} = a_1N\mathfrak{b},$$
$$N_{k/\boldsymbol{Q}}\lambda_2 = N_{k/\boldsymbol{Q}}\alpha_1 = a_1N\mathfrak{a}$$

となる．故に $N_{k/\boldsymbol{Q}}(\lambda_1\lambda_2)=a_1^2N\mathfrak{a}N\mathfrak{b}>0$ である．かつ

$$\lambda_1\alpha_1 = \lambda_2\beta_1(r+s\eta) = r\lambda_2\beta_1+s\lambda_2\beta_2,$$
$$\lambda_1\alpha_2 = \lambda_1\theta\alpha_1 = \lambda_2\beta_1\theta(r+s\eta) = \lambda_2\beta_1(t+u\eta) = t\lambda_2\beta_1+u\lambda_2\beta_2,$$

かつ $ru-st=1$ である．故に

$$(\lambda_1)\mathfrak{a} = [\lambda_1\alpha_1, \lambda_1\alpha_2] = [\lambda_2\beta_1, \lambda_2\beta_2] = (\lambda_2)\mathfrak{b},$$

および $N_{k/\boldsymbol{Q}}(\lambda_1\lambda_2)>0$ である．これから $\mathfrak{a}$ と $\mathfrak{b}$ とは同一の狭義のイデアル類に属することがわかる．▌

以上をまとめて

定理 5.8 (I), (II)の対応によって k の狭義のイデアル類と，原始的かつ判別

式 D_k の整係数2元2次形式の正の対等による類とは1対1に対応する（ただし $D_k<0$ のとき $a>0$ とする）．特に k の狭義のイデアル類数と，判別式 D_k を持つ整係数2元2次形式の類数 h^+ とは一致する．——

以上によって，狭義のイデアル類と，整係数2元2次形式の類との間の1対1対応がつけられた．前者には積が定義されているが，後者ではまだ積が定義されていない．よって，後者に適当な方法で積を定義して，両者の全体が群として同型であることが望ましい．またこの同型を通じて，後者の作る群に対してその部分群による剰余類を考えることもできるようになる．

2次形式の類の間の積は，**合成**（composition）と名づけて，すでにGaussが定義している．そのままでは余り見通しのよいものではない．以下，Dedekindにならって説明をしよう．

任意の二つのイデアル $\mathfrak{a}=[\alpha_1,\alpha_2]$，$\mathfrak{b}=[\beta_1,\beta_2]$ に対して，それらの積 $\mathfrak{ab}=\mathfrak{c}=[\gamma_1,\gamma_2]$ を作る．

$$\mathfrak{ab}=[\alpha_1\beta_1,\alpha_1\beta_2,\alpha_2\beta_1,\alpha_2\beta_2]$$

であるから

$$\alpha_i\beta_j=c_{ij}{}^1\gamma_1+c_{ij}{}^2\gamma_2 \qquad (i,j=1,2)$$

となる $c_{ij}{}^1, c_{ij}{}^2\in\boldsymbol{Z}$ が定まる．これに対して，x_1,x_2,y_1,y_2 を変数として

$$z_1=\sum_{i=1}^2\sum_{j=1}^2 c_{ij}{}^1x_iy_j, \qquad z_2=\sum_{i=1}^2\sum_{j=1}^2 c_{ij}{}^2x_iy_j$$

とおく．

さて，イデアル $\mathfrak{a},\mathfrak{b}$ に対応する整係数2元2次形式を

$$f(x_1,x_2)=a_1x_1{}^2+b_1x_1x_2+c_1x_2{}^2=\frac{1}{N\mathfrak{a}}(\alpha_1x_1+\alpha_2x_2)(\alpha_1'x_1+\alpha_2'x_2),$$

$$g(y_1,y_2)=a_2y_1{}^2+b_2y_1y_2+c_2y_2{}^2=\frac{1}{N\mathfrak{b}}(\beta_1y_1+\beta_2y_2)(\beta_1'y_1+\beta_2'y_2)$$

にとる．

$$(\alpha_1x_1+\alpha_2x_2)(\beta_1y_1+\beta_2y_2)=\sum_{i=1}^2\sum_{j=1}^2\alpha_i\beta_jx_iy_j=\sum_{i=1}^2\sum_{j=1}^2\sum_{k=1}^2 c_{ij}{}^k\gamma_kx_iy_j$$

$$=\sum_{k=1}^2\gamma_kz_k,$$

および $N\mathfrak{a}\cdot N\mathfrak{b}=N\mathfrak{c}$ であるから，イデアル $\mathfrak{c}$ に対応する2元2次形式は

$$h(z_1, z_2) = f(x_1, x_2)g(y_1, y_2) = \frac{1}{N\mathfrak{c}}(\gamma_1 z_1 + \gamma_2 z_2)(\gamma_1' z_1 + \gamma_2' z_2)$$
$$= a_3 z_1{}^2 + b_3 z_1 z_2 + c_3 z_2{}^2$$

となる．ただし，上の定義はイデアル $\mathfrak{a}, \mathfrak{b}, \mathfrak{c}$ の基 $[\alpha_1, \alpha_2]$, $[\beta_1, \beta_2]$, $[\gamma_1, \gamma_2]$ のとり方によるから，$h(z_1, z_2)$ は単一には定まらないで，$h(z_1, z_2)$ の属する類がただ一通りに定まる．以上より

定理 5.9　判別式 D_k を持つ原始的整係数2元2次形式 $f(x_1, x_2)$, $g(y_1, y_2)$ の合成を以上のように定めれば，この合成は整係数2元2次形式の同値類の間の積を確定する．この合成によって整係数2元2次形式の同値類の全体は有限可換群を作り，定理5.8の対応によって，k の狭義のイデアル類群と同型になる．——

証明の細部は読者諸氏に任せよう．

以上に説明したように，2次体のイデアルと2元2次形式との間に密接な関係がある．同様に k が $\boldsymbol{Q}$ 上 n 次の Galois 拡大体であるとき，I_k のイデアル $\mathfrak{a}$ を

$$\mathfrak{a} = [\alpha_1, \cdots, \alpha_n]$$

と基を用いて表わす．これから

$$F(x_1, \cdots, x_n) = \prod_{i=1}^{n} (\alpha_1{}^{(i)} x_1 + \cdots + \alpha_n{}^{(i)} x_n) \in \boldsymbol{Z}[x_1, \cdots, x_n]$$

を作るとき，

$$f(x_1, \cdots, x_n) = \frac{1}{N\mathfrak{a}} F(x_1, \cdots, x_n)$$

のイデアル因子は1，すなわち $f(x_1, \cdots, x_n)$ は原始形式(各項の係数の最大公約数は1)である．

このようにして，2次体と同じく，Galois 体 k に対して，I_k の狭義のイデアル類に対して或る種の n 元 n 次形式(**ノルム形式**(norm form))が対応する(§4.2 (X)参照)．

ただし，2次体の場合と異なり，任意の n 元 n 次形式がノルム形式であるとは限らない．たとえば

$$f(x, y, z) = x^3 + y^3 + z^3$$

は，どんな k に対してもノルム形式になり得ない．

b）整係数2元2次形式による数の表示

2次体 $k=\boldsymbol{Q}(\sqrt{m})$ の判別式を D_k とする．判別式 $D=D_k$ となる原始的整係数2元2次形式

$$f(x, y) = ax^2+bxy+cy^2$$

による整数 m の表示の問題(§3.5)，すなわち

$$f(x, y) = m$$

が，或る $x, y \in \boldsymbol{Z}$ によって解を持つかどうかを再びとり上げよう．

定理 5.10 p を素数とする．

(i) k の整数環 I_k において

$$(p) = \mathfrak{p}_1\mathfrak{p}_2, \quad N\mathfrak{p}_1 = N\mathfrak{p}_2 = p \quad \text{または} \quad (p) = \mathfrak{p}^2, \quad N\mathfrak{p} = p$$

となる場合には，判別式 $D=D_k$ を持つ或る原始的整係数2元2次形式によって p は表示される．

(ii) I_k において (p) が素イデアルであれば，判別式 $D=D_k$ となるどんな原始的整係数2元2次形式によっても p は表示されない．

証明 (i) $(p)=\mathfrak{p}_1\mathfrak{p}_2$, $N\mathfrak{p}_1=N\mathfrak{p}_2=p$ としよう．$\mathfrak{p}_1$ の基 $\mathfrak{p}_1=[\pi_1, \pi_2]$ を用いて，対応する原始的整係数2元2次形式

$$f(x, y) = \frac{1}{N\mathfrak{p}_1}(\pi_1 x+\pi_2 y)(\pi_1' x+\pi_2' y)$$

を作る．$p \in \mathfrak{p}_1$ より

$$p = \pi_1 x_0+\pi_2 y_0 \qquad (x_0, y_0 \in \boldsymbol{Z})$$

と表わされる．そのときまた $p=\pi_1' x_0+\pi_2' y_0$ となる．よって

$$f(x_0, y_0) = \frac{1}{p}\cdot p\cdot p = p$$

が成り立つ．$(p)=\mathfrak{p}^2$, $N\mathfrak{p}=p$ の場合も同様である．

(ii) $\mathfrak{p}=(p)$ が I_k においても素イデアルで，$N\mathfrak{p}=p^2$ の場合を考えよう．もしも判別式 $D=D_k$ の或る原始的整係数2元2次形式 $f(x, y)$ によって $p=f(x_0, y_0)$ $(x_0, y_0 \in \boldsymbol{Z})$ と表わされたと仮定しよう．定理5.8によって，I_k の或るイデアル $\mathfrak{a}$ とその基 $\mathfrak{a}=[\alpha_1, \alpha_2]$ によって

$$f(x, y) = \frac{1}{N\mathfrak{a}}(\alpha_1 x+\alpha_2 y)(\alpha_1' x+\alpha_2' y)$$

と表わされる．$f(x_0, y_0)=p$ とすれば

$$pN\mathfrak{a} = (\alpha_1 x_0+\alpha_2 y_0)(\alpha_1' x_0+\alpha_2' y_0)$$

である．両辺の生成する単項イデアルの I_k における素イデアル分解を考える．両辺に含まれる $\mathfrak{p}^e$ の指数 e を考える．左辺においては $\mathfrak{a}=\mathfrak{p}^\rho\mathfrak{q}_1$，$(\mathfrak{p}, \mathfrak{q}_1)=I_k$ であれば $N\mathfrak{a}=p^{2\rho}N\mathfrak{q}_1$，$(p, N\mathfrak{q}_1)=1$，したがって左辺は $\mathfrak{p}^{2\rho+1}$ でちょうど割り切れる．右辺においては $(\alpha_1 x_0+\alpha_2 y_0)=\mathfrak{p}^\sigma\mathfrak{q}_2$，$(\mathfrak{p}, \mathfrak{q}_2)=I_k$ とすれば，$\mathfrak{p}=(p)$ であるから $(\alpha_1' x_0+\alpha_2' y_0)=\mathfrak{p}^\sigma\mathfrak{q}_2'$，$(\mathfrak{p}, \mathfrak{q}_2')=I_k$ となる．よって右辺は $\mathfrak{p}^{2\sigma}$ でちょうど割り切れる．これは $2\rho+1=2\sigma$ となって矛盾である．よって p は $f(x, y)$ で表示されない．▌

これと全く同じ方法によって

(VI)　$n=n_0n_1^2$，かつ n_0 は平方因子を含まず $n_0=p_1\cdots p_t$ とする．n が判別式 $D=D_k$ を持つ原始的整係数2元2次形式によって表示されるための必要十分条件は，おのおのの i $(1\leqq i\leqq t)$ について

$$(p_i) = \mathfrak{p}_i\mathfrak{p}_i', \qquad N\mathfrak{p}_i = N\mathfrak{p}_i' = p_i$$

または

$$(p_i) = \mathfrak{p}_i^2, \qquad N\mathfrak{p}_i = p_i$$

となることである．——

定理5.10と定理5.2を合せれば

(VII)　素数 p が判別式 $D=D_k$ を持つ或る原始的整係数2元2次形式によって表示されるための必要十分条件は，

(i)　$p\,|\,D_k$,

または $p\nmid D_k$ のとき，k に対する Kronecker の指標 χ_{D_k} に対して

(ii)　$\chi_{D_k}(p) = 1$

となることである．すなわち $\bmod D_k$ の既約剰余類 $(\boldsymbol{Z}/D_k\boldsymbol{Z})^\times$ のうち $\chi_{D_k}(p)=1$ となる半分の剰余類 $p \bmod D_k$ に対して表示が可能であり，残りの半分に対して表示不可能である．——

またこれを§3.5の結果と比べてみよう．問題6* (p. 131) の答として与えられた (IV) (p. 132) では $f(x, y)=n$ が解けるための条件は

$$x^2 \equiv D \pmod{4n}$$

が整数解 x を持つことであった．

特に $n=p$ として，(i) $D=m$, $m\equiv 1 \pmod 4$, (ii) $D=4m$, $m\equiv 2, 3 \pmod 4$ の場合に分けて考えれば，上の条件とこの節の(VII)の結果とが一致することがわかる．

例 5.1 $k=\boldsymbol{Q}(\sqrt{-5})$, $D_k=-20$ の場合(p. 133, 例3.8(i)参照)．$h^+=2$ であった．$\chi_{D_k}(n)=1$ となる剰余類は $1, 3, 7, 9 \pmod{20}$．したがって $p=23, 29, 41, 47$ は，$D=-20$ を持つ或る $f(x, y)$ で表示される．実際に $(23)=\mathfrak{p}\mathfrak{p}'$ とすると，$\mathfrak{p}=[23, 8+\sqrt{-5}]$ (ただし，定理5.1の証明にならって $8^2\equiv -5 \pmod{23}$ にとった)．故に

$$f(x, y)=\frac{1}{23}(23x+(8+\sqrt{-5})y)(23x+(8-\sqrt{-5})y)$$
$$=23x^2+16xy+3y^2$$

である．いま

$$x=-x'-y', \qquad y=3x'+2y'$$

という特殊1次変換を施せば，$f(x, y)$ は

$$f(x, y)=g(x', y')=2x'^2+2x'y'+3y'^2$$

という簡約形式に移る．

同様に 29, 41 は x^2+5y^2 によって，47 は同じく $2x^2+2xy+3y^2$ によって表示される．(また例4.3のように考えることもできる.) ——

注意 定理5.10を逆の立場で見よう．“判別式 D を持つ任意の原始的整係数2元2次形式 $f(x, y)$ を与えるとき，$p=f(x, y)$ $(x, y\in\boldsymbol{Z})$ と表わされる素数 p は無限に存在する.” このことは，定理5.8と定理5.10の証明からわかるように，$D=D_k$ とする2次体 k の各狭義イデアル類 C が $N\mathfrak{p}=p$ となる素イデアルを無限に含むことと同値である．この定理は類体論を用いれば簡明であるが，Dirichlet は第6章の方法で直接に証明した．

つぎに種の理論との関係をしらべてみよう．定理5.8によって，2次体 k の狭義のイデアル類群 $\mathscr{C}^+$ と，判別式 $D=D_k$ を持つ原始的整係数2元2次形式の類の全体(これを Q で表わす)との間に1対1の対応がついた．

一方，$\mathscr{C}^+$ は 2^{t-1} 個の種に分かれ，各種は $h^+/2^{t-1}$ 個の類を含む：

$$\mathscr{C}^+=\mathscr{H}_1\cup\mathscr{H}_2\cup\cdots\cup\mathscr{H}_{2^{t-1}}.$$

ただし $\mathscr{H}_1=\mathscr{H}$ は主種である．これに対応して，Q も

$$Q=Q_1\cup Q_2\cup\cdots\cup Q_{2^{t-1}}$$

と2次形式の種に分かれ，各種 $\mathcal{Q}_i$ は $h^+/2^{t-1}$ 個の2元2次形式の類を含む．また定理5.7において $H_1/H_0=\{J_1, \cdots, J_{2^{t-1}}\}$ とする．ここで対応 Φ, Ψ:

$$\begin{array}{ccccc} \mathcal{Q}_i & & \mathcal{H}_i & & J_i \\ \rotatebox{90}{$\in$} & & \rotatebox{90}{$\in$} & & \rotatebox{90}{$\in$} \\ f(x, y) & \overset{\Psi}{\longleftarrow\!\!\shortmid} & \mathfrak{a} & \overset{\Phi}{\longmapsto} & N\mathfrak{a} \bmod D_k \end{array}$$

を考える．すなわち，種 $\mathcal{H}_i$ に含まれる或る類に属する整イデアル $\mathfrak{a}$ をとり，そのノルム $N\mathfrak{a} \bmod D_k$ を考える．$\mathcal{H}_i$ に属する別の $\mathfrak{b}$ を考えるとき

$$N\mathfrak{a} \equiv N\mathfrak{b} \cdot N_{k/\boldsymbol{Q}}\nu \pmod{D_k} \qquad (\nu \in k),$$

すなわち，定理5.7のように，対応

$$\Phi\colon\ \mathcal{H}_i \longmapsto J_i \in H_1/H_0$$

を生じる．一方，イデアル $\mathfrak{a}=[\alpha_1, \alpha_2]$ に対して，2元2次形式

$$f(x, y)=\frac{1}{N\mathfrak{a}}(\alpha_1 x+\alpha_2 y)(\alpha_1' x+\alpha_2' y)$$

を対応させる:

$$\Psi\colon\ \mathcal{H}_i \longmapsto \mathcal{Q}_i.$$

この対応 Φ, Ψ は共に全単射であるので，写像

$$\mathcal{Q}_i \overset{\Phi\circ\Psi^{-1}}{\longmapsto} J_i$$

は $\{\mathcal{Q}_1, \cdots, \mathcal{Q}_{2^{t-1}}\} \to \{J_1, \cdots, J_{2^{t-1}}\}$ という全単射を生じる．以上より

定理 5.11 (i) 判別式 $D=D_k$ を持つ原始的整係数2元2次形式の種 $\mathcal{Q}_i$ に対して，上に定義した対応 $\Phi\circ\Psi^{-1}$ により H_1/H_0 の元 J_i が1対1に対応する．

$\mathcal{Q}_i$ は $h^+/2^{t-1}$ 個の類より成り，J_i は $(\boldsymbol{Z}/D_k\boldsymbol{Z})^\times$ の $\varphi(D_k)/2^t$ 個の剰余類より成る．したがって，素数 p $(p \nmid D_k)$ の2元2次形式 $f(x, y)$ による表示を考えるとき，$p \bmod D_k$ の属する剰余類が J_i に属するならば，対応する $f(x, y)$ の属する類は $\mathcal{Q}_i$ に属する．またこの逆も成り立つ．

(ii) 特に $h^+=2^{t-1}$，すなわち，おのおのの種がただ一つの類より成るとき，$f(x, y)$ が或る類に属することと，$f(x, y)$ で表示される素数 p に対して $p \bmod D_k$ が或る $\varphi(D_k)/2^t$ 個の剰余類に属することとが同等となる．——

このことは，§3.5，例3.8，3.9で示したことである．すなわち，$h^+=2$ の場合には，ちょうど種と類とが一致し，上の事実が成り立っていたのである．

注意 類体論を用いると，種がただ一つの類より成る場合を除くと，(ii) のように類と $\bmod D_k$ の剰余類との間の対応をつけることができないことが示される．これについて

§8.1の定理8.4は興味深い.

判別式 $D=D_k$ を持つ二つの原始的整係数2元2次形式 $f(x, y)$ と $g(x, y)$ とが同一の種に属するための必要十分条件は，さらに定理5.12と定理5.13のように表わすこともできる.

定理 5.12 判別式 $D=D_k$ を持つ二つの原始的整係数2元2次形式 $f(x, y)$ と $g(x, y)$ とが同一の種に属するための必要十分条件は，或る整数 n が，同時に

$$n=f(x_1, y_1)=g(x_2, y_2) \qquad (x_i, y_i \in \boldsymbol{Z}) \tag{5.20}$$

と表わされることである.

証明 (i) (5.20)が成り立つとする. $f(x, y)$ と $g(x, y)$ をそれぞれ整イデアル $\mathfrak{a}=[\alpha_1, \alpha_2]$, $\mathfrak{b}=[\beta_1, \beta_2]$ によって

$$f(x, y)=\frac{1}{N\mathfrak{a}}(\alpha_1 x+\alpha_2 y)(\alpha_1' x+\alpha_2' y),$$

$$g(x, y)=\frac{1}{N\mathfrak{b}}(\beta_1 x+\beta_2 y)(\beta_1' x+\beta_2' y)$$

と表わすとき

$$N\mathfrak{a}\cdot N_{k/\boldsymbol{Q}}(\beta_1 x_2+\beta_2 y_2)=N\mathfrak{b}\cdot N_{k/\boldsymbol{Q}}(\alpha_1 x_1+\alpha_2 y_1)$$

となる. 故にイデアル $\mathfrak{a}, \mathfrak{b}$ は(すなわち, $f(x, y)$ と $g(x, y)$ とは)同一の種に属する.

逆に, $f(x, y)$ と $g(x, y)$ とが同一の種に属するとすれば, §5.1 (XII)によって, 或る $\lambda_1, \lambda_2 \in I_k$, $N_{k/\boldsymbol{Q}}\lambda_1>0$, $N_{k/\boldsymbol{Q}}\lambda_2>0$ によって

$$N\mathfrak{a}\cdot N_{k/\boldsymbol{Q}}\lambda_1=N\mathfrak{b}\cdot N_{k/\boldsymbol{Q}}\lambda_2$$

となる. 両辺に適当な数を掛けて, あらかじめ $\lambda_1 \in \mathfrak{b}$, $\lambda_2 \in \mathfrak{a}$ とすることができる. よって $\lambda_2=\alpha_1 x_1+\alpha_2 y_1$, $\lambda_1=\beta_1 x_2+\beta_2 y_2$ $(x_i, y_i \in \boldsymbol{Z})$ と表わすとき, (5.20)が成り立つ. ∎

つぎに, 種の特徴づけを有理的対等によってしらべよう.

定義 5.5 判別式 $D=D_k$ を持つ原始的整係数2元2次形式

$$f_i(x, y)=a_i x^2+b_i xy+c_i y^2 \qquad (i=1, 2)$$

が**有理的に対等** (rationally equivalent) であるとは, 或る変換

$$\begin{cases} x'=rx+sy, \\ y'=tx+uy \end{cases} \quad (r, s, t, u \in \boldsymbol{Q}), \qquad \begin{vmatrix} r & s \\ t & u \end{vmatrix} \neq 0$$

によって

$$f_1(x', y') = f_2(x, y)$$

となることをいう．容易にわかるように，有理的に対等という関係は同値律を満足する．また f_1 と f_2 とがこれまでの意味で対等であれば，有理的に対等である．

定理 5.13　判別式 $D=D_k$ を持つ原始的整係数2元2次形式 $f_1(x, y)$ と $f_2(x, y)$ とが有理的に対等であるための必要十分条件は，f_1 と f_2 とが同一の種に属することである．

証明　つぎの(VIII)を用いれば，定理 5.12 に帰着される．∎

(VIII)　判別式 $D=D_k$ を持つ原始的整係数2元2次形式 $f_1(x, y)$ と $f_2(x, y)$ とが有理的に対等であるためには，或る $n, r_i, s_i \in \boldsymbol{Z}$ により

$$n = f_1(r_1, s_1) = f_2(r_2, s_2) \tag{5.21}$$

となることである．

注意　(5.21)において，$n, r_i, s_i \in \boldsymbol{Q}$ と仮定しても，共通分母の平方を各辺に乗じれば，これらをすべて $\boldsymbol{Z}$ の数とすることができる．すなわち，$n, r_i, s_i \in \boldsymbol{Q}$ としても，$\in \boldsymbol{Z}$ としても，条件は同値である．

［証明］　f_1 と f_2 とが有理的に対等であれば，(5.21)が成り立つことはほとんど自明である．よって逆を証明しよう．まず

$$f_1(x, y) = a_1x^2 + b_1xy + c_1y^2 \qquad (a_1, b_1, c_1 \in \boldsymbol{Z})$$

とする．いま $n=a_1r_1{}^2+b_1r_1s_1+c_1s_1{}^2$ とすると $D\neq 0$ より $n\neq 0$ である．$f_1(x, y)$ に

$$\begin{cases} x = r_1x' + t_1y', \\ y = s_1x' + u_1y' \end{cases} \qquad (r_1u_1 - s_1t_1 \neq 0)$$

を代入すれば

$$\begin{aligned} f_1(x, y) &= f_1'(x', y') = a_1'x'^2 + b_1'x'y' + c_1'y'^2, \\ a_1' &= a_1r_1{}^2 + b_1r_1s_1 + c_1s_1{}^2 = n, \\ b_1' &= 2a_1r_1t_1 + b_1(r_1u_1 + s_1t_1) + 2c_1s_1u_1, \\ c_1' &= a_1t_1{}^2 + b_1t_1u_1 + c_1u_1{}^2 \end{aligned}$$

となる．ここで

$$t_1 = -\frac{b_1r_1 + 2c_1s_1}{2n}, \qquad u_1 = \frac{2a_1r_1 + b_1s_1}{2n}$$

にとれば，$r_1u_1-s_1t_1=1$ かつ $b_1'=0$ となる．このとき $f_1(x,y)$ と $f_1'(x',y')$ の判別式 D は不変であるから

$$f_1'(x',y') = nx'^2-\frac{D}{4n}y'^2$$

となる．すなわち $f_1(x,y)$ と $f_1'(x,y)$ とは正に対等である．

全く同様に $f_2(x,y)$ も同じ $nx^2-(D/4n)y^2$ と正に対等である．故に f_1 と f_2 も正に対等になる．∎

例 5.2　$k=\boldsymbol{Q}(\sqrt{-23})$, $D_k=-23$ の場合．$I_k=[1,\omega]$, $\omega=(-1+\sqrt{-23})/2$ で簡約形式は3個:

$$f_1(x,y) = x^2+xy+6y^2, \qquad f_2(x,y) = 2x^2+xy+3y^2,$$
$$f_3(x,y) = 2x^2-xy+3y^2.$$

したがって $h^+=3$ となる．一方，$f_i(x,y)$ を1次式の積に分解すると

$$f_1(x,y) = (x+\omega y)(x+\omega' y), \qquad f_2(x,y) = \frac{1}{2}(2x+\omega y)(2x+\omega' y),$$

$$f_3(x,y) = \frac{1}{2}(2x-\omega' y)(2x-\omega y).$$

したがって f_1, f_2, f_3 に対応するイデアルは $I_k=[1,\omega]$, $\mathfrak{p}=[2,\omega]$, $\mathfrak{p}'=[2,-\omega']$, $N\mathfrak{p}=N\mathfrak{p}'=2$ である．k の狭義のイデアル類群は3次の巡回群であるから，全体が主種である．定理5.12をあてはめるとき，事実

$$4 = f_1(2,0) = f_2(1,-1) = f_3(1,1)$$

が成り立つ．また $f_i(x,y)$ $(i=1,2,3)$ が互いに有理的に同値なことは

$$f_1\left(-x+y, \frac{x}{2}+\frac{y}{2}\right) = f_2(x,y) = f_3(x,-y)$$

によって験証される．

注意　これまで，或る2次体 k を定め，2元2次形式としては，その判別式 $D=D_k$ の場合のみを扱った．一般に，原始的整係数2元2次形式 $f(x,y)$ の判別式が，つねに或る2次体 k の判別式 D_k と一致するとは限らない．D_k となるための必要条件は $D_k\equiv 1 \pmod 4$ または $D_k=4m$, $m\equiv 2,3 \pmod 4$ である．たとえば

$$f(x,y) = x^2+3y^2, \qquad D = -12$$

は，その条件を満たさない．このような場合には，或る2次体 k の整数環 I_k のイデアル(類)と対応させることができない．

$D=b^2-4ac$ で $D\neq D_k$ となるものは，一般に

$$D = f^2 d, \quad d = D_k \quad (f \in \boldsymbol{Z})$$

の形に表わされる．そのとき $I_k = [1, \omega]$ の代りに

$$I_D = \{x + yf\omega \mid x, y \in \boldsymbol{Z}\}$$

をとる．I_D も整域で，その商の体は k となる．f を I_D の**導手** (conductor) という．Dedekind は I_D を Ordnung (整環) といい，I_k を k の maximale Ordnung (極大整環) といった．I_k は Dedekind 整域であるが，一般の I_D は Dedekind 整域とはならない．I_D のイデアル論は，多少の変更を要する．しかしここでは，これ以上立ち入らないこととする (高木 [8], p. 84 参照)．

問　　題

1 $k = \boldsymbol{Q}(\sqrt{-m})$ において，$m = 1, 2, 3, 7, 11$ であれば，$N_{k/\boldsymbol{Q}}\alpha$ を用いて，I_k が Euclid 整域となる．

また $k = \boldsymbol{Q}(\sqrt{m})$ において $m = 2, 3, 5, 13$ であれば I_k は Euclid 整域となる．

2 2次体 k において I_k の基を $(1, \omega)$ とする．I_k のイデアル $\mathfrak{a} = [p + q\omega, r + s\omega]$ に対して，$N\mathfrak{a} = |ps - qr|$ である．

3 問題2において $\mathfrak{a}_1 = [a_1, b_1 + \omega]$ と $\mathfrak{a}_2 = [a_2, b_2 + \omega]$ とが $\mathfrak{a}_1 = (\rho)\mathfrak{a}_2$, $\rho \in I_k$ であるための必要十分条件は，$\theta_i = (b_i + \omega)/a_i$ $(i = 1, 2)$ に対して

$$\theta_1 = \frac{p\theta_2 + q}{r\theta_2 + s}, \quad ps - qr = \pm 1 \quad (p, q, r, s \in \boldsymbol{Z})$$

と表わされることである．そのとき $N_{k/\boldsymbol{Q}}\rho = \pm a_1/a_2$ となる．(ただし $\pm$ は同順) (高木 [1], p. 330)．

4 (i) $x^2 + 2 = y^3$ の整数解は $x^2 = 25$, $y^3 = 27$ に限る (Fermat)．

(ii) $x^2 + 5 = y^3$ は整数解を持たない．

[ヒント] (i) $k = \boldsymbol{Q}(\sqrt{-2})$ で考えよ．(ii) $k = \boldsymbol{Q}(\sqrt{-5})$ で考えよ．

5 任意の奇数 n を与えるとき，類数 h_k が n で割り切れるような虚の2次体 k が必ず存在する (石田 [12], p. 150)．

例 5.3 $k = \boldsymbol{Q}(\sqrt{-29})$ に対して $3 \mid h_k$, $k = \boldsymbol{Q}(\sqrt{-218})$ に対して $5 \mid h_k$.

6 $p = 8m + 1$ であれば $k = \boldsymbol{Q}(\sqrt{-p})$, $D_k = 4p$ の類数 h_k は4の倍数である (Borevič-Šafarevič [4], 邦訳 p. 307, p. 557 参照)．

例 5.4 $p = 17$ のとき $h = 4$, $p = 41$ のとき $h = 8$, $p = 73$ のとき $h = 4$, $p = 89$ のとき $h = 12$, $p = 97$ のとき $h = 4$.

第6章　算術級数における素数定理と2次体の類数公式

§6.1　ゼータ関数と Dirichlet の L 関数

a) ゼータ関数

整数論において，解析的手法を有効に使った最初の数学者は P. G. L. Dirichlet (1805-1859) であった．すなわち，1837年に，今日 Dirichlet 級数と呼ばれる L 級数を定義し，これを用いて

算術級数における素数定理　“$n, d \in \boldsymbol{Z}$, $(n, d)=1$ であれば

$$p \equiv n \pmod d$$

となる素数(すなわち $p=n+kd$ ($k \in \boldsymbol{Z}$) と表わされる素数) p が無限に多く存在する”

を証明し，また2次体 $k=\boldsymbol{Q}(\sqrt{m})$ の類数 h を具体的に表わす公式(定理 6.11)を証明した．これは真に劃期的なことであった．整数論においては，有限個の数の間の加減乗除のみを用いるのが普通であるのに対して，有限和を収束する無限和(あるいは積分)でおきかえて，整数論的な命題を証明するという新しい手段を用いたのである．

Dirichlet は，実変数関数のみを用いたが，後に G. F. B. Riemann (1826-1866) は複素変数解析関数をさらに有効に用いた．当時はようやく複素関数論が用いられ始めた時期であったが，今日では，もはや常識化している．本書では，第II部では実変数の範囲で十分であるが，第III部では複素変数を用いなければならない．それ故，複素変数に関する定理には†印をつけて一応区別することとした．

級数

$$1+\frac{1}{2^s}+\frac{1}{3^s}+\cdots+\frac{1}{n^s}+\cdots \qquad (s>1)$$

はすでに Euler が用いていた．しかし，s を変数と見て

(6.1) $$\zeta(s)=1+\frac{1}{2^s}+\cdots+\frac{1}{n^s}+\cdots \qquad (s>1)$$

を考えるとき，これを**ゼータ関数**(ζ 関数)と呼ぶ．一般に

(6.2) $$f(s)=\sum_{n=1}^{\infty}\frac{a_n}{n^s}$$

(ただし，$a_1, a_2, \cdots$ は複素数とする)の形の級数を **Dirichlet 級数**という．

(I) 実変数 s に対して，Dirichlet 級数(6.2)が収束する s の範囲 $\boldsymbol{D}$ は，つぎの場合がある．

(i) $\boldsymbol{D}=\phi$，すなわち，(6.2)の級数はどんな s に対しても収束しない．

(ii) $\boldsymbol{D}=\boldsymbol{R}$，すなわち，(6.2)の級数はすべての s に対して収束する．

(iii) 或る α が存在して $\boldsymbol{D}=(\alpha,\infty)=\{s\,|\,\alpha<s<\infty\}$，すなわち，$s>\alpha$ のときに限り収束する．

(iv) 或る α が存在して $\boldsymbol{D}=[\alpha,\infty)=\{s\,|\,\alpha\leqq s<\infty\}$，すなわち，$s\geqq\alpha$ のときに限り収束する．

$\boldsymbol{D}$ として起こり得るのは，以上の場合しかない．

[証明]　まず $s=\lambda$ で(6.2)が収束したとすれば，$s>\lambda$ に対しても(6.2)が収束することをいう．$x>0$ とし，$s=\lambda$ に対する(6.2)の部分和を

$$S_\nu(x)=\sum_{\nu\leqq n\leqq x}\frac{a_n}{n^\lambda}$$

とおく．(6.2)が λ に対して収束するから，任意の $\varepsilon>0$ に対して十分大きい $\nu\geqq 1$ をとれば，任意の $N\geqq\nu$ に対して

$$|S_\nu(N)|\leqq\varepsilon$$

である．故に $\mu=s-\lambda>0$，$\nu<N$ に対して

$$\begin{aligned}\left|\sum_{n=\nu}^{N}\frac{a_n}{n^s}\right| &= \left|\sum_{n=\nu}^{N}\frac{S_\nu(n)-S_\nu(n-1)}{n^\mu}\right| \\ &= \left|\sum_{n=\nu}^{N}S_\nu(n)\left(\frac{1}{n^\mu}-\frac{1}{(n+1)^\mu}\right)+\frac{S_\nu(N)}{(N+1)^\mu}\right| \\ &< \varepsilon\left\{\sum_{n=\nu}^{N}\left(\frac{1}{n^\mu}-\frac{1}{(n+1)^\mu}\right)+\frac{1}{(N+1)^\mu}\right\}\leqq 2\varepsilon.\end{aligned}$$

よって(6.2)は $s\geqq\lambda$ に対して収束する．

さて(6.2)が収束するような s の集合を $\boldsymbol{D}$ とすれば，$\lambda\in\boldsymbol{D}$ ならば任意の $s\geqq\lambda$

も $\boldsymbol{D}$ に属する．これから $\boldsymbol{D}$ の可能な集合としては，(i), (ii), (iii), (iv) のものしか存在しないことがわかる．▮

実際に $\boldsymbol{D}$ が (i), (ii), (iii), (iv) となる (6.2) が存在することは，読者の考察にゆずろう．

(II)　実変数 s に対して，(6.2) の級数が $s=\lambda$ で収束すれば，(6.2) は区間 $[\lambda, \infty)$ で一様に収束する．したがって $f(s)$ は $\boldsymbol{D}$ において連続関数となる．

[証明]　$[\lambda, \infty)$ で (6.2) が一様収束することは，(I) の証明よりわかる．▮

つぎに，級数 (6.2) において，複素変数

(6.3)
$$s = \sigma + it \qquad (\sigma, t \in \boldsymbol{R})$$

について考えてみよう．

(III)† $s=\sigma+it$, $n>0$ のとき

$$n^s = \exp(s \log n)$$

とおく．このとき $|n^s|=n^\sigma$ である．そのとき，複素数 s に関して，級数 (6.2) の収束について

(i)　すべての s に対して (6.2) は収束しない，

(ii)　すべての s に対して (6.2) は収束し，$f(s)$ は複素平面 $\boldsymbol{C}$ 上の正則関数である，

(iii)　或る σ_0 $(-\infty<\sigma_0<\infty)$ が存在し

(イ)　$\sigma>\sigma_0$ で (6.2) は収束し，$f(s)$ は領域

$$\boldsymbol{D} = \{\sigma+it \mid \sigma>\sigma_0\}$$

で正則関数となり，

(ロ)　$\sigma<\sigma_0$ で (6.2) は収束しない

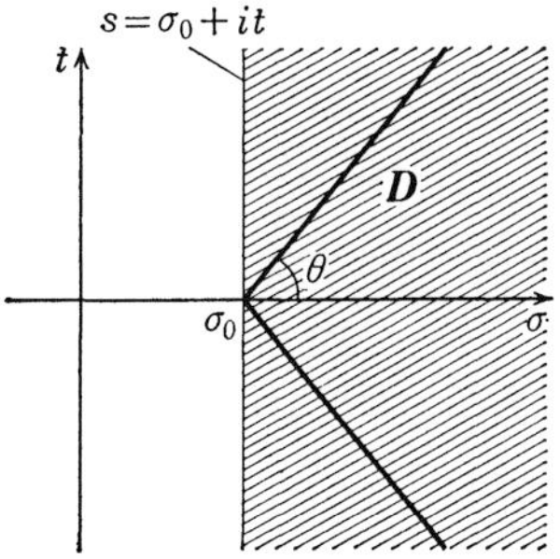

図 6.1

という(i), (ii), (iii)のいずれか一つが成り立つ.

((iii)の場合 $s=\sigma_0+it$ に対して(6.2)は収束することもあり，収束しないこともある.)

(iii)の場合に複素平面上の直線 $s=\sigma_0+it$ を(6.2)の**収束線**という.

[証明]　まず $s=\sigma_0$ に対して(6.2)が収束した場合に，任意に

$$0<\theta<\frac{\pi}{2}$$

に θ をとるとき，$\boldsymbol{C}$ 上で

$$|\mathrm{Arg}(s-\sigma_0)|\leqq\theta$$

となる閉領域 $\boldsymbol{D}_\theta$ (すなわち，s と σ_0 とを結ぶ直線が実軸となす角が θ 以下の点 s の全体)上で，(6.2)が一様に収束することを見よう.

いま $s=\sigma_0+s^*$，$a_n=n^{\sigma_0}a_n{}^*$ とおけば，(6.2)は

$$f(s)=f^*(s^*)=\sum_{n=1}^{\infty}\frac{a_n{}^*}{n^{s^*}}$$

と表わされる．いま $s\in\boldsymbol{D}_\theta$ とすれば $s^*=\sigma^*+it^*$ $(\sigma^*>0)$ に対して $\sigma^*\geqq|s^*|\cos\theta$ である．さて

$$S_\nu(x)=\sum_{\nu\leqq n\leqq x}a_n{}^*$$

とおく．(6.2)が $s=\sigma_0$ で収束することから，任意に与えられた $\varepsilon>0$ に対して或る $\nu(\geqq1)$ がとれて，すべての $x\ (>\nu)$ に対して

$$|S_\nu(x)|<\varepsilon\cos\theta$$

となる．そのとき

$$\sum_{n=\nu}^{N}\frac{a_n{}^*}{n^{s^*}}=\sum_{n=\nu}^{N}S_\nu(n)\left(\frac{1}{n^{s^*}}-\frac{1}{(n+1)^{s^*}}\right)+\frac{S_\nu(N)}{(N+1)^{s^*}},$$

かつ

$$\left|\frac{1}{n^{s^*}}-\frac{1}{(n+1)^{s^*}}\right|=\left|s^*\int_n^{n+1}\frac{du}{u^{s^*+1}}\right|\leqq|s^*|\cdot\int_n^{n+1}\frac{du}{u^{\sigma^*+1}}$$
$$=\frac{|s^*|}{\sigma^*}\left(\frac{1}{n^{\sigma^*}}-\frac{1}{(n+1)^{\sigma^*}}\right)\leqq\frac{1}{\cos\theta}\left(\frac{1}{n^{\sigma^*}}-\frac{1}{(n+1)^{\sigma^*}}\right)$$

である．よって

$$\left|\sum_{n=\nu}^{N}\frac{a_n{}^*}{n^{s^*}}\right|\leqq\varepsilon\sum_{n=\nu}^{N}\left(\frac{1}{n^{\sigma^*}}-\frac{1}{(n+1)^{\sigma^*}}\right)+\frac{\varepsilon}{(N+1)^{\sigma^*}}=\frac{\varepsilon}{\nu^{\sigma^*}}\leqq\varepsilon$$

となる．故に級数(6.2)は閉領域 $\boldsymbol{D}_\theta$ で一様収束する．

さて，与えられた Dirichlet 級数(6.2)に対して，これをはじめ実変数 s で考えれば(I)の(i), (ii), (iii)または(iv)のいずれかとなる．これに対応して，(III)† の(i), (ii), (iii)の場合が成り立つことがわかる．▮

さて，われわれがまず扱う Dirichlet 級数は(6.1)の

$$\zeta(s) = \sum_{n=1}^{\infty} \frac{1}{n^s}$$

である．

定理 6.1　級数(6.1)で定義されるゼータ関数 $\zeta(s)$ に対して

(i)　$\zeta(1)$ は無限大に発散する．

(ii)　実変数 s に関して $\zeta(s)$ は

$$s > 1$$

で収束し，連続関数である．

(iii)　s が実軸上 1 に右側から近づくとき

$$\zeta(s) = \frac{1}{s-1} + O(1) \qquad (s \to 1+0) \tag{6.4}$$

である．ただし $O(1)$ は $s \to 1$ のとき有界な s の関数を表わす．

(iv)†　複素変数 $s=\sigma+it$ に関して，$\zeta(s)$ は $\sigma>1$ で収束し，正則である．

証明　$s \geqq 1$ のとき

$$\int_n^{n+1} \frac{du}{u^s} < \frac{1}{n^s} < \int_{n-1}^{n} \frac{du}{u^s}$$

より

$$\int_1^{N+1} \frac{du}{u^s} < \sum_{n=1}^{N} \frac{1}{n^s} < 1 + \int_1^{N} \frac{du}{u^s}$$

である．

$$\int_1^{\infty} \frac{du}{u} = \infty, \qquad \int_1^{\infty} \frac{du}{u^s} = \frac{1}{s-1} \quad (s>1)$$

であるから，(6.1)の級数は $s=1$ に対して発散し，$s>1$ に対しては

$$\frac{1}{s-1} < \zeta(s) < 1 + \frac{1}{s-1}$$

となる．したがって

$$0 < \zeta(s) - \frac{1}{s-1} < 1$$

となる．よって(ii), (iii)が成り立つ．((iv)[†] も同様である.) ▮

定理 6.2[(†)]　p が素数の全体を動くとき，実変数 s (または複素変数 $s=\sigma+it$) に対して，$s>1$ (または $\sigma>1$) でつぎの右辺の無限積が絶対収束して

$$\zeta(s) = \prod_p \frac{1}{1-\dfrac{1}{p^s}} \tag{6.5}$$

が成り立つ．右辺の無限積を **Euler 積**(Euler product)という．

証明　実変数 $s>1$ とする．$x>0$ に対して

$$\prod_{p\leqq x} \frac{1}{1-\dfrac{1}{p^s}} = \prod_{p\leqq x}\left(1+\frac{1}{p^s}+\frac{1}{p^{2s}}+\cdots+\frac{1}{p^{ns}}+\cdots\right)$$

$$= \sum{}' \frac{1}{n^s} \leqq \sum_{n\leqq x}\frac{1}{n^s} + \sum_{x<n}{}'' \frac{1}{n^s}.$$

ただし，$\sum'$, $\sum''$ は $n=1,2,\cdots$ についての和の或る部分和である．これから

$$0 < \left|\prod_{p\leqq x}\frac{1}{1-\dfrac{1}{p^s}} - \sum_{n\leqq x}\frac{1}{n^s}\right| < \left|\sum_{n\geqq x}\frac{1}{n^s}\right|.$$

ここで $x\to\infty$ のとき(右辺)$\to 0$ となる．(複素変数 s についても同様である.) ▮

(IV)　s を実変数とする．$s>1$ で $s\to 1+0$ となるとき

$$\log\zeta(s) = \sum_p \frac{1}{p^s} + O(1) \qquad (s\to 1+0). \tag{6.6}$$

ただし $\sum$ はすべての素数 p についての和を表わす．

[証明]　$s>1$ とする．(6.5)の無限積は絶対収束であるので

$$\log\zeta(s) = \sum_p \log\left(\frac{1}{1-\dfrac{1}{p^s}}\right) = \sum_p\left(\sum_{\nu=1}^{\infty}\frac{1}{\nu}\frac{1}{p^{s\nu}}\right) = \sum_p\frac{1}{p^s} + A(s).$$

ここで

$$0 < A(s) = \sum_p\left(\sum_{\nu=2}^{\infty}\frac{1}{\nu}\frac{1}{p^{\nu s}}\right) < \frac{1}{2}\sum_p\frac{\dfrac{1}{p^{2s}}}{1-\dfrac{1}{p^s}} < \frac{1}{2}\frac{\sum_p\dfrac{1}{p^{2s}}}{1-\dfrac{1}{2}}$$

$$= \sum_p \frac{1}{p^{2s}} < \zeta(2s) < \zeta(2)$$

となる．したがって(6.6)が成り立つ．▮

(V) p が素数全体を動くとき，$s>1$, $s\to 1+0$ に対して

$$\sum_p \frac{1}{p^s} = \log\frac{1}{s-1} + O(1).$$

特に，素数が無限に多く存在することが導かれる．

[証明] (6.4)と(6.6)より導かれる．▮

b) Dirichlet の L 関数

ゼータ関数と，これから説明する類指標 χ とを用いて，Dirichlet の L 関数を定義しよう．

定義 6.1 加法群 $\boldsymbol{Z}$ の正の整数 d を法とする**類指標**(class character) χ_d とは，$n\in\boldsymbol{Z}$ に対して $\chi_d(n)\in\boldsymbol{C}$ が定義されて，

(i) $(n,d)\neq 1$ のとき $\chi_d(n)=0$,

(ii) $(n,d)=1$ のとき $|\chi_d(n)|=1$,

(iii) $\chi_d(mn)=\chi_d(m)\chi_d(n)$,

(iv) $m\equiv n \pmod d$ ならば $\chi_d(m)=\chi_d(n)$

を満足するものをいう．

(VI) $d>0$, $k>0$ のとき $n \pmod{dk}$ ($(n,dk)=1$) に $n \pmod d$ を対応させる写像を

$$\psi:\ (\boldsymbol{Z}/dk\boldsymbol{Z})^\times \longrightarrow (\boldsymbol{Z}/d\boldsymbol{Z})^\times$$

とする．そのとき，類指標 χ_d に対して

(i) $\chi_{dk}(n)=0$, $\quad (n,dk)\neq 1$,

(ii) $\chi_{dk}(n)=\chi_d\circ\psi(n)$, $\quad (n,dk)=1$,

とすれば，χ_{dk} は dk を法とする類指標である．この χ_{dk} を χ_d より誘導された類指標と呼ぼう．またこのとき

$$\chi_{dk}\sim\chi_d$$

と書く．

[証明] 類指標の条件をためせばよい．▮

例 6.1 $d=5$, $k=3$ とし，mod 5 の類指標 χ_5

$\chi_5(n)$	0	1	-1	
n	0	1, 4	2, 3	(mod 5)

に対して，$\chi_{15}\sim\chi_5$ を(VI)によって定義すれば

$\chi_{15}(n)$	0	1	-1	
n	0, 3, 5, 6, 9, 10, 12	1, 4, 11, 14	2, 7, 8, 13	(mod 15)

(VII) χ_1, χ_2 がそれぞれ $\bmod d_1$, $\bmod d_2$ の類指標であって，$d_1|d$ および $d_2|d$ であり，さらに χ_1, χ_2 より $\bmod d$ の同一の類指標 χ が誘導されるとする：

$$\chi\sim\chi_1, \qquad \chi\sim\chi_2.$$

そのとき $\bmod d_3$ (ただし $d_3=(d_1, d_2)$) の或る類指標 χ_3 があって

$$\chi\sim\chi_3$$

となる．

[証明]　類指標 χ に対して

$$A_d=\{n\in \boldsymbol{Z}\,|\,(d, n)=1\}, \qquad H_\chi=\{n\in \boldsymbol{Z}\,|\,\chi(n)=1\},$$
$$S_d=\{n\in \boldsymbol{Z}\,|\,n=1+kd,\ k\in \boldsymbol{Z}\}$$

とおく．もちろん $S_d\subseteqq H_\chi\subseteqq A_d$ である．このとき，$\chi\sim\chi_1$ となるための必要十分条件は

$$S_{d_1}\cap A_d\subseteqq H_\chi$$

が成り立つことである．仮定により $\chi\sim\chi_1$ かつ $\chi\sim\chi_2$ であれば

$$S_{d_i}\cap A_d\subseteqq H_\chi \qquad (i=1, 2)$$

である．したがって $d_3=(d_1, d_2)$ に対して $S_{d_1}+S_{d_2}=S_{d_3}$ であって

$$S_{d_3}\cap A_d=(S_{d_1}\cap A_d)+(S_{d_2}\cap A_d)\subseteqq H_\chi.$$

が成り立つ．すなわち，或る $\bmod d_3$ の類指標 χ_3 に対して $\chi\sim\chi_3$ が成り立つ．▌

定義 6.2　類指標 χ に対して，$\chi\sim\chi_1$ (χ_1 は $\bmod d_1$ の類指標) となるような最小の d_1 が存在する．この d_1 を χ の**導手**(conductor)という．

また $\bmod d$ の類指標 χ の導手が d 自身であるとき，χ を**原始指標**(primitive character)という．——

例 6.2　$\bmod p^n$ ($p\neq 2$ は素数) の類指標 χ で $\chi=\chi^{-1}$ であれば，χ の導手は p で

$$\chi \sim \chi_1,$$

ここで χ_1 は $\bmod p$ の類指標で

$$\chi_1(n) = \left(\frac{n}{p}\right) \qquad ((n, p)=1)$$

である.

[証明] $(\boldsymbol{Z}/p^n\boldsymbol{Z})^\times$ は位数 $\varphi(p^n)=p^{n-1}(p-1)$ の巡回群であったから，指標 χ の位数が 2 のものはただ一つに定まり，それは $\chi\sim\chi_1$，$\chi_1(n)=\left(\dfrac{n}{p}\right)$ $((n, p)=1)$ に限る. ▌

例 6.3 $\bmod 2^n$ の類指標 χ で，$\chi=\chi^{-1}$ となるものは，つぎの三通りのうちのどれか一つである.

(i) $\chi\sim\chi_1$，χ_1 は導手 4 の類指標で

$$\chi_1(n) = \begin{cases} 1, & n\equiv 1 \pmod 4, \\ -1, & n\equiv 3 \pmod 4. \end{cases}$$

(ii) $\chi\sim\chi_2$，χ_2 は導手 8 の類指標で

$$\chi_2(n) = \begin{cases} 1, & n\equiv 1, 7 \pmod 8, \\ -1, & n\equiv 3, 5 \pmod 8. \end{cases}$$

(iii) $\chi\sim\chi_3$，χ_3 は導手 8 の類指標で

$$\chi_3(n) = \begin{cases} 1, & n\equiv 1, 3 \pmod 8, \\ -1, & n\equiv 5, 7 \pmod 8. \end{cases}$$

[証明] $(\boldsymbol{Z}/2^n\boldsymbol{Z})^\times$ は $(2, 2^{n-2})$ 型可換群で，その指数 2 の部分群は三つあり，それぞれ上の (i), (ii), (iii) に対応している. ▌

定義 6.3 $\bmod d$ の類指標 χ に対して，級数

(6.7) $$L_d(s, \chi) = \sum_{n=1}^{\infty} \frac{\chi(n)}{n^s} \qquad (s \in \boldsymbol{R} \text{ または } \in \boldsymbol{C})$$

で定義される関数を **Dirichlet の L 関数**という.

(VIII)[†] (i) 実変数 s (または複素変数 $s=\sigma+it$) に関して，Dirichlet の L 関数 $L_d(s, \chi)$ は $s>1$ (または $\sigma>1$) において絶対収束し，

$$|L_d(s, \chi)| \leqq |\zeta(s)|.$$

(ii) $s>1$ (または $\sigma>1$) で，つぎの右辺の無限積は絶対収束し，かつ

$$L_d(s,\chi)=\prod_{p\nmid d}\frac{1}{1-\dfrac{\chi(p)}{p^s}}.$$

(iii) mod d の**基本指標** χ_0 を

$$\chi_0(n)=\begin{cases}0, & (n,d)\neq 1,\\ 1, & (n,d)=1\end{cases}$$

とする．$\chi\neq\chi_0$ のとき，$L_d(s,\chi)$ は実変数 s (または複素変数 $s=\sigma+it$) につき，$s>0$ で収束して，s の連続関数 (または $\sigma>0$ で収束して s の正則関数) となる．

[証明] (i), (ii) はゼータ関数の場合 (定理 6.1, 6.2) と同様である．

(iii) $\chi\neq\chi_0$ のとき，$\sum_{n=1}^{d}\chi(n)=0$，一般に $\sum_{n=dk+1}^{d(k+1)}\chi(n)=0$ が成り立つ．したがって

$$S(n)=\chi(1)+\cdots+\chi(n)$$

とおくとき，$|S(n)|\leqq\varphi(d)=C$ である．$s\geqq s_0>0$ に対して

$$\begin{aligned}\left|\sum_{n=\nu}^{N}\frac{\chi(n)}{n^s}\right| &= \left|\sum_{n=\nu}^{N}\frac{S(n)-S(n-1)}{n^s}\right|\\ &= \left|\sum_{n=\nu}^{N}S(n)\left(\frac{1}{n^s}-\frac{1}{(n+1)^s}\right)+\frac{S(N)}{(N+1)^s}-\frac{S(\nu-1)}{\nu^s}\right|\\ &\leqq C\left\{\sum_{n=\nu}^{N}\left(\frac{1}{n^s}-\frac{1}{(n+1)^s}\right)+\frac{1}{(N+1)^s}+\frac{1}{\nu^s}\right\}=\frac{2C}{\nu^s}\leqq\frac{2C}{\nu^{s_0}}\end{aligned}$$

となる．よって (6.7) の級数は $s\geqq s_0$ で一様に収束する．

(iii)† については $\sigma\geqq\sigma_0\ (>0)$ で一様収束する．▌

可換群 $G=(\boldsymbol{Z}/d\boldsymbol{Z})^\times$ の位数は $\varphi(d)$ であるから，G は $\varphi(d)$ 個の異なる指標 $\tilde{\chi}_0,\tilde{\chi}_1,\cdots,\tilde{\chi}_{\varphi(d)-1}$ を持つ．これらから $\boldsymbol{Z}$ の mod d の類指標

$$\chi_i(n)=\begin{cases}0, & (n,d)\neq 1,\\ \tilde{\chi}_i(n\ (\mathrm{mod}\ d)), & (n,d)=1\end{cases}\qquad (i=0,1,\cdots,\varphi(d)-1)$$

が定義される．ただし χ_0 は mod d の基本指標とする．

有限可換群の指標の直交性によって，$(n,d)=(m,d)=1$ に対して

$$\text{(6.8)}\qquad \sum_{j=0}^{\varphi(d)-1}\chi_j(n)\cdot\overline{\chi_j(m)}=\begin{cases}\varphi(d), & m\equiv n\pmod d,\\ 0, & m\not\equiv n\pmod d\end{cases}$$

が成り立つ．

さて，類指標 $\chi_0,\cdots,\chi_{\varphi(d)-1}$ に対応して，L 関数

$$L_d(s, \chi_i) \qquad (i=0, 1, \cdots, \varphi(d)-1)$$

を考える．s を実変数とし，$s>1$ において

$$L_d(s, \chi_i) = \prod_p \frac{1}{1-\dfrac{\chi_i(p)}{p^s}},$$

$$\log L_d(s, \chi_i) = \sum_p \frac{\chi_i(p)}{p^s}+O(1) \qquad (s\to 1+0)$$

$$(i=0, 1, \cdots, \varphi(d)-1)$$

が成り立つ．

いま $(\boldsymbol{Z}/d\boldsymbol{Z})^\times$ の $\varphi(d)$ 個の剰余類を $A_1, \cdots, A_{\varphi(d)}$ とおく．各類に対し $\chi_i(A_j)$ の値が定まる．これを用いると，上の二つの等式は

$$L_d(s, \chi_i) = \prod_{j=1}^{\varphi(d)} \prod_{p\in A_j} \frac{1}{1-\dfrac{\chi_i(A_j)}{p^s}},$$

$$\log L_d(s, \chi_i) = \sum_{j=1}^{\varphi(d)} \chi_i(A_j)\left(\sum_{p\in A_j} \frac{1}{p^s}\right)+O(1)$$

と変形される．この両辺に $\overline{\chi_i(A_k)}$ を掛けて $i=0, 1, \cdots, \varphi(d)-1$ について加えれば，直交性(6.8)によって

$$\sum_{i=0}^{\varphi(d)-1} \overline{\chi_i(A_k)} \log L_d(s, \chi_i) = \varphi(d) \sum_{p\in A_k} \frac{1}{p^s}+O(1) \tag{6.9}$$

となる．いま

定理 6.3 mod d の類指標 $\chi\ (\neq\chi_0)$ について，

$$L_d(1, \chi) \neq 0$$

である．——

これを用いると，$\chi\neq\chi_0$ に対して

$$\lim_{s\to 1+0} \log L_d(s, \chi) = \log L_d(1, \chi) \neq \pm\infty$$

で，$\log L_d(s, \chi)$ は $s\to 1+0$ に対して有界である．また(6.6)より

$$\log L_d(s, \chi_0) = \sum_{p\nmid d} \frac{1}{p^s}+O(1) = \sum_p \frac{1}{p^s}+O(1)$$

$$= \log\frac{1}{s-1}+O(1)$$

である．したがって

$$(6.10)\qquad \sum_{p\in A_k}\frac{1}{p^s}=\frac{1}{\varphi(d)}\log\frac{1}{s-1}+O(1)$$

が成り立つ．これは(V)に対応するので，これからつぎの定理が導かれる．

定理 6.4（**Dirichlet の算術級数における素数定理**）　$(n,d)=1$ のとき

$$p\equiv n \pmod d$$

となる素数 p が無限に多く存在する．——

よって定理6.3の証明をしよう．

c）$L_d(1,\chi)\neq 0\ (\chi\neq\chi_0)$ **の証明**

定理6.3の証明は，類指標 χ が，(i) $\chi^2=\chi_0$（すなわち $\chi(n)$ の値が $0,1,-1$ だけの場合）と，(ii) $\chi^2\neq\chi_0$（すなわち，$\chi(n)$ の値として複素数をもとる場合）とで大きく異なる．まず後者から始めよう．

(IX)　$\chi^2\neq\chi_0$ のとき

$$L_d(1,\chi)\neq 0.$$

[証明]　まず，つぎの不等式を用いる：

$$(6.11)\qquad \cos 2\theta+2\cos\theta\geqq -\frac{3}{2}.$$

何となれば

$$左辺=2\cos^2\theta-1+2\cos\theta=2\left(\cos\theta+\frac{1}{2}\right)^2-\frac{3}{2}\geqq-\frac{3}{2}.$$

つぎに $0<x<1$ であれば

$$(6.12)\qquad (1-x)^3\cdot|1-xe^{i\theta}|^4\cdot|1-xe^{2i\theta}|^2<1.$$

何となれば

$$左辺=(1-x)^3(1-2x\cos\theta+x^2)^2(1-2x\cos 2\theta+x^2).$$

ここで，後の2項に幾何平均と算術平均との大小関係を用いて

$$\leqq(1-x)^3\left(1-\frac{2}{3}x(\cos 2\theta+2\cos\theta)+x^2\right)^3.$$

(6.11)を用いて

$$\leqq(1-x)^3(1+x+x^2)^3=(1-x^3)^3<1$$

となる．

(6.12)において $x=1/p^s\ (s>1)$，$e^{i\theta}=\chi(p)$ とおけば

$$\left(1-\frac{1}{p^s}\right)^3\cdot\left|1-\frac{\chi(p)}{p^s}\right|^4\cdot\left|1-\frac{\chi^2(p)}{p^s}\right|^2 \leqq 1$$

となる．左辺をすべての $p\ (p\nmid d)$ について掛け合せれば

(6.13) $$L_d(s,\chi_0)^3\cdot|L_d(s,\chi)|^4\cdot|L_d(s,\chi^2)|^2 \geqq 1$$

を得る．

ここで $s\to 1+0\ (1<s\leqq 2)$ としよう．まず定理 6.1, 6.2 より

(6.14) $$L_d(s,\chi_0) = \zeta(s)\cdot\left(\prod_{p\mid d}\frac{1}{1-\frac{1}{p^s}}\right)^{-1} \leqq \zeta(s) \leqq 1+\frac{1}{s-1} \leqq \frac{2}{s-1}.$$

つぎに $\chi^2\neq\chi_0$ であるから (VIII) の証明中 $\nu=1$, $s_0=1$ にとれば

(6.15) $$|L_d(s,\chi^2)| \leqq 2\varphi(d)$$

である．よって

"$L_d(1,\chi)=0$ ならば，或る $1\leqq s\leqq 1+\varepsilon\ (\varepsilon>0)$ で

(6.16) $$|L_d(s,\chi)| \leqq c(s-1) \qquad (c \text{ は或る定数})"$$

が証明されれば，これら (6.14), (6.15), (6.16) を (6.13) の左辺に代入し，$1<s\leqq 1+\varepsilon$ において

$$\left(\frac{2}{s-1}\right)^3\cdot c^4(s-1)^4\cdot(2\varphi(d))^2 \geqq 1$$

となる．これは $s\to 1+0$ とすれば矛盾である．よって $L_d(1,\chi)\neq 0$ でなければならない．

さて (6.16) の証明は，もしも複素変数 s を用いれば，つぎのように簡単である．(VIII)[†] の (iii) において $\chi\neq\chi_0$ であれば，$L_d(s,\chi)$ は $\sigma>0$ で正則である．よって $s=1$ の近くでベキ級数に展開される：

$$L_d(s,\chi) = a_0+a_1(s-1)+a_2(s-1)^2+\cdots.$$

ここで $a_0=0$ であって，或る $\varepsilon>0$ に対して，$|s-1|\leqq\varepsilon$ であれば

$$\left|\frac{L_d(s,\chi)}{s-1}\right| = |a_1+a_2(s-1)+\cdots| \leqq c$$

となる．すなわち (6.16) が成り立つ．

しかし，(6.16) は複素変数を用いなくても (すなわちベキ級数展開なしに) つぎのように実変数の範囲でも計算される (末綱 [9], p. 134)．(III)[†] の証明 ($s=\sigma_0=1$ の場合) と同じく

$$S_\nu=\sum_{\nu\leqq n}\frac{\chi(n)}{n}$$

とおくとき，(VIII)の証明によって(6.15)と同じく

$$|S_\nu|\leqq\frac{2\varphi(d)}{\nu}$$

である．故に

$$\sum_{n=1}^{N}\frac{\chi(n)}{n^s}=\sum_{n=1}^{N}\frac{S_n-S_{n+1}}{n^{s-1}}$$
$$=S_1-\frac{S_{N+1}}{(N+1)^{s-1}}+\sum_{n=1}^{N}S_{n+1}\left(\frac{1}{(n+1)^{s-1}}-\frac{1}{n^{s-1}}\right).$$

ここで$1<s\leqq 2$とする．$N\to\infty$として，$S_1=L_d(1,\chi)$を代入し，かつ

$$\frac{1}{n^{s-1}}-\frac{1}{(n+1)^{s-1}}=\int_n^{n+1}\frac{(s-1)}{u^s}du\leqq\frac{s-1}{n^s}$$

を用いれば

$$|L_d(s,\chi)-L_d(1,\chi)|=\left|\sum_{n=1}^{\infty}S_{n+1}\left(\frac{1}{n^{s-1}}-\frac{1}{(n+1)^{s-1}}\right)\right|$$
$$\leqq 2\varphi(d)\sum_{n=1}^{\infty}\frac{1}{n+1}\cdot\frac{s-1}{n^s}<2\varphi(d)\sum_{n=1}^{\infty}\frac{1}{n+1}\cdot\frac{s-1}{n}$$
$$=2\varphi(d)(s-1)\sum_{n=1}^{\infty}\left(\frac{1}{n}-\frac{1}{n+1}\right)=2\varphi(d)(s-1),$$

すなわち，(6.16)が成り立つ．▌

つぎに$\chi^2=\chi_0$の場合を考えよう．$\chi^2\neq\chi_0$の場合のような計算による証明もあるが(末綱 [9], pp. 136–139)，ここではDirichletの元来の証明法を紹介しよう．

χが$\bmod d$の類指標であれば，dをχの導手とする．例6.2, 6.3で見たようにdは

$$p_1\cdots p_l,\quad 4p_1\cdots p_l\quad または\quad 8p_1\cdots p_l$$

の形である．そのとき

$$m=\pm p_1\cdots p_l\ \ (m\equiv 1\ (\bmod 4))\quad または\quad \pm 2p_1\cdots p_l$$

とすることによって，

$$k=\boldsymbol{Q}(\sqrt{m}),\qquad d=|D_k|,$$
$$\chi=\chi_D\quad (k\text{ の Kronecker 指標})$$

と表わされる(§1.3定義1.6).

定義 6.4 k を代数体とする．k の **Dedekind のゼータ関数** $\zeta_k(s)$ とは，$\mathfrak{a}$ が k のすべての整イデアルを動くとき

$$\zeta_k(s) = \sum_{\mathfrak{a}} \frac{1}{(N\mathfrak{a})^s} \qquad (s>1) \tag{6.17}$$

によって定義する．

定理 6.5[†] (i) (6.17) の級数は実変数 s について $s>1$ (複素変数 $s=\sigma+it$ について $\sigma>1$) で収束する．そこで $\zeta_k(s)$ は連続関数 (または s について正則関数) である．

(ii) $\mathfrak{p}$ が k のすべての素イデアルを動くとき，$s>1$ (または $\sigma>1$) で

$$\zeta_k(s) = \prod_{\mathfrak{p}} \frac{1}{1-\dfrac{1}{(N\mathfrak{p})^s}}$$

と絶対収束する無限積として表わされる．(これを Euler 積という.)

証明 任意の整イデアル $\mathfrak{a}$ は $\mathfrak{a}=\mathfrak{p}_1^{e_1}\cdots\mathfrak{p}_r^{e_r}$ ($\mathfrak{p}_i$ は素イデアル，$e_i>0$) と一意に表わされ，$N\mathfrak{a}=(N\mathfrak{p}_1)^{e_1}\cdots(N\mathfrak{p}_r)^{e_r}$ となる．

まず $(p)=\mathfrak{p}_1^{e_1}\cdots\mathfrak{p}_g^{e_g}$，$N\mathfrak{p}_i=p^{f_i}$ とすれば，$n=[k:\boldsymbol{Q}]=e_1f_1+\cdots+e_gf_g$ である．したがって $s>1$ に対して

$$\sum_{\mathfrak{p}} \frac{1}{(N\mathfrak{p})^s} = \sum_{p}\left(\sum_{\mathfrak{p}|(p)} \frac{1}{(N\mathfrak{p})^s}\right) \leqq n\sum_{p}\frac{1}{p^s} < \infty$$

である．したがって無限積

$$\prod_{\mathfrak{p}} \frac{1}{1-\dfrac{1}{(N\mathfrak{p})^s}}$$

は $s>1$ で絶対収束である．

つぎに

$$\prod_{N\mathfrak{p}\leqq x} \frac{1}{1-\dfrac{1}{(N\mathfrak{p})^s}} = \prod_{N\mathfrak{p}\leqq x}\left(1+\frac{1}{(N\mathfrak{p})^s}+\frac{1}{(N\mathfrak{p})^{2s}}+\cdots\right)$$

$$= \sum_{\mathfrak{a}}{}' \frac{1}{(N\mathfrak{a})^s} = \sum_{N\mathfrak{a}\leqq x} \frac{1}{(N\mathfrak{a})^s} + \sum_{\mathfrak{a}}{}'' \frac{1}{(N\mathfrak{a})^s}.$$

したがって

$$\sum_{N\mathfrak{a}\leqq x}\frac{1}{(N\mathfrak{a})^s}\leqq\prod_{N\mathfrak{p}\leqq x}\frac{1}{1-\dfrac{1}{(N\mathfrak{p})^s}}<\infty$$

となって(6.17)は収束する．同時に(ii)も証明された．▌

定理 6.6　$k=\boldsymbol{Q}(\sqrt{m})$，$d=|D_k|$，$\chi=\chi_d$ (Kronecker の指標)とする．そのとき

(6.18)　　$$\zeta_k(s)=\zeta(s)\cdot L_d(s,\chi)\qquad(s>1).$$

証明　定理5.2により

$$\chi(p)=\begin{cases}0, & (p)=\mathfrak{p}^2,\quad N\mathfrak{p}=p\quad(\Leftrightarrow p\,|\,d),\\ 1, & (p)=\mathfrak{p}_1\mathfrak{p}_2,\quad \mathfrak{p}_1\neq\mathfrak{p}_2,\quad N\mathfrak{p}_1=N\mathfrak{p}_2=p,\\ -1, & (p)=\mathfrak{p},\quad N\mathfrak{p}=p^2\end{cases}$$

である．よって $s>1$ のとき

$$\zeta_k(s)=\prod_{\mathfrak{p}}\frac{1}{1-\dfrac{1}{(N\mathfrak{p})^s}}=\prod_{p}\left(\prod_{\mathfrak{p}|(p)}\frac{1}{1-\dfrac{1}{(N\mathfrak{p})^s}}\right)$$

$$=\prod_{p|d}\frac{1}{1-\dfrac{1}{p^s}}\cdot\prod_{\chi(p)=1}\frac{1}{\left(1-\dfrac{1}{p^s}\right)^2}\cdot\prod_{\chi(p)=-1}\frac{1}{1-\dfrac{1}{p^{2s}}}.$$

$1-\dfrac{1}{p^{2s}}=\left(1-\dfrac{1}{p^s}\right)\left(1+\dfrac{1}{p^s}\right)$ と分解すれば

$$=\prod_{p}\frac{1}{1-\dfrac{1}{p^s}}\cdot\prod_{\chi(p)=1}\frac{1}{1-\dfrac{\chi(p)}{p^s}}\cdot\prod_{\chi(p)=-1}\frac{1}{1-\dfrac{\chi(p)}{p^s}}$$

$$=\zeta(s)\cdot L_d(s,\chi)$$

となる．▌

定理 6.7 (Dirichlet)　2次体 k に対して

(6.19)　　$$\zeta_k(s)=\frac{\kappa}{s-1}+O(1)\qquad(\kappa\neq 0,\ \ s\to 1+0)$$

である．——

もしもこの定理が証明されたとすれば，(6.18)より

$$\lim_{s\to 1+0}(s-1)\zeta_k(s)=\lim_{s\to 1+0}(s-1)\zeta(s)\cdot L_d(1,\chi).$$

したがって

$$L_d(1,\chi)=\kappa\neq 0$$

が成り立つ．すなわち

（**X**）$\chi^2=\chi_0$ の場合にも $L_d(1,\chi)=\kappa\neq 0$ である．——

以上により定理 6.3 の証明を終る．

注意　(X) を先に証明したとすれば (IX) はつぎのようにして証明することもできる．

mod d の類指標を $\chi_0,\chi_1,\cdots,\chi_{\varphi(d)-1}$ とし，それらのうちに $r+1$ 個の実指標 $\chi_0,\chi_1,\cdots,\chi_r$ と $2q$ 個の虚の指標 $\chi_{r+1},\cdots,\chi_{r+q},\overline{\chi_{r+1}},\cdots,\overline{\chi_{r+q}}$ があるとする．したがって $\varphi(d)=1+r+2q$ である．χ とその複素共役指標 $\bar{\chi}$ $(\chi\neq\bar{\chi})$ に関して

$$\overline{L_d(s,\chi)}=L_d(s,\bar{\chi})\qquad(1<s<2)$$

である．いま $L_d(1,\chi)=0$ ならば $L_d(1,\bar{\chi})=0$ である．そのとき (6.16) により

$$\log|L_d(s,\chi)|\leqq\log(s-1)+O(1)\qquad(s\to 1+0)$$

である．

(6.9) において $A_k=\{n\mid n\equiv 1\ (\mathrm{mod}\ d)\}$ にとれば $\chi_i(A_k)=1$ $(i=0,1,\cdots,\varphi(d)-1)$ となる．よって

$$\varphi(d)\sum_{p\equiv 1\,(\mathrm{mod}\,d)}\frac{1}{p^s}=\sum_{i=0}^{\varphi(d)-1}\log|L_d(s,\chi_i)|+O(1)\tag{6.20}$$

となる．この右辺で $L_d(1,\chi_j)=0$ となる j $(r+1\leqq j\leqq r+q)$ が一つでもあれば

$$\begin{aligned}\log|L_d(s,\chi_0)|&=-\log(s-1)+O(1),\\ \log|L_d(s,\chi_i)|&=O(1)\qquad(i=1,\cdots,r),\\ \log|L_d(s,\chi_j)|&\leqq\log(s-1)+O(1),\\ \log|L_d(s,\overline{\chi_j})|&\leqq\log(s-1)+O(1)\end{aligned}$$

を (6.20) に代入すれば

$$\varphi(d)\sum_{p\equiv 1\,(\mathrm{mod}\,d)}\frac{1}{p^s}\leqq\log(s-1)+O(1)\qquad(s\to 1+0)$$

となる．左辺$\geqq 0$，右辺<0 $(s\to 1+0)$ であるから，これは矛盾である．——

定理 6.7 (Dirichlet) の証明は第 III 部でもうすこし一般の形にして証明する．その際，単に $\kappa\neq 0$ であるだけでなく，k が 2 次体の場合に，つぎの精密な形で証明する．

定理 6.8　定理 6.7 において

(6.21)

$$\kappa=\begin{cases}\dfrac{2\pi}{w\sqrt{|D_k|}}h & (D_k<0,\ w\text{ は }k\text{ に含まれる 1 のベキ根の個数}),\\[2ex] \dfrac{2\log\varepsilon_0}{\sqrt{D_k}}h & (D_k>0,\ \varepsilon_0\text{ は }k\text{ の基本単数},\ \varepsilon_0>1).\end{cases}$$

ただし，h は k の類数である．

§6.2　Gauss の和と2次体の類数公式

a) Gauss の和

Gauss の和と呼ばれるものの中で，まず最も簡単かつ基本的なものをあげよう．いま p を素数，$\zeta_p=e^{2\pi i/p}$ とし，

$$\chi_L(x)=\left(\frac{x}{p}\right)\qquad(x\in\boldsymbol{Z},\ x\neq 0)$$

を Legendre の平方剰余記号とする．そのとき，和

$$\tau(\chi_L,\zeta_p)=\zeta_p+\left(\frac{2}{p}\right)\zeta_p{}^2+\cdots+\left(\frac{p-1}{p}\right)\zeta_p{}^{p-1}\tag{6.22}$$

を考え，これを **Gauss の和** (Gauss sum) という．

たとえば

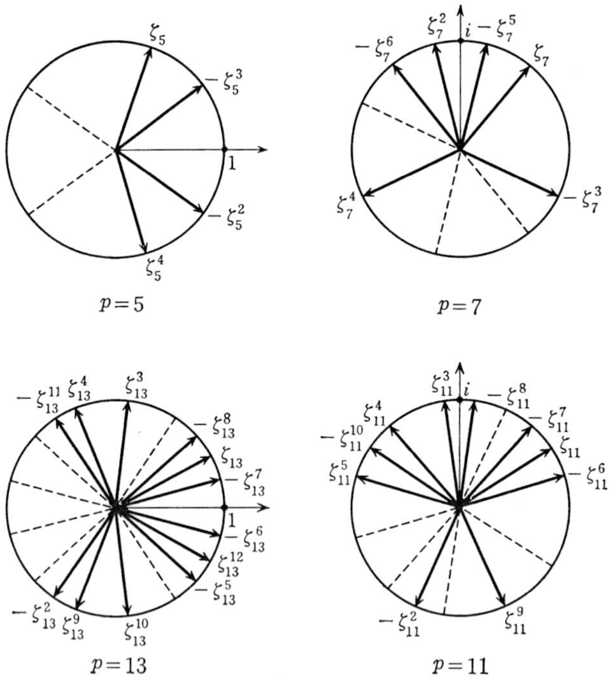

図 6.2

$$\tau(\chi_L, \zeta_3) = \zeta_3 - \zeta_3^{\,2} = i\sqrt{3},$$
$$\tau(\chi_L, \zeta_5) = \zeta_5 - \zeta_5^{\,2} - \zeta_5^{\,3} + \zeta_5^{\,4} = \sqrt{5},$$
$$\tau(\chi_L, \zeta_7) = \zeta_7 + \zeta_7^{\,2} - \zeta_7^{\,3} + \zeta_7^{\,4} - \zeta_7^{\,5} - \zeta_7^{\,6} = i\sqrt{7},$$
$$\tau(\chi_L, \zeta_{11}) = \zeta_{11} - \zeta_{11}^{\,2} + \zeta_{11}^{\,3} + \zeta_{11}^{\,4} + \zeta_{11}^{\,5} - \zeta_{11}^{\,6} - \zeta_{11}^{\,7} - \zeta_{11}^{\,8} + \zeta_{11}^{\,9} - \zeta_{11}^{\,10} = i\sqrt{11},$$
$$\tau(\chi_L, \zeta_{13}) = \zeta_{13} - \zeta_{13}^{\,2} + \zeta_{13}^{\,3} + \zeta_{13}^{\,4} - \zeta_{13}^{\,5} - \zeta_{13}^{\,6} - \zeta_{13}^{\,7} - \zeta_{13}^{\,8} + \zeta_{13}^{\,9} + \zeta_{13}^{\,10} - \zeta_{13}^{\,11} + \zeta_{13}^{\,12} = \sqrt{13}.$$

(**I**)

(6.23) $$\tau(\chi_L, \zeta_p) = \sum_{x=0}^{p-1} \zeta_p^{\,x^2}.$$

[証明] $1+\sum_{x=1}^{p-1}\zeta_p^{\,x}=0$ であるから

$$\tau(\chi_L, \zeta_p) = 1 + \sum_{x=1}^{p-1}\left(1+\left(\frac{x}{p}\right)\right)\zeta_p^{\,x} = \sum_{x=0}^{p-1}\zeta_p^{\,x^2}.$$

何となれば，$1, 2^2, \cdots, (p-1)^2 \pmod{p}$ は，1 および $\left(\dfrac{x}{p}\right)=1\ (x \neq 1)$ となるような $x \pmod{p}$ を 2 回ずつとるからである．▌

(**II**) $$\tau(\chi_L, \zeta_p)^2 = \chi_L(-1)p.$$

[証明] $\overline{\zeta_p}=\zeta_p^{\,-1}$，$\chi_L(y)=\chi_L(y^{-1})$，$\chi_L(xy^{-1})=\chi_L(x)\chi_L(y)$ であるから

$$\begin{aligned}\tau(\chi_L, \zeta_p)^2 &= \left(\sum_{x=1}^{p-1}\chi_L(x)\zeta_p^{\,x}\right)\left(\sum_{y=1}^{p-1}\chi_L(-y)\zeta_p^{\,-y}\right)\\ &= \chi_L(-1)\left(\sum_{x=1}^{p-1}\sum_{y=1}^{p-1}\chi_L(xy^{-1})\zeta_p^{\,x-y}\right)\\ &= \chi_L(-1)\sum_{z=1}^{p-1}\chi_L(z)\sum_{x=1}^{p-1}\zeta_p^{\,x(1-z)} \qquad (z=x^{-1}y \text{ とおいて}).\end{aligned}$$

ここで

$$\sum_{x=1}^{p-1}\zeta_p^{\,x(1-z)} = \begin{cases} p-1, & z \equiv 1 \pmod{p}, \\ -1, & z \not\equiv 1 \pmod{p} \end{cases}$$

であるから

$$\begin{aligned}\tau(\chi_L, \zeta_p)^2 &= \chi_L(-1)\left((p-1) - \sum_{z \not\equiv 1}\chi_L(z)\right)\\ &= \chi_L(-1)p\end{aligned}$$

となる．▌

これから $\chi_L(-1)=(-1)^{(p-1)/2}$ によって

$$(6.24)\qquad \tau(\chi_L,\zeta_p)=\begin{cases}\pm\sqrt{p}, & p\equiv 1 \pmod 4,\\ \pm i\sqrt{p}, & p\equiv 3 \pmod 4\end{cases}$$

となる．この符号の決定は，Gauss にとってもそれほど容易でなかったと書いてある．

(**III**)　(Gauss)

$$(6.25)\qquad \tau(\chi_L,\zeta_p)=(\zeta_p-\zeta_p{}^{-1})(\zeta_p{}^3-\zeta_p{}^{-3})\cdots(\zeta_p{}^{p-2}-\zeta_p{}^{-(p-2)})$$

(奇数ベキのみの積).

たとえば

$$\tau(\chi_L,\zeta_3)=\zeta_3-\zeta_3{}^{-1},$$
$$\tau(\chi_L,\zeta_5)=(\zeta_5-\zeta_5{}^{-1})(\zeta_5{}^3-\zeta_5{}^{-3}),$$
$$\tau(\chi_L,\zeta_7)=(\zeta_7-\zeta_7{}^{-1})(\zeta_7{}^3-\zeta_7{}^{-3})(\zeta_7{}^5-\zeta_7{}^{-5}),$$
$$\cdots\cdots\cdots\cdots\cdots.$$

[証明]　後に Kronecker の方法を第8章で紹介するが，ここでは Gauss の方法による．それはつぎの恒等式(6.26)を利用する．まず

$$(6.26)\qquad f_{m,k}(x)=\frac{(1-x^m)(1-x^{m-1})\cdots(1-x^{m-k+1})}{(1-x)(1-x^2)\cdots(1-x^k)}\qquad (k=1,\cdots,m)$$

とし，また $f_{m,0}(x)=1$ とおく．

$f_{m,k}(x)$ は2項係数と類似の式であって

$$f_{m,k}(x)=f_{m,m-k}(x)\qquad (k=0,1,\cdots,m)$$

である．いま

$$(6.27)\qquad F_m(x)=f_{m,0}(x)-f_{m,1}(x)+\cdots+(-1)^k f_{m,k}(x)+\cdots +(-1)^m f_{m,m}(x)$$

とおく．m が奇数であれば，$F_m(x)=0$ となる．このときつぎの漸化式が成り立つ．ただし $f_{m,-1}(x)=0$ とする．

$$(6.28)\qquad \begin{aligned} f_{m,k}(x)&=f_{m-1,k}(x)+x^{m-k}f_{m-1,k-1}(x)\\ &=f_{m,m-k}(x)=x^k f_{m-1,k}(x)+f_{m-1,m-k}(x)\qquad (k=0,1,\cdots,m-1).\end{aligned}$$

これは，両辺の分母をはらって比べれば直ちにわかる．特に $f_{m,0}(x)=f_{m,m}(x)=1$，$f_{m,1}(x)=f_{m,m-1}(x)=1+x+\cdots+x^{m-1}$ であるから，$f_{m,k}(x)$ は x の多項式であることがわかる．また(6.28)を用いれば，m が偶数のとき

$$F_m(x)=\sum_{k=0}^{m}(-1)^k f_{m,k}(x)=\sum_{k=0}^{m}(-1)^k(f_{m-1,k}(x)+x^{m-k}f_{m-1,k-1}(x))$$
$$=\sum_{k=1}^{m-1}(-1)^{k-1}(1-x^{m-k})f_{m-1,k-1}(x)$$
$$=\sum_{k=1}^{m-1}(-1)^{k-1}(1-x^{m-k})(x^{k-1}f_{m-2,k-1}(x)+f_{m-2,m-k}(x))$$
$$=\sum_{k=1}^{m-1}(-1)^{k-1}(1-x^{m-1})f_{m-2,k-1}(x)$$
$$=(1-x^{m-1})F_{m-2}(x).$$

特に $F_0(x)=1$ として，公式

(6.29) $$F_m(x)=(1-x^{m-1})(1-x^{m-3})\cdots(1-x)$$

を得る．

ここで $m=p-1$, $x=\zeta_p$ を代入する．$1-\zeta_p{}^{p-k}=-\zeta_p{}^{-k}(1-\zeta_p{}^k)$ であるから

$$f_{p-1,k}(\zeta_p)=\frac{(1-\zeta_p{}^{p-1})(1-\zeta_p{}^{p-2})\cdots(1-\zeta_p{}^{p-k})}{(1-\zeta_p)(1-\zeta_p{}^2)\cdots(1-\zeta_p{}^k)}$$
$$=(-1)^k\zeta_p{}^{-(1+2+\cdots+k)}=(-1)^k\zeta_p{}^{-k(k+1)/2}$$

となる．故に (6.29) より

$$\sum_{k=0}^{p-1}\zeta_p{}^{-k(k+1)/2}=(1-\zeta_p)(1-\zeta_p{}^3)\cdots(1-\zeta_p{}^{p-2})$$

となる．$x=\zeta_p$ の代りに $x=\zeta_p{}^{-2}$ としても同じことであって

(6.30) $$\sum_{k=0}^{p-1}\zeta_p{}^{k(k+1)}=(1-\zeta_p{}^{-2})(1-\zeta_p{}^{-6})\cdots(1-\zeta_p{}^{-2(p-2)})$$

となる．両辺に $\zeta_p\cdot\zeta_p{}^3\cdot\cdots\cdot\zeta_p{}^{p-2}=\zeta_p{}^{(p-1)^2/4}$ を掛ける．まず

$$\zeta_p{}^{k(k+1)}\cdot\zeta_p{}^{(p-1)^2/4}=\zeta_p{}^{((p-1)/2-k)^2}$$

で，

$$\left(\frac{p-1}{2}-k\right)^2\equiv\begin{cases}0 \pmod p & \left(k=\dfrac{p-1}{2}\ \text{の場合}\right),\\ n^2 \pmod p & \left(k=\dfrac{p-1}{2}\pm n\ \text{の場合}\right)\end{cases}$$

である．したがって $k=0,1,\cdots,p-1$ を動くとき，(I) によって (6.30) の左辺からは

$$\sum_{k=1}^{p-1}\zeta_p{}^{((p-1)/2-k)^2}=1+\sum_{n=1}^{p-1}\zeta_p{}^{n^2}=\tau(\chi_L,\zeta_p)$$

を得る．一方，(6.30)の右辺からは

$$\zeta_p{}^{(p-1)^2/4}(1-\zeta_p{}^{-2})\cdots(1-\zeta_p{}^{-2(p-2)})=(\zeta_p-\zeta_p{}^{-1})\cdots(\zeta_p{}^{p-2}-\zeta_p{}^{-(p-2)})$$

を得る．よって(III)は証明された．∎

定理 6.9

(6.31)
$$\tau(\chi_L,\zeta_p)=\begin{cases}\sqrt{p}, & p\equiv 1 \pmod 4,\\ i\sqrt{p}, & p\equiv 3 \pmod 4.\end{cases}$$

証明　(6.24)によってその右辺の ± の符号を決定すればよい．そのために(III)を用いよう．(もっとも，(III)を用いても $\tau(\chi_L,\zeta_p)^2=\chi_L(-1)p$ は容易に示すことができる.)

(6.25)の右辺を P とおくとき，まず $2r=p-1$ に対して

(6.32)
$$P=(2i)^r\prod_{k=1}^{r}\sin(2k-1)\frac{2\pi}{p}$$

となる．$k=1,\cdots,r$ に対して

$$\sin(2k-1)\frac{2\pi}{p}>0 \Leftrightarrow 2k-1<\frac{p}{2} \Leftrightarrow 2k\leqq r+1,$$

$$\sin(2k-1)\frac{2\pi}{p}<0 \Leftrightarrow 2k-1>\frac{p}{2} \Leftrightarrow 2k>r+1.$$

したがって

(i)　$p\equiv 1 \pmod 4 \Leftrightarrow r\equiv 0 \pmod 2$ のとき．(6.32)の右辺の積の中に正の項が $r/2$ 個，負の項が $r/2$ 個，したがって P の符号は

$$i^r\cdot(-1)^{r/2}=1.$$

(ii)　$p\equiv 3 \pmod 4 \Leftrightarrow r\equiv 1 \pmod 2$ のとき．(6.32)の右辺の積の中に正の項は $(r+1)/2$ 個，負の項が $(r-1)/2$ 個，したがって P の符号は

$$i^r\cdot(-1)^{(r-1)/2}=(-1)^{r-1}i=i.$$

よって，Gauss の和の符号が決定された．∎

注意　Gauss の和の符号を決定する方法はいろいろと知られている．そのうちの一つの別法は，岩波基礎数学選書"体と Galois 理論"，p. 180 にある．

b）一般の Gauss の和

a)で定義された Gauss の和 $\tau(\chi_L,\zeta_p)$ をすこし一般に考えよう．自然数 $m>0$

を定める．$\varphi(m)$ 次の乗法群 $(\boldsymbol{Z}/m\boldsymbol{Z})^\times$ の指標 χ を任意にとる．そのとき $(a, m)=1$ となる $a\in\boldsymbol{Z}$ に対して

(6.33) $$\tau(\chi, \zeta_m{}^a)=\sum_{\substack{(x,m)=1\\ x\,(\mathrm{mod}\,m)}}\chi(x)\zeta_m{}^{ax}, \qquad \zeta_m=e^{2\pi i/m}$$

とおく．$\tau(\chi, \zeta_m{}^a)$ も **Gauss の和**と呼ばれる．

(IV) $$\tau(\chi, \zeta_m{}^a)=\chi(a)^{-1}\tau(\chi, \zeta_m).$$

[証明] $x \bmod m$ が $(\boldsymbol{Z}/m\boldsymbol{Z})^\times$ を動けば，$ax \bmod m$ も $(\boldsymbol{Z}/m\boldsymbol{Z})^\times$ の全体を動くので

$$\tau(\chi, \zeta_m{}^a)=\sum_x\chi(x)\zeta_m{}^{ax}=\chi(a)^{-1}\sum_x\chi(ax)\zeta_m{}^{ax}=\chi(a)^{-1}\tau(\chi, \zeta_m). \quad \blacksquare$$

(V) $m=m_1m_2\cdots m_r$，$(m_i, m_j)=1$ $(i\neq j)$ であれば

$$(\boldsymbol{Z}/m\boldsymbol{Z})^\times=\prod_{j=1}^r(\boldsymbol{Z}/m_j\boldsymbol{Z})^\times \qquad (\text{直積})$$

である．$(\boldsymbol{Z}/m_j\boldsymbol{Z})^\times$ の指標 χ_{m_j} $(j=1, \cdots, r)$ より

$$\chi_m=\prod_{j=1}^r\chi_{m_j}$$

が定まり，また $(a, m)=1$ に対して $(a, m_j)=1$ である．このとき

(6.34) $$\tau(\chi_m, \zeta_m{}^a)=\prod_{j=1}^r\chi_{m_j}\left(\frac{m}{m_j}\right)\prod_{j=1}^r\tau(\chi_{m_j}, \zeta_{m_j}{}^a).$$

[証明] $$\frac{1}{m}=\frac{g_1}{m_1}+\cdots+\frac{g_r}{m_r}, \qquad (g_j, m_j)=1,$$

$$g_j\frac{m}{m_j}\equiv 1 \pmod{m_j} \qquad (j=1, \cdots, r)$$

に $g_1, \cdots, g_r$ をとることができる．そのとき

$$\zeta_m=\zeta_{m_1}{}^{g_1}\cdots\zeta_{m_r}{}^{g_r}$$

となり，したがって $(x, m)=1$ に対して

$$x_j\equiv x \pmod{m_j}, \qquad x_j\equiv 1 \pmod{m_l} \quad (j\neq l)$$

にとれば

$$\zeta_m{}^{ax}=\zeta_{m_1}{}^{ax_1g_1}\cdots\zeta_{m_r}{}^{ax_rg_r},$$

$$\chi_m(x)=\chi_{m_1}(x_1)\cdots\chi_{m_r}(x_r)$$

と分解される．これらを代入すれば，直ちに

$$\tau(\chi_m, \zeta_m{}^a)=\tau(\chi_{m_1}, \zeta_{m_1}{}^{ag_1})\cdots\tau(\chi_{m_r}, \zeta_{m_r}{}^{ag_r})$$

となる．(IV)を用いれば

$$\tau(\chi_{m_j}, \zeta_{m_j}{}^{ag_j}) = \chi_{m_j}(g_j)^{-1}\tau(\chi_{m_j}, \zeta_{m_j}{}^{a}),$$

$$\chi_{m_j}(g_j)^{-1} = \chi_{m_j}\left(\frac{m}{m_j}\right)$$

である．以上より(6.34)が成り立つことがわかる．∎

定理 6.10　2次体 $k=\boldsymbol{Q}(\sqrt{m})$，$d=|D_k|$，$\chi_D$ を Kronecker の記号とする．そのとき $(a,d)=1$ であれば

(6.35)
$$\tau(\chi_D, \zeta_d{}^a) = \chi_D(a)^{-1}\sqrt{D_k}.$$

ただし

$$D_k>0 \quad \text{のとき} \quad \sqrt{D_k}>0,$$
$$D_k<0 \quad \text{のとき} \quad \sqrt{D_k}=i\sqrt{|D_k|}$$

とする．

証明　(IV)を用い，$a=1$ のときに証明すればよい．$p_j\neq 2$ に対して

$$p_j{}^* = (-1)^{(p_j-1)/2}p_j, \quad \text{したがって} \quad p_j{}^* \equiv 1 \pmod 4 \qquad (j=1,\cdots,r)$$

とし

$$m = \pm p_1{}^*\cdots p_r{}^* \quad \text{または} \quad m = \pm 2p_1{}^*\cdots p_r{}^*$$

と表わす．

(i)　$m=p_1{}^*$，$p_1{}^*\equiv 1 \pmod 4$，$D_k=m=p_1{}^*$．

このときは $\chi_D=\chi_L$ (平方剰余記号)となり，定理6.9によって

$$\tau(\chi_D, \zeta_d) = \sqrt{D_k}$$

が成り立つ．

(ii)　$m=-1$，$D_k=-4$，$\chi_D=\chi_L$．

$$\tau(\chi_D, \zeta_4) = i-i^3 = 2i = \sqrt{-4}.$$

(iii)　$m=2$，$D_k=8$．

x	1	3	5	7	(mod 8)
$\chi_D(x)$	1	-1	-1	1	

であるから

$$\tau(\chi_D, \zeta_8) = \zeta_8-\zeta_8{}^3-\zeta_8{}^5+\zeta_8{}^7 = \sqrt{8}.$$

(iv)　$m=-2$，$D_k=-8$．

x	1	3	5	7	(mod 8)
$\chi_D(x)$	1	1	-1	-1	

したがって

$$\tau(\chi_D, \zeta_8) = \zeta_8+\zeta_8{}^3-\zeta_8{}^5-\zeta_8{}^7 = i\sqrt{8} = \sqrt{-8}.$$

(v)　$m=m_1m_2$, $(m_1, m_2)=1$ かつ $k_1=\boldsymbol{Q}(\sqrt{m_1})$, $k_2=\boldsymbol{Q}(\sqrt{m_2})$ に対して，判別式の間に $(D_{k_1}, D_{k_2})=1$ が成り立つとする．そのとき $k=\boldsymbol{Q}(\sqrt{m})$ に対して，$D_k=D_{k_1}D_{k_2}$ が成り立つ．§1.3(II)によって

$$\chi_{D_{k_1}}(D_{k_2})\chi_{D_{k_2}}(D_{k_1}) = (-1)^{(\mathrm{sgn} D_{k_1}-1)/2\cdot(\mathrm{sgn} D_{k_2}-1)/2}$$

が成り立つ．

(vi)　$m=\pm p_1{}^*\cdots p_r{}^*$ または $m=\pm 2p_1{}^*\cdots p_r{}^*$ において，$-1, +2, -2, p_j{}^*$ に対しては(i), (ii), (iii), (iv)によって(6.35)が成り立っている．それらの成分を改めて $m_1, \cdots, m_q$ ($q=r$ または $r+1$) とおくとき $k_j=\boldsymbol{Q}(\sqrt{m_j})$, $k=\boldsymbol{Q}(\sqrt{m})$ とおくと判別式 $D_1, \cdots, D_q$ の間に $D=D_1\cdots D_q$ の関係が成り立つ．

$D_1, \cdots, D_q$ のうち負のものが t 個あるとすると§1.3(II)より

$$\prod_{j=1}^{q} \chi_{D_j}\left(\frac{D}{D_j}\right) = (-1)^{t(t-1)/2}$$

である．

$$(-1)^{t(t-1)/2}i^t = \begin{cases} 1 & (t\equiv 0 \pmod 2), \\ i & (t\equiv 1 \pmod 2), \end{cases}$$

となるので(V)より(6.35)が成り立つことがわかる．∎

c) 2 次体の類数公式

2 次体 $k=\boldsymbol{Q}(\sqrt{m})$, $d=|D_k|$, $(\boldsymbol{Z}/d\boldsymbol{Z})^\times$ の指標 χ として Kronecker 指標 χ_D をとる．L 関数

$$L_d(s, \chi_D) = \sum_{n=0}^{\infty} \frac{\chi_D(n)}{n^s}$$

をとる．ただし，$(n, d)\neq 1$ のとき $\chi_D(n)=0$ とおく．§6.1 (X) および定理 6.8 によって，k の類数 h に対して

$$h = \frac{1}{\kappa_0} L_d(1, \chi_D), \tag{6.36}$$

(6.37)

$$\kappa_0 = \begin{cases} \dfrac{2\pi}{w\sqrt{|D_k|}} & (D_k<0,\ w \text{ は } k \text{ に含まれる1のベキ根の個数}), \\ \dfrac{2\log\varepsilon_0}{\sqrt{D_k}} & (D_k>0,\ \varepsilon_0 \text{ は } k \text{ の基本単数},\ \varepsilon_0>1) \end{cases}$$

と表わすことができた．ただし，この公式では $L_d(1,\chi_D)$ は無限級数として表わされているので，これを Gauss の和を利用して，有限の形に変形しよう．まず(6.36)より，$d=|D_k|$ とおいて

$$h\kappa_0\sqrt{D_k} = \sum_{\substack{n=1 \\ (n,d)=1}}^{\infty} \frac{\chi_D(n)\sqrt{D_k}}{n},$$

定理 6.10, (6.35)によって

$$= \sum_{n=1}^{\infty} \frac{1}{n} \sum_{\substack{(r,d)=1 \\ r \bmod d}} \chi_D(r) e^{2\pi i n r/d}$$

$$= \sum_{r=0}^{d-1} \chi_D(r) \sum_{n=1}^{\infty} \frac{1}{n} e^{2\pi i n r/d}.$$

ただし $(r,d)\neq 1$ のとき $\chi_D(r)=0$ である．いま $\zeta=e^{2\pi i/d}$ とおく．

$$-\log(1-\zeta^r) = \sum_{n=1}^{\infty} \frac{1}{n} \zeta^{rn} \qquad (0\leqq r<d)$$

が成り立つから，

$$h\kappa_0\sqrt{D_k} = -\sum_{r=0}^{d-1} \chi_D(r) \log(1-\zeta^r).$$

ところで

$$|1-\zeta^r| = 2\sin\frac{\pi r}{d}, \qquad \mathrm{Arg}(1-\zeta^r) = -\left(\frac{\pi}{2}-\frac{\pi r}{d}\right)$$

であるから

$$h\kappa_0\sqrt{D_k} = -\sum_{r=0}^{d-1} \chi_D(r) \left(\log\left(2\sin\frac{\pi r}{d}\right) - i\left(\frac{\pi}{2}-\frac{\pi r}{d}\right)\right) \tag{6.38}$$

となる．

定理 6.11 (Dirichlet の類数公式)　2次体 k の類数 h は

(i)　実2次体 k $(D_k>0)$ の場合には，k の基本単数 ε_0 に対して

(6.39)
$$\varepsilon_0{}^h = \frac{\prod' \sin\dfrac{b\pi}{d}}{\prod'' \sin\dfrac{a\pi}{d}}.$$

ただし

$\prod'$ は $\chi_D(b)=-1$, $0<b<d/2$ なる整数 b について,

$\prod''$ は $\chi_D(a)=1$, $0<a<d/2$ なる整数 a について

の積とする.

(ii) 虚 2 次体 k ($D_k<0$) の場合には

(6.40)
$$h = \frac{w}{2}\cdot\frac{1}{d}\left(\sum{}'b-\sum{}''a\right).$$

ただし, w は k に含まれる 1 のベキ根の個数, すなわち

$$w = \begin{cases} 4 & (k=\boldsymbol{Q}(\sqrt{-1})), \\ 6 & (k=\boldsymbol{Q}(\sqrt{-3})), \\ 2 & (\text{その他の場合}), \end{cases}$$

また

$\sum'$ は $\chi_D(b)=-1$, $0<b<d$ なる整数 b について,

$\sum''$ は $\chi_D(a)=1$, $0<a<d$ なる整数 a について

の和である.

証明 (i) 実 2 次体 $D_k>0$ の場合. $\sqrt{D_k}=\sqrt{d}$ より, (6.38) の両辺の実部をとると

$$h\frac{2\log\varepsilon_0}{\sqrt{d}}\cdot\sqrt{d} = -\sum_{r=0}^{d-1}\chi_D(r)\left(\log\sin\frac{\pi r}{d}+\log 2\right).$$

したがって

$$2h\log\varepsilon_0 = -\sum_{r=0}^{d-1}\chi_D(r)\log\sin\frac{\pi r}{d}.$$

故に

$$\varepsilon_0{}^{2h} = \frac{\prod\limits_{\chi_D(b)=-1}\sin\dfrac{\pi b}{d}}{\prod\limits_{\chi_D(a)=1}\sin\dfrac{\pi a}{d}}$$

となる．一方，$D_k>0$ に対して $\chi_D(-1)=1$ であるから(p. 46, (1. 22))

$$\chi_D(d-r)=\chi_D(-r)=\chi_D(-1)\chi_D(r)=\chi_D(r)$$

となる．よって，上の等式の両辺の平方根をとれば，求める公式(6. 39)となる．

(ii) 虚2次体 $D_k<0$ の場合．$\sqrt{D_k}=i\sqrt{d}$ より，(6. 38)の両辺の虚部をとれば

$$h\frac{2\pi}{w\sqrt{d}}\cdot\sqrt{d}=\sum_{r=0}^{d-1}\chi_D(r)\left(\frac{\pi}{2}-\frac{\pi r}{d}\right)$$
$$=-\frac{\pi}{d}\sum_{r=0}^{d-1}\chi_D(r)r.$$

故に

$$h=\frac{w}{2}\cdot\frac{1}{d}\left(\sum_{\chi_D(b)=-1}{}' b-\sum_{\chi_D(a)=1}{}'' a\right)$$

となる．▌

例 6.4　$D_k>0$ の場合．

(i) $k=\boldsymbol{Q}(\sqrt{2})$，$D_k=8$，$\varepsilon_0=1+\sqrt{2}$．

x	1	2	3
$\chi_D(x)$	1	0	-1

$$(1+\sqrt{2})^h=\left(\sin\frac{3\pi}{8}\right)\Big/\left(\sin\frac{\pi}{8}\right)=1+\sqrt{2}.$$

故に $h=1$.

(ii) $k=\boldsymbol{Q}(\sqrt{3})$，$D_k=12$，$\varepsilon_0=2+\sqrt{3}$．

x	1	2	3	4	5
$\chi_D(x)$	1	0	0	0	-1

$$(2+\sqrt{3})^h=\left(\sin\frac{5\pi}{12}\right)\Big/\left(\sin\frac{\pi}{12}\right)=2+\sqrt{3}.$$

故に $h=1$.

例 6.5　$D_k<0$ の場合．

まず公式(6. 40)を簡易化しよう．

(イ) $D_k\equiv 1 \pmod 4$ の場合．$D_k<0$ より $\chi_D(-1)=-1$ である(p. 46, (1. 22))．したがって

$$\chi_D(d-r)=\chi_D(-r)=-\chi_D(r).$$

故に $0<r<d/2$ についての和を $\sum'$ で表わすとき

(6.41) $$\sum_{r=0}^{d-1}\chi_D(r)r = \sum'\chi_D(r)r+\sum'\chi_D(d-r)(d-r)$$
$$= 2\sum'\chi_D(r)r-d\sum'\chi_D(r),$$

(6.42) $$\sum_{r=0}^{d-1}\chi_D(r)r = \sum'\chi_D(2r)2r+\sum'\chi_D(d-2r)(d-2r)$$
$$= 4\sum'\chi_D(2r)r-d\sum'\chi_D(2r)$$

である．故に $(6.41)\times 2-(6.42)\times\chi_D(2)$ の両辺を比べると

$$(2-\chi_D(2))\sum_{r=0}^{d-1}\chi_D(r)r = -d\sum'\chi_D(r).$$

よって公式(6.40)は

(6.43) $$h = \frac{1}{2-\chi_D(2)}\sum_{0<r<d/2}\chi_D(r)$$

となる．ただし $w=2$ の場合とする(すなわち $k\neq \boldsymbol{Q}(\sqrt{-1}), \neq \boldsymbol{Q}(\sqrt{-3})$)．

さらに細別して

(i) $D_k\equiv 1 \pmod 8$ ならば $\chi_D(2)=1$，故に

(6.44) $$h = \sum_{0<r<d/2}\chi_D(r),$$

(ii) $D_k\equiv 5 \pmod 8$ ならば $\chi_D(2)=-1$，故に

(6.45) $$h = \frac{1}{3}\sum_{0<r<d/2}\chi_D(r),$$

となる．

(ロ) $D_k\equiv 0 \pmod 4$ の場合．同様に

(6.46) $$h = \frac{1}{2}\sum_{0<r<d/2}\chi_D(r).$$

特に $k=\boldsymbol{Q}(\sqrt{-p})$，$p\equiv 3 \pmod 4$ のとき，$D_k=-p$，$\chi_D(r)=\left(\frac{r}{p}\right)$ (Legendre の平方剰余記号)であるから

$$p\equiv 7 \pmod 8 \quad のとき \quad h = \sum_{0<r<p/2}\left(\frac{r}{p}\right),$$

$$p\equiv 3 \pmod 8 \quad のとき \quad h = \frac{1}{3}\sum_{0<r<p/2}\left(\frac{r}{p}\right)$$

となる．(この右辺が整数となることの直接の証明はまだ知られていない.)

いくつかの例を計算しよう.

(i)　$p=5$,　$k=\boldsymbol{Q}(\sqrt{-5})$,　$D_k=-20$.

x	1	3	7	9	(mod 20)
$\chi_D(x)$	1	1	1	1	

$$h=\frac{1}{2}(1+1+1+1)=2.$$

(ii)　$p=7$,　$k=\boldsymbol{Q}(\sqrt{-7})$,　$D_k=-7$.

x	1	2	3	(mod 7)
$\chi_D(x)$	1	1	-1	

$$h=1+1-1=1.$$

(iii)　$p=11$,　$k=\boldsymbol{Q}(\sqrt{-11})$,　$D_k=-11$.

x	1	2	3	4	5	(mod 11)
$\chi_D(x)$	1	-1	1	1	1	

$$h=\frac{1}{3}(1-1+1+1+1)=1.$$

(iv)　$p=17$,　$k=\boldsymbol{Q}(\sqrt{-17})$,　$D_k=-68=-4\times 17$.

x	1	3	5	7	9	11	13	15	19	21	23	25	27	29	31	33
$\chi_D(x)$	1	1	-1	1	1	1	1	-1	-1	1	1	1	1	-1	1	1

$$h=\frac{1}{2}(12-4)=4.$$

注意　$k=\boldsymbol{Q}(\sqrt{-p})$,　$p\equiv 3 \pmod 4$ のとき $D_k=-p$ で

$$hp=\sum{}'b-\sum{}''a\equiv\sum_{r=1}^{d-1}r \pmod 2$$

$$\equiv\frac{1}{2}p(p-1)\equiv 1 \pmod 2.$$

すなわち類数 h は奇数である. これは定理5.3ですでに証明したことである.

2次体の類数について, その後いくつかの事実が知られている. そのうちの二, 三を挙げよう.

(i) 虚の2次体 $k=\boldsymbol{Q}(\sqrt{-m})$ の類数 h について.

(イ) $h=1$ となるのは $|D_k|=3, 4, 7, 8, 11, 19, 43, 67, 163$ の9個の場合に限る (H. M. Stark, 1967).

(ロ) $h=2$ となるのはつぎの18個の場合に限る.

$$|D_k| = 15, 20, 24, 35, 40, 51, 52, 88, 91, 115, 123, 148, 187,$$
$$232, 235, 267, 403, 427 \qquad \text{(A. Baker, H. M. Stark, 1971).}$$

(ハ) "$|D_k|\to\infty$ のとき $h_k\to\infty$ となる" ことはすでに Gauss が予想したという. この定理は H. Heilbronn が1934年に証明した. より精確に C. L. Siegel (1935) は

$$\lim_{|D_k|\to\infty}\frac{\log h_k}{\log\sqrt{|D_k|}}=1$$

を証明した.

(ii) 実の2次体 k について, Gauss は $h_k=1$ となる k が無限に多く存在することを予想した. これは今日にも証明もされないし, 否定もされていない.

問　　題

1 2次体 $k=\boldsymbol{Q}(\sqrt{m})$ の類数を定理6.11の公式を用いて計算せよ.

(i) $m=-1, -2, \cdots, -47$,

(ii) $m=2, 3, 5, 6, 7, 10, 11, 13, 14$ (基本単数 ε_0 は p. 176 参照).

2 素数 $p\ (\neq 2)$ に関して, $(\boldsymbol{Z}/p\boldsymbol{Z})^\times$ の指標 χ, ψ に対して

$$\pi(\chi, \psi)=\sum_{x+y=1}\chi(x)\psi(y)$$

とおく. ただし x, y は $\boldsymbol{Z}/p\boldsymbol{Z}$ を動くものとする.

(i) ε を基本指標 ($\varepsilon(x)=1$) とすると

$$\pi(\varepsilon, \varepsilon)=p, \quad \pi(\varepsilon, \psi)=0 \quad (\psi\neq\varepsilon), \quad \pi(\chi, \varepsilon)=0 \quad (\chi\neq\varepsilon).$$

(ii)
$$\pi(\chi, \bar{\chi})=-\chi(-1).$$

(iii) $\chi\neq\varepsilon,\ \psi\neq\varepsilon,\ \chi\psi\neq\varepsilon$ に対して

$$\pi(\chi, \psi)=\frac{\tau(\chi)\tau(\psi)}{\tau(\chi\psi)}.$$

ただし $\tau(\chi)=\tau(\chi, \zeta_p)$ とする.

(iv) (iii) のとき

$$|\pi(\chi, \psi)|=\sqrt{p}.$$

3　第4章問題5において

$$\zeta_K(s) = \zeta(s)\,L_{d_1}(s, \chi_{d_1})\,L_{d_2}(s, \chi_{d_2})\,L_{d_3}(s, \chi_{d_3})$$

となる．

第7章　相対代数体の数論

§7.1　相対代数体のイデアル論

a）相対代数体

（§7.1では岩波基礎数学選書“体とGalois理論”にある基本的なことがらを引用なしに用いる.）

kを有限次代数体，すなわち$\boldsymbol{Q}$上のm次拡大とする．つぎに，kの有限次拡大Kを一つとり，

$$[K:k]=n$$

とする．この節ではk, Kの整数環I_k, I_Kのイデアル(一般にk, Kの分数イデアル)の間の関係をしらべよう．

kの分数イデアル$\mathfrak{a}$に対して，$\mathfrak{a}$のKへの**延長**を

$$(7.1)\qquad E(\mathfrak{a})=I_K\mathfrak{a}=\left\{\sum_{i=1}^{n}\alpha_i a_i\,\middle|\, n=1,2,\cdots,\ \ a_i\in\mathfrak{a},\ \ \alpha_i\in I_K\right\}$$

とおく．$E(\mathfrak{a})$はKの分数イデアルであることは直ちにわかる．

（I）　kの分数イデアル$\mathfrak{a},\mathfrak{b}$に対して

$$E(\mathfrak{a}\mathfrak{b})=E(\mathfrak{a})E(\mathfrak{b}),\qquad E(\mathfrak{a}^{-1})=E(\mathfrak{a})^{-1},$$
$$E((\mathfrak{a},\mathfrak{b}))=(E(\mathfrak{a}),E(\mathfrak{b})).$$

（II）$$E(\mathfrak{a})\cap k=\mathfrak{a}.$$

［証明］　$\mathfrak{a}=(a_1,\cdots,a_r)=I_k a_1+\cdots+I_k a_r$ $(a_i\in k)$ (直和でない)と表わすとき，$E(\mathfrak{a})$の元αは$\alpha=\lambda_1 a_1+\cdots+\lambda_r a_r$ $(\lambda_i\in I_K)$と表わされる．αのK/kに関する共役を

$$\alpha^{(i)}=\lambda_1{}^{(i)}a_1+\cdots+\lambda_r{}^{(i)}a_r\qquad(i=1,\cdots,n)$$

とする．いま$\alpha\in E(\mathfrak{a})\cap k$とする．$\alpha$の$K/k$に関するノルムをとれば

$$\alpha^n=N_{K/k}\alpha=\prod_{i=1}^{n}(\lambda_1{}^{(i)}a_1+\cdots+\lambda_r{}^{(i)}a_r).$$

この右辺を展開すれば，対称式の理論により

$$\alpha^n=\sum c a_1^{e_1}\cdots a_r^{e_r}\qquad (c\in I_k,\ e_1+\cdots+e_r=n)$$

と表わされる．$a_i\in\mathfrak{a}$ より $\alpha^n\in\mathfrak{a}^n$ となる．k における素イデアル分解を考えれば，$(\alpha)=\mathfrak{a}\mathfrak{j}$，$\mathfrak{j}\subseteqq I_k$，したがって $\alpha\in\mathfrak{a}$ となる．▮

したがって対応 $\mathfrak{a}\mapsto E(\mathfrak{a})$ により，イデアル群について

$$E:\ \mathscr{I}_k\longrightarrow\mathscr{I}_K$$

は，単射かつ準同型である．すなわち，E により，$\mathscr{I}_k$ は $\mathscr{I}_K$ の部分群とみなされる．したがって，今後は誤解の恐れのない場合には，$\mathfrak{a}\in\mathscr{I}_k$ に対して $E(\mathfrak{a})$ を単に $\mathfrak{a}$ と表わす．

つぎに k の n 次拡大 K に対して，K の k 上の共役をこれまでと同じく $K^{(1)}$，$\cdots$，$K^{(n)}$ とし，K の分数イデアル $\mathfrak{A}$ に対して，その共役イデアルを

$$\mathfrak{A}^{(i)}=\{\alpha^{(i)}\mid\alpha\in\mathfrak{A}\}\qquad (i=1,\cdots,n)$$

で表わす．K が k の Galois 拡大でなければ，それらの合成体 L をとり，$k\subseteqq K\subseteqq L$，$L/k$ は Galois 拡大とする．$\mathfrak{A}^{(i)}$ の L への延長を考え

$$N_{K/k}\mathfrak{A}=\mathfrak{A}^{(1)}\cdots\mathfrak{A}^{(n)}\tag{7.2}$$

と定める．

(III) $N_{K/k}\mathfrak{A}$ は k のイデアルの延長である．

[証明]　$\mathfrak{A}=(A_1,\cdots,A_n)$ に対して，不定文字 $x_1,\cdots,x_n$ により

$$f(x_1,\cdots,x_n)=A_1x_1+\cdots+A_nx_n$$

とおく．$\mathfrak{A}$ は f のイデアル因子である．よって§4.2, a), (X)によって $N_{K/k}\mathfrak{A}$ は $N_{K/k}f=f^{(1)}f^{(2)}\cdots f^{(n)}$ のイデアル因子である．一方，$N_{K/k}f$ の係数 $\alpha_1,\cdots,\alpha_s$ は，対称式の理論によって k の元である．故に $N_{K/k}f$ のイデアル因子は k の分数イデアルとなる：$N_{K/k}\mathfrak{A}=(\alpha_1,\cdots,\alpha_s)$．▮

(IV) K の分数イデアル $\mathfrak{A},\mathfrak{B}$ に対して

$$N_{K/k}\mathfrak{A}\mathfrak{B}=N_{K/k}\mathfrak{A}\,N_{K/k}\mathfrak{B}.$$

特に $\mathfrak{A}$ が k のイデアル $\mathfrak{a}$ の延長であれば

$$N_{K/k}\mathfrak{a}=\mathfrak{a}^n.$$

また共役に関する性質より

(V) $k\subseteqq K\subseteqq L$ とする．L のイデアル $\mathfrak{A}$ に対して

$$N_{L/k}\mathfrak{A}=N_{K/k}(N_{L/K}\mathfrak{A}).$$

特に $k=\boldsymbol{Q}$ とし，$N_{K/\boldsymbol{Q}}=N_K$ と表わせば

$$N_L\mathfrak{A}=N_K(N_{L/K}\mathfrak{A})$$

となる．$\mathfrak{A}$ が I_L のイデアルであれば

$$N_L\mathfrak{A}=[I_L:\mathfrak{A}]=(I_L/\mathfrak{A}\text{ の元の個数})$$

が成り立っていたことを改めて注意しておく．——

特に

(VI) $k\subseteqq K$ とする．I_K の素イデアル $\mathfrak{P}$ に対して

(7.3) $$N_{K/k}\mathfrak{P}=\mathfrak{p}^f \qquad (1\leqq f\leqq n)$$

と表わされる．ただし $\mathfrak{p}$ は I_k の素イデアルで，$\mathfrak{p}=\mathfrak{P}\cap I_k$ となる．f を K/k における $\mathfrak{P}$ の**相対次数**(relative degree)という．

［証明］ $\mathfrak{P}\cap I_k$ は I_k の素イデアルとなることは，素イデアルの定義から直ちにわかる．$\mathfrak{p}$ の K への延長を I_K で素イデアル分解して($E(\mathfrak{p})=\mathfrak{p}$ と書いて)

(7.4) $$\mathfrak{p}=\mathfrak{P}_1\cdots\mathfrak{P}_g$$

とすれば，$\mathfrak{p}\subseteqq\mathfrak{P}$ より $\mathfrak{P}$ は或る $\mathfrak{P}_i$ に等しい($\mathfrak{P}=\mathfrak{P}_1$ とする)．この両辺のノルムをとれば

$$\mathfrak{p}^n=N_{K/k}\mathfrak{p}=(N_{K/k}\mathfrak{P}_1)\cdots(N_{K/k}\mathfrak{P}_g).$$

したがって I_k において $N_{K/k}\mathfrak{P}=\mathfrak{p}^f\,(1\leqq f\leqq n)$ でなければならない．▌

(7.4)の $\mathfrak{P}_1,\cdots,\mathfrak{P}_g$ の中に同じものが現われることもあり得る．それらをまとめて

(7.5) $$\mathfrak{p}=\mathfrak{P}_1^{e_1}\cdots\mathfrak{P}_g^{e_g},\qquad \mathfrak{P}_i\neq\mathfrak{P}_j\quad(i\neq j)$$

とすると，両辺のノルムをとって比べれば

(7.6) $$n=e_1f_1+\cdots+e_gf_g,\qquad N_{K/k}\mathfrak{P}_i=\mathfrak{p}^{f_i}\quad(i=1,\cdots,g)$$

と表わされる．特に，或る $e_i>1$ のとき，k の素イデアル $\mathfrak{p}$ は K/k において**分岐**する(ramify)といい，e_i を $\mathfrak{P}_i$ の K/k における**分岐指数**という．

$k=\boldsymbol{Q}(\sqrt{m})$ について，$k/\boldsymbol{Q}$ で分岐する素数 p はすべて k の判別式 D_k の約数であることを第5章で見た．一般に K/k で分岐する k の素イデアルは有限個しかなく，それらは K/k の相対判別式イデアル $\mathfrak{d}_{K/k}$ の因子でなくてはならない．これらについて b)で解説しよう．

b) 共役差積

K/k を n 次拡大とし，K の k に関する一組の基をとり

$$K=k\omega_1+\cdots+k\omega_n,\qquad n=[K:k]$$

とする．$(\omega_1, \cdots, \omega_n)$に対して

$$A = \begin{bmatrix} \omega_1^{(1)} & \cdots & \omega_n^{(1)} \\ \omega_1^{(2)} & \cdots & \omega_n^{(2)} \\ & \cdots\cdots & \\ \omega_1^{(n)} & \cdots & \omega_n^{(n)} \end{bmatrix} \qquad (\omega_i^{(1)} = \omega_i)$$

とおく．$\det A \neq 0$であるから，逆行列をとって

$$B = A^{-1} = \begin{bmatrix} \beta_1^{(1)} & \beta_1^{(2)} & \cdots & \beta_1^{(n)} \\ \vdots & \vdots & & \vdots \\ \beta_n^{(1)} & \beta_n^{(2)} & \cdots & \beta_n^{(n)} \end{bmatrix}$$

とおく．Aの転置行列${}^tA$に対して

$$S = {}^tAA = (s_{ij}), \qquad s_{ij} = T_{K/k}(\omega_i\omega_j) \in k,$$
$$\det(s_{ij}) = (\det A)^2$$

であり，かつ${}^tA = {}^tA(AB) = ({}^tAA)B$であるから

$$\omega_i = s_{11}\beta_1^{(i)} + s_{12}\beta_2^{(i)} + \cdots + s_{1n}\beta_n^{(i)} \qquad (i=1, \cdots, n)$$

である．あるいは$S=(s_{ij})$の逆行列$T=(t_{ij})$ $(t_{ij} \in k)$を用いれば

$$\beta_i = t_{i1}\omega_1 + \cdots + t_{in}\omega_n \qquad (i=1, \cdots, n)$$

となる．すなわち$\beta_i \in K$である．また

$$\beta_i^{(j)} = t_{i1}\omega_1^{(j)} + \cdots + t_{in}\omega_n^{(j)} \qquad (i, j=1, \cdots, n)$$

も成り立つから，$\beta_i^{(j)}$はβ_iのK/kに関する共役である．したがって$BA=E$(単位行列)より

(7.7) $$T_{K/k}(\omega_i\beta_j) = \delta_{ij} \qquad (i, j=1, \cdots, n)$$

となる．K/kの基$(\omega_1, \cdots, \omega_n)$に対して，(7.7)を満足する$(\beta_1, \cdots, \beta_n)$は$K/k$の基となる．これを$(\omega_1, \cdots, \omega_n)$の**相補基**(complementary basis)という．

(VII) 代数体k $([k:\boldsymbol{Q}]=n)$に対して，I_kの基$(\omega_1, \cdots, \omega_n)$の相補基$(\beta_1, \cdots, \beta_n)$は，$k$の一定の分数イデアル$\mathfrak{m}_k = \boldsymbol{Z}\beta_1 + \cdots + \boldsymbol{Z}\beta_n$を生じる．このとき$\mathfrak{m}_k$は

(7.8) $$\mathfrak{m}_k = \{\lambda \in k \mid すべての\ \omega \in I_k\ に対して\ T_{k/\boldsymbol{Q}}(\lambda\omega) \in \boldsymbol{Z}\}$$

によって特徴づけられる．

[証明] $\mathfrak{m}_k$がI_kの基$(\omega_1, \cdots, \omega_n)$のとり方によらないことは，(7.8)が示されれば十分である．まず$\lambda \in \mathfrak{m}_k$であれば$\lambda = a_1\beta_1 + \cdots + a_n\beta_n$ $(a_i \in \boldsymbol{Z})$，$\mu = b_1\omega_1 + \cdots + b_n\omega_n$ $(b_i \in \boldsymbol{Z})$に対して$T_{k/\boldsymbol{Q}}(\lambda\mu) = \sum_i a_ib_i \in \boldsymbol{Z}$である．

逆に $\lambda=a_1\beta_1+\cdots+a_n\beta_n$ $(a_i\in k)$ に対して $T_{k/Q}(\lambda\omega_i)=a_i$ $(i=1,\cdots,n)$ であるから $T_{k/Q}(\lambda\omega)\in \boldsymbol{Z}$ $(\omega\in I_k)$ ならば $a_1,\cdots,a_n\in\boldsymbol{Z}$, したがって $\lambda\in\mathfrak{m}_k$ となる. ▮

(VIII)　(VII) で定めた k の分数イデアル $\mathfrak{m}_k$ は $\mathfrak{m}_k\supseteqq I_k$ である. $\mathfrak{m}_k{}^{-1}=\mathfrak{d}_k\subseteqq I_k$ とおくとき

$$N\mathfrak{d}_k=|D_k|.$$

ただし, D_k は k の判別式である.

［証明］　$\lambda\in I_k$ ならば $T_{k/Q}\lambda\in\boldsymbol{Z}$ より $I_k\subseteqq\mathfrak{m}_k$ である. したがって $\mathfrak{d}_k=\mathfrak{m}_k{}^{-1}\subseteqq I_k{}^{-1}=I_k$ である. 一方, 定義 4.11 (§4.2, b)) より

$$N\mathfrak{m}_k=\left|\frac{\Delta(\beta_1,\cdots,\beta_n)}{\Delta(\omega_1,\cdots,\omega_n)}\right|$$

である. ところで $\Delta(\beta_1,\cdots,\beta_n)=\det{}^tBB=(\det{}^tAA)^{-1}=\Delta(\omega_1,\cdots,\omega_n)^{-1}$ であるから,

$$N\mathfrak{d}_k=\frac{1}{N\mathfrak{m}_k}=|\Delta(\omega_1,\cdots,\omega_n)|^2=|D_k|$$

となる. ▮

定義 7.1　代数体 k に対して (VII), (VIII) で定義された I_k のイデアル $\mathfrak{d}_k$ を, k の**共役差積** (different) という. ——

一般の代数体 $\boldsymbol{Q}\subseteqq k\subseteqq K$ に対して, つぎのように拡張する.

定義 7.2　$\mathfrak{M}_{K/k}=\{\mu\in K\mid$ すべての $\omega\in I_K$ に対して $T_{K/k}(\mu\omega)\in I_k\}$ は, K の分数イデアルで

$$\mathfrak{D}_{K/k}=\mathfrak{M}_{K/k}{}^{-1}\subseteqq I_K$$

となる. $\mathfrak{D}_{K/k}$ を K/k の**相対共役差積** (relative different) という. ——

$\mathfrak{M}_{K/k}$ が K の分数イデアルであることは, 定義 4.10 において (i), (ii) の $\mathfrak{M}_{K/k}$ が I_K 加群であることは自明であるが, (iii) は, $\mathfrak{M}_{K/k}$ の定義より $\mathfrak{M}_{K/k}\subseteqq\mathfrak{M}_K\subseteqq I_K\cdot\mathfrak{D}_K{}^{-1}$ となることからわかる.

定理 7.1 (共役差積の連鎖律)　$k\subseteqq K$ に対して

$$\mathfrak{D}_K=\mathfrak{D}_{K/k}\mathfrak{d}_k.$$

ここに $\mathfrak{D}_K,\mathfrak{d}_k$ は K,k の共役差積, $\mathfrak{D}_{K/k}$ は相対共役差積である. (K のイデアルは大文字を用いる.)

証明　逆をとって $\mathfrak{M}_K=\mathfrak{M}_{K/k}\mathfrak{m}_k$ を証明すればよい.

(i) $\mathfrak{M}_{K/k}\mathfrak{m}_k \subseteqq \mathfrak{M}_K$ の証明.

$\mu \in \mathfrak{M}_{K/k}$, $\nu \in \mathfrak{m}_k$, $\omega \in I_K$ に対して

$$T_{K/k}(\mu\omega) = \alpha \in I_k,$$

したがって

$$T_{K/\boldsymbol{Q}}(\mu\nu\omega) = T_{k/\boldsymbol{Q}}(T_{K/k}(\mu\omega)\nu) = T_{k/\boldsymbol{Q}}(\nu\alpha) \in \boldsymbol{Z}$$

となる. 故に $\mu\nu \in \mathfrak{M}_K$ である. よって(i)となる.

(ii) $\mathfrak{M}_K \subseteqq \mathfrak{M}_{K/k}\mathfrak{m}_k$ の証明.

$\mu \in \mathfrak{M}_K$ とすれば, 任意の $\omega \in I_K$ に対し $T_{K/\boldsymbol{Q}}(\mu\omega) \in \boldsymbol{Z}$, 故に $T_{k/\boldsymbol{Q}}(T_{K/k}(\mu)\omega) \in \boldsymbol{Z}$ である. これから $T_{K/k}\mu \in \mathfrak{m}_k$ となる. したがって $\delta \in \mathfrak{d}_k$ に対して $\delta T_{K/k}\mu = T_{K/k}(\delta\mu) \in I_k$ となる. さて, 任意の $\lambda \in I_K$ に対して $\lambda\mu \in \mathfrak{M}_K$ であるから, $T_{K/k}(\delta\mu\lambda) \in I_k$, 故に $\delta\mu \in \mathfrak{M}_{K/k}$ となる. これから $\mathfrak{d}_k\mathfrak{M}_K \subseteqq \mathfrak{M}_{K/k}$ がわかった. 両辺に $\mathfrak{d}_k^{-1} = \mathfrak{m}_k$ を掛ければ(ii)となる. ▮

定義 7.3　$k \subseteqq K$ に対して, I_k のイデアル

$$N_{K/k}\mathfrak{D}_{K/k} = \mathfrak{d}_{K/k}$$

を K/k の**相対判別式イデアル** (discriminant ideal) という. ——

$k = \boldsymbol{Q}$ の場合には (VIII) によって K の判別式 D_K に対して

$$\mathfrak{d}_{K/\boldsymbol{Q}} = (D_K)$$

である.

定理 7.1 より, $k \subseteqq K$ に対して両辺の N_K をとれば

(7.9) $$|D_K| = |D_k|^{[K:k]}(N_K\mathfrak{D}_{K/k}).$$

つぎに $k \subseteqq K$, $n = [K:k]$ とする.

任意の $\theta \in I_K$ に対して

(7.10)₁ $$f(x) = \prod_{i=1}^{n}(x - \theta^{(i)}) \qquad (\theta = \theta^{(1)})$$

とする. $f(x)$ の係数は I_k に属する. そのとき

(7.10)₂ $$D_{K/k}(\theta) = \prod_{i=2}^{n}(\theta - \theta^{(i)}) = f'(\theta) \in I_K$$

とおき, これを θ の K/k に関する**共役差積**という.

定理 7.2　$k \subseteqq K$, $[K:k] = n$ とする.

(i) 任意の $\theta \in I_K$ に対して $D_{K/k}(\theta) \in \mathfrak{D}_{K/k}$ である.

(ii) θ が I_K を動くとき，すべての $D_{K/k}(\theta)$ の最大公約数イデアルは $\mathfrak{D}_{K/k}$ である．

証明 $K=k(\theta)$ とする．そうでなければ $D_{K/k}(\theta)=0$ である．$(7.10)_1$ の $f(x)$ を

$$f(x)=x^n+c_{n-1}x^{n-1}+\cdots+c_1x+c_0 \qquad (c_i\in I_k)$$

とする．$\mu\in\mathfrak{M}_{K/k}$ に対して

$$(7.11)_1 \qquad g(x)=\sum_{i=1}^{n}\mu^{(i)}\frac{f(x)}{x-\theta^{(i)}} \qquad (\theta^{(1)}=\theta)$$

とおく．

$$\frac{f(x)}{x-\theta}=\frac{f(x)-f(\theta)}{x-\theta}=\sum_{j=1}^{n}c_j\sum_{r=0}^{j-1}\theta^{j-r-1}x^r$$

より

$$(7.11)_2 \qquad g(x)=\sum_{j=1}^{n}c_j\sum_{r=0}^{j-1}T_{K/k}(\mu\theta^{j-r-1})x^r.$$

ここで $\mu\in\mathfrak{M}_{K/k}$ から $T_{K/k}(\mu\theta^{j-r-1})\in I_k$ である．故に $(7.11)_1$ で $x=\theta$ とおくと $g(\theta)=\mu f'(\theta)$ を得るが，$(7.11)_2$ より $g(\theta)\in I_K$ となる．故に $\mathfrak{M}_{K/k}f'(\theta)\subseteq I_K$，すなわち $f'(\theta)\in\mathfrak{M}_{K/k}{}^{-1}=\mathfrak{D}_{K/k}$ となる．

(ii)の結果は，本講ではこのような一般の形では用いないので，証明を省く(高木 [8]，p. 71 参照)．∎

さて共役差積，または判別式に関して最も著しいのはつぎの定理である．

定理 7.3(**Dedekind の判別定理**(1882)) $k\subseteq K$，$[K:k]=n$ とする．I_k の素イデアル $\mathfrak{p}$ が，I_K において

$$\mathfrak{p}=\mathfrak{P}^e\mathfrak{Q} \qquad (e>1)$$

と分岐するための必要十分条件は $\mathfrak{P}$ が共役差積 $\mathfrak{D}_{K/k}$ の因子であることである．したがって $\mathfrak{p}$ が判別式イデアル $\mathfrak{d}_{K/k}=N_{K/k}\mathfrak{D}_{K/k}$ の因子となることである．——

この証明はあまり簡単でない．いくつかの証明法が知られているが，ここでは E. Noether (1927) の方法を紹介しよう．

I_k の素イデアル $\mathfrak{p}$ を一つ固定し

$$I_{k,\mathfrak{p}}=\left\{a=\frac{b}{c}\,\middle|\, b,c\in I_k,\ \ c\notin\mathfrak{p}\right\}$$

を $\mathfrak{p}$ に関する I_k の**商環**という．一般に I_k の有限個の素イデアルの集合 $P=\{\mathfrak{p}_1,$

$\cdots, \mathfrak{p}_r\}$ に対して

$$I_{k,P}=\left\{a=\frac{b}{c}\,\middle|\, b, c\in I_k,\ \ (\mathfrak{p}_i, (c))=I_k,\ \ i=1, \cdots, r\right\}$$
$$=I_{k,\mathfrak{p}_1}\cap\cdots\cap I_{k,\mathfrak{p}_r}$$

とおく．

(IX) (i) I_k のイデアル $\mathfrak{a}$ に対して $\tilde{\mathfrak{a}}=I_{k,P}\cdot\mathfrak{a}$ は $I_{k,P}$ のイデアルで

$$\widetilde{(\mathfrak{a}\mathfrak{b})}=\tilde{\mathfrak{a}}\tilde{\mathfrak{b}},\qquad \widetilde{(\mathfrak{a}, \mathfrak{b})}=(\tilde{\mathfrak{a}}, \tilde{\mathfrak{b}})$$

である．

(ii) $I_{k,P}$ のイデアル $\tilde{\mathfrak{a}}$ から $\mathfrak{a}=\tilde{\mathfrak{a}}\cap I_k$ を作ると $\mathfrak{a}$ は I_k のイデアルで，$\tilde{\mathfrak{a}}=\mathfrak{a}I_{k,P}$ が成り立つ．

(iii) $I_{k,P}$ の素イデアルは $\tilde{\mathfrak{p}}_1, \cdots, \tilde{\mathfrak{p}}_r$ だけであり，

$$I_k/\mathfrak{p}_i\cong I_{k,P}/\tilde{\mathfrak{p}}_i.$$

(iv) I_k のイデアル $\mathfrak{a}=\mathfrak{p}_1^{e_1}\cdots\mathfrak{p}_r^{e_r}\mathfrak{b}$, $(\mathfrak{p}_i, \mathfrak{b})=I_k$ $(i=1, \cdots, r)$ に対して

$$\tilde{\mathfrak{a}}=\tilde{\mathfrak{p}}_1^{e_1}\cdots\tilde{\mathfrak{p}}_r^{e_r}$$

となる．これが $I_{k,P}$ のイデアルの一般の形である．

(v) $I_{k,P}$ のイデアルはすべて単項イデアルである．

［証明］ (i) $$\tilde{\mathfrak{a}}=\left\{\frac{a}{b}\,\middle|\, a\in\mathfrak{a},\ \ b\in I_k,\ \ ((b), \mathfrak{p}_1\cdots\mathfrak{p}_r)=I_k\right\}$$

と表わされることを用いればよい．

(ii) $\tilde{\mathfrak{a}}\supseteqq\mathfrak{a}I_{k,P}$ は明らかである．逆に $\tilde{\mathfrak{a}}\ni a=b/c$, $b\in I_k$, $((c), \mathfrak{p}_1\cdots\mathfrak{p}_r)=I_k$ とすれば，$b=ac\in\tilde{\mathfrak{a}}\cap I_k=\mathfrak{a}$, $a\in\mathfrak{a}I_{k,P}$ となる．

(iii) $$I_{k,P}\ni\frac{b}{c}\equiv 0\ (\mathrm{mod}\,\tilde{\mathfrak{p}})\Longleftrightarrow b\equiv 0\ (\mathrm{mod}\,\mathfrak{p})\qquad (b, c\in I_k,\ \ ((c), \mathfrak{p})=I_k)$$

である．故に $I_k/\mathfrak{p}$ の各剰余類は，$I_{k,P}/\tilde{\mathfrak{p}}$ の剰余類として1対1に埋め込まれる．逆に $b/c \bmod \tilde{\mathfrak{p}}$ $(b/c\in I_{k,P})$ に対して $c\notin\mathfrak{p}$ より $ac\equiv b\ (\mathrm{mod}\,\mathfrak{p})$ となる $a\in I_k$ がとれることから，求める同型が成り立つことがわかる．故に $\tilde{\mathfrak{p}}_1, \cdots, \tilde{\mathfrak{p}}_r$ は $I_{k,P}$ の素イデアルである．これらはすべて異なる．たとえば $a\in\mathfrak{p}_1$, $a\notin\mathfrak{p}_2$ であるように a をとれば $a=b/c$, $b\in\mathfrak{p}_2$, $((c), \mathfrak{p}_1\cdots\mathfrak{p}_r)=I_k$ とは決して表わされないことから $\tilde{\mathfrak{p}}_1\neq\tilde{\mathfrak{p}}_2$ がわかる．

(iv) $((b), \mathfrak{p}_1\cdots\mathfrak{p}_r)=I_k$ に対して $\widetilde{(b)}=I_{k,P}$ をいえばよい．これは $\widetilde{(b)}=bI_{k,P}$

$=I_{k,P}$ である.

(v) $I_{k,P}$ のイデアル $\tilde{\mathfrak{a}}=\tilde{\mathfrak{p}}_1^{e_1}\cdots\tilde{\mathfrak{p}}_r^{e_r}$ に対して, $a\in\mathfrak{p}_1^{e_1}\cdots\mathfrak{p}_r^{e_r}$, $a\notin(\mathfrak{p}_1^{e_1}\cdots\mathfrak{p}_r^{e_r})\mathfrak{p}_i$ $(i=1,\cdots,r)$ にとれば, $\tilde{\mathfrak{a}}=aI_{k,P}$ となる. ▌

注意 (iii) を一般にして

$$I_k/\mathfrak{p}_1^{e_1}\cdots\mathfrak{p}_r^{e_r}\cong I_{k,P}/\tilde{\mathfrak{p}}_1^{e_1}\cdots\tilde{\mathfrak{p}}_r^{e_r}$$

が成り立つ.

(X) $k\subseteqq K$, $[K:k]=n$ とする. I_k の素イデアル $\mathfrak{p}$ が I_K で $\mathfrak{p}=\mathfrak{P}_1^{e_1}\cdots\mathfrak{P}_g^{e_g}$ と分解されるとする. $P=\{\mathfrak{P}_1,\cdots,\mathfrak{P}_g\}$ とする.

(i) $I_{K,P}$ の元は α/a, $\alpha\in I_K$, $a\in I_k$, $((a),\mathfrak{p})=I_k$, の形に表わされる.

(ii) K における $I_{k,\mathfrak{p}}$ 上の整元の全体は $I_{K,P}$ である.

[証明] (i) $I_{K,P}$ の元を $\alpha=\beta/\gamma$, $\beta,\gamma\in I_K$, $((\gamma),\mathfrak{P}_1\cdots\mathfrak{P}_g)=I_K$ と表わすとき, $\alpha=\beta'/N_{K/k}\gamma$, $\beta'\in I_K$, $N_{K/k}\gamma\in I_k$, $((N_{K/k}\gamma),\mathfrak{p})=I_k$ である.

(ii) $I_{K,P}\ni\alpha$ に対して $a\alpha\in I_K$ となる $a\in I_k$, $((a),\mathfrak{p})=I_k$ をとる. $a\alpha\in I_K$ より

$$(a\alpha)^r+b_{r-1}(a\alpha)^{r-1}+\cdots+b_0=0 \qquad (b_i\in I_k)$$

となる. したがって

$$\alpha^r+(b_{r-1}/a)\alpha^{r-1}+\cdots+(b_0/a^r)=0.$$

ここで $b_i/a^j\in I_{k,\mathfrak{p}}$ であるから, α は $I_{k,\mathfrak{p}}$ 上の整元である.

逆に α が $I_{k,\mathfrak{p}}$ 上の整元であれば

$$\alpha^r+\frac{b_{r-1}}{c_{r-1}}\alpha^{r-1}+\cdots+\frac{b_0}{c_0}=0 \qquad (b_i,c_i\in I_k,\ ((c_i),\mathfrak{p})=I_k)$$

にとれる. 故に $\alpha_0=\alpha c_0\cdots c_{r-1}$ は I_k 上の整元となり, $\alpha_0\in I_K$, したがって $\alpha=\alpha_0/c_0\cdots c_{r-1}\in I_{K,P}$ が成り立つ. ▌

(XI) $\mathfrak{p}=\mathfrak{P}_1^{e_1}\cdots\mathfrak{P}_g^{e_g}$, $P=\{\mathfrak{P}_1,\cdots,\mathfrak{P}_g\}$ とする. $I_{K,P}$ から $I_{k,\mathfrak{p}}$ への共役差積を $\mathfrak{D}_{K/k,\mathfrak{p}}$ と書くとき,

(i)
$$\mathfrak{D}_{K/k,\mathfrak{p}}=\widetilde{\mathfrak{D}_{K/k}}=\mathfrak{D}_{K/k}\cdot I_{K,P}$$

である. また

(ii)
$$I_{K,P}=I_{k,\mathfrak{p}}\omega_1+\cdots+I_{k,\mathfrak{p}}\omega_n \qquad (直和)$$

と表わすとき, 判別式

$$D_{K/k,\mathfrak{p}}=\Delta(\omega_1,\cdots,\omega_n)^2$$

の生成する $I_{k,\mathfrak{p}}$ のイデアルは $N_{K/k}\mathfrak{D}_{K/k,\mathfrak{p}}$ に等しい．

［証明］（i）　$\mathfrak{D}_{K/k,\mathfrak{p}}=\mathfrak{M}_{K/k,\mathfrak{p}}{}^{-1}$,

$$\mathfrak{M}_{K/k,\mathfrak{p}}=\{\lambda\in K \mid \text{すべての } \omega\in I_{K,P} \text{ に対して } T_{K/k}(\lambda\omega)\in I_{k,\mathfrak{p}}\}$$

である．$\omega=\omega_0/w$，$\omega_0\in I_K$，$w\in I_k$，$((w),\mathfrak{p})=I_k$ にとれば

$$T_{K/k}(\lambda\omega)=T_{K/k}(\lambda\omega_0)\cdot w^{-1}$$

であるから，$T_{K/k}(\lambda\omega)\in I_{k,\mathfrak{p}}$ と $T_{K/k}(\lambda\omega_0)\in I_{k,\mathfrak{p}}$ とは同値，したがって，また適当な $a\in I_k$, $((a),\mathfrak{p})=I_k$ をとれば $T_{K/k}(a\lambda\omega_0)\in I_k$ と同値となる．これから $a\lambda\in\mathfrak{M}_{K/k}$ となり，$\lambda\in\mathfrak{D}_{K/k}\cdot I_{K,P}$ がわかる．すなわち $\mathfrak{D}_{K/k,\mathfrak{p}}\subseteqq\mathfrak{D}_{K/k}\cdot I_{K,P}$ である．逆の $\supseteqq$ は定義より直接わかる．すなわち等号が成り立つ．

（ii）$I_{k,\mathfrak{p}}$ は単項イデアル整域であるから，（VIII）の証明と同じである．▌

さて以上を準備として Dedekind の判別定理を証明しよう．（XI）によれば，つぎの命題を示せばよい．

(XII)（i）（X）において，I_k の素イデアル $\mathfrak{p}$ が K において分岐しなければ

$$\mathfrak{D}_{K/k,\mathfrak{p}}=I_{K,P}.$$

（ii）分岐する場合には $\mathfrak{D}_{K/k,\mathfrak{p}}$ は $\tilde{\mathfrak{P}}_1{}^{e_1-1}\cdots\tilde{\mathfrak{P}}_g{}^{e_g-1}$ で割り切れる．

［証明］（ii）I_K において $\mathfrak{p}=\mathfrak{P}_1{}^{e_1}\cdots\mathfrak{P}_g{}^{e_g}$，$N_{K/k}\mathfrak{P}_i=\mathfrak{p}^{f_i}$ であれば $n=e_1f_1+\cdots+e_gf_g$ で

$$I_K/\mathfrak{p}\cong I_K/\mathfrak{P}_1{}^{e_1}\oplus\cdots\oplus I_K/\mathfrak{P}_g{}^{e_g}\qquad(\text{環としての直和})$$

である．いま $I_{k,\mathfrak{p}}$ は単項イデアル整域であるから

$$I_{K,P}=I_{k,\mathfrak{p}}\omega_1+\cdots+I_{k,\mathfrak{p}}\omega_n\qquad(\text{直和})$$

と表わされる．$I_{K,P}\ni\alpha=a_1\omega_1+\cdots+a_n\omega_n\in\tilde{\mathfrak{p}}=\tilde{\mathfrak{P}}_1{}^{e_1}\cdots\tilde{\mathfrak{P}}_g{}^{e_g}$ となるならば，$\tilde{\mathfrak{p}}=(p)$，$p\in I_{k,\mathfrak{p}}$ とするとき $\alpha=p\beta$，$\beta\in I_{K,P}$，$\beta=b_1\omega_1+\cdots+b_n\omega_n$ $(b_i\in I_{k,\mathfrak{p}})$ と表わされるから，$a_i=pb_i$ $(i=1,\cdots,n)$ でなければならない．したがって

$$I_{K,P}/\tilde{\mathfrak{p}}=(I_{k,\mathfrak{p}}/\tilde{\mathfrak{p}})\omega_1+\cdots+(I_{k,\mathfrak{p}}/\tilde{\mathfrak{p}})\omega_n\qquad(\text{直和})$$

と表わされる．

いま $\alpha\in\tilde{\mathfrak{P}}_1\cdots\tilde{\mathfrak{P}}_g$ をとれば，或る $h>0$ に対して $\alpha^h\in\tilde{\mathfrak{p}}$ となる．$T_{K/k}\alpha$ は K の元 α の $(\omega_1,\cdots,\omega_n)$ に関する正則表現 $D(\alpha)$ の対角和として表わされる（本講座“体と Galois 理論 I”§2.12参照）．それを $\mathrm{mod}\,\tilde{\mathfrak{p}}$ で考えるとき α はベキ零元である．したがって，$D(\alpha)$ $(\mathrm{mod}\,\tilde{\mathfrak{p}})$ の固有値はすべて0に等しく，その対角和は0である．このことは，$T_{K/k}\alpha\in\tilde{\mathfrak{p}}$ を示している．

いま $\lambda\in\tilde{\mathfrak{P}}_1^{1-e_1}\cdots\tilde{\mathfrak{P}}_g^{1-e_g}$ $(\lambda\in K)$ をとれば，$\tilde{\mathfrak{p}}=(p)$ $(p\in I_{k,\mathfrak{p}})$ に対し $p\lambda\in\tilde{\mathfrak{P}}_1\cdots\tilde{\mathfrak{P}}_g$ である．したがって

$$\tilde{\mathfrak{p}}\ni T_{K/k}(p\lambda)=pT_{K/k}\lambda$$

より $T_{K/k}\lambda\in I_{k,\mathfrak{p}}$ となる．すなわち $\mathfrak{M}_{K/k,\mathfrak{p}}\supseteq\tilde{\mathfrak{P}}_1^{1-e_1}\cdots\tilde{\mathfrak{P}}_g^{1-e_g}$，$\mathfrak{D}_{K/k,\mathfrak{p}}=\mathfrak{M}_{K/k,\mathfrak{p}}^{-1}\subseteq\tilde{\mathfrak{P}}_1^{e_1-1}\cdots\tilde{\mathfrak{P}}_g^{e_g-1}$ が示された．

(i) $\mathfrak{p}$ が K/k で分岐しなければ

$$I_{K,P}/\tilde{\mathfrak{p}}\cong I_{K,P}/\tilde{\mathfrak{P}}_1\oplus\cdots\oplus I_{K,P}/\tilde{\mathfrak{P}}_g \qquad (\text{環としての直和}),$$

かつ体 $I_{K,P}/\tilde{\mathfrak{P}}_i\cong I_K/\mathfrak{P}_i$ は体 $I_{k,\mathfrak{p}}/\tilde{\mathfrak{p}}\cong I_k/\mathfrak{p}$ の f_i 次の拡大である．したがって $I_{K,P}$ の $I_{k,\mathfrak{p}}$ 上の基 $(\omega_1,\cdots,\omega_n)$ を $I_{K,P}/\tilde{\mathfrak{P}}_i$ 中より f_i 個 $(i=1,\cdots,g)$ ずつとって $(\omega_{11},\cdots,\omega_{1f_1},\cdots,\omega_{g1},\cdots,\omega_{gf_g})$ $(\omega_{ij}\in I_{K,P}/\tilde{\mathfrak{P}}_i)$ とすれば，$\alpha\in I_{K,P}$ のこの基に関する正則表現 $D(\alpha)$ は $I_{K,P}/\tilde{\mathfrak{P}}_i$ の $I_{k,\mathfrak{p}}/\tilde{\mathfrak{p}}$ 上の正則表現 $D_i(\alpha)$ の直和となる：

$$D(\alpha)=D_1(\alpha)\oplus\cdots\oplus D_g(\alpha) \qquad (\text{対角和}).$$

したがって，表現 D に関する判別式は，各表現 $D_1,\cdots,D_g$ に関する判別式の積となる．D_i に関する判別式は体 $I_{k,\mathfrak{p}}/\tilde{\mathfrak{p}}$ の第1種拡大体 $I_{K,P}/\tilde{\mathfrak{P}}_i$ の判別式と一致するから，数体の場合と同じく0でない．よって $D(\alpha)$ に関する判別式は0でない．これは $I_{K,P}$ の $I_{k,\mathfrak{p}}$ 上の判別式 $D_{K/k,\mathfrak{p}}$ は $\mathrm{mod}\,\tilde{\mathfrak{p}}$ で0でないことを示す．すなわち $D_{K/k,\mathfrak{p}}$ は $I_{K,P}$ の単数である．よって(XI)(ii)によって，共役差積 $\mathfrak{D}_{K/k,\mathfrak{p}}$ も $I_{K,P}$ に等しい．∎

注意 (i)の部分の証明は石田[12], pp. 72–76 にくわしい．

例 7.1 2次体 $k=\boldsymbol{Q}(\sqrt{m})$ の場合の判別定理は，直接に第5章において証明してある(定理5.1)．判別式 D_k は

$$|D_k|=2^{\rho}p_1\cdots p_s \qquad (p_i\neq 2).$$

ただし，I_k において $(p_i)=\mathfrak{p}_i^2$ $(i=1,\cdots,s)$ であり，また，2が I_k で分岐しなければ $\rho=0$，分岐すれば $\rho=2$ または3である．

§7.2 Galois 拡大体のイデアル論

a) Galois 拡大における素イデアルの分解

有限次代数体 k と，その有限次 Galois 拡大 K をとり，

$$[K:k]=n$$

とする．Galois 拡大体の **Galois 群**を

$$G = \mathrm{Gal}(K/k)$$

とする．Galois 拡大に関する一般の代数的性質については，岩波基礎数学選書“体と Galois 理論”を参照されたい．

（I）（i）k の整数環 I_k の素イデアル $\mathfrak{p}$ の I_K への延長の素イデアル分解は

(7.12)　　$\mathfrak{p} = (\mathfrak{P}_1\mathfrak{P}_2\cdots\mathfrak{P}_g)^e,\quad N_{K/k}\mathfrak{P}_i = \mathfrak{p}^f\quad (i=1, \cdots, g),$

(7.13)　　$n = efg$

である．

(ii)　$\sigma \in G$ に対して，$\mathfrak{P}=\mathfrak{P}_1$ の共役

$$\mathfrak{P}^\sigma = \{\alpha^\sigma \mid \alpha \in \mathfrak{P}\}$$

は，或る $\mathfrak{P}_i\ (1 \leqq i \leqq g)$ に等しく，逆に任意の $\mathfrak{P}_i$ は或る $\sigma \in G$ によって $\mathfrak{P}_i=\mathfrak{P}^\sigma$ と表わされる．

［証明］　I_K の素イデアル $\mathfrak{P}$ に対して，$\mathfrak{p} \subseteqq \mathfrak{P}$ であれば $\mathfrak{P}^\sigma$ も素イデアルであり，かつ $\mathfrak{p} \subseteqq \mathfrak{P}^\sigma$ である．Galois 拡大に対して，α の共役 $\alpha^{(i)}$ は $\alpha^\sigma\ (\sigma \in G)$ の形である．すなわち

$$N_{K/k}\alpha = \prod_{\sigma \in G} \alpha^\sigma, \qquad T_{K/k}\alpha = \sum_{\sigma \in G} \alpha^\sigma,$$

また

$$N_{K/k}\mathfrak{P} = \prod_{\sigma \in G} \mathfrak{P}^\sigma$$

である．したがって $N_{K/k}\mathfrak{P}_1=\mathfrak{p}^f$ であれば，これは

$$\prod_{\sigma \in G} \mathfrak{P}^\sigma = \mathfrak{p}^f$$

を示している．よって I_K における $\mathfrak{p}$ の素因子は $\mathfrak{P}^\sigma\ (\sigma \in G)$ 以外にない．よってまず(ii)が示された．

つぎに $\mathfrak{P}_i=\mathfrak{P}_1{}^\tau$ であれば，$N_{K/k}\mathfrak{P}_i=\prod_{\sigma \in G}\mathfrak{P}_1{}^{\tau\sigma}=N_{K/k}\mathfrak{P}_1$ であるから，$N_{K/k}\mathfrak{P}_i=\mathfrak{p}^f$ $(i=1, \cdots, g)$ となる．

また，$\mathfrak{p} \subseteqq \mathfrak{P}^e$ であれば $\mathfrak{p} \subseteqq (\mathfrak{P}^\sigma)^e$ である．以上より(7.12)の成り立つことがわかる．(7.13)は両辺のノルムをとればわかる．▌

定義 7.4　Galois 拡大 K/k において I_K の素イデアル $\mathfrak{P}$ をとる．そのとき

$$Z = \{\sigma \in G \mid \mathfrak{P}^\sigma = \mathfrak{P}\}$$

は，Galois 群 G の部分群を作る．Z を $\mathfrak{P}$ の**分解群**(decomposition group)という．また Z に対応する K/k の中間体 k_Z を $\mathfrak{P}$ の**分解体**(decomposition field)

という.

(**II**)$_1$ 素イデアル $\mathfrak{P}$ の分解群を Z とする. Galois 群 G の Z に関する分解を

$$G = Z \cup Z\sigma_2 \cup \cdots \cup Z\sigma_g \qquad (\sigma_1 = 1)$$

とするとき

$$\mathfrak{P}, \quad \mathfrak{P}^{\sigma_2}, \quad \cdots, \quad \mathfrak{P}^{\sigma_g}$$

が $\mathfrak{P}$ の異なる共役素イデアルの全体となる. したがって

$$[G:Z] = g, \qquad |Z| = ef$$

である.

[証明] $\mathfrak{P}^{\tau} = \mathfrak{P}^{\rho} \Leftrightarrow \mathfrak{P}^{\tau\rho^{-1}} = \mathfrak{P} \Leftrightarrow \tau\rho^{-1} \in Z \Leftrightarrow \tau \in Z\rho$ よりわかる. ▌

したがって Galois の理論より $k \subseteqq k_Z \subseteqq K$ で

$$[k_Z:k] = [G:Z] = g, \qquad [K:k_Z] = |Z| = ef$$

である.

(**II**)$_2$ 上記記号において, I_k の素イデアル $\mathfrak{p}$ は I_{k_Z} において

$$\mathfrak{p} = \mathfrak{p}'\mathfrak{a}, \qquad (\mathfrak{p}', \mathfrak{a}) = I_{k_Z}, \qquad N_{k_Z/k}\mathfrak{p}' = \mathfrak{p}$$

である. I_{k_Z} の素イデアル $\mathfrak{p}'$ は I_K において

$$\mathfrak{p}' = \mathfrak{P}^e, \qquad N_{K/k_Z}\mathfrak{P} = \mathfrak{p}'^f$$

と分解される.

[証明] I_{k_Z} において $\mathfrak{p} = (\mathfrak{p}')^{e_0}\mathfrak{a}$, $(\mathfrak{p}', \mathfrak{a}) = I_{k_Z}$, $N_{k_Z/k}\mathfrak{p}' = \mathfrak{p}^{f_0}$, I_K において $\mathfrak{p}' = \mathfrak{P}^{e'}\mathfrak{Q}$, $(\mathfrak{Q}, \mathfrak{P}) = I_K$, $N_{K/k_Z}\mathfrak{P} = (\mathfrak{p}')^{f'}$ とする. これらを組合せれば(7.12)と比べて $e = e_0 e'$, $f = f_0 f'$, $e'f' = |Z| = ef$ でなければならない((VI) (i) 参照). これから $e = e'$, $f = f'$, $e_0 = f_0 = 1$ となる. すなわち(II)$_2$ が成り立つ. ▌

定義 7.5 I_K の素イデアル $\mathfrak{P}$ に対して, $I_K/\mathfrak{P}$ の各剰余類を動かさない $\sigma \in G$ の全体を T とする:

(7.14) $$T = \{\sigma \in G \mid \text{すべての } \alpha \in I_K \text{ に対して } \alpha^{\sigma} \equiv \alpha \pmod{\mathfrak{P}}\}.$$

T は Z の部分群を作る. T を $\mathfrak{P}$ の**惰性群**(inertia group)という. また Galois の理論において T に対応する中間体 k_T を $\mathfrak{P}$ の**惰性体**(inertia field)という.

(**III**) $\mathfrak{P}$ の分解群を Z, 惰性群を T とする. $N_{K/k}\mathfrak{P} = \mathfrak{p}^f$ とする. T は Z の正規部分群で Z/T は f 次巡回群である. したがって

$$[Z:T] = f, \qquad |T| = e$$

である.

[証明]　$T \subseteqq Z$ および T が Z の部分群を作ることは定義より明らかである．また $\tau \in Z$ に対して $\mathfrak{P}^{\tau}=\mathfrak{P}$ であるから，$\alpha \in I_K, \sigma \in T$ に対して $(\alpha^{\tau})^{\sigma} \equiv \alpha^{\tau} \pmod{\mathfrak{P}}$，したがって $(\alpha^{\tau\sigma})^{\tau^{-1}} \equiv \alpha^{\tau\tau^{-1}} \equiv \alpha \pmod{\mathfrak{P}}$ となる．故に $\tau T \tau^{-1}=T$ である．すなわち T は Z の正規部分群である．

つぎに $\sigma \in Z$ は $I_K/\mathfrak{P}$ の自己同型をひきおこし，σ が $I_K/\mathfrak{P}$ の恒等変換を生じるのは $\sigma \in T$ の場合である．故に Z/T は有限体 $\boldsymbol{F}_q=I_K/\mathfrak{P}$ $(q=N\mathfrak{P})$ の自己同型群である．その不変体は(K/k における Z の不変体が k_Z であるので) $I_{k_Z}/\mathfrak{p}'$ ($\mathfrak{p}'$ は I_{k_Z} の素イデアル)に等しい．かつ $(\mathrm{II})_2$ によって $I_{k_Z}/\mathfrak{p}'=\boldsymbol{F}_{q_0}$，$q_0=N\mathfrak{p}$ である．よって Z/T は $\boldsymbol{F}_q/\boldsymbol{F}_{q_0}$ の Galois 群に等しい．有限体の性質(岩波基礎数学選書"体と Galois 理論")によって，T/Z は位数 $f=[\boldsymbol{F}_q:\boldsymbol{F}_{q_0}]$ の巡回群となる．▍

さて $\mathrm{Gal}(\boldsymbol{F}_q/\boldsymbol{F}_{q_0})$ は f 次巡回群 $\{1, \sigma, \cdots, \sigma^{f-1}\}$，$\sigma^f=1$ で，その生成元 σ は

$$\alpha^{\sigma} \equiv \alpha^{q_0} \pmod{\mathfrak{P}} \qquad (\alpha \in \boldsymbol{F}_q)$$

によって与えられる．よって

(IV)　$\mathfrak{P}$ の分解群を Z，惰性群を T とするとき，巡回群 Z/T の生成元 σ $(\mathrm{mod}\ T)$ として，すべての $\alpha \in I_K$ に対して

(7.15)　$$\alpha^{\sigma} \equiv \alpha^{N\mathfrak{p}} \pmod{\mathfrak{P}}$$

となる σ が($\mathrm{mod}\ T$ で)定まる．この σ を，$\mathfrak{P}$ に対する **Frobenius 自己同型** (Frobenius automorphism)という．これを $\sigma=\left(\dfrac{K/k}{\mathfrak{p}}\right)$ と表わす．——

Frobenius 自己同型は代数的数論で極めて大切な役割を演じるのである．

(V)　I_K の素イデアル $\mathfrak{P}$ に対する分解体を k_Z，惰性体を k_T とするとき，$\mathfrak{p}'=\mathfrak{P} \cap I_{k_Z}$ は I_{k_T} において

(7.16)　$$\mathfrak{p}'=\mathfrak{p}'', \qquad N_{k_T/k_Z}\mathfrak{p}''=\mathfrak{p}'^f,$$

$\mathfrak{p}''=\mathfrak{P} \cap I_{k_T}$ は

(7.17)　$$\mathfrak{p}''=\mathfrak{P}^e, \qquad N_{K/k_T}\mathfrak{P}=\mathfrak{p}''$$

と分解される．

[証明]　$T=\mathrm{Gal}(K/k_T)$ に対して $\mathfrak{P}$ の分解群も惰性群も T である(((VI) (i) 参照)．よって(7.17)が成り立つ．$(\mathrm{II})_2$ の結果と合せて(7.16)も成り立つ．▍

以上によって，Galois 拡大体 K/k に対し，I_k の素イデアル $\mathfrak{p}$ の延長が I_K で素因子 $\mathfrak{P}$ を持つとき，その分解の形式が $G=\mathrm{Gal}(K/k)$ によって表現される．これを表にまとめると，

体:	$k \subseteqq k_Z \subseteqq k_T \subseteqq K$,		
Galois 群:	G, Z, T, 1,		
	$(G=\mathrm{Gal}(K/k)$,	$Z=\mathrm{Gal}(K/k_Z)$,	$T=\mathrm{Gal}(K/k_T))$,
次数:	$[k_Z:k]=g$,	$[k_T:k_Z]=f$,	$[K:k_T]=e$,
$\mathfrak{p}$ の分解:	$\mathfrak{p}=\mathfrak{p}'\mathfrak{a}$,	$\mathfrak{p}'=\mathfrak{p}''$,	$\mathfrak{p}''=\mathfrak{P}^e$,
	$\mathfrak{p}=\mathfrak{P}\cap I_k$,	$\mathfrak{p}'=\mathfrak{P}\cap I_{k_Z}$,	$\mathfrak{p}''=\mathfrak{P}\cap I_{k_T}$,
ノルム:	$N_{k_Z/k}\mathfrak{p}'=\mathfrak{p}$,	$N_{k_T/k_Z}\mathfrak{p}''=\mathfrak{p}'^f$,	$N_{K/k_T}\mathfrak{P}=\mathfrak{p}''$.

となる.

例 7.2 上記において, $\mathfrak{P}$ の共役素イデアル $\mathfrak{P}^\tau$ に関して, $\mathfrak{P}^\tau$ の分解群は $\tau^{-1}Z\tau$, 惰性群は $\tau^{-1}T\tau$ である. 特に $G=\mathrm{Gal}(K/k)$ が可換群であれば, $\tau^{-1}Z\tau=Z$, $\tau^{-1}T\tau=T$ と簡単になる. ——

つぎに K/k の一般の中間体 Ω における I_k の素イデアルの分解を考えよう.

(**VI**) Galois 拡大 K/k の任意の中間体を Ω とする. K/Ω も Galois 拡大で, 対応する $G=\mathrm{Gal}(K/k)$ の部分群を H とする.

(i) I_K の素イデアル $\mathfrak{P}$ に対して K/Ω における分解群を Z', 惰性群を T' とすれば

$$Z'=H\cap Z,\qquad T'=H\cap T$$

である.

(ii) I_Ω の素イデアル $\mathfrak{p}'=\mathfrak{P}\cap I_\Omega$ に対して

Ω/k で $\mathfrak{p}'$ は不分岐 $\Longleftrightarrow H\supseteqq T \Longleftrightarrow \Omega\subseteqq k_T$,

Ω/k で $\mathfrak{p}'$ は不分岐 かつ $N_{\Omega/k}\mathfrak{p}'=\mathfrak{p} \Longleftrightarrow H\supseteqq Z \Longleftrightarrow \Omega\subseteqq k_Z$.

(iii) Ω/k も Galois 拡大であれば, $\mathfrak{p}_\Omega=I_\Omega\cap\mathfrak{P}$ の Ω/k における分解群 Z_Ω, 惰性群 T_Ω は ZN/N および TN/N で与えられる. ただし, N は Ω に対応する G の正規部分群とする.

[証明] (i) は定義より明らかである.

(ii) K/k と K/Ω で対応する群を考えると

K/k	G	Z	T	1	$\mathfrak{p}=(\mathfrak{P}_1\cdots\mathfrak{P}_g)^e$, $N_{K/k}\mathfrak{P}_i=\mathfrak{p}^f$
K/Ω	H	$Z\cap H$	$T\cap H$	1	$\mathfrak{p}'=(\mathfrak{P}_1\cdots\mathfrak{P}_{g'})^{e'}$, $N_{K/\Omega}\mathfrak{P}_i=\mathfrak{p}'^{f'}$

したがって

$$\Omega/k \text{ で } \mathfrak{p}' \text{ は不分岐} \Leftrightarrow e=e' \Leftrightarrow T=T\cap H \Leftrightarrow H\supseteqq T,$$

$$\Omega/k \text{ で } \mathfrak{p}' \text{ は不分岐 かつ } N_{\Omega/k}\mathfrak{p}'=\mathfrak{p} \Leftrightarrow e=e' \text{ かつ } f=f'$$
$$\Leftrightarrow H\supseteqq T \text{ かつ } [Z:T]=[Z\cap H:T]$$
$$\Leftrightarrow H\supseteqq T \text{ かつ } Z\cap H=Z \Leftrightarrow H\supseteqq Z.$$

(iii)の証明は読者に任せよう. ▌

$\mathfrak{p}=\mathfrak{P}^n$, $N_{K/k}\mathfrak{P}=\mathfrak{p}$ (すなわち $k=k_T$)のとき $\mathfrak{p}$ は K/k で**完全分岐**するという.

b) Galois 拡大における素イデアルの分岐と共役差積

K/k を Galois 拡大体, $G=\mathrm{Gal}(K/k)$ を Galois 群とする. I_k の素イデアル $\mathfrak{p}$ が I_K において

$$\mathfrak{p}=(\mathfrak{P}_1\cdots\mathfrak{P}_g)^e, \qquad N_{K/k}\mathfrak{P}_i=\mathfrak{p}^f, \qquad n=efg$$

であるとする. $\mathfrak{P}$ の惰性体を k_T とすると, $[K:k_T]=e$ で $\mathfrak{P}\cap I_{k_T}=\mathfrak{p}'$ は I_K において

$$\mathfrak{p}'=\mathfrak{P}^e, \qquad N_{K/k_T}\mathfrak{P}=\mathfrak{p}'$$

となることはすでに見た. つぎに, 惰性群 T の構造をさらに詳しくしらべよう.

定義 7.6　$G=\mathrm{Gal}(K/k)$ の元 σ で $I_K \bmod \mathfrak{P}^{m+1}$ の各剰余類を動かさないものの全体:

$$V_m=\{\sigma\in G \mid \text{すべての } \alpha\in I_K \text{ に対して } \alpha^\sigma\equiv\alpha \pmod{\mathfrak{P}^{m+1}}\}$$

は G の部分群を作る. V_m を $\mathfrak{P}$ の**第 m 分岐群**(m-th ramification group)といい, 対応する K/k の中間体 k_{V_m} を**第 m 分岐体**(m-th ramification field)という. 特に $V_0=T$ である.

$$Z\supseteqq T=V_0\supseteqq V_1\supseteqq V_2\supseteqq\cdots$$

で, V_m $(m=1,2,\cdots)$はすべて(T と同様に)Z の正規部分群である.

(VII)　素イデアル $\mathfrak{P}$ の分岐群 V_m に関して

(i)　T/V_1 は巡回群で, その位数 e_0 は $N\mathfrak{P}-1$ の約数である. 特に$(e_0,p)=1$ かつ $e=e_0p^s$ と分解される.

(ii)　V_m/V_{m+1} $(m=1,2,\cdots)$は$(p,p,\cdots,p)$型可換群で $[V_m:V_{m+1}]\leqq N\mathfrak{P}$.

したがって$(e,p)=1$であれば, $V_1=\{1\}$である.

[証明]　K/k_T において, $\mathfrak{P}\cap I_{k_T}=\mathfrak{p}'$ とすると $\mathfrak{p}'=\mathfrak{P}^e$ であった. いま $\pi\in\mathfrak{P}$, $\pi\notin\mathfrak{P}^2$ となる元 π をとるとき

$$K=k_T(\pi)$$

である．何となれば $k_T(\pi)$ における $\mathfrak{p}'$ の分岐を考えれば，高々 $[k_T(\pi):k_T]$ 次にしか分岐しない．一方 $\pi\in\mathfrak{P}$, $\pi\notin\mathfrak{P}^2$ より，その値は e でなければならない．故に $[k_T(\pi):k_T]\geqq e=[K:k_T]$ となり，$K=k_T(\pi)$ である．

いま $k_T\subseteqq k_{V_1}\subseteqq K$ において，$\mathfrak{p}'=\mathfrak{P}\cap I_{k_T}$，$\mathfrak{p}''=\mathfrak{P}\cap I_{k_{V_1}}$ とすれば $N\mathfrak{p}'=N\mathfrak{p}''=N\mathfrak{P}$ である．したがって $\sigma\in T$ に対して $\pi^\sigma\in\mathfrak{P}$, $\pi^\sigma\notin\mathfrak{P}^2$ より

$$\pi^\sigma\equiv\alpha_\sigma\pi\pmod{\mathfrak{P}^2}\qquad(\alpha_\sigma\in I_{k_T},\ \alpha_\sigma\notin\mathfrak{P})$$

と表わされる．$\sigma\mapsto\alpha_\sigma\in I_{k_T}/\mathfrak{p}'$ の対応は乗法的である：

$$(\pi^\sigma)^\tau\equiv\alpha_\sigma\alpha_\tau\pi\pmod{\mathfrak{P}^2}.$$

また $\alpha_\sigma\equiv1\pmod{\mathfrak{P}}$ であれば，

$$(\lambda_0+\lambda_1\pi)^\sigma\equiv\lambda_0+\lambda_1\pi\pmod{\mathfrak{P}^2}\qquad(\lambda_0,\lambda_1\in I_{k_T}),$$

すなわち $\sigma\in V_1$ である．よって $\sigma\mapsto\alpha_\sigma$ は T/V_1 から $I_{k_T}/\mathfrak{p}'$ の乗法群の中への同型対応である．$(I_{k_T}/\mathfrak{p}')^\times$ は $N\mathfrak{p}'-1=N\mathfrak{P}-1$ 次の巡回群である．よって(i)が成り立つ．

(ii) 同様に $\sigma\in V_m$ に対して

$$\pi^\sigma\equiv\pi\pmod{\mathfrak{P}^{m+1}}$$

より

$$\pi^\sigma\equiv\pi+\beta_\sigma\pi^{m+1}\pmod{\mathfrak{P}^{m+2}}$$

と表わされる．$\sigma\mapsto\beta_\sigma\in I_{k_T}/\mathfrak{p}'$ の対応は，V_m/V_{m+1} から $I_{k_T}/\mathfrak{p}'\cong I_K/\mathfrak{P}$ の加法群の中への同型対応を生じる：

$$(\pi^\sigma)^\tau\equiv\pi+(\beta_\sigma+\beta_\tau)\pi^{m+1}\pmod{\mathfrak{P}^{m+2}}.$$

$I_K/\mathfrak{P}$ の加法群は，位数 $N\mathfrak{P}$ の $(p,\cdots,p)$ 型可換群である．∎

さて，以上の記号を用いるとき，$\sigma\in T$ に対して，I_K において

$$(\pi^\sigma-\pi)=\mathfrak{P}^{v(\sigma)}\mathfrak{A},\qquad(\mathfrak{A},\mathfrak{P})=I_K$$

とする．そのとき

(7.18) $$V_m=\{\sigma\in T\mid v(\sigma)>m\}$$

と表わされる．特に $\sigma\in T-V_1$ であれば $v(\sigma)=1$ である．$v(\sigma)$ を大きさの順に並べて $(v(1)=\infty$ とおいて)

(7.19) $$1<v_1<\cdots<v_r<v_{r+1}=\infty$$

とする．したがって分岐群については

(7.20)
$$V_1 = \cdots = V_{v_1-1} \supsetneqq V_{v_1} = \cdots = V_{v_2-1} \supsetneqq \cdots$$
$$\supsetneqq V_{v_{r-1}} = \cdots = V_{v_r-1} \supsetneqq V_{v_r} = \{1\}$$

である．(7.19)の $v_1, v_2, \cdots$ を $\mathfrak{P}$ の**分岐定数**(ramification number)という．

注意　分岐定数として $v_1, v_2, \cdots$ の代りに，書物によっては v_1-1, v_2-1, $\cdots$ を用いることもあるので注意を要する．

定理 7.4　Galois 拡大体 K/k において，共役差積を

$$\mathfrak{D}_{K/k} = \prod_{i=1}^{s} \mathfrak{P}_i^{t_i}$$

とおく．いま $\mathfrak{P}=\mathfrak{P}_i$ に対して(7.19), (7.20)の記号を用いれば

(7.21)
$$t_i = (|T|-|V_1|)+v_1(|V_1|-|V_{v_1}|)+v_2(|V_{v_1}|-|V_{v_2}|)+\cdots$$
$$+v_r(|V_{v_{r-1}}|-1)$$

と表わされる．

証明　共役差積の連鎖律によって

$$\mathfrak{D}_{K/k} = \mathfrak{D}_{K/k_T}\cdot\mathfrak{D}_{k_T/k}$$

である．$\mathfrak{P}\cap I_{k_T}=\mathfrak{p}'$ は k_T/k で分岐しないから，$\mathfrak{D}_{k_T/k}$ には $\mathfrak{p}'$ 因子は含まれない．よって $k_T=k$ としよう．π を $\pi\in\mathfrak{P}$, $\pi\notin\mathfrak{P}^2$ にとると $K=k(\pi)$ で，

$$I_K = I_k+I_k\pi+\cdots+I_k\pi^{e-1}$$

と表わされる．したがって $I_{K,\mathfrak{P}}$ において考えれば，§7.1 (XI) (i)によって $\mathfrak{D}_{K/k}$ の $\mathfrak{P}$ 因子 $\mathfrak{P}^t$ は $\mathfrak{D}_{K/k,\mathfrak{P}}$ の $\tilde{\mathfrak{P}}$ 因子 $\tilde{\mathfrak{P}}^t$ に等しく，かつ§7.1 (XI) (ii)によって

$$I_{k,\mathfrak{p}}\varDelta(1,\pi,\cdots,\pi^{e-1})^2 = N_{K/k}\tilde{\mathfrak{P}}^t = \tilde{\mathfrak{p}}^t$$

となる．一方

$$\varDelta(1,\pi,\cdots,\pi^{e-1})^2 = \prod_{\sigma\neq\tau}(\pi^\sigma-\pi^\tau) = N_{K/k}D_{K/k}(\pi),$$
$$D_{K/k}(\pi) = \prod_{\sigma\neq 1}(\pi-\pi^\sigma)$$

である．よって t_i は $(\pi-\pi^\sigma)$ $(\sigma\neq 1,\ \sigma\in G)$ の $\mathfrak{P}$ 指数の和と一致する．これは(7.19), (7.20)によれば(7.21)と表わされる．▮

例 7.3　例7.1のように2次体 $k=\boldsymbol{Q}(\sqrt{m})$, $G=\{1,\sigma\}$ において $|D_k|=2^\rho p_1\cdots p_s$ とするとき，I_k において $(p_i)=\mathfrak{p}_i^2$, $N\mathfrak{p}_i=p_i$ であり，また2が分岐するときは $(2)=\mathfrak{l}^2$, $N\mathfrak{l}=2$ である．よって共役差積 $\mathfrak{D}_k$ は

$$\mathfrak{D}_k = \mathfrak{l}^\rho\mathfrak{p}_1\cdots\mathfrak{p}_s, \qquad N\mathfrak{D}_k = |D_k|$$

である．実際に定理 7.4 と比べて見よう．

（i） $\mathfrak{p}_i$ に対しては分岐群 $V_1=\{1\}$，したがって $t=e-1=1$ である．

（ii） $m\equiv 3\ (\mathrm{mod}\ 4)$ のとき $(2)=\mathfrak{l}^2$ であるが，§5.1，定理 5.1 の証明(2)，(i)において $\pi=1+\sqrt{m}$ にとることができる．したがって $\pi-\pi^\sigma=(1+\sqrt{m})-(1-\sqrt{m})=2\sqrt{m}$ の $\mathfrak{l}$ 指数は 2 である．故に $v_1=2$，$T=V_1\supsetneqq V_2=\{1\}$ となり，$\rho=v_1(|V_1|-|V_2|)=2$ である．

（iii） $m\equiv 2\ (\mathrm{mod}\ 4)$ のときも $(2)=\mathfrak{l}^2$ であるが，定理 5.1 の証明(2)，(i)において $m=2m_0$，$(2, m_0)=1$ とすれば $\pi=\sqrt{2m_0}$ にとれ，$\pi-\pi^\sigma=2\sqrt{2m_0}$ の $\mathfrak{l}$ 指数は 3 である．故に $v_1=3$，$T=V_1=V_2\supsetneqq V_3=\{1\}$ となり，$\rho=3$ である．

問　　題

1　代数体 k の n 次拡大 K に対して，K の k 上の共役体を $K^{(1)}, \cdots, K^{(n)}$ $(K^{(1)}=K)$ とする．$\alpha\in I_K$ に対して，$\alpha-\alpha^{(i)}$ の全体の最大公約イデアルを $\mathfrak{E}^{(i)}$ と書いて，K の**原素イデアル** (独 Elemente) という．$\mathfrak{E}^{(i)}$ は一般には I_K のイデアルではないが，$K^{(1)}, \cdots, K^{(n)}$ をすべて含む体 L につき I_L のイデアルである．そのとき共役差積に対して

$$\mathfrak{D}_{K/k}=\mathfrak{E}^{(2)}\cdots\mathfrak{E}^{(n)}$$

が成り立つ (高木 [8]，p. 86；黒田-久保田 [10]，p. 141)．

2　問題 1 において K/k が Galois 拡大体であるとする．問題 1 を用いて定理 7.3 (判別定理) を証明せよ．また定理 7.4 も導け (高木 [8]，p. 97)．

3　k を代数体，$k\subseteqq\Omega\subseteqq K$，$K/k$ は Galois 拡大とする．$G=\mathrm{Gal}(K/k)$，$H=\mathrm{Gal}(K/\Omega)$ とする．I_K の素イデアル $\mathfrak{P}$ に対して $\mathfrak{p}=\mathfrak{P}\cap I_k$，$\mathfrak{p}'=\mathfrak{P}\cap I_\Omega$ とする．$\mathfrak{P}$ の分解群，惰性群を Z, T とする．

$$\mathfrak{p}=\mathfrak{p}_1'^{e_1'}\mathfrak{p}_2'^{e_2'}\cdots\mathfrak{p}_r'^{e_r'},\qquad N_{\Omega/k}\mathfrak{p}_i'=\mathfrak{p}^{f_i'}$$

とするとき，G の Z, H に関する分解

$$G=ZH\cup Z\sigma_2H\cup\cdots\cup Z\sigma_rH$$

に対応して，$\mathfrak{p}_i'=\mathfrak{P}_i\cap I_k$，$\mathfrak{P}_i=\mathfrak{P}^{\tau_i}$，$\tau_i\in Z\sigma_iH$ となる．また

$$e_i'=[\sigma_i^{-1}Z\sigma_i : H\cap\sigma_i^{-1}Z\sigma_i],$$

$$f_i'=\frac{[\sigma_i^{-1}Z\sigma_i : \sigma_i^{-1}T\sigma_i]}{[H\cap\sigma_i^{-1}Z\sigma_i : H\cap\sigma_i^{-1}T\sigma_i]}$$

である (高木 [8]，p. 96)．

なお Ω/k も Galois 拡大のとき，Ω/k における $\mathfrak{p}'$ の高次の分岐群については Herbrand の公式が知られている (藤崎 [11]，p. 86；黒田-久保田 [10]，p. 250)．

第8章　円分体の数論

§8.1　円分体のイデアル論

a）円分体における素数のイデアル分解

有理数体 $\boldsymbol{Q}$ に 1 の m 乗根 ζ_m:

$$\zeta_m = e^{2\pi i/m}$$

を添加して得られる数体 $\boldsymbol{Q}(\zeta_m)$ を**円分体** (cyclotomic field) という．円分体の代数的性質については，岩波基礎数学選書“体と Galois 理論”§3.4 円分拡大，を参照のこと．すなわち

（I）（i） 拡大次数は

$$[\boldsymbol{Q}(\zeta_m) : \boldsymbol{Q}] = \varphi(m) \qquad (\varphi \text{ は Euler 関数}).$$

（ii） $\boldsymbol{Q}(\zeta_m)$ は $\boldsymbol{Q}$ 上の Galois 拡大で，その Galois 群 G は $\varphi(m)$ 個の自己同型

$$\sigma_j:\ \zeta_m \longmapsto \zeta_m{}^j \qquad ((j, m)=1)$$

よりなる．そのとき

$$\sigma_j\cdot\sigma_k = \sigma_l \qquad (jk\equiv l \pmod{m})$$

であるから

$$G \cong (\boldsymbol{Z}/m\boldsymbol{Z})^\times$$

である．すなわち $\boldsymbol{Q}(\zeta_m)/\boldsymbol{Q}$ は Abel 拡大である．

$$m = \prod_{i=1}^{r} p_i{}^{e_i}$$

とすれば

$$\varphi(m) = \prod_{i=1}^{r} \varphi(p_i{}^{e_i}) = \prod_{i=1}^{r} p_i{}^{e_i-1}(p_i-1),$$

$$(\boldsymbol{Z}/m\boldsymbol{Z})^\times \cong (\boldsymbol{Z}/p_1{}^{e_1}\boldsymbol{Z})^\times \times\cdots\times (\boldsymbol{Z}/p_r{}^{e_r}\boldsymbol{Z})^\times$$

で，$p_i \neq 2$ のときは $(\boldsymbol{Z}/p_i{}^{e_i}\boldsymbol{Z})^\times$ は $\varphi(p_i{}^{e_i})$ 次巡回群，$(\boldsymbol{Z}/2^e\boldsymbol{Z})^\times$ は $e=2$ のとき 2 次の巡回群，$e\geqq 3$ のとき $(2, 2^{e-2})$ 型可換群で，$-1, 5 \pmod{2^e}$ が基であった．

これに対応して，$e\geqq 3$ のとき $\boldsymbol{Q}(\zeta_{2^e})$ は 2 次体 $\boldsymbol{Q}(\sqrt{-1})$ と $\boldsymbol{Q}$ の 2^{e-2} 次実巡回

拡大体 $\boldsymbol{Q}(\zeta_{2^e}+\bar{\zeta}_{2^e})=\boldsymbol{Q}(\cos(\pi/2^{e-1}))$ との合成体で，$\boldsymbol{Q}(\sqrt{-1})\cap\boldsymbol{Q}(\cos(\pi/2^{e-1}))=\boldsymbol{Q}$ である．

特に $\boldsymbol{Q}(\zeta_3)=\boldsymbol{Q}(\sqrt{-3})$，$\boldsymbol{Q}(\zeta_4)=\boldsymbol{Q}(\sqrt{-1})$ は2次体である．

いま $m=l$ を素数 $(l\neq 2)$ とし，$\zeta_l=\zeta$ とおく．そのとき

$$k=\boldsymbol{Q}(\zeta),\qquad [k:\boldsymbol{Q}]=l-1,\qquad G=\{1,\sigma,\sigma^2,\cdots,\sigma^{l-1}\},\qquad \sigma^l=1,$$

$$\zeta^\sigma=\zeta^j\qquad (j \text{ は } \bmod l \text{ の一つの原始根})$$

である．ζ は既約方程式

(8.1) $$1+X+X^2+\cdots+X^{l-1}=0$$

の根である．すなわち $\zeta^{l-1}=-(1+\zeta+\cdots+\zeta^{l-2})$ で，

(8.2) $$\boldsymbol{Q}(\zeta)=k+k\zeta+\cdots+k\zeta^{l-2}\qquad(\text{直和})$$

となる．

(**II**) k の整数環 I_k は，$\theta=1-\zeta$ とおくとき

(8.3) $$\begin{aligned} I_k &= \boldsymbol{Z}+\boldsymbol{Z}\zeta+\cdots+\boldsymbol{Z}\zeta^{l-2} \qquad (\text{直和})\\ &= \boldsymbol{Z}+\boldsymbol{Z}\theta+\cdots+\boldsymbol{Z}\theta^{l-2} \qquad (\text{直和}). \end{aligned}$$

[証明]　まず $\theta=1-\zeta$，$\zeta=1-\theta$ より

$$\boldsymbol{Z}+\boldsymbol{Z}\zeta+\cdots+\boldsymbol{Z}\zeta^{l-2}=\boldsymbol{Z}+\boldsymbol{Z}\theta+\cdots+\boldsymbol{Z}\theta^{l-2}$$

である．つぎに

$$\begin{aligned}\varDelta(1,\zeta,\cdots,\zeta^{l-2})^2 &= \varDelta(1,\theta,\cdots,\theta^{l-2})^2\\
&= \begin{vmatrix} T_{k/\boldsymbol{Q}}(1) & \cdots & T_{k/\boldsymbol{Q}}(\zeta^{l-2})\\ T_{k/\boldsymbol{Q}}(\zeta) & \cdots & T_{k/\boldsymbol{Q}}(\zeta^{l-1})\\ & \cdots\cdots & \\ T_{k/\boldsymbol{Q}}(\zeta^{l-2}) & \cdots & T_{k/\boldsymbol{Q}}(\zeta^{2l-4})\end{vmatrix} = \begin{vmatrix} l-1 & -1 & \cdots & \cdots & -1\\ -1 & -1 & \cdots & \cdots & -1\\ -1 & -1 & \cdots & \cdots & l-1\\ & & \cdots\cdots & & \\ -1 & -1 & l-1 & \cdots & -1\end{vmatrix}\\
&= \pm l^{l-2}\end{aligned}$$

(ただし $l\equiv 1 \pmod 4$ のとき $+$，$l\equiv 3 \pmod 4$ のとき $-$)．

これから

$$I_k\subseteq \boldsymbol{Z}\frac{1}{l^{l-2}}+\boldsymbol{Z}\frac{\theta}{l^{l-2}}+\cdots+\boldsymbol{Z}\frac{\theta^{l-2}}{l^{l-2}}$$

になることがわかる．いま

$$I_k\ni\xi=a_0+a_1\theta+\cdots+a_{l-2}\theta^{l-2}\qquad(a_i\in\boldsymbol{Q})$$

のとき，$a_0, \cdots, a_{l-2} \in \boldsymbol{Z}$ をいえば，(8.3)が成り立つ．一般に $a_i = b_i/l^{s_i}$ $(b_i \in \boldsymbol{Z}, (b_i, l)=1)$ とする．いま $s = \max(s_0, \cdots, s_{l-2}) \geqq 1$ として矛盾に導く．ξ の代りに ξl^{s-1} をとれば，$a_i = d_i/l$ $(d_i \in \boldsymbol{Z})$ とし，或る i に対して $(l, d_i)=1$ となる．

$$\xi_0 = l\xi = d_0 + d_1\theta + \cdots + d_{l-2}\theta^{l-2} \in lI_k$$

である．一方，$1+\zeta+\cdots+\zeta^{l-1}=0$ より

$$l = \prod_{i=1}^{l-1}(1-\zeta^i)$$

である．また $\varepsilon_i = (1-\zeta^i)/(1-\zeta)$ $(i=1, \cdots, l-1)$ に対して

$$\varepsilon_i, \varepsilon_i^{-1} \in I_k$$

となり，ε_i は I_k の単数である．故に

(8.4)
$$l = \varepsilon\theta^{l-1} \qquad (\varepsilon \text{ は単数})$$

となる．これから $(\theta) \cap \boldsymbol{Z} = l\boldsymbol{Z}$ である．よって $\xi_0 = l\xi \in \theta^{l-1}I_k$ となる．$d_0 \in (\theta) \cap \boldsymbol{Z}$ より $l \mid d_0$ となる．$d_0 = ld_0' = \varepsilon\theta^{l-1}d_0'$ より，$d_1 \in (\theta) \cap \boldsymbol{Z}$ となり，$l \mid d_1$ である．以下同様に $d_2, \cdots, d_{l-2}$ はすべて l の倍数となり，$(l, d_i)=1$ に矛盾を生じた．故に(8.3)が成り立つ．▌

(III)　$k = \boldsymbol{Q}(\zeta)$ の判別式 D_k は

(8.5)
$$D_k = (-1)^{(l-1)/2} l^{l-2}.$$

[証明]　$D_k = \Delta(1, \theta, \cdots, \theta^{l-2})^2$ よりわかる．▌

定理 8.1　I_k $(k=\boldsymbol{Q}(\zeta))$ において，有理素数 p は

(i)　$p=l$ のとき

$$(l) = \mathfrak{l}^{l-1}, \qquad \mathfrak{l} = (\theta), \qquad N\mathfrak{l} = l.$$

(ii)　$p \neq l$ のとき，p は k で分岐しない．また

(イ)　$p \equiv 1 \pmod{l}$ のとき

$$(p) = \mathfrak{p}_1 \cdots \mathfrak{p}_{l-1}, \qquad N\mathfrak{p}_i = p \quad (i=1, \cdots, l-1).$$

(ロ)　$p^f \equiv 1 \pmod{l}$，$p^j \not\equiv 1 \pmod{l}$ $(j<f)$ のとき

$$(p) = \mathfrak{p}_1 \cdots \mathfrak{p}_g, \qquad N\mathfrak{p}_i = p^f \quad \left(i=1, \cdots, g,\ g=\frac{l-1}{f}\right).$$

すなわち，(p) の I_k における素イデアル分解は $p \pmod{l}$ によって定まる．

証明　(i)　(8.4)より $(l) = (\theta)^{l-1}$，$N(\theta) = l$ である．故に $(\theta) = \mathfrak{l}$ は I_k の素イデアルである．

(ii) $p \neq l$ とする．判別定理より (p) は $k/\boldsymbol{Q}$ で分岐しない．$k/\boldsymbol{Q}$ は Galois 拡大であるから，一般に

$$(p) = \mathfrak{p}_1 \cdots \mathfrak{p}_g, \qquad N\mathfrak{p}_i = p^f, \qquad fg = l-1$$

となる．このとき $\mathfrak{p}=\mathfrak{p}_1$ の分解群 Z は G の指数 g の部分群であるから

$$Z = \{1, \sigma^g, \cdots, \sigma^{g(f-1)}\}, \qquad \mathfrak{p}^{\sigma^g} = \mathfrak{p},$$
$$G = Z \cup Z\sigma \cup \cdots \cup Z\sigma^{g-1}$$

であり，$\mathfrak{p}_i = \mathfrak{p}^{\sigma^{i-1}}$ $(i=1, \cdots, g)$ と表わされる．

$$I_k/\mathfrak{p} \cong \boldsymbol{F}_q \quad (\text{有限体}), \qquad q = p^f$$

で，$\xi \in I_k$ に対して

$$\xi^{\sigma^g} \equiv \xi^p \pmod{\mathfrak{p}}$$

となる．すなわち $\mathfrak{p}$ に対する Frobenius 自己同型は

$$\sigma^g = \left(\frac{k/\boldsymbol{Q}}{\mathfrak{p}}\right) \tag{8.6}$$

で，その位数は f である．いま

$$\xi = a_0 + a_1\zeta + \cdots + a_{l-2}\zeta^{l-2} \qquad (a_i \in \boldsymbol{Z})$$

に対して，$a_i^p \equiv a_i \pmod{\mathfrak{p}}$ であるから

$$\xi^p \equiv a_0{}^p + a_1{}^p\zeta^p + \cdots + a_{l-2}{}^p\zeta^{(l-2)p} \pmod{\mathfrak{p}}$$
$$\equiv a_0 + a_1\zeta^p + \cdots + a_{l-2}\zeta^{(l-2)p} \pmod{\mathfrak{p}}$$

である．故に $p^h \equiv 1 \pmod{l}$, $p^j \not\equiv 1 \pmod{l}$ $(j<h)$ とすれば，$\sigma^g : \xi \mapsto \xi^p \pmod{\mathfrak{p}}$ に対して $(\sigma^g)^h = 1$ である．したがって σ^g の位数 f は h の約数である．

逆に $\sigma^{fg}=1$ より

$$\zeta^{p^f} \equiv \zeta \pmod{\mathfrak{p}}.$$

すなわち $\zeta^{p^f} - \zeta \in \mathfrak{p}$ である．もしも $\zeta^{p^f} - \zeta \neq 0$ であれば，θ と同伴でなければならない．これは $\mathfrak{l} \subseteq \mathfrak{p}$ となり，$l \neq p$ に矛盾する．故に $p^f \equiv 1 \pmod{l}$ となる．以上あわせて $f=h$ がわかった．▌

注意　定理 8.1 における素数の分解形式 (ii) が (イ)，(ロ) のように $\mathrm{mod}\, l$ の剰余類の形で与えられるということは，類体論の名の起ったところで，円分体は類体の最も原始的な形である．

つぎに

$$m = l^h \quad (l \text{ は素数}), \qquad k = \boldsymbol{Q}(\zeta_m)$$

の場合を考える．ζ_m は $\varphi(m)=l^{h-1}(l-1)$ 次の既約方程式

$$1+X^{l^{h-1}}+X^{2l^{h-1}}+\cdots+X^{(l-1)l^{h-1}}=0$$

の根である．

(IV) $k=\boldsymbol{Q}(\zeta_m)$，$m=l^h$ の場合に

$$I_k=\boldsymbol{Z}+\boldsymbol{Z}\zeta_m+\cdots+\boldsymbol{Z}\zeta_m{}^{\varphi(m)-1} \qquad (\text{直和})$$

で，その判別式は

$$D_k=\pm l^{l^{h-1}(h(l-1)-1)}.$$

ただし符号－は $l\equiv 3 \pmod 4$ または $m=2^2$ の場合で，残りの場合には ＋ とする．

したがって $k/\boldsymbol{Q}$ で分岐する素数は l だけで

$$(l)=\mathfrak{l}^{\varphi(m)}, \quad N\mathfrak{l}=l, \quad \mathfrak{l}=(1-\zeta_m).$$

他の素数 $p\neq l$ に対して

$$p\equiv 1 \pmod{l^h} \quad \text{のとき} \quad (p)=\mathfrak{p}_1\cdots\mathfrak{p}_{\varphi(m)}, \quad N\mathfrak{p}_i=p,$$

$$p^f\equiv 1 \pmod{l^h}, \quad p^j\not\equiv 1 \pmod{l^h}\ (j<f) \quad \text{のとき}$$

$$(p)=\mathfrak{p}_1\cdots\mathfrak{p}_g, \quad N\mathfrak{p}_i=p^f, \quad fg=\varphi(m)$$

と分解される．

[証明] $m=l$ の場合と同様である．▌

つぎに一般の場合

$$m=\prod_{i=1}^{r} l_i^{h_i} \qquad (l_i\text{ は素数})$$

を考えよう．

$$k_i=\boldsymbol{Q}(\zeta_{m_i}), \quad m_i=l_i^{h_i} \qquad (i=1,\cdots,r)$$

とする．

$$k=k_1k_2\cdots k_r\ \ (\text{合成体}), \quad k_i\cap k_j=\boldsymbol{Q}\ \ (i\neq j)$$

である．(一般に $(m,n)=1$ ならば $\boldsymbol{Q}(\zeta_m)\cap\boldsymbol{Q}(\zeta_n)=\boldsymbol{Q}$ である.) ここでつぎの補題を述べる．

(V) $\boldsymbol{Q}$ 上の Galois 拡大 $k_1/\boldsymbol{Q}$, $k_2/\boldsymbol{Q}$ $(k_1\cap k_2=\boldsymbol{Q})$ において，それらの判別式 D_{k_i} $(i=1,2)$ が互いに素とする：

(8.7) $$(D_{k_1}, D_{k_2})=1.$$

そのとき合成体 $k=k_1k_2$ に対して

(8.8) $$I_k=I_{k_1}\otimes I_{k_2} \qquad (\otimes\text{ は }\boldsymbol{Z}\text{ 上のテンソル積}),$$

すなわち

$$I_{k_1}=\sum_{i=1}^{m}\boldsymbol{Z}\alpha_i,\qquad I_{k_2}=\sum_{j=1}^{n}\boldsymbol{Z}\beta_j\qquad(\text{直和})$$

ならば

$$I_k=\sum_{i=1}^{m}\sum_{j=1}^{n}\boldsymbol{Z}\alpha_i\beta_j\qquad(\text{直和})$$

となる．したがって，判別式に対して

(8.9) $$D_k=D_{k_1}{}^{n}D_{k_2}{}^{m}$$

となる．

［証明］ $k_1=\sum_{i=1}^{m}\boldsymbol{Q}\alpha_i$，$k_2=\sum_{j=1}^{n}\boldsymbol{Q}\beta_j$ であるから $k=\sum_{i=1}^{m}\sum_{j=1}^{n}\boldsymbol{Q}\alpha_i\beta_j$ である．$I_k\ni\xi=\sum_i\sum_j c_{ij}\alpha_i\beta_j$ $(c_{ij}\in\boldsymbol{Q})$ に対して

$$\xi=\sum_i\lambda_i\alpha_i\quad\Bigl(\lambda_i=\sum_j c_{ij}\beta_j\Bigr),\qquad \xi=\sum_j\mu_j\beta_j\quad\Bigl(\mu_j=\sum_i c_{ij}\alpha_i\Bigr)$$

である．Galois 群を

$$G(k_1/\boldsymbol{Q})=\{\sigma_1,\cdots,\sigma_m\},\qquad G(k_2/\boldsymbol{Q})=\{\tau_1,\cdots,\tau_n\}$$

とすれば，$G(k/\boldsymbol{Q})=G(k_1/\boldsymbol{Q})\times G(k_2/\boldsymbol{Q})$ (直積) である．このとき $\xi^{\sigma_j}=\sum_i\lambda_i\alpha_i{}^{\sigma_j}$ $(j=1,\cdots,m)$ より

$$\lambda_i\Delta(\alpha_1,\cdots,\alpha_m)\in I_k,\qquad \text{したがって}\quad \lambda_iD_{k_1}\in I_{k_2}$$

となる．よって $c_{ij}D_{k_1}\in\boldsymbol{Z}$ となる．全く同様に $c_{ij}D_{k_2}\in\boldsymbol{Z}$ となる．仮定(8.7)より $c_{ij}\in\boldsymbol{Z}$ となる．すなわち(8.8)が成り立つ．(8.8)であれば(8.9)となることは容易にわかる(行列の Kronecker 積の行列式)．▌

以上より

(VI) $m=m_1\cdots m_r$，$m_i=l_i^{h_i}$ (l_i は素数)のとき

$$k=\boldsymbol{Q}(\zeta_m)$$

に対して $k=k_1\cdots k_r$，$k_i=\boldsymbol{Q}(\zeta_{m_i})$，

$$I_k=I_{k_1}\otimes\cdots\otimes I_{k_r}$$

で，I_{k_i} は(V)によって与えられる．また

$$D_k=\prod_{i=1}^{r}D_{k_i}{}^{\varphi(m)/\varphi(m_i)}$$

となる．したがって $k/\boldsymbol{Q}$ で分岐する有理素数は $l_1,\cdots,l_r$ に限る．$p\neq l_i$ $(i=1,\cdots,r)$ に対しては(IV)と同じ形の分解がなされる．

[証明] (IV)と同様である. ▮

ここで I_k におけるイデアル論の一つの簡単な応用例をあげよう.

§6.2 (III) (Gauss の公式)の別証明: $\zeta=\zeta_p$ として

(8.10) $$\tau(\chi_L,\zeta)=(\zeta-\zeta^{-1})(\zeta^3-\zeta^{-3})\cdots(\zeta^{p-2}-\zeta^{-(p-2)}).$$

[Kronecker による証明] この右辺を P とおく. $\zeta^s-\zeta^{-s}=-(\zeta^{p-s}-\zeta^{-(p-s)})$ であるから, P に $\zeta^{2r}-\zeta^{-2r}$ の項を掛ければ, $p=2m+1$ に対して

$$P^2=(-1)^m\prod_{s=1}^{p-1}(\zeta^s-\zeta^{-s})=(-1)^m\prod_{s=1}^{p-1}\zeta^s\prod_{s=1}^{p-1}(1-\zeta^{-2s})$$
$$=(-1)^m p.$$

したがって $\tau^2=\pm p$ と比べて $\tau=\varepsilon P$, $\varepsilon=\pm1$ である. $k=\boldsymbol{Q}(\zeta)$ とし, つぎに(8.10)の両辺を $I_k \bmod \mathfrak{p}^{m+1}$ ($(p)=\mathfrak{p}^{2m}$, $\mathfrak{p}=(\theta)$, $\theta=1-\zeta$) で比べてみる. まず

(8.11) $$\tau=\sum_{s=1}^{p-1}\chi_L(s)\zeta^s\equiv\sum_{s=1}^{p-1}s^m(1-\theta)^s \pmod{(p)}.$$

何となれば, $(\boldsymbol{Z}/p\boldsymbol{Z})^\times$ の一つの原始根 r を定めるとき, $s\equiv r^h \pmod p$ であれば, $\chi_L(s)=(-1)^h$ である. 一方, $r^m\equiv-1 \pmod p$ であるから, $\chi_L(s)\equiv r^{mh}\equiv s^m \pmod p$ となる. 故に(8.11)である.

さて $(1-\theta)^s$ を2項展開すれば, (8.11)は

(8.12) $$\tau\equiv a_0+a_1\theta+\cdots+a_m\theta^m+\cdots \pmod{(p)} \qquad (a_i\in\boldsymbol{Z})$$

となるが, $\tau\in\mathfrak{p}^m$, $\mathfrak{p}=(\theta)$ より, $a_0+a_1\theta+\cdots+a_{m-1}\theta^{m-1}\in\mathfrak{p}^m$ である. これから順に $a_0\in(p)$, $a_1\in(p)$, …, $a_{m-1}\in(p)$ となり, (8.12)より

$$\tau\equiv a_m\theta^m \pmod{\mathfrak{p}^{m+1}}$$

となる. 一方, (8.11)より

(8.13) $$a_m=\sum_{s=m}^{2m}(-1)^m s^m\binom{s}{m}=(-1)^m\sum_{s=1}^{2m}s^m\frac{s(s-1)\cdots(s-m+1)}{m!}$$

となる. ここで

$$\sum_{s=1}^{2m}s^n\equiv0 \pmod p \qquad (0<n<2m)$$

である. 何となれば, $p=2m+1$ に対して

$$\text{左辺}\equiv\sum_{j=0}^{2m-1}r^{jn}=\frac{1-r^{n(p-1)}}{1-r^n}\equiv0 \pmod p$$

である．同じく

$$\sum_{s=1}^{2m} s^{2m} \equiv 2m \equiv -1 \pmod{p}, \qquad (p, m!) = 1$$

である．これらを代入すれば(8.13)より

$$a_m \equiv \frac{-(-1)^m}{m!} \pmod{p}$$

となる．他方，P を変形すれば，$\theta=1-\zeta$ より $\zeta^{-1}\equiv 1 \pmod{(\theta)}$，

$$\zeta^s-\zeta^{-s} = \zeta^{-s}(\zeta^{2s}-1) = \zeta^{-s}((1-\theta)^{2s}-1) \equiv -2s\theta \pmod{(\theta)^2}.$$

したがって

$$P \equiv (-2)^m\cdot 1\cdot 3\cdot\cdots\cdot(p-2)\theta^m \pmod{(\theta)^{m+1}}.$$

これと，$\tau\equiv a_m\theta^m \pmod{\mathfrak{p}^{m+1}}$，$\mathfrak{p}=(\theta)$ と比べて

$$\frac{-(-1)^m}{m!} \equiv (-2)^m\cdot 1\cdot 3\cdot\cdots\cdot(p-2)\varepsilon \pmod{p},$$

すなわち

$$\begin{aligned} -1 &\equiv 2^m\cdot m!\cdot 1\cdot 3\cdot\cdots\cdot(p-2)\varepsilon \pmod{p} \\ &\equiv (p-1)!\,\varepsilon \equiv (-1)\varepsilon \pmod{p}. \end{aligned}$$

よって $\varepsilon=1$ となる．▌

b）円分体と2次体

後に証明するように，$\boldsymbol{Q}$ 上の任意の Abel 拡大 k は或る円分体 $\boldsymbol{Q}(\zeta_m)$ に含まれる(Kronecker の定理)．したがって，任意の2次体も或る円分体に含まれる．

(8.14)　　$$\boldsymbol{Q}(\sqrt{m}) \subseteq \boldsymbol{Q}(\zeta_n).$$

Gauss の和の公式を用いれば m に対してどのような n をとればよいかすぐわかる．

定理 8.2　$k=\boldsymbol{Q}(\sqrt{m})$ の判別式を D_k とし，$d=|D_k|$ とおくと，

(8.15)　　$$\boldsymbol{Q}(\sqrt{m}) \subseteq \boldsymbol{Q}(\zeta_d).$$

逆に(8.14)ならば，n は d の倍数でなければならない．

特に

(i)

(8.16)　　$$\boldsymbol{Q}(\sqrt{2}) \subseteq \boldsymbol{Q}(\zeta_8), \qquad \boldsymbol{Q}(\sqrt{-2}) \subseteq \boldsymbol{Q}(\zeta_8).$$

(ii)　$l\equiv 1 \pmod{4}$ (l は素数)ならば

(8.17)　$\boldsymbol{Q}(\sqrt{l}) \subseteqq \boldsymbol{Q}(\zeta_l)$,　$\boldsymbol{Q}(\sqrt{-l}) \subseteqq \boldsymbol{Q}(\zeta_{4l})$.

(iii)　$l \equiv 3 \pmod 4$ ならば

(8.18)　$\boldsymbol{Q}(\sqrt{l}) \subseteqq \boldsymbol{Q}(\zeta_{4l})$,　$\boldsymbol{Q}(\sqrt{-l}) \subseteqq \boldsymbol{Q}(\zeta_l)$.

証明　Gauss の和を用いれば

(i)　$\sqrt{l} = \tau(\chi_L, \zeta_l) \in \boldsymbol{Q}(\zeta_l)$,　$l \equiv 1 \pmod 4$,

(ii)　$\sqrt{-l} = \tau(\chi_L, \zeta_l) \in \boldsymbol{Q}(\zeta_l)$,　$l \equiv 3 \pmod 4$

である．これから (8.17), (8.18) がわかる．(8.16) は自明．

一般に $m = \pm l_1 \cdots l_h$ (l_i は素数) とする．

(i)　$m \equiv 1 \pmod 4$ の場合は $m = (\pm l_1) \cdots (\pm l_h)$，$\pm l_i \equiv 1 \pmod 4$ と表わせるから

$$\boldsymbol{Q}(\sqrt{m}) \subseteqq \boldsymbol{Q}(\sqrt{\pm l_1}) \cdots \boldsymbol{Q}(\sqrt{\pm l_h}) \subseteqq \boldsymbol{Q}(\zeta_{l_1}) \cdots \boldsymbol{Q}(\zeta_{l_h}) = \boldsymbol{Q}(\zeta_m).$$

(ii)　$m \equiv 3 \pmod 4$ の場合には $m = (\pm l_1) \cdots (\pm l_h)$，$\pm l_1 \equiv 3 \pmod 4$，$\pm l_i \equiv 1 \pmod 4$ $(i \geqq 2)$ と表わせるから，(i) と同じく $\boldsymbol{Q}(\sqrt{m}) \subseteqq \boldsymbol{Q}(\zeta_{4m})$ となる．

$2 | m$ についても同様である．

逆に (8.14) であれば，有理素数 p で $p | d$ であれば (p) は $\boldsymbol{Q}(\sqrt{m})$ で分岐するから，(p) は $\boldsymbol{Q}(\zeta_n)$ で分岐しなければならない．これから $p | n$ でなければならない．したがって容易に $d | n$ が導かれる．▌

この事実から，2 次体の数論の或る部分は円分体の数論から導かれる．

(VII)　2 次体 $k = \boldsymbol{Q}(\sqrt{m})$ における有理素数 p の分解 (§5.1, 定理 5.2) は円分体 $K = \boldsymbol{Q}(\zeta_d)$ における p の分解 (IV), (V), (VI) より導かれる．

[証明]　ここでは，簡単な場合 $m = \pm l$ (素数) $(l \neq 2)$ についてのみ証明しよう．

(i)　$l \equiv 1 \pmod 4$ または $-l \equiv 1 \pmod 4$ のとき

$$k = \boldsymbol{Q}(\sqrt{\pm l}) \subseteqq \boldsymbol{Q}(\zeta_l).$$

$K = \boldsymbol{Q}(\zeta_l)$，$K/\boldsymbol{Q}$ の Galois 群を $G = \{1, \sigma, \cdots, \sigma^{l-2}\}$，$\sigma^{l-1} = 1$，とする．その中間体 k に対応する部分群 N は

$$N = \{1, \sigma^2, \sigma^4, \cdots, \sigma^{l-3}\}, \qquad (\sigma^2)^{(l-1)/2} = 1$$

である．素数 $p \neq l$ に対して $K/\boldsymbol{Q}$ において

$$(p) = \mathfrak{P}_1 \cdots \mathfrak{P}_g, \qquad N\mathfrak{P}_i = p^f, \qquad fg = l-1$$

と分解されるとき，$\mathfrak{P} = \mathfrak{P}_1$ の分解群 Z は，G の指数 g の部分群である．すなわち Z は G の f 次巡回部分群である．そこで §7.2 (VI) より $k/\boldsymbol{Q}$ において

$$(p)=\mathfrak{p}_1\mathfrak{p}_2,\quad N\mathfrak{p}_i=p \qquad \text{または} \qquad (p)=\mathfrak{p},\quad N\mathfrak{p}=p^2$$

$$\Leftrightarrow N\supseteqq Z \qquad \text{または} \qquad N\not\supseteqq Z$$

$$\Leftrightarrow 2\mid g \qquad \text{または} \qquad 2\nmid g$$

$$\Leftrightarrow f\mid(l-1)/2 \qquad \text{または} \qquad f\nmid(l-1)/2,$$

ここに f は $p^f\equiv 1\pmod{l}$ かつ $p^j\not\equiv 1\pmod{l}$ $(j<f)$ を満たすから

$$\Leftrightarrow p^{(l-1)/2}\equiv 1\pmod{l} \qquad \text{または} \qquad p^{(l-1)/2}\not\equiv 1\pmod{l}$$

$\Leftrightarrow$ p は mod l の平方剰余　または　p は平方非剰余

$$\Leftrightarrow \left(\frac{p}{l}\right)=1 \qquad \text{または} \qquad \left(\frac{p}{l}\right)=-1.$$

したがって

（イ）$l\equiv 1\pmod{4}$ のとき,

$$\Leftrightarrow \chi_l(p)=1 \qquad \text{または} \qquad \chi_l(p)=-1.$$

（ロ）$l\equiv 3\pmod{4}$ のとき,

$$\Leftrightarrow \chi_{-l}(p)=1 \qquad \text{または} \qquad \chi_{-l}(p)=-1.$$

すなわち定理 5.2 が示された.

(ii) $l\equiv 3\pmod{4}$ または $-l\equiv 3\pmod{4}$ のとき

$$k=\boldsymbol{Q}(\sqrt{\delta l})\subsetneqq\boldsymbol{Q}(\zeta_{4l})=K \qquad (\delta=\pm 1).$$

$K=\boldsymbol{Q}(\zeta_{4l})$ の部分体 $\boldsymbol{Q}(\zeta_l)$, Ω, k, $\boldsymbol{Q}(\sqrt{-1})$ および $\Omega\cdot\boldsymbol{Q}(\sqrt{-1})$ を考える. ただし Ω は $\boldsymbol{Q}(\zeta_l)$ に含まれるただ一つの2次体 $\Omega=\boldsymbol{Q}(\sqrt{-\delta l})$ とする. これらに対応する $G=G(K/\boldsymbol{Q})$ の部分群をそれぞれ H_1, F_1, N, H_2 および $F_1\cap H_2$ とする. したがって $G=G(K/\boldsymbol{Q})=H_1\times H_2$ (直積), H_1 は2次の巡回群, H_2 は $l-1$ 次の巡回

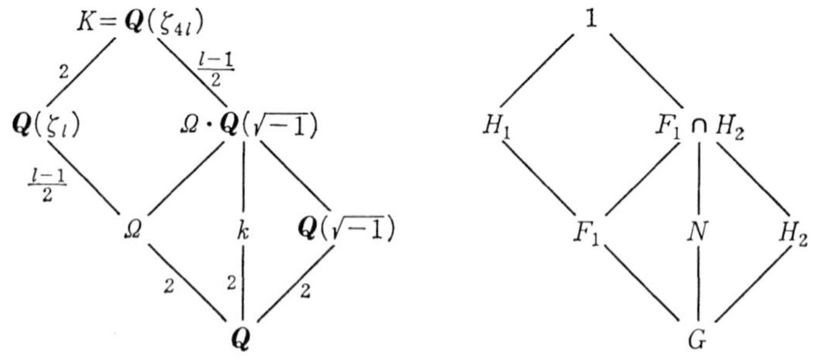

群である．

$p \nmid 4l$ とし K において $(p)=\mathfrak{P}_1\cdots\mathfrak{P}_g$, $N\mathfrak{P}_i=p^f$, $fg=\varphi(4l)-1=2(l-1)$ とする．$\mathfrak{P}=\mathfrak{P}_1$ の分解群を Z とする．Z は G の f 次巡回部分群である．$k/\boldsymbol{Q}$ において

$$
\begin{aligned}
& (p)=\mathfrak{p}_1\mathfrak{p}_2 \\
\Longleftrightarrow\ & N \supseteqq Z \\
\Longleftrightarrow\ & N=Z \qquad\qquad \text{または}\quad F_1\cap H_2 \supseteqq Z \\
\Longleftrightarrow\ & Z \subsetneqq H_2 \ \text{かつ}\ Z \subsetneqq F_1 \qquad \text{または}\quad Z \subseteqq H_2 \ \text{かつ}\ Z \subseteqq F_1 \\
\Longleftrightarrow\ & \begin{cases} \boldsymbol{Q}(\sqrt{-1})\ \text{で}\ (p)=\mathfrak{p}_1{}^*\mathfrak{p}_2{}^* \\ \text{かつ}\ \Omega\ \text{で}\ (p)=\mathfrak{p}_1'\mathfrak{p}_2' \end{cases} \quad \text{または}\quad \begin{cases} \boldsymbol{Q}(\sqrt{-1})\ \text{で}\ (p)=\mathfrak{p}^* \\ \text{かつ}\ \Omega\ \text{で}\ (p)=\mathfrak{p}' \end{cases} \\
\Longleftrightarrow\ & \chi_{8l}(p)=\chi_2(p)=1 \qquad \text{または}\quad \chi_{8l}(p)=\chi_2(p)=-1 \\
\Longleftrightarrow\ & \chi_{8^2l}(p)=1.
\end{aligned}
$$

すなわち，定理5.2が証明された．

一般の場合の証明については，読者諸氏に任せよう．▌

つぎに Gauss の和を用いて，平方剰余の相互法則を証明してみよう．

平方剰余の相互法則 $p^*=(-1)^{(p-1)/2}p$ とおくとき

(8.19) $$\left(\frac{q}{p}\right)=\left(\frac{p^*}{q}\right) \qquad (p,\ q\neq 2).$$

[証明] $k=\boldsymbol{Q}(\zeta)$, $\zeta=\zeta_p$ とおく．

$$I_k=\boldsymbol{Z}+\boldsymbol{Z}\zeta+\cdots+\boldsymbol{Z}\zeta^{p-2}$$

であるから，

$$\alpha=\sum_{i=0}^{p-2}a_i\zeta^i, \qquad \beta=\sum_{i=0}^{p-2}b_i\zeta^i \qquad (a_i,\ b_i\in\boldsymbol{Z})$$

に対して

(8.20) $$\alpha-\beta\in mI_k\ \ (m\in\boldsymbol{Z}) \Longleftrightarrow m\mid a_i-b_i\ \ (i=0,1,\cdots,p-2).$$

何となれば $\Longleftarrow$ は明らかであるが，逆に $\alpha-\beta=\sum_{i=0}^{p-2}(a_i-b_i)\zeta^i=m\sum_{i=0}^{p-2}c_i\zeta^i$ ($c_i\in\boldsymbol{Z}$) とすれば，$a_i-b_i=mc_i$ ($i=0,\cdots,p-2$) でなければならない．

いま

$$\tau=\sum_{j=0}^{p-1}\left(\frac{j}{p}\right)\zeta^j$$

に対して，$q\neq 2$ として，$\boldsymbol{Z}$ 係数の x の多項式:

$$\left(\sum_{j=0}^{p-1}\left(\frac{j}{p}\right)x^j\right)^q \equiv \sum_{j=0}^{p-1}\left(\frac{j}{p}\right)x^{qj} \pmod q$$
$$\equiv \left(\frac{q}{p}\right)\sum_{j=0}^{p-1}\left(\frac{qj}{p}\right)x^{qj} \pmod q.$$

ここで $x=\zeta$ とおけば，I_k において

(8.21)
$$\tau^q \equiv \left(\frac{q}{p}\right)\tau \pmod{(q)}.$$

一方，Gauss の和 τ に対して $\tau^2=p^*$ であるから，上の両辺に τ を掛ければ I_k において

(8.22)
$$p^{*(q+1)/2} \equiv \left(\frac{q}{p}\right)p^* \pmod{(q)}.$$

ここで(8.20)を用いれば，(8.22)は $\boldsymbol{Z}$ において成立している．$p\neq q$ より両辺を p^* で割れば，Euler の規準(定理1.12(ii)，p. 34)によって(8.19)の成り立つことがわかる．▮

平方剰余の第2補充法則(定理1.17(iii)，p. 37)

[証明]　$k=\boldsymbol{Q}(\zeta)$，　$\zeta=\zeta_8$，　$I_k=\boldsymbol{Z}+\boldsymbol{Z}\zeta+\boldsymbol{Z}\zeta^2+\boldsymbol{Z}\zeta^3$，　$\zeta^4=-1$.

いま $(\boldsymbol{Z}/8\boldsymbol{Z})^\times$ の指標 χ を

$$\chi(1)=\chi(7)=1, \qquad \chi(3)=\chi(5)=-1,$$

すなわち

$$\chi(j)=(-1)^{(j^*-1)/4}, \qquad j^*=\begin{cases} j, & j\equiv 1 \pmod 4,\\ -j, & j\equiv 3 \pmod 4\end{cases}$$

とおく．Gauss の和 τ は

$$\tau=\sum_{j=1,3,5,7}\chi(j)\zeta^j=\zeta-\zeta^3-\zeta^5+\zeta^7=2\sqrt{2}.$$

したがって $q\neq 2$ に対して，(8.21)と同様に，I_k において

$$\tau^q \equiv (-1)^{(q^*-1)/4}\tau \qquad \pmod{(q)}$$

となり，両辺に τ を掛ければ，$\tau^2=8$ より

$$8^{(q+1)/2} \equiv (-1)^{(q^*-1)/4}\cdot 8 \qquad \pmod{(q)}$$

となる．これは $\boldsymbol{Z}$ において成り立つ．故に両辺を8で割り，Euler の規準を用

いれば

$$\left(\frac{2}{q}\right)=\left(\frac{8}{q}\right)=(-1)^{(q^2-1)/4},$$

すなわち，第2補充法則が導かれた．▌

c）円分体における共役差積と Kronecker の定理

円分体 $k=\boldsymbol{Q}(\zeta)$，$\zeta=\zeta_{l^h}$（l は素数）における高次の分岐をしらべよう．

(VIII)　(i)　$k=\boldsymbol{Q}(\zeta)$，$\zeta=\zeta_{l^h}$，$G=\mathrm{Gal}(k/\boldsymbol{Q})$，$n=[k:\boldsymbol{Q}]=\varphi(l^h)=l^{h-1}(l-1)$ $(l\neq 2)$ において $(l)=\mathfrak{l}^n$ とする．$\mathfrak{l}$ の惰性群 T，分岐群 V_m $(m=1,2,\cdots)$ に対して，(7.19) の分岐定数列は

(8.23)　$$v_1=l,\quad v_2=l^2,\quad \cdots,\quad v_{h-1}=l^{h-1}$$

となる．これに対応して (7.20) の列は

(8.24)　$$G=T\supsetneqq V_1=\cdots=V_{l-1}\supsetneqq V_l=\cdots=V_{l^2-1}\supsetneqq V_{l^2}=\cdots=V_{l^3-1}$$
$$\supsetneqq\cdots\supsetneqq V_{l^{h-2}}=\cdots=V_{l^{h-1}-1}\supsetneqq V_{l^{h-1}}=\{1\}$$

となり，$|V_1|=l^{h-1}$，$|V_l|=l^{h-2}$，$\cdots$，$|V_{l^{h-2}}|=l$ である．かつ T/V_1 は $l-1$ 次巡回群，V_1/V_l, $V_l/V_{l^2},\cdots$, $V_{l^{h-2}}/\{1\}$ は l 次巡回群である．

(ii)　共役差積 $\mathfrak{d}_k$ の $\mathfrak{l}$ 指数 t を (7.21) によって計算すれば

(8.25)　$$\mathfrak{d}_k=\mathfrak{l}^t,\qquad t=l^{h-1}(h(l-1)-1)$$

となる．(この値は $D_k=N\mathfrak{d}_k=l^t$ と一致する．)

[証明]　(i)　G は位数 $l^{h-1}(l-1)$ の巡回群であり，また §7.2 (VII) により T/V_1 は $l-1$ 次巡回群，V_m/V_{m+1} は $\{1\}$ または l 次巡回群である．$(l)=(1-\zeta)$ であるから $\pi=1-\zeta$ とすれば，$\sigma\in G$ に対して $\zeta^\sigma=\zeta^r$ $(r=r(\sigma))$ の形であって

$$\pi^\sigma-\pi=(1-\zeta^r)-(1-\zeta)=\zeta(1-\zeta^{r-1})\equiv 0 \pmod{(l)^{l^s}}$$
$$\Leftrightarrow r-1\equiv 0 \pmod{l^s}.$$

したがって

$$v_1=l,\quad v_2=l^2,\quad \cdots,\quad v_{h-1}=l^{h-1}$$

で，分岐群 $|V_1|=l^{h-1}$，$|V_{v_1}|=l^{h-2}$，$\cdots$，$|V_{v_{h-2}}|=l$，$|V_{v_{h-1}}|=1$ となる．

(ii)　公式 (7.21) に上の値を代入すれば

$$D_k=l^t,\qquad t=(l^{h-1}(l-1)-l^{h-1})+l(l^{h-1}-l^{h-2})+\cdots+l^{h-1}(l-1)$$
$$=l^{h-1}(h(l-1)-1)$$

となる．▌

$l=2$ の場合はすこし様子がちがう.

(**IX**)　$k=\boldsymbol{Q}(\zeta)$, $\zeta=\zeta_{2^h}$, $n=\varphi(2^h)=2^{h-1}$ とする. $h\geqq 3$ のとき $G=\mathrm{Gal}(k/\boldsymbol{Q})\cong(\boldsymbol{Z}/2^h\boldsymbol{Z})^\times$ は $(2, 2^{h-2})$ 型可換群である. $(2)=\mathfrak{l}^n$, $\mathfrak{l}=(1-\zeta)$. 2の惰性群 T, 分岐群 V_m に関して $G=T$ で, (8.23), (8.24), (8.25) は $l=2$ として成り立つ. ——

円分体の持ついちじるしい性質は, つぎの定理に見られる.

定理 8.3 (**Kronecker の定理**)　有理数体 $\boldsymbol{Q}$ の Galois 拡大 k で, Galois 群 $G=\mathrm{Gal}(k/\boldsymbol{Q})$ が可換群となるものを $\boldsymbol{Q}$ 上の Abel 体という. そのとき, $\boldsymbol{Q}$ 上の Abel 体は必ず或る円分体 $K=\boldsymbol{Q}(\zeta_n)$ に含まれる. ——

円分体 K は $\boldsymbol{Q}$ 上の Abel 体であるから, その部分体 $\boldsymbol{Q}\subseteqq k\subseteqq K$ は Galois の理論によって, k に対応する $G=\mathrm{Gal}(K/\boldsymbol{Q})$ の部分群を H とするとき, H は G の正規部分群で, $\mathrm{Gal}(k/\boldsymbol{Q})\cong G/H$ も可換群となる. 定理はこの逆の命題が成り立つことを主張する. たとえば2次体 $k=\boldsymbol{Q}(\sqrt{m})$ は $\boldsymbol{Q}$ 上の Abel 体の一種であるが, それに対しては定理 8.2 によって, k が或る円分体の部分体であることを具体的に示してある[1].

以下段階を追って証明しよう.

(**X**)　k は $\boldsymbol{Q}$ 上の Abel 体とする. I_k の素イデアル $\mathfrak{p}$ に対して $p\in\mathfrak{p}$ とする. $\mathfrak{p}$ の惰性群を T, 分岐群を V_1 とする. T/V_1 は位数が $p-1$ の約数の巡回群である.

[証明]　一般には T/V_1 は位数が $N\mathfrak{p}-1$ の約数の巡回群であることしかいえない. $\pi\in\mathfrak{p}$, $\pi\notin\mathfrak{p}^2$ とし, $\sigma\in Z$ に対して

$$\pi^\sigma\equiv\alpha_\sigma\pi \pmod{\mathfrak{p}^2} \qquad (\alpha_\sigma\in I_k,\ \alpha_\sigma\neq 0)$$

と表わす. $(\pi^\sigma)^\tau\equiv\alpha_\sigma{}^\tau\pi^\tau\equiv\alpha_\sigma{}^\tau\alpha_\tau\pi \pmod{\mathfrak{p}^2}$ より

$$\alpha_{\sigma\tau}\equiv\alpha_\sigma{}^\tau\alpha_\tau \pmod{\mathfrak{p}}$$

である. $\rho_0 \pmod{T}$ を一つの Frobenius 自己同型とし, $\tau\in T$ とする. τ は $\alpha \bmod \mathfrak{p}$ を動かさない. G は可換であるから

$$\alpha_{\rho_0\tau}\equiv\alpha_{\rho_0}{}^\tau\alpha_\tau\equiv\alpha_{\rho_0}\alpha_\tau\equiv\alpha_\tau\alpha_{\rho_0}\equiv\alpha_{\tau\rho_0}\equiv\alpha_\tau{}^{\rho_0}\alpha_{\rho_0}\equiv\alpha_\tau{}^p\alpha_{\rho_0} \pmod{\mathfrak{p}}.$$

したがって $\alpha_\tau\equiv\alpha_\tau{}^p \pmod{\mathfrak{p}}$ となる. 故に $\alpha_\tau \pmod{\mathfrak{p}}$ は $\boldsymbol{Z}/p\boldsymbol{Z}$ からとれる. これは $\tau\in T$ に対して $\tau\mapsto\alpha_\tau \pmod{\mathfrak{p}}$ の像が $(\boldsymbol{Z}/p\boldsymbol{Z})^\times$ に属することを示す. よって

1)　定理 8.3 の証明は次第に簡易化されている. ここでは黒田-久保田 [10] と山本幸一-大貫みえ子 (1976) の方法を合せ用いた.

T/V_1 は 位数が $p-1$ の約数の巡回群である. ▌

(**XI**) k は $\boldsymbol{Q}$ 上の p 次 Abel 体とする(p は素数). I_k の素イデアル $\mathfrak{p}$ が p を含み, かつ $\mathfrak{p}$ は $k/\boldsymbol{Q}$ で分岐して, $\mathfrak{p}$ 以外には分岐する素イデアルはないものとする. そのとき $\mathfrak{p}$ は $k/\boldsymbol{Q}$ で完全分岐し, その分岐定数 v_1 は 2 に等しい.

[証明] $\mathfrak{p}$ の惰性体を k_T とするとき, $k_T/\boldsymbol{Q}$ では分岐するイデアルが全くない. したがって k_T の判別式は 1 となる. 故に Minkowski の定理によって $k_T=\boldsymbol{Q}$ となる. したがって $\mathfrak{p}$ は $k/\boldsymbol{Q}$ で完全分岐する. いま $\pi\in\mathfrak{p}$, $\pi\notin\mathfrak{p}^2$ とし, π の $\boldsymbol{Q}$ 上の最小多項式を $f(x)=x^p+a_{p-1}x^{p-1}+\cdots+a_0\ (a_i\in\boldsymbol{Z})$ とする. $f(x)$ が p 次となることは, 定理 7.4 の証明と同じく $\mathfrak{p}$ が $k/\boldsymbol{Q}$ で完全分岐することよりわかる. また, 定理 7.4 と同様に π の共役差積 $D_{k/\boldsymbol{Q}}(\pi)=f'(\pi)$ の $\mathfrak{p}$ 指数 t と $k/\boldsymbol{Q}$ の共役差積 $\mathfrak{D}_{k/\boldsymbol{Q}}$ の $\mathfrak{p}$ 指数 t とは一致する. いま $\mathfrak{p}$ の分岐定数を v_1 とすると, $k=k_{V_{v_1}}$, $G=V_1=\cdots=V_{v_1-1}\supsetneqq V_{v_1}=\{1\}$ であって, 公式 (7.21) より $t=v_1(p-1)$ である. ところで

$$f'(\pi)=p\pi^{p-1}+a_{p-1}(p-1)\pi^{p-2}+\cdots+a_1$$

の $\mathfrak{p}$ 指数 t は, この右辺の各項の $\mathfrak{p}$ 指数がすべて異なるから, その最小の値と一致する. 特に $p\pi^{p-1}$ の $\mathfrak{p}$ 指数は $2p-1$ である. 故に

$$2p-1\geqq t=v_1(p-1).$$

したがって $1\geqq(v_1-2)(p-1)$ である. 一般に $v_1\geqq 2$ であるから, この不等式が成り立つためには $v_1=2$ でなければならない. ▌

(**XII**) k は $\boldsymbol{Q}$ 上の p^n 次 Abel 体で, p のみが $k/\boldsymbol{Q}$ で分岐するとする. そのとき k は円分体に含まれる.

[証明] p の I_k における素因子イデアルを $\mathfrak{p}$ とするとき, $\mathfrak{p}$ の惰性体 $k_T=\boldsymbol{Q}$ となることは, (XI) と同じである. 故に p は $k/\boldsymbol{Q}$ で完全分岐する. つぎに

(i) $p\neq 2$ とし, このような Abel 体の Galois 群 $G=\mathrm{Gal}(k/\boldsymbol{Q})$ は巡回群となることを示そう. それには $n=2$ の場合に証明されれば, k の中間体で $\boldsymbol{Q}$ 上 p 次の体はただ一つしかないことがわかり, したがって一般の n に対しても G が巡回群となることがわかる. そこで $[k:\boldsymbol{Q}]=p^2$ とする. G が巡回群でないとして矛盾に導こう. このとき任意の $\sigma\in G$, $\sigma\neq 1$ は p 次の部分群 $H_\sigma=\{1,\sigma,\cdots,\sigma^{p-1}\}$ を生成し, その不変体 $k^{(\sigma)}$ を定める: $\boldsymbol{Q}\subseteqq k^{(\sigma)}\subseteqq k$. $\pi\in\mathfrak{p}$, $\pi\notin\mathfrak{p}^2$ を一つ固定する. $\pi^\sigma-\pi$ の $\mathfrak{p}$ 指数を v_σ とすれば, 定理 7.4 の (7.21) によって共役差積 $\mathfrak{D}_{k/k^{(\sigma)}}=\mathfrak{p}^{t_\sigma}$,

$t_\sigma=v_\sigma(p-1)$となる．一方，(XI)によって

$$\mathfrak{D}_{k^{(\sigma)}/\boldsymbol{Q}}=\mathfrak{p}_\sigma^{\ 2(p-1)},\qquad \mathfrak{p}_\sigma=\mathfrak{p}\cap I_k$$

となる．(ここで $\mathfrak{p}_\sigma$ の k への延長は $\mathfrak{p}_\sigma=\mathfrak{p}^p$ となる.) したがって共役差積の連鎖律によって

$$\mathfrak{D}_{k/\boldsymbol{Q}}=\mathfrak{D}_{k/k^{(\sigma)}}\mathfrak{D}_{k^{(\sigma)}/\boldsymbol{Q}}=\mathfrak{p}^{v_\sigma(p-1)+2p(p-1)}$$

となる．これから v_σ の値は $\sigma\in G\,(\sigma\neq1)$ のとり方によらず一定値 v であることがわかる．

ところで(7.18)より $V_m=\{\sigma\in G\mid v_\sigma>m\}$ であったから，$V_{v-1}=G$, $V_v=\{1\}$ となる．すなわち V_{v-1} は(p,p)型の可換群である．一方，$\mathfrak{p}$ は完全分岐であるから $N\mathfrak{p}=p$. したがって§7.2 (VII) (ii)によって，このようなことは起り得ない．

(ii) $p\neq2$ のとき，(XII)を証明しよう．いま k の他に $K=\boldsymbol{Q}(\zeta_{p^{n+1}})$をとる．$\mathrm{Gal}(K/\boldsymbol{Q})$は位数 $p^n(p-1)$の巡回群であるから，その部分群 H として位数 $p-1$ のものがただ一つ定まる．H に対応する中間体を L とすれば，$L/\boldsymbol{Q}$ の Galois 群の位数は p^n で，かつ判別式 D_L は p のベキである．すなわち，p は $L/\boldsymbol{Q}$ で完全分岐し，p 以外の素数は分岐しない．

k と L とが $\boldsymbol{Q}$ 上の Abel 体であれば，それらの合成体 kL も $\boldsymbol{Q}$ 上の Abel 体となり，かつ $[kL:\boldsymbol{Q}]$ は $[k:\boldsymbol{Q}]\cdot[L:\boldsymbol{Q}]=p^{2n}$ の約数である．また kL で分岐する素数は p ただ一つで，しかも p は完全分岐することが，容易に確かめられる．したがって kL に(i)を適用することができて，$\mathrm{Gal}(kL/\boldsymbol{Q})$は巡回群となる．故に $kL/\boldsymbol{Q}$ の中間体で，$\boldsymbol{Q}$ 上同一の次数を持つ k と L とは一致しなくてはならない．故に $k=L$ となる．

(iii) $p=2$ とする．k を $\boldsymbol{Q}$ 上の 2^n 次 Abel 体で，$\sqrt{-1}$ を含み，かつ2のみが $k/\boldsymbol{Q}$ で分岐するただ一つの素数とする．そのとき $G=\mathrm{Gal}(k/\boldsymbol{Q}(\sqrt{-1}))$が巡回群となることを示そう．

まず $n=2$ のとき，このような k は $\boldsymbol{Q}(\zeta_8)$に限ることを示そう．$[k:\boldsymbol{Q}]=4$ で，$k=\boldsymbol{Q}(\theta)$とすれば，$\bar\theta\in k$ かつ $\omega=\theta+\bar\theta$ は実数．したがって $k_0=\boldsymbol{Q}(\omega)$は $\boldsymbol{Q}\subsetneq k_0\subsetneq k$ となる．k_0 は $\boldsymbol{Q}$ 上の2次体で，分岐する素数は2だけである．したがって2次体の判別式(§5.1 (II))の一般の形より $k_0=\boldsymbol{Q}(\sqrt{2})$となり，$k=\boldsymbol{Q}(\zeta_8)$となる．

故に一般の n に対しても，$\mathrm{Gal}(k/\boldsymbol{Q}(\sqrt{-1}))$が巡回群でなければならない．

(iv) $p=2$ のとき，(XII)を証明しよう．$k^*=k(\sqrt{-1})$ をとるとき(iii)が適用される．また(ii)において $L=\boldsymbol{Q}(\zeta_{2^n})$（または $\boldsymbol{Q}(\zeta_{2^{n+1}})$）とすれば，(ii)と全く同様にして k^*L は $\boldsymbol{Q}(\sqrt{-1})$ 上巡回体となり，$k(\sqrt{-1})=L$ が成り立つことがわかる．すなわち $k\subseteqq L$ となる．▌

以上を準備として定理8.3を証明しよう．

定理8.3の証明 $\boldsymbol{Q}$ 上の任意の Abel 体 K をとる．Galois 群 G をいくつかの巡回群の直積として表わせば，Galois の理論から $K=K_1\cdots K_r$, $\mathrm{Gal}(K_i/\boldsymbol{Q})$ はすべて素数ベキ位数の巡回群，と表わされることがわかる．故に G を位数が素数ベキ p^n の巡回群として証明すればよい．判別式 D_k の素因子で p と異なるものを $p_1,\cdots,p_r$ とする．p 自身は D_k の素因子となる場合もならない場合もあろう．各 p_i に対して，p_i の I_k における一つの素因子を $\mathfrak{p}_i$ とする．$\mathfrak{p}_i$ の分岐指数 e_i は $\mathfrak{p}_i$ の惰性群 T_i の位数に等しいから，(X)によって($V_1=\{1\}$ より) p_i-1 の約数である．したがって $\boldsymbol{Q}(\zeta_{p_i})$ は，$\boldsymbol{Q}$ 上 e_i 次の部分体 L_i を含み，$L_i/\boldsymbol{Q}$ では p_i ただ一つが分岐する．それらの合成体を $L=L_1L_2\cdots L_r$ とする．$L_i/\boldsymbol{Q}$ の判別式は ${p_i}^{d_i}$ であって，i が異なれば互いに素であるから，$L_i\cap L_j=\boldsymbol{Q}$ $(i\neq j)$ かつ L は $\boldsymbol{Q}(\zeta_{p_1\cdots p_r})$ の部分体で，かつ $[L:\boldsymbol{Q}]=e_1e_2\cdots e_r$ である．

つぎに，KL を考えると，これも $\boldsymbol{Q}$ 上の Abel 体である．$G^*=\mathrm{Gal}(KL/\boldsymbol{Q})$ とし，K および L に対応する部分群をそれぞれ A^*, B^* とする：$A^*=\mathrm{Gal}(KL/K)$, $B^*=\mathrm{Gal}(KL/L)$．このとき $G^*=A^*B^*$，$A^*\cap B^*=\{1\}$ である．$KL/\boldsymbol{Q}$ で分岐する素数は $p_1,\cdots,p_r$ および，他にあるとすれば p だけである．p_i の KL における一つの素因子イデアルを $\mathfrak{P}_i{}^*$ とする．$\mathfrak{P}_i{}^*$ の惰性群を $T_i{}^*$ とする．$[KL:\boldsymbol{Q}]$ は p_i と素だから分岐群は $V_i=\{1\}$ である．したがって $T_i{}^*$ は巡回群である．$|T_i{}^*|=e_i$ を示そう．そのために $K/\boldsymbol{Q}$ における $\mathfrak{p}_K=\mathfrak{P}_i{}^*\cap I_K$ の惰性群を求めると，§7.2 (VI)によって $T_i{}^*B^*/B^*$ である．準同型定理により $[T_i{}^*:B^*\cap T_i{}^*]=[T_i{}^*B^*:B^*]=e_i$ である．同様に $[T_i{}^*:A^*\cap T_i{}^*]=e_i$ となる．したがって $A^*\cap T_i{}^*$ と $B^*\cap T_i{}^*$ は $T_i{}^*$ の同一位数の部分群となる．$T_i{}^*$ は巡回群であるから，両者は一致する：$A^*\cap T_i{}^*=B^*\cap T_i{}^*$．故に $A^*\cap B^*=\{1\}$ より $A^*\cap T_i{}^*=B^*\cap T_i{}^*=A^*\cap B^*\cap T_i{}^*=\{1\}$ でなければならない．したがって $|T_i{}^*|=e_i$ となる．

群 G^* の部分群 $U^*=T_1{}^*\cdots T_r{}^*$ をとり，対応する KL の部分体を U とおく．

$U^*\supseteqq T_i^*$ より p_i は $U/\boldsymbol{Q}$ で分岐しない．故に $U/\boldsymbol{Q}$ で分岐する素数は p 以外にあり得ない．一方，$L/\boldsymbol{Q}$ で分岐するのは $p_1, \cdots, p_r$ しかない．故に Minkowski の定理(§4.2)によって $L\cap U=\boldsymbol{Q}$ である．したがって $|U^*|\leqq e_1\cdots e_r$ より

$$[LU:\boldsymbol{Q}] = [L:\boldsymbol{Q}][U:\boldsymbol{Q}] = e_1\cdots e_r[G^*:U^*]$$
$$= e_1\cdots e_r|G^*|/|U^*| \geqq |G^*| = [KL:\boldsymbol{Q}]$$

となる．これから，$UL=KL$ および $|U^*|=e_1\cdots e_r$ でなければならない．故に $[U:\boldsymbol{Q}]=[KL:\boldsymbol{Q}]/[L:\boldsymbol{Q}]=[K:\boldsymbol{Q}]$，したがって $[U:\boldsymbol{Q}]=p^n$ である．以上より U は $\boldsymbol{Q}$ 上の Abel 体で，次数は p^n，かつ分岐する素数は p に限ることがわかった．故に(XII)より U は或る円分体に含まれる．

以上より $K\subseteqq KL=UL$，U および L は円分体の部分体であるから，K も或る円分体に含まれる．▮

注意　定理8.3の上の証明は，$\boldsymbol{Q}$ 上の Abel 体を具体的に円分体の中に埋め込む操作を示している．たとえば2次体 $k=\boldsymbol{Q}(\sqrt{m})$ の判別式 $D_k=2^\rho p_1\cdots p_r$ であれば，上の証明中 $p=2$，$L_i\subseteqq\boldsymbol{Q}(\zeta_{p_i})$ (すなわち $L_i=\boldsymbol{Q}(\sqrt{p_i})$ または $\boldsymbol{Q}(\sqrt{-p_i})$)，かつ $U=\boldsymbol{Q}$ ($\rho=0$ のとき)または $U=\boldsymbol{Q}(\sqrt{-1})$，$\boldsymbol{Q}(\sqrt{2})$，$\boldsymbol{Q}(\sqrt{-2})$ のいずれかとなる．これらを合せれば，定理8.2を導くことは容易である．

定義 8.1　2次体 $k=\boldsymbol{Q}(\sqrt{m})$ の**種の体**(genus field) K とは，(i) K は $\boldsymbol{Q}$ 上の Abel 体であり，(ii) K は k を含み，かつ，(iii) K/k は不分岐拡大であるような体 K のうちの最大なものをいう．——

実際(i), (ii), (iii)が成り立つような二つの体 K_1, K_2 があれば，合成体 K_1K_2 でも(i), (ii), (iii)が成り立つので，(i), (ii), (iii)のような K について $[K:k]$ が有界であれば，それらの中に最大のものが存在する．

定理 8.4 (Hasse)　2次体 $k=\boldsymbol{Q}(\sqrt{m})$ の種の体 K は，k の判別式を

$$D_k = 2^\rho p_1\cdots p_r \qquad (\rho=0, 2, 3 \text{ のいずれか})$$

とするとき，$\rho=0$ のときは

$$(8.26)\qquad K = \boldsymbol{Q}(\sqrt{p_1^*}, \cdots, \sqrt{p_r^*}), \qquad p_i^* = \pm p_i \equiv 1 \pmod 4,$$

$\rho=2$ または3のときは

$$(8.27)\qquad K = \boldsymbol{Q}(\sqrt{q}, \sqrt{p_1^*}, \cdots, \sqrt{p_r^*})$$

(ただし q は $-1, 2, -2$ のいずれか)である．故に $G=\mathrm{Gal}(K/k)\cong\mathcal{C}^+/\mathcal{H}$ で $(2, \cdots, 2)$ 型の可換群となり，$[K:k]=2^t$ ($t=r$ または $r-1$)は k の種の個数 $[\mathcal{C}^+:\mathcal{H}]$

に等しい.

証明 まず(8.26)または(8.27)が定義8.1の(i),(ii)を満たすことは, $D_k=m$ または $4m$ より明らかである. つぎに $k_i=\boldsymbol{Q}(\sqrt{q})$ または $\boldsymbol{Q}(\sqrt{p_i^*})$ について $D_{k_i}=2^\rho$ または p_i であって, i が異なれば互いに素である. したがって§8.1 (V)より,

$$|D_K|=\left(\prod_{i=1}^{t+1}|D_{k_i}|\right)^{2^t}=|D_k|^{[K:k]}$$

となる. (7.9)によって $N_K\mathfrak{D}_{K/k}=1$, すなわち $\mathfrak{D}_{K/k}=I_K$ となり, K/k は不分岐となる.

逆に, K が(i),(ii),(iii)を満足するものとする. $[K:\boldsymbol{Q}]=2^a q_1^{b_1}\cdots q_u^{b_u}$ とするとき, K は $u+1$ 個の体 K_i ($[K_0:\boldsymbol{Q}]=2^a$, $[K_i:\boldsymbol{Q}]=q_i^{b_i}$ $(i=1,\cdots,u)$)の合成体となる. k は2次体であるから $k\subseteqq K_0$, $k\cap K_i=\boldsymbol{Q}$ $(i=1,\cdots,u)$ となる. K/k が不分岐であるから $K_i/\boldsymbol{Q}$ $(i=1,\cdots,u)$ は不分岐となる. したがって Minkowski の定理より $K_i=\boldsymbol{Q}$ $(i=1,\cdots,u)$, $K=K_0$ となる. 故に $[K:\boldsymbol{Q}]=2^a$ である.

そこで定理8.3の証明をあてはめよう. (p_i) の I_K における一つの素因子イデアル $\mathfrak{p}_i$ の惰性群 T_i を考えるとき, 定理7.4によって共役差積 $\mathfrak{d}_K$ の $\mathfrak{p}_i$ 成分は $\mathfrak{p}_i^{t_i}$, $t_i=|T_i|-1$ である. したがって D_K の p_i 成分は $p_i^{s_i}$, $s_i=t_if_ig_i$, $N\mathfrak{p}_i=p_i^{f_i}$, $(p)=\mathfrak{p}_i\mathfrak{p}_i'\cdots\mathfrak{p}_i^{(g_i-1)}$ となる. 一方, D_k の p_i 成分は p_i であるから, $s_i=[K:k]$ である. 故に $[K:k]=t_if_ig_i=t_i[K:K_{T_i}]=t_i[K:\boldsymbol{Q}]/|T_i|$, したがって $|T_i|=2(|T_i|-1)$ となり, $|T_i|=2$ でなければならない. 故に定理8.3で $L_i=\boldsymbol{Q}(\sqrt{p_i^*})$ となる. よって $K\subseteqq UL_1\cdots L_r$ である. U についても同様に考えれば $U=\boldsymbol{Q}(\sqrt{q})$ となる. すなわち K は(8.26)または(8.27)の部分体となる. よって(8.26)または(8.27)が k の種の体である. ▌

定理8.4は類体論を用いれば, その関係がよく理解される. 一般に代数体 k が与えられるとき, k 上の Abel 拡大体 L のうち, k のすべての素イデアル $\mathfrak{p}$ が L/k で不分岐のもののうち最大の体 L が存在する. L を k 上の**絶対類体**という. このとき $\mathrm{Gal}(L/k)$ が k のイデアル類群 $\mathcal{C}_k{}^+$ と同型となる. 故に k が2次体のとき, k 上の種の体 K は, k 上の絶対類体 L の部分体で, $K/\boldsymbol{Q}$ が Abel 拡大となるという性質で特徴づけられる. この性質を用いて $\mathrm{Gal}(K/k)\cong\mathcal{C}_k{}^+/\mathcal{H}$ を証明することができる.

§8.2　Fermat の問題

§1.1, p.20 ですでに述べたように，Fermat の問題を解決しようという Kummer の努力が代数的数論の発展に多くの寄与をした．Kummer は，円分体 $k=\boldsymbol{Q}(\zeta_l)$ の整数環 $I_k=\boldsymbol{Z}+\boldsymbol{Z}\zeta_l+\cdots+\boldsymbol{Z}\zeta_l{}^{l-2}$ の性質を用いて，l が素数の場合($l>2$)に不定方程式

$$x^l+y^l=z^l \tag{8.28}$$

が $(x,y,z)\neq(0,0,0)$ の解を持たないことを証明しようと企てた．$l=3,5,7$ については解かれていたのを，一般の l にも成り立つ証明を与えようとして，初めは I_k における素元分解を利用したところ，Dirichlet によって I_k で必ずしも素元分解が成り立たないことを注意されたということである．事実 $l\geqq 23$ では決して I_k で素元分解が成り立たないことが今日では計算されている．しかし Kummer はこの困難をのりこえて，I_k において理想的素因子の考えを導入して定理 8.1 の分解に対応する結果を証明した．後に Dedekind のイデアル論によって §8.1 のように簡明に記述されるようになったとはいえ，Kummer の努力なしに，円分体の数論は生れなかったであろう．その意味で，数論の歴史を辿るとき，Fermat の問題をとり上げないで過ぎさることはできない．

Fermat の問題自身は今日でも解決されていない．しかし，(8.28)が解を持たないための l についての十分条件はいろいろ求められている(たとえば“岩波 数学辞典 第2版”, Fermat の問題の項目参照)．その結果少なくとも $l\leqq 30000$ については(8.28)は解を持たないことがコンピュータを用いて計算されている．

ここでは Fermat の問題に深入りするゆとりはないが，Kummer の最初に証明したいちじるしい結果だけ(しかもその一部のみ)を紹介しよう．

定義 8.2　円分体 $\boldsymbol{Q}(\zeta_l)$ (l は素数)の類数を h とする．h が l で割り切れないとき，l を**正則**(regular)な素数という．——

たとえば，100 以下の素数について，37, 59, 67 を除いて，すべて正則である．また 4001 以下の素数のうち 334 個の素数は正則，216 個の素数は非正則であることが計算されている．

定理 8.5(Kummer)　l が正則な素数であれば

$$x^l+y^l=z^l \tag{8.28}$$

は $(x,y,z)\neq(0,0,0)$ となる整数解 (x,y,z) を持たない．——

ここで，解(x, y, z)があるとすれば

(i) $(xyz, l)=1$

の場合と

(ii) $(xyz, l)=l$

の場合に分ける．ふつう前者を**第1の場合**，後者を**第2の場合**という．ここでは，定理8.5を第1の場合についてのみ証明する．第2の場合には，さらにいくつかの準備を要するので，ここでは省略する(たとえばBorevič-Šafarevič [4]，第5章§7参照)．$l=3$の場合でも，それほど簡単でない(高木 [1]，p. 260)．まず二，三の補助的結果をあげる．

(**I**) $k=\boldsymbol{Q}(\zeta_l)$ (lは素数，$l\neq 2$)に含まれる1のベキ根ξの全体は，1の$2l$乗根の全体である：$\xi=\pm\zeta_l{}^r$ $(r=0, 1, \cdots, l-1)$.

[証明] kに含まれる1のベキ根の全体Wは有限巡回群となる(§4.2(XVI))．$|W|=w$とする．$\zeta_w\in k$より$\boldsymbol{Q}(\zeta_w)\subseteqq\boldsymbol{Q}(\zeta_l)$．したがって$\varphi(w)=[\boldsymbol{Q}(\zeta_w):\boldsymbol{Q}]\leqq[\boldsymbol{Q}(\zeta_l):\boldsymbol{Q}]=\varphi(l)=l-1$である．$w=l^a m$ $(a\geqq 1)$，$(l, m)=1$とすれば$\varphi(w)=l^{a-1}(l-1)\varphi(m)\leqq l-1$より$a=1$，$m\leqq 2$となる．▮

$\boldsymbol{Q}\subsetneqq\boldsymbol{Q}(\zeta_l+\zeta_l{}^{-1})\subsetneqq\boldsymbol{Q}(\zeta_l)$ $(\zeta_l+\zeta_l{}^{-1}=2\cos(2\pi/l))$において，

$$[\boldsymbol{Q}(\zeta_l):\boldsymbol{Q}(\zeta_l+\zeta_l{}^{-1})]=2, \qquad [\boldsymbol{Q}(\zeta_l+\zeta_l{}^{-1}):\boldsymbol{Q}]=\frac{l-1}{2}$$

であって，$\boldsymbol{Q}(\zeta_l+\zeta_l{}^{-1})$は$\boldsymbol{Q}(\zeta_l)$に含まれる最大の実部分体である．

(**II**) $k=\boldsymbol{Q}(\zeta_l)$，$k_0=\boldsymbol{Q}(\zeta_l+\zeta_l{}^{-1})$に対して$I_k, I_{k_0}$の単数群を$E_k, E_{k_0}$とするとき

$$E_k=WE_{k_0}, \qquad W\cap E_{k_0}=\{\pm 1\}$$

となる．ここにWはkに含まれる1のベキ根全体の群である．

[証明] $I_k=\boldsymbol{Z}+\boldsymbol{Z}\zeta_l+\cdots+\boldsymbol{Z}\zeta_l{}^{l-2}$より，$k$の単数$\varepsilon$は

$$\varepsilon=a_0+a_1\zeta_l+\cdots+a_{l-2}\zeta_l{}^{l-2} \qquad (a_i\in\boldsymbol{Z})$$

と表わされる．この右辺を$f(\zeta_l)$とおく．εの複素共役数を$\bar{\varepsilon}$として，$\mu=\varepsilon/\bar{\varepsilon}$を考える．$\bar{\varepsilon}=f(\zeta_l{}^{-1})=f(\zeta_l{}^{l-1})$である．また$\zeta_l$の共役は$\zeta_l{}^{(i)}=\zeta_l{}^r$の形であるから，$\mu^{(i)}=\varepsilon^{(i)}/\bar{\varepsilon}^{(i)}=f(\zeta_l{}^r)/f(\zeta_l{}^{(l-1)r})=f(\zeta_l{}^r)/\overline{f(\zeta_l{}^r)}$となる．したがって$|\mu^{(i)}|=1$ $(i=1, \cdots, l-1)$となる．故に§4.2(XVII)によりμは1のベキ根となり，(I)より$\mu=\pm\zeta_l{}^m$の形となる．もしも$\varepsilon=-\zeta_l{}^r\bar{\varepsilon}$とすれば，$\theta=1-\zeta_l$を法として$\zeta_l\equiv 1$

$(\bmod (\theta))$, したがって

$$\varepsilon \equiv \bar{\varepsilon} \equiv a_0+\cdots+a_{l-2} \pmod{(\theta)} \qquad (b=a_0+\cdots+a_{l-2} \text{ とおく}).$$

故に $\varepsilon=-\zeta_l{}^r\bar{\varepsilon}$ ならば $b\equiv -b \pmod{(\theta)}$, 故に $2b\equiv 0 \pmod{(\theta)}$ となる. $\boldsymbol{Z}\cap(\theta)=(l)$ であるから $2b\equiv 0 \pmod{l}$, $b\equiv 0 \pmod{l}$ となる. これは $\varepsilon\equiv 0 \pmod{(l)}$ となり, ε が単数であることに矛盾する. よって $\varepsilon=\zeta_l{}^r\bar{\varepsilon}$ でなければならない.

$r\equiv 2s \pmod{l}$ $(s\in\boldsymbol{Z})$ にとれば $\zeta_l{}^r=\zeta_l{}^{2s}$, したがって $\varepsilon/\zeta_l{}^s=\zeta_l{}^s\bar{\varepsilon}=\bar{\varepsilon}/\zeta_l{}^{-s}=\overline{(\varepsilon/\zeta_l{}^s)}$ となる. よって $\eta=\varepsilon/\zeta_l{}^s\in\boldsymbol{Q}(\zeta_l+\zeta_l{}^{-1})$ となり, $\varepsilon=\zeta_l{}^s\eta$ と表わされた. 故に $E_k=WE_{k_0}$ が成り立つ. ▮

定理 8.5 の第 1 の場合の証明

$l=3$ と $l>3$ の場合に分けて考える. $l=3$ のとき $\boldsymbol{Q}(\zeta_3)=\boldsymbol{Q}(\sqrt{-3})$ の類数は 1 であった. すなわち 3 は正則な素数である. いま $(xyz, 3)=1$ $(x, y, z\in\boldsymbol{Z})$ とすれば, $x^3, y^3, z^3\equiv\pm 1 \pmod{9}$ となる. 故に $x^3+y^3=z^3$ であれば

$$(\pm 1)+(\pm 1) \equiv \pm 1 \pmod{9}$$

でなければならない. しかし $\pm$ をどのように組合せてもこの合同式は成り立たない. よって $l=3$ のときには定理は成り立つ.

$l>3$ の場合. (8.28): $x^l+y^l=z^l$, $(xyz, l)=1$ $(x, y, z\in\boldsymbol{Z})$ とし, x, y, z に公約数 $d\neq\pm 1$ があれば $x/d, y/d, z/d$ に対しても (8.28) の関係が成り立つから, 始めから $(x, y, z)=1$ としておく.

$k=\boldsymbol{Q}(\zeta)$, $\zeta=\zeta_l$ とし, I_k において (8.28) の両辺を分解すれば, まず $x^l+y^l=(x+y)(x+\zeta y)\cdots(x+\zeta^{l-1}y)$ より

(8.29)
$$(x+y)(x+\zeta y)\cdots(x+\zeta^{l-1}y) = z^l$$

である. この両辺の I_k における素イデアル分解を考える. 左辺で $(x+\zeta^i y)$ と $(x+\zeta^j y)$ $(i<j)$ とは決して共通因子を持たない.

何となれば, 或る素イデアル $\mathfrak{p}$ が共通因子であれば $x+\zeta^i y\in\mathfrak{p}$, $x+\zeta^j y\in\mathfrak{p}$ より

$$\zeta^i y-\zeta^j y = y\zeta^i(1-\zeta^{j-i})\in\mathfrak{p}$$

である. ここで $y\in\mathfrak{p}$ であれば $x=(x+\zeta^i y)-\zeta^i y\in\mathfrak{p}$, したがってまた $z\in\mathfrak{p}$ となり, $(x, y, z)=1$ に矛盾する. ζ^i は単数であるから $1-\zeta^{j-i}\in\mathfrak{p}$ でなければならない. $(l)=\mathfrak{l}^{l-1}$, $\mathfrak{l}=(1-\zeta)$ とおくとき $(1-\zeta^{j-i})=(1-\zeta)=\mathfrak{l}$ であったから (§8.1 (II)), $\mathfrak{l}\subseteq\mathfrak{p}$, したがって $\mathfrak{l}=\mathfrak{p}$ となる. 故に (8.29) より $z\in\mathfrak{l}$, すなわち z は l で

割り切れる．これは$(xyz, l)=1$に矛盾する．故に$(x+\zeta^i y)$と$(x+\zeta^j y)$は共通因子を持たないことがわかった．

そこで(8.29)の両辺の素イデアル分解をとれば，右辺は完全l乗であるから，左辺の各$(x+\zeta^i y)$も或るイデアルのl乗でなければならない．特に

(8.30) $$(x+\zeta y)=\mathfrak{a}^l.$$

一方，kの類数hに対して$\mathfrak{a}^h=(\lambda)$である．仮定より$(h, l)=1$，したがって$ah+bl=1$となる$a, b\in \boldsymbol{Z}$が存在する．故に$\mathfrak{a}=\mathfrak{a}^{ah}\cdot\mathfrak{a}^{bl}=(x+\zeta y)^b(\lambda)^a$となり，$\mathfrak{a}$自身が単項イデアルである．そこで$\mathfrak{a}=(\alpha)$とおくと(8.30)より$(x+\zeta y)=(\alpha)^l$となる．よって或る単数$\varepsilon$により

(8.31) $$x+\zeta y=\varepsilon\alpha^l \qquad (\alpha\in I_k)$$

と表わされる．$x^l-z^l=-y^l$より出発すれば，同様に

(8.32) $$x-\zeta z=\varepsilon_1\alpha_1{}^l \qquad (\alpha_1\in I_k,\ \varepsilon_1 \text{ は単数})$$

と表わされる．

つぎに(8.31)と(8.32)とから$(xyz, l)=1$ $(l>3)$と矛盾することを導こう．このために(8.31)と(8.32)の両辺を$\mathrm{mod}\,(l)$，$(l)=\mathfrak{l}^{l-1}$で考える．まず(8.31)において(II)により$\varepsilon=\zeta^s\eta$，$\eta\in k_0=\boldsymbol{Q}(\zeta+\zeta^{-1})$と表わして

$$x+\zeta y=\zeta^s\eta\alpha^l$$

となる．$N\mathfrak{l}=l$であるから$\alpha\equiv b \pmod{\mathfrak{l}}$となる$b\in\boldsymbol{Z}$が存在する．故に$\zeta\equiv 1 \pmod{\mathfrak{l}}$により$\alpha-\zeta^i b\equiv\alpha-b\equiv 0 \pmod{\mathfrak{l}}$，したがって

$$\alpha^l-b^l=(\alpha-b)(\alpha-\zeta b)\cdots(\alpha-\zeta^{l-1}b)\in\mathfrak{l}^l\subsetneqq(l)$$

である．故に$a=b^l$ $(\in\boldsymbol{Z})$とおけば，ζ^{-s}を両辺に掛けて

$$\zeta^{-s}(x+\zeta y)\equiv\eta a \pmod{(l)}$$

となる．これの複素共役をとれば，$\bar{\zeta}=\zeta^{-1}$，$\bar{\eta}=\eta$より

$$\zeta^s(x+\zeta^{-1}y)\equiv\eta a \pmod{(l)}.$$

これら二つより

(8.33) $$x\zeta^{-s}+y\zeta^{-s+1}-x\zeta^s-y\zeta^{s-1}\equiv 0 \pmod{(l)}$$

となる．もしも$-s$，$-s+1$，s，$s-1$が$\mathrm{mod}\,l$で互いに合同でなく，かつ$l-1$とも合同でなければ，$(1, \zeta, \cdots, \zeta^{l-2})$が$I_k$の基であることから，(8.33)より$x\equiv y\equiv -x\equiv -y\equiv 0 \pmod{l}$でなければならない．そこで

(i) $-s$，$-s+1$，s，$s-1$の中に$\equiv l-1 \pmod{l}$のもののあるとき，

(イ) $-s \equiv l-1,\quad -s+1 \equiv 0,\quad s \equiv 1,\quad s-1 \equiv 0,$

(ロ) $-s+1 \equiv l-1,\quad -s \equiv l-2,\quad s \equiv 2,\quad s-1 \equiv 1,$

(ハ) $s \equiv l-1,\quad -s \equiv 1,\quad -s+1 \equiv 2,\quad s-1 \equiv l-2,$

(ニ) $s-1 \equiv l-1,\quad -s \equiv 0,\quad -s+1 \equiv 1,\quad s \equiv 0$

の場合がある．このとき $\zeta^{l-1}=-1-\zeta-\cdots-\zeta^{l-2}$ を(8.33)に代入する．たとえば(イ)の場合には

$$(-x+y-y)+(-x-x)\zeta-x\zeta^2-\cdots-x\zeta^{l-2} \equiv 0 \pmod{(l)}$$

より $-x\equiv 0 \pmod{l}$ となる．

同様に(ロ),(ハ),(ニ)に対して $\pm x\equiv 0$ または $\pm y\equiv 0 \pmod{l}$ となる．これらは $(xyz, l)=1$ に矛盾する．

(ii) $-s,\ -s+1,\ s,\ s-1$ のうち mod l で合同のもののあるとき，これには以下の6個の場合がある．

(イ) $s\equiv s-1$ または $-s\equiv 1-s \pmod{l}$ は不可能．

(ロ) $s\equiv -s$ または $s-1\equiv -s+1 \pmod{l}$ は $s\equiv 0$ または $s\equiv 1 \pmod{l}$ となり(i)の(ニ),(イ)の場合となり矛盾を生じる．

(ハ) $s\equiv -s+1$ または $-s\equiv s-1 \pmod{l}$ の場合．$s\equiv (l+1)/2 \pmod{l}$ となり(8.33)は

(8.34) $$(x-y)\zeta^{(l+1)/2}+(y-x)\zeta^{(l-1)/2} \equiv 0 \pmod{(l)}$$

となる．$(l+1)/2\equiv (l-1)/2 \pmod{l}$，または $(l\pm 2)/2\equiv l-1 \pmod{l}$ は起り得ない．故に(8.34)より

(8.35) $$x \equiv y \pmod{l}$$

となる．すなわち(8.31)よりただ一つの可能性として(8.35)となる．全く同様に(8.32)より

(8.36) $$x \equiv -z \pmod{l}$$

がただ一つの可能性として残る．

(8.35)および(8.36)を仮定すると，$2x\equiv x+y\equiv x^l+y^l=z^l\equiv z\equiv -x \pmod{l}$，したがって $3x\equiv 0 \pmod{l}$ となる．

$l\neq 3$ より $x\equiv 0 \pmod{l}$ となり，これも $(xyz, l)=1$ に矛盾する．以上より，いずれの場合にも矛盾を生じた．よって(8.28)は $(xyz, l)=1$，$(x, y, z)=1$ となる解を持たないことが証明された．∎

問　　題

1　$k=\boldsymbol{Q}(\zeta_m)$ とし $(\boldsymbol{Z}/m\boldsymbol{Z})^\times$ の $\varphi(m)$ 個の乗法的指標を $\chi_0, \chi_1, \cdots, \chi_{\varphi(m)-1}$ とする．そのとき

$$\zeta_k(s) = \prod_{j=0}^{\varphi(m)-1} L_m(s,\chi_j)\cdot\prod_{p|m}\left(1-\frac{1}{p^{\nu_p s}}\right)^{\mu_p}.$$

またこれより，$L_m(1,\chi_j)\neq 0$ $(j=1,\cdots,\varphi(m)-1)$ を導け．

2　$k\ni\zeta_l$ (l は素数) とし，$K=k(\sqrt[l]{\mu})$ $(\mu\in I_k)$ とおく．K/k は Galois 体で，$K\neq k$ のとき $\mathrm{Gal}(K/k)$ は l 次巡回群となる．したがって I_k の素イデアル $\mathfrak{p}$ は I_K において

$$\begin{cases} \mathfrak{p}=\mathfrak{P}, & N_{K/k}\mathfrak{P}=\mathfrak{p}^l, \\ \mathfrak{p}=\mathfrak{P}_1\cdots\mathfrak{P}_l, & N_{K/k}\mathfrak{P}_i=\mathfrak{p}, \\ \mathfrak{p}=\mathfrak{P}^l, & N_{K/k}\mathfrak{P}=\mathfrak{p} \end{cases}$$

のいずれかである．いま I_k で $(\mu)=\mathfrak{p}^a\mathfrak{b}$, $(\mathfrak{p},\mathfrak{b})=I_k$ とする．

(i)　$a\not\equiv 0 \pmod l$ のとき $\mathfrak{p}=\mathfrak{P}^l$．

(ii)　$l\notin\mathfrak{p}$ のとき，$a=0$ とすると

$\mathfrak{p}=\mathfrak{P}_1\cdots\mathfrak{P}_l \iff \mu\equiv\xi^l \pmod{\mathfrak{p}}$ が I_k で解 ξ を持つ，

$\mathfrak{p}=\mathfrak{P} \iff \mu\equiv\xi^l \pmod{\mathfrak{p}}$ が I_k で解 ξ を持たない．

(ii)*　$l\notin\mathfrak{p}$, $a\equiv 0 \pmod l$ $(a\neq 0)$ のときは μ の代りに適当な β をとり，$\mu^*=\mu\beta^{-a}$ とおくと μ^* に対して $((\mu^*),\mathfrak{p})=I_k$, かつ $K=k(\sqrt[l]{\mu^*})$ となる．したがって (ii) が適用される．

(iii)　l を含む素イデアル $\mathfrak{l}$ に対しては，I_k において $(1-\zeta_l)=\mathfrak{l}^a\mathfrak{l}_1$, $(\mathfrak{l},\mathfrak{l}_1)=I_k$ とする．$\mu\notin\mathfrak{l}$ とする．

(イ)　$\mathfrak{l}=\mathfrak{L}_1\cdots\mathfrak{L}_l \iff \mu\equiv\xi^l \pmod{\mathfrak{l}^{al+1}}$ が I_k で解 ξ を持つ．

(ロ)　$\mathfrak{l}=\mathfrak{L} \iff \mu\equiv\xi^l \pmod{\mathfrak{l}^{al+1}}$ は I_k で解 ξ を持たないが，
$\mu\equiv\xi^l \pmod{\mathfrak{l}^{al}}$ は I_k で解 ξ を持つ．

(ハ)　$\mathfrak{l}=\mathfrak{L}^l \iff \mu\equiv\xi^l \pmod{\mathfrak{l}^{al}}$ が I_k で解 ξ を持たない．

(iii)*　$\mu\in\mathfrak{l}$, $(\mu)=\mathfrak{l}^a\mathfrak{b}$, $(\mathfrak{l},\mathfrak{b})=I_k$, $a\equiv 0 \pmod l$ のときは (ii)* と同様 (iii) に帰着される．

3　問題 2 において，共役差積 $\mathfrak{D}_{K/k}=I_K$ となるための必要十分条件は，つぎの (i) かつ (ii) である．

(i)　$(\mu)=\mathfrak{m}^l$．

(ii)　$((\mu),\mathfrak{l})=I_k$ に μ をとるとき，$\mu\equiv\xi^l \pmod{(1-\zeta_l)^l}$ が I_k で解 ξ を持つ．

(問題 2, 3 については Hecke [13], p. 148, または藤崎 [11], 下, pp. 109–114.)

4　$k=\boldsymbol{Q}(\sqrt{m})$ の場合，k 上 2 次の不分岐拡大 $K=k(\sqrt{\pm p})$ (p は素数または 1) を持つための必要十分条件を問題 3 より求めよ．その結果を定理 8.4 と比べよ．

第 III 部　20 世紀の数論

——Minkowski-Hensel-高木——

第I部の古典的数論 (Euclid から Gauss まで) および第II部の代数的数論 (19世紀の数論) につづいて，第III部では20世紀の数論について解説を試みる．もっとも20世紀の数論といっても，ごく初めの方の部分で，たかだか1930年以前である．すでに"第I部"のはじめに述べたように Minkowski の数の幾何 (第9章)，素数定理の証明 (解析的数論) (第10章)，Hensel の p 進数 (第11章)，n 元2次形式に関する Minkowski-Hasse の定理 (第12章) につづいて，類体論の概説 (第13章) を解説する．

数の幾何については，すでに第2章で平面上の格子点や Minkowski の定理にふれているが，一般の n 次元の場合を改めて述べた．これは Minkowski の"数の幾何" (Geometrie der Zahlen, 1896) に由来するもので，今日では凸形に関して広く数学の諸分野で用いられている理論の草分けである．Dirichlet の単数定理 (1846)，およびイデアルの密度定理の Dedekind による証明 (ディリクレ・デデキント整数論講義 [7]，第3版 1880) には，Minkowski の凸形に関する定理は必ずしも用いないでもよいが，n 次元の格子や体積の計算に幾何学的色彩が強いので，まとめて第9章で説明した．

第10章では，まず素数の分布についての初等的考察についても若干説明したが，目標は解析的数論による素数定理の証明である．今日では A. Selberg によるいわゆる初等的証明 (1949) がよく用いられるが，複素関数論，特に池原止戈夫氏による Tauber 型定理を用いる証明法は，その証明の筋道が極めて明快であるので，ここではそれによった．

第11章の Hensel の p 進数は，

K. Hensel: Theorie der algebraischen Zahlen (1908),

K. Hensel: Zahlentheorie (1913)

に解説されている．それは解析学における実数の理論の数論への類似物であるが，その応用としての一つの著しい成果はつぎにいう Minkowski-Hasse の定理である．それの特殊な場合として，有理係数の2元2次形式の理論と，それに関連した Hilbert のノルム剰余記号を第11章で扱った．p 進数の理論は，後に J. Kürschák (1913) や A. Ostrowski (1918) らによって付値の理論として扱われ，代数学一般の基礎的な概念に吸収されたが，それについては岩波基礎数学選書"体と Galois 理論"に一般的な解説がある．

第12章の n 元2次形式論は，もっぱら有理係数の場合を扱い，Minkowski-Hasse の定理の証明を目標とした．n 元2次形式の理論は，すでに19世紀末以来 Minkowski 等によって発展してきたが，整係数の場合に比べて有理係数の場合ははるかに扱いやすい．その中で Minkowski-Hasse の定理 (1923) は，当時出来たばかりの p 進数の理論を，Hensel の示唆のもとに利用したものであって，いわゆる Hasse の局所・大局原理と呼ばれるものの最初の例であり，歴史的にも重要である．この原理は今日では他分野への応用も広い．一般の体の上の2次形式については

E. Witt: Theorie der quadratischen Formen in beliebigen Körpern, J. Reine Angew. Math., **176** (1937)

は基礎的である．これについては岩波基礎数学選書“2次形式”に説明してある．本書では，そこから必要な部分を抜き出して，Borevič–Šafarevič [4] の解説にならって説明した．

今世紀の整数論について述べるとき，その最大の成果の一つは高木貞治先生による類体論である．それは主理論：

T. Takagi: Über eine Theorie des relativ Abel'schen Zahlkörpers, J. Coll. Sci. Tokyo, **41** (1920)

および相互法則への応用：

T. Takagi: Über das Reciprocitätsgesetz in einem beliebigen algebraischen Zahlkörper, *ibid.*, **44** (1922)

で発表された (The Collected Papers of Teiji Takagi (1973), pp. 73–167 および pp. 179–216 に収載)．

類体論を解説して広く世界に広めたのが

H. Hasse: Bericht über neuere Untersuchungen und Probleme aus der Theorie der algebraischen Zahlkörper, Teil I. Klassenkörpertheorie (1927), Teil II. Reziprozitätsgesetz (1930)

である．

一方，E. Artin は類体論について重要な追加をなした．

E. Artin: Beweis des allgemeinen Reziprozitätsgesetzes, Abh. Math. Sem. Hamburg, **5** (1927).

高木先生の 1920 年の論文では，類体論の諸定理をすべて証明してしまったばかりでなく，19 世紀以来の問題であった虚数乗法論に関する‘Kronecker の青春の夢’に完全な解決を与えた．これらについての概要を最後の第 13 章で述べる．ただし，ここでは主要定理を述べ，その考え方の筋道を示すだけで，証明の詳細について述べるだけの紙数はない．これについては

[8] 高木貞治：代数的整数論，第 2 版 (1971) (岩波書店)

を引用することとする．

なお第 III 部では，第 I 部，第 II 部に挙げたものの他につぎの書物を直接引用している．

[15] 内山三郎：素数の分布 (1970) (宝文館出版)

[16] J.-P. Serre: Cours d'Arithmétique (1970) (Presses Universitaires de France) (英訳：A course in arithmetic (1973) (Springer)) (彌永健一訳：数論講義 (1979) (岩波書店))

[17] A. Borel, S. Chowla, C. S. Herz, K. Iwasawa and J.-P. Serre : Seminar on complex multiplication, Lecture Notes in Math. No. 21 (1966) (Springer).

第9章　数の幾何

§9.1　Minkowski の定理

数の幾何については，すでに第2章(§2.2, 2.3)で平面上の格子の理論において，すこしばかり説明した．数の幾何(Geometrie der Zahlen)という言葉は，H. Minkowski の書物の名前で，ここに由来する．Minkowski の用いた道具は凸形の性質で，つぎの定理である．

定理 9.1 (Minkowski)　n 次元 Euclid 空間

$$\boldsymbol{R}^n = \{(x_1, \cdots, x_n) \mid x_i \in \boldsymbol{R},\ i=1, \cdots, n\}$$

において，有心凸形 S を考える．ただし

(i)　S の中心 $O=(a_1, \cdots, a_n)$ は格子点：$a_1 \in \boldsymbol{Z}$,　…,　$a_n \in \boldsymbol{Z}$ である．

(ii)　S の n 次元体積 V は

$$V = 2^n$$

である．

そのとき，S の内部または S の境界上に少なくも一つの格子点

$$P = (b_1, \cdots, b_n) \qquad (b_1 \in \boldsymbol{Z},\ \cdots,\ b_n \in \boldsymbol{Z})$$

がある．——

ここに，凸形，有心という性質は $n=2$ の場合の定義2.5(p. 76)と全く同様である．また定理9.1の証明自身も，$n=2$ の場合の定理2.7の証明を，平面から n 次元 Euclid 空間に拡張するだけで，全く同様であるので，ここに繰り返すことは省略する．

定理 9.2　n 個の変数 $x_1, \cdots, x_n$ の n 個の1次形式

$$f_i(x) = a_{i1}x_1 + \cdots + a_{in}x_n \qquad (i=1, \cdots, n) \tag{9.1}$$

(ただし $a_{ij} \in \boldsymbol{R}$,　$i, j=1, \cdots, n$) において，係数の作る $n\times n$ 行列 (a_{ij}) の行列式を

$$\Delta = \det(a_{ij})$$

とし，$\Delta \neq 0$ と仮定する．そのとき，$k_1>0$,　…,　$k_n>0$ が

$$k_1 \cdots k_n = |\Delta|$$

という条件を満足するならば，不等式

(9.2)　$$|f_1(x)| \leqq k_1, \quad \cdots, \quad |f_n(x)| \leqq k_n$$

を同時に満足するような格子点 $(x_1, \cdots, x_n)\ (\neq (0, \cdots, 0))\ (x_i \in \boldsymbol{Z},\ i=1, \cdots, n)$ が必ず存在する．

証明　$n=2$ の場合には，§2.3 (II) (p. 78) で証明した．それと全く同様に

$$S = \{(x_1, \cdots, x_n) \mid |f_1(x)| \leqq k_1, \quad \cdots, \quad |f_n(x)| \leqq k_n\}$$

とおくとき，S は $O=(0, \cdots, 0)$ を中心とする凸形（平行 $2n$ 面体）である．一方 O を端点とする n 個の線分 OP_i,

$$P_i = (\xi_1{}^{(i)}, \cdots, \xi_n{}^{(i)}),$$
$$f_1(\xi^{(i)}) = 0, \quad \cdots, \quad f_i(\xi^{(i)}) = k_i, \quad \cdots, \quad f_n(\xi^{(i)}) = 0 \qquad (i=1, \cdots, n)$$

で張られる平行 $2n$ 面体を S_0 とするとき

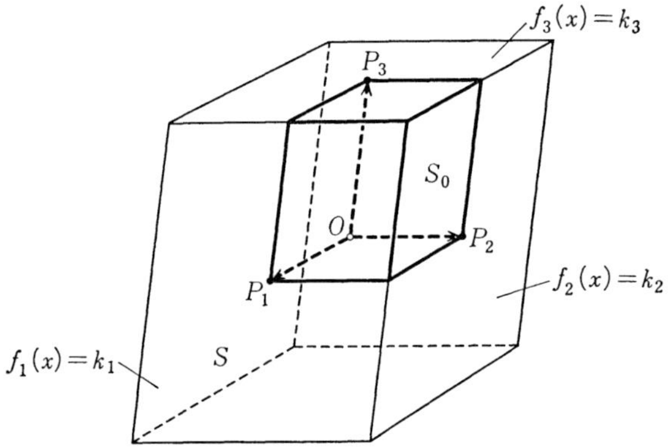

図 9.1

$$V = (S\ の体積) = 2^n \times (S_0\ の体積)$$

となる．S_0 の体積 V_0 は，Euclid 空間の平行 $2n$ 面体の体積の公式によって

$$V_0 = \begin{vmatrix} \xi_1{}^{(1)} & \cdots & \xi_n{}^{(1)} \\ \vdots & & \vdots \\ \xi_1{}^{(n)} & \cdots & \xi_n{}^{(n)} \end{vmatrix} \text{ の絶対値}$$

である．ところで

$$\begin{vmatrix} \xi_1^{(1)} & \cdots & \xi_n^{(1)} \\ \vdots & & \vdots \\ \xi_1^{(n)} & \cdots & \xi_n^{(n)} \end{vmatrix} \cdot \begin{vmatrix} a_{11} & \cdots & a_{n1} \\ \vdots & & \vdots \\ a_{1n} & \cdots & a_{nn} \end{vmatrix} = \begin{vmatrix} k_1 & 0 & \cdots & 0 \\ 0 & k_2 & \cdots & 0 \\ & & \ddots & \\ 0 & 0 & \cdots & k_n \end{vmatrix} = |\varDelta|$$

であるから，$V_0=1$ となる．よって S の体積は 2^n となる．故に定理 9.1 より定理 9.2 が導かれる．▌

定理 9.2 において

$$|f_1(x)|<k_1, \quad \cdots, \quad |f_n(x)|<k_n$$

とするとき，これらは原点以外に必ずしも格子点の解を持たない．これは $n=2$ の場合の図 2.14 (p. 79) を見ればわかる．ただし，図 2.14 で，どの辺の上にも (端点以外に) 格子点がのっている．これを n 次元の場合に拡張すればつぎの結果に対応する．

(I) 定理 9.2 において，(9.2) のどれか一つの i (ここでは $i=1$ とする) に対しては等号，残りは不等号としても結論は正しい．すなわち，$k_1\cdots k_n=|\varDelta|$ であれば，不等式

(9.3) $\quad |f_1(x)|\leqq k_1, \quad |f_2(x)|<k_2, \quad \cdots, \quad |f_n(x)|<k_n$

は整数解 $(x_1, \cdots, x_n)$ $(\neq(0, \cdots, 0))$ を持つ．

[証明] 任意の $\theta_1>1$ に対して $0\leqq\theta_i<1$ $(i=2, \cdots, n)$ かつ $\theta_1\cdots\theta_n=1$ に $\theta_2, \cdots, \theta_n$ をとる．そのとき $k_1\cdots k_n=|\varDelta|$ に対して

$$|f_1(x)|\leqq\theta_1 k_1, \quad \cdots, \quad |f_n(x)|\leqq\theta_n k_n$$

は $(0, \cdots, 0)$ 以外に少なくも一つの整数解 $(x_1, \cdots, x_n)$ を持つ．このとき，もちろん

$$|f_1(x)|\leqq\theta_1 k_1, \quad |f_2(x)|<k_2, \quad \cdots, \quad |f_n(x)|<k_n$$

である．この整数解 $(\xi_1^{(i)}, \cdots, \xi_n^{(i)})$ $(i=1, 2, \cdots)$ は有限個しか存在しない．それらのうち $|f_1(\xi^{(i)})|$ の最小のものを $(\xi_1^{(1)}, \cdots, \xi_n^{(1)})$ としよう．もし $|f_1(\xi^{(1)})|\leqq k_1$ であれば，$(\xi_1^{(1)}, \cdots, \xi_n^{(1)})$ は (9.3) の解である．もしそうでないと仮定すれば $|f_1(\xi^{(1)})|>\theta_1' k_1>k_1$ に θ_1' をとれば，上の議論にしたがって $|f_1(\eta)|<|f_1(\xi^{(1)})|$, $|f_2(\eta)|<k_2$, $\cdots$, $|f_n(\eta)|<k_n$ となる整数解 $\eta=(\eta_1, \cdots, \eta_n)$ が存在する．これは $\xi^{(1)}$ のとり方に矛盾する．▌

(II) $n\geqq 2$ とする．定理 9.2 のように $f_1(x), \cdots, f_n(x)$ をとり，$\varDelta=\det(a_{ij})>$

0とする．そのとき，不等式

(9.4) $$|f_1(x)f_2(x)\cdots f_n(x)| < |\varDelta|$$

を満足する整数解$(x_1, \cdots, x_n)$ $(\neq(0, \cdots, 0))$が存在する．

［証明］ $k_1>0$, $\cdots$, $k_n>0$ を $|\varDelta|=k_1\cdots k_n$ にとり，(I)の(9.3)の整数解$(x_1, \cdots, x_n)$ $(\neq(0, \cdots, 0))$を求めれば，(9.4)の解となっている．▌

つぎに，n個の1次形式$f_1(x), \cdots, f_n(x)$の係数が必ずしも実数でない場合を考察しよう．ただし

$$n=r_1+2r_2 \qquad (r_1\geqq 0,\ r_2\geqq 0)$$

とし，$x_1, \cdots, x_n$の1次形式

$$f_1(x),\ \cdots,\ f_{r_1}(x)$$

の係数a_{ij} $(1\leqq i\leqq r_1,\ 1\leqq j\leqq n)$はすべて実数であり，残りの$2r_2$個の1次形式$f_{r_1+1}(x)$, $\cdots$, $f_{r_1+2r_2}(x)$に対しては

$$\overline{f_{r_1+1}(x)}=f_{r_1+r_2+1}(x), \qquad \cdots, \qquad \overline{f_{r_1+r_2}(x)}=f_{r_1+2r_2}(x),$$

すなわち

(9.5) $$\overline{a_{r_1+1,j}}=a_{r_1+r_2+1,j}, \qquad \cdots, \qquad \overline{a_{r_1+r_2,j}}=a_{r_1+2r_2,j} \qquad (j=1, \cdots, n)$$

であるとする．

(III) n個の正数

$$k_1>0, \qquad \cdots, \qquad k_n>0$$

で，条件

$$k_{r_1+1}=k_{r_1+r_2+1}, \qquad \cdots, \qquad k_{r_1+r_2}=k_{r_1+2r_2}$$

を満たし，かつ

$$k_1\cdots k_n=|\varDelta|, \qquad \varDelta=\det(a_{ij})$$

であるとき，不等式

$$|f_1(x)|\leqq k_1, \qquad \cdots, \qquad |f_n(x)|\leqq k_n$$

は整数解$(x_1, \cdots, x_n)$ $(\neq(0, \cdots, 0))$を持つ．

$r_2>0$であれば

(9.6) $$|f_1(x)|<k_1, \qquad \cdots, \qquad |f_n(x)|<k_n$$

も整数解$(x_1, \cdots, x_n)$ $(\neq(0, \cdots, 0))$を持つ．したがって

$$|f_1(x)f_2(x)\cdots f_n(x)| < |\varDelta|$$

も整数解$(x_1, \cdots, x_n)$ $(\neq(0, \cdots, 0))$を持つ．

[証明] $a_{ij} = b_{ij}+\sqrt{-1}c_{ij} \qquad (i=r_1+1, \cdots, r_1+r_2,\ j=1, \cdots, n)$
$(b_{ij}, c_{ij} \in \boldsymbol{R})$ とし

$$g_i(x) = \sum_{j=1}^{n} b_{r_1+i,j}x_j, \quad h_i(x) = \sum_{j=1}^{n} c_{r_1+i,j}x_j \qquad (i=1, \cdots, r_2)$$

とおく．すなわち

$$f_{r_1+i}(x) = g_i(x)+\sqrt{-1}\,h_i(x),$$
$$f_{r_1+r_2+i}(x) = g_i(x)-\sqrt{-1}\,h_i(x)$$

である．n 個の実係数1次形式

$$f_1(x),\ \cdots,\ f_{r_1}(x),\ g_1(x),\ \cdots,\ g_{r_2}(x),\ h_1(x),\ \cdots,\ h_{r_2}(x)$$

の係数の作る行列式を $\varDelta_1$ とすれば，直ちに

$$(9.7) \qquad |\varDelta| = 2^{r_2}|\varDelta_1|$$

が計算される．一方，不等式 $|f_1(x)| \leqq k_1, \cdots, |f_n(x)| \leqq k_n$ を満足する点 $(x_1, \cdots, x_n)$ の集合 $S \subseteqq \boldsymbol{R}^n$ は，不等式

$$|f_1(x)| \leqq k_1, \quad \cdots, \quad |f_{r_1}(x)| \leqq k_{r_1},$$
$$|g_1(x)^2+h_1(x)^2| \leqq k_{r_1+1}{}^2, \quad \cdots, \quad |g_{r_2}(x)^2+h_{r_2}(x)^2| \leqq k_{r_1+r_2}{}^2$$

を満足する点の集合と等しい．

いま，$\boldsymbol{R}^n$ から $\boldsymbol{R}^n$ への変換

$$(x_1, \cdots, x_n) \longmapsto (\xi_1, \cdots, \xi_n)$$

を

$$\xi_1 = f_1(x), \quad \cdots, \quad \xi_{r_1} = f_{r_1}(x),$$
$$\xi_{r_1+1} = g_1(x), \quad \cdots, \quad \xi_{r_1+r_2} = g_{r_2}(x),$$
$$\xi_{r_1+r_2+1} = h_1(x), \quad \cdots, \quad \xi_{r_1+2r_2} = h_{r_2}(x)$$

によって定める．変換によって $S \subseteqq \boldsymbol{R}^n$ は集合

$$S_1 = \{(\xi_1, \cdots, \xi_n) \mid |\xi_1| \leqq k_1, \ \cdots, \ |\xi_{r_1}| \leqq k_{r_1}, \ |\xi_{r_1+1}{}^2+\xi_{r_1+r_2+1}{}^2| \leqq k_{r_1+1}{}^2, \ \cdots, \ |\xi_{r_1+r_2}{}^2+\xi_{r_1+2r_2}{}^2| \leqq k_{r_1+r_2}{}^2\}$$

にうつり，かつ変換のヤコビアン J は定数で

$$(9.8) \qquad |J|^{-1} = \left|\frac{\partial(\xi_1, \cdots, \xi_n)}{\partial(x_1, \cdots, x_n)}\right| = |\varDelta_1|$$

である．よって

$$V = (S \text{ の体積}) = |J| \times (S_1 \text{ の体積})$$

かつ

$$(S_1 \text{の体積}) = 2^{r_1}k_1\cdots k_{r_1}\cdot\pi^{r_2}k_{r_1+1}{}^2\cdots k_{r_1+r_2}{}^2 = 2^{r_1}\pi^{r_2}k_1\cdots k_n$$

である．よって (9.7), (9.8) より

$$V = \frac{1}{|\varDelta_1|}2^{r_1}\pi^{r_2}k_1\cdots k_n = \frac{2^{r_1+r_2}\pi^{r_2}}{|\varDelta|}k_1\cdots k_n$$

$$= 2^n\left(\frac{\pi}{2}\right)^{r_2}\frac{k_1\cdots k_n}{|\varDelta|}$$

となる．したがって $k_1\cdots k_n=|\varDelta|$ であれば，$V\geqq 2^n$ となる．故に定理 9.2 より (III) が導かれる．また $r_2>0$ ならば $V>2^n$ となり，(9.6) が整数解 $(x_1, \cdots, x_n)$ $(\neq(0, \cdots, 0))$ を持つことがわかる．▌

さて，定理 9.2 の大切な応用として

定理 9.3 (Minkowski)　代数体 k の判別式 D_k が ±1 に等しいのは，$k=\boldsymbol{Q}$ の場合に限る．すなわち $k\neq\boldsymbol{Q}$ であれば

$$|D_k| > 1.$$

証明　代数体 k の次数を $n=[k:\boldsymbol{Q}]$ とする．k の $\boldsymbol{Q}$ 上の代数的共役体を $k^{(1)}$, $\cdots$, $k^{(n)}$ とする．すなわち，任意の $\alpha\in k$ に対して n 個の共役元

$$\alpha^{(1)},\ \cdots,\ \alpha^{(n)} \qquad (\alpha^{(i)}\in k^{(i)})$$

を対応させる．これらのうち，実体 (すなわち $\boldsymbol{R}$ の部分体) を $k^{(1)}, \cdots, k^{(r_1)}$ とし，虚体 ($\boldsymbol{R}$ の部分体とならないもの) を残りとする．虚の共役元は，二つずつ組となっている．すなわち，(共役の番号を適当につけかえると)

$$(9.9) \qquad n = r_1+2r_2,$$

$$(9.10) \qquad \overline{\alpha^{(r_1+i)}} = \alpha^{(r_1+r_2+i)} \qquad (i=1, \cdots, r_2)$$

となっている．今後 r_1, r_2 は上の意味に用い，また共役を表わす指数については，つねに (9.10) を仮定する．

さて $k\neq\boldsymbol{Q}$ とし，k の整数環 I_k の基を $(\omega_1, \cdots, \omega_n)$ とし，$\alpha\in I_k$ を

$$\alpha = a_1\omega_1+\cdots+a_n\omega_n \qquad (a_i\in\boldsymbol{Z},\ i=1, \cdots, n)$$

と表わす．α の共役を

$$\alpha^{(i)} = a_1\omega_1{}^{(i)}+\cdots+a_n\omega_n{}^{(i)} \qquad (i=1, \cdots, n)$$

とする．これに対応して，n 個の 1 次形式

$$f_i(x) = x_1\omega_1{}^{(i)}+\cdots+x_n\omega_n{}^{(i)} \qquad (i=1, \cdots, n)$$

を考える．$n=r_1+2r_2$ に対して，$f_1(x), \cdots, f_{r_1}(x)$ は実の1次形式であり，$\overline{f_{r_1+i}(x)}=f_{r_1+r_2+i}(x)$ $(i=1, \cdots, r_2)$ である．$n\geqq 2$ であるから上記(III)が適用されて

$$|f_1(x)f_2(x)\cdots f_n(x)| < |\varDelta|$$

となる整数解 $(a_1, \cdots, a_n)$ $(\neq(0, \cdots, 0))$ が存在する．ここに，$|\varDelta|=|\det(\omega_i^{(j)})|=\sqrt{|D_k|}$ (D_k は k の判別式)であり，かつ $\alpha=a_1\omega_1+\cdots+a_n\omega_n \in I_k$，および

$$f_1(a)\cdots f_n(a) = N_{k/\boldsymbol{Q}}\alpha \in \boldsymbol{Z}$$

である．よって

(9.11) $$|N_{k/\boldsymbol{Q}}\alpha| < \sqrt{|D_k|}$$

が成り立つ．$N_{k/\boldsymbol{Q}}\alpha \in \boldsymbol{Z}$ $(\neq 0)$ より左辺は $\geqq 1$，したがって $|D_k|>1$ が成り立つ．▌

(IV) 代数体 k の任意の整イデアル $\mathfrak{a}$ は

$$|N_{k/\boldsymbol{Q}}\alpha| \leqq \sqrt{|D_k|}\, N\mathfrak{a}$$

を満足する α $(\neq 0)$ を含む．

(§4.2(XIV)では $\sqrt{|D_k|}$ の代りに或る定数 N_0 を用いた．(IV)はその改良である．)

［証明］ 定理9.3における I_k の基 $(\omega_1, \cdots, \omega_n)$ の代りに整イデアル $\mathfrak{a}$ の基 $(\alpha_1, \cdots, \alpha_n)$ を用いればよい．そのとき，行列式 $\varDelta(\alpha_1, \cdots, \alpha_n)=N\mathfrak{a}\cdot\varDelta(\omega_1, \cdots, \omega_n)$ (§4.2, p.168)である．▌

§9.2 単数定理

代数体 k において，その整数環を I_k とする．k の単数の全体 E_k は，乗法に関して可換群を作る．位数有限な単数は1のベキ根であり，かつ E_k に含まれる1のベキ根の全体 W_k は有限巡回群を作る(§4.2(XVI)，p.170)．

目標は E_k の構造を決定することである．Dirichlet (1846)はつぎの定理を証明した．

定理 9.4(Dirichlet の単数定理) 代数体 k の次数を n とし，$r_1, 2r_2$ を k の実共役および虚共役の個数とする：$n=r_1+2r_2$．そのとき k の単数群 E_k は r_1+r_2 個の生成元 $\rho, \eta_1, \cdots, \eta_{r_1+r_2-1}$ を持ち

(i) ρ の位数は有限：或る m に対して $\rho^m=1$，

(ii) $\eta_1, \cdots, \eta_r$ $(r=r_1+r_2-1)$ は位数無限，かつ1次独立：

$$\eta_1{}^{a_1}\cdots\eta_r{}^{a_r}=1 \iff a_1=\cdots=a_r=0$$

である．すなわち $\varepsilon\in E_k$ はただ一通りに

$$\varepsilon=\rho^a\eta_1{}^{a_1}\cdots\eta_r{}^{a_r} \qquad (a, a_1, \cdots, a_r\in \boldsymbol{Z} \text{ かつ } 0\leqq a\leqq m-1)$$

と表わされる．——

このとき $\eta_1, \cdots, \eta_r$ $(r=r_1+r_2-1)$ を**基本単数系** (fundamental units) という．

たとえば，$n=2$，すなわち2次体 k にあっては，k が実体ならば $n=r_1$ $(r_1=2, r_2=0)$ また k が虚体ならば $n=2r_2$ $(r_1=0, r_2=1)$ で，そのとき $r=r_1+r_2-1$ は1または0である．すなわち§5.1(III)で見たように

(i) k が実2次体ならば，或る基本単数 η があって，単数 ε は

$$\varepsilon=\pm\eta^a \qquad (a\in\boldsymbol{Z})$$

と一意に表わされ，

(ii) k が虚2次体であれば，$E_k=W_k$ は m 次巡回群 ($m=2$ または4または6) で

$$\varepsilon=\rho^a \qquad (\rho^m=1,\ 0\leqq a<m)$$

と一意に表わされる．

証明 まずつぎのことを想い出しておこう．k の整数環 I_k の基を $(\omega_1, \cdots, \omega_n)$ とする：$\alpha\in I_k$ は

$$\alpha=a_1\omega_1+\cdots+a_n\omega_n \qquad (a_i\in\boldsymbol{Z})$$

と表わされる．α の共役を $\alpha^{(1)}, \cdots, \alpha^{(n)}$ とし，それらの順序を(9.10)のように定める．特に単数 ε に対しては

$$N_{k/\boldsymbol{Q}}\varepsilon=\varepsilon^{(1)}\cdots\varepsilon^{(n)}=1$$

である．

(a) $$|\varepsilon^{(1)}|=\cdots=|\varepsilon^{(n)}|=1$$

となる $\varepsilon\in I_k$ は1のベキ根に限る(§4.2(XVII), p.170)．

(b) $N>0$ を任意にとるとき，$\alpha\in I_k$ で

$$|\alpha^{(1)}|\leqq N, \qquad \cdots, \qquad |\alpha^{(n)}|\leqq N$$

となるものの個数は有限個である(判別式 $|D_k|\neq 0$ より)．

定理をつぎの順序に従って証明しよう．

(I) E_k の中に $r=r_1+r_2-1$ 個の1次独立な単数 $\eta_1, \cdots, \eta_r$ が存在する．

(II) E_k の生成元の個数は ρ $(\rho^m=1)$ を除いて，ちょうど r 個である．

そうすれば，有限生成可換群の構造定理によって，基本単数系の存在することがわかる．以下の証明では，有限生成可換群の性質しか用いない．

[(I) の証明] Minkowski の定理を用いるとわかり易い．k の整数環 I_k の基 $(\omega_1, \cdots, \omega_n)$ を用いて，1 次形式

$$f(x) = \omega_1 x_1 + \cdots + \omega_n x_n$$

とおき，その共役をとって，n 個の 1 次形式を

$$f_i(x) = \omega_1^{(i)} x_1 + \cdots + \omega_n^{(i)} x_n \qquad (i=1, \cdots, n)$$

とおく．§9.1 (III) を適用して (定理 9.3 の証明中の (9.11) 式)

$$|N_{k/Q}\alpha| \leqq \sqrt{|D_k|} \qquad (\alpha \neq 0)$$

となる $\alpha \in I_k$ を一つとる．その α に対して

$$\lambda |\alpha^{(2)}| \cdots |\alpha^{(n)}| = \sqrt{|D_k|} \qquad (\lambda > 0)$$

に λ をとれば，

$$|f_1(x)| \leqq \lambda, \quad |f_2(x)| < |\alpha^{(2)}|, \quad \cdots, \quad |f_{r_1+r_2}(x)| < |\alpha^{(r_1+r_2)}|$$

となる整数解 $(a_{11}, \cdots, a_{1n})$ $(\neq (0, \cdots, 0))$ が存在する．ここで，$\alpha_1 = a_{11}\omega_1 + \cdots + a_{1n}\omega_n \in I_k$ とおくと

$$N_{k/Q}\alpha_1 \leqq \sqrt{|D_k|}, \quad |\alpha_1^{(2)}| < |\alpha^{(2)}|, \quad \cdots, \quad |\alpha_1^{(n)}| < |\alpha^{(n)}|$$

となる．

この方法をつづければ，$\alpha_1, \alpha_2, \cdots \in I_k$ を

$$|N_{k/Q}\alpha_i| \leqq \sqrt{|D_k|} \qquad (i=1, 2, \cdots),$$
$$|\alpha^{(j)}| > |\alpha_1^{(j)}| > |\alpha_2^{(j)}| > \cdots \qquad (j=2, 3, \cdots, r_1+r_2)$$

となるようにとることができる．一方，ノルムが $\sqrt{|D_k|}$ をこえない I_k のイデアルは有限個しか存在しないから，或る i, l に対して，単項イデアル

$$(\alpha_i) = (\alpha_l) \qquad (i < l)$$

となるものがある．そのとき α_l/α_i は単数である．$\alpha_l/\alpha_i = \eta_1$ とおくと $N_{k/Q}\eta_1 = 1$ であるから，

$$|\eta_1^{(1)}| > 1, \quad |\eta_1^{(2)}| < 1, \quad \cdots, \quad |\eta_1^{(r_1+r_2)}| < 1$$

でなければならない．ここで，もちろん η_1 は 1 のベキ根とならない．

k の共役 $k^{(1)}$ の代りに $k^{(i)}$ をとれば，全く同様に k の単数 η_i で

(9.12) $$|\eta_i^{(i)}| > 1, \quad |\eta_i^{(j)}| < 1 \quad (j \neq i)$$

となるものが存在する．このようにして得られた単数 $\eta_1, \eta_2, \cdots, \eta_{r_1+r_2}$ のうち，

$r=r_1+r_2-1$ 個は1次独立である．すなわち $a_1,\cdots,a_r\in \boldsymbol{Z}$ に対して

$$\rho\eta_1{}^{a_1}\cdots\eta_r{}^{a_r}=1 \Longleftrightarrow \rho=1 \text{ かつ } a_1=\cdots=a_r=0.$$

これを命題として挙げておく．

(III)　代数体 k の単数 $\eta_1,\cdots,\eta_{r_1+r_2}$ が (9.12) を満足するとき，これらのうちの $r=r_1+r_2-1$ 個は1次独立である．

[証明]　$\alpha\in I_k$ に対して，$\boldsymbol{R}^{r_1+r_2}$ の元，すなわち r_1+r_2 次元ベクトル

$$\varphi(\alpha)=(l^{(1)}(\alpha),l^{(2)}(\alpha),\cdots,l^{(r_1+r_2)}(\alpha))$$

を対応させる．ただし

$$(9.13)\qquad l^{(i)}(\alpha)=\begin{cases}\log|\alpha^{(i)}| & (i=1,\cdots,r_1),\\ 2\log|\alpha^{(i)}| & (i=r_1+1,\cdots,r_1+r_2)\end{cases}$$

とする．特に $N_{k/\boldsymbol{Q}}\alpha=1$ であれば

$$\sum_{i=1}^{r_1+r_2} l^{(i)}(\alpha)=\log|N_{k/\boldsymbol{Q}}\alpha|=0$$

となる．すなわちベクトル $\varphi(\alpha)$ は，$\boldsymbol{R}^{r_1+r_2}$ 内の r 次元超平面 $(r=r_1+r_2-1)$

$$\boldsymbol{L}^r=\{(x_1,\cdots,x_{r_1+r_2})\,|\,x_1+\cdots+x_{r_1+r_2}=0\}$$

の上にある．特に $\alpha=\varepsilon\in E_k$ (単数群) に対しては $\varphi(E_k)\subseteqq \boldsymbol{L}^r$ である．この写像

$$\varphi:\ E_k\longrightarrow \boldsymbol{L}^r$$

に対して $\mathrm{Ker}\,\varphi=\{\varepsilon\in E_k\,|\,\varphi(\varepsilon)=0\}$ は，$l^{(i)}(\varepsilon)=0$ したがって $|\varepsilon^{(i)}|=1$ $(i=1,\cdots,r_1+r_2)$ であるから，初めに述べたように ε は1のベキ根である：

$$\mathrm{Ker}\,\varphi=\{\rho^i\,|\,i=0,1,\cdots,m-1\}\qquad (\text{ただし } \rho^m=1).$$

よって φ により，$E_k/\{\rho^i\}$ が $\boldsymbol{L}^r$ の中に1対1に写像される．

一方，E_k が乗法群を作るから，その対数をとることによって，$\boldsymbol{R}^{r_1+r_2}$ において

$$\varphi(\varepsilon_1\varepsilon_2)=\varphi(\varepsilon_1)+\varphi(\varepsilon_2),$$

すなわち，$\varphi(E_k)$ は $\boldsymbol{L}^r$ の部分加法群を作る．

さて，上にとった $\eta_1,\cdots,\eta_r$ が E_k において乗法的に1次独立であることは，$\varphi(\eta_1),\cdots,\varphi(\eta_r)$ が $\boldsymbol{L}^r$ $(\subseteqq \boldsymbol{R}^{r_1+r_2})$ の上で加法的に1次独立なベクトルであるということと同値である．すなわち，$r\times(r_1+r_2)$ 行列

$$\begin{bmatrix} l^{(1)}(\eta_1) & \cdots & l^{(r_1+r_2)}(\eta_1) \\ & \cdots\cdots & \\ l^{(1)}(\eta_r) & \cdots & l^{(r_1+r_2)}(\eta_r) \end{bmatrix}$$

の階数が r に等しいことと同値である．よって

$$R[\eta_1, \cdots, \eta_r] = \begin{vmatrix} l^{(1)}(\eta_1) & \cdots & l^{(r)}(\eta_1) \\ & \cdots\cdots & \\ l^{(1)}(\eta_r) & \cdots & l^{(r)}(\eta_r) \end{vmatrix} \tag{9.14}$$

が 0 でないことを示せば十分である．これは，つぎの行列式に関する補題から導かれる．

(IV) $r\times r$ 行列 (c_{ij}) において

$$c_{ii} > 0, \quad c_{ij} < 0 \quad (i \neq j), \quad \sum_{j=1}^{r} c_{ij} > 0 \quad (i=1, \cdots, r)$$

であれば，$\det(c_{ij})>0$.

[証明] r についての帰納法による．$r=1$ ならば $\det(c_{ij})=c_{11}>0$. つぎに $r-1$ まで成り立つとする．r の場合に $\lambda_j=-c_{1j}/c_{11}>0$ とおくと $\lambda_2+\cdots+\lambda_r<1$ である．よって (c_{ij}) において第 1 列にそれぞれ $\lambda_2, \cdots, \lambda_r$ を掛けて第 2 列，…，第 r 列に加えれば

$$\begin{vmatrix} c_{11} & \cdots & c_{1r} \\ & \cdots\cdots & \\ c_{r1} & \cdots & c_{rr} \end{vmatrix} = \begin{vmatrix} c_{11} & 0 & \cdots & 0 \\ c_{21} & c_{22}+\lambda_2 c_{21} & \cdots & c_{2r}+\lambda_r c_{21} \\ & & \cdots\cdots & \\ c_{r1} & c_{r2}+\lambda_2 c_{r1} & \cdots & c_{rr}+\lambda_r c_{r1} \end{vmatrix}.$$

ここで第 1 行と第 1 列を取り去った $(r-1)\times(r-1)$ 小行列式は，補題の条件を満たしている．よって帰納法の仮定により，求める行列式は >0 である．∎

さて (9.14) の行列式においては，$l^{(i)}(\eta_i)>0$, $l^{(j)}(\eta_i)<0\ (i \neq j)$ かつ $\sum_{j=1}^{r} l^{(j)}(\eta_i) =-l^{(r_1+r_2)}(\eta_i)>0$ であるから，補題 (IV) の条件を満たしている．よって $R[\eta_1, \cdots, \eta_r]>0$ となる．したがって (I) も証明された．∎

(II) を証明するために，つぎのことをまず確かめよう．

性質 (b) によって任意の $M>0$ に対して $\varepsilon \in E_k$, $|\varepsilon^{(i)}| \leqq M\ (i=1, \cdots, r_1+r_2)$ となる ε は有限個しか存在しない．したがって，任意の $M_0>0$ に対して

$$|l^{(i)}(\varepsilon)| = |\lambda \log |\varepsilon^{(i)}|| \leqq M_0 \qquad (i=1, \cdots, r_1+r_2)$$

(ただし $\lambda=1$ または 2) となる $\varepsilon \in E_k$ も有限個しか存在しない ($M=e^{M_0}$ とせよ).

このことから

(II)$_1$　$\varphi(E_k)$ は Euclid 空間 $\boldsymbol{R}^{r_1+r_2}$ 内の超平面 $\boldsymbol{L}^r$ 上の加法群を作るが，任意の $M>0$ に対して，$\boldsymbol{L}^r$ 上の原点 $O=(0,\cdots,0)$ を中心とする半径 M の球：

$$U_M=\left\{(x_1,\cdots,x_{r_1+r_2})\,\middle|\,\sum_i x_i^2\leqq M\right\}$$

に対して

$$U_M\cap\varphi(E_k)=U_M(E_k)$$

は有限集合となる．

この有限集合を $U_M(E_k)=\{O,\varphi(\varepsilon_1),\cdots,\varphi(\varepsilon_t)\}$ とする．原点 O と $\varphi(\varepsilon_1),\cdots,\varphi(\varepsilon_t)$ との距離の最小値を $\delta>0$ とすると，つぎのことがわかる．

(II)$_2$
$$U_\delta=\left\{(x_1,\cdots,x_{r_1+r_2})\,\middle|\,\sum_i x_i^2<\delta\right\}$$

に対して

$$U_\delta\cap\varphi(E_k)=\{O\},$$

すなわち，$\varphi(E_k)$ は $\boldsymbol{L}^r$ 上の格子（粗な加法群）を作る．

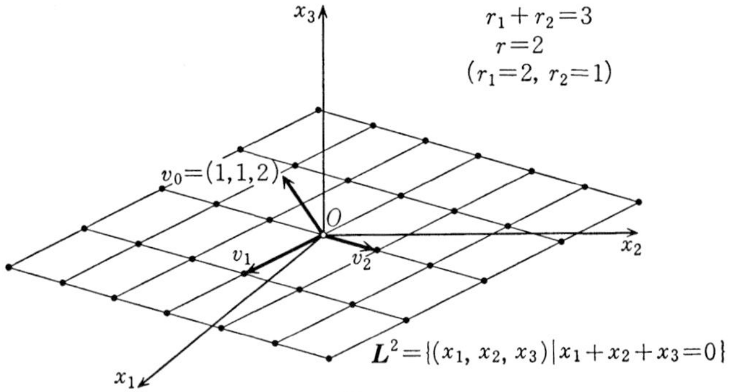

図 9.2

さて，以上より，有限生成可換群の性質を用いて，(II) を証明することは容易である．

(i)　上に求めた r 個の単数 $\eta_1,\cdots,\eta_r$ で生成される乗法群を H とする．H は単数群 E_k の部分群である．$\varphi(E_k)$ および $\varphi(H)$ は，$\boldsymbol{L}^r$ 上の加法群を作る．(9.14) の $R[\eta_1,\cdots,\eta_r]\neq0$ ということは $\varphi(\eta_1),\cdots,\varphi(\eta_r)$ が $\boldsymbol{L}^r$ 上1次独立なベクト

ルであることを示している．よって任意の $\varepsilon\in E_k$ は

$$\varphi(\varepsilon)=t_1\varphi(\eta_1)+\cdots+t_r\varphi(\eta_r) \qquad (t_i\in \boldsymbol{R})$$

と一通りに表わされる．$a_i\leqq t_i$ となる最大の整数 $a_i\in \boldsymbol{Z}$ をとり，$t_i=a_i+s_i$, $0\leqq s_i<1$ $(i=1,\cdots,r)$ とする．

$\varepsilon_0=\varepsilon(\eta_1{}^{a_1}\cdots\eta_r{}^{a_r})^{-1}\in E_k$ とおくと，

$$\varphi(\varepsilon_0)=s_1\varphi(\eta_1)+\cdots+s_r\varphi(\eta_r) \qquad (0\leqq s_i<1)$$

である．したがって，$\boldsymbol{R}^{r_1+r_2}$ 上の長さに関して

$$\|\varphi(\varepsilon_0)\|^2\leqq\|\varphi(\eta_1)\|^2+\cdots+\|\varphi(\eta_r)\|^2 \quad (=M\text{ とおく})$$

である．$(\mathrm{II})_1$ によって，このような ε_0 は有限個しか存在しない．すなわち，指数 $[\varphi(E_k):\varphi(H)]=u<\infty$. したがって $u\varphi(E_k)=\{u\varphi(\varepsilon)\mid\varepsilon\in E_k\}\subseteqq\varphi(H)$ となる．$\varphi(H)$ は r 個の自由生成元をもつ自由加群であるから，その部分加群 $u\varphi(E_k)$ も自由加群である．その生成元の個数も ($u\varphi(E_k)\supseteqq u\varphi(H)$ であるから) やはり r である．それらを

$$u\varphi(\varepsilon_1)=\varphi(\varepsilon_1{}^u), \quad \cdots, \quad u\varphi(\varepsilon_r)=\varphi(\varepsilon_r{}^u)$$

とする．そのとき，任意の $\varepsilon\in E_k$ は，一意に

$$u\varphi(\varepsilon)=\varphi(\varepsilon^u)=b_1\varphi(\varepsilon_1{}^u)+\cdots+b_r\varphi(\varepsilon_r{}^u)=\varphi((\varepsilon_1{}^{b_1}\cdots\varepsilon_r{}^{b_r})^u) \qquad (b_i\in\boldsymbol{Z})$$

と表わされる．すなわち

$$\varepsilon^u=\rho_1(\varepsilon_1{}^{b_1}\cdots\varepsilon_r{}^{b_r})^u, \qquad \rho_1{}^m=1$$

となる．これからまた

$$\varepsilon=\rho_1\rho_2\varepsilon_1{}^{b_1}\cdots\varepsilon_r{}^{b_r}, \qquad \rho_2{}^u=1, \qquad \rho_2\in k$$

となる．よって $(\varepsilon_1,\cdots,\varepsilon_r)$ が基本単数系となり，(II)，したがって定理 9.4 が証明された．▌

注意 Dirichlet の単数定理の証明は，上記 $\varphi(E_k)$ が $\boldsymbol{L}^r$ 上の格子を作り，それが r 個の基をもつということである．もしも，$\boldsymbol{L}^r$ 上の格子に関する性質を用いるならば，つぎの方針により証明することもできる．

(i) $\boldsymbol{L}^r$ 上の加法群 $\varphi(E_k)$ は粗である (上記 $(\mathrm{II})_2$).

(ii) $\boldsymbol{L}^r$ 上適当な $U_M=\left\{(x_1,\cdots,x_{r_1+r_2})\,\middle|\,\sum_i x_i{}^2\leqq M\right\}$ をとれば，$\boldsymbol{L}^r$ 上の任意のベクトルは，或る $\varphi(E_k)$ に属するベクトルと，或る U_M に属するベクトルの和として表わされる：

$$\boldsymbol{L}^r=\varphi(E_k)+U_M.$$

((ii) は $\varphi(E_k)$ が $\boldsymbol{L}^r$ 上縮退していないことを主張するものである.) (ii) の証明も Minkowski の定理 9.1 より比較的容易に導かれるが，ここでは省略する (たとえば Borevič-

Šafarevič [4], 邦訳 pp. 136-139 を参照).

単数群 E_k の一組の基本単数系を $\eta_1, \cdots, \eta_r$ $(r=r_1+r_2-1)$ とするとき，別の単数系

$$(9.15)\qquad \eta_i' = \rho_i \eta_1^{a_{i1}} \cdots \eta_r^{a_{ir}} \qquad (\rho_i^m=1,\ a_{ij} \in \boldsymbol{Z})$$
$$(i=1, \cdots, r)$$

が基本単数系となるための必要十分条件は $r\times r$ 行列

$$A = (a_{ij}) \qquad (a_{ij} \in \boldsymbol{Z})$$

がユニモジュラ $(\det A=\pm 1)$ となることである．

その一組の基本単数系 $(\eta_1, \cdots, \eta_r)$ に対して

$$R[\eta_1, \cdots, \eta_r] = \det(l^{(i)}(\eta_j))_{i,j=1,\cdots,r}$$

をとる．別の基本単数系 $(\eta_1', \cdots, \eta_r')$ ((9.15)) に対して

$$l^{(i)}(\eta_j') = \sum_{h=1}^{r} a_{jh}(l^{(i)}(\eta_h)) \qquad (i, j=1, \cdots, r)$$

であるから

$$R[\eta_1', \cdots, \eta_r'] = \det A \cdot R[\eta_1, \cdots, \eta_r], \qquad \det A = \pm 1.$$

定義 9.1　$R[\eta_1, \cdots, \eta_r]$ の絶対値は，基本単数系 $(\eta_1, \cdots, \eta_r)$ のとり方によらず一定である．この値を代数体 k の**単数規準** (regulator) という．

注意　体 k の r_1+r_2 個の共役のうち，$(l^{(1)}(\eta), \cdots, l^{(r)}(\eta))$ をとる $r=r_1+r_2-1$ 個を選ぶ仕方に関して，単数規準の値は一定であることは，$\sum_{i=1}^{r_1+r_2} l^{(i)}(\eta)=0$ より容易に計算される．これは，超平面 $\boldsymbol{L}^r$ が，どの座標超平面に対しても同じ角で交わることに対応している．

§9.3　イデアルの密度

代数体 k の整数環を I_k とし，I_k のイデアル (k の整イデアル) $\mathfrak{a}$ について，($t>0$ を任意に与えて)

$$N\mathfrak{a} \leqq t$$

となるものの全体を $T(t)$ とおく．$T(t)$ は有限集合で，その個数を $|T(t)|$ で表わす．$t\to\infty$ となるとき，$|T(t)|\to\infty$ となるが，そのとき

$$(9.16)\qquad \lim_{t\to\infty} \frac{|T(t)|}{t}$$

がどのくらいになるであろうかという問題を考える.

例 9.1　(i)　$k=\boldsymbol{Q}$ であれば

$$|T(t)|=|\{(a)\,|\,a\in\boldsymbol{Z},\ 0<a\leqq t\}|=[t],$$

したがって $\lim_{t\to\infty}|T(t)|/t=1$ である.

(ii)　$k=\boldsymbol{Q}(\sqrt{-1})$. I_k のイデアルはすべて単項イデアルであるが,

$$(\alpha)=(-\alpha)=(\sqrt{-1}\,\alpha)=(-\sqrt{-1}\,\alpha),\qquad \alpha=a+\sqrt{-1}\,b\qquad (a,b\in\boldsymbol{Z}),$$

かつ $N(\alpha)=a^2+b^2$ である.

したがって $|T(t)|$ は, 複素平面上原点を中心とし, 半径 $t^{1/2}$ の円内の格子点の数の 1/4 に等しい. これから

$$\lim_{t\to\infty}\frac{|T(t)|}{t}=\frac{\pi}{4}. \tag{9.17}$$

これは, 目盛りを $1/\sqrt{t}$ とし, 単位円を考え, $1/\sqrt{t}$ 目盛りの格子を作る. 単位円の面積 π と, (その内部の格子の個数)×(格子の面積)$=4|T(t)|/t$ との差は, たかだか円周に交わる格子全体の面積の和を超えない. それらは (円周)$\times\sqrt{2}/\sqrt{t}$ で評価される. したがって $t\to\infty$ とすれば, この部分は $\to 0$ となる. よって $\lim_{t\to\infty}4|T(t)|/t=\pi$ が成り立つ.

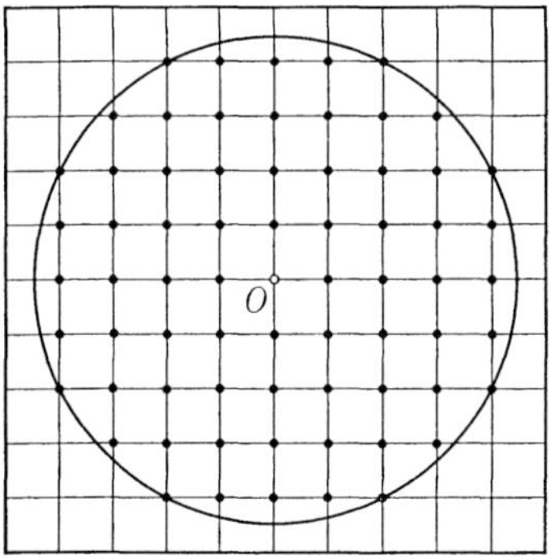

(円の半径) = 1,　$\dfrac{1}{\sqrt{t}}=\dfrac{1}{\sqrt{20}}$,

$4|T(t)|=68$,

$\dfrac{4|T(t)|}{t}=\dfrac{68}{20}=3.4\fallingdotseq\pi$.

図 9.3

(iii)　$k=\boldsymbol{Q}(\sqrt{3})$. このときも $h=1$ で $I_k=\boldsymbol{Z}+\sqrt{3}\,\boldsymbol{Z}$ のイデアルはすべて単項イデアルであり, $\alpha=a+\sqrt{3}\,b\ (a,b\in\boldsymbol{Z})$, $(\alpha)=(\pm\varepsilon_0{}^m\alpha)$ ($\varepsilon_0=2+\sqrt{3}$: 基本単数), $N(\alpha)=|a^2-3b^2|$, $D_k=12$ である.

(9.16) の値は, こんどは双曲線 $x_1{}^2-3x_2{}^2=1$ と, 2 直線 $x_2=0$ および x_1-2x_2

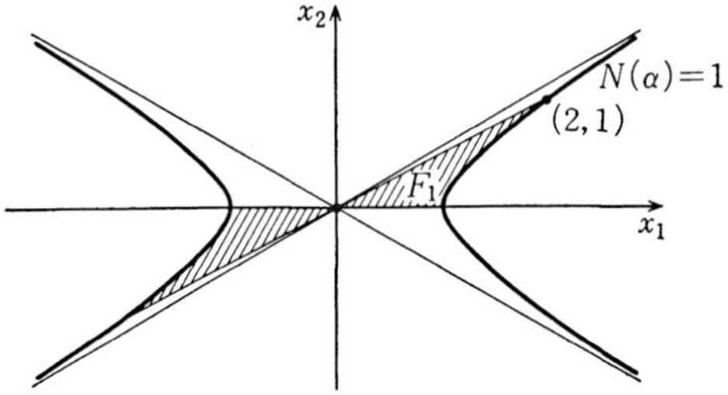

$$\alpha = x_1+\sqrt{3}\,x_2, \qquad N(\alpha) = x_1{}^2-3x_2{}^2,$$
$$N(\alpha) = 1 \iff x_1{}^2-3x_2{}^2 = 1,$$
$$\varepsilon_0 = 2+\sqrt{3} \iff (2, 1),$$
$$r_1 = 2,\ r_2 = 0,\ D_k = 12,\ w = 2,\ h = 1,$$
$$v(F_1) = \frac{2}{\sqrt{12}}\log|2+\sqrt{3}|.$$

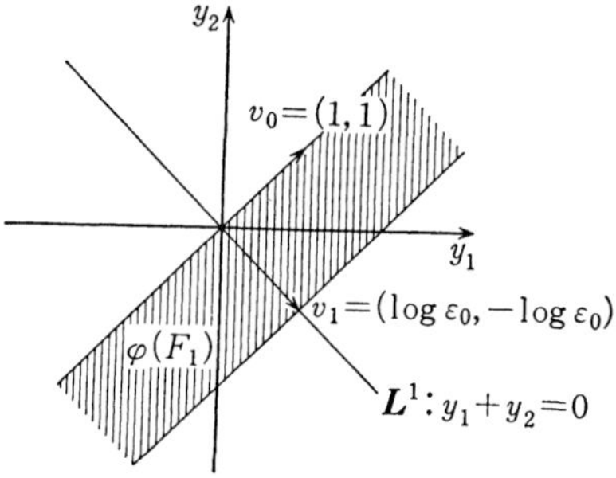

$$\varphi(x_1, x_2) = (y_1, y_2), \qquad \begin{cases} y_1 = \log|x_1+\sqrt{3}\,x_2|, \\ y_2 = \log|x_1-\sqrt{3}\,x_2| \end{cases}$$

図 9.4

$=0$ で囲まれる部分 F_1 の面積

$$v(F_1) = \frac{1}{\sqrt{3}}\log\varepsilon_0$$

と一致する：一般に

$$\lim_{t\to\infty}\frac{|T(t)|}{t} = \frac{4}{w\sqrt{D_k}}\log|\varepsilon_0| \qquad (w=2) \tag{9.18}$$

の結果となる（定理 9.5 の証明と図 9.4 参照）．——

以上の考察を一般の代数体にまで拡張すると，つぎの結果となる．

定理 9.5 代数体 k において，$t>0$ に対して

$$N\mathfrak{a} \leqq t$$

となる I_k のイデアル $\mathfrak{a}$ の個数を $|T(t)|$ とするとき，

(9.19) $$\lim_{t\to\infty}\frac{|T(t)|}{t} = h_k\kappa_0.$$

ただし h_k は k のイデアル類数，κ_0 は

(9.20) $$\kappa_0 = \frac{2^{r_1+r_2}\pi^{r_2}R_k}{w\sqrt{|D_k|}}$$

である．ここに D_k は k の判別式，w は k に含まれる 1 のベキ根の個数，R_k は k の単数規準，$r_1, 2r_2$ は k の実および虚の共役の個数とする．——

特に $n=2$ のとき，虚の 2 次体にあっては $r_1=0$，$r_2=1$，$R_k=1$．したがって

(9.21) $$\kappa_0 = \frac{2\pi}{w\sqrt{|D_k|}}.$$

実の 2 次体では $r_1=2$，$r_2=0$，$w=2$，$R_k=\log\varepsilon_0$ ($\varepsilon_0>1$ は k の基本単数)，したがって

(9.22) $$\kappa_0 = \frac{2\log\varepsilon_0}{\sqrt{|D_k|}}$$

となる．これらの公式は，§6.1，定理 6.8 (p. 225) で挙げた公式である．

例 9.1 では，$k=\boldsymbol{Q}(\sqrt{-1})$ では $w=4$，$D_k=-4$，$h_k=1$，$\kappa_0=\pi/4$ である．また $k=\boldsymbol{Q}(\sqrt{3})$ では，$h_k=1$，$\varepsilon_0=2+\sqrt{3}$，$D_k=12$，したがって $\kappa_0=(\log\varepsilon_0)/\sqrt{3}$ である．

証明 (9.19) をすこし一般にする．

(**I**) I_k の一つのイデアル類 C をとるとき，C に属するイデアルについて

(9.23) $$T_C(t) = \{\mathfrak{a}\subseteqq I_k \mid \mathfrak{a}\in C,\ N\mathfrak{a}\leqq t\}$$

とおく．そのとき C のとり方によらず

(9.24) $$\lim_{t\to\infty}\frac{|T_C(t)|}{t} = \kappa_0$$

となる．

(I) が証明されれば，k には h_k 個のイデアル類があるから，(9.19) が導かれる．

[(I) の証明]　その方針は例9.1を n 次代数体 k に拡張すればよい．

与えられたイデアル類 C の逆の類 C^{-1} より任意に一つの整イデアル $\mathfrak{c}$ をとる．任意のイデアル $\mathfrak{a}\subseteqq I_k$, $\mathfrak{a}\in C$ に対して $\mathfrak{c}\mathfrak{a}=(\alpha)$, $\alpha\in\mathfrak{c}$ が定まる．逆に任意の $\alpha\in\mathfrak{c}$ に対して $(\alpha)=\mathfrak{c}\mathfrak{a}$ と分解すれば $\mathfrak{a}\subseteqq I_k$, $\mathfrak{a}\in C$ となる．また $N(\alpha)=(N\mathfrak{c})(N\mathfrak{a})$ であるから，$T_C(t)$ と

$$T_C{}^*(t)=\{(\alpha)\mid\alpha\in\mathfrak{c},\ N(\alpha)\leqq t(N\mathfrak{c})\} \tag{9.25}$$

とを同一視することができる．

いまイデアル $\mathfrak{c}$ の一組の基を $(\omega_1,\cdots,\omega_n)$ とする：

$$\mathfrak{c}=\boldsymbol{Z}\omega_1+\cdots+\boldsymbol{Z}\omega_n,$$

すなわち，$\alpha\in\mathfrak{c}$ は一意に

$$\alpha=x_1\omega_1+\cdots+x_n\omega_n \qquad (x_i\in\boldsymbol{Z}) \tag{9.26}$$

と表わされる．k の r_1 個の実共役と $2r_2$ 個の虚共役に対して $(n=r_1+2r_2)$

$$\alpha^{(i)}=x_1\omega_1{}^{(i)}+\cdots+x_n\omega_n{}^{(i)} \qquad (x_i\in\boldsymbol{Z}) \tag{9.27}$$

となる．

n 次元 Euclid 空間 $\boldsymbol{R}^n$ の点 $(x_1,\cdots,x_n)(x_i\in\boldsymbol{R})$ に対して $\alpha=x_1\omega_1+\cdots+x_n\omega_n$, $\alpha^{(i)}=x_1\omega_1{}^{(i)}+\cdots+x_n\omega_n{}^{(i)}$ $(i=1,\cdots,n)$, $N\alpha=\alpha^{(1)}\cdots\alpha^{(n)}$ とおく．$N\alpha\neq0$ に対して

$$\varphi(\alpha)=(\log|\alpha^{(1)}|,\cdots,\log|\alpha^{(r_1)}|,2\log|\alpha^{(r_1+1)}|,\cdots,2\log|\alpha^{(r_1+r_2)}|) \tag{9.28}$$

とおく．φ は $\boldsymbol{R}^n$ (ただし $N\alpha\neq0$) から $\boldsymbol{R}^{r_1+r_2}$ への写像である．

$\omega_1,\cdots,\omega_n$ は $\boldsymbol{Q}$ 上1次独立であって，k の元 λ は有理数 $x_1,\cdots,x_n$ によって

$$\lambda=x_1\omega_1+\cdots+x_n\omega_n$$

と表わされる．

特に $(\omega_1,\cdots,\omega_n)$ を基とみれば，$\lambda\in k$ と $(x_1,\cdots,x_n)\in\boldsymbol{R}^n$ とを同一視すれば，$k\subseteqq\boldsymbol{R}^n$ とみなされ，φ は $k(\lambda\neq0)$ から $\boldsymbol{R}^{r_1+r_2}$ への写像となるが，§9.2によって $\mathrm{Ker}\,\varphi$ は k に含まれる1のベキ根の全体 $(\rho^i,\ i=0,1,\cdots,w-1,\ \rho^w=1)$ と一致する．

また k の単数の全体 E_k は $\rho\,(\rho^w=1)$ の他に $r=r_1+r_2-1$ 個の基本単数系 $\varepsilon_1,\cdots,\varepsilon_r$ を持つ (定理9.4)．それらに対して

$$\varphi(\varepsilon_i)=v_i=(l^{(1)}(\varepsilon_i),\cdots,l^{(r_1+r_2)}(\varepsilon_i)) \qquad (i=1,\cdots,r),$$

ただし

$$l^{(j)}(\varepsilon_i) = \begin{cases} \log|\varepsilon_i{}^{(j)}| & (j=1,\cdots,r_1), \\ 2\log|\varepsilon_i{}^{(j)}| & (j=r_1+1,\cdots,r_1+r_2) \end{cases}$$

とおくと，§9.2で見たように $v_1,\cdots,v_r$ は $\boldsymbol{R}^{r_1+r_2}$ 内で1次独立で，かつ超平面 $\boldsymbol{L}^r=\{(y_1,\cdots,y_{r_1+r_2})\,|\,\sum y_j=0\}$ 上の格子 $\varphi(E_k)$ を張る：

$$\varphi(E_k) = \boldsymbol{Z}v_1+\cdots+\boldsymbol{Z}v_r.$$

さらに $\boldsymbol{R}^{r_1+r_2}$ 内のベクトル

$$v_0 = (\underbrace{1,\cdots,1}_{r_1},\underbrace{2,\cdots,2}_{r_2})$$

をとると，$v_0\notin\boldsymbol{L}^r$ であり，$v_0,v_1,\cdots,v_r$ は $\boldsymbol{R}^{r_1+r_2}$ の $\boldsymbol{R}$ 上の基を作る．すなわち $y\in\boldsymbol{R}^{r_1+r_2}$ は一意に

$$y = \xi_0v_0+\xi_1v_1+\cdots+\xi_rv_r \qquad (\xi_i\in\boldsymbol{R})$$

と表わされる．

写像 $\varphi:\boldsymbol{R}^n$(ただし $N\alpha\neq 0$)$\to\boldsymbol{R}^{r_1+r_2}$ に対して

(9.29)

$$F = \varphi^{-1}(\{(\xi_0,\cdots,\xi_r)\,|\,-\infty<\xi_0<\infty,\ 0\leqq\xi_1<1,\ \cdots,\ 0\leqq\xi_r<1\})\subseteq\boldsymbol{R}^n$$

とおく．$\lambda\in\boldsymbol{R}\ (\lambda\neq 0)$，$x=(x_1,\cdots,x_n)\in\boldsymbol{R}^n$ (ただし $Nx=x_1\cdots x_n\neq 0$) に対して

$$\varphi(\lambda x) = (\log\lambda)v_0+\varphi(x)$$

である．したがって $x\in F$ ならば $\lambda x\in F\ (\lambda\in\boldsymbol{R},\ \lambda\neq 0)$ である．よって F は $\boldsymbol{R}^n$ の中の錐体である．

(II)　$\alpha\in\mathfrak{c}$ に対して，α と同伴な元(すなわち $\alpha\varepsilon$, $\varepsilon\in E_k$, の形の元)のうち，ちょうど w 個 $(\alpha_1,\rho\alpha_1,\cdots,\rho^{w-1}\alpha_1)$ だけが F に属する．

[証明]　$\varphi(\alpha)=\xi_0v_0+\xi_1v_1+\cdots+\xi_rv_r$ とする．ξ_i の整数部分を $\xi_i{}^0$ ($\xi_i{}^0\in\boldsymbol{Z}$, $\xi_i{}^0\leqq\xi_i<\xi_i{}^0+1$, $i=1,\cdots,r$) とすれば，$\varphi(\varepsilon)=\xi_1{}^0v_1+\cdots+\xi_r{}^0v_r$ となる $\varepsilon\in E_k$ が存在し，それらは $(\varepsilon,\rho\varepsilon,\cdots,\rho^{w-1}\varepsilon)$ である．よって $\alpha_1=\alpha\varepsilon^{-1}$ とおけば，α に同伴な $(\alpha_1,\rho\alpha_1,\cdots,\rho^{w-1}\alpha_1)$ がちょうど F に属し，かつこれらに限る．▌

さて(9.25)の $T_C{}^*(t)$ は，$\alpha\in\mathfrak{c}$ に対する単項イデアルで $N(\alpha)\leqq tc$ ($c=N\mathfrak{c}$) となるものの全体であった．$(\alpha_1)=(\alpha_2)$ と，α_1 と α_2 とが同伴であることとは同値であるから，(9.26)によって $\alpha\in\mathfrak{c}$ を

$$\alpha = x_1\omega_1+\cdots+x_n\omega_n \qquad (x_i\in\boldsymbol{Z})$$

と表わすとき，集合 $T_C{}^*(t)$ は

(i) $(x_1, \cdots, x_n) \in F$,

(ii) $|N\alpha| \leqq tc$

となる格子点 $(x_1, \cdots, x_n)$ 全体の集合と 1 対 w に対応する．

いま $\boldsymbol{R}^n$ の縮尺を $1/\sqrt[n]{tc}$ $(t>0)$ にとれば $(\alpha) \in T_C{}^*(t)$ は (F は錐体であるから)

(i)* $(x_1, \cdots, x_n) \in F$,

(ii)* $|N\alpha| \leqq 1$

となる点 $(x_1, \cdots, x_n)$ (ただし $x_1, \cdots, x_n$ は $1/\sqrt[n]{tc}$ の整数倍) 全体の集合と 1 対 w に対応する．

そこで

(9.30) $$F_1 = \{(x_1, \cdots, x_n) \in F \mid |N\alpha| \leqq 1\} \subseteqq \boldsymbol{R}^n,$$

すなわち (i)*, (ii)* を満足する $\boldsymbol{R}^n$ の集合を F_1 とおこう．F_1 は有限個の超平面またはなめらかな超平面で囲まれた凸形であって，その n 次元体積 $v(F_1)$ は確定する．一方，例 9.1 と同様に

(9.31) $$F_1(t) = \{(x_1, \cdots, x_n) \mid (x_1, \cdots, x_n) \in F_1,\ \sqrt[n]{tc}\, x_i \in \boldsymbol{Z},\ i=1, \cdots, n\}$$

とすると，その点の個数 $|F_1(t)|$ に単位立方体の体積 $(1/\sqrt[n]{tc})^n = 1/tc$ を掛けたものは，$t \to \infty$ (したがって $1/\sqrt[n]{tc} \to 0$) のとき

$$\lim_{t\to\infty} \frac{|F_1(t)|}{tc} = v(F_1)$$

である．ここで

$$|T_C{}^*(t)| = \frac{1}{w}|F_1(t)|$$

であるから，

(9.32) $$\kappa_0 = \lim_{t\to\infty} \frac{|T_C{}^*(t)|}{t} = \frac{1}{w} \lim_{t\to\infty} \frac{|F_1(t)|}{t} = \frac{c}{w} v(F_1)$$

が成り立つ．故に求める値 κ_0 は $v(F_1)$ の計算に帰着された．

$\boldsymbol{R}^n$ の凸形 $F_1 \ni (x_1, \cdots, x_n)$ に対して

$$y_i = x_1\omega_1{}^{(i)} + \cdots + x_n\omega_n{}^{(i)} \qquad (i=1, \cdots, r_1+r_2)$$

とするとき，$y_1, \cdots, y_{r_1} \in \boldsymbol{R}$, $y_{r_1+1}, \cdots, y_{r_1+r_2} \in \boldsymbol{C}$．故に

$$y_1 = u_1, \quad \cdots, \quad y_{r_1} = u_{r_1}, \quad y_{r_1+1} = \sqrt{u_{r_1+1}}\, e^{i\theta_1}, \quad \cdots, \quad y_{r_1+r_2} = \sqrt{u_{r_1+r_2}}\, e^{i\theta_{r_2}}$$

$$(u_{r_1+1} \geqq 0, \ \cdots, \ u_{r_1+r_2} \geqq 0, \ 0 \leqq \theta_j < 2\pi, \ j=1, \cdots, r_2)$$

とおいて，$\boldsymbol{R}^n$ から $\boldsymbol{R}^{r_1}\times(\boldsymbol{R}^+)^{r_2}\times(\boldsymbol{R}/2\pi\boldsymbol{Z})^{r_2}$ $(\boldsymbol{R}^+=\{\alpha\in\boldsymbol{R}\mid\alpha>0\})$ への写像

$$\Phi:\ (x_1,\cdots,x_n)\longmapsto(u_1,\cdots,u_{r_1+r_2},\theta_1,\cdots,\theta_{r_2}) \tag{9.33}$$

を考える．この変換のヤコビアンはイデアル $\mathfrak{c}$ の基についての公式（§4.2 (IV), p.158）によって

$$\left|\frac{\partial(x_1,\cdots,x_n)}{\partial(y_1,\cdots,y_{r_1},y_{r_1+1},\cdots,y_{r_1+r_2},\overline{y_{r_1+1}},\cdots,\overline{y_{r_1+r_2}})}\right|=\frac{1}{|\varDelta(\omega_1,\cdots,\omega_n)|}$$
$$=\frac{1}{(N\mathfrak{c})\sqrt{|D_k|}}$$

である．また $y=\sqrt{u}\,e^{i\theta}$, $\bar{y}=\sqrt{u}\,e^{-i\theta}$ に対して

$$\left|\frac{\partial(y,\bar{y})}{\partial(u,\theta)}\right|=1,$$

したがって

$$\left|\frac{\partial(x_1,\cdots,x_n)}{\partial(u_1,\cdots,u_{r_1+r_2},\theta_1,\cdots,\theta_{r_2})}\right|=\frac{1}{(N\mathfrak{c})\sqrt{|D_k|}}$$

である．よって

$$v(F_1)=\int\cdots\int_{F_1}dx_1\cdots dx_n$$
$$=\int\cdots\int_{\Phi(F_1)}\frac{\partial(x_1,\cdots,x_n)}{\partial(u_1,\cdots,u_{r_1+r_2},\theta_1,\cdots,\theta_{r_2})}du_1\cdots du_{r_1+r_2}d\theta_1\cdots d\theta_{r_2}.$$

しかるに $\Phi(F_1)$ の条件を見るとき，$(\theta_1,\cdots,\theta_{r_2})$ を含まない．故に $\Phi(F_1)=F_2\times(\boldsymbol{R}/2\pi\boldsymbol{Z})^{r_2}$ の形となる．またヤコビアンも定数である．よって $\int_0^{2\pi}d\theta_j=2\pi$ $(j=1,\cdots,r_2)$ により

$$v(F_1)=\frac{(2\pi)^{r_2}}{(N\mathfrak{c})\sqrt{|D_k|}}\int\cdots\int_{F_2}du_1\cdots du_{r_1+r_2} \tag{9.34}$$

となる．また $F_2\ni(u_1,\cdots,u_{r_1},u_{r_1+1},\cdots,u_{r_1+r_2})$ ならば $F_2\ni(\pm u_1,\cdots,\pm u_{r_1},u_{r_1+1},\cdots,u_{r_1+r_2})$ となる．よって $F_3=F_2\cap(\boldsymbol{R}^+)^{r_1+r_2}$，すなわち F_3 を F_2 の $u_1>0,\cdots,u_{r_1}>0$ への制限とすれば

$$v(F_1)=\frac{2^{r_1}(2\pi)^{r_2}}{(N\mathfrak{c})\sqrt{|D_k|}}\int\cdots\int_{F_3}du_1\cdots du_{r_1+r_2}. \tag{9.35}$$

つぎに $(\boldsymbol{R}^+)^{r_1+r_2}$ から $\boldsymbol{R}^{r_1+r_2}$ への写像

$$\Psi_1:\ (u_1,\cdots,u_{r_1+r_2})\longmapsto(\log u_1,\cdots,\log u_{r_1+r_2}) \tag{9.36}$$

および $\boldsymbol{R}^{r_1+r_2}$ から $\boldsymbol{R}^{r_1+r_2}$ への写像

(9.37)　Ψ_2: $(\log u_1, \cdots, \log u_{r_1+r_2}) \longmapsto (\xi_0, \cdots, \xi_r) \qquad (r=r_1+r_2-1)$

を考える．ただし

$$\log u_i = \frac{\delta_i}{n}\xi_0 + \sum_{j=1}^{r} \xi_j l^{(i)}(\varepsilon_j) \qquad (i=1, \cdots, r_1+r_2)$$

および

$$\xi_0 = \log(u_1 \cdots u_{r_1+r_2}), \qquad \delta_i = 1 \quad (i=1, \cdots, r_1), \qquad \delta_{r_1+j} = 2 \quad (j=1, \cdots, r_2)$$

とする．このとき F_1 の条件 (i)*, (ii)* により，$\Psi_3 = \Psi_2 \circ \Psi_1$ に対して

(9.38)　$\Psi_3(F_3) = \{(\xi_0, \cdots, \xi_r) \mid -\infty < \xi_0 < 0,\ 0 \leqq \xi_j < 1,\ j=1, \cdots, r\}.$

ここで変換のヤコビアンは

$$\frac{\partial(u_1, \cdots, u_{r_1+r_2})}{\partial(\log u_1, \cdots, \log u_{r_1+r_2})} = u_1 \cdots u_{r_1+r_2} = e^{\xi_0},$$

$$\left|\frac{\partial(\log u_1, \cdots, \log u_{r_1+r_2})}{\partial(\xi_0, \cdots, \xi_r)}\right| = \begin{vmatrix} \dfrac{\delta_1}{n} & l^{(1)}(\varepsilon_1) & \cdots & l^{(1)}(\varepsilon_r) \\ \cdots & \cdots & \cdots & \cdots \\ \dfrac{\delta_{r_1+r_2}}{n} & l^{(r_1+r_2)}(\varepsilon_1) & \cdots & l^{(r_1+r_2)}(\varepsilon_r) \end{vmatrix} \text{ の絶対値}$$

(ここで第2行，…，第 r_1+r_2 行を第1行に加えれば，$\sum_j \delta_j = n$，$\sum_j l^{(j)}(\varepsilon_i) = 0$ となることを用いれば)

$$= R[\varepsilon_1, \cdots, \varepsilon_r] > 0$$

である．故に

$$\int \cdots \int_{F_3} du_1 \cdots du_{r_1+r_2} = \int_{-\infty}^{0} \int_{0}^{1} \cdots \int_{0}^{1} R[\varepsilon_1, \cdots, \varepsilon_r] e^{\xi_0} d\xi_0 \cdots d\xi_r$$
$$= R[\varepsilon_1, \cdots, \varepsilon_r] = R_k$$

となる．したがって (9.35) より

$$v(F_1) = \frac{2^{r_1}(2\pi)^{r_2}}{(N\mathfrak{c})\sqrt{|D_k|}} R_k$$

となる．これを (9.32) に代入すれば，求める等式 (9.20)：

$$\kappa_0 = \frac{(N\mathfrak{c})}{w} \frac{2^{r_1}(2\pi)^{r_2}}{(N\mathfrak{c})\sqrt{|D_k|}} R_k = \frac{2^{r_1}(2\pi)^{r_2}}{w} \frac{R_k}{\sqrt{|D_k|}}$$

が証明された．▌

以上の公式を，代数体 k のゼータ関数 $\zeta_k(s)$ の $s=1$ における留数と結びつけ

るのは容易である．まず

定理 9.6　Dirichlet 級数

$$f(s)=\sum_{n=1}^{\infty}\frac{a_n}{n^s}\qquad (a_n\in\boldsymbol{R})$$

が $s>1$ で収束するものとする．いま $S(n)=a_1+\cdots+a_n\ (n=1,2,\cdots)$ において

$$\lim_{n\to\infty}\frac{S(n)}{n}=\kappa\neq 0$$

が存在すれば，$s\to 1+0$ に対して

$$f(s)=\frac{\kappa}{s-1}+O(1)$$

である．

証明　仮定より $S(n)/n=\kappa+b_n$ とおけば，$n\to\infty$ のとき $b_n\to 0$ である．そのとき

$$\begin{aligned}a_n &= S(n)-S(n-1)=(n\kappa+nb_n)-((n-1)\kappa+(n-1)b_{n-1})\\ &= \kappa+nb_n-(n-1)b_{n-1}\end{aligned}$$

である．故に $s>0$ において

$$\begin{aligned}|f(s)-\kappa\zeta(s)| &= \left|\sum_{n=1}^{\infty}\frac{a_n-\kappa}{n^s}\right|=\left|\sum_{n=1}^{\infty}\frac{nb_n-(n-1)b_{n-1}}{n^s}\right|\\ &= \left|\sum_{n=1}^{\infty}nb_n\left(\frac{1}{n^s}-\frac{1}{(n+1)^s}\right)\right|\\ &= s\left|\sum_{n=1}^{\infty}nb_n\int_n^{n+1}\frac{dx}{x^{s+1}}\right|<s\sum_{n=1}^{\infty}|b_n|\int_n^{n+1}\frac{dx}{x^s}.\end{aligned}$$

いま任意の $\delta>0$ に対して整数 N を十分大きくとって，$n>N$ のとき $|b_n|<\delta$ とし，また $|b_n|\leqq m\ (n=1,\cdots,N)$ とすれば

$$\begin{aligned}|f(s)-\kappa\zeta(s)| &< ms\int_1^N\frac{dx}{x}+s\delta\int_N^{\infty}\frac{dx}{x^s}\\ &= ms\log N+\frac{s\delta}{s-1}N^{-s+1}\end{aligned}$$

となる．よって

$$\overline{\lim_{s\to 1+0}}|(s-1)f(s)-\kappa(s-1)\zeta(s)|\leqq\delta$$

となる．ここで $\lim_{s\to 1+0}(s-1)\zeta(s)=1$ (§6.1, (6.4), p.213) を用いれば

$$\lim_{s\to 1+0}(s-1)f(s)=\kappa$$

が示された. ▍

以上定理 9. 5 と定理 9. 6 とを組み合せれば，つぎの定理が導かれる.

定理 9. 7(Dedekind) n 次代数体 k の Dedekind のゼータ関数を $\zeta_k(s)$ とする (§6. 1, 定義 6. 4, p. 223). そのとき

$$\zeta_k(s)=\frac{\kappa}{s-1}+O(1) \qquad (\kappa\neq 0,\ s\to 1+0),$$

ただし

$$\kappa=h_k\kappa_0, \qquad \kappa_0=\frac{2^{r_1+r_2}\pi^{r_2}R_k}{w\sqrt{|D_k|}}$$

である.

証明

$$\zeta_k(s)=\sum_{\mathfrak{a}\subseteq I_k}\frac{1}{(N\mathfrak{a})^s} \qquad (s>1)$$

$$=\sum_{n=1}^{\infty}\frac{a_n}{n^s}$$

とおけば，a_n は $N\mathfrak{a}=n$ となる I_k のイデアル $\mathfrak{a}$ の個数に等しい. したがって $S(n)=a_1+\cdots+a_n$ は，$N\mathfrak{a}\leqq n$ となる I_k のイデアルの個数に等しい. したがって $\lim_{n\to\infty}S(n)/n=\kappa$ (定理 9. 5) である. よって定理 9. 6 によって定理 9. 7 が成り立つ. ▍

定理 9. 7 を 2 次体 k にあてはめれば，われわれが証明を保留した定理 6. 7 (Dirichlet) (§6. 1, p. 224) が導かれる.

注意 定理 9. 7 によって，原理的に任意の代数体 k に対して，類数 h_k を求めることができる. しかし w, D_k は簡単にわかるが，κ, R_k は容易に計算できない. 知られている場合として有名なのが円分体の場合である. その結果はすでにイデアルの生まれる以前に E. E. Kummer (1850) によって計算されている. Dedekind は [7] に定理 9. 7 を証明し，第3版 (1880) に円分体の場合の結果をていねいに計算している. ここではそれらを紹介することはできないが，高木 [8], 付録 (2)：円分体の類数 に述べられている.

(上記の Dedekind の書物の脚注によれば，円分体の類数公式については Dirichlet がすでに知っていたが，公表しなかったという.)

問　　題

1　1次形式 $f_1(x), \cdots, f_n(x)$ を §9.1 (III) (p. 294) と同じく定め,

$$K(t)=\{(x_1, \cdots, x_n) \mid |f_1|+\cdots+|f_n| \leqq t\}$$

とおく．そのとき $K(t)$ も凸形で，その n 次元体積は

$$V(t)=\frac{2^{r_1}t^n}{|\varDelta|n!}\left(\frac{\pi}{2}\right)^{r_2}$$

となる．したがって $V(t) \geqq 2^n$ となる t に対して，$K(t)$ は 0 以外の格子点を少なくも一つ含む．

2　§9.1 (III) において，(相加平均と相乗平均とを比べれば)

$$H(t)=\{(x_1, \cdots, x_n) \mid |f_1 \cdots f_n| \leqq t\}$$

とおくとき,

$$K(t) \subseteqq H\left(\left(\frac{t}{n}\right)^n\right)$$

を満足する．また Stirling の公式

$$\frac{n!}{n^n}<\sqrt{2\pi n}\, e^{-n+1/12n}$$

を用いれば

$$|\varDelta|\left(\frac{8}{\pi}\right)^{r_2}\frac{\sqrt{2\pi n}}{e^{n-1/12n}} \leqq t$$

となる t に対して，$H(t)$ は 0 以外に少なくも一つの格子点を含む．

3　(i)　n 次代数体 k の判別式 D_k は

$$\sqrt{|D_k|}>\left(\frac{\pi}{4}\right)^{r_2}\frac{e^{n-1/12n}}{\sqrt{2\pi n}}$$

を満足する．

(ii)　n 次代数体 k の任意の整イデアル $\mathfrak{a}$ は

$$|N_{k/Q}\alpha|<\sqrt{|D_k|}N\mathfrak{a}\left(\frac{4}{\pi}\right)^{r_2}\frac{\sqrt{2\pi n}}{e^{n-1/12n}}$$

となる $\alpha\,(\alpha \neq 0)$ を含む．

(iii)　n 次代数体 k の任意のイデアル類 C_k は,

$$N\mathfrak{b}<c_k\sqrt{|D_k|}$$

となる整イデアル $\mathfrak{b}$ を含む．ただし

$$c_k=\left(\frac{4}{\pi}\right)^{r_2}\frac{\sqrt{2\pi n}}{e^{n-1/12n}}.$$

4　与えられた判別式を持つ代数体 k があるとしても，その個数は有限である (Hermite-Minkowski)．

［ヒント］ 問題3により $[k:\boldsymbol{Q}]$ も有界である．これから或る定数 c に対して，$\omega\in I_k$，$\omega\neq\omega^{(2)}$，…，$\omega\neq\omega^{(n)}$，かつ $|\omega^{(i)}|<c\ (i=1,\cdots,n)$ となる ω の存在が導かれる．この ω の満足する $\boldsymbol{Q}$ 上の既約多項式 $F(x)$ は有限個しか存在しない (高木 [8], pp. 51-53).

5　l を素数，$k=\boldsymbol{Q}(\zeta)$，$\zeta=e^{2\pi i/l}$，$k_0=k\cap\boldsymbol{R}$ とすると，k の単数 ε は k_0 の単数 ε_0 と1のベキ根との積として表わされる．

6　問題5において，r を $\boldsymbol{Z}/l\boldsymbol{Z}$ の一つの原始根とし

$$E=\zeta^{-(r-1)/2}\frac{1-\zeta^r}{1-\zeta}=\frac{\sin r\theta}{\sin\theta}\qquad\left(\theta=\frac{\pi}{l}\right)$$

とおくと，E は k_0 に属する一つの単数 (**円単数**) である．k_0 における E の共役を $E=E_0$, $E_1,\cdots,E_{m-1}\ (m=(l-1)/2)$ とすると，

$$E_s=\frac{\sin r^{s+1}\theta}{\sin r^s\theta}\qquad(s=0,1,\cdots,m-1)$$

で，これらは k_0 の単数群において

$$R[E_0,E_1,\cdots,E_{m-1}]\neq 0$$

を満足する (高木 [8], 付録 (2)).

第 10 章　素数の分布（解析的数論）

§10.1　素数の分布

素数の概念はすでにギリシャに始まり，Euclid は素数が無限に存在することを証明した（§1.1，定理 1.5，p. 12）．また素数を小さい方から順に求める方法として，Eratosthenes の篩の方法が知られていることも，§1.1（p. 13）で述べた．100 以下の素数は

$$2,\quad 3,\quad 5,\quad 7,\quad 11,\quad 13,\quad 17,\quad 19,\quad 23,\quad 29,\quad 31,\quad 37,\quad 41,$$
$$43,\quad 47,\quad 53,\quad 59,\quad 61,\quad 67,\quad 71,\quad 73,\quad 79,\quad 83,\quad 89,\quad 97$$

の 25 個である．

素数の分布について，**算術級数の素数定理**については，第 6 章で証明した．この章の目標は §10.2 で**素数定理**（§1.1，p. 14）の証明をすることであるが，初めにいくつかの良く知られている簡単な性質について述べよう（内山 [15]，末綱 [9]，Hardy-Wright [2]）．

素数の配列に規則性を見出すことは困難である．いま素数を大きさの順に並べて

$$p_1 = 2,\quad p_2 = 3,\quad p_3 = 5,\quad p_4,\quad p_5,\quad \cdots,\quad p_n,\quad \cdots$$

としよう．

(A)　p_n を表わす簡単な公式が存在するか？

これは p_n の分布の不規則なことから見て無理であろう．しかし一つの奇妙な定理を述べておく（Hardy-Wright [2]，p. 344，Theorem 419）．すなわち

$$\alpha = \sum_{m=1}^{\infty} \frac{p_m}{10^{2^m}} = \frac{2}{10^2} + \frac{3}{10^4} + \frac{5}{10^8} + \cdots = 0.020300050\cdots$$

とおくと

$$p_n = [10^{2^n}\alpha] - 10^{2^{n-1}}[10^{2^{n-1}}\alpha]. \qquad ——$$

証明は $p_m < 2^{2^m}$ を用いれば容易である．しかし，この定理は p_n を知るのに p_n を含む α を用いるので循環論法である．念のため

(10.1)
$$p_m < 2^{2^m}$$
を証明しておこう．数学的帰納法による．$m=1,2$ に対して $p_1=2<2^2$，$p_2=3<2^4$ である．いま(10.1)が m まで成り立つとする．$q_m=p_1p_2\cdots p_m+1$ は $p_1,\cdots,p_m$ で割り切れない．よって q_m はそれら以外の素因子を含む．したがって
$$p_{m+1} \leqq p_1p_2\cdots p_m+1 < 2^{2+4+\cdots+2^m}+1 < 2^{2^{m+1}}$$
となる．

(B)　$p_1,\cdots,p_n$ までわかったとき，p_{n+1} を求める公式が存在するか？

(C)　素数 p に対して，p より大きい素数 q を具体的に表わす公式が存在するか？

これらも知られていない．(C)に対して Fermat の予想があった．

Fermat の予想

(10.2)
$$F_n = 2^{2^n}+1 \qquad (n=1,2,\cdots)$$
は素数である．(F_n を **Fermat 数**という.)
$$F_1 = 5, \qquad F_2 = 17, \qquad F_3 = 257, \qquad F_4 = 65537$$
は実際に素数である．しかし Euler は1732年に
$$F_5 = 2^{2^5}+1 = 641\times 6700417$$
を示した．Kraitchik (1922) は，この分解を
$$641 = 2^4+5^4 = 5\times 2^7+1,$$
$$2^{32} = 16\times 2^{28} = (641-5^4)\times 2^{28} = 641\times 2^{28}-(5\times 2^7)^4$$
$$= 641\times 2^{28}-(641-1)^4 = 641n-1$$
によって証明した．同様に
$$F_6 = 2^{2^6}+1 = 274177\times 67280421310721$$
が Landry (1880) によって示された．今日まで F_1, F_2, F_3, F_4 以外の F_n で素数となるものは知られていない．逆に F_n で素数とならないことが証明されたものは沢山ある(内山 [15]，p. 29)．しかし Fermat 数で素数となるものは有限個に限るかどうかという問題はまだ解決されていない．

関連して M. Mersenne は1644年に
$$M_p = 2^p-1$$
は，$p=2, 3, 5, 7, 13, 17, 19, 31, 67, 127, 257$ に対して素数であることを述べた．今日では，さらに $p=61, 89, 107, 521, 607, 1279, 2203, 2281, 3217, 4253, 4423, 9689,$

9941, 11213 に対して M_p は素数であり ($p=67, 257$ は Mersenne の間違い), 他の $p<12000$ に対して M_p は合成数であることが電子計算機を用いて計算されている. 1971 年に $p=19937$ に対しても M_p が素数となることが計算された. それは 6002 桁の素数である.

(D) 与えられた正数 x を超えない素数の個数を

$$\pi(x)$$

とするとき, $\pi(x)$ を求めよ.

$$\pi(1)=0, \quad \pi(2)=1, \quad \cdots, \quad \pi(20)=8, \quad \cdots, \quad \pi(100)=25, \quad \cdots,$$

$\pi(x)$ と p_n との関係は

$$\pi(p_n)=n \tag{10.3}$$

である. したがって $\pi(x)$ を具体的に表わすという問題は (A) と同等である.

素数の表は, 多くの人々によって作成された. 有名なのは, D. N. Lehmer: List of prime numbers from 1 to 10,006,721 (1914) である. また同じ著者の Factor table for the first ten millions (1909) では 10,017,000 までの数の最小の素因数を与えている. 近年は計算機の発達により, 表の形に印刷されない.

昔から, 多くの数学者によって $\pi(x)$ の近似式が推測された. 有名なのは A. M. Legendre の式

$$\frac{x}{\log x-B} \qquad (B=1.08366) \tag{10.4}$$

と C. F. Gauss の式

$$\int_2^x \frac{du}{\log u} \tag{10.5}$$

である. 特に Gauss は多くの x に対する $\pi(x)$ を計算してこれと比べた.

$$\int_2^x \frac{du}{\log u}=\frac{x}{\log x}+\frac{1!\,x}{\log^2 x}+\cdots+\frac{(n-1)!\,x}{\log^n x}+O\left(\frac{x}{\log^{n+1} x}\right) \tag{10.6}$$

ただし $\log^n x=(\log x)^n$. したがって両者とも素数定理を目指していたものと思われる.

定理 10.1 (素数定理)

$$\lim_{x\to\infty}\frac{\pi(x)}{\left(\dfrac{x}{\log x}\right)}=1. \tag{10.7}$$

——

(10.5) の代りに

$$\text{(10.8)} \qquad \mathrm{Li}(x)=\lim_{\varepsilon\to+0}\left(\int_0^{1-\varepsilon}+\int_{1+\varepsilon}^{x}\right)\frac{du}{\log u}=\mathrm{Li}(2)+\int_2^x\frac{du}{\log u}$$

$$(\mathrm{Li}(2)=1.045\cdots)$$

も用いられる．これらの数値を比べるとつぎのようになる (内山 [15], p. 17)：

x	$\pi(x)$	$x/\log x$	$\mathrm{Li}(x)$	$\pi(x)/(x/\log x)$	$\pi(x)/\mathrm{Li}(x)$
10^2	25	21.7	29	1.152	0.862
10^3	168	144.8	178	1.160	0.943
10^4	1229	1085.7	1246	1.132	0.986
10^5	9592	8685.9	9630	1.104	0.996
10^6	78498	72382.4	78628	1.084	0.9983
10^7	664579	620420.7	664918	1.071	0.9994

しかし，$\pi(x)<\mathrm{Li}(x)$ という不等式は必ずしもつねに成立しないことが理論的に確かめられている．

(10.7) がいわゆる素数定理であるが，19 世紀の多くの数学者の努力にもかかわらず，その証明は 1896 年まで待たなければならなかった．

また素数定理から，つぎの定理が導かれる．

定理 10.2

$$\text{(10.9)} \qquad \lim_{n\to\infty}\frac{p_n}{n\log n}=1. \qquad \text{——}$$

たとえば Lehmer の表で $n=664{,}999$ に対して $p_n=10{,}006{,}721$ である．それらに対して $p_n/(n\log n)$ を計算してみるのも興味があろう．

証明 $\lim_{x\to\infty}(\pi(x)\log x)/x=1$ において $x=p_n$ とすれば

$$\lim_{n\to\infty}\frac{n\log p_n}{p_n}=1$$

である．これから両辺の log をとり $\log p_n$ で割れば

$$\lim_{n\to\infty}\left(\frac{\log n}{\log p_n}+\frac{\log\log p_n}{\log p_n}\right)=1.$$

この左辺の第 2 項は 0 に収束するから

$$\lim_{n\to\infty}\frac{\log n}{\log p_n}=1$$

である．故に

$$\lim_{n\to\infty}\frac{n\log n}{p_n}=\lim_{n\to\infty}\frac{n\log p_n}{p_n}\cdot\frac{\log n}{\log p_n}=1$$

となる．▌

注意 定理 10.2 から定理 10.1 を導くことも容易である．すなわち $p_n\leqq x<p_{n+1}$ に対して $\pi(x)=n$ であるから

$$\frac{n\log p_n}{p_{n+1}}<\frac{\pi(x)\log x}{x}<\frac{n\log p_{n+1}}{p_n}$$

である．ここで定理 10.2 を用いると，$\lim_{n\to\infty}p_n/p_{n+1}=1$ と合せて $\lim_{n\to\infty}$ に対してこの不等式の左辺と右辺はともに 1 となる．よって

$$\lim_{x\to\infty}\frac{\pi(x)\log x}{x}=1$$

となる．

(**E**) J. Bertrand (1845) は $n\geqq1$ に対して

$$n<p\leqq 2n$$

となる素数 p が少なくも一つあること，あるいはこれと同値な式

$$p_{r+1}<2p_r \tag{10.10}$$

を予想した．これは Čebyšev (1852) によって証明された．その一つの証明を挙げよう．まず

$$\vartheta(x)=\sum_{p\leqq x}\log p=\log\Bigl(\prod_{p\leqq x}p\Bigr) \tag{10.11}$$

とおく．

(**I**) $n\geqq1$ に対して

$$\vartheta(n)<2n\log 2. \tag{10.12}$$

[証明] $$M=\frac{(2m+1)!}{m!(m+1)!}=\frac{(2m+1)(2m)\cdots(m+2)}{m!}$$

は整数である．これは $(1+1)^{2m+1}$ の展開中 2 度現われるから

$$2M<2^{2m+1}\quad すなわち\quad M<2^{2m}$$

である．$m+1<p\leqq 2m+1$ となる素数 p は M の分子を割り切るが，分母を割り切らない．よって

$$\prod_{m+1<p\leqq 2m+1}p$$

は M の約数である．したがって

$$\vartheta(2m+1)-\vartheta(m+1)=\sum_{m+1<p\leqq 2m+1}\log p\leqq \log M<2m\log 2$$

となる．

さて(10.12)は $n=1,2$ に対しては自明である．そこで $n\leqq n_0-1$ のすべての n に対して(10.12)が成り立つと仮定する．n_0 が偶数であれば

$$\vartheta(n_0)=\vartheta(n_0-1)<2(n_0-1)\log 2<2n_0\log 2$$

で n_0 に対しても(10.12)が成り立つ．n_0 が奇数であれば $n_0=2m+1$ とおいて

$$\vartheta(n_0)=\vartheta(2m+1)=\vartheta(m+1)+(\vartheta(2m+1)-\vartheta(m+1))$$
$$<2(m+1)\log 2+2m\log 2=2(2m+1)\log 2=2n_0\log 2.$$

すなわち n_0 に対しても(10.12)が成り立つ．▌

定理 10.3(Čebyšev)　任意の $n\geqq 1$ に対して

(10.13)
$$n<p\leqq 2n$$

となる素数 p が存在する．

証明　Hardy-Wright [2], p. 345 にある P. Erdös (1932) の方法を紹介する．末綱 [9], p. 6, 内山 [15], p. 55 にも別の方法が示されている．

いま(10.13)が或る $n>512=2^9$ に対して成立しないとして矛盾に導く．まず，その n に対して

$$N=\frac{(2n)!}{(n!)^2}=\prod_{p\leqq 2n}p^{k_p}$$

とおく．$n!=\prod_{p\leqq n}p^{j_p}$ とおくと，$j_p=\sum_{m\geqq 1}[n/p^m]$ である．よって

(10.14)
$$k_p=\sum_{m=1}^{\infty}\left(\left[\frac{2n}{p^m}\right]-2\left[\frac{n}{p^m}\right]\right)$$

である．いま $k_p\geqq 1$ とする．仮定によって $p\leqq n$ である．もしも $2n/3<p\leqq n$ となる p があれば，$2p\leqq 2n<3p$，したがって $p^2>4n^2/9>2n$ となるから

$$k_p=\left[\frac{2n}{p}\right]-2\left[\frac{n}{p}\right]=2-2=0$$

となる．したがって N の素因子 p はすべて $p\leqq 2n/3$ でなければならない．故に(I)を用いると

$$\sum_{p|N}\log p\leqq\sum_{p\leqq 2n/3}\log p=\vartheta\left(\frac{2n}{3}\right)\leqq\frac{4n}{3}\log 2$$

となる．

また(10.14)において，右辺の(　)の各項は，$[2n/p^m]$が奇数ならば1，偶数ならば0となり，特に$p^m>2n$であれば0である．このことから

$$k_p \leqq \left[\frac{\log 2n}{\log p}\right] \tag{10.15}$$

となることがわかる．いま$k_p \geqq 2$とすれば

$$2\log p \leqq k_p \log p \leqq \log 2n,$$

すなわち$p \leqq \sqrt{2n}$となる．このようなpの個数はたかだか$\sqrt{2n}$個であるから

$$\sum_{k_p \geqq 2} k_p \log p \leqq \sqrt{2n}\log 2n$$

である．故に

$$\log N \leqq \sum_{k_p=1} \log p + \sum_{k_p \geqq 2} k_p \log p \leqq \sum_{p|N} \log p + \sqrt{2n}\log 2n$$
$$\leqq \frac{4n}{3}\log 2 + \sqrt{2n}\log 2n$$

となる．他方Nは$2^{2n}=(1+1)^{2n}$の展開中の最大項であるから

$$2^{2n} = 2+\binom{2n}{1}+\binom{2n}{2}+\cdots+\binom{2n}{2n-1} \leqq 2nN$$

である．よって

$$2n\log 2 \leqq \log 2n + \log N \leqq \frac{4n}{3}\log 2 + (1+\sqrt{2n})\log 2n$$

となる．変形して

$$2n\log 2 \leqq 3(1+\sqrt{2n})\log 2n \tag{10.16}$$

となる．いま，$n>512=2^9$として

$$\lambda = \frac{\log(n/512)}{10\log 2} > 0$$

とおく．すなわち$2n=2^{10(1+\lambda)}$とする．(10.16)は

$$2^{10(1+\lambda)} \leqq 30(2^{5+5\lambda}+1)(1+\lambda)$$

と変形され，これから

$$2^{5\lambda} \leqq 30\times 2^{-5}(1+2^{-5-5\lambda})(1+\lambda)$$
$$< (1-2^{-5})(1+2^{-5})(1+\lambda) < 1+\lambda$$

となる．しかるに

$$2^{5\lambda} = \exp(5\lambda\log 2) > 1+5\lambda\log 2 > 1+\lambda$$

となって矛盾を生じた．故に $n>512$ に対して定理は成り立つ．

$n\leqq 512$ に対しては，(10.10)が成り立つことを直接に確かめることができる．すなわち，素数の列

$$2,\ 3,\ 5,\ 7,\ 13,\ 23,\ 43,\ 83,\ 163,\ 317,\ 631$$

を見れば，(10.10)の成り立つことがわかる．よって定理はすべての n に対して成立する．∎

(F) 素数定理の証明は困難であったが，その中間の結果として

定理 10.4 (Čebyšev)(1850ごろ)　或る定数 $c_1, c_2>0$ が存在して

(10.17)
$$c_1\frac{x}{\log x}<\pi(x)<c_2\frac{x}{\log x}$$

となる．——

これを証明するため，補助の関数として

(10.18)
$$\psi(x)=\sum_{p^m\leqq x}\log p=\sum_{p\leqq x}\left[\frac{\log x}{\log p}\right]\log p$$

と定義する．明らかに

(10.19)
$$\psi(x)\geqq\vartheta(x)$$

である．$n\geqq 1$ に対して $N=(2n)!/(n!)^2$ とおくと，定理10.3の証明中の(10.14)を用いて

$$\log N=\sum_{p\leqq 2n}k_p\log p\leqq\sum_{p\leqq 2n}\left[\frac{\log 2n}{\log p}\right]\log p=\psi(2n)$$

となる．しかるに

$$N=\frac{(2n)!}{(n!)^2}=\frac{n+1}{1}\cdot\frac{n+2}{2}\cdot\cdots\cdot\frac{2n}{n}\geqq 2^n$$

であるから

$$\psi(2n)\geqq n\log 2$$

が成り立つ．一般の $x>0$ に対して $n=[x/2]$ とすれば

(10.20)
$$\psi(x)\geqq\psi(2n)\geqq n\log 2\geqq\frac{x}{4}\log 2$$

となる．よって(I)と(10.20)より

(10.21)
$$A_0x<\psi(x),\qquad\vartheta(x)<B_1x\qquad\left(A_0=\frac{\log 2}{4},\ B_1=2\log 2\right)$$

が証明された.

また $\vartheta(x)$ と $\psi(x)$ の定義より

(10.22) $$\psi(x)=\vartheta(x)+\vartheta(x^{1/2})+\vartheta(x^{1/3})+\cdots=\sum_{m=1}^{\infty}\vartheta(x^{1/m})$$

である. ただし $x^{1/m}<2$, すなわち $m>(\log x)/(\log 2)$ となれば $\vartheta(x^{1/m})=0$ である. また $x\geqq 2$ に対しては $\vartheta(x)<x\log x$ である. よって

$$\vartheta(x^{1/m})<x^{1/m}\log x\leqq x^{1/2}\log x \qquad (m\geqq 2)$$

となる. したがって, 或る定数 c によって

$$\sum_{m\geqq 2}\vartheta(x^{1/m})\leqq\sum_{2\leqq m<(\log x)/(\log 2)}(x^{1/2}\log x)\leqq cx^{1/2}(\log x)^2$$

が成り立つ. 故に (10.22) より

(10.23) $$\psi(x)\leqq\vartheta(x)+cx^{1/2}(\log x)^2$$

となる. これと (10.21) とを合せれば, 或る定数 A_1, B_0 に対して

(10.24) $$A_0x<\psi(x)<B_0x, \qquad A_1x<\vartheta(x)<B_1x$$

が成り立つことがわかる.

さて定理 10.4 の証明は (10.24) より直ちに示される.

定理 10.4 の証明 まず

$$\vartheta(x)=\sum_{p\leqq x}\log p\leqq\log x\cdot\sum_{p\leqq x}1=\pi(x)\log x,$$

したがって

$$\pi(x)\geqq\frac{\vartheta(x)}{\log x}>\frac{A_1x}{\log x}$$

となる. また $0<\delta<1$ に対して

$$\begin{aligned}\vartheta(x)&\geqq\sum_{x^{1-\delta}<p\leqq x}\log p\geqq(1-\delta)\log x\cdot\sum_{x^{1-\delta}<p\leqq x}1\\&=(1-\delta)\log x\cdot(\pi(x)-\pi(x^{1-\delta}))\geqq(1-\delta)\log x\cdot(\pi(x)-x^{1-\delta})\end{aligned}$$

となる. したがって或る定数 B_2 に対して

$$\pi(x)<x^{1-\delta}+\frac{\vartheta(x)}{(1-\delta)\log x}<x^{1-\delta}+\frac{B_1x}{(1-\delta)\log x}<\frac{B_2x}{\log x}$$

となる. ▌

定理 10.4 の証明と素数定理の証明との間の困難さのへだたりは大きい. 事実, 素数定理を証明するためには, 複素関数論が必要であった. これを§10.2 で証

明する．素数定理の証明から一切の解析的方法を除くことは，A. Selberg (および P. Erdös)(1949)によってなし遂げられた．これは

田中穰：素数定理の初等的証明，“数学”，第3巻，第3号(1951)

に紹介されている．またこれに基づいた証明が Hardy-Wright [2], Chap. XXII, および内山 [15]，第V章で与えられている．

(G) 素数の分布の別の型の問題として，すでに証明された Dirichlet の算術級数の素数定理(第6章)は有名であり，かつ極めて重要である：

“m, d が与えられ，かつ $(m, d)=1$ のとき

$$p = m+nd \qquad (n \in \boldsymbol{Z})$$

と表わされる素数が無数に存在する.”

これに対して，n の或る多項式(2次以上の) $f(x)$ で，無限の n の値に対して素数を表わすものは，現在まで知られていない．たとえば

$$f(n) = n^2+1$$

が，無限の $n \in \boldsymbol{Z}$ に対して素数を表わすかという問題も未解決である．

もっともすべての n (またはすべての $n \geqq n_0$) に対して $f(n)$ が素数となる多項式 f が存在しないことは容易に示される．

多項式として，2変数以上にすれば，また結論は別となる．整係数2元2次形式 $f(x, y)$ による素数の表示については§5.2で論じたところである．

(H) 別の形の問題として**双子素数の問題**も良く知られている．

“p と $p+2$ が共に素数となる p が無限に沢山あるか？”

たとえば(3, 5), (101, 103)など．事実100000以下にこのような p が1224あることがためされる．

これを少し拡張して

“$(p, p+2, p+6)$ あるいは $(p, p+4, p+6)$ がすべて素数となる p が無限に多く存在するか？”

も考えられる．($(p, p+2, p+4)$ の中には3で割り切れるものが必ずある.)

たとえば

$$(5, 7, 11), \quad (11, 13, 17), \quad (17, 19, 23), \quad \cdots,$$
$$(7, 11, 13), \quad (13, 17, 19), \quad (37, 41, 43), \quad \cdots.$$

これらはすべて未解決である．

また，**Goldbach の問題** (1742)：

“任意の偶数 $2n$ は $2n=p_1+p_2$ と二つの素数の和として表わされるか？”

も未解決である．またこれをいろいろと変形した問題もある（内山 [15]，p. 26)．

なお

田中穣：整数論と電算機，“数学”，第15巻，第3号 (1964)

には，いろいろの電子計算機による計算結果のデータが挙げてある．

§10.2　素数定理の証明

素数定理（定理 10.1）　$x\ (x>0)$ を超えない素数の個数を $\pi(x)$ とおく：

$$\pi(x) = \sum_{p \leqq x} 1.$$

そのとき

$$\lim_{x\to\infty} \frac{\pi(x)}{\left(\dfrac{x}{\log x}\right)} = 1$$

である．——

この証明には，ふつう複素関数論を用いる．すなわち，複素変数 $s=\sigma+it$ $(i=\sqrt{-1})$ に対して

$$\zeta(s) = \sum_{n=1}^{\infty} \frac{1}{n^s} \qquad (\sigma>1)$$

を考察する．このように素数の分布をしらべるために複素関数としての $\zeta(s)$ を用いたのは G. F. B. Riemann (1859) であった．しかし Riemann 自身は上記素数定理の証明をなし遂げることができず，1896年に J. Hadamard と C. de la Vallée-Poussin とが独立に素数定理を証明した．その後次第に証明は簡単にされた．ここでは池原の定理（定理 10.5）を用いる方法を紹介する．

まず池原の定理を述べよう．それは，ベキ級数の場合の Abel の定理と Tauber の定理との関係の類似である．良く知られているように，

Abel の定理　複素変数 z に関して，ベキ級数 $f(z)=\sum_{n=0}^{\infty} a_n z^n$ が $|z|<1$ で収束して正則関数であるとする（収束半径=1の場合）．もしも $\sum_{n=0}^{\infty} a_n$ が収束して，α となるならば，実軸上 z が1に近づくとき $f(z)\to\alpha$ となる．——

この逆は無条件では成立しない．

Tauber の定理　$f(z)=\sum_{n=0}^{\infty} a_n z^n$ が $|z|<1$ で収束して正則とする．もしも $a_n=o(1/n)$ (すなわち $n\to\infty$ のとき $na_n\to 0$) であれば，実軸上 $z\to 1$ のとき $f(z)$ が収束して，$f(z)\to\alpha$ となることから $\sum_{n=0}^{\infty} a_n$ も収束して α となることが導かれる．——

ここで条件 $a_n=o(1/n)$ はその後いろいろと改良はされたが，全く無条件では成立しない．この種の定理を Tauber 型定理という．

Dirichlet 級数に対しても，類似の関係がある：

"複素変数 s に関する Dirichlet 級数 $f(s)=\sum_{n=1}^{\infty} a_n/n^s$ が，$\mathrm{Re}\, s>1$ で収束して，そこで正則関数とする(すなわち収束線が $s=1+it$ の場合)．もしも $\sum_{n=1}^{\infty} a_n/n$ が収束して α となるならば，実軸上 s が 1 に近づくとき $f(s)$ は α に収束する" (§6.1(III)の証明(p.212)を見よ)．

この逆定理：

"Dirichlet 級数 $f(s)=\sum_{n=1}^{\infty} a_n/n^s$ が $\mathrm{Re}\, s>1$ で収束して正則関数とする．もしも $n\to\infty$ のとき $na_n\to 0$ ならば，実軸上 $s\to 1$ のとき $f(s)\to\alpha$ であることから $\sum_{n=1}^{\infty} a_n/n$ は収束して α となることが導かれる (E. G. H. Landau)."

この条件も，その後改良されている．

つぎに，Dirichlet 級数の場合，上において $s=1$ において極が現われる場合を考えよう．§9.3で述べたように，

定理 9.6　複素変数 s について，Dirichlet 級数 $f(s)=\sum_{n=1}^{\infty} a_n/n^s$ が $s>1$ で収束して正則関数とする．いま

$$\Phi(x)=\sum_{n\leqq x} a_n \qquad (x>0)$$

とおくとき，極限

$$\lim_{x\to\infty}\frac{\Phi(x)}{x}=\alpha$$

が存在すれば，s が実軸上 1 に右側から近づくとき

$$\lim_{s\to 1+0}\frac{f(s)}{\left(\dfrac{1}{s-1}\right)}=\alpha$$

となる．——

この逆の命題を考えよう．

定理 10.5（池原）[1]　複素変数 s に関する Dirichlet 級数

$$f(s)=\sum_{n=1}^{\infty}\frac{a_n}{n^s}\qquad (a_n\geqq 0)$$

が $s>1$ で収束して，（したがって）正則関数とする．いま或る $\lambda>0$ について $s=1+\varepsilon+it$ $(\varepsilon>0,\ t\in\boldsymbol{R})$ に対して

$$h_\varepsilon(t)=f(s)-\frac{\alpha}{s-1},$$

$$\lim_{\varepsilon\to 0}h_\varepsilon(t)=h(t)\qquad (|t|\leqq 2\lambda,\ \lambda>0) \tag{10.25}$$

が t に関して一様に収束するならば，$\Phi(n)=\sum_{i=1}^{n}a_i$ に対して

$$\lim_{n\to\infty}\frac{\Phi(n)}{n}=\alpha \tag{10.26}$$

となる．——

この証明は後で行なうことにして，これを利用して素数定理を証明しよう．そのために，つぎの補題を準備する．

ゼータ関数

$$\zeta(s)=\sum_{n=1}^{\infty}\frac{1}{n^s}$$

を考える．§6.1，定理 6.1（p. 213）で見たように，この Dirichlet 級数は $\mathrm{Re}\,s>1$ で収束して，そこで正則であるが，$s=1$ において極を持つ：

$$\zeta(s)-\frac{1}{s-1}=O(1)\qquad (s\to 1+0).$$

また定理 6.2 により $\mathrm{Re}\,s>1$ で

$$\zeta(s)=\prod_p\frac{1}{1-\dfrac{1}{p^s}}\qquad (p:\ 素数)$$

と無限積に展開される．したがって $\mathrm{Re}\,s>1$ で $\zeta(s)$ は零点を持たない．この無限積（絶対収束）の両辺の log をとれば $\mathrm{Re}\,s>1$ で

$$\log\zeta(s)=\sum_p\sum_{m=1}^{\infty}\frac{1}{mp^{ms}}$$

---

1) S. Ikehara: An extension of Landau's theorem in the analytic theory of numbers, J. Math. and Phys., **10** (1931).

と絶対収束する (p. 214 参照).

(I)　$s=\sigma+it$ とするとき，$\sigma>0$ において

$$\zeta(s)-\frac{1}{s-1}$$

は複素変数 s に関して正則である．(ていねいに言えば $\zeta(s)-1/(s-1)$ は $\mathrm{Re}\,s>1$ でしか定義されていないが，$\mathrm{Re}\,s>0$ にまで解析接続がなされて，そこで正則であるということである.)

[証明]　$\sigma=\mathrm{Re}\,s>1$ で

$$\zeta(s)=\sum_{n=1}^{\infty}\frac{n-(n-1)}{n^s}=\sum_{n=1}^{\infty}n\left(\frac{1}{n^s}-\frac{1}{(n+1)^s}\right)=s\int_1^{\infty}\frac{[u]}{u^{s+1}}du$$

と表わされる．故に

$$\zeta(s)-\frac{s}{s-1}=s\int_1^{\infty}\frac{[u]-u}{u^{s+1}}du$$

と表わされる．この右辺の積分は $\sigma\geqq\delta>0$ で一様に収束する．よって $\sigma>0$ で正則関数を表わす．▌

(II)　$\sigma=\mathrm{Re}\,s>1$ で

$$-\frac{\zeta'(s)}{\zeta(s)}=\sum_{n=1}^{\infty}\frac{\Lambda(n)}{n^s}.$$

ただし

$$\Lambda(n)=\begin{cases}\log p, & n=p^m \quad (m=1,2,\cdots),\\ 0, & \text{その他の場合}.\end{cases}$$

(この級数が $\sigma>1$ で収束することは，$\Lambda(n)\leqq\log n$ であることから容易にわかる.)

[証明]　$\log\zeta(s)=\sum_p\sum_{m=1}^{\infty}1/mp^{ms}$ の両辺を微分すれば

$$\frac{\zeta'(s)}{\zeta(s)}=-\sum_p\sum_{m=1}^{\infty}\frac{\log p}{p^{ms}}=-\sum_{n=1}^{\infty}\frac{\Lambda(n)}{n^s}.$$ ▌

(III)　$s=1+it\ (t\neq 0)$ で $\zeta(s)$ は零点を持たない．したがって $\zeta(s)-1/(s-1)$ の log をとって微分すれば

$$\frac{\zeta'(s)}{\zeta(s)}+\frac{1}{s-1}$$

は $\mathrm{Re}\, s=\sigma\geqq 1$ で正則関数である．

［証明］　はじめに，実数 θ に対して

$$3+4\cos\theta+\cos 2\theta = 3+4\cos\theta+2\cos^2\theta-1 = 2(1+\cos\theta)^2 \geqq 0$$

を注意しておく．さて $\varepsilon>0$ に対して (II) より，

$$-\frac{\zeta'(1+\varepsilon)}{\zeta(1+\varepsilon)} = \sum_{n=1}^{\infty}\frac{\Lambda(n)}{n^{1+\varepsilon}},$$

また $n^{it}=e^{it\log n}$ より

$$-\mathrm{Re}\frac{\zeta'(1+\varepsilon+it)}{\zeta(1+\varepsilon+it)} = \sum_{n=1}^{\infty}\frac{\Lambda(n)\cos(t\log n)}{n^{1+\varepsilon}},$$

$$-\mathrm{Re}\frac{\zeta'(1+\varepsilon+2it)}{\zeta(1+\varepsilon+2it)} = \sum_{n=1}^{\infty}\frac{\Lambda(n)\cos(2t\log n)}{n^{1+\varepsilon}}$$

である．これらに係数を掛けて加えれば

$$(10.27)\qquad -3\frac{\zeta'(1+\varepsilon)}{\zeta(1+\varepsilon)}-4\,\mathrm{Re}\frac{\zeta'(1+\varepsilon+it)}{\zeta(1+\varepsilon+it)}-\mathrm{Re}\frac{\zeta'(1+\varepsilon+2it)}{\zeta(1+\varepsilon+2it)}$$
$$= \sum_{n=1}^{\infty}\frac{\Lambda(n)}{n^{1+\varepsilon}}(3+4\cos(t\log n)+\cos(2t\log n)).$$

この右辺は，はじめの不等式より $\geqq 0$ である．

さて $\zeta(1+it)=0\ (t\neq 0)$ とし，それが $\zeta(s)$ の a 次 $(a\geqq 1)$ の零点とする．$1+2it$ も零点になるかも知れない．それを b 次 $(b\geqq 0)$ の零点とする．そのとき

$$\lim_{\varepsilon\to 0}\frac{\zeta'(1+\varepsilon)}{\zeta(1+\varepsilon)}\Big/\frac{1}{\varepsilon} = -1,\qquad \lim_{\varepsilon\to 0}\frac{\zeta'(1+\varepsilon+it)}{\zeta(1+\varepsilon+it)}\Big/\frac{1}{\varepsilon} = a,$$

$$\lim_{\varepsilon\to 0}\frac{\zeta'(1+\varepsilon+2it)}{\zeta(1+\varepsilon+2it)}\Big/\frac{1}{\varepsilon} = b$$

となる．よって (10.27) の両辺に ε を掛け $\lim_{\varepsilon\to +0}$ をとれば

$$\text{左辺} \longrightarrow -(-3+4a+b) \leqq -1,$$
$$\text{右辺} \geqq 0$$

となって矛盾である．よって $\zeta(1+it)=0$ となることはない．▌

定理 10.1 の証明　Dirichlet 級数

$$f(s) = -\frac{\zeta'(s)}{\zeta(s)} = \sum_{n=1}^{\infty}\frac{\Lambda(n)}{n^s}$$

は $\mathrm{Re}\, s=\sigma\geqq 1$ で正則であるから，池原の定理 10.5 の仮定は $\alpha=1$ に対してもち

ろん成立している．したがって

$$\Phi(x)=\sum_{n\leqq x}\Lambda(n)$$

に対して

$$\lim_{x\to\infty}\frac{\Phi(x)}{x}=1 \tag{10.28}$$

が成り立つ．さて $\Lambda(n)$ の定義より Gauss の記号 [　] を用いて

$$\Phi(x)=\sum_{n\leqq x}\Lambda(n)=\sum_{p\leqq x}\left[\frac{\log x}{\log p}\right]\log p$$

と表わされる．故に

$$\Phi(x)\leqq\sum_{p\leqq x}\frac{\log x}{\log p}\log p=\log x\cdot\sum_{p\leqq x}1.$$

しかるに

$$\pi(x)=\sum_{p\leqq x}1$$

である．故に

$$\Phi(x)\leqq\log x\cdot\pi(x)$$

となる．

つぎに $x>e$ として

$$\omega=\frac{x}{(\log x)^2}$$

とおく．

$$\begin{aligned}\pi(x)&=\pi(\omega)+\sum_{\omega<p\leqq x}1\leqq\pi(\omega)+\sum_{\omega<p\leqq x}\frac{\log p}{\log\omega}\\&\leqq\omega+\frac{1}{\log\omega}\sum_{\omega<p\leqq x}\log p\leqq\omega+\frac{1}{\log\omega}\sum_{p\leqq x}\left[\frac{\log x}{\log p}\right]\log p\\&=\omega+\frac{1}{\log\omega}\Phi(x)\end{aligned}$$

であるから

$$\Phi(x)\leqq\pi(x)\log x\leqq\omega\log x+\frac{\log x}{\log\omega}\Phi(x).$$

故に

(10.29) $$1 \leqq \frac{\pi(x)\log x}{\Phi(x)} \leqq \frac{\omega\log x}{\Phi(x)} + \frac{\log x}{\log \omega}$$

となる．ここで

$$\lim_{x\to\infty}\frac{\log x}{\log \omega} = \lim_{x\to\infty}\frac{\log x}{\log x - 2\log\log x} = 1,$$

また仮定 (10.28) を用いて

$$\lim_{x\to\infty}\frac{\omega\log x}{\Phi(x)} = \lim_{x\to\infty}\frac{x}{\Phi(x)\log x} = \lim_{x\to\infty}\left(\frac{x}{\Phi(x)}\cdot\frac{1}{\log x}\right) = 0$$

であるから，上の不等式 (10.29) の両辺の $\lim\limits_{x\to\infty}$ をとれば

$$1 \leqq \lim_{x\to\infty}\frac{\pi(x)\log x}{\Phi(x)} \leqq 1$$

となり，(10.28) と合せて

$$\lim_{x\to\infty}\frac{\pi(x)\log x}{x} = 1$$

が証明された．▮

定理 10.5（池原）の証明

はじめに簡単な計算を挙げよう．

(i) $$\frac{1}{2}\int_{-2}^{2}\left(1-\frac{|t|}{2}\right)e^{ivt}dt = \frac{\sin^2 v}{v^2}.$$

何となれば

$$\text{左辺} = \int_0^2\left(1-\frac{t}{2}\right)\cos vt\,dt = \frac{1-\cos 2v}{2v^2} = \frac{\sin^2 v}{v^2}.$$

(ii) $$\int_{-\infty}^{\infty}\frac{\sin^2 v}{v^2}dv = \pi.$$

(たとえば高木貞治：解析概論，改訂第3版，p. 169 を見よ.)

(iii) つぎに，単調関数

$$\varphi(x) = \Phi(e^x)$$

とおく．目標は $\lim\limits_{x\to\infty}\varphi(x)/e^x=1$，すなわち

$$H(x) = \varphi(x)e^{-x}$$

とおくとき

(10.30) $$\lim_{x\to\infty} H(x)=1$$

である．

$$\varphi(x)=\begin{cases} 0, & x\leqq 0 \\ \sum_{\log n<x} a_n, & x>0 \quad (a_n>0) \end{cases}$$

である．$\mathrm{Re}\, s>1$ に対して

$$f(s)=\sum_{n=1}^{\infty}\frac{a_n}{n^s}=\sum_{n=1}^{\infty}a_n e^{-s\log n}=\int_0^{\infty}e^{-sx}d\varphi(x).$$

仮定より $\mathrm{Re}\, s>1$ で $f(s)$ は収束する．任意の $\varepsilon>0$ に対して $f(1+\varepsilon)=C<\infty$ とおくと

$$\frac{\Phi(x)}{x^{1+\varepsilon}}\leqq\left(\sum_{1\leqq n\leqq x}a_n\right)\frac{1}{n^{1+\varepsilon}}\leqq\sum_{n=1}^{[x]}\frac{a_n}{n^{1+\varepsilon}}\leqq C,$$

したがって

$$\frac{\varphi(x)}{e^{(1+\varepsilon)x}}\leqq C$$

である．

一方，部分積分により

$$\int_0^{\xi}e^{-sx}d\varphi(x)=e^{-s\xi}\varphi(\xi)+s\int_0^{\xi}e^{-sx}\varphi(x)dx.$$

ここで $\xi\to\infty$ とすれば $e^{-(\mathrm{Re}\, s)\xi}\varphi(\xi)\to 0$ であるから

$$f(s)=s\int_0^{\infty}e^{-sx}\varphi(x)dx=s\int_0^{\infty}e^{-(s-1)x}H(x)dx$$

と表わされる．

(iv) さて定理の仮定の下に $\lambda>0$ と y とを固定するとき，

(10.31) $$\int_{-\infty}^{\lambda y}H\left(y-\frac{v}{\lambda}\right)\frac{\sin^2 v}{v^2}dv=K(y,\lambda)$$

が存在する．それを見るには $s=1+\varepsilon+it$ $(\varepsilon>0)$ に対して

$$\begin{aligned}\frac{h_\varepsilon(t)-1}{s}&=\frac{1}{s}\left(f(s)-\frac{1}{s-1}-1\right)\\&=\int_0^{\infty}e^{-(s-1)x}H(x)dx-\frac{1}{s-1}\end{aligned}$$

である．ここで $1/(s-1)=\int_0^\infty e^{-(s-1)x}dx$ を用いれば，

$$=\int_0^\infty (H(x)-1)e^{-\varepsilon x-itx}dx$$

となる．いま，ε を固定する．$|t|\leqq 2\lambda$ では t に関して一様に

$$\frac{h_\varepsilon(t)-1}{s}=\lim_{\xi\to\infty}\int_0^\xi (H(x)-1)e^{-\varepsilon x-itx}dx \tag{10.32}$$

である．いま

$$F_\varepsilon(t)=\left(1-\frac{|t|}{2\lambda}\right)\frac{h_\varepsilon(t)-1}{s}$$

とおく．(10.32) 式の両辺に $e^{ity}(1-|t|/2\lambda)$ を掛けて，両辺の積分 $\int_{-2\lambda}^{2\lambda}dt$ をとるとき，右辺の収束の一様性から $\lim_{\xi\to\infty}$ と $\int_{-2\lambda}^{2\lambda}dt$ とを入れかえることができる．すなわち

$$\int_{-2\lambda}^{2\lambda}e^{ity}F_\varepsilon(t)\,dt=\lim_{\xi\to\infty}\int_{-2\lambda}^{2\lambda}e^{ity}\left(1-\frac{|t|}{2\lambda}\right)\left[\int_0^\xi (H(x)-1)e^{-\varepsilon x-itx}dx\right]dt.$$

ここで x に関する積分と，t に関する積分の順序を入れかえて，$\xi\to\infty$ とすれば

$$=\int_0^\infty (H(x)-1)e^{-\varepsilon x}\left[\int_{-2\lambda}^{2\lambda}\left(1-\frac{|t|}{2\lambda}\right)e^{i(y-x)t}dt\right]dx,$$

ここで $u=t/\lambda$ とおいて

$$=\int_0^\infty (H(x)-1)e^{-\varepsilon x}\left[\int_{-2}^{2}\lambda\left(1-\frac{|u|}{2}\right)e^{i\lambda(y-x)u}du\right]dx,$$

さらに $v=\lambda(y-x)$，したがって $x=y-v/\lambda$ とおくと

$$=\int_{-\infty}^{\lambda y}\left(H\left(y-\frac{v}{\lambda}\right)-1\right)e^{-\varepsilon(y-v/\lambda)}\left[\int_{-2}^{2}\left(1-\frac{|u|}{2}\right)e^{ivu}du\right]dv,$$

はじめに証明した積分を代入すれば

$$=2\int_{-\infty}^{\lambda y}H\left(y-\frac{v}{\lambda}\right)e^{-\varepsilon(y-v/\lambda)}\frac{\sin^2 v}{v^2}dv-2\int_{-\infty}^{\lambda y}e^{-\varepsilon(y-v/\lambda)}\frac{\sin^2 v}{v^2}dv$$

となる．定理の仮定によって $\varepsilon\to 0$ とすれば，$|t|\leqq 2\lambda$ で一様に $\lim h_\varepsilon(t)=h(t)$ (連続関数)．したがって

$$\lim_{\varepsilon\to 0}F_\varepsilon(t)=F(t)=\left(1-\frac{|t|}{2\lambda}\right)\frac{h(t)-1}{s}$$

となる．また右辺において，第1，第2の積分は，$\lim_{\varepsilon\to 0}$ と $\int_{-\infty}^{\lambda y}dv$ との順序を交

換することができるから，上の等式の両辺の $\lim_{\varepsilon\to 0}$ をとることによって

$$(10.33) \qquad \int_{-2\lambda}^{2\lambda} e^{ity}F(t)\,dt+2\int_{-\infty}^{\lambda y}\frac{\sin^2 v}{v^2}dv = 2\int_{-\infty}^{\lambda y} H\left(y-\frac{v}{\lambda}\right)\frac{\sin^2 v}{v^2}dv$$

となり，(10.31) の $K(y, \lambda)$ が積分の形に示された．

(v) $\lambda>0$ を固定する．

$$\lim_{y\to\infty}\int_{-\infty}^{\lambda y} H\left(y-\frac{v}{\lambda}\right)\frac{\sin^2 v}{v^2}dv = \pi.$$

何となれば，(10.33) の左辺において $F(t)$ が t の連続関数であるので Riemann-Lebesgue の定理によって $y\to\infty$ のとき 第1式→0 である．また，(ii) を用いれば $y\to\infty$ のとき 第2式→2π となる．したがって (10.33) より

$$\pi = \lim_{y\to\infty}\int_{-\infty}^{\lambda y} H\left(y-\frac{v}{\lambda}\right)\frac{\sin^2 v}{v^2}dv$$

となる．

念のため，**Riemann-Lebesgue の定理**とその証明を挙げておく．

$F(x)$ が有界区間 $[-R, R]$ で定義された連続関数であれば

$$\lim_{y\to\infty}\int_{-R}^{R}\cos ty\cdot F(t)\,dt = \lim_{y\to\infty}\int_{-R}^{R}\sin ty\cdot F(t)\,dt = 0.$$

[証明] cos の場合を証明する．区間 $[-R, R]$ で連続関数 $F(x)$ を多項式 $P(x)$ でいくらでも近く一様に近似することができる．したがって任意の $\varepsilon>0$ に対して

$$\int_{-R}^{R}|F(t)-P(t)|\,dt < \frac{\varepsilon}{4}$$

にとることができる．そのときまた

$$\left|\int_{-R}^{R}(F(t)-P(t))\cos ty\,dt\right| < \frac{\varepsilon}{4}$$

である．一方

$$\int_{-R}^{R}P(t)\cos ty\,dt$$

$$= \frac{P(R)\sin ty}{y}+\frac{P(-R)\sin ty}{y}-\frac{1}{y}\int_{-R}^{R}P'(t)\sin ty\,dt.$$

ここで y_0 を十分大きくとれば，$y>y_0$ に対してこれら各項の絶対値を $\varepsilon/4$ より

小さくとれる．したがって

$$\left|\int_{-R}^{R} \cos ty\cdot F(t)\,dt\right| < \varepsilon$$

となる．▌

(vi)
$$\varlimsup_{y\to\infty} H(y) \leqq 1.$$

何となれば (v) によって λ を固定するとき，$H(y)\geqq 0$ であるから

$$\pi \geqq \varlimsup_{y\to\infty} \int_{-\sqrt{\lambda}}^{\sqrt{\lambda}} H\left(y-\frac{v}{\lambda}\right)\frac{\sin^2 v}{v^2}dv.$$

ここで $\varphi(x)$ の単調性より $y_2>y_1$ であれば $H(y_2)\geqq H(y_1)e^{y_1-y_2}$，また $-\sqrt{\lambda}\leqq v\leqq\sqrt{\lambda}$ に対して

$$\frac{v}{\lambda}-\frac{1}{\sqrt{\lambda}} \geqq \frac{-2}{\sqrt{\lambda}}$$

であるので

$$H\left(y-\frac{v}{\lambda}\right) \geqq H\left(y-\frac{1}{\sqrt{\lambda}}\right)e^{-2/\sqrt{\lambda}}.$$

故に

$$\pi \geqq \varlimsup_{y\to\infty} \int_{-\sqrt{\lambda}}^{\sqrt{\lambda}} H\left(y-\frac{1}{\sqrt{\lambda}}\right)e^{-2/\sqrt{\lambda}}\frac{\sin^2 v}{v^2}dv.$$

一方，λ を固定しておけば $\varlimsup_{y\to\infty} H(y)=\varlimsup_{y\to\infty} H\left(y-\frac{1}{\sqrt{\lambda}}\right)$ より

$$\geqq \varlimsup_{y\to\infty} H(y)\cdot e^{-2/\sqrt{\lambda}} \int_{-\sqrt{\lambda}}^{\sqrt{\lambda}} \frac{\sin^2 v}{v^2}dv.$$

よって

$$\varlimsup_{y\to\infty} H(y) \leqq \pi e^{2/\sqrt{\lambda}} \Big/ \int_{-\sqrt{\lambda}}^{\sqrt{\lambda}} \frac{\sin^2 v}{v^2}dv.$$

ここで $\lambda\to\infty$ とすれば (ii) によって 右辺 $\to 1$ となる．すなわち (vi) が示された．

(vii)
$$\varliminf_{y\to\infty} H(y) \geqq 1.$$

はじめに $\varphi(x)$ の単調性より $-\sqrt{\lambda}\leqq v\leqq\sqrt{\lambda}$ に対して

$$e^{-2/\sqrt{\lambda}} H\left(y-\frac{v}{\lambda}\right) \leqq H\left(y+\frac{1}{\sqrt{\lambda}}\right)$$

を注意しておく．さて (vi) により $H(y)$ は有界である：

$$H(y) \leqq Q$$

とおく．いまλを固定して(v)より

$$\pi = \lim_{y\to\infty} \int_{-\infty}^{\lambda y} H\left(y-\frac{v}{\lambda}\right)\frac{\sin^2 v}{v^2}dv$$

$$\leqq \varliminf_{y\to\infty} \int_{-\infty}^{\infty} H\left(y-\frac{v}{\lambda}\right)\frac{\sin^2 v}{v^2}dv$$

$$\leqq Q\int_{-\infty}^{-\sqrt{\lambda}}\frac{dv}{v^2}+\varliminf_{y\to\infty}\int_{-\sqrt{\lambda}}^{\sqrt{\lambda}} H\left(y+\frac{1}{\sqrt{\lambda}}\right)e^{2/\sqrt{\lambda}}\frac{\sin^2 v}{v^2}dv+Q\int_{\sqrt{\lambda}}^{\infty}\frac{dv}{v^2}$$

$$\leqq \frac{2Q}{\sqrt{\lambda}}+\pi e^{2/\sqrt{\lambda}}\varliminf_{y\to\infty} H(y).$$

故に

$$\varliminf_{y\to\infty} H(y) \geqq e^{-2/\sqrt{\lambda}}\left(1-\frac{2Q}{\pi\sqrt{\lambda}}\right).$$

ここで$\lambda\to\infty$とすれば(vii)となる．

(vi), (vii)より目標の(10.30)を得た．∎

問　題

1 任意の$N>0$に対して，$m, m+1, \cdots, m+N$がすべて合成数であるようなmが存在する．

たとえば，素数370,261につづく111個の数はすべて合成数である．

2 素数の列$p_1=2$，$p_2=3$，$\cdots$，p_nを考え，$q=p_1p_2\cdots p_n+1$とすれば，$q<p_n{}^n+1$，したがって

$$p_{n+1} < p_n{}^n+1.$$

3 $p_m<2^{2^m}\ (m=1, 2, \cdots)$ ((10.1))より

$$\pi(x) \geqq \log\log x$$

を導け．

4 (i) $q_m=2^2p_2p_3\cdots p_m-1$の素因数の中に$p_m$より大きい$4n+3$の形のもののあることを確かめ，これから$4n+3$の形の素数が無限に多く存在することを示せ．

(ii) $q_m=p_1p_2\cdots p_m-1$を考察して，$6n+5$の形の素数が無限に多く存在することを示せ．

(iii) $q_m=3^25^2\cdots p_m{}^2+2^2$を考察して，$8n+5$の形の素数が無限に多く存在することを示せ．

5 (F. Mertens, 1874)

$$\prod_{p \leqq x}\left(1-\frac{1}{p}\right)=\frac{e^{-C}}{\log x}+O\left(\frac{1}{(\log x)^2}\right) \qquad (x \geqq 2).$$

ただし，C は Euler の定数とする (末綱 [9], p. 19, 内山 [15], p. 63).

6　Euler の関数 $\varphi(n)$ について

$$\sum_{n \leqq x} \varphi(n)=\frac{3}{\pi^2}x^2+O(x \log x)$$

(内山 [15], p. 66).

7 (Dirichlet, 1849)　$\tau(n)$ を n の約数の個数とする：$n=p_1^{a_1}\cdots p_k^{a_k}$ $(a_1 \geqq 1, \cdots, a_k \geqq 1)$ であれば $\tau(n)=(a_1+1)\cdots(a_k+1)$ である．そのとき

$$\sum_{n \leqq x} \tau(n)=x \log x+(2C-1)x+O(x^{1/2})$$

(内山 [15], p. 75).

8　素数定理を用いれば，Möbius 関数 $\mu(n)$ について

$$\sum_{n \leqq x} \mu(n)=o(x),$$

$$\sum_{n \leqq x} \frac{\mu(n)}{n}=o(1)$$

が成り立つ．逆にこれらの一方を仮定すれば，素数定理が導かれる (末綱 [9], p. 35, 内山 [15], p. 134).

第11章 p 進 数

§11.1 p 進 数

p 進数 (p-adic number) の考えは，20 世紀になってドイツの K. Hensel (1861-1941) によって創められた．その考えの芽生えはすでに 19 世紀にあったと言われる．しかし，p 進数自身は，19 世紀末の G. Cantor による無理数を有理数の基本列を用いて定義する方法にならったもので，Hensel の独創によるものである．Hensel は自ら p 進数を扱った書物を 1908 年と 1913 年に著わしている．その一章に，p 進数を係数とする 2 元 2 次形式の理論を扱っているが，その考え方を大きく延ばしたのは，Hensel の弟子の H. Hasse である．その論文 (1923) で用いられた方法は，数学における大局的取扱いと局所的取扱いとの関連を求める一つの原理として，今日でも **Hasse の原理** (Hasse principle) と呼ばれている．

Hensel が，代数体にこのような解析的な考えを導入したのは，複素変数関数論，特に Riemann 面の考えを代数的に取扱った H. Weber と R. Dedekind の研究 (1880) に刺戟されたことも大きかったと思われるが，この類似をより的確に追求したのが，数体の付値 (valuation) の理論で，これは J. Kürschák に始まる (1913).

体の付値論は，今日の代数学全般にわたって極めて根本的な考え方である．岩波基礎数学選書 "体と Galois 理論" の第 6 章で一般的に取扱われている．p 進数のことも，その特殊な場合として§6.3 で扱われている．ここでは，もっと原始的な考え方に従って，一応の解説をするが，或る部分ではそちらを参照，引用してある．読者諸氏は，まず本書に従って考え方を知り，不十分の点を "体と Galois 理論" によって補っていただきたい．

例 11.1 $p\,(\neq 2)$ を奇の素数とする．合同不定方程式

$$x^2 \equiv a \pmod{p^e} \qquad ((a, p)=1)$$

を考える．$e=1$ に対して $a_0{}^2 \equiv a \pmod{p}$ となったとする．このとき $(a_0, p)=1$ である．さらに $(a_0+a_1p)^2 \equiv a \pmod{p^2}$ とおくと，a_1 の満足すべき条件は

$$(a_0{}^2-a)+2a_0a_1p\equiv 0 \pmod{p^2}.$$

したがって，$a_0{}^2-a=b_0p$ とおくとき，$b_0+2a_0a_1\equiv 0 \pmod{p}$ となる．これは $(2a_0, p)=1$ より $a_1 \pmod{p}$ に対してつねにただ一つの解が定まる．以下同様に $a_0, a_1, \cdots, a_{e-1} \pmod{p}$ に対して

$$(a_0+a_1p+\cdots+a_{e-1}p^{e-1})^2\equiv a \pmod{p^e}$$

が成り立てば，上と全く同様に，

$$(a_0+a_1p+\cdots+a_ep^e)^2\equiv a \pmod{p^{e+1}}$$

を満足する $a_e \pmod{p}$ がただ一つつねに定まることがわかる．したがって，すでに§1.3, 定理1.13 (p. 35) で見たように

$$x^2\equiv a \pmod{p}$$

が解ければ，$x^2\equiv a \pmod{p^e}$ $(e=2, 3, \cdots)$ も解ける．すなわち

$$x=a_0+a_1p+\cdots+a_ep^e \qquad ((a_i, p)=1)$$

とおいて，$a_i \pmod{p}$ $(i=0, 1, \cdots)$ を順次に定めて行けばよい．

($p=2$ の場合には，上の結果をすこし変更しなくてはならない.)

例 11.2 この論法と $x^2=2$ となる実数 $x\in \boldsymbol{R}$ を求める方法とを比べてみよう．

$$1^2<2<2^2,$$
$$1.4^2<2<1.5^2,$$
$$1.41^2<2<1.42^2,$$
$$\cdots\cdots$$

というように，x を無限小数に展開して，順次に小数第 e 位を計算すれば，x の展開はただ一通りに $x=1.414213562373095\cdots$ と定まる．

G. Cantor は，実数を定めるのに，無限小数，あるいはより一般に有理数列 $\alpha_0, \alpha_1, \cdots$ の極限として定義する方法を与えた．すなわち，有理数列 $(\alpha_0, \alpha_1, \alpha_2, \cdots)$ が**基本列** (fundamental sequence) であるとは，任意の $\varepsilon>0$ に対して，或る n_0 が定められ，$m, n\geqq n_0 \Longrightarrow |\alpha_m-\alpha_n|<\varepsilon$ となることをいう．このとき有理基本数列 $(\alpha_0, \alpha_1, \cdots)$ は一つの実数 $\bar{\alpha}$ を定めるといい，$\bar{\alpha}=\lim_{n\to\infty}\alpha_n$ と表わす．ただし，二つの有理基本数列 $(\alpha_0, \alpha_1, \cdots)$, $(\beta_0, \beta_1, \cdots)$ に対して $\lim_{n\to\infty}|\alpha_n-\beta_n|=0$ のとき，それらの定める実数 $\bar{\alpha}, \bar{\beta}$ は等しいものとみなす．演算に関しては

$$\bar{\alpha}=\lim\alpha_n, \qquad \bar{\beta}=\lim\beta_n$$

に対して，$\bar{\alpha}+\bar{\beta}=\lim(\alpha_n+\beta_n)$，$\bar{\alpha}\cdot\bar{\beta}=\lim(\alpha_n\beta_n)$ と定めればよい．——

以上の二つの例を比べて，つぎの定義に到達することができる．

定義 11.1　いま素数 p ($p=2$ でもよい) を一つ定める．また $0<c_0<1$ となる c_0 を一つ定めておく．任意の有理数 α ($\neq 0$) を

$$\alpha = p^e \frac{b}{c} \qquad (e \in \boldsymbol{Z},\ b, c \in \boldsymbol{Z},\ p \nmid b,\ p \nmid c)$$

と表わし，α の **p 進付値** (p-adic valuation) $|\alpha|_p$ を

$$|\alpha|_p = c_0{}^e \tag{11.1}$$

と定める．特に $|0|_p=0$ とする．

(I)

$$|\alpha\beta|_p = |\alpha|_p|\beta|_p, \tag{11.2}$$

$$|\alpha+\beta|_p \leqq \max(|\alpha|_p, |\beta|_p) \tag{11.3}$$

が成り立つ ($|\alpha|_p$ は体 $\boldsymbol{Q}$ の一種の非 Archimedes 的付値である)．

[証明]　(11.2) はほとんど自明である．(11.3) については $\alpha=p^e(b/c)$，$p \nmid b$，$p \nmid c$，$\beta=p^f(b_1/c_1)$，$p \nmid b_1$，$p \nmid c_1$ とする．

$$\alpha+\beta = \frac{p^e bc_1+p^f b_1 c}{cc_1} = p^g \frac{b_2}{c_2} \qquad (p \nmid b_2,\ p \nmid c_2)$$

とおくとき，$g \geqq \min(e, f)$ である．したがって

$$|\alpha+\beta|_p = c_0{}^g \leqq \max(c_0{}^e, c_0{}^f) = \max(|\alpha|_p, |\beta|_p)$$

が成り立つ．∎

定義 11.2　有理数列 $(\alpha_0, \alpha_1, \cdots)$ が **p 進基本有理数列**であるとは，任意の $\varepsilon>0$ に対して，或る n_0 が定まり，$m, n \geqq n_0$ であれば

$$|\alpha_m-\alpha_n|_p < \varepsilon$$

が成り立つことをいう．このとき，この p 進基本有理数列 $(\alpha_0, \alpha_1, \cdots)$ は **p 進数**

$$\bar{\alpha} = p\text{-}\lim_{n\to\infty} \alpha_n$$

を定めるという．

二つの p 進基本有理数列 $(\alpha_0, \alpha_1, \cdots)$ と $(\beta_0, \beta_1, \cdots)$ とが同値であるとは

$$\lim_{n\to\infty} |\alpha_n-\beta_n|_p = 0$$

が成り立つことをいう．明らかにこの関係は同値律を満足する．このとき $\bar{\alpha}= p\text{-}\lim_{n\to\infty} \alpha_n$，$\bar{\beta}=p\text{-}\lim_{n\to\infty} \beta_n$ に対して $\bar{\alpha}=\bar{\beta}$ と定める．

特に $\alpha=\alpha_0=\alpha_1=\cdots\in\boldsymbol{Q}$ のとき，$(\alpha_0, \alpha_1, \cdots)$ は p 進基本有理数列であるが，このとき $\bar{\alpha}=\alpha$ と定める．

$(\alpha_0, \alpha_1, \cdots)$ が p 進基本有理数列で，$\bar{\alpha}=p\text{-}\lim_{n\to\infty}\alpha_n$ とする．そのとき $\lim|\alpha_n|_p$ が $\boldsymbol{R}$ の中に定まる．この値を

$$|\bar{\alpha}|_p$$

と定める．

特に $\alpha=\alpha_0=\alpha_1=\cdots$ の場合には $(\bar{\alpha}=\alpha\in\boldsymbol{Q}$ で$)$ $|\bar{\alpha}|_p=|\alpha|_p$ と一致している．p 進数 $\bar{\alpha}$ に対して $|\bar{\alpha}|_p=0$ となるのは，$\bar{\alpha}=0$ である場合に限る．

つぎに p 進基本有理数列 $(\alpha_0, \alpha_1, \cdots)$, $(\beta_0, \beta_1, \cdots)$ に対して $\bar{\alpha}=p\text{-}\lim\alpha_n$, $\bar{\beta}=p\text{-}\lim\beta_n$ のとき，$(\alpha_0+\beta_0, \alpha_1+\beta_1, \cdots)$ および $(\alpha_0\beta_0, \alpha_1\beta_1, \cdots)$ も p 進基本有理数列を作ることがわかる．これらは

$$|(\alpha_n+\beta_n)-(\alpha_m+\beta_m)|_p\leqq\max(|\alpha_n-\beta_n|_p, |\alpha_m-\beta_m|_p),$$
$$|\alpha_n\beta_n-\alpha_m\beta_m|_p\leqq\max(A|\beta_n-\beta_m|_p, B|\alpha_n-\alpha_m|_p)$$

(ただし $A=\sup|\alpha_n|_p$, $B=\sup|\beta_n|_p\,(<\infty)$ とする）より直ちに導かれる．よって $\bar{\alpha}$ と $\bar{\beta}$ の和および積を

$$\bar{\alpha}+\bar{\beta}=p\text{-}\lim_{n\to\infty}(\alpha_n+\beta_n), \qquad \bar{\alpha}\bar{\beta}=p\text{-}\lim_{n\to\infty}(\alpha_n\beta_n)$$

によって定義する．

(II) p 進数の全体を $\boldsymbol{Q}_p$ で表わすとき，$\boldsymbol{Q}_p$ は可換体を作る．$\boldsymbol{Q}_p$ を **p 進数体** (p-adic number field) という．

[証明] 上の演算に従って，$\boldsymbol{Q}_p$ が可換環を作ることは直ちにわかる．$\bar{0}=(0, 0, \cdots)$，$\bar{1}=(1, 1, \cdots)$ はそれぞれ $\boldsymbol{Q}_p$ の零元および単位元である．つぎに $\bar{\alpha}\neq\bar{0}$ とする．

$$\bar{\alpha}=p\text{-}\lim_{n\to\infty}\alpha_n\neq\bar{0}, \qquad |\bar{\alpha}|_p\neq 0.$$

このとき

$$|\alpha_n{}^{-1}-\alpha_m{}^{-1}|_p=|\alpha_n-\alpha_m|_p/|\alpha_n|_p|\alpha_m|_p$$

で，かつ $|\alpha_n|_p\to|\bar{\alpha}|_p\neq 0$ であることから，$|\alpha_n-\alpha_m|_p\to 0$ より $|\alpha_n{}^{-1}-\alpha_m{}^{-1}|_p\to 0$ が導かれる．よって $\bar{\alpha}^{-1}=p\text{-}\lim\alpha_n{}^{-1}$ とおけば $\bar{\alpha}\cdot\bar{\alpha}^{-1}=\bar{1}$ となることがわかる．すなわち $\boldsymbol{Q}_p$ は体を作る．∎

特に $\alpha\in\boldsymbol{Q}$ に対して $(\alpha, \alpha, \cdots, \alpha, \cdots)$ の p 進極限 $\bar{\alpha}=p\text{-}\lim\alpha$ と α とを同一視す

ることとしたが，その全体をまた $\boldsymbol{Q}$ と書けば，$\boldsymbol{Q}$ での演算と，$\boldsymbol{Q}_p$ の元としての演算とは一致する．よって $\boldsymbol{Q}\subseteqq\boldsymbol{Q}_p$ とみなすことができる．かつ $\boldsymbol{Q}_p$ の任意の元 $\bar{\alpha}=p\text{-}\lim\alpha_n$ に対して，($\alpha_n\in\boldsymbol{Q}_p$ とみて)

$$\lim_{n\to\infty}|\bar{\alpha}-\alpha_n|_p=0$$

となることを容易に証明することができる．

(I)* $\boldsymbol{Q}_p$ においても

(11.2)* $$|\bar{\alpha}\bar{\beta}|_p=|\bar{\alpha}|_p|\bar{\beta}|_p,$$

(11.3)* $$|\bar{\alpha}+\bar{\beta}|_p\leqq\max(|\bar{\alpha}|_p,|\bar{\beta}|_p)$$

が成り立つ．

$\bar{\alpha},\bar{\beta}\in\boldsymbol{Q}_p$ に対して，$\bar{\alpha},\bar{\beta}$ の **p 進距離** (p-adic distance) を

$$\rho_p(\bar{\alpha},\bar{\beta})=|\bar{\alpha}-\bar{\beta}|_p$$

と定めれば，$\boldsymbol{Q}_p$ は距離空間となり，$\boldsymbol{Q}_p$ は $\boldsymbol{Q}$ の閉包となる (これはふつうの距離に関して $\boldsymbol{R}$ が $\boldsymbol{Q}$ の閉包となることに対応する)．よって $\boldsymbol{Q}_p$ を $\boldsymbol{Q}$ の **p 進完備化** (p-adic completion) ともいう．

特に

$$|\bar{\alpha}|_p\leqq1$$

となる $\bar{\alpha}\in\boldsymbol{Q}_p$ を **p 進整数** (p-adic integer) といい，

$$|\bar{\alpha}|_p=1$$

となる $\bar{\alpha}\in\boldsymbol{Q}_p$ を **p 進単数** (p-adic unit) という．明らかに $\bar{\alpha}$ が p 進単数であれば $\bar{\alpha}^{-1}$ も p 進単数である．

(III) 任意の $\bar{\alpha}\in\boldsymbol{Q}_p$ に対して，$\bar{\alpha}$ は

(11.4) $$\bar{\alpha}=p^e\cdot\bar{\alpha}_1,\quad |\bar{\alpha}_1|_p=1\quad (e\in\boldsymbol{Z})$$

とただ一通りに表わされ，$|\bar{\alpha}|_p=c_0{}^e$ である．したがって $\bar{\alpha}$ が p 進整数となるための必要十分条件は $e\geqq0$ である．

(IV) $\bar{\alpha}\in\boldsymbol{Q}_p$ が p 進整数であるための必要十分条件は，$\bar{\alpha}=p\text{-}\lim\alpha_n$ ($\alpha_n\in\boldsymbol{Z}$) と表わされることである．

[証明] $\alpha_n\in\boldsymbol{Z}$ に対しては $|\alpha_n|_p\leqq1$．したがって $\bar{\alpha}=p\text{-}\lim\alpha_n$ ($\alpha_n\in\boldsymbol{Z}$) に対しては $|\bar{\alpha}|_p=\lim|\alpha_n|_p\leqq1$，すなわち $\bar{\alpha}$ は p 進整数である．逆に，p 進整数 $\bar{\alpha}=p\text{-}\lim\alpha_n$，$(\alpha_0,\alpha_1,\cdots)$ は p 進基本有理数列とする．$\alpha_n=p^{e_n}(b_n/c_n)$，$p\nmid b_n$，$p\nmid c_n$

$(b_n, c_n \in \boldsymbol{Z})$，かつ α_n が基本列であることから，$|\bar{\alpha}|_p=\lim c_0^{e_n}$，よって $e_n=e\geqq 0$ としてよい．そのとき $c_n d_n\equiv 1 \pmod{p^n}$ $(d_n \in \boldsymbol{Z})$ に d_n をとり，$\beta_n=p^e b_n d_n$ とおけば $|\alpha_n-\beta_n|_p\leqq c_0{}^n$ $(n=1, 2, \cdots)$ となる．よって $(\beta_0, \beta_1, \cdots)$ も基本列，かつ $\bar{\beta}=p\text{-}\lim \beta_n=\bar{\alpha}$ となる．ここに $\beta_n \in \boldsymbol{Z}$ となった．▌

故に p 進整数の全体は $\boldsymbol{Z}$ の元の p 進極限として表わされる p 進数の全体である．これを

$$\boldsymbol{Z}_p$$

で表わす．$\boldsymbol{Z}_p$ は $\boldsymbol{Q}_p$ の部分環で，$\boldsymbol{Z}\subseteqq\boldsymbol{Z}_p$，かつ(11.4)よりわかるように，$\boldsymbol{Q}_p$ は $\boldsymbol{Z}_p$ の商の体となる．$\boldsymbol{Z}_p$ を **p 進整数環**という．

(V)　p 進整数 $\bar{\alpha} \in \boldsymbol{Z}_p$ は，

$$\bar{\alpha} = a_0+a_1 p+\cdots+a_n p^n+\cdots = p\text{-}\lim_{n\to\infty}\left(\sum_{i=0}^{n} a_i p^i\right) \tag{11.5}$$

$$(a_0, a_1, \cdots \in \{0, 1, \cdots, p-1\})$$

と一意に表わされる．

$a_0=\cdots=a_{m-1}=0$，$a_m\neq 0$ のとき

$$|\bar{\alpha}|_p = c_0{}^m \tag{11.6}$$

である．したがって，$\bar{\alpha}$ が p 進単数であるための必要十分条件は(11.5)において $a_0\neq 0$ となることである．

［証明］　$\bar{\alpha} \in \boldsymbol{Z}_p$，$\bar{\alpha}=p\text{-}\lim \alpha_n$ $(\alpha_n \in \boldsymbol{Z})$ と表わすとき，$\alpha_n\equiv a_0{}^{(n)} \pmod{p}$ $(n=1, 2, \cdots)$ $(a_0{}^{(n)} \in \{0, 1, \cdots, p-1\})$ とすれば，

$$|\alpha_n-\alpha_m|_p \leqq c_0 \iff a_0{}^{(n)} = a_0{}^{(m)}$$

である．$|\alpha_n-\alpha_m|_p\to 0$ $(m, n\to\infty)$ より $a_0{}^{(n)}$ は n が十分大であれば一定の値 a_0 をとる．つぎに $\alpha_n\equiv a_0+a_1{}^{(n)}p \pmod{p^2}$ $(n=1, 2, \cdots)$ とおけば，やはり n が十分大であれば $a_1{}^{(n)}=a_1$ と一定の値をとる．以下同様にして，$a_0, a_1, a_2, \cdots$ が定まる．そのとき $\beta_n=a_0+a_1 p+\cdots+a_{n-1}p^{n-1}$ $(n=1, 2, \cdots)$ とおけば，容易に $\bar{\alpha}=p\text{-}\lim \beta_n$ が示される．すなわち(11.5)となる．このとき(11.6)の成り立つことは，容易にわかる．▌

また，つぎの命題の成り立つことが容易にわかる．

(VI)

$$\mathfrak{p} = \{\bar{\alpha} \in \boldsymbol{Z}_p \mid |\bar{\alpha}|_p\leqq c_0\} = p\boldsymbol{Z}_p \tag{11.7}$$

は $\boldsymbol{Z}_p$ のイデアルで

$$\boldsymbol{Z}_p/\mathfrak{p} \cong \boldsymbol{Z}/p\boldsymbol{Z} \tag{11.8}$$

が成り立つ．よって $\mathfrak{p}$ は $\boldsymbol{Z}_p$ の極大イデアルである．

一般の $\boldsymbol{Z}_p$ のイデアルは

$$\mathfrak{p}^n \qquad (n=0, 1, 2, \cdots)$$

に限る．

注意
$$A_n = \boldsymbol{Z}/p^n\boldsymbol{Z} \qquad (n=1, 2, \cdots)$$
とすれば
$$\boldsymbol{Z}_p/\mathfrak{p}^n \cong A_n \qquad (環同型)$$
である．また自然な対応 $\varphi_n : a\,(\mathrm{mod}\ p^{n+1}) \mapsto a\,(\mathrm{mod}\ p^n)$ によって環準同型
$$\varphi_n:\ A_{n+1} \longrightarrow A_n \qquad (n=1, 2, \cdots)$$
が定まる．
$$A_1 \xleftarrow{\varphi_1} A_2 \xleftarrow{\varphi_2} A_3 \longleftarrow \cdots \longleftarrow A_n \longleftarrow \cdots$$
は環の射影系列を定めるが，$\boldsymbol{Z}_p$ は $\{A_n, \varphi_n\}$ の射影極限：
$$\boldsymbol{Z}_p = \varprojlim A_n$$
として表わすこともできる．

定理 11.1 (Hensel の補題) $\boldsymbol{Z}_p$ の元を係数とする x の多項式 $f(x), g_0(x), h_0(x)$ に対して

(i) $f(x) \equiv g_0(x)h_0(x) \quad (\mathrm{mod}\ \mathfrak{p})$,

(ii) $g_0(x)$ の x の最高次の係数は 1,

(iii) $g_0(x), h_0(x)$ は，その係数を mod $\mathfrak{p}$ で考えて $\boldsymbol{Z}/p\boldsymbol{Z} \cong \boldsymbol{Z}_p/\mathfrak{p}$ の元を係数とする多項式とみるとき，互いに素である

と仮定する．そのとき $\boldsymbol{Z}_p$ の元を係数とする多項式 $g(x), h(x)$ で

(a) $f(x) = g(x)h(x)$,

(b) $g(x)$ の最高次の係数は 1, $\deg g(x) = \deg g_0(x)$,

(c) $g(x) \equiv g_0(x)$, $h(x) \equiv h_0(x) \quad (\mathrm{mod}\ \mathfrak{p})$

となるものが存在する．

証明 岩波基礎数学選書“体と Galois 理論”§6.5，定理 6.8 (p. 439) 参照．∎

注意 そこでは一般の非 Archimedes 付値体の場合に証明してあるので，p 進付値の場合は証明はいくぶん簡単になる．

応用として直ちに用いられるものを二つ挙げる．

定理 11.2 (i) $p\,(\neq 2)$ を奇の素数，$a \in \boldsymbol{Z}$，$a \not\equiv 0 \pmod{p}$ とする．このとき，

$$x^2 = a$$

が $\boldsymbol{Q}_p$ において根 α を持つための必要十分条件は

$$x^2 \equiv a \pmod{p}$$

が $\boldsymbol{Z}$ において根を持つこと，すなわち

$$\left(\frac{a}{p}\right) = 1$$

である．(その根は $x=\alpha, -\alpha$ である.)

(ii) $a \in \boldsymbol{Z}$，$a \not\equiv 0 \pmod{2}$ とする．

$$x^2 = a$$

が $\boldsymbol{Q}_2$ で根 α を持つための必要十分条件は

$$x^2 \equiv a \pmod{8}$$

が $\boldsymbol{Z}$ において根を持つこと，すなわち

$$a \equiv 1 \pmod{8}$$

である．(その根は $x=\alpha, -\alpha$ である.)

(iii) $\boldsymbol{Q}_p$ において

$$x^{p-1} = 1$$

は $p-1$ 個の異なる根を持つ．

証明 (i) Hensel の補題を用いれば直ちに証明される．まず $x^2=a\ (a \not\equiv 0 \pmod{p})$ が $\boldsymbol{Q}_p$ で根 α を持てば α は p 進単数である．よって (11.5) の展開で，$\alpha \equiv a_0 \pmod{p}$ となり，$a_0{}^2 \equiv a \pmod{p}$ となる．

逆に $a_0{}^2 \equiv a \pmod{p}$ であれば，$a_0 \not\equiv 0 \pmod{p}$ かつ

$$x^2 - a \equiv (x-a_0)(x+a_0) \pmod{p}$$

である．$g_0(x) = x-a_0$ と $h_0(x) = x+a_0$ とは係数を $\boldsymbol{Z}/p\boldsymbol{Z}$ の元とみて互いに素であるので，Hensel の補題を $f(x)=x^2-a$ にあてはめれば，$f(x)=(x-\alpha)\cdot(x-\beta)$ と $\boldsymbol{Q}_p$ で分解される．ここで $\alpha^2=\beta^2=a\ (\beta=-\alpha)$ である．

(i) は Hensel の補題なしに例 11.1 よりも導かれる．すなわち $a_0{}^2 \equiv a \pmod{p}$ より出発して $\alpha_n = a_0 + a_1 p + \cdots + a_n p^n \in \boldsymbol{Z}$ を適当にとれば

$$\alpha_n{}^2 \equiv a \pmod{p^{n+1}} \qquad (n=1, 2, \cdots)$$

を解くことができる．$\bar{\alpha} = p\text{-}\lim \alpha_n \in \boldsymbol{Q}_p$ とすれば $\bar{\alpha}^2 = a$ となる．

(ii)　Henselの補題をそのまま用いようとすると，(i)において $p=2$ とすれば $x^2-a\equiv(x-a_0)^2 \pmod 2$ となって具合がわるい．よってHenselの補題をすこし拡張しなくてはならない(問題4参照)．しかし，直接に解くこともできる．§1.3, 定理1.14 (ii) によれば，$a\equiv 1 \pmod 8$ に対して，$x^2\equiv a \pmod{2^n}$ は

$$\alpha_n = a_0+a_1\cdot 2+\cdots+a_{n-1}\cdot 2^{n-1} \qquad (n=1, 2, \cdots)$$

および $-\alpha_n$, $5^{2^{n-3}}\alpha_n$, $-5^{2^{n-3}}\alpha_n$ の四つの解を持つ．ここで $5^{2^{n-3}}\equiv 1 \pmod{2^{n-1}}$ であるから

$$\bar{\alpha} = p\text{-lim}\,\alpha_n = p\text{-lim}\,5^{2^{n-3}}\alpha_n \in \boldsymbol{Q}_2$$

が存在して，$\bar{\alpha}^2=a$ が成り立つ．

逆に $\bar{\alpha}^2=a$, $\bar{\alpha}\in\boldsymbol{Q}_2$ が解ければ，$\bar{\alpha}$ を (11.5) のように展開すれば $a\equiv 1 \pmod 8$ がわかる．

(iii)　Henselの補題を用いる．

$$x^{p-1}-1 \equiv (x-1)(x-2)\cdots(x-(p-1)) \pmod p,$$

かつ $x-1$, $\cdots$, $x-(p-1) \pmod p$ は互いに素であるから，$f(x)=x^{p-1}-1$ にHenselの補題をあてはめれば，$\boldsymbol{Q}_p$ において

$$x^{p-1}-1 = (x-\zeta_1)(x-\zeta_2)\cdots(x-\zeta_{p-1}) \qquad (\zeta_j\in\boldsymbol{Q}_p)$$

と分解され，$\zeta_j\neq\zeta_k$ $(j\neq k)$ である．▌

定理 11.3　(i)　$p\,(\neq 2)$ を奇の素数とする．$\bar{\lambda}=p^e\bar{\alpha}\in\boldsymbol{Q}_p{}^*$ ($\boldsymbol{Q}_p{}^*$ は $\boldsymbol{Q}_p$ より0を除いた乗法群を表わす)，$\bar{\alpha}$ は p 進単数とする．このとき，$\bar{\lambda}=\bar{\mu}^2$, $\bar{\mu}\in\boldsymbol{Q}_p{}^*$ と表わされるための必要十分条件は，$e\equiv 0 \pmod 2$，かつ $\bar{\alpha}=\bar{\beta}^2$, $\bar{\beta}\in\boldsymbol{Q}_p{}^*$ となることである．したがって

$$\boldsymbol{Q}_p{}^*/\boldsymbol{Q}_p{}^{*2}$$

は位数4の(2, 2)型可換群である．$\boldsymbol{Q}_p{}^*/\boldsymbol{Q}_p{}^{*2}$ の代表として

$$1,\ \varepsilon,\ p,\ p\varepsilon \qquad \left(\text{ただし}\left(\frac{\varepsilon}{p}\right)=-1\right)$$

をとることができる．

(ii)　$\boldsymbol{Q}_2$ において，$\bar{\lambda}=2^e\bar{\alpha}\in\boldsymbol{Q}_2{}^*$ ($\bar{\alpha}$ は2進単数とする) が $\bar{\lambda}=\bar{\mu}^2$, $\bar{\mu}\in\boldsymbol{Q}_2{}^*$ と表わされるための必要十分条件は $e\equiv 0 \pmod 2$，かつ $\bar{\alpha}=\bar{\beta}^2$, $\bar{\beta}\in\boldsymbol{Q}_2{}^*$ と表わされることである．したがって

$$\boldsymbol{Q}_2{}^*/\boldsymbol{Q}_2{}^{*2}$$

は位数8の (2, 2, 2) 型可換群である．その代表として

$$\pm 1,\quad \pm 5,\quad \pm 2,\quad \pm 10$$

をとることができる．

証明　定理11.2と§1.3の結果を用いればよい．▌

さて，§11.2で用いるつぎの結果を付け加えよう．

定理 11.4　$f(x_1, \cdots, x_n)$ を $\boldsymbol{Z}_p$ 係数の $x_1, \cdots, x_n$ についての同次多項式とする．つぎの (i), (ii) は同値である．

(i)　$f(x_1, \cdots, x_n)=0$ は $(0, \cdots, 0)$ 以外に $\boldsymbol{Z}_p$ で解 $(\bar{\alpha}_1, \cdots, \bar{\alpha}_n)$ を持つ．

(ii)　任意の $e=1, 2, \cdots$ に対して $f(x_1, \cdots, x_n)\equiv 0 \pmod{p^e}$ は $\boldsymbol{Z}/p^e\boldsymbol{Z}$ で $(0, \cdots, 0)$ 以外の解を持つ．

証明　(i) の解 $(\bar{\alpha}_1, \cdots, \bar{\alpha}_n)$ が $\boldsymbol{Z}_p$ で存在すれば，$(\bar{\alpha}_1 p^m, \cdots, \bar{\alpha}_n p^m)$ $(m \in \boldsymbol{Z})$ も $\boldsymbol{Q}_p$ での解となる．よって，初めから $\bar{\alpha}_1, \cdots, \bar{\alpha}_n$ $(\in \boldsymbol{Z}_p)$ のうち，少なくも一つは p で割り切れないようにできる．その解を $\bmod p^e$ でとれば，(ii) の解となる．

(ii) の解 $(a_1{}^{(e)}, \cdots, a_n{}^{(e)})$ $(a_i{}^{(e)} \in (\boldsymbol{Z} \bmod p^e\boldsymbol{Z}))$ をとる．$\boldsymbol{Z}/p^e\boldsymbol{Z}$ $(e=1, 2, \cdots)$ は有限集合であることから $(a_1{}^{(e)}, \cdots, a_n{}^{(e)})$ の適当な部分列 $e_1<e_2<\cdots$ をとることにより $(a_1{}^{(e_j)}, \cdots, a_n{}^{(e_j)})$ を $\bmod p^{e_i}$ $(i<j)$ にとれば，つねに

$$(a_1{}^{(e_j)}, \cdots, a_n{}^{(e_j)}) \equiv (a_1{}^{(e_i)}, \cdots, a_n{}^{(e_i)}) \pmod{p^{e_i}}$$

となるようにできる．そのとき

$$\bar{\alpha}_i = p\text{-}\lim_{j\to\infty} a_i{}^{(e_j)} \in \boldsymbol{Z}_p \qquad (i=1, \cdots, n)$$

が存在し，$(\bar{\alpha}_1, \cdots, \bar{\alpha}_n) \neq (0, \cdots, 0)$ かつ $f(\bar{\alpha}_1, \cdots, \bar{\alpha}_n)=0$ となることがわかる．▌

§11.2　Hilbert のノルム剰余記号（有理数体の場合）

Hilbert は2次体の整数論を展開するために，新しいノルム剰余記号

$$\left(\frac{a, b}{p}\right) \qquad (a, b \in \boldsymbol{Z},\ \ p: \text{素数})$$

を導入した (1897)．以下それを紹介しよう．この節の後の部分で，p 進数体上の2元2次形式の理論にこの記号を応用することが目標である．

定義 11.3（**Hilbert のノルム剰余記号**）　$a, b \in \boldsymbol{Z}$ $(a\neq 0,\ \ b\neq 0)$，p を素数とする．

(i) b が平方数であれば

$$\left(\frac{a,b}{p}\right)=+1,$$

(ii) b が平方数でなければ

$$\left(\frac{a,b}{p}\right)=\pm 1$$

で，$+1$ となるのは a が任意の p^e $(e=1,2,\cdots)$ を法として 2 次体 $k=\boldsymbol{Q}(\sqrt{b})$ の或る整数 β_e のノルムと合同であること：

$$a\equiv N_{k/\boldsymbol{Q}}\beta_e \pmod{p^e} \qquad (e=1,2,\cdots)$$

と定める．その他の場合には -1 とする．

定理 11.5 (Hilbert)

(A) p を奇の素数とする．

(イ) $p\nmid a$, $p\nmid b$ ならば

$$\left(\frac{a,b}{p}\right)=1.$$

(ロ) $p\nmid a$ ならば,

$$\left(\frac{a,p}{p}\right)=\left(\frac{p,a}{p}\right)=\left(\frac{a}{p}\right),$$

ただし，右辺は Legendre の平方剰余記号 (§1.3) とする．

(B) $p=2$ の場合．

(イ) $2\nmid a$, $2\nmid b$ ならば

$$\left(\frac{a,b}{2}\right)=(-1)^{(a-1)/2\cdot(b-1)/2}.$$

(ロ) $2\nmid a$ ならば

$$\left(\frac{a,2}{2}\right)=\left(\frac{2,a}{2}\right)=(-1)^{(a^2-1)/8}.$$

(C) 任意の a, a', b, b' (すべて $\neq 0$), p に対して

(イ)
$$\left(\frac{-b,b}{p}\right)=1,$$

(ロ)
$$\left(\frac{a,b}{p}\right)=\left(\frac{b,a}{p}\right),$$

(ハ)
$$\left(\frac{aa', b}{p}\right)=\left(\frac{a, b}{p}\right)\left(\frac{a', b}{p}\right),$$

(ニ)
$$\left(\frac{a, bb'}{p}\right)=\left(\frac{a, b}{p}\right)\left(\frac{a, b'}{p}\right).$$
——

以下記号を簡単にするために

(11.9)
$$\left(\frac{a, b}{p}\right)=(a, b)_p$$

と表わす.

証明 Hilbert の方法にしたがって証明しよう. まず, a 自身が $k=\boldsymbol{Q}(\sqrt{b})$ の或る整数のノルムであれば, $(a, b)_p=1$ である. 特に $-b=N_{k/\boldsymbol{Q}}\sqrt{b}$ のノルムであるから, (C) (イ) が成立する.

また $p\nmid a$, $p\nmid a'$, かつ $aN_{k/\boldsymbol{Q}}\alpha=a'N_{k/\boldsymbol{Q}}\alpha'$ (α, α' は $k=\boldsymbol{Q}(\sqrt{b})$ の整数, ただし, α, α' は p と素) であれば,
$$(a, b)_p=(a', b)_p$$
となる. これは α に対して
$$(N_{k/\boldsymbol{Q}}\alpha)(N_{k/\boldsymbol{Q}}\beta)\equiv 1 \pmod{p^e}$$
となる k の整数 β をとって考えればよい.

特に $am^2=a'm'^2$ ($m, m'\in\boldsymbol{Z}$) であれば
$$(a, b)_p=(a', b)_p$$
である. また $bn^2=b'n'^2$ であれば $\boldsymbol{Q}(\sqrt{b})=\boldsymbol{Q}(\sqrt{b'})$ であるから
$$(a, b')_p=(a, b)_p$$
である. したがって, a, b ともに平方因子を含まない場合を考えれば十分である.

以下場合を分けて考える.

(D) p は奇の素数で, $p\mid b$ の場合. $k=\boldsymbol{Q}(\sqrt{b})$ の整数は

$m+n\sqrt{b}$ $(m, n\in\boldsymbol{Z})$, $b\equiv 2, 3 \pmod 4$ の場合,

$\dfrac{m+n\sqrt{b}}{2}$ $(m\equiv n \pmod 2)$, $b\equiv 1 \pmod 4$ の場合

と表わされる.

(i) $p\nmid a$, $p\mid b$ の場合. $(a, b)_p=1$ であれば

$b\equiv 2, 3 \pmod 4$ のとき $4a\equiv m^2-bn^2 \pmod p$, $m\equiv n \pmod 2$,

$b\equiv 1 \pmod 4$ のとき $a\equiv m^2-bn^2 \pmod p$

と表わされる．したがって $a\equiv x^2 \pmod{p}$ $(x\in \boldsymbol{Z})$ が解ける．すなわち $\left(\dfrac{a}{p}\right)=1$ である．逆に $\left(\dfrac{a}{p}\right)=1$ であれば，上の合同式は m, n について解を持つ．そのときは $a\equiv x^2 \pmod{p}$ のみならず，$\bmod p^e$ $(e=1, 2, \cdots)$ の解を持つ(§1.3, 定理 1.13, p.35)．よって $(a, b)_p=1$ となる．以上より

$$(a, b)_p=\left(\frac{a}{p}\right) \qquad (p\nmid a,\ p\mid b)$$

が示された．

(ii) $p\mid a$ かつ $p\mid b$ (ただし $p^2\nmid a$, $p^2\nmid b$) の場合．

$$(a, b)_p=(-ab, b)_p=\left(\frac{-ab}{p^2}, b\right)_p=\left(\frac{\dfrac{-ab}{p^2}}{p}\right)$$

となる．

(E) p は奇の素数で，$p\nmid b$ の場合．

(i) $p\nmid a$ であれば，$a\equiv m^2-n^2b \pmod{p}$ はつねに解 $m, n\in \boldsymbol{Z}$ を持つことを見よう．まず $m=1, 2, \cdots, (p-1)/2$, $n=0$ とすれば，m^2-n^2b は $\bmod p$ のすべての平方剰余 a を表わす．

さらに，もしも $\left(\dfrac{-b}{p}\right)=-1$ であれば，$m=0$, $n=1, 2, \cdots, (p-1)/2$ に対して m^2-n^2b は $\bmod p$ のすべての平方非剰余 a を表わす．

それに反して $\left(\dfrac{-b}{p}\right)=1$ であれば，a を $\bmod p$ の正の最小の平方非剰余として $-n^2b\equiv a-1 \pmod{p}$ の解 n をとる．すなわち $a\equiv 1-n^2b \pmod{p}$ とする．これから $x^2-(nx)^2b$ は $x=1, 2, \cdots, (p-1)/2$ に対して $\bmod p$ のすべての平方非剰余を表わすことになる．

以上より $a\equiv m^2-n^2b \pmod{p}$ はすべての場合に解を持つことがわかった．これから同じ合同式は $\bmod p^e$ $(e=1, 2, \cdots)$ でも解を持つことは容易にためすことができる．よって $p\nmid a$ かつ $p\nmid b$ であれば，つねに $(a, b)_p=1$ が示された．

(ii) $p\mid a$ かつ $p\nmid b$ の場合．はじめの仮定より $p^2\nmid a$ とする．そのとき $a\equiv m^2-n^2b \pmod{p^2}$ の解があれば $N_{k/\boldsymbol{Q}}\alpha$ $(\alpha=m-\sqrt{b}\,n)$ は p で割り切れるが，p^2 では割り切れない．したがって $k=\boldsymbol{Q}(\sqrt{b})$ の整数環 I_k で $(p)=\mathfrak{p}\mathfrak{p}'$ と分解する．そのための必要十分条件は§5.1, 定理 5.1 (p.178) によって $\left(\dfrac{b}{p}\right)=1$ $(D_k=b$ または $4b)$ であった．よって $(a, b)_p=1$ ならば $\left(\dfrac{b}{p}\right)=1$ である．

逆に $\left(\dfrac{b}{p}\right)=1$ であれば，同じ定理によって I_k において $(p)=\mathfrak{p}\mathfrak{p}'$ と分解される．いま $\alpha\in I_k$ を $\mathfrak{p}$ に含まれるが，$\mathfrak{p}^2$ にも $\mathfrak{p}'$ にも含まれない数とすれば，(i) によって

$$(a, b)_p=(aN_{k/Q}\alpha, b)_p=\left(\frac{aN_{k/Q}\alpha}{p^2}, b\right)_p=1$$

となる．よって，この場合に

$$(a, b)_p=\left(\frac{b}{p}\right)$$

が示された．

以上 (D), (E) を見るとき，p が奇の素数であれば定理 11.5 の (A)(イ), (ロ), (C)(イ), (ロ) が示された．また，(ハ) は a, b をいろいろの場合に分けてみるとき，平方剰余の性質に帰着する．(ニ) は (ハ) と (ロ) を合せ用いればよい．

よって，$p=2$ の場合を考察する．まず

(VII) $f(x, y)$ を x, y についての整係数 2 元 2 次形式とし，n を奇の整数とする．そのとき合同式

$$n\equiv f(x, y) \pmod{2^3}$$

が整数解 (x, y) を持てば，これは $\bmod 2^{3+e}$ $(e=1, 2, \cdots)$ についても整数解を持つ．

[証明] e についての帰納法による．$e=0$ の場合は仮定により正しい．e のとき $n\equiv f(x, y) \pmod{2^{3+e}}$ が成り立つと仮定する．もしも $n\not\equiv f(x, y) \pmod{2^{4+e}}$ であれば $n\equiv f(x, y)+2^{3+e} \pmod{2^{4+e}}$ である．そのとき $c^2\equiv 1+2^{3+e} \pmod{2^{4+e}}$ に c がとれる (§1.3, 定理 1.14 (ii), p. 35)．よって

$$f(ca, cb)=c^2f(a, b)\equiv f(a, b)+2^{3+e}f(a, b)\equiv f(a, b)+2^{3+e}\equiv n \pmod{2^{4+e}}$$

が成り立つ．▌

(i) $2\nmid a$ の場合．

さて $(a, b)_2$ の値をしらべるには

$$b\equiv 2, 3 \pmod 4 \quad \text{のとき} \quad a\equiv m^2-bn^2 \pmod{2^3},$$
$$b\equiv 1 \pmod 4 \quad \text{のとき} \quad 4a\equiv m^2-bn^2 \pmod{2^3}$$
$$\text{ただし} \quad m\equiv n \pmod 2$$

が整数解 (m, n) を持つかどうかをみよう．後者に対して，m, n ともに偶数であれば，前者に帰する．m, n が共に奇数のときは m の代りに $m=n+2r$ とおけば

$a \equiv r^2 + rn - ((b-1)/4)n^2 \pmod{2^3}$ を考えることと同値である.

a, b に対して mod 8 の剰余類(ただし $2 \nmid a$, $4 \nmid b$) を個々に扱えば, 上記合同式の解が存在するのはつぎの場合であることが確かめられる.

$b \pmod 8$	$a \pmod 8$
1	1, 3, 5, 7
2	1, 7
3	1, 5
5	1, 3, 5, 7
6	1, 3
7	1, 5

この表から, $2 \nmid a$, $2 \nmid b$ のとき

(11.10) $$(a, b)_2 = (-1)^{(a-1)/2 \cdot (b-1)/2}$$

が確かめられる. また $2 \nmid a$, $b = 2b'$, $2 \nmid b'$ のとき

(11.11) $$(a, 2b')_2 = (-1)^{(a^2-1)/8 + (a-1)/2 \cdot (b'-1)/2}$$

が確かめられる.

(ii) $a = 2a'$, $2 \nmid a'$, $2 \nmid b$ の場合. さらに場合を細分して

(イ) $b \equiv 1 \pmod 4$ の場合.

$(a, b)_2 = 1$ とする. $2a' \equiv N_{k/\boldsymbol{Q}}\alpha \pmod{2^3}$ より $k = \boldsymbol{Q}(\sqrt{b})$ の整数環 I_k で $(2) = \mathfrak{l}\mathfrak{l}'$ $(\mathfrak{l} \neq \mathfrak{l}')$ と分解する. したがって§5.1, 定理5.1(iii)(イ)により $b \equiv 1 \pmod 8$ となり, $(2a', b)_2 = \left(\dfrac{b}{2}\right) = 1 = (-1)^{(b^2-1)/8}$ が成り立つ. 逆に $b \equiv 1 \pmod 4$, $\left(\dfrac{b}{2}\right) = 1$ ならば $b \equiv 1 \pmod 8$ となり同じ定理5.1によって $(2) = \mathfrak{l}\mathfrak{l}'$ $(\mathfrak{l} \neq \mathfrak{l}')$ と分解される. そこで $\alpha \in I_k$, $k = \boldsymbol{Q}(\sqrt{b})$, の元 α を $N_{k/\boldsymbol{Q}}\alpha$ が2では割り切れるが, 4では割り切れないようにとることができる. そのとき

$$(2a', b)_2 = (2a' N_{k/\boldsymbol{Q}}\alpha, b)_2 = \left(\frac{a' N_{k/\boldsymbol{Q}}\alpha}{2}, b\right)_2.$$

ここで $a' N_{k/\boldsymbol{Q}}\alpha$ は2で割り切れない. 故に(i)の表によって, $b \equiv 1 \pmod 8$ に対してこのノルム剰余記号の値は1に等しい. 以上より

$$(2a', b)_2 = \left(\frac{b}{2}\right) = (-1)^{(b^2-1)/8}$$

が成り立つ.

(ロ) $b\equiv 3 \pmod 4$ の場合.

$(2a', b)_2$ の値は，$2a'\equiv m^2-bn^2 \pmod{2^e}$ が整数解 (m, n) を持つか否かによって，$+1$ または -1 の値をとる．もしも $2a'\equiv m^2-bn^2 \pmod{2^e}$ に解があれば，m, n は奇数でなければならない．よって $nr\equiv 1 \pmod{2^e}$ に r をとれば $b\equiv (mr)^2-2a'r^2 \pmod{2^e}$ となる．逆の命題も成り立つ．したがって $(2a', b)_2=(b, 2a')_2$ となる．故に (i) の公式 (11.11) が適用される．

(iii) $a=2a'$, $b=2b'$ $(2\nmid a', 2\nmid b')$ の場合.

$$(2a', 2b')_2=(-2^2a'b', 2b')_2=(-a'b', 2b')_2$$

となって，再び公式 (11.11) が適用できる．

以上によって a, b のすべての場合について $(a, b)_2$ の値が計算された．それらを用いれば，証明すべき公式 (B)(イ), (ロ), (C)(ロ), (ハ), (ニ) は容易に確かめることができる．▌

つぎに，素数 p の代りに，形式的に**無限素点** p_∞ を定義する．

定義 11.4 $a, b\in \boldsymbol{Z}$ $(a\neq 0, b\neq 0)$ に対して，ノルム剰余記号

$$\left(\frac{a, b}{p_\infty}\right) \tag{11.12}$$

の値を

$$\left(\frac{a, b}{p_\infty}\right)=\begin{cases} 1, & a>0,\ b>0, \\ 1, & a>0,\ b<0, \\ 1, & a<0,\ b>0, \\ -1, & a<0,\ b<0 \end{cases}$$

と定める．このとき，つぎのいちじるしい定理が証明される．

定理 11.6 (Hilbert) $a, b\in \boldsymbol{Z}$ $(a\neq 0, b\neq 0)$ とする．p がすべての素数および無限素点を動くとき，

(i) $\left(\dfrac{a, b}{p}\right)\neq 1$ となる p はたかだか有限個である．

(ii) $$\prod_p \left(\frac{a, b}{p}\right)=1$$ （ただし，左辺の積には p_∞ を含む）.

証明 a, b が -1 または素数の場合についてしらべよう．証明には Legendre の平方剰余の相互法則 (§1.3, 定理 1.16) を本質的に用いる．

(イ) $a=-1,\ b=-1.$

$$\left(\frac{-1,-1}{2}\right)=-1,\qquad \left(\frac{-1,-1}{p_\infty}\right)=-1,$$

その他の p に対して $\left(\dfrac{-1,-1}{p}\right)=1.$

(ロ) $a=-1,\ b=2.$

$$\left(\frac{-1,2}{2}\right)=1,\qquad \text{その他の } p \text{ に対して } \left(\frac{-1,2}{p}\right)=1.$$

(ハ) $a=-1,\ b=p\ (\neq 2).$

$$\left(\frac{-1,p}{2}\right)\left(\frac{-1,p}{p}\right)=(-1)^{(-1-1)/2\cdot(p-1)/2}\cdot\left(\frac{-1}{p}\right)=1,$$

その他の q に対して $\left(\dfrac{-1,p}{q}\right)=1.$

(ニ) $a=2,\ b=2.$

$$\left(\frac{2,2}{2}\right)=1,\qquad \text{その他の } p \text{ に対して } \left(\frac{2,2}{p}\right)=1.$$

(ホ) $a=2,\ b=p\ (\neq 2).$

$$\left(\frac{2,p}{2}\right)\left(\frac{2,p}{p}\right)=(-1)^{(p^2-1)/8}\cdot\left(\frac{2}{p}\right)=1,$$

その他の q に対して $\left(\dfrac{2,p}{q}\right)=1.$

(ヘ) $a=p,\ b=p\ (\neq 2).$

$$\left(\frac{p,p}{2}\right)\left(\frac{p,p}{p}\right)=(-1)^{(p-1)/2\cdot(p-1)/2}\cdot(-1)^{(p-1)/2}=1,$$

その他の q に対して $\left(\dfrac{p,p}{q}\right)=1.$

(ト) $a=p,\ b=q\ (p\neq 2,\ q\neq 2).$

$$\left(\frac{p,q}{2}\right)\left(\frac{p,q}{p}\right)\left(\frac{p,q}{q}\right)=(-1)^{(p-1)/2\cdot(q-1)/2}\cdot\left(\frac{q}{p}\right)\left(\frac{p}{q}\right)=1,$$

その他の l に対して $\left(\dfrac{p,q}{l}\right)=1.$

つぎに一般の場合に

$$a=\varepsilon_1 2^r p_1^{r_1}\cdots p_t^{r_t},\qquad b=\varepsilon_2 2^s q_1^{s_1}\cdots q_u^{s_u}\qquad (\varepsilon_1,\varepsilon_2=\pm 1)$$

に対して，積公式(定理 11.5 (C)(ハ), (ニ)) を用いれば直ちに $\prod_l \left(\frac{a,b}{l}\right)=1$ は上記(イ)-(ト)の場合の結合によって証明される. ▌

注意　上記の証明によって，定理 11.6 を用いれば逆に Legendre 記号の相互法則(定理 1.16) が導かれることがわかる.

Hilbert は上記のノルム剰余記号の性質をまず証明し，これらを用いて，第5章の2次体のイデアル論の結果(特にイデアル類，種の理論)を証明した.

§11.3　p 進数体における Hilbert のノルム剰余記号

この節では，Hilbert のノルム剰余記号を p 進数に拡張しよう.

定義 11.5　p 進数 $\alpha, \beta \in \boldsymbol{Q}_p$ $(\alpha \neq 0,\ \beta \neq 0)$ に対して，**Hilbert のノルム剰余記号**

$$\left(\frac{\alpha, \beta}{p}\right) \qquad (\text{または } (\alpha, \beta)_p \text{ と略記する})$$

をつぎのように定める.

(i)　α, β が p 進整数すなわち $\boldsymbol{Z}_p$ の元の場合.

$$\alpha = a_0+a_1p+a_2p^2+\cdots, \qquad \beta = b_0+b_1p+b_2p^2+\cdots$$

$(a_i, b_i \in \boldsymbol{Z},\ a_i, b_i$ は p と素) に対して n を十分大にとって

$$\left(\frac{\alpha, \beta}{p}\right) = \left(\frac{a_0+\cdots+a_np^n, b_0+\cdots+b_np^n}{p}\right)$$

とおく. 右辺の値は十分大きな n に対して一定である.

特に $p \neq 2$ であれば

$$\left(\frac{\alpha, \beta}{p}\right) = \left(\frac{a_0+a_1p, b_0+b_1p}{p}\right)$$

$$= \begin{cases} \left(\frac{a_0, b_0}{p}\right) = 1, \qquad a_0 \not\equiv 0,\ b_0 \not\equiv 0 \pmod p, \\ \left(\frac{a_0, b_1p}{p}\right) = \left(\frac{a_0, b_1}{p}\right)\left(\frac{a_0, p}{p}\right) = \left(\frac{a_0}{p}\right), \\ \qquad\qquad b_0 = 0,\ a_0 \not\equiv 0,\ b_1 \not\equiv 0 \pmod p, \\ \left(\frac{a_1p, b_0}{p}\right) = \left(\frac{a_1, b_0}{p}\right)\left(\frac{p, b_0}{p}\right) = \left(\frac{b_0}{p}\right), \\ \qquad\qquad a_0 = 0,\ a_1 \not\equiv 0,\ b_0 \not\equiv 0 \pmod p, \end{cases}$$

$$\begin{cases} \left(\dfrac{a_1p,\, b_1p}{p}\right) = \left(\dfrac{a_1,\, b_1}{p}\right)\left(\dfrac{a_1,\, p}{p}\right)\left(\dfrac{p,\, b_1}{p}\right)\left(\dfrac{p,\, p}{p}\right) \\ \qquad = (-1)^{(p-1)/2}\left(\dfrac{a_1}{p}\right)\left(\dfrac{b_1}{p}\right), \\ \qquad\qquad a_0 = 0,\ b_0 = 0,\ a_1 \not\equiv 0,\ b_1 \not\equiv 0 \pmod{p}, \\ 1, \qquad\qquad a_0 = a_1 = b_0 = b_1 = 0. \end{cases}$$

$p=2$ に対しては

$$\left(\frac{\alpha,\, \beta}{2}\right) = \left(\frac{a_0+a_1\cdot 2+a_2\cdot 2^2+a_3\cdot 2^3,\, b_0+b_1\cdot 2+b_2\cdot 2^2+b_3\cdot 2^3}{2}\right),$$

それらの値は，$p\neq 2$ と同様に

$$\left(\frac{2,\, 2}{2}\right) = 1, \qquad \left(\frac{2,\, b}{2}\right) = (-1)^{(b^2-1)/8} \quad (2 \nmid b),$$

$$\left(\frac{a,\, b}{2}\right) = (-1)^{(a-1)/2\cdot(b-1)/2} \qquad (2 \nmid a,\ 2 \nmid b)$$

より定まる.

(ii) α または β が p 進整数でない場合.

$\alpha p^{2e} \in \boldsymbol{Z}_p$, $\alpha p^{2e-1} \notin \boldsymbol{Z}_p$, $\beta p^{2f} \in \boldsymbol{Z}_p$, $\beta p^{2f-1} \notin \boldsymbol{Z}_p$ とするとき

$$\left(\frac{\alpha,\, \beta}{p}\right) = \left(\frac{\alpha p^{2e},\, \beta p^{2f}}{p}\right)$$

と定める.

定理 11.7 p 進数 α, β $(\alpha\neq 0,\ \beta\neq 0)$ に対して

(i)
$$\left(\frac{\alpha,\, \beta}{p}\right) = \left(\frac{\beta,\, \alpha}{p}\right),$$

(ii)
$$\left(\frac{\alpha_1\alpha_2,\, \beta}{p}\right) = \left(\frac{\alpha_1,\, \beta}{p}\right)\left(\frac{\alpha_2,\, \beta}{p}\right),$$

$$\left(\frac{\alpha,\, \beta_1\beta_2}{p}\right) = \left(\frac{\alpha,\, \beta_1}{p}\right)\left(\frac{\alpha,\, \beta_2}{p}\right),$$

(iii) $p\neq 2$ の場合. α, β を p 進単数とするとき

$$\left(\frac{\alpha,\, \beta}{p}\right) = 1,$$

$$\left(\frac{\alpha,\, p}{p}\right) = \left(\frac{a}{p}\right), \qquad \alpha \equiv a \pmod{p},$$

$$\left(\frac{p, p}{p}\right) = (-1)^{(p-1)/2},$$

(iv) $p=2$ の場合．α, β を2進単数とするとき

$$\left(\frac{\alpha, \beta}{2}\right) = (-1)^{(a-1)/2\cdot(b-1)/2}, \quad \alpha \equiv a,\ \beta \equiv b \pmod 4,$$

$$\left(\frac{\alpha, 2}{2}\right) = (-1)^{(a^2-1)/8}, \quad \alpha \equiv a \pmod 8,$$

$$\left(\frac{2, 2}{2}\right) = 1$$

が成り立つ．——

証明は，上の定義にさかのぼって考えれば容易にわかる．

つぎにノルム剰余記号と，2次形式との関係を述べる．

定理 11.8 p 進数 $\alpha, \beta \in \boldsymbol{Q}_p$ $(\alpha \neq 0,\ \beta \neq 0)$ に対して，2次形式

(11.13) $$\alpha x^2 + \beta y^2 - z^2 = 0$$

が，ことごとくは0でない x, y, z に対して $\boldsymbol{Q}_p$ で解 (x, y, z) を持てば $\left(\frac{\alpha, \beta}{p}\right)=1$，$\boldsymbol{Q}_p$ で解を持たなければ $\left(\frac{\alpha, \beta}{p}\right)=-1$ となる．

証明 $\alpha, \beta \in \boldsymbol{Q}_p$ に対しては，α, β の代りに $\alpha p^{2e}, \beta p^{2f}$ をとっても，解のあるなしに関係しない．よって初めから $\alpha, \beta \in \boldsymbol{Z}_p$ かつ $p^2 \nmid \alpha,\ p^2 \nmid \beta$ として差支えない．他方解 $(x, y, z) \neq (0, 0, 0)$ について，(ux, uy, uz) を考えても解であるから，$x, y, z \in \boldsymbol{Z}_p$ かつ x, y, z がすべて p で割り切れるということはないものとして一般性を失わない．

(i) $\left(\frac{\alpha, \beta}{p}\right)=1$ の場合．$\alpha \equiv a,\ \beta \equiv b \pmod{p^e}$ $(a, b \in \boldsymbol{Z})$ とすれば $\left(\frac{a, b}{p}\right)=1$ である．したがって

$$a \equiv m^2 - bn^2 \pmod{p^e}$$

または

$$4a \equiv m^2 - bn^2 \pmod{p^e}$$

は整数解 (m, n) を持つ．このとき，合同式

$$ax^2 + by^2 - z^2 \equiv 0 \pmod{p^e}$$

は $a + bn^2 - m^2 \equiv 0$ または $4a + bn^2 - m^2 \equiv 0 \pmod{p^e}$ に従って $(x, y, z) = (1, n, m)$ または $(2, n, m)$ という整数解を持つ．したがって定理 11.4 によって (11.13) は $\boldsymbol{Z}_p$ において $(x, y, z) \neq (0, 0, 0)$ となる解を持つ．

(ii)　(11.13) が (x, y, z) $(\neq(0,0,0))$ という $\boldsymbol{Z}_p$ での解を持つとする．そのとき，(i) と同様に $p\nmid x$ または $p\nmid y$ または $p\nmid z$ と仮定してよい．しかし (11.13) が同次式であるから，$p|x$ かつ $p|y$ とはなり得ない．よって $p\nmid x$ としよう．そうすれば，x は $\boldsymbol{Z}_p$ の単数であるから，$x^{-1}\in\boldsymbol{Z}_p$．故に (11.13) より

$$\alpha=(x^{-1}z)^2-\beta(x^{-1}y)^2$$

である．したがって $\alpha\equiv a$, $\beta\equiv b \pmod{p^e}$ とすれば

$$a\equiv m^2-bn^2 \pmod{p^e}$$

となるような $m, n\in\boldsymbol{Z}$ が存在する．よって $\left(\frac{\alpha,\beta}{p}\right)=\left(\frac{a,b}{p}\right)=1$ となる．また $p\nmid y$ の場合には $\left(\frac{\beta,\alpha}{p}\right)=1$ となり，同じ結論に達する．よって定理が完全に証明された．▌

注意　p 進体 $\boldsymbol{Q}_p$ の2次の拡大

$$k=\boldsymbol{Q}_p(\sqrt{\beta})$$

を考えれば

$$\left(\frac{\alpha,\beta}{p}\right)=1 \Leftrightarrow \alpha=N_{k/\boldsymbol{Q}}B \qquad (B\in k)$$

が示される．

問　　題

1　体 k において，k から $\boldsymbol{R}$ への写像 v が

(イ)　$v(x)\geqq 0$　かつ　$v(x)=0 \Leftrightarrow x=0$,

(ロ)　$v(xy)=v(x)v(y) \qquad (x, y\in k)$,

(ハ)　$v(x+y)\leqq v(x)+v(y) \qquad (x, y\in k)$,

(ニ)　$v(x)\neq 1$ となる x $(\neq 0)$ が存在する

のとき，v を k の**付値**という．特に (ハ) よりも強く

(ハ)*　$v(x+y)\leqq \max(v(x), v(y))$

のとき，**非 Archimedes 的付値**という．

k の二つの付値 v_1 と v_2 とが同値であるとは，或る $\alpha>0$ に対して，すべての $x\in k$ に対して $v_1(x)=v_2(x)^{\alpha}$ が成り立つことをいう．

特に $\boldsymbol{Q}$ において，

(i)　普通の絶対値

$$v_\infty(x)=|x|,$$

(ii)　p 進付値

$$v_p(x)=|x|_p \qquad (p \text{ は素数})$$

は，$\boldsymbol{Q}$ の互いに同値でない付値である．

逆に $\boldsymbol{Q}$ の付値は (i), (ii) に同値なもの以外に存在しない．(“体と Galois 理論”, p. 430, 例 6. 1.)

2　(i)　k を n 次 (有限次) 代数体とし，I_k をその整数環とする．$\mathfrak{p}$ を I_k の一つの素イデアルとする．$\alpha \in k$ $(\alpha \neq 0)$ に対して $(\alpha)=\mathfrak{p}^e(\mathfrak{b}/\mathfrak{c})$ ($e \in \boldsymbol{Z}$, $\mathfrak{b}, \mathfrak{c}$ は I_k のイデアルで $\mathfrak{b}, \mathfrak{c}$ は $\mathfrak{p}$ と素) とする．そのとき c を固定して

$$|\alpha|_{\mathfrak{p}} = c^e \qquad (0<c<1)$$

とおくとき，$|\alpha|_{\mathfrak{p}}$ は k の非 Archimedes 的付値を与える．$|\alpha|_{\mathfrak{p}}$ を k の $\mathfrak{p}$ 進付値という．

逆に k の任意の非 Archimedes 的付値は，或る $\mathfrak{p}$ 進付値と同値になる．異なる素イデアル $\mathfrak{p}_1, \mathfrak{p}_2$ は同値でない $\mathfrak{p}$ 進付値を与える．

(ii)　k の n 個の共役 $\alpha \to \alpha^{(i)}$ $(i=1, \cdots, n)$ のうち，r_1 個を実共役，$2r_2$ 個を虚共役とする．そのとき

$$|\alpha|_{\infty_i} = |\alpha^{(i)}| \qquad (i=1, \cdots, r_1, r_1+1, \cdots, r_1+r_2)$$

は，互いに同値でない r_1+r_2 個の k の付値を定める．

(iii)　体 k の任意の付値は，上記 (i), (ii) のいずれかと同値である．

3 (近似定理)　$v_1, \cdots, v_n$ を体 k の互いに同値でない付値とする．任意の $a_1, \cdots, a_n \in k$ と，任意の正数 $\varepsilon>0$ を与えるとき

$$v_1(a_1-x) < \varepsilon, \quad \cdots, \quad v_n(a_n-x) < \varepsilon$$

を同時に満足する $x \in k$ が必ず存在する (同上, p. 428, 定理 6. 5).

4　(i)　$f(x) \in \boldsymbol{Z}_p[x]$ とし，$f'(x)$ をその導関数とする．もしも或る $a \in \boldsymbol{Z}_p$ に対して

$$|f(a)|_p \leqq c^n, \qquad |f'(a)|_p = c^k \qquad (0<c<1)$$

かつ

$$0 \leqq 2k < n$$

であれば，

$$|f(x)|_p \leqq c^{n+1}, \qquad |f'(x)|_p = c^k$$

かつ

$$|x-a|_p \leqq c^{n-k}$$

となる $x \in \boldsymbol{Z}_p$ が存在する．

(ii)　上の操作を n について繰り返せば，

$$f(x) = 0, \qquad |x-a|_p \leqq c^{n-k}$$

となる $x \in \boldsymbol{Z}_p$ が存在する．

5　$f(x_1, \cdots, x_m) \in \boldsymbol{Z}_p[x_1, \cdots, x_m]$ で或る $a_1, \cdots, a_m \in \boldsymbol{Z}_p$ に対して

$$|f(a_1, \cdots, a_m)|_p \leqq c^n, \qquad \left|\frac{\partial f}{\partial x_1}(a_1, \cdots, a_m)\right|_p = c^k$$

かつ

$$0 \leqq 2k < n$$

であれば，或る $x_1, \cdots, x_m \in \boldsymbol{Z}_p$, $|x_i-a_i|_p \leqq c^{n-k}$ $(i=1, \cdots, m)$ に対して

$$f(x_1, \cdots, x_m) = 0$$

となる（たとえば Serre [16], 邦訳 p. 20).

6　上記の結果を用いて，定理 11.2 を証明せよ.

7　(i)　p 進数体 $\boldsymbol{Q}_p$ において写像

$$\exp x = 1 + \frac{x}{1!} + \frac{x^2}{2!} + \cdots + \frac{x^n}{n!} + \cdots$$

は，$x \in p\boldsymbol{Z}_p$ において収束し，$\exp x \in 1 + p\boldsymbol{Z}_p$ となる.

(ii)
$$\log(1+x) = x - \frac{x^2}{2} + \frac{x^3}{3} - \cdots + (-1)^{n-1}\frac{x^n}{n} + \cdots$$

は，p が奇素数のとき $x \in p\boldsymbol{Z}_p$ で収束し，$\exp x \in 1 + p\boldsymbol{Z}_p$ となり，$p=2$ のとき $x \in 4\boldsymbol{Z}_2$ で収束し，$\exp x \in 1 + 4\boldsymbol{Z}_2$ となる.

(iii)　上記収束範囲において

$$y = \exp x - 1, \qquad x = \log(1+y)$$

は互いに逆関数である.

(iv)　収束範囲において

$$\log(x_1 \cdot x_2) = \log x_1 + \log x_2,$$
$$\exp(x_1 + x_2) = \exp x_1 \cdot \exp x_2.$$

8　(i)　$p \neq 2$ のとき，$\alpha \in \boldsymbol{Q}_p$ $(\alpha \neq 0)$ は

$$\alpha = p^e \rho \alpha_1 \qquad (e \in \boldsymbol{Z},\ \ \rho^{p-1} = 1,\ \ \alpha_1 \in 1 + p\boldsymbol{Z}_p)$$

と一意に表わされる．かつ

$$\alpha_1 = (1+p)^\beta \qquad (\beta \in \boldsymbol{Z}_p),$$
$$(1+p)^\beta = \exp(\beta \log(1+p))$$

と一意に表わされる．したがって，乗法群としての $\boldsymbol{Q}_p{}^*$ は，加法群として

$$\boldsymbol{Z} \oplus (\boldsymbol{Z}/(p-1)\boldsymbol{Z}) \oplus \boldsymbol{Z}_p$$

と同型である.

(ii)　$p=2$ の場合には

$$\alpha = 2^e \rho \alpha_1 \qquad (e \in \boldsymbol{Z},\ \ \rho = \pm 1,\ \ \alpha_1 \in 1 + 2\boldsymbol{Z}_2),$$
$$\alpha_1 = (1+4)^\beta \qquad (\beta \in \boldsymbol{Z}_2)$$

と一意に表わされ，$\boldsymbol{Q}_2{}^*$ は加法群

$$\boldsymbol{Z} \oplus (\boldsymbol{Z}/2\boldsymbol{Z}) \oplus \boldsymbol{Z}_2$$

と同型になる.

9　問題 8 の結果を用いて，定理 11.3 を示せ.

(Hilbert のノルム剰余記号について)

10 (Hilbert)　$k = \boldsymbol{Q}(\sqrt{m})$ において，判別式 D_k を割り切る異なる素因子の全体を $l_1, \cdots, l_t$ とする.

(イ)　$a \in \boldsymbol{Z}$ $(a \neq 0)$ に対して

$$\chi_j(a)=\left(\frac{a,\, m}{l_j}\right) \qquad (j=1, \cdots, t)$$

を a の指標系という.

(ロ) I_k のイデアル $\mathfrak{a}$ に対して

(i) k が虚の場合には

$$\chi_j(\mathfrak{a})=\left(\frac{N\mathfrak{a},\, m}{l_j}\right) \qquad (j=1, \cdots, t)$$

を $\mathfrak{a}$ の指標系という.

(ii) k が実の場合には

(a) $\left(\frac{-1,\, m}{l_j}\right)$ がすべて $+1$ の場合に $\chi_j(\mathfrak{a})$ $(j=1, \cdots, t)$ は (i) と同じに定義する.

(b) それらの中に -1 に等しいもののあるとき $\left(\frac{-1,\, m}{l_t}\right)=-1$ に l_t をとる. そのとき, $\mathfrak{a}$ の指標系を

$$\chi_j(\mathfrak{a})=\left(\frac{\varepsilon N\mathfrak{a},\, m}{l_j}\right) \qquad (j=1, \cdots, t-1)$$

とする. ただし $\varepsilon=\pm 1$ は $\left(\frac{\varepsilon N\mathfrak{a},\, m}{l_t}\right)=+1$ に定める.

$\chi_j(a)=1$ $(j=1, \cdots, t)$ は $a\in \boldsymbol{Z}$ が D_k を法としてノルム剰余となるための必要十分条件である (§5. 1, 定理5. 4, p. 187).

(ii) (a) は $N_{k/\boldsymbol{Q}}\varepsilon_0=-1$ となる単数 ε_0 の存在する場合 $(h^+=h)$ であり, (ii) (b) はこのような単数の存在しない場合 $(h^+=2h)$ である. このような修正の下に, 指標系はイデアル類群の指標となる. 与えられた ε_j $(=\pm 1)$ に対して $\chi_j(\mathfrak{a})=\varepsilon_j$ となるイデアル $\mathfrak{a}$ が存在するための必要十分条件は $\prod_j \varepsilon_j=1$ である. すべての j に対して $\chi_j(\mathfrak{a})=1$ となるイデアル $\mathfrak{a}$ の類が**主種**を作ると定義される (Hilbert). この方法によれば, 種の個数は 2^{t-1} でなく, (i) と (ii) (a) の場合は 2^{t-1}, (ii) (b) の場合は 2^{t-2} となる ($\chi_j(\mathfrak{a})=\chi_j(N\mathfrak{a})$ と定義すれば, $\chi_j(\mathfrak{a})$ は狭義のイデアル類の指標となり本文の説明 (§5. 1) と一致する).

11 $a_1, \cdots, a_m\in \boldsymbol{Q}$ $(a_i\neq 0)$ と $\varepsilon_{j,p}$ $(=\pm 1)$ を与える. そのとき, すべての素数 p (および p_∞) に対して

$$\left(\frac{x,\, a_j}{p}\right)=\varepsilon_{j,p} \qquad (j=1, \cdots, m)$$

となる $x\in \boldsymbol{Q}$ が存在するための必要十分条件はつぎの (i), (ii), (iii) である.

(i) $\varepsilon_{j,p}=-1$ となる p は有限個,

(ii) $$\prod_p \varepsilon_{j,p}=1 \qquad (j=1, \cdots, m),$$

(iii) $$\left(\frac{x_p,\, a_j}{p}\right)=\varepsilon_{j,p} \qquad (j=1, \cdots, m)$$

となる $x_p\in \boldsymbol{Q}$ が存在する (Serre [16], 邦訳 p. 35).

第12章　n 元2次形式と Minkowski–Hasse の定理

§12.1　一般の体上の n 元2次形式

第3章では整数を係数とする2元2次形式を扱った．この章では有理数を係数とする n 元2次形式を対象とする．その際補助として p 進数を係数とする n 元2次形式を用いる．一般に或る標数0の体 k の元を係数とする2次形式について，若干一般論を説明しよう．すでに岩波基礎数学選書“2次形式”(特に第5章)でていねいに述べられていることであるので，ここでは必要なことがらだけを拾い上げることにする．また2次形式について説明するのに，変数で表わされた形式を用いるよりは，ベクトル空間上の双線型形式として扱われることが多い．しかし，本書は歴史的な発展を解説することを目標としているので，昔から扱われているように変数による2次形式によって説明をすることにした．

定義 12.1　k は標数0の体とする．k 上の **n 元2次形式**とは k の元を係数とする変数 $x_1, \cdots, x_n$ の2次の同次多項式のことをいう．すなわち

$$f(x_1, \cdots, x_n) = \sum_{i=1}^{n}\sum_{j=1}^{n} a_{ij}x_ix_j \qquad (a_{ij} \in k), \tag{12.1}$$

ただし $a_{ij}=a_{ji}$ とする．ここに変数 $x_1, \cdots, x_n$ の代りに他の文字，たとえば $y_1, \cdots, y_n$ を用いても同じ2次形式を表わすものとする．

注意　体 k の標数が0でなく素数 p であっても，$p\neq 2$ であれば，以下の議論はそのまま成り立つ．

(12.1) の2次形式 $f(x_1, \cdots, x_n)$ に対して，$n\times n$ 対称行列

$$A = (a_{ij})$$

を，2次形式 f の**行列**といい，

$$D(f) = \det A \tag{12.2}$$

を2次形式 f の**判別式** (discriminant) という．

注意　整係数2元2次形式に対する判別式の定義 (§3.1) とはすこし異なる．

$D(f)\neq 0$ のとき，2次形式 f は**非退化** (non-degenerate) であるといい，$D(f)=0$ のとき**退化**している (degenerate) という．

二つの n 元2次形式

$$f(x_1, \cdots, x_n) = \sum_{i,j} a_{ij}x_ix_j, \qquad g(x_1, \cdots, x_n) = \sum_{i,j} b_{ij}x_ix_j$$

が**同値** (equivalent) であるとは，変数変換

$$x_i = \sum_{j=1}^{n} c_{ij}y_j \qquad (i=1, \cdots, n,\ \ c_{ij}\in k) \tag{12.3}$$

(ただし $\det C\neq 0$, $C=(c_{ij})$ とする) によって

$$f(x_1, \cdots, x_n) = g(y_1, \cdots, y_n)$$

と変換されることをいう．これを記号

$$f\sim g$$

で表わす．$f\sim g$ であれば，f, g の行列 A, B の間に

$$B = {}^tCAC \tag{12.3$_1$}$$

が成り立つ．$\det C\neq 0$ より，$f\sim g$ ならば $g\sim f$ であり，$\sim$ は同値関係である．(12.3)$_1$ より

$$D(g) = (\det C)^2\cdot D(f) \tag{12.4}$$

となる．すなわち，$f\sim g$ ならば，$D(f)$ と $D(g)$ は或る k に属する元 $(\neq 0)$ の平方因子のみ異なる．

2次形式 $f(x_1, \cdots, x_n)$ が**対角型** (diagonal form) であるとは

$$f(x_1, \cdots, x_n) = a_1x_1{}^2+a_2x_2{}^2+\cdots+a_nx_n{}^2$$

と表わされることをいう．

定理 12.1　任意の2次形式 $f(x_1, \cdots, x_n)$ は，或る対角型2次形式と同値である．——

行列の言葉を用いれば，この定理は k 上の任意の対称行列 A は，或る行列 C $(\det C\neq 0)$ によって

$${}^tCAC = \begin{bmatrix} a_1 & & \\ & \ddots & \\ & & a_n \end{bmatrix}$$

と変換されることを表わす．

証明は良く知られている通りであるが，念のためにヒントをつけ加える．

定義 12.2　k 上の2次形式 $f(x_1, \cdots, x_n)$ が，k の元 λ を**表示する**(表わす)(represent) とは，或る $\alpha_1, \cdots, \alpha_n \in k$ によって

$$f(\alpha_1, \cdots, \alpha_n) = \lambda$$

が成り立つことをいう.

f が λ を表わせば，$f \sim g$ となる g も λ を表わす.

特に $f(\alpha_1, \cdots, \alpha_n)=0$ のとき，$(\alpha_1, \cdots, \alpha_n)$ を**等方ベクトル** (isotropic vector) という．2次形式 f が $(\alpha_1, \cdots, \alpha_n) \neq (0, \cdots, 0)$ となる等方ベクトルを持つとき，f は体 k において**零を表わす**という．——

さて，定理 12.1 を証明するには，つぎの (I) が成り立てばよい.

(I)　n 元2次形式 $f(x_1, \cdots, x_n)$ が k の元 $\alpha(\alpha \neq 0)$ を表示するならば,

$$f(x_1, \cdots, x_n) \sim \alpha x_1{}^2 + g(x_2, \cdots, x_n)$$

となる.

[証明]　$f(\alpha_1, \cdots, \alpha_n)=\alpha$,　$(\alpha_1, \cdots, \alpha_n) \neq (0, \cdots, 0)$ であれば $(\alpha_1, \cdots, \alpha_n)$ を第1列とする行列 C を $\det C \neq 0$ にとる．このとき変換 (12.3) を施せば $f(x_1, \cdots, x_n) = g_1(y_1, \cdots, y_n) = \sum_{i,j} b_{ij} y_i y_j$,　$b_{11}=\alpha$ となる．つぎに $y_1 = z_1 - \sum_{j=2}^{n} \alpha^{-1} b_{1j} y_j$, $y_2 = z_2, \cdots, y_n = z_n$ とおけば

$$g_1(y_1, \cdots, y_n) = \alpha z_1{}^2 + g_2(z_2, \cdots, z_n)$$

となる. ▌

よって n についての帰納法を用いれば定理 12.1 も証明される. ▌

定義 12.3　k 上の二つの2次形式 $f(x_1, \cdots, x_n)$ と $g(x_1, \cdots, x_m)$ の**直和** (direct sum) とは，g の変数を $x_1, \cdots, x_n$ とは全く別にとり,

$$f(x_1, \cdots, x_n) + g(x_{n+1}, \cdots, x_{n+m})$$

をいう．これを記号で

$$f \oplus g$$

で表わす．f, g の行列をそれぞれ A, B とすれば，$f \oplus g$ の行列 C は

$$C = \begin{bmatrix} A & 0 \\ 0 & B \end{bmatrix}$$

である．——

さて $f_1 \sim f_2$ かつ $g_1 \sim g_2$ であれば $f_1 \oplus g_1 \sim f_2 \oplus g_2$ である．特に $g_1 \sim g_2$ であれば $f \oplus g_1 \sim f \oplus g_2$ であることは自明であるが，その逆がまた成り立つ:

定理 12.2(Wittの消去定理) f, g_1, g_2 を k 上の非退化2次形式とする．そのとき

$$f \oplus g_1 \sim f \oplus g_2 \implies g_1 \sim g_2.$$

証明 行列の計算によって示そう．まず，定理12.1によって $f \sim f_0$, f_0 を対角型にとる．$f \sim f_0$, $f \oplus g_1 \sim f \oplus g_2$ より $f_0 \oplus g_1 \sim f \oplus g_1 \sim f \oplus g_2 \sim f_0 \oplus g_2$ である．一方，$f_0 \sim a{x_1}^2 \oplus f_1(x_2, \cdots, x_n)$ $(a \neq 0)$ と表わすとき

$$a{x_1}^2 \oplus (f_1 \oplus g_1) \sim f_0 \oplus g_1 \sim f_0 \oplus g_2 \sim a{x_1}^2 \oplus (f_1 \oplus g_2)$$

である．よって定理を $f = a_1{x_1}^2$ $(a_1 \neq 0)$ の場合に証明すれば十分である．

$$a_1{x_1}^2 \oplus g_1(x_2, \cdots, x_n) \sim a_1{x_1}^2 \oplus g_2(x_2, \cdots, x_n) \qquad (a_1 \neq 0)$$

と仮定する．ここに g_1 および g_2 の行列を B_1 および B_2 とする．仮定より行列

$$C = \begin{bmatrix} c & S \\ T & Q \end{bmatrix} \qquad (\det C \neq 0)$$

(ただし S は $n-1$ 次行ベクトル，T は $n-1$ 次列ベクトル，Q は $(n-1) \times (n-1)$ 行列である) によって

$$\begin{bmatrix} c & {}^tT \\ {}^tS & {}^tQ \end{bmatrix} \begin{bmatrix} a & 0 \\ 0 & B_1 \end{bmatrix} \begin{bmatrix} c & S \\ T & Q \end{bmatrix} = \begin{bmatrix} a & 0 \\ 0 & B_2 \end{bmatrix}$$

となる．すなわち

$$\begin{cases} c^2a + {}^tTB_1T = a, \\ caS + {}^tTB_1Q = 0, \\ {}^tSaS + {}^tQB_1Q = B_2 \end{cases}$$

である．これから $(n-1) \times (n-1)$ 正則行列 C_0 を見出して，${}^tC_0B_1C_0 = B_2$ となることを示せばよい．特に

$$C_0 = Q + bTS \qquad (b \in k)$$

の形にとって，C_0 を求めよう．

$$\begin{aligned} {}^tC_0B_1C_0 &= ({}^tQ + b{}^tS{}^tT)B_1(Q + bTS) \\ &= {}^tQB_1Q + b{}^tS{}^tTB_1Q + b{}^tQB_1TS + b^2{}^tS{}^tTB_1TS. \end{aligned}$$

ここに上の関係式のはじめの二つを用いれば

$$= {}^tQB_1Q + a((1-c^2)b^2 - 2cb){}^tSS$$

となる．もしも $(1-c^2)b^2 - 2cb = 1$ に b がとれれば，上記の第3の関係式を用いて，右辺 $= B_2$ を得る．

さて決定すべき $b\in k$ は，上の式を書き直して

$$x^2-(cx+1)^2=0$$

の解をとればよい．変形して $(x-cx-1)(x+cx+1)=0$，すなわち $x=1/(1-c)$ または $x=-1/(1+c)$ が k に求まればよい．これは体 k の標数 $\neq 2$ であれば，必ず求まる．よって $g_1\sim g_2$ となった．▌

定理 12.3 f を k 上の非退化2次形式とする．もしも f が体 k で零を表わせば，k の任意の元を表示する．

証明 f が $c\in k$ を表わせば，$f\sim g$ となる g も c を表わす．したがって初めから $f=a_1x_1{}^2+\cdots+a_nx_n{}^2$ $(a_1\neq 0, \cdots, a_n\neq 0)$ としてよい．いま $f(\alpha_1, \cdots, \alpha_n)=a_1\alpha_1{}^2+\cdots+a_n\alpha_n{}^2=0$ $((\alpha_1, \cdots, \alpha_n)\neq(0, \cdots, 0))$ とし，c を k の任意の元とする．$\alpha_1\neq 0$ としよう．t を一つの新しい変数として

$$x_1=\alpha_1(1+t), \qquad x_2=\alpha_2(1-t), \qquad \cdots, \qquad x_n=\alpha_n(1-t)$$

とおくと

$$f(x_1, \cdots, x_n)=f_1(t)=2a_1\alpha_1{}^2t-2a_2\alpha_2{}^2t-\cdots-2a_n\alpha_n{}^2t=4a_1\alpha_1{}^2t$$

となる．そこで $t=c/(4a_1\alpha_1{}^2)$ とおけば

$$f(\alpha_1(1+t), \alpha_2(1-t), \cdots, \alpha_n(1-t))=c$$

となる．よって f は c をも表示する．▌

定理 12.4 $f(x_1, \cdots, x_n)$ を k 上の非退化2次形式とする．f が体 k の元 c $(c\neq 0)$ を表示するための必要十分条件は，

$$g(x_0, \cdots, x_n)=-cx_0{}^2\oplus f(x_1, \cdots, x_n)$$

が零を表わすことである．

証明 $f(\alpha_1, \cdots, \alpha_n)=c$ ならば $g(1, \alpha_1, \cdots, \alpha_n)=0$ である．逆に $g(\alpha_0, \alpha_1, \cdots, \alpha_n)=0$ $((\alpha_0, \cdots, \alpha_n)\neq(0, \cdots, 0))$ とする．もしも $\alpha_0=0$ ならば f は零を表わすから，定理 12.3 により k の任意の元 c を表示する．もしも $\alpha_0\neq 0$ ならば $c=f(\alpha_1/\alpha_0, \cdots, \alpha_n/\alpha_0)$ となる．▌

定義 12.4 2次形式 $f(x_1, \cdots, x_n)$ が

$$f\sim y_1y_2\oplus g(y_3, \cdots, y_n)$$

と表わされるとき，y_1, y_2 を f の一組の**双曲対** (hyperbolic pair) という．

(II) 体 k 上の非退化2次形式 $f(x_1, \cdots, x_n)$ が零を表わすとき，適当な変換により

$$f \sim y_1y_2 \oplus g(y_3, \cdots, y_n)$$

と表わされる.

［証明］　定理12.3によって, f が零を表わせば適当な $(\alpha_1, \cdots, \alpha_n)$ に対して $f(\alpha_1, \cdots, \alpha_n)=1$ となる. 故に (I) によって

$$f \sim x_1^2 \oplus f_1(x_2, \cdots, x_n)$$

となる. 一方, $f(\lambda_1, \cdots, \lambda_n)=0$ ならば, 上の同値関係に対応して $(\lambda_1, \cdots, \lambda_n)$ を変換して $(\beta_1, \cdots, \beta_n)$ となるとき $f_1(\beta_2, \cdots, \beta_n)=-\beta_1^2$ となる.

(i)　$\beta_1 \neq 0$ であれば, $f_1(\beta_2/\beta_1, \cdots, \beta_n/\beta_1)=-1$ となり, 再び (I) によって

$$f_1 \sim -x_2^2 \oplus g(y_3, \cdots, y_n)$$

と変換される. ここで, $y_1=x_1-x_2$, $y_2=x_1+x_2$ とすれば

$$f \sim y_1y_2 \oplus g(y_3, \cdots, y_n)$$

となる.

(ii)　$\beta_1=0$ であれば, $f_1(\beta_2, \cdots, \beta_n)=0$ よりここの証明の前半によって $f_1 \sim -x_2^2 \oplus g(y_3, \cdots, y_n)$ と変換され, 以下上と同じく証明される. ▌

ここで, $(y_1, \cdots, y_n)=(1, 0, \cdots, 0)$ および $(0, 1, 0, \cdots, 0)$ に対応するベクトルを $(x_1, \cdots, x_n)=(\lambda_1, \cdots, \lambda_n)$ および $(\mu_1, \cdots, \mu_n)$ とすれば, 明らかに

$$f(\lambda_1, \cdots, \lambda_n)=0, \qquad f(\mu_1, \cdots, \mu_n)=0,$$
$$\sum_{i,j} a_{ij}\lambda_i\mu_j=0$$

の関係にある. 元来の $f(x_1, \cdots, x_n)$ に対して, このような関係にある二つのベクトル $(\lambda_1, \cdots, \lambda_n)$, $(\mu_1, \cdots, \mu_n)$ が双曲対と呼ばれたのである.

定理 12.5　体 k において非退化2次形式 f が零を表わすとき, 適当に変換して

$$(12.5) \qquad f(x_1, \cdots, x_n) \sim y_1y_2 \oplus \cdots \oplus y_{2s-1}y_{2s} \oplus h(y_{2s+1}, \cdots, y_n)$$

の形とすることができる. ここに h はもはや零を表わさない非退化2次形式である.

証明　(II) を繰り返しあてはめればよい. ▌

注意　定理12.5において $(x_1, \cdots, x_n)$ を基として表わされる k 上の n 次元ベクトル空間 $V=\{(\alpha_1, \cdots, \alpha_n) \mid \alpha_i \in k\}$ において, 変換

$$y_i=\sum_j c_{ij}x_j \qquad (i=1, \cdots, n)$$

によって $f(x_1, \cdots, x_n)$ が (12.5) となるとする. そのとき $y_1, \cdots, y_{2s}$ で張られる V の部分

空間 W を V の**極大全等方部分空間**，$2s$ を 2 次形式 f の (Witt) **指数**，$y_{2s+1}, \cdots, y_n$ で張られる部分空間を**正則部分空間**という (岩波基礎数学選書 "2 次形式" §5.4 参照).

§12.2　p 進数体上の n 元 2 次形式

p 進数体 $\boldsymbol{Q}_p$ を一つ固定する．この節では $\boldsymbol{Q}_p$ の元を係数とする n 元 2 次形式 $f(x_1, \cdots, x_n)$ を考える．目標は，$\boldsymbol{Q}_p$ 上の非退化 n 元 2 次形式の同値類を決定し，かつ，f が零を表わす (あるいは $a \in \boldsymbol{Q}_p{}^*$ を表わす) ための条件を求めることである．

初めに，非退化 n 元 2 次形式の同値類の不変量 $i(f)$，すなわち

$$f \sim g \Longrightarrow i(f) = i(g)$$

となるものを求めよう．f の判別式 (12.2) を $D_p(f)$ と表わそう．われわれはすでに $D_p(f)$ $(\neq 0)$ に対して

$$f \sim g \Longrightarrow D_p(f) = D_p(g) \cdot c^2 \qquad (c \in \boldsymbol{Q}_p{}^*)$$

となることを見た．すなわち判別式 $D_p(f)$ は $\boldsymbol{Q}_p{}^*/\boldsymbol{Q}_p{}^{*2}$ の中の或る定まった値をとる．

定義 12.5　$\boldsymbol{Q}_p$ 上の非退化 n 元 2 次形式 f に対して，f の判別式類 $\bar{D}_p(f)$ を

$$\bar{D}_p(f) = D_p(f) \pmod{\boldsymbol{Q}_p{}^{*2}} \tag{12.6}$$

と定めることにする．そのとき，

(I)　非退化 n 元 2 次形式の判別式類 $\bar{D}_p(f)$ は 2 次形式の同値類の不変量である．

つぎに，別の種類の不変量を求めよう．いま定理 12.1 により

$$f(x_1, \cdots, x_n) \sim a_1 x_1{}^2 + \cdots + a_n x_n{}^2 \qquad (a_1, \cdots, a_n \in \boldsymbol{Q}_p,\ \ a_1 \cdots a_n \neq 0)$$

と表わされる．ただし，この表わし方は一意ではない．いま $g(x_1, \cdots, x_n) = a_1 x_1{}^2 + \cdots + a_n x_n{}^2$ という対角型の場合に

$$\varepsilon_p(g) = \prod_{i<j} \left(\frac{a_i, a_j}{p}\right) \tag{12.7}$$

とおく．ただし $\left(\dfrac{a_i, a_j}{p}\right)$ は §11.2 で定義された Hilbert のノルム剰余記号である．したがって $\varepsilon_p(g) = 1$ または -1 である．特に $n=1$ のときは，つねに $\varepsilon_p(g) = 1$ とおく．

今後簡単のため $\left(\dfrac{a_i, a_j}{p}\right)$ を $(a_i, a_j)_p$ と表わす．

(II)　$\boldsymbol{Q}_p$ において

$$g(x_1, \cdots, x_n) = a_1 x_1{}^2 + \cdots + a_n x_n{}^2,$$
$$h(x_1, \cdots, x_n) = b_1 x_1{}^2 + \cdots + b_n x_n{}^2$$

に対して，$g \sim h$ であれば $\varepsilon_p(g) = \varepsilon_p(h)$ となる．

[証明]　(i)　$n=2$ としよう．$g = \alpha x^2 + \beta y^2$ $(\alpha \neq 0,\ \beta \neq 0)$ とするとき，$(\alpha, \beta)_p = 1$ は定理 11.8 により $\alpha x^2 + \beta y^2 - z^2 = 0$ が $\boldsymbol{Q}_p$ で解 $(x, y, z) \neq (0, 0, 0)$ を持つことと同値であった．このことは $g(x, y)$ が1を表わすことと同値である．一方，$g \sim h$ であれば，g が1を表わすことと，h が1を表わすことはまた同値である．よって $\varepsilon_p(g) = \varepsilon_p(h)$ が成り立つ．

(ii)　$n \geqq 3$ の場合．二つの非退化 n 元2次形式 f, g が同値で，変換 $x_i = \sum_j e_{ij} y_j$ $(i=1, \cdots, n)$ によって

$$f(x_1, \cdots, x_n) = g(y_1, \cdots, y_n)$$

となるとする．そのとき，もしも或る i に対して $y_i = x_i$ であるとき，かりに $f \approx g$ と表わそう．ここでつぎの補題を用いる．

(III)　標数0の体 k で二つの非退化対角型 n 元2次形式 f, g $(n \geqq 3)$ が同値であれば，その中間にいくつかの非退化対角型2次形式 $g_1, \cdots, g_r$ を定めて

$$f \approx g_1 \approx g_2 \approx \cdots \approx g_r \approx g$$

とすることができる．

(III) を用いると，(II) は直ちに証明される．すなわち，$f \approx g$ の場合に $\varepsilon_p(f) = \varepsilon_p(g)$ を見ればよい．これを n についての帰納法によって証明する．いま $x_1 = y_1$ とすると，f, g ともに対角型であることから

$$a_1 x_1{}^2 + a_2 x_2{}^2 + \cdots + a_n x_n{}^2 \sim a_1 y_1{}^2 + b_2 y_2{}^2 + \cdots + b_n y_n{}^2$$

の形になる．そのとき

$$\varepsilon_p(f) = \prod_{j=2}^{n} (a_1, a_j)_p \prod_{2 \leqq i < j} (a_i, a_j)_p = (a_1, D_p(f_1))_p \cdot \varepsilon_p(f_1),$$

$$\varepsilon_p(g) = \prod_{j=2}^{n} (a_1, b_j)_p \prod_{2 \leqq i < j} (b_i, b_j)_p = (a_1, D_p(g_1))_p \cdot \varepsilon_p(g_1),$$

ただし $f_1 = a_2 x_2{}^2 + \cdots + a_n x_n{}^2$，$g_1 = b_2 y_2{}^2 + \cdots + b_n y_n{}^2$ とする．定理 12.2 によって $f \sim g$ より $f_1 \sim g_1$ が導かれる．よって

$$(a_1, D_p(f_1))_p = (a_1, D_p(g_1) c^2)_p = (a_1, D_p(g_1))_p$$

である．また帰納法の仮定によって $\varepsilon_p(f_1)=\varepsilon_p(g_1)$ となる．合せて $\varepsilon_p(f)=\varepsilon_p(g)$ が成り立つ．

[(III) の証明]　(i)　はじめに $\lambda=a\xi^2$ $(a\neq 0,\ \xi\neq 0)$ および $b\neq 0$ が任意に与えられたとき，適当に $\xi_1\neq 0$, $\xi_2\neq 0$ をとって

$$\lambda = a\xi_1{}^2+b\xi_2{}^2 \tag{12.8}$$

と表わされることを見よう．等式

$$\frac{(t-1)^2}{(t+1)^2}+\frac{4t}{(t+1)^2}=1 \qquad (t\neq -1)$$

の両辺を $\lambda=a\xi^2$ 倍すれば

$$a\left(\xi\frac{t-1}{t+1}\right)^2+at\left(\frac{2\xi}{t+1}\right)^2=\lambda.$$

そこで $c\in k^*$, $bc^2/a\neq\pm 1$ となるような c をとる (k^* の元は無限に沢山あり $bc^2=\pm a$ となる c はたかだか4個に限る)．$t_0=bc^2/a$ を上の等式に代入すれば

$$a\left(\xi\frac{t_0-1}{t_0+1}\right)^2+b\left(\frac{2c\xi}{t_0+1}\right)^2=\lambda$$

となり，(12.8) が証明された．

(ii)　つぎに $f(x_1,\cdots,x_n)=a_1x_1{}^2+\cdots+a_nx_n{}^2$ $(a_1\cdots a_n\neq 0)$ が与えられていて，$b=f(\alpha_1,\cdots,\alpha_n)=a_1\alpha_1{}^2+\cdots+a_n\alpha_n{}^2$ と表わされるとき，$(\beta_1,\cdots,\beta_n)$ を適当にとると $b=a_1\beta_1{}^2+\cdots+a_n\beta_n{}^2$，かつ任意の $j=1,\cdots,n$ に対して

$$b^{(j)} = a_1\beta_1{}^2+\cdots+a_j\beta_j{}^2 \neq 0$$

となるようにできることを見よう．そのために初めの式 $b=a_1\alpha_1{}^2+\cdots+a_n\alpha_n{}^2$ で，$a^{(j)}=a_1\alpha_1{}^2+\cdots+a_j\alpha_j{}^2=0$ となる最大の j の値を m とする．$m=0$ ならば，$(\alpha_1,\cdots,\alpha_n)=(\beta_1,\cdots,\beta_n)$ に対して $b^{(1)}\neq 0$, $\cdots$, $b^{(n)}\neq 0$ であるからこれらが求めるものになる．$m>0$ のとき，$b=a_{m+1}\alpha_{m+1}{}^2+\cdots+a_n\alpha_n{}^2$, $\alpha_{m+1}\neq 0$ であるから (12.8) によって

$$a_{m+1}\alpha_{m+1}{}^2 = a_m\lambda_m{}^2+a_{m+1}\beta_{m+1}{}^2 \qquad (\lambda_m\neq 0,\ \ \beta_{m+1}\neq 0)$$

にとることができる．したがって

$$b = a_m\lambda_m{}^2+a_{m+1}\beta_{m+1}{}^2+a_{m+2}\alpha_{m+2}{}^2+\cdots+a_n\alpha_n{}^2$$

となる．$\lambda_m\neq 0$ より再び (12.8) をあてはめて

$$a_m\lambda_m{}^2 = a_{m-1}\lambda_{m-1}{}^2+a_m\beta_m{}^2 \qquad (\lambda_m\neq 0,\ \ \beta_m\neq 0)$$

と表わすことができる．以下同様に $\beta_1, \cdots, \beta_m$ を定めれば

$$b = a_1\beta_1^{\,2} + \cdots + a_{m+1}\beta_{m+1}^{\,2} + a_{m+2}\alpha_{m+2}^{\,2} + \cdots + a_n\alpha_n^{\,2}$$

は求める性質を持つことがわかる．

(iii) つぎに $c = a_1\xi^2 + a_2\eta^2 \neq 0$ に対して，

$$a_1x_1^{\,2} + a_2x_2^{\,2} = cy_1^{\,2} + a_1a_2cy_2^{\,2} \tag{12.9}$$

となる．ただし

$$x_1 = \xi y_1 - a_2\eta y_2, \qquad x_2 = \eta y_1 + a_2\xi y_2$$

とおく．これは代入して見ればわかる．

(iv) さて (III) の証明にかかろう．いま $n \geqq 3$ とし，

$$f = a_1x_1^{\,2} + \cdots + a_nx_n^{\,2} \sim g = b_1x_1^{\,2} + \cdots + b_nx_n^{\,2}$$
$$(a_1\cdots a_n \neq 0, \quad b_1\cdots b_n \neq 0)$$

とする．(ii) によって $(\alpha_1, \cdots, \alpha_n)$ を適当にとって $b_1 = a_1\alpha_1^{\,2} + \cdots + a_n\alpha_n^{\,2}$ かつ，

$$b^{(j)} = a_1\alpha_1^{\,2} + \cdots + a_j\alpha_j^{\,2} \neq 0 \qquad (j = 1, \cdots, n)$$

とすることができる．そのとき

$$b^{(2)} = a_1\alpha_1^{\,2} + a_2\alpha_2^{\,2} \neq 0$$

に対して (iii) を適用すると

$$a_1x_1^{\,2} + a_2x_2^{\,2} \sim b^{(2)}x_1^{\,2} + a_1a_2b^{(2)}x_2^{\,2}.$$

したがって

$$f \approx b^{(2)}x_1^{\,2} + a_1a_2b^{(2)}x_2^{\,2} + a_3x_3^{\,2} + \cdots + a_nx_n^{\,2} \quad (= f^{(2)} \text{ とおく})$$

となる．

つぎに $b^{(3)} = b^{(2)} + a_3\alpha_3^{\,2} \neq 0$ に対して (iii) を適用して

$$b^{(2)}x_1^{\,2} + a_3x_3^{\,2} \sim b^{(3)}x_1^{\,2} + b^{(2)}b^{(3)}a_3x_3^{\,2},$$

したがって

$$f \approx f^{(2)} \approx b^{(3)}x_1^{\,2} + a_1a_2b^{(2)}x_2^{\,2} + b^{(2)}b^{(3)}a_3x_3^{\,2} + \cdots + a_nx_n^{\,2}$$
$$(= f^{(3)} \text{ とおく})$$

となる．以下同様にして $b^{(n)} = b_1$ となり，

$$f \approx f^{(2)} \approx f^{(3)} \approx \cdots \approx f^{(n)} = b_1x_1^{\,2} + a_1a_2b^{(2)}x_2^{\,2} + a_3b^{(2)}b^{(3)}x_3^{\,2} + \cdots$$
$$+ a_nb^{(2)}\cdots b^{(n)}x_n^{\,2}$$

となる．最後に

$$f^{(n)} = b_1x_1^{\,2} \oplus f_1(x_2, \cdots, x_n), \qquad g = b_1x_1^{\,2} \oplus g_1(x_2, \cdots, x_n)$$

とおけば，$f\sim f^{(n)}\sim g$ より $f_1\sim g_1$ となる (定理 12.2)．よって n についての帰納法を用いれば，f_1 と g_1 とは $\approx$ の関係を用いて結ばれる．故に f と g とも $\approx$ の関係によって結ばれることがわかる．▌

(III) の副産物としてつぎの補題をはっきりと述べておく．

(IV) 標数 0 の体 k において非退化 n 元 2 次形式

$$f(x_1, \cdots, x_n) = a_1 {x_1}^2 + \cdots + a_n {x_n}^2$$

が零を表わせば，或る $\alpha_1 \neq 0,\ \cdots,\ \alpha_n \neq 0$ に対して $f(\alpha_1, \cdots, \alpha_n) = 0$ となる．

[証明] 上の証明と同様に (i), (ii) を用いればよい．詳細は読者諸氏にお任せしたい．▌

さて，$\boldsymbol{Q}_p$ 上の非退化 n 元 2 次形式 $f(x_1, \cdots, x_n)$ が与えられるとき，定理 12.1 によって

$$f(x_1, \cdots, x_n) \sim a_1 {x_1}^2 + \cdots + a_n {x_n}^2 \qquad (a_1 \cdots a_n \neq 0)$$

となる $a_1, \cdots, a_n$ が存在する．このとき

$$\varepsilon_p(f) = \prod_{i<j} (a_i, a_j)_p \tag{12.10}$$

とおくと，(II) によって，右辺の値 ($+1$ または -1) は f に対して一定である．(I) と (II) とによって，つぎの定理も直ちに導かれる．

定理 12.6 $\boldsymbol{Q}_p$ 上の非退化 n 元 2 次形式 f, g に対して

$$f \sim g \Longrightarrow \bar{D}_p(f) = \bar{D}_p(g) \text{ かつ } \varepsilon_p(f) = \varepsilon_p(g). \qquad \text{——}$$

この節の目標は，この逆を証明することである：

定理 12.7 $\boldsymbol{Q}_p$ 上の非退化 n 元 2 次形式 f, g に対して

$$\bar{D}_p(f) = \bar{D}_p(g) \text{ かつ } \varepsilon_p(f) = \varepsilon_p(g) \Longrightarrow f \sim g. \qquad \text{——}$$

$\bar{D}_p(f)$ のとり得る値は $\boldsymbol{Q}_p{}^*/\boldsymbol{Q}_p{}^{*2}$ で，その類の個数は §11.1, 定理 11.3 で見たように

$$[\boldsymbol{Q}_p{}^* : \boldsymbol{Q}_p{}^{*2}] = \begin{cases} 4, & p \neq 2, \\ 8, & p = 2 \end{cases}$$

である．また $\varepsilon_p(f)$ の取り得る値は $+1$ または -1 の 2 個である．よって非退化 n 元 2 次形式の同値類の個数はたかだか 8 ($p\neq2$) または 16 ($p=2$) である．

定理 12.8 $\boldsymbol{Q}_p$ 上の非退化 n 元 2 次形式の同値類の個数 N はつぎの表のようになる．

n	$p\neq 2$	$p=2$
1	4	8
2	7	15
$\geqq 3$	8	16

ここで

$n=1$　のときは　$\varepsilon_p(f)=1$, $\bar{D}_p(f)$ はすべての場合,

$n=2$　のときは　$\bar{D}_p(f)=\overline{-1}$ かつ $\varepsilon_p(f)=-1$ を除いたすべての場合,

$n\geqq 3$　のときは　$\bar{D}_p(f)$ および $\varepsilon_p(f)$ のすべての場合

に，実際に与えられた不変量をもつ非退化2次形式を与えることができる．——

これらの定理を証明するために，$\boldsymbol{Q}_p$ 上の非退化2次形式 f が零を表わすための条件をしらべよう．

$\alpha, \beta\in\boldsymbol{Q}_p$ に対して Hilbert のノルム剰余記号 $(\alpha,\beta)_p$ $(\alpha\neq 0,\ \beta\neq 0)$ は，

$$(\alpha\alpha_1{}^2, \beta\beta_1{}^2)_p=(\alpha,\beta)_p$$

であるから，$\bar{\alpha}=\alpha \pmod{\boldsymbol{Q}_p{}^{*2}}$，$\bar{\beta}=\beta \pmod{\boldsymbol{Q}_p{}^{*2}}$ によって定まる．

いま，$\bar{\alpha}\in\boldsymbol{Q}_p{}^*/\boldsymbol{Q}_p{}^{*2}$ を与えるとき，$\varepsilon=\pm 1$ に対して

$$H(\bar{\alpha},\varepsilon)=\{\bar{x}\in\boldsymbol{Q}_p{}^*/\boldsymbol{Q}_p{}^{*2}\mid(\bar{\alpha},\bar{x})_p=\varepsilon\}$$

とおく．

(**V**)　(i)　$\bar{\alpha}=\bar{1}$ のとき，$H(\bar{1},1)=\boldsymbol{Q}_p{}^*/\boldsymbol{Q}_p{}^{*2}$，$H(\bar{1},-1)=\phi$.

(ii)　$\bar{\alpha}\neq\bar{1}$ のとき，$H(\bar{\alpha},1)$ および $H(\bar{\alpha},-1)$ はそれぞれ 2^{r-1} 個の類よりなる．ただし $2^r=[\boldsymbol{Q}_p{}^*:\boldsymbol{Q}_p{}^{*2}]$ とおく．

(iii)　$H(\bar{\alpha},\varepsilon)\cap H(\bar{\beta},\varepsilon')=\phi$ となるための必要十分条件は $\bar{\alpha}=\bar{\beta}$ かつ $\varepsilon'=-\varepsilon$ となることである．

[証明]　(i) は自明.

(ii)　$\bar{x}\in\boldsymbol{Q}_p{}^*/\boldsymbol{Q}_p{}^{*2}$ に $(\bar{x},\bar{\alpha})_p\in\{1,-1\}$ を対応させる写像 $\varphi(\bar{x})=(\bar{x},\bar{\alpha})_p$ は $\bar{x}$ についての準同型写像で，かつ実際に $\varphi(\bar{x})=\pm 1$ の値をとる．よって $\boldsymbol{Q}_p{}^*/\boldsymbol{Q}_p{}^{*2}$ の半分に対しては $\varphi(\bar{x})=1$，残りに対しては $\varphi(\bar{x})=-1$ となる．

(iii)　$H(\bar{\alpha},\varepsilon)\cap H(\bar{\beta},\varepsilon')=\phi$ となるのはそれぞれ半分ずつの類を占めるから $H(\bar{\beta},\varepsilon)=H(\bar{\alpha},\varepsilon)$，$\varepsilon'=-\varepsilon$ に限る．このことは，任意の $\bar{x}\in\boldsymbol{Q}_p{}^*/\boldsymbol{Q}_p{}^{*2}$ に対して $(\bar{\alpha},\bar{x})_p=(\bar{\beta},\bar{x})_p$ を意味する．故に $(\bar{\alpha}\bar{\beta}^{-1},\bar{x})_p=1$ がすべての $\bar{x}$ に対して成り立

つ．(i)，(ii) より $\bar{\alpha}\bar{\beta}^{-1}=\bar{1}$ となる．▌

定理 12.9 $\boldsymbol{Q}_p$ 上の非退化 n 元 2 次形式 f が零を表わすための必要十分条件は

（i） $n=2$:　$\bar{D}_p(f)=\overline{-1}$,

（ii） $n=3$:　$(-1,-D_p(f))_p=\varepsilon_p(f)$,

（iii） $n=4$:　$\bar{D}_p(f)\neq\bar{1}$,

　　　または　$\bar{D}_p(f)=\bar{1}$ かつ $\varepsilon_p(f)=(-1,-1)_p$,

（iv） $n\geqq 5$:　任意の f

である．——

定理 12.9 の $n=3$ の場合の系として，つぎが成り立つ．

系 1 $\boldsymbol{Q}_p$ $(p\neq 2)$ 上の非退化 3 元 2 次形式 $f=a_1x_1^2+a_2x_2^2+a_3x_3^2$ において，a_1, a_2, a_3 がすべて $\boldsymbol{Q}_p$ の単数であれば，f は $\boldsymbol{Q}_p$ で零を表わす．

証明 Hilbert のノルム剰余記号の性質：

$$(\xi,\eta)_p=1 \qquad (\xi,\eta \text{ は } \boldsymbol{Q}_p \text{ の単数})$$

を用いる．a_1, a_2, a_3 が p 進単数とする．$D_p(f)=a_1a_2a_3$ は単数であるから

$$(-1,-D_p(f))_p=1.$$

また

$$\varepsilon_p(f)=(a_1,a_2)_p(a_1,a_3)_p(a_2,a_3)_p=1$$

となる．よって，$(-1,-D_p(f))_p=\varepsilon_p(f)$ $(=1)$ が成り立つ．▌

また一般に定理 12.9 が証明されれば，つぎの系が成り立つ．

系 2 $\boldsymbol{Q}_p$ 上の非退化 n 元 2 次形式 f が $c\in\boldsymbol{Q}_p{}^*$ $(c\neq 0)$ を表わすための必要十分条件は

（i） $n=1$:　$\bar{c}=\bar{D}_p(f)$,

（ii） $n=2$:　$(c,-D_p(f))_p=\varepsilon_p(f)$,

（iii） $n=3$:　$\bar{c}\neq-\bar{D}_p(f)$,

　　　または　$\bar{c}=-\bar{D}_p(f)$ かつ $(-1,-D_p(f))_p=\varepsilon_p(f)$,

（iv） $n\geqq 4$:　任意の c を表わす．

証明 定理 12.4 を用いれば f が c を表示する条件は $g=-cx_0^2\oplus f(x_1,\cdots,x_n)$ が零を表わす条件として求めればよい．しかるに

$$D_p(g)=-cD_p(f), \qquad \varepsilon_p(g)=(-c,D_p(f))_p\cdot\varepsilon_p(f)$$

である．したがって定理 12.9 の n 元の場合の結果から，系の $n-1$ 元の場合の結果が導かれる．たとえば

(i)　$\overline{-c}\bar{D}_p(f)=\overline{-1}$ より $\bar{c}\bar{D}_p(f)=\bar{1}$ すなわち $\bar{c}=\bar{D}_p(f)$,

(ii)　$(-1, cD_p(f))_p=(-c, D_p(f))_p\cdot\varepsilon_p(f)$ より

$$(-1, D_p(f))_p(-1, c)_p=(-1, D_p(f))_p(c, D_p(f))_p\cdot\varepsilon_p(f),$$

すなわち

$$(c, -D_p(f))_p=\varepsilon_p(f),$$

等々．▌

注意　上記系2によって，f によって表わされる $\boldsymbol{Q}_p{}^*/\boldsymbol{Q}_p{}^{*2}$ の剰余類の個数 m は

$n=1$　のとき　$m=1$,
$n=2$　のとき　$m=2^{r-1}$,
$n=3$　のとき　$m=2^r-1$,
$n=4$　のとき　$m=2^r$

である．ただし $2^r=[\boldsymbol{Q}_p{}^*:\boldsymbol{Q}_p{}^{*2}]=4\ (p\neq 2)$，$=8\ (p=2)$ とする．

定理 12.9 の証明　$f\sim a_1x_1{}^2+\cdots+a_nx_n{}^2\ (a_1\cdots a_n\neq 0)$ とする．

(i)　$n=2$. $f(\alpha_1, \alpha_2)=0\ ((\alpha_1, \alpha_2)\neq(0,0))$ となるのは $-a_1/a_2\in\boldsymbol{Q}_p{}^{*2}$ のときである．一方，$\overline{-a_1/a_2}=-\overline{a_1a_2}=-\bar{D}_p(f)$ であるから $-\bar{D}_p(f)=\bar{1}$, すなわち $\bar{D}_p(f)=\overline{-1}$ が，f が零を表わすための必要十分条件である．

(ii)　$n=3$. f が零を表わすのは

$$-a_3f\sim -a_3a_1x_1{}^2-a_3a_2x_2{}^2-x_3{}^2$$

が零を表わすことと同値である．Hilbert のノルム剰余記号の性質 (定理 11.8) によって，この条件は

$$(-a_3a_1, -a_3a_2)_p=1$$

である．左辺を展開すれば

$$(-1,-1)_p(-1,a_3)_p(-1,a_2)_p(a_3,-1)_p(a_3,a_3)_p(a_3,a_2)_p\cdot$$
$$(a_1,-1)_p(a_1,a_3)_p(a_1,a_2)_p=1,$$

しかるに $(a_3, a_3)_p=(-a_3{}^2, a_3)_p=(-1, a_3)_p$ であるから

$$(-1,-1)_p(-1,a_1a_2a_3)_p(a_1,a_2)_p(a_1,a_3)_p(a_2,a_3)_p=1,$$

すなわち $(-1, -D_p(f))_p\cdot\varepsilon_p(f)=1$ となる．

(iii)　$n=4$. f が零を表わせば，定理 12.5 によって

$$f\sim f_1(x_1, x_2)\oplus f_2(x_3, x_4)$$

で $f_1(x_1, x_2) \sim y_1 y_2$ は双曲対であり，零を表わす．いま $f(\alpha_1, \alpha_2, \alpha_3, \alpha_4)=0$ $((\alpha_1, \alpha_2, \alpha_3, \alpha_4) \neq (0, 0, 0, 0))$ ならば $f_1(\alpha_1, \alpha_2) = -f_2(\alpha_3, \alpha_4)$ となる．ここで (IV) によれば $\alpha_1 \neq 0$, $\alpha_2 \neq 0$, $\alpha_3 \neq 0$, $\alpha_4 \neq 0$ としてよい．もしも $f_2(\alpha_3, \alpha_4)=c \neq 0$ ならば $f_1(\alpha_1, \alpha_2) = -f_2(\alpha_3, \alpha_4) = -c \neq 0$ である．またもしも $f_2(\alpha_3, \alpha_4)=0$ であれば，§12.1(II) によって $f_2 \sim y_3 y_4$ である．このとき f_1, f_2 もともに零を表わすから，任意の $c \in \boldsymbol{Q}_p{}^*$ に対して $c=f_1(\beta_1, \beta_2) = -f_2(\beta_3, \beta_4)$ $((\beta_1, \beta_2) \neq (0, 0)$, $(\beta_3, \beta_4) \neq (0, 0))$ となる．いずれの場合にも

$$f = a_1 x_1{}^2 + a_2 x_2{}^2 + a_3 x_3{}^2 + a_4 x_4{}^2,$$
$$c = a_1 \alpha_1{}^2 + a_2 \alpha_2{}^2 = -a_3 \alpha_3{}^2 - a_4 \alpha_4{}^2 \qquad (c \neq 0)$$

となる．

さて f_1, f_2 が $c \neq 0$ を表わすための必要十分条件は，すでに証明された $n=3$ の場合の定理 12.9 の系2として得られている：

$$(c, -D_p(f_1))_p = \varepsilon_p(f_1) \quad \text{および} \quad (c, -D_p(f_2))_p = \varepsilon_p(-f_2).$$

これを書き直せば

$$(c, -a_1 a_2)_p = (a_1, a_2)_p \quad \text{および} \quad (c, -a_3 a_4)_p = (-a_3, -a_4)_p$$

となる．

さて a_1, a_2, a_3, a_4 を与えるとき，上の第1の条件を満たす $\bar{c}$ の集合を A, 第2の条件を満たす $\bar{c}$ の集合を B とする $(A, B \subseteq \boldsymbol{Q}_p{}^*/\boldsymbol{Q}_p{}^{*2})$．$f$ が零を表わすための必要十分条件は，或る $\bar{c} \in A \cap B$ である．よって f が零を表わさないための必要十分条件は $A \cap B = \phi$ である (A, B がともに ϕ でないことはたとえば $\bar{a}_1 \in A$, $\overline{-a_3} \in B$ よりわかる)．(V)(iii) によって $A \cap B = \phi$ は

$$a_1 a_2 = a_3 a_4 \quad \text{かつ} \quad (a_1, a_2)_p = -(-a_3, -a_4)_p$$

と同値である．前者は $\bar{D}_p(f) = \overline{a_1 a_2 a_3 a_4} = \bar{1}$ を表わす．

一方，$(x, x)_p = (-1, x)_p$ および $\overline{a_1 a_2 a_3 a_4} = \bar{1}$ を用いると

$$\begin{aligned}
\varepsilon_p(f) &= (a_1, a_2)_p (a_3, a_4)_p (a_1, a_3)_p (a_1, a_4)_p (a_2, a_3)_p (a_2, a_4)_p \\
&= (a_1, a_2)_p (a_3, a_4)_p (a_1 a_2, a_3 a_4)_p \\
&= (a_1, a_2)_p (a_3, a_4)_p (a_3 a_4, a_3 a_4)_p \\
&= (a_1, a_2)_p (a_3, a_4)_p (-1, a_3 a_4)_p \\
&= (a_1, a_2)_p (-a_3, -a_4)_p (-1, -1)_p.
\end{aligned}$$

よって後者は

$$\varepsilon_p(f) = -(-1, -1)_p$$

と同値である．以上より，f が零を表わさないための条件は，$\bar{D}_p(f)=\bar{1}$ かつ $\varepsilon_p(f)=-(-1,-1)_p$ であることがわかった．

(iv)　$n \geqq 5$．$n=5$ の場合に，任意の非退化 n 元2次形式 f が零を表わすことを言えばよい．$n=2$ の場合には，定理12.9，系2の $n=2$ の場合によって(これは定理12.9の $n=3$ の場合より導かれた) $\boldsymbol{Q}_p^*/\boldsymbol{Q}_p^{*2}$ の類のうちの半数の類(2または4)に属する $\bar{c}$ は f によって表わされる．したがって $n \geqq 2$ の場合にももちろん成立する．よって $\bar{c} \neq \bar{D}_p(f)$ となる或る $\bar{c}$ は f によって表わされる．このことから§12.1(I)により $f \sim cx_1^2 \oplus f_2(x_2, \cdots, x_5)$，$D_p(f_2)=D_p(f)/c$ と表わされる．一方，$\bar{D}_p(f_2) \neq \bar{1}$ より定理12.9の $n=4$ の場合によって f_2 は零を表わす．よって，f も零を表わす．▮

以上を用いて定理12.7の証明をしよう．

定理12.7の証明　非退化2次形式 f, g の元数 n についての帰納法を用いる．

いま f, g に対して $\bar{D}_p(f)=\bar{D}_p(g)$，$\varepsilon_p(f)=\varepsilon_p(g)$ と仮定する．定理12.9，系2によって，(その条件が D_p および ε_p のみで表わされているので)或る $c \neq 0$ は同時に f および g によって表わされる．したがって

$$f \sim cx_1^2 \oplus f_1(x_2, \cdots, x_n), \qquad g \sim cx_1^2 \oplus g_1(x_2, \cdots, x_n)$$

と表わされる．$n=1$ ならばこれで証明はおわる．$n \geqq 2$ であれば

$$D_p(f_1) = D_p(f)/c = D_p(g)/c = D_p(g_1),$$
$$\varepsilon_p(f_1) = \varepsilon_p(f)(c, D_p(f_1))_p^{-1} = \varepsilon_p(g)(c, D_p(g_1))_p^{-1} = \varepsilon_p(g_1)$$

である．よって $n-1$ 元2次形式 f_1, g_1 は同じ不変量 D_p および ε_p を持つ．よって帰納法の仮定によって $f_1 \sim g_1$ となる．したがって $f \sim g$ が成り立つ．▮

定理12.8の証明　(i)　$n=1$ の場合．定義により $\varepsilon_p(f)=1$ に限る．

(ii)　$n=2$ の場合．$f \sim ax^2+by^2$，$ab \neq 0$ とする．ここで

$$\overline{ab} = \bar{D}_p(f) = \overline{-1} \Longrightarrow \varepsilon_p(f) = (a, b)_p = (a, -ab)_p = (a, 1)_p = 1$$

(ただし公式 $(a,b)_p=(a,-ab)_p$ を用いた)．故に $\bar{D}_p(f)=\overline{-1}$ かつ $\varepsilon_p(f)=-1$ はおこり得ない．

逆に $\bar{D}_p(f)=\overline{-1}$，$\varepsilon_p(f)=1$ となる f としては $f=x^2-y^2$ をとればよい．また $\bar{d} \neq \overline{-1}$ であれば，$\varepsilon=\pm 1$ に対して，$(c, -d)_p=\varepsilon$ となる $c \in \boldsymbol{Q}_p^*$ をとるとき，$f=cx^2+cdy^2$ は $\bar{D}_p(f)=\bar{d}$，$\varepsilon_p(f)=\varepsilon$ を満足する．

(iii)　$n=3$ の場合．任意の $\bar{d}\in \boldsymbol{Q}_p{}^*/\boldsymbol{Q}_p{}^{*2}$，$\varepsilon=\pm 1$ に対して $\bar{c}\in \boldsymbol{Q}_p{}^*/\boldsymbol{Q}_p{}^{*2}$ を $\bar{c}\neq -\bar{d}$ にとり $\bar{D}_p(g)=\overline{cd}\ (\neq \overline{-1})$，$\varepsilon_p(g)=\varepsilon(c,-d)_p$ に2元2次形式 g をとることができる．そのとき $f=cx_1{}^2\oplus g(x_2,x_3)$ は $\bar{D}_p(f)=\bar{d}$，$\varepsilon_p(f)=\varepsilon$ を満足する．

(iv)　$n\geqq 4$ の場合．$f=g(x_1,x_2,x_3)\oplus(x_4{}^2+\cdots+x_n{}^2)$ とすると $D_p(f)=D_p(g)$，$\varepsilon_p(f)=\varepsilon_p(g)$ である．よって $n=3$ の場合に帰着される．▌

この節の最後に実数体 $\boldsymbol{R}$ を取り扱う．f が $\boldsymbol{R}$ 上の非退化 n 元2次形式とすると，良く知られているように $\boldsymbol{R}$ において

$$(12.10)_1 \qquad f\sim x_1{}^2+\cdots+x_r{}^2-y_1{}^2-\cdots-y_s{}^2$$

となる ("2次形式" §1.6)．ここに $r+s=n$ で，r および $s=n-r$ は f の同値類に対して一定に定まる (Sylvester の定理)．

(r,s) を f の**符号** (signature) という．$r=0$ または $s=0$ のとき f は**定値2次形式** (definite form)，$r\neq 0$ かつ $s\neq 0$ のとき f は**不定値2次形式** (indefinite form) という．

f が定値2次形式であれば，f は零を表わさない．また f のとる値は $a>0$ ($s=0$ のとき) (または $a<0$ ($r=0$ のとき)) に限る．

f が不定値2次形式であれば，f は零を表わし，また同時に $\boldsymbol{R}^*$ のすべての元を表わす．ノルム剰余記号を

$$\left(\frac{-1,-1}{p_\infty}\right)=-1$$

と定めたので

$$(12.11)\qquad \varepsilon_{p_\infty}(f)=(-1)^{(s-1)/2}=\begin{cases}1, & s\equiv 0,1 \pmod 4,\\ -1, & s\equiv 2,3 \pmod 4,\end{cases}$$

$$(12.12)\qquad D_{p_\infty}(f)=(-1)^s=\begin{cases}1, & s\equiv 0 \pmod 2,\\ -1, & s\equiv 1 \pmod 2)\end{cases}$$

と定義される．したがって $\varepsilon_{p_\infty}(f)$ と $D_{p_\infty}(f)$ を与えれば，$n\leqq 3$ に対して f の同値類が定まるが，$n\geqq 4$ に対しては定まらない．

§12.3　有理数体上の n 元2次形式 (Minkowski-Hasse の定理)

さてこんどは $\boldsymbol{Q}$ 上の非退化 n 元2次形式 $f(x_1,\cdots,x_n)$ の考察に入ろう．ここで基本的な結果はつぎの定理である．

定理 12.10 (Minkowski-Hasse) $\boldsymbol{Q}$ 上の非退化 n 元2次形式 $f(x_1, \cdots, x_n)$ が $\boldsymbol{Q}$ で零を表わすための必要十分条件はつぎの (i) および (ii) である.

(i) すべての素数 p に対して $f(x_1, \cdots, x_n)$ を p 進数体 $\boldsymbol{Q}_p$ 上の2次形式とみるとき, $f(x_1, \cdots, x_n)$ は $\boldsymbol{Q}_p$ 上で零を表わす.

(ii) $f(x_1, \cdots, x_n)$ を実数体 $\boldsymbol{R}$ 上の2次形式とみるとき, $f(x_1, \cdots, x_n)$ は $\boldsymbol{R}$ 上で零を表わす.

証明 (i), (ii) が必要条件であることは, $\boldsymbol{Q} \subseteqq \boldsymbol{Q}_p$, $\boldsymbol{Q} \subseteqq \boldsymbol{R}$ より明らかである. よって十分条件であることを示そう.

(イ) $n=2$ の場合. f は $\boldsymbol{R}$ で零を表わすから $f(x_1, x_2) = x_1^2 - a x_2^2$ $(a>0)$ である. $a = \prod_{i=1}^{r} p_i^{e_i}$ とするとき, f は $\boldsymbol{Q}_p$ で零を表わすから $e_i \equiv 0 \pmod 2$ $(i=1, \cdots, r)$. したがって $\boldsymbol{Q}$ において $a=b^2$ と表わされる. よって $f(x_1, x_2) = x_1^2 - b^2 x_2^2$ は $\boldsymbol{Q}$ で零を表わす.

(ロ) $n=3$ の場合 (Legendre). $f(x_1, x_2, x_3) = a_1 x_1^2 + a_2 x_2^2 + a_3 x_3^2$ とする. $\boldsymbol{R}$ で f が零を表わすから, f は不定値, したがって a_1, a_2, a_3 は同符号でない. よって必要ならば $-f$ を考えることによって $a_1>0$, $a_2>0$, $a_3<0$ とする. また a_1, a_2, a_3 に同じ数を乗じることにより, $a_1, a_2, a_3 \in \boldsymbol{Z}$ かつ共通因子がないものとし, また平方因子を持たない場合を考えればよい. さらに a_1, a_2, a_3 のうち二つに共通素因子 p があれば, たとえば $a_1 = p a_1'$, $a_2 = p a_2'$ とすれば, $pf(x_1, x_2, x_3) = a_1'(px_1)^2 + a_2'(px_2)^2 + p a_3 x_3^2$ となる. この操作を繰り返せば, 結局

(12.13) $\qquad f(x, y, z) = ax^2 + by^2 - cz^2 \qquad (a>0,\ b>0,\ c>0,\ a, b, c \in \boldsymbol{Z}),$

かつ a, b, c のどの二つにも共通因子のない場合を考えればよい.

いま $p \mid c$, $p \neq 2$ なる素数をとる. 仮定により (12.13) の $f(x, y, z)$ は $\boldsymbol{Q}_p$ で零を表わす: $f(\alpha, \beta, \gamma) = 0$, $\alpha, \beta, \gamma \in \boldsymbol{Q}_p$, $(\alpha, \beta, \gamma) \neq (0, 0, 0)$ とする. ここで上記のとおり $\alpha, \beta, \gamma \in \boldsymbol{Z}_p$ とし, かつどの二つも共通因子 p を持たないものとしてよい. よって $\boldsymbol{Z}_p$ で

$$a\alpha^2 + b\beta^2 \equiv 0 \pmod p,$$

かつ α または β は p で割り切れない. $\alpha \equiv a_0$, $\beta \equiv b_0 \pmod p$ とすれば, $a a_0^2 + b b_0^2 \equiv 0 \pmod p$. したがっていま $b_0 \not\equiv 0 \pmod p$ とし, $b_0 b_0^* \equiv 1 \pmod p$ に $b_0^* \in \boldsymbol{Z}$ をとれば

$$ax^2 + by^2 \equiv a b_0^{*2} (b_0 x + a_0 y)(b_0 x - a_0 y) \pmod p.$$

故に

(12.14)　$$ax^2+by^2-cz^2 \equiv L^{(p)}(x, y, z)M^{(p)}(x, y, z) \pmod{p}$$

と分解される．ただし $L^{(p)}$ と $M^{(p)}$ とは x, y, z の整係数 1 次同次式とする．全く同様にして a, b の奇の素因数 p に対しても，(12.14) の形の分解が得られる．さらに $p=2$ に対しては

$$ax^2+by^2-cz^2 \equiv (ax+by-cz)^2 \pmod{2}.$$

そこで $L^{(2)}=M^{(2)}=ax+by-cz$ とおく．

したがって $\boldsymbol{Z}$ での合同式の性質によって，すべての $p|abc$ に対して

$$L(x, y, z) \equiv L^{(p)}(x, y, z) \pmod{p},$$
$$M(x, y, z) \equiv M^{(p)}(x, y, z) \pmod{p}$$

となる整係数 1 次同次式 L, M を求めることができる．

つぎに，x, y, z に対して

$$0 \leqq x < \sqrt{bc}, \qquad 0 \leqq y < \sqrt{ac}, \qquad 0 \leqq z < \sqrt{ab}$$

となる整数値を与える．$a=b=c=1$ の場合には

$$f(x, y, z) = x^2+y^2-z^2$$

は零を表わすので，この場合を除外する．その他の場合には，a, b, c はどの二つも互いに素であるから $\sqrt{ab}, \sqrt{bc}, \sqrt{ca}$ の少なくも一つは整数とならない．よって上記の条件を満足する整数の組 (x, y, z) の個数は $\sqrt{ab}\sqrt{bc}\sqrt{ca}=abc$ よりも大きい．よって或る二組に対して

$$(a_1, b_1, c_1) \equiv (a_2, b_2, c_2) \pmod{abc}$$

となる．すなわち

$$L(a_1, b_1, c_1) \equiv L(a_2, b_2, c_2) \pmod{abc},$$

すなわち

$$L(a_1-a_2, b_1-b_2, c_1-c_2) \equiv 0 \pmod{abc}$$

となる．よって $f(x, y, z) \equiv L(x, y, z)M(x, y, z) \pmod{p}$ より

$$f(a_1-a_2, b_1-b_2, c_1-c_2) \equiv 0 \pmod{abc}$$

となる．ただし

$$|a_1-a_2| < \sqrt{bc}, \qquad |b_1-b_2| < \sqrt{ca}, \qquad |c_1-c_2| < \sqrt{ab}$$

である．これから $a_3=a_1-a_2$，$b_3=b_1-b_2$，$c_3=c_1-c_2$ に対して $0<aa_3{}^2<abc$，$0<bb_3{}^2<abc$，$0<cc_3{}^2<abc$，したがって

$$-abc < aa_3^2+bb_3^2-cc_3^2 < 2abc$$

が成り立つ．これと $f(a_3, b_3, c_3) \equiv 0 \pmod{abc}$ とを組み合せると

(12.15)
$$aa_3^2+bb_3^2-cc_3^2 = 0$$

または

(12.16)
$$aa_3^2+bb_3^2-cc_3^2 = abc$$

でなければならない．第1の場合には $(a_3, b_3, c_3) \neq (0, 0, 0)$ が f の零を表わす．

第2の場合については，(12.16) を変形して

$$a(a_3c_3+bb_3)^2+b(b_3c_3-aa_3)^2-c(c_3^2+ab)^2 = 0$$

となる．しかるに $a>0$, $b>0$ より $c_3^2+ab>0$. よって f は零を表わす．

以上の証明において f が $\boldsymbol{Q}_2$ において零を表わすという事実を用いていない．これは，より一般に定理12.10の $n=3$ の場合の系として，つぎの事実が成り立つ．

系1　$\boldsymbol{Q}$ 上の非退化3元2次形式 f が $\boldsymbol{Q}$ で零を表わすための必要十分条件は，f が $\boldsymbol{R}$ およびただ一つの素数 p を除いて，すべての p に対して $\boldsymbol{Q}_p$ で零を表わすことである．

証明　$n=3$ の場合に $\boldsymbol{Q}_p$ 上の f が零を表わすための必要十分条件は定理12.9 (ii) によって

$$(-1, -D_p(f))_p = \varepsilon_p(f)$$

であった．ところで Hilbert のノルム剰余記号に関する定理11.6によって

$$\prod_p \left(\frac{a, b}{p}\right) = 1 \qquad (\text{ただし左辺の } p \text{ は } p_\infty \text{ も含む}).$$

したがって

$$\prod_p (-1, D_p(f))_p = 1, \qquad \prod_p \varepsilon_p(f) = 1$$

が成り立つ．よって，ただ一つの p を除いて $(-1, D_p(f))_p = \varepsilon_p(f)$ が成り立てば，その除外の p に対してもこの等式が成り立たなくてはならない．f が不定値3元2次形式ならば，この関係式は p_∞ に対して成り立っている．よって結局すべての p に対して f が $\boldsymbol{Q}_p$ で零を表わすことになる．▌

(ハ)　$n=4$ の場合．

$$f(x_1, x_2, x_3, x_4) = a_1x_1^2+a_2x_2^2+a_3x_3^2+a_4x_4^2,$$

$a_1, a_2, a_3, a_4 \in \boldsymbol{Z}$ かつ平方因子はないものとしてよい．また仮定により $\boldsymbol{R}$ で不定値であるから，$a_1>0$, $a_4<0$ としてよい．f に対して

$$g(x_1, x_2) = a_1x_1{}^2+a_2x_2{}^2, \qquad h(x_3, x_4) = -a_3x_3{}^2-a_4x_4{}^2$$

として，$\boldsymbol{Q}$ において $g(x_1, x_2)$ および $h(x_3, x_4)$ が同時に或る $a \neq 0$ を表わすことを見ればよい．

a_1, a_2, a_3, a_4 に含まれる奇の素因数の全体を $p_1, \cdots, p_s$ とする．仮定により p が $2, p_1, \cdots, p_s$ のどれか一つを表わすとき

$$a_1\xi_1{}^{(p)2}+a_2\xi_2{}^{(p)2}+a_3\xi_3{}^{(p)2}+a_4\xi_4{}^{(p)2} = 0$$

は $\boldsymbol{Q}_p$ で零となる．ただし§12.2 (IV) によって

$$\xi_i{}^{(p)} \neq 0 \qquad (i=1, 2, 3, 4)$$

としてよい．

$$\eta_p = a_1\xi_1{}^{(p)2}+a_2\xi_2{}^{(p)2} = -a_3\xi_3{}^{(p)2}-a_4\xi_4{}^{(p)2} \in \boldsymbol{Z}_p$$

とおく．もしも $\eta_p=0$ であれば2次形式 g および h はともに $\boldsymbol{Q}_p$ で零を表わすから，また任意の $\eta_p \neq 0$ をも表わす (定理12.3)．よって $\eta_p \neq 0$ としてよい．さらに $\eta_p \in \boldsymbol{Z}_p$ かつ p^2 で割り切れないようにとることができる．

連立合同式

$$(12.17) \qquad \begin{cases} a \equiv \eta_2 & (\mathrm{mod}\ 16), \\ a \equiv \eta_{p_1} & (\mathrm{mod}\ p_1{}^2), \\ \quad \cdots\cdots & \\ a \equiv \eta_{p_s} & (\mathrm{mod}\ p_s{}^2) \end{cases}$$

を満たす整数 a は $\mathrm{mod}\ 16p_1{}^2\cdots p_s{}^2$ で一意に定まる．ここで各 η_{p_i} は p_i でたかだか1乗べキでしか割り切れないから $\eta_{p_i}a^{-1}$ は $\boldsymbol{Z}_{p_i}$ の単数であり，かつ

$$\eta_{p_i}a^{-1} \equiv 1 \quad (\mathrm{mod}\ p_i)$$

となる．定理11.3 (i) により $p_i \neq 2$ に対し

$$\eta_{p_i}a^{-1} = \lambda_{p_i}{}^2 \qquad (\lambda_{p_i} \in \boldsymbol{Z}_{p_i})$$

と表わされる．同様に η_2 もたかだか2の1乗べキでしか割り切れないから

$$\eta_2a^{-1} \equiv 1 \quad (\mathrm{mod}\ 8)$$

となり，定理11.3 (ii) により

$$\eta_2a^{-1} = \lambda_2{}^2 \qquad (\lambda_2 \in \boldsymbol{Z}_2)$$

と表わされる．

このように η_p をとれば $p=2, p_1, \cdots, p_s$ に対して η_p と a とは $\boldsymbol{Q}_p$ で平方因数しかちがわないから

$$-a\lambda_p{}^2+g(\xi_1{}^{(p)}, \xi_2{}^{(p)})=0, \qquad -a\lambda_p{}^2+h(\xi_3{}^{(p)}, \xi_4{}^{(p)})=0,$$

すなわち

$$(12.18) \qquad -ax_0{}^2 \oplus g(x_1, x_2) \quad と \quad -ax_0{}^2 \oplus h(x_1, x_2)$$

は $\boldsymbol{Q}_p$ で零を表わす．また $a>0$ にとれば，(12.18) の2次形式は $a_1>0$, $-a_4>0$ よりこれらの2次形式は $\boldsymbol{R}$ でも零を表わす．

一方，$2, p_1, \cdots, p_s$ 以外の素数 q に対しては，a_1, a_2, a_3, a_4 は $\boldsymbol{Q}_q$ での単数である．よってもしも $q \nmid a$ であれば (12.18) の二つの3元2次形式に対して，その対角要素は $\boldsymbol{Q}_q$ の単数となる．ところで定理12.9, 系1を用いれば，(12.18) の二つの3元2次形式はともに零を表わす．

故に (12.17) を満足する a として，a の素因子が $2, p_1, \cdots, p_s$ 以外にたかだかただ一つの素数 q しか含まないもの a_0 がとれたとすれば，定理12.10, 系1によって

$$-a_0x_0{}^2 \oplus g(x_1, x_2) \quad および \quad -a_0x_0{}^2 \oplus h(x_1, x_2)$$

は $\boldsymbol{Q}$ においてともに零を表わす．したがって

$$a_0=a_1c_1{}^2+a_2c_2{}^2, \qquad a_0=-a_3c_3{}^2-a_4c_4{}^2 \qquad (c_1, c_2, c_3, c_4 \in \boldsymbol{Q})$$

$((c_1, c_2) \neq (0,0), (c_3, c_4) \neq (0,0))$ と表わされる．よって

$$a_1c_1{}^2+a_2c_2{}^2+a_3c_3{}^2+a_4c_4{}^2=0$$

が成り立ち，f は $\boldsymbol{Q}$ において零を表わす．

このような a_0 が存在するためには，第6章で証明した Dirichlet の算術級数中の素数の存在定理(定理6.4, p.220) を用いる．すなわち (12.17) を満たす $a \pmod{m}$ $(m=16p_1{}^2\cdots p_s{}^2)$ を考える．

$$(a, m)=d \qquad (最大公約数)$$

とおく．そこで $a/d \pmod{m/d}$ が定まるが，$(a/d, m/d)=1$ である．よって定理6.4によって

$$q \equiv \frac{a}{d} \quad \left(\bmod \frac{m}{d}\right)$$

となる素数 q が存在する．このとき

$$q = \frac{a}{d} + b\frac{m}{d} \qquad (b \in \boldsymbol{Z})$$

と表わされ，したがって

$$a_0 = a + bm = dq \equiv a \pmod{m}$$

となり，かつ a_0 の素因子には q および d の素因子しか含まれない．$d|m$ であるから，この a_0 が求める数である．以上によって(ハ)の場合の証明が完結する．

(ニ) $n=5$ の場合．$\boldsymbol{Q}$ 上の非退化5元2次形式を

$$f(x_1, \cdots, x_5) = a_1x_1^2 + a_2x_2^2 + a_3x_3^2 + a_4x_4^2 + a_5x_5^2$$

とし，ここにすべての $a_i \in \boldsymbol{Z}$ かつ平方因子を持たないものとする．仮定より $\boldsymbol{R}$ で不定値であるから，$a_1 > 0$ かつ $a_5 < 0$ とする．

$$g(x_1, x_2) = a_1x_1^2 + a_2x_2^2, \qquad h(x_3, x_4, x_5) = -a_3x_3^2 - a_4x_4^2 - a_5x_5^2$$

とする．$n=4$ の場合と同様に，$\boldsymbol{Q}$ において或る $a \neq 0$ が同時に g および h によって表わされることを見ればよい．$a_1, \cdots, a_5$ に含まれる奇素数 $p_1, \cdots, p_s$ および2について，$\boldsymbol{Q}_p$ 上 f が零を表わすという仮定を用いて，合同式(12.17)によって $a \in \boldsymbol{Z}$ を求める．このとき Dirichlet の定理を用いて $a > 0$ かつ a は $2, p_1, \cdots, p_s$ 以外にたかだかただ一つの素数 q しか含まないようにとることができる．そのとき，$n=4$ の場合と全く同様に $\boldsymbol{Q}$ 上の2次形式 $g(x_1, x_2)$ は a を表わすことが示される．他方 $h(x_3, x_4, x_5)$ は $n=4$ と同じく p が $2, p_1, \cdots, p_s$ のとき $\boldsymbol{Q}_p$ で a を表わす．またそれら以外の p に対しては，$-a_3, -a_4, -a_5$ は $\boldsymbol{Q}_p$ での単数である．したがって定理12.9，系1によって $h(x_3, x_4, x_5)$ は $\boldsymbol{Q}_p$ で零を表わし，したがって任意の $a \neq 0$ をも表わす．以上から，すでに証明された $n=3$, $n=4$ の場合の定理12.10を用いて，$\boldsymbol{Q}$ において $g(x_1, x_2)$ および $h(x_3, x_4, x_5)$ はともに a を表わすことが示され，したがって $\boldsymbol{Q}$ において $f(x_1, \cdots, x_5)$ は零を表わす．

系2　$n=5$ の場合に $\boldsymbol{Q}$ 上の非退化5元2次形式 f が $\boldsymbol{Q}$ で零を表わすための必要十分条件は，$\boldsymbol{R}$ において f が不定値となることである．

証明　定理12.9によって，f はすべての $\boldsymbol{Q}_p$ で零を表わすからである．▌

(ホ) $n \geqq 6$ の場合．$f(x_1, \cdots, x_n)$ がすべての $\boldsymbol{Q}_p$ および $\boldsymbol{R}$ で零を表わすとする．f は $\boldsymbol{R}$ で零を表わすから不定値である．

$$f \sim f_0 \oplus f_1 = (a_1x_1^2 + \cdots + a_5x_5^2) \oplus (a_6x_6^2 + \cdots + a_nx_n^2)$$

とし，f_0 は不定値とする．上記系2によって f_0 は零を表わす．よってその値

$(\alpha_1, \cdots, \alpha_5) \neq (0, \cdots, 0)$ に対して $\alpha_6 = \cdots = \alpha_n = 0$ を追加すれば，f は零を表わすことがわかる．▮

系3 $n \geqq 6$ に対しても，系2と同じ命題が成立する．

定理 12.11 $\boldsymbol{Q}$ 上の非退化 n 元2次形式 $f(x_1, \cdots, x_n)$ が $a \in \boldsymbol{Q}$ $(a \neq 0)$ を表示するための必要十分条件は，すべての素数 p に対して $\boldsymbol{Q}_p$ 上 f が a を表示し，かつ実数体 $\boldsymbol{R}$ 上でも f が a を表示することである．

証明 定理12.4によって $f(x_1, \cdots, x_n)$ が a を表示することは，$g(x_0, \cdots, x_n) = -ax_0^2 \oplus f(x_1, \cdots, x_n)$ が零を表わすことと同値であった．故に定理12.10より直ちに定理が証明される．▮

さて，$\boldsymbol{Q}_p$ 上 $f(x_1, \cdots, x_n)$ が a を表示するための必要十分条件は定理12.9, 系2として与えられている．

例 12.1 $\boldsymbol{Q}$ 上の3元2次形式 $f(x_1, x_2, x_3) = x_1^2 + x_2^2 + x_3^2$ が $a \in \boldsymbol{Q}$ $(a \neq 0)$ を表わすための必要十分条件は $a > 0$ かつ $-a$ が $\boldsymbol{Q}_2$ で平方数でないことである．

[証明] 定理12.11を用いる．$\boldsymbol{R}$ において f が a を表わすための必要十分条件は $a > 0$ である．また $p \neq 2$ に対して，定理12.9, 系1によって $\boldsymbol{Q}_p$ 上 f は任意の $a\,(\neq 0)$ を表示する．$p = 2$ の場合には，定理12.9, 系2によって，f が $\boldsymbol{Q}_2$ で a を表示しないための必要十分条件が示されている．$D_2(f) = 1$ かつ $\varepsilon_2(f) = 1$ であるから $(-1, -D_2(f))_2 = -1 \neq 1 = \varepsilon_2(f)$ となるので，その条件は $\bar{a} \equiv \overline{-1}$ $(\mathrm{mod}\, \boldsymbol{Q}_2^{*2})$，すなわち $-a$ が $\boldsymbol{Q}_2^{*2}$ に属することである．よって f が $\boldsymbol{Q}_2$ で a $(\neq 0)$ を表示する条件は $-a$ が $\boldsymbol{Q}_2^{*2}$ に属さないことである．▮

$a \in \boldsymbol{Z}$ とすれば，定理11.3により

$$-a \in \boldsymbol{Q}_2^{*2} \iff a = 4^r(7+8s) \quad (r, s \in \boldsymbol{Z})$$

を験証することができる．われわれは§2.2 (IX) において $a \in \boldsymbol{Z}$ $(a > 0)$ が $\boldsymbol{Z}$ において $a = x_1^2 + x_2^2 + x_3^2$ と表示されるための必要十分条件は，$a \neq 4^r(7+8s)$ $(r, s \in \boldsymbol{Z})$ であると述べた．上の説明は，a が $\boldsymbol{Q}$ で表示されるかどうかを問題にして，同一の条件に達した．

注意 $\boldsymbol{Q}$ における条件から $\boldsymbol{Z}$ における条件に達するには，まだ工夫が必要である．Serre [16], 邦訳 p. 67, 補題B (Davenport-Cassels) はその方法を与えている．この方法は19世紀から知られている初等的方法とは別である．

定理 12.12 (Minkowski-Hasse) $\boldsymbol{Q}$ 上の二つの非退化 n 元2次形式 f と g と

が与えられているとき，$\boldsymbol{Q}$ 上で $f\sim g$ となるための必要十分条件は

(i)　すべての素数 p に対して $\boldsymbol{Q}_p$ 上 $f\sim g$,

かつ

(ii)　$\boldsymbol{R}$ において $f\sim g$

となることである.

証明　(i), (ii) が必要条件であることは明らかである. (i), (ii) が十分条件であることは n についての帰納法による. (i), (ii) が成り立てば，定理12.11によって或る $a\in\boldsymbol{Q}$ $(a\neq 0)$ が f によって表示されることと g によって表示されることとは同値である. よってその1数を a とする. §12.1 (I) によって，$\boldsymbol{Q}$ において $f\sim ax_0{}^2\oplus f_1(x_1,\cdots,x_{n-1})$，$g\sim ax_0{}^2\oplus g_1(x_1,\cdots,x_{n-1})$ と表わされる. Witt の消去定理 (定理12.2) により，$f\sim g$ より $\boldsymbol{Q}$ において $f_1\sim g_1$ が導かれる. さて $n=1$ であれば $f_1=g_1=0$, $f\sim g\sim ax_0{}^2$ である. よって $n>1$ とするとき，f_1 と g_1 とは非退化 $n-1$ 元2次形式であり，かつ Witt の消去定理によりすべての $\boldsymbol{Q}_p$ および $\boldsymbol{R}$ において $f_1\sim g_1$ が成り立つから，数学的帰納法の仮定を用いれば，$\boldsymbol{Q}$ においても $f_1\sim g_1$ となるとしてよい. よって $\boldsymbol{Q}$ において $f\sim g$ が成立する. ▌

$\boldsymbol{Q}_p$ 上の非退化 n 元2次形式の同値類への分類定理 (定理12.8) に対応して，$\boldsymbol{Q}$ 上での分類をすることができる.

定理 12.13　$\boldsymbol{Q}$ 上の二つの非退化 n 元2次形式 f, g が $\boldsymbol{Q}$ 上で同値であるための必要十分条件は

(i)　$D(f)\equiv D(g) \pmod{\boldsymbol{Q}_p{}^{*2}}$,

(ii)　すべての素数 p に対して

$$\varepsilon_p(f)=\varepsilon_p(g),$$

(iii)　$\boldsymbol{R}$ において f の符号 (r, s) と g の符号 (r', s') とが一致する

ことである. ——

これは定理12.12と定理12.8とを組み合せればよい.

定理 12.14　$\boldsymbol{Q}$ 上の非退化 n 元2次形式 $f(x_1,\cdots,x_n)$ に対して

(i)　$n=r+s$,

(ii)　$\boldsymbol{R}$ において $D(f)$ の符号は $(-1)^s$ に等しい,

(iii)　$n=1$ のとき $\varepsilon_p(f)=1$ (すべての素数 p),

$n=2$ のとき $D(f)\equiv -1 \pmod{\boldsymbol{Q}_p{}^{*2}}$ ならば $\varepsilon_p(f)=1$, (iv)　$\varepsilon_{p_\infty}(f) = (-1)^{s(s-1)/2}$,

(v)　$\varepsilon_p(f) \neq 1$ となる p はたかだか有限個であり，かつすべての p および p_∞ に対する積をとると

$$\prod_p \varepsilon_p(f) = 1$$

でなければならない．

逆に (i)-(v) の成り立つ $D(f), \varepsilon_p(f)$ および (r, s) に対して，これらに対応する $\boldsymbol{Q}$ 上の非退化 n 元2次形式 f が必ず存在する．——

前半の部分は，すでに証明してある．後半の部分の証明には，Dirichlet の算術級数の定理の他に，有理数体 $\boldsymbol{Q}$ の付値の一般理論（"体と Galois 理論" 第6章：体の付値，特に定理6.5（近似定理），独立定理など）を用いる．ここでは割愛することとする（たとえば Serre [16]，邦訳 p. 65 参照）．

問　題

1　有限体 $\boldsymbol{F}_q$ $(q=p^e)$ の元を係数とする n 元2次形式 $f(x_1, \cdots, x_n)$ をとる．$n \geqq 3$ であれば，$f(x_1, \cdots, x_n)$ は必ず零を表わす (Chevalley) ("体と Galois 理論 I", p. 90, 定理2.36).

2　整係数2元2次形式 $f(x, y) = ax^2+2bxy+cy^2$ に対して，$f(x, y) \equiv 0 \pmod{p}$ (p は奇素数) が $(x, y) \not\equiv (0, 0) \pmod{p}$ という整数解を持つための必要十分条件は，$d = ac-b^2$ が p で割り切れるか，または $-d$ が $\bmod p$ で平方剰余となることである．

3　(i)　p 進数体 $\boldsymbol{Q}_p$ 上の n 元2次形式 $g(x_1, \cdots, x_n) = a_1{x_1}^2 + \cdots + a_n{x_n}^2$ について

$$D_p(g) = a_1 \cdots a_n, \qquad \varepsilon_p(g) = \prod_{i<j} \left(\frac{a_i, a_j}{p} \right)$$

の組と，

$$D_p(g) \quad \text{および} \quad c_p(g) = \left(\frac{-1, -1}{p} \right) \prod_{1 \leqq i \leqq j \leqq n} \left(\frac{a_i, a_j}{p} \right) \qquad \text{(Hasse の不変量)}$$

の組との関連を示せ．

(ii)　また $\boldsymbol{Q}_p$ $(p \neq 2)$ において

$$g(x_1, \cdots, x_n) \equiv a_1{x_1}^2 + \cdots + a_{n-m}{x_{n-m}}^2 + pa_{n-m+1}{x_{n-m+1}}^2 + \cdots + pa_n{x_n}^2 \pmod{p^2}$$
$$(a_1, \cdots, a_n \in \boldsymbol{Z}, \quad (a_i, p) = 1, \quad i = 1, \cdots, n)$$

に対して

$$C_p(g) = \left(\frac{(-1)^{[m/2]} a_{n-m+1} \cdots a_n}{p} \right) \qquad \text{(Minkowski の不変量)}$$

とおくとき C_p を c_p および D_p で表わせ．

$p=2$ の場合に，mod 2^4 で上の式となるとするとき

$$C_2=(-1)^{\lambda}\left(\frac{2}{a_{n-m+1}\cdots a_n}\right)\qquad\text{(Minkowski の不変量)},$$

$$\lambda=\left[\frac{n}{4}\right]+\left[\frac{n}{2}\right]\left\{\left[\frac{n}{2}\right]+\sum_{k=1}^{n}\frac{a_k-1}{2}\right\}+\sum_{i<k}\frac{a_i-1}{2}\cdot\frac{a_k-1}{2}$$

と，c_2 および D_2 との関係を示せ．

［ヒント］ $p\neq 2$:

$$C_pc_p=\left(\frac{-a_1\cdots a_n}{p}\right)^m.$$

$p=2$:

$$C_2c_2=(-1)^{\mu}\cdot\left(\frac{2}{a_1\cdots a_n}\right)^m,\qquad \mu=1+\left[\frac{n}{4}\right]+\left[\frac{n}{2}\right]+\left\{\left[\frac{n}{2}\right]+1\right\}\left(\frac{a_1\cdots a_n-1}{2}\right).$$

4 3元2次形式 $2x^2-15y^2+14z^2$ はどのような p 進数体 $\boldsymbol{Q}_p$ で零を表わさないか．(答: $p=3$ または 5.)

5 2元2次形式 $2x^2+5y^2$ が $\boldsymbol{Q}_5$ において α を表わすための必要十分条件は $\alpha\equiv 2, 3 \pmod 5$ または $\alpha=5\beta$, $\beta\equiv 1, 4 \pmod 5$ であることを示せ．

6 $\boldsymbol{Q}$ 上の2次形式 $f(x, y, z)=x^2+3y^2-7z^2$ によって，$\boldsymbol{Q}$ のすべての元が表わされることを示せ．

7 $\boldsymbol{Q}$ 上で $f(x, y, z)=x^2-3y^2+z^2$ で表わされる $\boldsymbol{Q}$ の元はどのような元か．

8 (Davenport-Cassels) $f(x_1, \cdots, x_n)=a_1x_1{}^2+\cdots+a_nx_n{}^2$, $a_1, \cdots, a_n\in\boldsymbol{Z}$ かつ >0 とする．そのとき任意の $x_1, \cdots, x_n\ (\in\boldsymbol{Q})$ に対して，或る $y_1, \cdots, y_n\ (\in\boldsymbol{Z})$ で

$$f(x_1-y_1, \cdots, x_n-y_n)<1$$

となるようにできると仮定する．そのとき $n\in\boldsymbol{Z}$ が $\boldsymbol{Q}$ において f によって表示されれば，n は $\boldsymbol{Z}$ において f によって表示される (Serre [16], 邦訳 p. 67).

この結果を，$n=3$, $a_1=a_2=a_3=1$ の場合にあてはめよ (例 12. 1 参照).

第13章 類 体 論

§13.1 類体論の諸定理

類体 (class field) の概念は D. Hilbert に始まる．Hilbert は 1898 年の二つの論文の中に極めて特殊な場合の考察から出発して，つぎのように類体を定義した．

定義 13.1 k を任意の有限次代数体とし，K/k を有限次 Galois 拡大とする．K/k が k の上の**絶対類体** (absolute class field) であるとは，k の 1 次の素イデアル $\mathfrak{p}$ (すなわち $N\mathfrak{p}=p$ が素数) が K/k において

$$\mathfrak{p}=\mathfrak{P}_1\cdots\mathfrak{P}_n \qquad (n=[K:k])$$

と完全分解するのは，"$\mathfrak{p}$ が単項イデアルである場合であり，またその場合に限る" ことをいう．

注意 Hilbert は定義 13.1 の体 K を単に類体と名付けた．しかし今日では類体の概念が拡張されているので，Hilbert の類体，あるいは絶対類体と呼んで，区別している．

さらに Hilbert は，つぎの結果を予想した．

定理 13.1 (i) 任意の代数体 k に対して k の上の絶対類体 K/k は必ず存在し，しかもただ一つである．

(ii) 絶対類体 K/k は Abel 拡大で，その Galois 群 $\mathrm{Gal}(K/k)$ は k のイデアル類群 $\mathcal{C}$ と同型である．特に $[K:k]=h$ (k の類数)．

(iii) 絶対類体 K/k は不分岐拡大である．すなわち K/k の相対判別式イデアル $\mathfrak{d}_{K/k}$ は I_k に等しい．

(iv) k の素イデアル $\mathfrak{p}$ は，$\mathfrak{p}^f$ が単項イデアルとなる最小の f に対して，絶対類体 K/k において

$$\mathfrak{p}=\mathfrak{P}_1\cdots\mathfrak{P}_g, \qquad N_{K/k}\mathfrak{P}_i=\mathfrak{p}^f, \qquad fg=[K:k]$$

と分解される．——

(iv) は絶対類体の定義の性質の拡張であり，$\mathfrak{p}$ の K/k における分解の形式は，$\mathfrak{p}$ の属するイデアル類のみによって定まることを示している．類体と名付けられたのは，この性質に基づいている．

この予想は P. Furtwängler によって1907年に肯定的に解決された.

注意 これを代数関数の Riemann 面 $\mathfrak{R}$ の被覆の理論と比べて見よう. $\mathfrak{R}$ 上の有理型関数全体の作る代数関数体を $K(\mathfrak{R})$ とし, $\mathfrak{R}'$ を $\mathfrak{R}$ の一つの不分岐被覆 Riemann 面とする. 同じく $\mathfrak{R}'$ の代数関数体を $K(\mathfrak{R}')$ とする. $K(\mathfrak{R}')$ が $K(\mathfrak{R})$ の Galois 拡大であれば, その Galois 群は $\mathfrak{R}'$ の $\mathfrak{R}$ 上の被覆変換群 G と同型になる. この類似からすれば, 数体の場合の k の上の絶対類体 K/k は, 普遍被覆面の関数体に相当し, $\mathrm{Gal}(K/k)\cong\mathcal{C}$ は, $\mathfrak{R}$ の普遍被覆群 (すなわち $\mathfrak{R}$ の基本群) に相当する. Hilbert はこの類似を辿ったのであった.

しかし, この定理を有理数体 $\boldsymbol{Q}$ にあてはめれば, $\boldsymbol{Q}$ の類数 $h=1$ であって, $\boldsymbol{Q}$ 上の絶対類体は $\boldsymbol{Q}$ 自身となってしまう. 一方第8章の円分体の理論によれば, $K=\boldsymbol{Q}(\zeta_m)$ に対して, 定理13.1の (iv) に相当する分解定理が成り立っている (定理8.1). この点に着目して H. Weber は代数体 k のイデアル類の考えをつぎのように拡張した.

k のイデアル全体の作る乗法群を A, k の単項イデアル全体よりなる乗法群を H_0 とする. 定理13.1を言い直すと, 代数体 k の上の絶対類体 K/k に対して

(ii) Galois 群 $\mathrm{Gal}(K/k)\cong A/H_0$,

(iii) $\mathfrak{d}_{K/k}=I_k$,

(iv) 素イデアル $\mathfrak{p}$ の含まれる A/H_0 の剰余類を C とし, A/H_0 の元としての C の位数を f とすれば

$$\mathfrak{p}=\mathfrak{P}_1\cdots\mathfrak{P}_g, \qquad N_{K/k}\mathfrak{P}_i=\mathfrak{p}^f, \qquad fg=[K:k]$$

と表わされる.

上において, H_0 の代りに A/H_0 の部分群 H_1/H_0 をとり, K/k の中間体 L で, $\mathrm{Gal}(L/k)\cong A/H_1$ となる L をとる. L/k においても, H_0 を H_1 で置き換えたとき, 上記 (ii), (iii), (iv) の結果が成り立つことが容易に示される.

しかし, このように H_0 の剰余類をいくつかまとめて新しいイデアル群 H_1 を考えることは, 格別に新しい結果を生じない. むしろ, 以下に見るように H_0 に含まれる小さい乗法群 $H_\mathfrak{m}$ (したがって大きい剰余類群 $A/H_\mathfrak{m}$) に対する考察が本質的となる.

定義 13.2 $\mathfrak{m}$ を k の一つの整イデアルとする. そのとき **$\mathfrak{m}$ を法とする射線** (ray mod $\mathfrak{m}$) とは

(13.1) $$\alpha\equiv 1 \pmod{\mathfrak{m}}$$

であり, かつ α の実共役 $\alpha^{(1)},\cdots,\alpha^{(r_1)}$ に対して

$$\alpha^{(1)} > 0, \quad \cdots, \quad \alpha^{(r_1)} > 0 \qquad (\text{総正})$$

となる α から生成される単項イデアル (α) の全体の作る乗法群をいう．$\mathfrak{m}$ を法とする射線を $S_\mathfrak{m}$ で表わす．

ただし，$\alpha \in I_k$ であれば，(13.1) は $\alpha-1 \in \mathfrak{m}$ を意味するが，$\alpha \in I_k$ に限らないときは (13.1) は

$$\alpha = \frac{\beta}{\gamma}, \quad \beta, \gamma \in I_k, \quad \beta \equiv \gamma \pmod{\mathfrak{m}} \tag{13.2}$$

を意味する．このとき $\alpha_1 \equiv 1$, $\alpha_2 \equiv 1 \pmod{\mathfrak{m}}$ であれば，$\alpha_1\alpha_2 \equiv 1$ かつ $\alpha_1^{-1} \equiv 1 \pmod{\mathfrak{m}}$ となり，したがって $\mathfrak{m}$ を法とする射線 $S_\mathfrak{m}$ は乗法群を作ることになる．

一方，$A_\mathfrak{m}$ によって $\mathfrak{m}$ と素なイデアル $\mathfrak{a}$ の全体の作る乗法群 (すなわち $\mathfrak{a}=\mathfrak{b}/\mathfrak{c}$, $\mathfrak{b}, \mathfrak{c} \subseteqq I_k$, $(\mathfrak{m}, \mathfrak{b}) = (\mathfrak{m}, \mathfrak{c}) = I_k$) を表わす．明らかに $S_\mathfrak{m} \subseteqq A_\mathfrak{m}$ である．

そのとき容易に計算されるように指数 $[A_\mathfrak{m} : S_\mathfrak{m}]$ は有限で

$$[A_\mathfrak{m} : S_\mathfrak{m}] = \frac{h_0 2^{r_1} \varphi(\mathfrak{m})}{e} \tag{13.3}$$

となる．ここに h_0 は k の類数，$\varphi(\mathfrak{m})$ はイデアル $\mathfrak{m}$ の Euler の関数 (§4.2, p. 164)，e は k の単数によって表わされる $\bmod\ \mathfrak{m}$ の剰余類の個数である．

一般に $A_\mathfrak{m}$ の乗法的部分群 $H_\mathfrak{m}$ で $\mathfrak{m}$ を法とする射線 $S_\mathfrak{m}$ を含むものを**イデアル $\mathfrak{m}$ を法とするイデアル群** (ideal group) という．$A_\mathfrak{m}$ の部分群 $H_\mathfrak{m}$ による各剰余類を $H_\mathfrak{m}$ に対する**イデアル類**といい，群 $A_\mathfrak{m}/H_\mathfrak{m}$ を $H_\mathfrak{m}$ **に対するイデアル類群**という．

注意 §6.1 において，加法群 $\boldsymbol{Z}$ の $\bmod\ d$ の類指標 χ に対して，同値の考えを導入し，$\chi \sim \chi_1$ (χ_1 は $\bmod\ d_1$ の類指標) で d_1 が最小となるとき，d_1 を χ の導手と定義した．同様に，$\mathfrak{m}$ を法とするイデアル群 $H_\mathfrak{m}$ と $\mathfrak{n}$ を法とするイデアル群 $H_\mathfrak{n}$ とに対して，$H_\mathfrak{m} \cap A_{\mathfrak{mn}} = H_\mathfrak{n} \cap A_{\mathfrak{mn}}$ となるとき $H_\mathfrak{n}$ と $H_\mathfrak{m}$ とは同値であると定義するとき，$H_\mathfrak{m}$ と同値な $\mathfrak{m}_1$ を法とするイデアル群 $H_{\mathfrak{m}_1}$ で $\mathfrak{m}_1$ の最小のものが存在する．このとき $\mathfrak{m}_1$ をイデアル群 $H_\mathfrak{m}$ の導手 (conductor) という．

また符号条件については，Hasse の記号法によって，α の共役に対して，**無限素点**

$$\mathfrak{p}_\infty^{(1)}, \ \cdots, \ \mathfrak{p}_\infty^{(r_1)} \qquad (\text{実共役}),$$

$$\mathfrak{p}_\infty^{(r_1+1)}, \ \cdots, \ \mathfrak{p}_\infty^{(r_1+r_2)} \qquad (\text{虚共役})$$

を対応させ，$\alpha \in k$ に対して

$$\alpha \equiv 1 \pmod{\mathfrak{p}_\infty^{(i)}} \quad \text{は} \quad \begin{cases} 1 \leqq i \leqq r_1 & \text{では} \quad \alpha^{(i)} > 0, \\ r_1 < i \leqq r_1+r_2 & \text{では} \quad \alpha^{(i)} \neq 0, \end{cases}$$

一般に

$$\alpha \equiv \beta \pmod{\mathfrak{p}_\infty{}^{(i)}} \quad \text{は} \quad \begin{cases} 1 \leqq i \leqq r_1 & \text{では} \quad \alpha^{(i)}\beta^{(i)} > 0, \\ r_1 < i \leqq r_1+r_2 & \text{では} \quad \alpha^{(i)}\beta^{(i)} \neq 0 \end{cases}$$

と定める．そして法 $\mathfrak{m}$ に無限素点を含めれば，符号条件も，合同式によって表わすことができる．

このように無限素点の考えを導入すれば，n 次 Galois 拡大 K/k において，共役の延長に対して形式的に

$$\mathfrak{p}_\infty{}^{(i)} = \prod_{\nu=1}^{n/2} (\mathfrak{P}_\infty{}^{(i,\nu)})^2 \qquad (k^{(i)} \text{ が実，} K^{(i)} \text{ が虚の場合})$$

または

$$\mathfrak{p}_\infty{}^{(i)} = \prod_{\nu=1}^{n} \mathfrak{P}_\infty{}^{(i,\nu)} \qquad (k^{(i)} \text{ が虚，または } k^{(i)} \text{ も } K^{(i)} \text{ も実の場合})$$

と定義することができる．

以上の注意のもとに，一般の類体が定義される．

定義 13.3 (H. Weber) 代数体 k の Galois 拡大 K が，k の $\mathfrak{m}$ を法とする**イデアル群 $H_\mathfrak{m}$ に対する類体**であるとは，$\mathfrak{m}$ を割らない k の 1 次の素イデアル $\mathfrak{p}$ (すなわち $N\mathfrak{p}=p$ (素数)) が K/k において

$$\mathfrak{p} = \mathfrak{P}_1 \cdots \mathfrak{P}_n \qquad (n=[K:k])$$

と完全分解するのは，$\mathfrak{p}$ が $H_\mathfrak{m}$ に属する場合であり，またその場合に限ることをいう．——

したがって $\mathfrak{m}=I_k$ で $H_\mathfrak{m}$ が単項イデアルの全体 H_0 である場合が，Hilbert の絶対類体に相当する．これに対して高木貞治 (1920) はつぎのいちじるしい定理を証明した．

定理 13.2 (高木貞治) (i) (**類体の存在定理と一意性**) k の任意のイデアル群 $H_\mathfrak{m}$ を与えるとき，$H_\mathfrak{m}$ に対する類体 K/k が存在し，しかも $H_\mathfrak{m}$ に対して K はただ一つ定まる．

(ii) (**同型定理**) $H_\mathfrak{m}$ に対する類体 K/k は Abel 拡大で，その Galois 群は

$$\mathrm{Gal}(K/k) \cong A_\mathfrak{m}/H_\mathfrak{m}$$

である．

(iii) (**導手定理**) $H_\mathfrak{m}$ に対する類体 K/k の相対判別式イデアル $\mathfrak{d}_{K/k}$ に含まれる素イデアルは (すなわち K/k で分岐する素イデアルは) $H_\mathfrak{m}$ の導手 $\mathfrak{f}$ に含まれる素イデアルに限る．

(iv)（**分解定理**）　$H_{\mathfrak{m}}$ の導手 $\mathfrak{f}$ と素な素イデアル $\mathfrak{p}$ は，$H_{\mathfrak{m}}$ に対する類体 K/k において，$\mathfrak{p}^f \in H_{\mathfrak{m}}$ となる最小の f に対して

$$(13.4)\qquad \mathfrak{p} = \mathfrak{P}_1 \cdots \mathfrak{P}_g, \qquad N_{K/k}\mathfrak{P}_i = \mathfrak{p}^f \quad (i=1, \cdots, g)$$

と分解される．——

これは定理 13.1 のすべての結果を，一般の類体に対して拡張したのである．

$k=\boldsymbol{Q}$ の場合には，§8.1，定理 8.1 によれば，素数 l に対して，$K=\boldsymbol{Q}(\zeta_l)$ は，l を法とする射線 S_l に対する類体である．同じく §8.1 の (IV) および (VI) によって，一般の正の整数 m に対して $K=\boldsymbol{Q}(\zeta_m)$ は，m を法とする射線 S_m に対する類体となっている．

また，$k=\boldsymbol{Q}(\sqrt{-m})$（虚の 2 次体）の場合にも，19 世紀以降，楕円関数の虚数乗法の理論と関連して，楕円関数やモジュラ関数の特殊値を用いて，k 上の類体が構成されている．これについては §13.4 で説明をする．

なお定理 13.2 と関連して，つぎの結果が比較的容易に導かれる．

定理 13.3　k のイデアル群 $H_{\mathfrak{m}_1}, H_{\mathfrak{m}_2}$ に対する k 上の類体をそれぞれ K_1, K_2 とする．そのとき

(i)（**順序定理，一意定理**）

$$K_1 \supseteqq K_2 \Leftrightarrow H_{\mathfrak{m}_1} \subseteqq H_{\mathfrak{m}_2}$$

（ただし，右側においては，同値の意味で考える：或るイデアル $\mathfrak{m}$ に対して $H_{\mathfrak{m}_1} \cap A_{\mathfrak{m}} \subseteqq H_{\mathfrak{m}_2} \cap A_{\mathfrak{m}}$）．

したがって，同一の $H_{\mathfrak{m}}$ に対応する類体 K はただ一つに限る．

(ii)（**結合定理**）　合成体 K_1K_2 は k 上 $H_{\mathfrak{m}_1} \cap H_{\mathfrak{m}_2}$ に対応する類体である．

(iii)（**推進定理**）　k のイデアル群 H に対する類体を K とする．Ω を k を含む任意の代数体とするとき，$K\Omega/\Omega$ は，Ω のイデアル群 $\tilde{H} = \{\tilde{\mathfrak{a}} \mid N_{\Omega/k}\tilde{\mathfrak{a}} \in H\}$ に対する類体である．——

高木類体論において，最も基本的なのは，当時誰も予想すらできなかった上記定理の逆ともいうべき，つぎの定理である．

定理 13.4（類体論の基本定理，高木貞治，1920）　代数体 k 上の任意の Abel 拡大 K は，或るイデアル $\mathfrak{m}$ を法とするイデアル群 $H_{\mathfrak{m}}$ に対する類体である．ここに $\mathfrak{m}$ は K/k で分岐する素イデアルのみを含む．——

この定理を $k=\boldsymbol{Q}$ の場合にあてはめれば

系 $\boldsymbol{Q}$ 上の任意の Abel 拡大は，或るイデアル群 H_m に対する類体となり，したがって射線 S_m に対する類体 $\boldsymbol{Q}(\zeta_m)$ に含まれる．——

これは §8.1 の Kronecker の定理 (定理 8.3) に他ならない．すなわち，類体論は，有理数体における Kronecker の定理を一挙に任意の代数体にまで拡張したともいえよう．

§13.2 証明の方針

初めに解析的考察を少し行う．代数体 k において，k の素イデアル全体の集合を

$$\boldsymbol{P}=\boldsymbol{P}(k)$$

とする．$\boldsymbol{P}$ の任意の部分集合 $\boldsymbol{M}$ に対して

$$\mu(s, \boldsymbol{M})=\sum_{\mathfrak{p} \in \boldsymbol{M}} \frac{1}{(N\mathfrak{p})^s} \tag{13.5}$$

とおく．Re $s>1$ で右辺は絶対収束し，そこで複素変数 s の正則関数となる．(この級数は §6.1，定理 6.5 の $\zeta_k(s)$ の展開の部分級数である.)

定義 13.4 k の素イデアルの集合 $\boldsymbol{M}$ に対して

$$\lim_{s \to 1+0} \frac{\mu(s, \boldsymbol{M})}{\mu(s, \boldsymbol{P})}=\delta(\boldsymbol{M}) \tag{13.6}$$

が存在するとき，$\delta(\boldsymbol{M})$ を $\boldsymbol{M}$ **の Kronecker 式密度**という．

§10.2，定理 10.1 の証明 (p. 329) で示したと同様に Re $s>1$ において

$$\log \zeta_k(s)=\sum_{\mathfrak{p}}\left(\sum_{m=1}^{\infty} \frac{1}{m(N\mathfrak{p})^{ms}}\right)=\sum_{\mathfrak{p}} \frac{1}{(N\mathfrak{p})^s}+\sum_{\mathfrak{p}}\left(\sum_{m=2}^{\infty} \frac{1}{m(N\mathfrak{p})^{ms}}\right),$$

ここで第2項は，§6.1 の Dirichlet 級数の計算からわかるように，Re $s>1/2$ で収束する．したがって $s \to 1+0$ のとき

$$\log \zeta_k(s)=\sum_{\mathfrak{p}} \frac{1}{(N\mathfrak{p})^s}+O(1)$$

である．一方，$\zeta_k(s)$ は $s=1$ で1位の極を持つので

$$\log \zeta_k(s)=\log \frac{1}{s-1}+O(1) \qquad (s \to 1+0)$$

である．以上から

$$\lim_{s\to 1+0}\frac{\mu(s,\boldsymbol{P})}{\log\dfrac{1}{s-1}}=1$$

である．したがって (13.6) は書き直して

$$\delta(\boldsymbol{M})=\lim_{s\to 1+0}\frac{\mu(s,\boldsymbol{M})}{\log\dfrac{1}{s-1}} \tag{13.7}$$

と表わすことも出来る．

(Ⅰ) 代数体 k の1次の素イデアル $\mathfrak{p}\,(N\mathfrak{p}=p)$ の全体を $\boldsymbol{P}^*$ で表わすとき

$$\delta(\boldsymbol{P}^*)=1 \tag{13.8}$$

である．

[証明] $\boldsymbol{P}-\boldsymbol{P}^*=\boldsymbol{P}^{**}$ とおく．$\mathfrak{p}\in\boldsymbol{P}^{**}$ であれば $N\mathfrak{p}\geqq p^2$ である．よって，上の $\log\zeta_k(s)$ のときと同様に

$$\sum_{\mathfrak{p}\in\boldsymbol{P}^{**}}\frac{1}{(N\mathfrak{p})^s}=O(1) \qquad (s\to 1+0)$$

である．よって $\delta(\boldsymbol{P}^{**})=0$．したがって

$$\delta(\boldsymbol{P}^*)=\delta(\boldsymbol{P})-\delta(\boldsymbol{P}^{**})=1$$

が成り立つ．∎

(I) によって，一般に任意の $\boldsymbol{M}\subseteqq\boldsymbol{P}$ に対して

$$\delta(\boldsymbol{M})=\delta(\boldsymbol{M}\cap\boldsymbol{P}^*) \tag{13.9}$$

が成り立つことがわかる．

Dirichlet の算術級数の素数定理の拡張として，つぎの定理が成り立つ．

定理 13.5(**Dirichlet の定理の拡張**) 代数体 k において，$\mathfrak{m}$ を法とするイデアル群 $H_\mathfrak{m}$ をとる．$A_\mathfrak{m}/H_\mathfrak{m}$ の任意の剰余類 $C_\mathfrak{m}$ に対して

$$\delta(C_\mathfrak{m}\cap\boldsymbol{P})=\delta(C_\mathfrak{m}\cap\boldsymbol{P}^*)=\frac{1}{h_\mathfrak{m}}, \qquad h_\mathfrak{m}=[A_\mathfrak{m}:H_\mathfrak{m}] \tag{13.10}$$

である．特に任意の $C_\mathfrak{m}$ は (1次の) 素イデアルを無限に多く含む．——

この証明には Hecke の L 関数が用いられる．

定義 13.5 代数体 k において，$\mathfrak{m}$ を法とするイデアル群 $H_\mathfrak{m}$ が与えられているとき，χ を有限可換群 $A_\mathfrak{m}/H_\mathfrak{m}$ の一つの群指標とする．そのとき

$$L_k(s,\chi) = \sum_{\mathfrak{a}} \frac{\chi(\mathfrak{a})}{(N\mathfrak{a})^s} \qquad (\mathfrak{a}\text{ は }k\text{ のすべての整イデアルを動く}),$$

ただし I_k の整イデアル $\mathfrak{a}$ に対して

$$\chi(\mathfrak{a}) = \begin{cases} \chi(C), & \mathfrak{a}\in C \quad (C\in A_{\mathfrak{m}}/H_{\mathfrak{m}}), \\ 0, & (\mathfrak{a},\mathfrak{m}) \neq I_k \end{cases}$$

と定義する.

$L_k(s,\chi)$ を類指標 χ に対する **Hecke の L 関数**という. ——

$k=\boldsymbol{Q}$ であれば, Dirichlet の L 関数に帰着される.

Dirichlet の L 関数と同様に (§6.1 (VIII), p. 217), $A_{\mathfrak{m}}/H_{\mathfrak{m}}$ の基本指標 χ_0 に対しては

$$L_k(s,\chi_0) = \zeta_k(s)\cdot\prod_{\mathfrak{p}|\mathfrak{m}}\left(1-\frac{1}{(N\mathfrak{p})^s}\right)$$

となり, $\mathrm{Re}\, s>1$ で正則, $s=1$ で1位の極を持つ.

$\chi\neq\chi_0$ であれば $\mathrm{Re}\, s>0$ で, $L_k(s,\chi)$ は収束し, かつ正則である.

(II) 定理 13.2 を用いれば, K が k 上のイデアル群 $H_{\mathfrak{m}}$ に対する類体であるとき

(13.11) $$\zeta_K(s) = \prod_{\mathfrak{p}|\mathfrak{m}}\left(1-\frac{1}{(N\mathfrak{p})^s}\right)^{-1}\prod_{\chi} L_k(s,\chi),$$

ただし χ は $A_{\mathfrak{m}}/H_{\mathfrak{m}}$ の $h_{\mathfrak{m}}=[A_{\mathfrak{m}}:H_{\mathfrak{m}}]$ 個の指標全体を動くものとする.

[証明] 定理 6.6 の証明と同じである. すなわち $L_k(s,\chi)$ の無限積表示 (§6.1 (VIII) (ii), p. 218 参照) を用いると

$$\prod_{\chi} L_k(s,\chi) = \prod_{\mathfrak{p}\nmid\mathfrak{m}}\left(\prod_{\chi}\left(1-\frac{\chi(\mathfrak{p})}{(N\mathfrak{p})^s}\right)^{-1}\right).$$

ここで有限可換群の指標の直交性 (§6.1, (6.8), p. 218) を用いれば, §6.1, p. 219 の計算と同様にして, $\mathfrak{p}^f\in H_{\mathfrak{m}}$ となる最小の f に対して

$$= \prod_{\mathfrak{p}\nmid\mathfrak{m}}\left(1-\frac{1}{(N\mathfrak{p})^{fs}}\right)^{-h/f}$$

となる. ここで定理 13.2 (iv) の分解定理を用いれば, $(\mathfrak{P},\mathfrak{m})=I_K$ となる K の素イデアル $\mathfrak{P}$ を, k の素イデアル $\mathfrak{p}$ で

$$N_{K/k}\mathfrak{P} = \mathfrak{p}^f, \qquad \mathfrak{p} = \mathfrak{P}_1\cdots\mathfrak{P}_g, \qquad g = \frac{h}{f}$$

となるものについてまず類別すれば，

$$=\prod_{\mathfrak{p}\nmid\mathfrak{m}}\prod_{\mathfrak{P}|\mathfrak{p}}\left(1-\frac{1}{(N\mathfrak{P})^{s}}\right)^{-1}$$

と表わされる．よって (13.11) が成り立つ．▌

(III) $\chi\neq\chi_0$ であれば

$$L_k(1,\chi)\neq 0.$$

［証明］ (13.11) の両辺において，$s=1$ は $\zeta_K(s)$ および $L_k(s,\chi_0)$ の1位の極であり，残りの $L_k(s,\chi)$ は $s=1$ で正則である．したがって或る $\chi\neq\chi_0$ に対して $L_k(1,\chi)=0$ となれば，$\zeta_K(s)$ が $s=1$ で1位の極を持つことに矛盾する．よって $L_k(1,\chi)\neq 0$ $(\chi\neq\chi_0)$ でなければならない．▌

定理 13.5 の証明 §10.2, p.329 と同様に $s\to 1+0$ のとき

$$\log L_k(s,\chi)=\sum_{\mathfrak{p}\nmid\mathfrak{m}}\sum_{m=1}^{\infty}\frac{\chi(\mathfrak{p})^{m}}{m(N\mathfrak{p})^{ms}}$$

$$=\sum_{\mathfrak{p}\nmid\mathfrak{m}}\frac{\chi(\mathfrak{p})}{(N\mathfrak{p})^{s}}+O(1).$$

これから，群指標の直交性を用いれば，$h_{\mathfrak{m}}=[A_{\mathfrak{m}}:H_{\mathfrak{m}}]$ に対して§6.1, p.219 の計算と全く同様に，任意の $C\in A_{\mathfrak{m}}/H_{\mathfrak{m}}$ について

$$\sum_{\chi}\overline{\chi(C)}\log L_k(s,\chi)=h_{\mathfrak{m}}\sum_{\substack{\mathfrak{p}\nmid\mathfrak{m}\\ \mathfrak{p}\in C}}\frac{1}{(N\mathfrak{p})^{s}}+O(1)$$

$$=h_{\mathfrak{m}}\cdot\mu(s,C\cap\boldsymbol{P})+O(1)$$

となる．ここで (III) によって $L_k(1,\chi)\neq 0$ $(\chi\neq\chi_0)$ より

$$\text{左辺}=\log\frac{1}{s-1}+O(1)$$

である．故に，任意の $C\in A_{\mathfrak{m}}/H_{\mathfrak{m}}$ に対して

$$\delta(C\cap\boldsymbol{P})=\frac{1}{h_{\mathfrak{m}}}$$

となる．▌

注意 1 定理 13.5 の証明には (III) を用い，(III) の証明には類体論の結果である (II) を用いた．もしも

(13.12) $$\delta(H_{\mathfrak{m}}\cap\boldsymbol{P})>0$$

であることがわかっていれば，類体論の結果を用いないでも (III) および定理 13.5 が成り立つことがわかり，特に $\delta(H_{\mathfrak{m}}\cap\boldsymbol{P})=1/h_{\mathfrak{m}}$ が証明される．

何となれば，定理 13.5 の証明において $C=H_{\mathfrak{m}}$ とおくとき，

(13.13) $$\sum_{\chi} \log L_k(s,\chi) = h_{\mathfrak{m}}\cdot\mu(s, H_{\mathfrak{m}}\cap \boldsymbol{P}) + O(1)$$

となる．ここで或る $\chi\neq\chi_0$ に対して $L_k(1,\chi)=0$ であれば $\log L_k(s,\chi_0)=\log(1/(s-1))+O(1)$ および $\chi\neq\chi_0$ では $\log L_k(s,\chi)=-m_\chi \log(1/(s-1))+O(1)$ (m_χ は $L_k(1,\chi)$ の零の位数) ($m_\chi\geqq 0$) であるから，(13.13) の左辺は $s\to 1+0$ に対して負の値または有界となる．これは，(13.12) の仮定と矛盾する．よって (13.12) であれば (III) が成り立ち，したがって定理 13.5 も成り立つことがわかる．

注意 2 また (III) の証明を，(13.12) をも仮定することなく，一般の場合に解析的に証明することもできる．それは E. Hecke (1917) によるものである．それはつぎの (i), (ii) を用いる．

(i) 正の係数を持つ Dirichlet 級数に関する定理:

$$f(s) = \sum_{n=1}^{\infty} \frac{a_n}{n^s} \qquad (a_n \geqq 0,\ n=1,2,\cdots)$$

で表わされる関数 f が，もしも $\mathrm{Re}\, s>\sigma_0$ まで解析接続されて，そこで正則であれば，$f(s)$ は実際に $\mathrm{Re}\, s>\sigma_0$ で絶対収束する．

(ii) $L_k(s,\chi)$ は全平面に解析接続され，$\chi\neq\chi_0$ ならば整関数であり，$\chi=\chi_0$ ならば $L_k(s,\chi)=\zeta_k(s)$ は，$s=1$ のみで 1 位の極を持つ．

(i) の証明は容易であるが，(ii) の証明には，$\zeta_k(s)$ および $L_k(s,\chi)$ の関数等式を用いる．関数等式の証明は相当に困難である．関数等式については末綱 [9], pp. 63–98 に，また上記の Hecke の証明は末綱 [9], p. 99, 定理 25 に述べられている．

つぎに代数体 k の Galois 拡大 K について一般に考えよう．k の素イデアル $\mathfrak{p}$ が K で完全分解するとは，I_K において

$$\mathfrak{p} = \mathfrak{P}_1\cdots\mathfrak{P}_n \qquad (n=[K:k])$$

と分解することをいう．これは，$\mathfrak{p}$ が K/k で不分岐かつ，或る K の素イデアル $\mathfrak{P}$ に対して

$$N_{K/k}\mathfrak{P} = \mathfrak{p}$$

となることと同値である．いま

(13.14) $$\boldsymbol{W} = \{\mathfrak{p}\mid \mathfrak{p}\ \text{は}\ K/k\ \text{で完全分解}\} \subseteqq \boldsymbol{P}(k)$$

および

$$\boldsymbol{P}^{***} = \{\mathfrak{P}\mid N\mathfrak{P}=p\ (\text{素数}),\ \mathfrak{p}=N_{K/k}\mathfrak{P}\ \text{は}\ K/k\ \text{で不分岐}\} \subseteqq \boldsymbol{P}(K)$$

とおく．そのとき写像

$$\boldsymbol{P}^{***} \ni \mathfrak{P} \longmapsto \mathfrak{p} = N_{K/k}\mathfrak{P} \in \boldsymbol{W}\cap\boldsymbol{P}^* = \boldsymbol{W}^*$$

は n 対 1 の全射である．また $\mathfrak{P}\in\boldsymbol{P}^{***}$ に対して

$$N\mathfrak{P} = N(N_{K/k}\mathfrak{P}) = N\mathfrak{p}$$

であることから

$$\mu(s, \boldsymbol{P}^{***}) = \frac{1}{n}\mu(s, \boldsymbol{W}^*) \qquad (n=[K:k])$$

となる．一方，K において $\boldsymbol{P}^*$ と $\boldsymbol{P}^{***}$ との差は有限集合であるから，

$$\delta(\boldsymbol{P}^{***}) = \delta(\boldsymbol{P}^*) = 1$$

である．よって $\delta(\boldsymbol{W})=\delta(\boldsymbol{W}^*)=1/n$ となる．この結果を定理として挙げておく．

定理 13.6 Galois 拡大 K/k において，K/k で完全分解する k の素イデアルの全体の集合を $\boldsymbol{W}$ とおくとき

$$\delta(\boldsymbol{W}) = \delta(\boldsymbol{W} \cap \boldsymbol{P}^*) = \frac{1}{n} \qquad (n=[K:k]) \tag{13.15}$$

が成り立つ．——

さて，$\mathfrak{m}$ を代数体 k の一つの整イデアルとし，k の n 次の Galois 拡大 K を一つ定める．$\mathfrak{m}$ を法とするイデアル群

$$N_{\mathfrak{m}} = N_{\mathfrak{m}}(K/k)$$

を，$\mathfrak{m}$ を法とする射線 $S_{\mathfrak{m}}$ を用いて

$$N_{\mathfrak{m}} = S_{\mathfrak{m}} \cdot N_{K/k}(A_{\mathfrak{m}}(K)) \tag{13.16}$$

によって定義する．すなわち $(\alpha)N_{K/k}\mathfrak{A}$ ($(\alpha) \in S_{\mathfrak{m}}$, $\mathfrak{A}=\mathfrak{C}/\mathfrak{B}$, $\mathfrak{B}, \mathfrak{C}$ は K の整イデアルで $(\mathfrak{B}, \mathfrak{m}) = (\mathfrak{C}, \mathfrak{m}) = I_K$) となる k のイデアルの全体とする．ここで k において

$$S_{\mathfrak{m}} \subseteqq N_{\mathfrak{m}} \subseteqq A_{\mathfrak{m}}$$

である．

$$h_{\mathfrak{m}} = h_{\mathfrak{m}}(K/k) = [A_{\mathfrak{m}} : N_{\mathfrak{m}}]$$

とおく．さて $\boldsymbol{W}$ の定義によって

$$\boldsymbol{W}_{\mathfrak{m}} = \boldsymbol{W} \cap A_{\mathfrak{m}} \subseteqq N_{K/k}(A_{\mathfrak{m}}(K)) \subseteqq N_{\mathfrak{m}}$$

である．また，$\boldsymbol{W}$ と $\boldsymbol{W}_{\mathfrak{m}}$ との差は有限集合であるから，定理 13.6 によって

$$\delta(N_{\mathfrak{m}} \cap \boldsymbol{P}) \geqq \delta(\boldsymbol{W}_{\mathfrak{m}}) = \delta(\boldsymbol{W}) = \frac{1}{n} \tag{13.17}$$

となる．定理 13.5 の証明のあとの注意 1 によれば，$\delta(N_{\mathfrak{m}} \cap \boldsymbol{P}) > 0$ がわかっていれば，この $N_{\mathfrak{m}}$ に対しては定理 13.5 が成り立つことが類体論を用いないで証明

される.

よって

$$\delta(N_{\mathfrak{m}} \cap \boldsymbol{P}) = \frac{1}{h_{\mathfrak{m}}} \qquad (h_{\mathfrak{m}} = [A_{\mathfrak{m}} : N_{\mathfrak{m}}])$$

となる. 故に (13.17) より

$$\frac{1}{n} \leqq \frac{1}{h_{\mathfrak{m}}}$$

となる. すなわち $h_{\mathfrak{m}} \leqq n$ である. 以上よりつぎの定理が (類体論の結果である定理 13.2 を用いないで) 証明されたことになる.

定理 13.7 代数体 k の任意の n 次 Galois 拡大 K に対して, (13.16) によって K に対応するイデアル群 $N_{\mathfrak{m}}$ を定義すれば, ($\mathfrak{m}$ の如何にかかわらず)

$$h_{\mathfrak{m}} = [A_{\mathfrak{m}} : N_{\mathfrak{m}}] \leqq n \tag{13.18}$$

となる. ——

不等式 (13.18) を類体論における**第2基本不等式**という.

さて類体の定義は, 定義 13.3 で Weber によって与えられたものを挙げたが, 実際に諸定理を証明するためには, これと同値なつぎの定義から出発する方が都合がよい.

定義 13.6 (高木貞治) 代数体 k の n 次の Galois 拡大 K が k 上の一つの**類体**であるとは, イデアル $\mathfrak{m}$ を法として K に対応する k のイデアル群

$$N_{\mathfrak{m}} = S_{\mathfrak{m}} \cdot N_{K/k}(A_{\mathfrak{m}}(K))$$

を作るとき, 或る都合のよい $\mathfrak{m}$ に対して等号

$$h_{\mathfrak{m}} = [A_{\mathfrak{m}} : N_{\mathfrak{m}}] = [K : k] = n \tag{13.19}$$

が成り立つことをいう. ——

このとき, $h_{\mathfrak{m}} = n$ を成立せしめるイデアル $\mathfrak{m}$ のうち, 最小のイデアル $\mathfrak{f}$ が存在し, $\mathfrak{f} | \mathfrak{m}$ であれば必ず $h_{\mathfrak{m}} = n$ となるものがあることが示される. このイデアル $\mathfrak{f}$ を K/k の**導手**という.

さて, K/k が類体であることの一つの判定法として, つぎの定理がある.

定理 13.8 K/k が類体であれば, 或るイデアル $\mathfrak{m}$ と, $\mathfrak{m}$ を法とする或るイデアル群 $H_{\mathfrak{m}}$ が存在して

(i) $N_{K/k}(A_{\mathfrak{m}}(K)) \subseteq H_{\mathfrak{m}}$,

(ii) $H_{\mathfrak{m}} \cap \boldsymbol{P}$ は，Kronecker 式密度 0 の集合を除外して $\boldsymbol{W}$ に属する（すなわち K/k で完全分解する）．

逆に，このような $\mathfrak{m}$ と $H_{\mathfrak{m}}$ が存在するとき，K/k は類体で，$h_{\mathfrak{m}}=n$ および $H_{\mathfrak{m}}=N_{\mathfrak{m}}$ が成り立つ．

証明 K/k が類体であれば，$h_{\mathfrak{m}}=n$ となる $\mathfrak{m}$ に対して，$H_{\mathfrak{m}}=N_{\mathfrak{m}}$ にとれば，(i) は明らかに成立し，また (ii) は

$$\delta(\boldsymbol{W}_{\mathfrak{m}}) = \delta(N_{\mathfrak{m}} \cap \boldsymbol{P}) = \frac{1}{n}$$

よりわかる．

逆に，(i), (ii) が成り立つような $\mathfrak{m}$ と $H_{\mathfrak{m}}$ が存在するとする．(i) によって $S_{\mathfrak{m}} \subseteqq N_{\mathfrak{m}} \subseteqq H_{\mathfrak{m}} \subseteqq A_{\mathfrak{m}}$ である．いま $a=[H_{\mathfrak{m}}:N_{\mathfrak{m}}]$ とおく．定理 13.5 は，類体論の結果（定理 13.2）を用いることなく $N_{\mathfrak{m}}$ に対して成り立つことを注意してある (p. 403)．よって定理 13.5 を用いれば

$$\delta(H_{\mathfrak{m}} \cap \boldsymbol{P}) = \frac{a}{h_{\mathfrak{m}}}$$

となる．一方，(ii) によって

$$\delta(H_{\mathfrak{m}} \cap \boldsymbol{P}) \leqq \delta(\boldsymbol{W}_{\mathfrak{m}}) = \frac{1}{n}$$

である．したがって $a/h_{\mathfrak{m}} \leqq 1/n$, $an \leqq h_{\mathfrak{m}}$ である．これと一般の公式 $h_{\mathfrak{m}} \leqq n$ と合せて $a=1$, $h_{\mathfrak{m}}=n$ が成り立つことがわかる．▌

この判定法を用いれば，定理 13.3（順序定理，結合定理，推進定理）は，類体の定義 13.6 に従って容易に導かれる．

つぎに，証明すべき定理は，定理 13.4（基本定理）である．これは，K/k が巡回拡大の場合に

(13.20) $$n \leqq h_{\mathfrak{m}} \qquad \textbf{（第 1 基本不等式）}$$

の証明に帰着される．この不等式の証明は簡単でない．

高木 [8]，第 13 章：基本定理 (pp. 174-195) では，C. Chevalley 等のその後の簡易化を取り入れた方法によって，第 1 基本不等式 (13.20) を証明している．ここにその証明を再現する紙数もないので，高木 [8] を参照していただきたい．

さて，定義 13.6 に従って基本定理を証明した後に，定理 13.2 の諸結果が証明

されるのであるが，類体論の論文 (1920) の後に，1927年になって E. Artin がいちじるしい結果を付け加えた．

まず一般の Galois 拡大 K/k で，その Galois 群を $G=\mathrm{Gal}(K/k)$ とする．K の素イデアル $\mathfrak{P}$ が K/k で分岐していないとき (すなわち $\mathfrak{P}$ の惰性群 $T=\{1\}$ のとき)，$\mathfrak{P}$ に対して Frobenius 自己同型

$$\left[\frac{K/k}{\mathfrak{P}}\right]=\sigma\in G \tag{13.21}$$

が定まる (後に定義する Artin 記号と区別するために [ ] を用いよう)．σ は，任意の $\alpha\in I_K$ に対して

$$\alpha^{\sigma}\equiv\alpha^{N\mathfrak{p}}\pmod{\mathfrak{P}} \tag{13.22}$$

によって一意に定まる (§7.2 (IV), p. 254)．

σ は $\mathfrak{P}$ の分解群 Z を生成し ($Z=\{1,\sigma,\cdots,\sigma^{f-1}\}$，$\sigma^f=1$)，

$$G=Z\cup Z\tau_2\cup\cdots\cup Z\tau_g,\qquad fg=n$$

と分解するとき，$\mathfrak{p}=\mathfrak{P}\cap I_k$ に対して

$$\mathfrak{p}=\mathfrak{P}_1\mathfrak{P}_2\cdots\mathfrak{P}_g,\qquad N_{K/k}\mathfrak{P}_i=\mathfrak{p}^f\quad(i=1,\cdots,g) \tag{13.23}$$

かつ

$$\mathfrak{P}_i=\mathfrak{P}^{\tau_i}\qquad(i=1,\cdots,g,\ \ \tau_1=1)$$

となる (§7.2参照)．このとき

$$\left[\frac{K/k}{\mathfrak{P}^{\tau}}\right]=\tau^{-1}\sigma\tau$$

である．したがって，K/k で分岐しない k の素イデアル $\mathfrak{p}$ に対して，K/k で上のような分解が成り立つとき

$$\left\{\left[\frac{K/k}{\mathfrak{P}_i}\right]\,\middle|\, i=1,\cdots,g\right\}=\{\tau^{-1}\sigma\tau\mid\tau\in G\}$$

という G の一つの共役類が対応する．

特に G が可換群であれば，$\tau^{-1}\sigma\tau=\sigma$ であるから，k の素イデアル $\mathfrak{p}$ に対して，$\mathfrak{p}\subseteq\mathfrak{P}$ となる K の素イデアル $\mathfrak{P}$ の取り方に関係なく G のただ一つの元 σ が (13.21) によって定まる．これを上記の記号と区別して

$$\sigma=\left(\frac{K/k}{\mathfrak{p}}\right) \tag{13.24}$$

と表わして，k の素イデアル $\mathfrak{p}$ の **Artin 記号** (Artin symbol) と呼ぶ．

さて n 次 Abel 拡大 K/k をイデアル群 $H_\mathfrak{m}$ に対する類体とする．K/k で分岐する素イデアル $\mathfrak{p}$ はすべて $\mathfrak{m}$ の素因子に含めて $\mathfrak{m}$ をとる．$\mathfrak{m}$ と素なイデアル $\mathfrak{a} \in A_\mathfrak{m}$ に対して，

$$\mathfrak{a} = \prod_i \mathfrak{p}_i^{e_i}$$

と素イデアル分解したとき，Artin 記号を拡張して

$$\left(\frac{K/k}{\mathfrak{a}}\right) = \prod_i \left(\frac{K/k}{\mathfrak{p}_i}\right)^{e_i} \in G = \mathrm{Gal}(K/k) \tag{13.25}$$

と定義する．明らかに

$$\left(\frac{K/k}{\mathfrak{a}\mathfrak{b}}\right) = \left(\frac{K/k}{\mathfrak{a}}\right)\cdot\left(\frac{K/k}{\mathfrak{b}}\right)$$

が成り立つ．

このときつぎの定理が成り立つ．

定理 13.9 (Artin の相互律) Abel 拡大 K/k がイデアル群 $H_\mathfrak{m}$ に対する類体であるとする．

$$\Phi:\ A_\mathfrak{m} \ni \mathfrak{a} \longmapsto \left(\frac{K/k}{\mathfrak{a}}\right) \in G = \mathrm{Gal}(K/k)$$

により定められる準同型 Φ を考えると，

(i) $\mathrm{Ker}\,\Phi = H_\mathfrak{m}$,

(ii) $\Phi:\ A_\mathfrak{m}/H_\mathfrak{m} \cong \mathrm{Gal}(K/k)$. ——

すなわち，類体論の同型定理は，具体的に Artin 記号を用いて示される．

定理 13.9 は，具体的に同型定理を表わしているだけでなく，Artin 記号の性質から分解定理をも含んでいる．すなわち $A_\mathfrak{m}/H_\mathfrak{m}$ で素イデアル $\mathfrak{p}$ を含む類を C とする．C の位数が f であること，すなわち $\mathfrak{p}^f \in H_\mathfrak{m}$ は，準同型対応 Φ によって $\left(\frac{K/k}{\mathfrak{p}}\right)$ の位数が f であることと同値である．すなわち，$\mathfrak{p}$ は K/k で (13.23) のように分解される．

さて，定理 13.9 (Artin の相互律) の証明も高木 [8]，第 14 章：分解定理，同型定理，相互律 (pp. 196–216) に譲らねばならない．

残された定理 13.2 の中の存在定理と導手定理は，Abel 拡大に対して，つづいて証明される (高木 [8]，第 15 章：存在定理，導手定理)．

さて，以上はもっぱら Abel 拡大に対して証明された．残されているのは，任

意の類体 K/k は Abel 拡大であるという性質(定理 13.2 (ii))である.

これは，つぎのようにしてわかる．まず，存在定理によって，与えられたイデアル群 $H_{\mathfrak{m}}$ に対して Abel 拡大である類体が存在する．つぎに定理 13.3 (i) の類体の一意定理によって，$H_{\mathfrak{m}}$ に対応する類体はただ一つである．故に類体は Abel 体となる．

最後につぎの定理を証明しておく．

定理 13.10 定義 13.3 の Weber による類体の定義と，定義 13.6 の高木による類体の定義は同値である．

証明 高木の定義に従って類体論の諸定理はすべて証明されたので，この結果を用いる．

(i) K/k を $H_{\mathfrak{m}}$ に対する高木式類体とする．分解定理によれば K/k は Weber 式類体であることがわかる．

(ii) 逆に K/k を $H_{\mathfrak{m}}$ に対する Weber 式類体とする．高木式類体の存在定理によって $H_{\mathfrak{m}}$ に対応する高木式類体 L/k が存在する．このとき $K=L$ を言えばよい．k の素イデアル $\mathfrak{p}$ を $\mathfrak{p}\in H_{\mathfrak{m}}$ にとる．合成体 KL を考え，I_{KL} において $\mathfrak{p}$ を含む素イデアル $\mathfrak{P}$ を一つとる．$\mathfrak{p}$ が KL/k においても完全分解すること，すなわち $\mathfrak{P}$ の KL/k における分解群 Z が $Z=\{1\}$ であることを見よう．

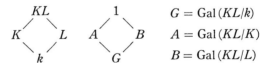

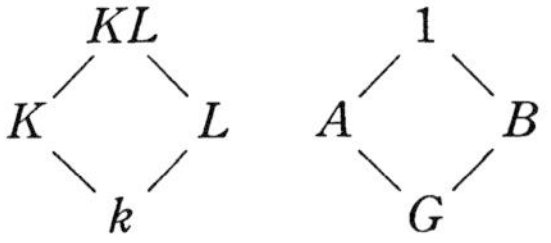

$G=\mathrm{Gal}(KL/k)$
$A=\mathrm{Gal}(KL/K)$
$B=\mathrm{Gal}(KL/L)$

$\mathfrak{P}_K=\mathfrak{P}\cap I_K$, $\mathfrak{P}_L=\mathfrak{P}\cap I_L$ に対して，$\mathfrak{P}_K, \mathfrak{P}_L$ の $\mathrm{Gal}(K/k)=G/A$ および $\mathrm{Gal}(L/k)=G/B$ における分解群は，§7.2 (VI) (iii) (p. 255) によって ZA/A および ZB/B に等しい．仮定により $\mathfrak{p}$ は K/k および L/k で完全分解するから $ZA=A$ および $ZB=B$, すなわち $Z\subseteqq A\cap B=\{1\}$ である．よって $Z=\{1\}$ が導かれた．

よって $\mathfrak{p}\in H_{\mathfrak{m}}$ は KL/k でも完全分解する．すなわち KL も同じ $H_{\mathfrak{m}}$ に対する Weber 式類体である．一方，定理 13.6 によって

$$\delta(W)=\frac{1}{[K:k]}=\frac{1}{[L:k]}=\frac{1}{[KL:k]}$$

であるから，$[K:k]=[KL:k]=[L:k]$ となる．ここで $K\subseteqq KL$ および $L\subseteqq KL$ であるから，$K=KL=L$ となる．よって $H_{\mathfrak{m}}$ に対する k 上の Weber 式類体 K

と，高木式類体 L とは一致しなければならない．▌

注意 Artin の相互律を得た後には，類体の構成法をつぎのように考えることもできる．ただし，その場合にはもっぱら Abel 拡大だけを考えることにする．

K/k を一つの Abel 拡大とし，K/k で分岐する素イデアル $\mathfrak{p}$ のベキ積 $\mathfrak{m}=\prod_i \mathfrak{p}_i^{e_i}$ をとる．$\mathfrak{p}\notin A_\mathfrak{m}$ (すなわち $(\mathfrak{p},\mathfrak{m})=I_k$) に対して，Artin 記号 $\left(\dfrac{K/k}{\mathfrak{p}}\right)$ が定まり，したがって，一般の $\mathfrak{a}\in A_\mathfrak{m}$ に対しても Artin 記号が定まる．そこで

$$H=\left\{\mathfrak{a}\,\middle|\,\mathfrak{a}\in A_\mathfrak{m},\ \left(\frac{K/k}{\mathfrak{a}}\right)=1\right\}$$

とおくと，H は乗法群 $A_\mathfrak{m}$ の一つの部分群を作る．そのとき

(IV) $\mathfrak{m}$ を十分大きく (各指数 e_i を十分大きく) とれば，$\mathfrak{m}$ を法とする射線 $S_\mathfrak{m}$ は H に含まれ，かつ

$$H=S_\mathfrak{m}\cdot N_{K/k}(A_\mathfrak{m}(K))$$

と一致する．

特に導手 $\mathfrak{f}$ は $\mathfrak{f}=\prod_i \mathfrak{p}_i^{e_i}$ ($\mathfrak{p}_i$ は K/k で分岐する素イデアル) で $S_\mathfrak{f}\subseteqq H$ となる最も指数 e_i の小さいイデアルとして定義される．

これを諸定理の証明の出発点として，証明を組み立てることもできる．

さて，類体論の構成や証明法については，1927 年以後も多くの人々によって研究が積み重ねられた．それらの多くは，もっぱら Abel 拡大の場合に理論を限るのである．まず

C. Chevalley: La théorie du corps de classes, Ann. of Math., **41** (1940)

は，解析的手段なしに，もっぱら代数的に計算する証明を与えた．p 進数体の理論を併用すれば，計算の見通しがよくなることは，よく知られていたが，Hilbert のノルム剰余記号の性質や，あるいは 2 次形式の Hasse の原理の考え方にならって，すべて素数 p に対する p 進拡大の理論と大局的理論とをかみ合せる方法が，岩沢健吉，J. Tate らによって用いられた (1945)．さらに

E. Artin and J. Tate: Class field theory (1951)

は，証明をさらに代数化して群のコホモロジーの見地からの構成を示した．これらについては

彌永昌吉編: 数論 (1969)(岩波書店)

に詳しく述べられている．

定理 13.11 (終結定理) 代数体 k の拡大 K をとり，K に対応するイデアル群 $N_\mathfrak{m}=S_\mathfrak{m}\cdot N_{K/k}(A_\mathfrak{m}(K))$ を作る．

(i)　K/k が Galois 拡大でなければ，つねに $h_{\mathfrak{m}}=[A_{\mathfrak{m}}:N_{\mathfrak{m}}]<[K:k]=n$.

(ii)　K/k が Galois 拡大であるとき，$K\supseteqq L\supseteqq k$ となる最大の Abel 拡大 L/k をとるとき，

$$h_{\mathfrak{m}}=[A_{\mathfrak{m}}:N_{\mathfrak{m}}]=[L:k]. \qquad ——$$

(証明は高木 [8], p. 245 を参照.)　これは，類体論の支配し得る範囲が Abel 拡大にとどまることを示している.

§13.3　類体論の応用

類体論は Abel 拡大に関する理論であるが，これを利用して，必ずしも Abel 拡大でない一般の Galois 拡大に関する性質をいろいろと導き出すことができる．それらのうちの二,三をここに挙げよう．まず

定理 13.12 (N. Čebotarev, 1926)　任意の Galois 拡大 K/k において Galois 群 $G=\mathrm{Gal}(K/k)$ の一つの共役類 $\{\tau\sigma\tau^{-1}\mid\tau\in G\}=C_\sigma$ を定める．そのとき K/k で分岐しない k の素イデアル $\mathfrak{p}$ で，K における $\mathfrak{p}$ の約イデアル $\mathfrak{P}$ $(\mathfrak{p}\subseteqq\mathfrak{P})$ の Frobenius 置換の属する共役類が C_σ となるものの全体を $\boldsymbol{M}(C_\sigma)$ とおく．$\boldsymbol{M}(C_\sigma)$ の Kronecker 式密度は

$$\delta(\boldsymbol{M}(C_\sigma))=\frac{c}{n},$$

ただし，$n=|G|$，$c=|C_\sigma|$ はそれぞれ G および C_σ の含む元の個数とする.

証明　σ を含む共役類を C_σ とし，$\mathfrak{p}\subseteqq\mathfrak{P}$ となる K の素イデアル $\mathfrak{P}$ の Frobenius 自己同型が C_σ に属するとする．そのとき，$\mathfrak{p}\subseteqq\mathfrak{P}$ で実際に $\left[\dfrac{K/k}{\mathfrak{P}}\right]=\sigma$ となるように $\mathfrak{P}$ を一つ定める．ただしこのような $\mathfrak{P}$ は σ に対してただ一つ定まるとは限らない.

いま $Z=\{1,\sigma,\cdots,\sigma^{f-1}\}$，$\sigma^f=1$ とし，$N=\{\tau\in G\mid\tau^{-1}\sigma\tau=\sigma\}$ $(\supseteqq Z)$ とすれば $\mathfrak{P}^\tau$ $(\tau\in N)$ に対応する Frobenius 自己同型は

$$\left[\frac{K/k}{\mathfrak{P}^\tau}\right]=\tau^{-1}\sigma\tau=\sigma$$

である．一方 $\mathfrak{P}^\tau=\mathfrak{P}$ となるのは $\tau\in Z$ に限る．よって $\left[\dfrac{K/k}{\mathfrak{P}^\tau}\right]=\sigma$ となる $\mathfrak{P}^\tau$ のうち異なるものの個数は $[N:Z]$ に等しい．また共役類 C_σ の含む異なる元の個数は $c=|C_\sigma|=[G:N]$ であるから,

$$\frac{n}{f}=[G:Z]=[G:N][N:Z]=c[N:Z],$$

したがって $[N:Z]=n/fc$ である．この値は C_σ に属する各元に対して共通な値である．

いま Z に対応する K/k の中間体を k_Z とする．さて $\mathfrak{p}\in \boldsymbol{M}(C_\sigma)$ に対して $\mathfrak{p}\subseteq\mathfrak{P}$, $\left[\frac{K/k}{\mathfrak{P}}\right]=\sigma$ となる $\mathfrak{P}$ を一つ定め，$\mathfrak{P}\cap k_Z=\mathfrak{P}_Z$ とおく．このとき，また $\left[\frac{K/k_Z}{\mathfrak{P}_Z}\right]=\sigma$ である．そこで k_Z の素イデアル $\mathfrak{P}_Z$ で，σ を K/k_Z の Artin 記号とするものの全体 $\boldsymbol{M}(\sigma)$ は，定理 13.5 と 13.8 とによって，Kronecker 式密度 $\delta(\boldsymbol{M}(\sigma))=1/f$ を持つ．この k_Z の素イデアル $\mathfrak{P}_Z$ に k の素イデアル $\mathfrak{p}$ を対応させると，上に見たようにその対応は n/fc 対 1 である．

k_Z/k において $N\mathfrak{P}_Z=N\mathfrak{p}$ であるから

$$\sum_{\mathfrak{P}_Z\in\boldsymbol{M}(\sigma)}\frac{1}{(N\mathfrak{P}_Z)^s}=\frac{n}{fc}\sum_{\mathfrak{p}\in\boldsymbol{M}(C_\sigma)}\frac{1}{(N\mathfrak{p})^s}.$$

よって

$$\delta(\boldsymbol{M}(C_\sigma))=\frac{fc}{n}\cdot\delta(\boldsymbol{M}(\sigma))=\frac{c}{n}$$

となる．▌

注意 上の証明では $\left[\frac{K/k}{\mathfrak{P}}\right]=\sigma$ となる K の素イデアル $\mathfrak{P}$ の存在を仮定して $\delta(\boldsymbol{M}(C_\sigma))=c/n$ を証明した．しかし，G のすべての共役類についての和をとれば $\sum(c/n)=1$ であるから，もしもどれかの共役類 C_σ に対して，全く $\left[\frac{K/k}{\mathfrak{P}}\right]=\sigma$ となる素イデアル $\mathfrak{P}$ が存在しなければ，$\delta(\boldsymbol{P})=\sum(c/n)<1$ となって矛盾を生じる．故に，任意の $\sigma\in G$ に対して，σ を Frobenius 自己同型として持つ素イデアル $\mathfrak{P}$ が存在することも，定理 13.12 に含まれているわけである．

さて，第 2 の応用として，**単項化の問題**を挙げよう．これは Hilbert がすでに 1898 年に予想した定理であったが，その証明は 1929 年に Artin と Furtwängler とによってなされた．

定理 13.13（単項イデアル定理） 代数体 k の上の絶対類体を K/k とする．そのとき，k の任意のイデアル $\mathfrak{a}$ の K への延長は単項イデアルとなる：

$$\mathfrak{a}=(\alpha)\qquad(\alpha\in K).$$ ——

証明は代数的部分と群論的部分の二つに分れる．

(i) 代数的部分．いま，一般に K/k を Galois 拡大，$G=\mathrm{Gal}(K/k)$ をその

Galois 群とする．また $k\subseteqq\Omega\subseteqq K$ となる一つの中間体 Ω を考え，Ω に対応する G の部分群を H とする：$H=\mathrm{Gal}(K/\Omega)$．I_K の素イデアル $\mathfrak{P}$ に対して，$\mathfrak{p}=\mathfrak{P}\cap I_k$，$\mathfrak{q}=\mathfrak{P}\cap I_\Omega$ とする．また $\mathfrak{P}$ が K/k で分岐しないものとし，$\mathfrak{P}$ の K/k における分解群を $Z=\{1,\rho,\cdots,\rho^{f-1}\}$ $(\rho^f=1)$ とする．そのとき Ω/k において

$$\mathfrak{p}=\mathfrak{q}_1\cdots\mathfrak{q}_r,\qquad N_{\Omega/k}\mathfrak{q}_i=\mathfrak{p}^{f_i}$$

と分解するとすれば，$\mathfrak{q}_1,\cdots,\mathfrak{q}_r$ は G の二つの部分群 Z,H に関する両側分解

$$G=ZH\cup Z\sigma_2H\cup\cdots\cup Z\sigma_rH$$

に対応し，

$$\mathfrak{q}_i=\mathfrak{P}^{\sigma_i}\cap I_\Omega\qquad(i=1,\cdots,r)$$

かつ

$$f_i=[\sigma_i^{-1}Z\sigma_i:H\cap\sigma_i^{-1}Z\sigma_i]=[Z:Z\cap\sigma_iH\sigma_i^{-1}]\qquad(i=1,\cdots,r)$$

となる(第7章，問題3)．

いま，I_K の素イデアル $\mathfrak{P}$ の K/k における Frobenius 自己同型を ρ にとる：

$$\rho=\left[\frac{K/k}{\mathfrak{P}}\right].$$

すなわち

$$\alpha^\rho\equiv\alpha^{N\mathfrak{p}}\pmod{\mathfrak{P}}\qquad(\alpha\in I_K).$$

そのとき $N_{\Omega/k}\mathfrak{q}_1=\mathfrak{p}^{f_1}$ より

$$\alpha^{\rho^{f_1}}\equiv\alpha^{N\mathfrak{q}_1}\pmod{\mathfrak{P}}\qquad(\alpha\in I_K)$$

となる．すなわち，$\mathfrak{P}$ の K/Ω における Frobenius 準同型は

$$\rho^{f_1}=\left[\frac{K/\Omega}{\mathfrak{P}}\right]$$

と表わされる．全く同様に

$$\sigma_i^{-1}\rho^{f_i}\sigma_i=\left[\frac{K/\Omega}{\mathfrak{P}^{\sigma_i}}\right]$$

となる．

いま K/Ω が Abel 拡大である場合を考えれば，Artin 記号を用いて

$$(13.26)\qquad\left(\frac{K/\Omega}{\mathfrak{p}}\right)=\prod_{i=1}^{r}\left(\frac{K/\Omega}{\mathfrak{q}_i}\right)=\prod_{i=1}^{r}\sigma_i^{-1}\rho^{f_i}\sigma_i\in H$$

と表わされる．

さて，代数体 k の絶対類体 Ω/k を考え，再び Ω 上の絶対類体 K を考えると，

K も k 上の Galois 拡大となる．何となれば，K の k 上の任意の共役体 K_1 をとるとき，$k \subseteqq \Omega \subseteqq K_1$ となり，類体 K_1/Ω に対応するイデアル群 H_1 は K/Ω に対するイデアル群 H_0 の共役となり，Ω の単項イデアル全体 H_0 と一致しなければならない．故に類体の一意性によって，$K_1=K$ がわかるのである．そこで $G=\mathrm{Gal}(K/k)$ とおく．$H=\mathrm{Gal}(K/\Omega)$ は可換群で，かつ $\mathrm{Gal}(\Omega/k)\cong G/H$ も可換群である．また K/k も不分岐拡大体であるから，Ω は K/k に含まれる最大 Abel 拡大体である．よって H は G の交換子群と一致する．

いま I_k の任意の素イデアル $\mathfrak{p}$ をとるとき，$\mathfrak{p}$ の I_Ω への延長が単項イデアルとなるということは，Artin 記号 $\left(\dfrac{K/\Omega}{\mathfrak{p}}\right)=1$ と同値である．よって単項イデアル定理 (定理 13.13) を証明するためには，G の交換子群 H がまた可換群であるとき，このような G と H とに対して

$$\prod_{i=1}^{r}\sigma_i^{-1}\rho^{f_i}\sigma_i = 1 \tag{13.27}$$

を証明すれば十分である．

(ii) 群論的部分．“有限群 G の交換子群 H もまた可換群であるとき，(13.27) が成り立つ.”

(13.27) の左辺は，群 G からその部分群 H への ρ の**移送** (transfer)：

$$V_{G\to H}(\rho)$$

と呼ばれる写像である (岩波基礎数学選書“群論”, §7.3, a))．その考えを用いて，上の命題は一般に群論で証明することができる (Furtwängler)．その証明はなかなか面倒なものがあった．この定理にはその後，彌永昌吉によって極めて見通しのよい証明が与えられた[1]．しかし，ここにそれを紹介する紙数のないのが残念である．

第3の応用として，第8章の**種の理論**を考えよう．これは，Hasse によって指摘された方法である[2]．

$k=\boldsymbol{Q}(\sqrt{m})$ を2次体，k の狭義の類数を h^+，k 上の狭義の絶対類体を L とする．(すなわち $H_0^+=\{(\alpha)\mid \alpha\in k,\ N_{k/\boldsymbol{Q}}\alpha>0\}$ とし，H_0^+ に対応する k 上の類体を狭義

1) S. Iyanaga: Zum Beweis des Hauptidealsatzes, Abh. Math. Sem. Hamburg, **10** (1934).

2) H. Hasse: Zur Geschlechtertheorie in quadratischen Zahlkörpern, J. Math. Soc. Japan, **3** (1951).

の絶対類体という.) $L/\boldsymbol{Q}$ が Galois 拡大であることは，単項イデアル定理の場合と同様である. $G=\mathrm{Gal}(L/\boldsymbol{Q})$，$H_0^+=\mathrm{Gal}(L/k)$ は類体論の同型定理によって k のイデアル類群 $\mathcal{C}^+$ と同型である. また $G/H_0^+\cong\mathrm{Gal}(k/\boldsymbol{Q})$ は2次の巡回群である.

§8.1において，種の体 K を定義した. ここで定理8.4 (Hasse) の類体論による元来の証明を述べよう.

(i) 代数的部分. 類体論によれば，種の体 K は L に含まれる $\boldsymbol{Q}$ 上の最大 Abel 拡大として特徴づけることができる. すなわち，G の交換子群を G' とすれば，体 $K/\boldsymbol{Q}$ は G の部分群 G' に対応する $L/\boldsymbol{Q}$ の中間体である.

$$G = H_0^+ \cup \tau H_0^+$$

とする. $\tau\,(\mathrm{mod}\,H_0^+)$ は $k/\boldsymbol{Q}$ における共役をひきおこす. したがって，k のイデアル $\mathfrak{a}$ に対して

$$\mathfrak{a}\mathfrak{a}^\tau = (N\mathfrak{a})$$

である. かつ L/k の Artin 記号に対して，定義より

$$\left(\frac{L/k}{\mathfrak{a}^\tau}\right) = \tau^{-1}\left(\frac{L/k}{\mathfrak{a}}\right)\tau$$

となることが導かれる. 一方，$\mathfrak{a}\mathfrak{a}^\tau=(\alpha)$，$N_{k/\boldsymbol{Q}}\alpha>0$ が成り立っているから

$$\left(\frac{L/k}{\mathfrak{a}^\tau}\right) = \left(\frac{L/k}{\mathfrak{a}}\right)^{-1}$$

でなければならない. すなわち $\sigma\in H_0^+$ に対して

$$\tau^{-1}\sigma\tau = \sigma^{-1} \tag{13.28}$$

が成り立つ. いま Čebotarev の定理によって

$$\left[\frac{L/\boldsymbol{Q}}{\mathfrak{P}}\right] = \tau \tag{13.29}$$

となる I_L の素イデアル $\mathfrak{P}$ をとり，$\mathfrak{p}=I_k\cap\mathfrak{P}$，$(p)=\boldsymbol{Z}\cap\mathfrak{P}$ とする. Frobenius 自己同型の性質により

$$\left(\frac{k/\boldsymbol{Q}}{p}\right) = \left[\frac{k/\boldsymbol{Q}}{\mathfrak{p}}\right] = \tau H_0^+$$

となる. よって p は $k/\boldsymbol{Q}$ で分解せず $N\mathfrak{p}=p^2$ となる. 故に Frobenius 自己同型の性質により

$$\left(\frac{L/k}{\mathfrak{p}}\right)=\left[\frac{L/k}{\mathfrak{P}}\right]=\left[\frac{L/\boldsymbol{Q}}{\mathfrak{P}}\right]^2 \tag{13.30}$$

が成り立つ．一方，I_k において $\mathfrak{p}=(p)$ で，かつ $(p)\in H_0^+$ であるから，相互律によって

$$\left(\frac{L/k}{\mathfrak{p}}\right)=1 \tag{13.31}$$

でなければならない．上の三つの関係式より $\tau^2=1$ となる．

以上より群 G の構造が定まる．すなわち $H_0^+\cong\mathscr{C}^+$ で，

$$G=H_0^+\cup\tau H_0^+,\qquad \tau^2=1,\qquad \tau^{-1}\sigma\tau=\sigma^{-1}\quad(\sigma\in H_0^+) \tag{13.32}$$

となった．

(ii) 群論的部分．“(13.32) によって定義される有限群 G において

$$G'=\{\sigma^2\mid\sigma\in H_0^+\}$$

となる．”

この証明は容易であるので，読者諸氏に任せることにしよう．

以上によって定理 8.4 が再証明された．

§13.4 虚数乗法の理論の概要

Kronecker の定理 (定理 8.3) によって，有理数体 $\boldsymbol{Q}$ 上の任意の Abel 拡大体 K (すなわち $\boldsymbol{Q}$ 上の Galois 拡大体で，その Galois 群が可換群となるもの) は，すべて或る円分体 $L=\boldsymbol{Q}(\zeta_n)$，$\zeta_n=\exp(2\pi i/n)$ の部分体となることが示された．

同様に

“与えられた代数体 k 上の任意の Abel 拡大体 K は，何か或る特殊関数 $f(z)$ の特殊値 $f(z_0)$ を k に添加して得られる：

$$K\subseteq k(f(z_0))$$

というように，k に対して $f(z)$ をとることができないであろうか？”

という問題が考えられる．これを **Hilbert の第 12 問題**という．

すなわち，$k=\boldsymbol{Q}$ の場合には $f(z)=\exp z$ とすればよいが，これを一般の k の場合に考えようというのである．Kronecker は基礎の体 k が虚の 2 次体：

$$k=\boldsymbol{Q}(\sqrt{-m})\qquad(m>0)$$

の場合に，$f(z)$ としてモジュラ関数を利用したらよいであろうという予想をたて

た(1880).(正しい形式化は後で説明する.) これを **Kronecker の青春の夢**という.

Kronecker の元来与えた予想については,H. Weber, R. Fueter らによる虚数乗法論についての解析的研究や,特殊な体 $\boldsymbol{Q}(\sqrt{-1})$, $\boldsymbol{Q}(\sqrt{-3})$ の場合についての高木貞治(1903),竹内端三(1916)の解決を経て,ついに元来の予想は,若干修正を必要としたが,高木類体論の完成(1920)と同時に完全に解決された.

以下,その結果の筋道だけを簡単に紹介しよう[1].この理論は,19世紀に発展した楕円関数の虚数乗法論と関連したもので,解析学と代数学・整数論とが深く関係し合った最も美しい理論の一つと言えよう.

a) 楕円関数体とその不変量

$\mathfrak{R}$ を一つのコンパクトな Riemann 面とする.すなわち複素1次元コンパクト多様体とする.$\mathfrak{R}$ を位相曲面と見るとき $\mathfrak{R}$ の種数 g が定まる.$g=0$ のとき,$\mathfrak{R}$ は球面と同位相,$g=1$ のとき,$\mathfrak{R}$ はトーラス,すなわちドーナツ面と同位相,一般に $g=2,3,\cdots$ のとき,$\mathfrak{R}$ は穴が g 個のドーナツ面と同位相である.

$\mathfrak{R}$ 上で定義された複素関数 f で,有限個の極を除いて正則なものの全体 $F(\mathfrak{R})$ は,$\boldsymbol{C}$ 上の1変数代数関数体を作る.われわれが問題とするのは $g=1$ の場合である.このとき代数関数体 $F(\mathfrak{R})$ を**楕円関数体**という.楕円関数体は

$$F(\mathfrak{R}) = \boldsymbol{C}(X, Y), \tag{13.33}$$

ただし,X は $\boldsymbol{C}$ 上の超越元,Y は $\boldsymbol{C}(X)$ 上の代数元で

$$Y^2 = 4X^3 - g_2X - g_3 \qquad (g_2, g_3 \in \boldsymbol{C},\ g_2{}^3 - 27g_3{}^2 \neq 0), \tag{13.34}$$

という **Weierstrass の標準形**に表わすことができる.この標準形の g_2, g_3 は $\mathfrak{R}$ に対してただ一つに定まるのではないが,

$$J(\mathfrak{R}) = 2^6 \cdot 3^3 \cdot \frac{g_2{}^3}{\varDelta} \qquad (\varDelta = g_2{}^3 - 27g_3{}^2 \neq 0) \tag{13.35}$$

は $\mathfrak{R}$ に対して一意に定まる.

(**I**) 種数1の二つの Riemann 面 $\mathfrak{R}_1, \mathfrak{R}_2$ に対して

$$J(\mathfrak{R}_1) = J(\mathfrak{R}_2)$$

となるための必要十分条件は,つぎの(i)または(ii)である:

---

1) ここでは H. Hasse: Neue Begründung der komplexen Multiplikation I, J. Reine Angew. Math., **157** (1927) (全集 Vol. 2) の方法による.これは解析的方法と類体論とを併用する方法である.

(i)　$F(\mathfrak{R}_1)\cong F(\mathfrak{R}_2)$,

(ii)　$\mathfrak{R}_1$ と $\mathfrak{R}_2$ とが解析的同値(すなわち，或る1対1写像 $\varphi:\mathfrak{R}_1\rightarrow\mathfrak{R}_2$ で，φ および φ^{-1} が共に正則写像となるものが存在する).

また

(iii)　任意の $c\in \boldsymbol{C}$ に対して，$J(\mathfrak{R})=c$ となる種数1の Riemann 面 $\mathfrak{R}$ が存在する.

種数1の Riemann 面 $\mathfrak{R}$ の普遍被覆 Riemann 面は $\boldsymbol{C}$ と一致することから，$\boldsymbol{C}$ の或る粗な格子群 Γ:

$$\Gamma=\{m_1\omega_1+m_2\omega_2\mid m_1, m_2\in \boldsymbol{Z}\}\qquad(\omega_1, \omega_2\in \boldsymbol{C})$$

によって商

(13.36)
$$\boldsymbol{C}/\Gamma$$

を作るとき，$\mathfrak{R}$ と $\boldsymbol{C}/\Gamma$ とは解析的同値となる.

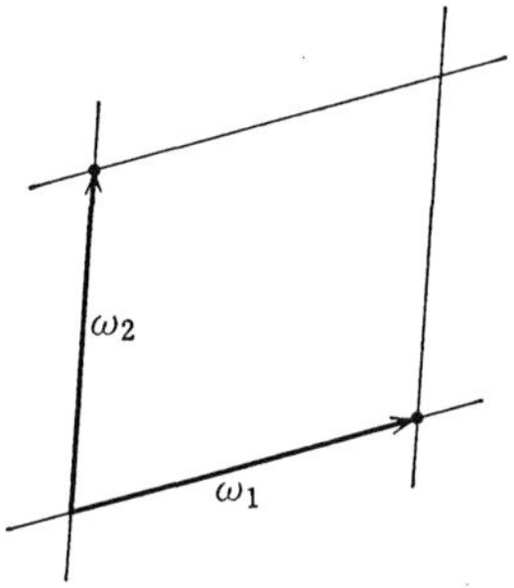

図 13.1

$F(\boldsymbol{C}/\Gamma)$ は $\boldsymbol{C}$ 上でたかだか極しか持たない解析関数で,

$$f(z+\omega_1)=f(z+\omega_2)=f(z)$$

を満足するもの，すなわち

(13.37)
$$f(z+m_1\omega_1+m_2\omega_2)=f(z)$$

となる f の全体に等しい．(13.37) は $f(z)$ が2重周期 (ω_1, ω_2) を持つことを意味する.

さて $\Gamma=\boldsymbol{Z}\omega_1+\boldsymbol{Z}\omega_2$ が与えられているとき,

(13.38)
$$\wp(z, \Gamma)=\wp(z\,;\omega_1, \omega_2)$$
$$=\frac{1}{z^2}+\sum_{\substack{m,n\in \boldsymbol{Z}\\(m,n)\neq(0,0)}}\left(\frac{1}{(z-m\omega_1-n\omega_2)^2}-\frac{1}{(m\omega_1+n\omega_2)^2}\right)$$

を **Weierstrass の** $\wp$ **関数**という．$\wp(z,\Gamma)$ は，$\boldsymbol{C}$ 上で有理型関数（極以外で正則）で，かつ (13.37) を満足する．この導関数 $\wp'(z,\Gamma)$ は

$$(13.39)\qquad \wp'(z,\Gamma)=-2\sum_{\substack{m,n\in\boldsymbol{Z}\\(m,n)\neq(0,0)}}\frac{1}{(z-(m\omega_1+n\omega_2))^3}$$

となり，$\wp'$ も (13.37) を満足する．

故に $\wp(z,\Gamma),\wp'(z,\Gamma)\in F(\boldsymbol{C}/\Gamma)$ であるが，

$$(13.40)\qquad \wp'(z,\Gamma)^2=4\wp(z,\Gamma)^3-g_2\wp(z,\Gamma)-g_3,$$

$$(13.41)\qquad g_2=60G_2(\omega_1,\omega_2),\qquad g_3=140G_3(\omega_1,\omega_2),$$

ただし

$$(13.42)\qquad G_k(\omega_1,\omega_2)=\sum_{\substack{m,n\in\boldsymbol{Z}\\(m,n)\neq(0,0)}}\frac{1}{(m\omega_1+n\omega_2)^{2k}}\qquad (k=2,3),$$

となる．このとき，つぎの命題が成り立つ：

(II) $\boldsymbol{C}/\Gamma$ を与えるとき，その楕円関数体は

$$F(\boldsymbol{C}/\Gamma)=\boldsymbol{C}(\wp'(z,\Gamma),\wp(z,\Gamma))$$

によって与えられる．この $\wp'$ と $\wp$ は，Weierstrass の標準形 (13.38) と (13.39) とによって表わされる．

(III) 種数1の Riemann 面 $\mathfrak{R}$ を同値な $\boldsymbol{C}/\Gamma$ で表わすとき，

$$J(\mathfrak{R})=J(\boldsymbol{C}/\Gamma)=2^6\cdot3^3\cdot\frac{g_2{}^3}{\Delta}\qquad(\Delta=g_2{}^3-27g_3{}^2\neq0)$$

の値は，Γ から (13.41) と (13.42) とによって表わされる．

一方，Γ の基 (ω_1,ω_2) に対して，(ω_1,ω_2 の番号を必要があればとりかえて)

$$\tau=\frac{\omega_2}{\omega_1},\qquad \operatorname{Im}\tau>0$$

とすることができる．Γ の基 (ω_1,ω_2) のとり方は一意でなく

$$\begin{aligned}\omega_2{}'&=a\omega_2+b\omega_1,\\ \omega_1{}'&=c\omega_2+d\omega_1,\end{aligned}\qquad (ad-bc=1,\ \ a,b,c,d\in\boldsymbol{Z})$$

となる $(\omega_1{}',\omega_2{}')$ も Γ の基となる．すなわち $\tau'=\omega_2{}'/\omega_1{}'$ は

$$(13.43)\qquad \tau'=\frac{a\tau+b}{c\tau+d}\qquad(ad-bc=1,\ \ \operatorname{Im}\tau>0,\ \ \operatorname{Im}\tau'>0)$$

と変換される．

(IV) $g=1$ の Riemann 面 $\boldsymbol{C}/\Gamma_1$ と $\boldsymbol{C}/\Gamma_2$ とが解析的同値であるための必要十分条件は Γ_1, Γ_2 に対する τ_1, τ_2 $(\mathrm{Im}\,\tau_1>0,\ \mathrm{Im}\,\tau_2>0)$ が

$$\tau_1=\frac{a\tau_2+b}{c\tau_2+d} \qquad (ad-bc=1,\ a,b,c,d\in \boldsymbol{Z}) \tag{13.44}$$

の関係にあることである.

(I) と (IV) はつぎの関係で結ばれる.

(V) $g=1$ の Riemann 面 $\mathfrak{R}\approx\boldsymbol{C}/\Gamma$ (解析的同値) に対して, $J(\mathfrak{R})$ は $\tau=\omega_2/\omega_1$, $\mathrm{Im}\,\tau>0$ の関数として与えられ, かつ

$$J(\tau)=J\left(\frac{a\tau+b}{c\tau+d}\right) \qquad (ad-bc=1,\ a,b,c,d\in \boldsymbol{Z}).$$

$J(\tau)$ は, $\mathrm{Im}\,\tau>0$ に対して τ の解析関数で

$$q=\exp(\pi i\tau) \qquad (\mathrm{Im}\,\tau>0)$$

とおくとき

$$J(\tau)=\frac{1}{q^2}+744+196844q^2+\cdots$$

と展開される.

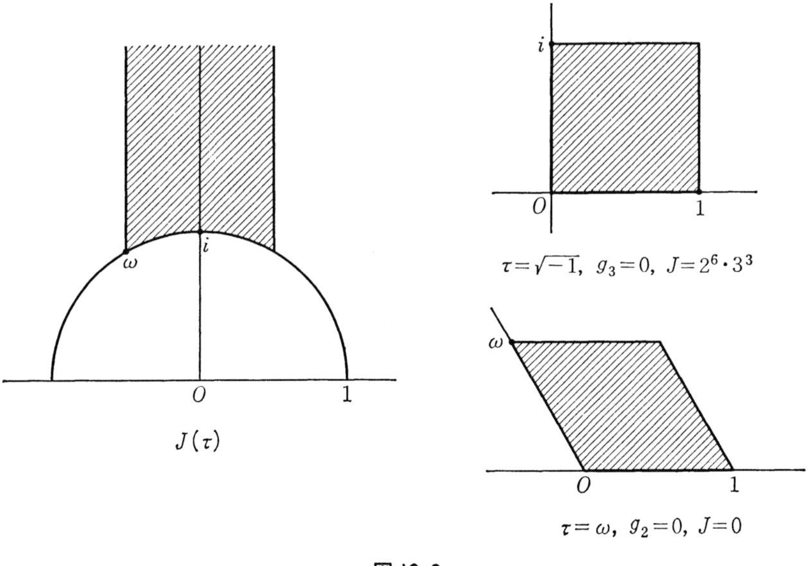

$J(\tau)$

$\tau=\sqrt{-1},\ g_3=0,\ J=2^6\cdot 3^3$

$\tau=\omega,\ g_2=0,\ J=0$

図 13.2

$J(\tau)$ を**モジュラ関数**という (§3.2, 定理3.2, p.101 参照).

b) 虚数乗法

$\boldsymbol{C}/\Gamma$ の代数関数体 $F(\boldsymbol{C}/\Gamma)$ に属する $f(z)$ に対して, $f(nz)$ $(n\in\boldsymbol{Z})$ も $F(\boldsymbol{C}/\Gamma)$ に属する. これは, $f\in F(\boldsymbol{C}/\Gamma)$ を特徴づけるのは (13.37) の2重周期性であるから $f(nz)$ も同じ周期性を持つことから示される. 同様に $\lambda\in\boldsymbol{C}$ に対しても,

$$\forall\omega\in\Gamma \Longrightarrow \lambda\omega\in\Gamma$$

すなわち

$$\lambda\Gamma\subseteqq\Gamma \tag{13.45}$$

となる $\lambda\in\boldsymbol{C}$ $(\lambda\notin\boldsymbol{R})$ に対して, $f\in F(\boldsymbol{C}/\Gamma)$ ならば $f(\lambda z)\in F(\boldsymbol{C}/\Gamma)$ となる. このような $\lambda\in\boldsymbol{C}$ $(\lambda\notin\boldsymbol{R})$ が存在する場合に, $\boldsymbol{C}/\Gamma$ は**虚数乗法** (complex multiplication) を持つという.

その条件を求めてみよう.

$$\omega = m\omega_1+n\omega_2 \qquad (m, n\in\boldsymbol{Z})$$

に対して

$$\lambda\omega = m'\omega_1+n'\omega_2 \qquad (m', n'\in\boldsymbol{Z})$$

となることは,

$$\begin{cases} \lambda\omega_1 = a_1\omega_1+a_2\omega_2 & (a_1, a_2\in\boldsymbol{Z}), \\ \lambda\omega_2 = b_1\omega_1+b_2\omega_2 & (b_1, b_2\in\boldsymbol{Z}) \end{cases}$$

と同値である. この場合 λ は

$$\begin{vmatrix} a_1-\lambda & a_2 \\ b_1 & b_2-\lambda \end{vmatrix} = 0$$

の根であるから2次の代数的整数である. また $\tau=\omega_2/\omega_1$, $\operatorname{Im}\tau>0$ に対して

$$\tau = \frac{b_1+b_2\tau}{a_1+a_2\tau},$$

したがって

$$a_2\tau^2+(a_1-b_2)\tau-b_1 = 0$$

となり, τ も或る虚の2次の代数的数となる.

(VI) $\boldsymbol{C}/\Gamma$ が虚数乗法を持つための必要十分条件は $\tau=\omega_2/\omega_1$, $\operatorname{Im}\tau>0$ が2次の代数的数であることである.

[証明] $$A(\boldsymbol{C}/\Gamma) = \{\lambda\in\boldsymbol{C} \mid \lambda\Gamma\subseteqq\Gamma\}$$

とする．$\lambda \in A(\boldsymbol{C}/\Gamma)$ $(\lambda \notin \boldsymbol{R})$ ならば，τ は2次の代数的数であることは上に見た通りである．逆に τ が2次の代数的数であれば，

$$a\tau^2+b\tau+c=0 \qquad (a,b,c \in \boldsymbol{Z},\ a \neq 0).$$

したがって

$$\begin{cases} a\tau\omega_1 = a\omega_2, \\ a\tau\omega_2 = -c\omega_1-b\omega_2 \end{cases}$$

となり，$a\tau \in A(\boldsymbol{C}/\Gamma)$ が示された．▌

c) 虚の2次体上の絶対類体の構成

$k=\boldsymbol{Q}(\sqrt{-m})$ を虚の2次体とし，k の整数環を

$$I_k = \boldsymbol{Z}\omega_1+\boldsymbol{Z}\omega_2$$

とする．そのとき $\Gamma=I_k$ は格子群で，I_k が環であるから

$$A(\boldsymbol{C}/I_k) \supseteqq I_k$$

となる．一方，$1 \in I_k$ より $\lambda \in A(\boldsymbol{C}/I_k) \Longrightarrow \lambda\cdot 1 \in I_k$ となる．よって $A(\boldsymbol{C}/I_k)=I_k$ が成り立つ．さらに一般に

(VII) (i) 虚の2次体 k に対し，I_k のイデアル $\mathfrak{a}$ を

$$\mathfrak{a} = \boldsymbol{Z}\omega_1+\boldsymbol{Z}\omega_2$$

と格子群とみるとき，$\boldsymbol{C}/\mathfrak{a}$ は虚数乗法を持ち，かつ

$$A(\boldsymbol{C}/\mathfrak{a}) = I_k$$

である．

(ii) Riemann 面として $\boldsymbol{C}/\mathfrak{a}_1 \approx \boldsymbol{C}/\mathfrak{a}_2$ (解析的同値) であるための必要十分条件は

$$\mathfrak{a}_1 = \lambda\mathfrak{a}_2 \qquad (\lambda \in k,\ \lambda \neq 0),$$

すなわち，$\mathfrak{a}_1$ と $\mathfrak{a}_2$ とが I_k の同一のイデアル類に属することである．

[証明] (i) $\lambda\mathfrak{a} \subseteqq \mathfrak{a}$ は，$\lambda \in I_k$ と同値である．

(ii) $\mathfrak{a}_2=\boldsymbol{Z}\omega_1+\boldsymbol{Z}\omega_2$ であれば，$\mathfrak{a}_1=\lambda\mathfrak{a}_2=\boldsymbol{Z}\lambda\omega_1+\boldsymbol{Z}\lambda\omega_2$ であるから，$\tau_2=\omega_2/\omega_1 =(\lambda\omega_2)/(\lambda\omega_1)=\tau_1$ となる．逆に (IV) によって

$$\mathfrak{a}_1 = \boldsymbol{Z}\omega_1+\boldsymbol{Z}\omega_2, \qquad \mathfrak{a}_2 = \boldsymbol{Z}\eta_1+\boldsymbol{Z}\eta_2, \qquad \tau_1 = \omega_2/\omega_1, \qquad \tau_2 = \eta_2/\eta_1$$

に対して

$$\tau_2 = \frac{a\tau_1+b}{c\tau_1+d} \qquad (ad-bc=1,\ a,b,c,d \in \boldsymbol{Z})$$

であれば，$\mathfrak{a}_1$ の基 (ω_1', ω_2') を $\omega_2'=a\omega_2+b\omega_1$，$\omega_1'=c\omega_2+d\omega_1$ にとれば，$\tau_1'=$

$\omega_2'/\omega_1'=(a\tau_1+b)/(c\tau_1+d)$ となる．よって $\tau_2=\tau_1'$ となり，$\lambda=\omega_1'/\eta_1=\omega_2'/\eta_2$ に対して $\mathfrak{a}_1=\lambda\mathfrak{a}_2$ となる．▌

定義 13.7 虚の2次体 k のイデアル類を $C_1,\cdots,C_h$ とする．そのとき C_i に属するイデアル $\mathfrak{a}_i$ に対して

$$J(\boldsymbol{C}/\mathfrak{a}_i)$$

は C_i によって定まる．これを

$$J(\boldsymbol{C}/\mathfrak{a}_i)=J(C_i) \qquad (i=1,\cdots,h)$$

と表わして，k の**類不変量** (class invariant) という．

定理 13.14 虚の2次体 k の類不変量 $J(C_i)$ $(i=1,\cdots,h)$ は，代数的整数である．——

一般に，$J(z)$ は z の超越関数である．特に $\mathrm{Im}\,\tau>0$，かつ τ は代数的数であるが2次の代数的数でなければ $J(\tau)$ は超越数となることが，C. L. Siegel (1949) によって証明されている．

例 13.1 $k=\boldsymbol{Q}(\sqrt{-5})$ とする．そのとき

$$I_k=\boldsymbol{Z}\cdot 1+\boldsymbol{Z}\sqrt{-5}$$

かつ，$D_k=-20$，イデアル類数 $h=2$ である (§6.2, p.238)．$I_k\in C_1$，$\mathfrak{a}\in C_2$ となる $\mathfrak{a}$ として

$$\mathfrak{a}=\boldsymbol{Z}\cdot 2+\boldsymbol{Z}(1+\sqrt{-5})$$

をとることができる．このとき

$$J(C_1)=2^3\cdot 5\cdot(25+13\sqrt{5}\,)^3, \qquad J(C_2)=2^3\cdot 5\cdot(25-13\sqrt{5}\,)^3$$

が計算される[1]．これらは代数的整数である．

これらの値を k に添加した体

$$\begin{aligned} K&=k(J(C_1))=k(J(C_2))=k(\sqrt{5}\,)\\ &=\boldsymbol{Q}(\sqrt{-5},\sqrt{5}\,)\end{aligned}$$

をとる．$[K:k]=2=h$，かつ K は $\boldsymbol{Q}$ 上4次の Galois 拡大体である．

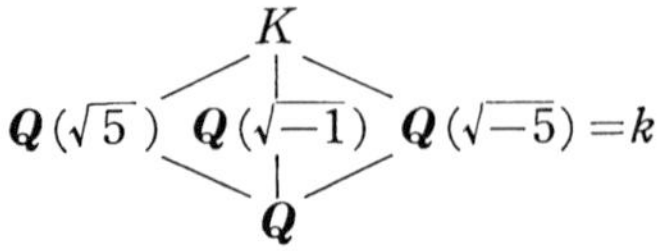

1) 文献 [17] 中の C. S. Herz: Construction of class fields による．

定理 8.4 によれば，k の種の体は $K=\boldsymbol{Q}(\sqrt{-1},\sqrt{5})$ で，上に定めた体と一致する．故に K/k は不分岐拡大である．

定理 13.15　虚の 2 次体 k において，$\mathfrak{p}$ を一つの素イデアルで $N\mathfrak{p}=p$ とし，$\mathfrak{p}$ を含む k のイデアル類を $C_{\mathfrak{p}}$ と表わす．そのとき任意のイデアル類 C に対して

$$J(C_{\mathfrak{p}}^{-1}C)\equiv J(C)^{N\mathfrak{p}}\pmod{\mathfrak{p}}$$

が成り立つ．——

定理 13.14 と定理 13.15 の証明には解析的方法を用いる[1]．

以上を仮定すると，それからは類体論によって代数的に証明される．虚の 2 次体 k のイデアル類を $C_1,\cdots,C_h$ とし

$$J(C_j)\qquad(j=1,\cdots,h)$$

を考える．これら h 個の代数的整数は (VII) および (I) によって異なる数である．

いま，$J(C_1),\cdots,J(C_h)$ をすべて含む k 上の Galois 拡大体 L を一つ定める．その Galois 群を $G=\mathrm{Gal}(L/k)$ とし

$$J(C_j)^{\sigma}\qquad(\sigma\in G,\ \ j=1,\cdots,h)$$

のうち，異なるものを $\xi_1,\cdots,\xi_s$ で表わす．

(13.46)
$$\eta=\prod_{a<b}(\xi_a-\xi_b)\in L$$

とおく．つぎに

(13.47)

$$\boldsymbol{P}_1^*=\{\mathfrak{p}\,(k\text{ の素イデアル})\mid N\mathfrak{p}=p\,(\text{素数}),\ \mathfrak{p}\text{ は }L/k\text{ で不分岐},\ (\mathfrak{p},(\eta))=I_k\}$$

とおく．$\boldsymbol{P}_1^*$ と §13.2 (I) の $\boldsymbol{P}^*$ とは有限集合しかちがわないので (13.8) によって，その密度は

$$\delta(\boldsymbol{P}_1^*)=1$$

である．したがって $\delta(\boldsymbol{M})>0$ となる任意の素イデアルの集合 $\boldsymbol{M}$ に対して

$$\delta(\boldsymbol{M})>0\Longrightarrow\delta(\boldsymbol{M}\cap\boldsymbol{P}_1^*)=\delta(\boldsymbol{M})>0\Longrightarrow\boldsymbol{M}\cap\boldsymbol{P}_1^*\neq\phi$$

が成り立つ．

いま任意の二つのイデアル類 C_i, C_j に対して，

$$\boldsymbol{M}=\{\mathfrak{p}\,(k\text{ の素イデアル})\mid\mathfrak{p}\in C_iC_j^{-1}\}$$

---

1)　p. 416，脚注の H. Hasse の原論文，あるいは文献 [17] 中の A. Borel による紹介を参照していただきたい．

とおくと，定理 13. 5 (Dirichlet の定理の代数体への拡張) により

$$\delta(\boldsymbol{M}) > 0,$$

したがって $\boldsymbol{M}\cap\boldsymbol{P}_1{}^*\neq\phi$ である．このことは，$C_iC_j{}^{-1}\ni\mathfrak{p}$ となる $\mathfrak{p}\in\boldsymbol{P}_1{}^*$ の存在を示す．よって，或る $\mathfrak{p}\in\boldsymbol{P}_1{}^*$ に対して

$$C_j = C_{\mathfrak{p}}C_i$$

となる．

さて k の素イデアル $\mathfrak{p}$ に対し $N\mathfrak{p}=p$ (素数) とし，I_L において $\mathfrak{p}$ を含む一つの素イデアルを $\mathfrak{P}$ とする：$\mathfrak{p}\subseteqq\mathfrak{P}$. $\sigma_{\mathfrak{P}}\in G$ を $\mathfrak{P}$ の L/k における Frobenius 自己同型とすると

$$J(C_i)^{\sigma_{\mathfrak{P}}} \equiv J(C_i)^p \pmod{\mathfrak{P}}$$

である．定理 13. 15 によれば

$$J(C_i)^{\sigma_{\mathfrak{P}}} \equiv J(C_i)^p \equiv J(C_{\mathfrak{p}}{}^{-1}C_i) \pmod{\mathfrak{P}}$$

である．この合同式の両辺とも或る ξ_a であって，かつ $\mathfrak{p}$ (したがって $\mathfrak{P}$) は (η) と素である．よって

$$J(C_i)^{\sigma_{\mathfrak{P}}} = J(C_{\mathfrak{p}}{}^{-1}C_i)$$

でなければならない．故に $\mathfrak{P}$ を上のようにとれば

$$J(C_i)^{\sigma_{\mathfrak{P}}} = J(C_j)$$

が成り立つ．すなわち，任意の i, j に対して，$J(C_i)$ と $J(C_j)$ とは k 上互いに共役である．

逆に $\sigma\in G$ を一つ定め

$$\boldsymbol{P}_\sigma = \{\mathfrak{p}\,(k\text{ の素イデアル}) \mid \mathfrak{p}\subseteqq\mathfrak{P}\text{ に対して }\sigma_{\mathfrak{P}}\text{ は }G\text{ において }\sigma\text{ と共役}\}$$

とおく．Čebotarev の密度定理 (定理 13. 12) によって

$$\delta(\boldsymbol{P}_\sigma) = \frac{c}{n}, \qquad n = [L:k] = |G(L/k)|,$$

$$c = (\sigma\text{ の共役元の個数})$$

となる．故に

$$\delta(\boldsymbol{P}_\sigma\cap\boldsymbol{P}_1{}^*) = \delta(\boldsymbol{P}_\sigma) > 0 \Longrightarrow \boldsymbol{P}_\sigma\cap\boldsymbol{P}_1{}^* \neq \phi.$$

よって或る $\mathfrak{p}\in\boldsymbol{P}_1{}^*$, $\mathfrak{p}\subseteqq\mathfrak{P}$ に対して $\sigma=\sigma_{\mathfrak{P}}$ となる．故に

$$J(C_i)^{\sigma} = J(C_i)^{\sigma_{\mathfrak{P}}} = J(C_{\mathfrak{p}}{}^{-1}C_i)$$

となる．以上より

(VIII) $J(C_1), \cdots, J(C_h)$ は k 上互いに共役な元の全体である.

いま

$$L = k(J(C_1), \cdots, J(C_h)) \tag{13.48}$$

とおく. (VIII) によって L/k は Galois 拡大である.

(IX) k の素イデアルの集合 $\boldsymbol{P}_1^*$ を (13.47) のように定める. そのとき $\mathfrak{p} \in \boldsymbol{P}_1^*$ である素イデアル $\mathfrak{p}$ が L/k で完全分解するための必要十分条件は, $\mathfrak{p}$ が単項イデアルであることである.

[証明] $\mathfrak{p}$ に対して $\mathfrak{p} \subseteqq \mathfrak{P}$ となる L の素イデアル $\mathfrak{P}$ をとるとき,

$$\begin{aligned} \mathfrak{p}\text{ が }L\text{ で完全分解する} &\iff \sigma_{\mathfrak{P}} = 1 \\ &\iff J(C_{\mathfrak{p}}^{-1}C_i) = J(C_i) \qquad (i=1, \cdots, h) \\ &\iff C_{\mathfrak{p}}^{-1}C_i = C_i \qquad (i=1, \cdots, h) \\ &\iff C_{\mathfrak{p}} = C_1 = \{\text{単項イデアル}\} \\ &\iff \mathfrak{p}\text{ は単項イデアル}. \end{aligned}$$ ∎

定理 13.16 虚の 2 次体 k に対して

$$\begin{aligned} L &= k(J(C_1), \cdots, J(C_h)) \\ &= k(J(C_j)) \qquad (j=1, \cdots, h) \end{aligned}$$

となり, L は k 上の絶対類体である. すなわち L/k は h 次の Abel 拡大で, k の素イデアル $\mathfrak{p}$ が L/k で完全分解するための必要十分条件は $\mathfrak{p}$ が単項イデアルであることである.

証明 L/k が絶対類体であること, すなわち, k の単項イデアルの全体の作る乗法群 H 上の類体であることを見るためには, 定理 13.15 によって

(i) L の任意のイデアル $\mathfrak{A}$ に対して

$$N_{L/k}\mathfrak{A} \in H,$$

(ii) H に属する素イデアル $\mathfrak{p}$ は, 密度 0 の場合を除いて L/k で完全分解する,

の 2 点を確かめればよい.

(i) L の任意のイデアル $\mathfrak{A}$ に対して, 定理 13.5 (Dirichlet の定理の代数体への拡張) によって

$$\mathfrak{A} = (\alpha)\mathfrak{P}, \qquad N_{L/k}\mathfrak{P} = \mathfrak{p}, \qquad (\mathfrak{p}, (\eta)) = I_k$$

となる素イデアル $\mathfrak{P}$ が存在することがわかる. すなわち $\mathfrak{p} = N_{L/k}\mathfrak{P} \in \boldsymbol{P}_1^*$ である. よって (IX) により, $\mathfrak{p} = N_{L/k}\mathfrak{P}$ は L/k で完全分解しているから, $\mathfrak{p}$ は単項イデ

アル，すなわち $\mathfrak{p}\in H$ である．一般に

$$N_{L/k}\mathfrak{A}=N_{L/k}(\alpha)\mathfrak{p}\in H$$

が成り立つ．

(ii) $\delta(\boldsymbol{P}_1{}^*)=1$ であるから，$\delta(H\cap\boldsymbol{P}_1{}^*)=\delta(H\cap\boldsymbol{P}_1)$，すなわち密度0を除いて，単項素イデアルは (IX) によって完全分解する．

以上により L/k は H に対する類体であることがわかった．故に類体の一意性によって，L/k は Abel 拡大であり，かつ $[L:k]=h$ である．故に (VIII) によって $L=k(J(C_j))$ $(j=1,\cdots,h)$ が成り立つ．▌

以上によって，k 上の絶対類体が具体的に構成された．

Kronecker は k 上の一般の Abel 拡大に対して，つぎの予想をたてた：

Kronecker の青春の夢 (Kroneckersher Jugendtraum) “虚の2次体 k 上の任意の Abel 拡大は，k に $J(C)$ および1の或るベキ根 ζ_m を添加した体に含まれる．”

この予想はそのままでは成り立たない．高木貞治 [8] によれば，これにさらに Jacobi の楕円関数 $\mathrm{sn}(z,\Gamma)$ の m 分点値 $(z=(m_1\omega_1+m_2\omega_2)/m,\ \Gamma=\boldsymbol{Z}\omega_1+\boldsymbol{Z}\omega_2)$ を添加することによって得られるという修正によって，Kronecker の問題に完全な解決を与えた．さらに具体的に，虚の2次体 k 上の Abel 拡大 K に対して，$[K:k]$ が奇数次であれば，Kronecker の予想は正しく，一般には，さらに或るいくつかの平方根を添加することによって得られることを示した．

d) 虚の2次体 k の射線 $S_\mathfrak{m}$ に対する類体の構成

k を虚の2次体とし，$K=k(J(C_j))$ $(j=1,\cdots,h)$ を k 上の絶対類体とする．いま k において，任意の整イデアル $\mathfrak{m}$ に対する射線を $S_\mathfrak{m}$ とし，k 上 $S_\mathfrak{m}$ に対する類体を具体的に構成する方法を述べよう．

k に含まれる1のベキ根の個数 w は，$(\omega=(-1+\sqrt{-3})/2$ として)

(i) $w=2$ $(k\neq\boldsymbol{Q}(\sqrt{-1}),\ \neq\boldsymbol{Q}(\omega)$ の場合$)$，

(ii) $w=4$ $(k=\boldsymbol{Q}(\sqrt{-1})$ の場合$)$，

(iii) $w=6$ $(k=\boldsymbol{Q}(\omega)$ の場合$)$

である．この三つの場合に対応して，k の整数環 I_k は

(i) $I_k=\boldsymbol{Z}\cdot1+\boldsymbol{Z}\tau,\ \ \mathrm{Im}\,\tau>0,\ \ \tau\neq\sqrt{-1},\ \neq\omega,$

(ii) $I_k=\boldsymbol{Z}\cdot1+\boldsymbol{Z}\sqrt{-1},$

(iii) $I_k = \boldsymbol{Z}\cdot 1 + \boldsymbol{Z}\omega$

である．いま格子群 Γ に対して Weierstrass の $\wp$ 関数 $\wp(z, \Gamma)$ ((13.38)) を作れば

(i) $g_2 \neq 0,\ g_3 \neq 0$ (Γ: (ii), (iii) でない場合),

(ii) $g_2 \neq 0,\ g_3 = 0$ ($\Gamma = \boldsymbol{Z}\cdot 1 + \boldsymbol{Z}\sqrt{-1}$ の場合),

(iii) $g_2 = 0,\ g_3 \neq 0$ ($\Gamma = \boldsymbol{Z}\cdot 1 + \boldsymbol{Z}\omega$ の場合)

となる．これらの場合に対応して，$\wp$ 関数をすこし変形したつぎの τ **関数**を定義する (H. Weber-H. Hasse)：

(i) $\tau(z, \Gamma) = -2^7\cdot 3^5\cdot \dfrac{g_2 g_3}{\Delta}\wp(z, \Gamma)$,

(ii) $\tau(z, \Gamma) = 2^7\cdot 3^5\cdot \dfrac{g_2{}^2}{\Delta}\wp(z, \Gamma)^2$,

(iii) $\tau(z, \Gamma) = -2^9\cdot 3^6\cdot \dfrac{g_3}{\Delta}\wp(z, \Gamma)^3$.

$\wp, g_2, g_3, \Delta$ の定義 (13.38)-(13.42) によって，z および Γ に同一の数 λ を掛けても値は変わらない (すなわち 0 次の同次関数である) ことがわかる．

さて，τ は，いずれの場合にも Γ を周期とするが，その基本領域は，$\boldsymbol{C}/\Gamma$ よりもさらに細分される．すなわち (i), (ii), (iii) の各場合において

(i) $\wp(-z, \Gamma) = \wp(z, \Gamma)$,

(ii) $\wp(\sqrt{-1}\cdot z, \Gamma) = \wp(z, \Gamma)$,

(iii) $\wp(\omega z, \Gamma) = \wp(z, \Gamma)$

を考慮するとき，$\tau(z, \Gamma)$ の基本領域として，図 13.3 のような三角形 $D(\Gamma)$ をと

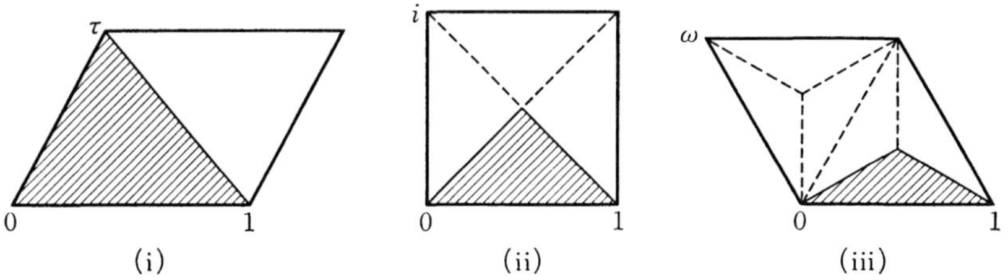

$D(\Gamma)$

図 13.3

ることができる.

(X) $\tau(z, \Gamma)$ は, 上記 (i), (ii), (iii) に対応して, 図 13.3 の $D(\Gamma)$ を基本領域とする. 特に $z_1 \equiv z_2\varepsilon \pmod{\Gamma}$ ((i), (ii), (iii) に対応して $\varepsilon^2=1$, $\varepsilon^4=1$, $\varepsilon^6=1$) であれば $\tau(z_1, \Gamma)=\tau(z_2, \Gamma)$ である. また $\tau(z, \Gamma)$ は $D(\Gamma)$ で 1 位の関数である. すなわち $z_1, z_2 \in D(\Gamma)$ に対して $\tau(z_1, \Gamma)=\tau(z_2, \Gamma)$ となるのは, $z_1=z_2$ に限る. かつすべての $\boldsymbol{C}$ の元 (および ∞) は或る $\tau(z, \Gamma)$ ($z \in D(\Gamma)$) として表わされる.

さて虚の 2 次体 k を一つ定め, I_k の一つの整イデアル $\mathfrak{a}$ をとる. またイデアル $\mathfrak{m}$ を定め射線 $S_\mathfrak{m}$ を考える.

$\mathfrak{a}$ の属する k のイデアル類を C, $\mathfrak{m}$ を含むイデアル類を $C_\mathfrak{m}$ とし, 類 $C^{-1}C_\mathfrak{m}=C'$ を作る. このイデアル類 C' に属して, $\mathfrak{m}$ と素なイデアルの全体を $C'^{(\mathfrak{m})}$ とする. これを $S_\mathfrak{m}$ を法として類別して

$$C'^{(\mathfrak{m})} = C_1{}^* \cup \cdots \cup C_r{}^* \tag{13.49}$$

となるとする.

いま $\mathfrak{b}_i \in C_i{}^*$ を選ぶ. そのとき $\mathfrak{b}_i \in C^{-1}C_\mathfrak{m}$, $\mathfrak{m} \in C_\mathfrak{m}$, $\mathfrak{a} \in C$ より

$$(\rho_i) = \frac{\mathfrak{a}\mathfrak{b}_i}{\mathfrak{m}}$$

は単項イデアルである. これに対して

$$\tau(\rho_i, \mathfrak{a})$$

を考えよう. いま $\mathfrak{b}_i$ の代りに $(\beta)\mathfrak{b}_i$ ($(\beta) \in S_\mathfrak{m}$) をとり, ρ_i の代りに $(\rho_i)=(\rho_i\varepsilon)$ となる $\rho_i\varepsilon$ をとっても τ の値は不変であることを示そう.

すなわち,

$$(\rho_i') = \frac{(\beta)\mathfrak{a}\mathfrak{b}_i}{\mathfrak{m}}$$

となる任意の ρ_i' に対して

$$\tau(\rho_i, \mathfrak{a}) = \tau(\rho_i', \mathfrak{a}). \tag{13.50}$$

これは $\beta \equiv 1 \pmod{\mathfrak{m}}$ より $\rho_i \equiv \rho_i\beta \pmod{\mathfrak{a}}$ であるが, さらに $\rho_i'=\varepsilon\rho_i\beta$ ((i), (ii), (iii) に対応して $\varepsilon^2=1$, $\varepsilon^4=1$, $\varepsilon^6=1$) とするとき $\rho_i' \equiv \varepsilon\rho_i \pmod{\mathfrak{a}}$ となる. 故に (X) によって (13.50) が成り立つのである.

そこで $\tau(\rho_i, \mathfrak{a})$ を $\tau(C_i{}^*, \mathfrak{a})$ と表わし, **射線類不変式**と呼ぶことにする. その

とき，つぎの定理が証明される．

定理 13.17 (i) $\tau(C_1^*, \mathfrak{a}), \cdots, \tau(C_r^*, \mathfrak{a})$ は互いに異なる代数的数である．

(ii) $\mathfrak{a}=\boldsymbol{Z}\omega_1+\boldsymbol{Z}\omega_2$ とするとき，$m\in\mathfrak{m}$, $m>0$ となる最小の $m\in\boldsymbol{Z}$ に対して

$$\tau(C_i^*, \mathfrak{a})=\tau\left(\frac{m_1\omega_1+m_2\omega_2}{m}, \mathfrak{a}\right) \qquad (m_1, m_2\in\boldsymbol{Z})$$

と表わされる．

(iii) k のイデアル類 C, イデアル $\mathfrak{a}\in C$ に対して $C_1^*, \cdots, C_r^*$ を (13.49) のようにとる．そのとき

$$\boldsymbol{Q}(J(C), \tau(C_i^*, \mathfrak{a})) \qquad (i=1, \cdots, r)$$

は k の射線 $S_\mathfrak{m}$ に対する類体となる．——

証明は，定理 13.16 に類似の方法でなされるが，ここにはとても紹介することはできない (Hasse の原論文を参照).

類体論により，k 上の任意の Abel 拡大は，或る射線 $S_\mathfrak{m}$ に対する類体に含まれる．また定理 13.17 (ii) によれば，その類体は $J(C)$ と $\tau(z, \mathfrak{a})$ の周期の或る m 分点の値とによって生成される．よってつぎの定理が導かれる．

定理 13.18 (虚数乗法論の基本定理) k を虚の 2 次体とする．k 上の Abel 拡大は，すべて或る

$$k\left(J(C), \tau\left(\frac{m_1\omega_1+m_2\omega_2}{m}, \mathfrak{a}\right)\right)$$

に含まれる．ただし $\mathfrak{a}\in C$, m は或る正整数とする．——

以上で，Hasse の方法による結果の紹介を終る．類体論を用いないで，もっぱら解析的方法による証明も H. Hasse (1927) に与えられている．また逆の方向を向いて，全く代数的な証明も，M. Deuring (1941) によって与えられた．そこではすべての素数 p に対して理論を標数 p の体に還元して考察するという方法がとられている．

問　　題

1 2 次体 $k=\boldsymbol{Q}(\sqrt{m})$ の理論 (第 5 章)，特に定理 5.1，定理 5.2 を類体論の立場で説明せよ．(高木 [8]，付録 (1)：二次体論 では 2 次体を類体論の立場から説明してある.)

2 2 次体を円分体に埋めこんで，2 次体の理論を円分体の理論から導く考え方 (§8.1,

b)) を，類体論の立場で説明せよ．

3　簡単な構造を持つ有限群，たとえば正2面体群 D_8，4元数群 Q_8 について，直接計算によって単項イデアル定理の群論的部分を確かめよ．

4　定理8.4の証明の群論的部分を証明せよ．

解答・ヒント

(本文中に参考文献が示されている問題に対しては，解答・ヒントを省略する.)

第1章

1 b が $a=p_1^{e_1}\cdots p_k^{e_k}$ の約数であるための条件は，$b=p_1^{f_1}\cdots p_k^{f_k}$ $(0\leqq f_i\leqq e_i\,;\,i=1,\cdots,k)$ と表わされることである．したがって

$$T(a)=\prod_{i=1}^{k}(1+e_i)$$

である.

2 $S(a)=\sum_{i=1}^{k}\sum_{f_i=0}^{e_i}p_1^{f_1}\cdots p_k^{f_k}=\prod_{i=1}^{k}\left(\sum_{f_i=0}^{e_i}p_i^{f_i}\right)=\prod_{i=1}^{k}\frac{p_i^{e_i+1}-1}{p_i-1}.$

3 問題1,2より明らか.

4 $a^{T(a)}=\prod_{d|a}\left(d\cdot\frac{a}{d}\right)=\left(\prod_{d|a}d\right)^2.$

5 $a=2^{n-1}(2^n-1)$ $(n>1, p=2^n-1$ は素数$)$ とすると，問題2より $S(a)=(2^n-1)(p+1)=2a$. 逆に $a=2^{n-1}b$ $(n>1, (d,2)=1)$, $S(a)=2a$ とすると，$S(a)=(2^n-1)S(b)$ より，$S(b)=b+b/(2^n-1)$. ここで $\boldsymbol{Z}\ni b/(2^n-1)<b$ であり，したがって b の約数は b と $b/(2^n-1)$ のちょうど二つだけである．よって $b=2^n-1$ で b は素数である.

6 $e=2^\nu\cdot a$, $(a,2)=1$, $a>1$ と仮定すると

$$2^e+1=(2^{2^\nu}+1)(2^{2^\nu(a-1)}-2^{2^\nu(a-2)}+\cdots+(-1)^{i+1}2^{2^\nu(a-i)}+\cdots+1)$$

となり，2^e+1 は素数ではない．$F_\nu=2^{2^\nu}+1$ とおくと $F_5=641\times6700417$ である．Fermat の素数については，たとえば，和田秀男著“数の世界”，(1981)，(岩波書店)，p. 52，参照.

7 $\binom{p}{k}=\frac{p(p-1)\cdots(p-k+1)}{k(k-1)\cdots2\cdot1}$ において，分母の素因子として p は現れない.

8 $1,2,3,\cdots,n$ の中に p の倍数は $\left[\frac{n}{p}\right]$ 個，p^2 の倍数は $\left[\frac{n}{p^2}\right]$ 個，… 存在する.

9 高木[1]，p. 57-p. 61 参照.

11 高木[1]，§14 参照.

12 $m\equiv m'\pmod D$ のとき $\chi_D(m)=\chi_D(m')$ が成り立つことを示す．m と m' が同符号のときは明らかに $\chi_D(m)=\chi_D(m')$ である．$m>0, m'<0$ とする.

$D\equiv1\pmod 4$ の場合．$\mathrm{sgn}\,D\cdot(-1)^{(|D|-1)/2}=1$ に注意すると

$$\chi_D(m')=\mathrm{sgn}\,D\cdot\prod_{q|D}\chi_q(|m'|)=\mathrm{sgn}\,D\prod_{q|D}(\chi_q(-1)\chi_q(m'))$$

$$= \operatorname{sgn} D \cdot \prod_{q|D}((-1)^{(q-1)/2}\chi_q(m'))$$

$$= \operatorname{sgn} D \cdot (-1)^{(|D|-1)/2}\prod_{q|D}\chi_q(m') \qquad ((1.20)\text{ より})$$

$$= \chi_D(m).$$

同様に

$$\operatorname{sgn} D \cdot \chi_2(-1)\cdot(-1)^{(|a|-1)/2} = 1 \qquad (a\equiv 3 \pmod 4 \text{ のとき})$$

$$\operatorname{sgn} D \cdot \chi_2(-1)\cdot(-1)^{(|a_0|-1)/2} = 1 \qquad (a\equiv 2 \pmod 4 \text{ のとき})$$

が成り立つことに注意すると，$\chi_D(m)=\chi_D(m')$ を示すことができる．

13 (i) $(D_1, D_2)=(2, D_1)=(2, D_2)=1$ のとき．したがって $D_1\equiv D_2\equiv 1 \pmod 4$ である．このとき，

$$\chi_{D_1}(D_2)\chi_{D_2}(D_1) = \left(\frac{|D_2|}{|D_1|}\right)\cdot\left(\frac{|D_1|}{|D_2|}\right)$$

$$= (-1)^{(|D_1|-1)/2\cdot(|D_2|-1)/2}$$

$$= (-1)^{(\operatorname{sgn}D_1-1)/2\cdot(\operatorname{sgn}D_2-1)/2}.$$

(ii) $(D_1, D_2)=(2, D_2)=1$, $(2, D_1)\neq 1$ のとき．$D_1=2^e d_1$, $(2, d_1)=1$ とおく．$e=2$ または 3 である．$e=2$ とすると $d_1\equiv 3 \pmod 4$ である．このとき，

$$\chi_{D_1}(D_2)\chi_{D_2}(D_1) = (-1)^{(|D_2|-1)/2}\left(\frac{|D_2|}{|d_1|}\right)\left(\frac{|D_1|}{|D_2|}\right)$$

$$= (-1)^{(|D_2|-1)/2}(-1)^{(|d_1|-1)/2\cdot(|D_2|-1)/2}$$

$$= (-1)^{(|d_1|+1)/2\cdot(|D_2|-1)/2}$$

$$= (-1)^{(\operatorname{sgn}D_1-1)/2\cdot(\operatorname{sgn}D_2-1)/2}.$$

$e=3$ のときも，$d_1\equiv 1$ または $3 \pmod 4$ のそれぞれの場合に相互法則を示すことができる．

第2章

1 $p_n=c^{-[n/2]}u_{n+1}$, $q_n=c^{-[n/2]}u_n$ がそれぞれ

$$p_0 = 1,\ p_1 = b,$$

$$\begin{cases} p_{2m} = p_{2m-1}\,a + p_{2m-2} \\ p_{2m+1} = p_{2m}b + p_{2m-1} \end{cases} \qquad (m\geqq 1)$$

$$q_0 = 0,\ q_1 = 1$$

$$\begin{cases} q_{2m} = q_{2m-1}\,a + q_{2m-2} \\ q_{2m+1} = q_{2m}\,b + q_{2m-1} \end{cases} \qquad (m\geqq 1)$$

を満たすことを示せばよい．$n(=2m$ または $2m+1)$ に関する帰納法で示す．$p_0=1, p_1=b$, $q_0=0, q_1=1$ は明らか．$n>1$ とすると帰納法の仮定，および $ac=b$ より，n が偶奇いずれの場合も

$$p_n = c^{-[n/2]}(bu_n + cu_{n-1})$$
$$q_n = c^{-[n/2]}(bu_{n-1} + cu_{n-2})$$

であることを確かめることができる．一方，$b=x+y$, $c=-xy$ であるので

$$bu_n + cu_{n-1} = u_{n+1} \qquad (n \geqq 1)$$

である．したがって主張が成立する．

3 定理2.4* の証明を使う．すなわち，$l^2 \equiv -1 \pmod{p^e}$ となる $l \in \boldsymbol{Z}$ を求め $-l/p^e$ の n 次近似分数を p_n/q_n とし，n_0 を $q_{n_0} < p^{e/2} \leqq q_{n_0+1}$ で定めると $(x, y) = (lq_{n_0} + p^e p_{n_0}, q_{n_0})$ が $p^e = x^2 + y^2$ の整数解を与える．$x_1{}^2 + y_1{}^2 = 41$ については，$l=9, n_0=4$ となり，ひとつの整数解 $(x_1, y_1) = (4, 5)$ を得る．$x_2{}^2 + y_2{}^2 = 41^2$ については，$l = 9\cdot 42 = 9 + 41\cdot 9, n_0 = 5$ となり $(x_2, y_2) = (-9, 40)$ となる．

5 (i) 本文，注意(p. 71)参照．

(ii) (2.4)* より，$p_i = x_i{}^2 + y_i{}^2$ となる整数解 (x_i, y_i) が存在する．$\pi_{i1} = x_i + y_i\sqrt{-1}$, $\pi_{i2} = \bar{\pi}_{i1} = x_i - y_i\sqrt{-1}$ とおくと

$$x + y\sqrt{-1} = \varepsilon \pi_{1j_1}{}^{e_1} \pi_{2j_2}{}^{e_2} \cdots \pi_{sj_s}{}^{e_s} \qquad (\varepsilon = \pm 1 \text{ または } \pm\sqrt{-1}\,;\, j_1, \cdots, j_s = 1 \text{ または } 2)$$

として定まる (x, y) が $x^2 + y^2 = n$ の原始解を与える．$\boldsymbol{Z}[\sqrt{-1}]$ が素元分解整域だから，このようにしてちょうど 2^{s+2} 個の原始解が得られる．高木[1], p. 250 参照．

6 (x, y) を $x^2 + y^2 = n$ の原始解，$(x, y) = d, x = dx_1, y = dy_1$ とおくと (x_1, y_1) は $x_1{}^2 + y_1{}^2 = \dfrac{n}{d^2}$ の原始解．したがって $Q_2(n) = \sum_{d^2|n} U_2\left(\dfrac{n}{d^2}\right)$ である．

$$n = 2^\alpha \prod_{i=1}^{s} p_i{}^{\beta_i} \prod_{j=1}^{t} q_j{}^{\gamma_j} \qquad (p_i \equiv 1 \pmod 4),\ q_j \equiv 3 \pmod 4))$$

と素因数分解する．定理(2.5)より $\gamma_j \equiv 1 \pmod 2$ となる γ_j が存在すれば $Q_2(n) = 0$ である．よって $\gamma_j \equiv 1 \pmod 2$ $(j = 1, \cdots, t)$ と仮定すると，$\boldsymbol{Z}[\sqrt{-1}]$ での素元分解を考えることにより $Q_2(n) = Q_2(n')\left(n' = \prod_{i=1}^{s} p_i{}^{\beta_i}\right)$ である．s に関する帰納法により $Q_2(n') = 4\prod_{i=1}^{s}(1+\beta_i)$ を示す．$s=0$ のとき，$Q_2(1) = 4$ であるから成立している．$s \geqq 1$ とする．β_s が偶数のとき，

$$\begin{aligned}
Q_2(n') &= \sum_{i=1}^{s} \sum_{0 \leqslant 2\delta_i \leqslant \beta_i} U_2\left(\prod_{i=1}^{s} p_i{}^{\beta_i - 2\delta_i}\right) \\
&= \sum_{0 \leqslant 2\delta_s < \beta_s} \sum_{i=1}^{s-1} \sum_{0 \leqslant 2\delta_i \leqslant \beta_i} U_2\left(\prod_{i=1}^{s} p_i{}^{\beta_i - 2\delta_i}\right) \\
&\quad + \sum_{i=1}^{s-1} \sum_{0 \leqslant 2\delta_i \leqslant \beta_i} U_2\left(\prod_{i=1}^{s-1} p_i{}^{\beta_i - 2\delta_i}\right) \\
&= \sum_{0 \leqslant 2\delta_s < \beta_s} \sum_{i=1}^{s-1} \sum_{0 \leqslant 2\delta_i \leqslant \beta_i} 2U_2\left(\prod_{i=1}^{s-1} p_i{}^{\beta_i - 2\delta_i}\right) \\
&\quad + \sum_{i=1}^{s-1} \sum_{0 \leqslant 2\delta_i \leqslant \beta_i} U_2\left(\prod_{i=1}^{s-1} p_i{}^{\beta_i - 2\delta_i}\right)
\end{aligned}$$

$$= 2\sum_{0\leqq 2\delta_s<\beta_s}\left(4\prod_{i=1}^{s-1}(1+\beta_i)\right)+4\prod_{i=1}^{s-1}(1+\beta_i)$$

$$=\left(2\cdot\frac{\beta_s}{2}+1\right)\cdot 4\prod_{i=1}^{s-1}(1+\beta_i)=4\prod_{i=1}^{s}(1+\beta_i).$$

β_s が奇数のときも同様である．

一方，$2\nmid u, u|n$ とすると，$u=\prod_{i=1}^{s}p_i^{b_i}\prod_{j=1}^{t}q_j^{c_j}$ と表わせ，$(-1)^{(u-1)/2}=\left(\frac{-1}{u}\right)=\prod_i\left(\frac{-1}{p_i}\right)^{b_i}\prod_j\left(\frac{-1}{q_j}\right)^{c_j}=\prod_j(-1)^{c_j}$ に注意すると

$$4\sum_{\substack{u|n\\2\nmid u}}(-1)^{(u-1)/2}=4\sum_{\substack{0\leqq b_i\leqq\beta_i\\0\leqq c_j\leqq\gamma_j}}\prod_j(-1)^{c_j}$$

$$=4\prod_i(1+\beta_i)\left(\prod_j\left(\sum_{0\leqq c_j\leqq\gamma_j}(-1)^{c_j}\right)\right)$$

$$=4\prod_i(1+\beta_i)\prod_j\frac{1-(-1)^{\gamma_j+1}}{2}$$

$$=\begin{cases}4\prod_i(1+\beta_i) & (\gamma_j\equiv 0\ (\mathrm{mod}\ 2)\ j=1,\cdots,\ t\ \text{のとき}),\\ 0 & (\exists\gamma_j\equiv 1\ (\mathrm{mod}\ 2)\ \text{のとき}).\end{cases}$$

したがって $Q_2(n)=4\sum_{\substack{u|n\\2\nmid u}}(-1)^{(u-1)/2}$ である．

7 $\cosh x=\dfrac{e^x+e^{-x}}{2}=\sum_{n=0}^{\infty}\dfrac{x^{2n}}{(2n)!}$, $\sinh x=\dfrac{e^x-e^{-x}}{2}=\sum_{n=0}^{\infty}\dfrac{x^{2n+1}}{(2n+1)!}$ であるから $\Psi_0=\cosh\dfrac{1}{2}=\dfrac{1}{2}\left(\sqrt{e}+\dfrac{1}{\sqrt{e}}\right)$, $\Psi_1=2\sinh\dfrac{1}{2}=\sqrt{e}-\dfrac{1}{\sqrt{e}}$. また

$$4(2n+1)\Psi_{n+1}+\Psi_{n+2}$$

$$=4(2n+1)\left\{\frac{1}{(2n+1)!!}+\sum_{r=1}^{\infty}\frac{1}{(2n+2r+1)!!(2r)!!2^{2r}}\right\}$$

$$+\frac{1}{(2n+3)!!}+\sum_{r=1}^{\infty}\frac{1}{(2n+2r+3)!!(2r)!!2^{2r}}$$

$$=4a_n+4\sum_{r=1}^{\infty}\frac{2n+1}{(2n+2r+1)!!(2r)!!2^{2r}}+\sum_{r=0}^{\infty}\frac{4(2r+2)}{(2n+2r+3)!!(2r+2)!!2^{2r+2}}$$

$$=4a_n+4\sum_{r=1}^{\infty}\frac{1}{(2n+2r+1)!!(2r)!!2^{2r}}(2n+1+2r)=4\Psi_n.$$

ここで $(2r+1)!!=1\cdot 3\cdots(2r+1)$, $(2r)!!=2\cdot 4\cdots 2r$ である．したがって特に，$\Psi_n>\Psi_{n+1}$ $(n=0,1,\cdots)$ であり，$\omega_n=2\Psi_n/\Psi_{n+1}>1$ である．よって $\omega_n=2(2n+1)+\dfrac{1}{\omega_{n+1}}$ $(n=0,1,\cdots)$ より，ω_0 の連分数展開 $\omega_0=[2,6,10,\cdots,2(2n+1),\cdots]$ をうる．

$\xi=1+1/(\omega_0-1)=[1,1,6,10,\cdots]$ の n 次近似分数を r_n/s_n とすると，$r_0=1, r_1=1, r_2=2, s_0=0, s_1=1, s_2=1$ で，$n\geqq 1$ のとき

$$\begin{cases} r_{n+2} = (4n+2)r_{n+1}+r_n \\ s_{n+2} = (4n+2)s_{n+1}+s_n \end{cases} \tag{1}$$

が成立する.

一方, $\alpha=[2,1,2,1,1,4,1,1,6,\cdots,2n,1,1,2n+2,1,\cdots]$ とおき, α の n 次近似分数を p_n/q_n とおくと $n\geqq 2$ で

$$\begin{cases} p_{3n+2} = (4n+2)p_{3n-1}+p_{3n-4} \\ q_{3n+2} = (4n+2)q_{3n-1}+q_{3n-4} \end{cases} \tag{2}$$

が成立している. 実際

$$\begin{aligned} p_{3n+2} &= p_{3n+1}+p_{3n} = 2p_{3n}+p_{3n-1} = 2(2np_{3n-1}+p_{3n-2})+p_{3n-1} \\ &= (4n+2)p_{3n-1}-p_{3n-1}+2p_{3n-2} \\ &= (4n+2)p_{3n-1}+p_{3n-2}-p_{3n-3} \\ &= (4n+2)p_{3n-1}+p_{3n-4}. \end{aligned}$$

q_{3n+2} についても同様である. ここで

$$\begin{cases} p_{3n+2} = 2r_{n+2}-s_{n+2} \\ q_{3n+2} = s_{n+2} \end{cases} \tag{3}$$

が $n=0,1$ に対して成立していることは容易に確かめられる. したがって(1), (2)より(3)はすべての $n=0,1,2,\cdots$ に対して成立する. よって $\alpha=\lim_{n\to\infty}p_{3n+2}/q_{3n+2}=\lim_{n\to\infty}(2r_{n+2}-s_{n+2})/s_{n+2}=2\xi-1=e$, つまり $e=[2,1,2,1,1,4,1,1,6,\cdots]$ である.

第3章

1　高木[1], p. 183, 定理 2.13 参照.

2　例 3.1 と同じ方法で計算する. たとえば $D=-47$ のとき, $|b|\leqq\sqrt{47/3}<4$, $4ac=47+b^2$, $c>a\geqq b>-a$ または $c=a\geqq b\geqq 0$ より, $(a,b,c)=(1,1,12)$, $(2,\pm 1,6)$ または $(3,\pm 1,4)$. したがって $h^+(D)=5$.

3　例 3.2, 3.3 と同じ方法で計算する. たとえば $D=93$ のとき. 簡約2次形式は $x^2-9xy-3y^2$, $3x^2-9xy-y^2$. 対応する簡約2次無理数は $\xi_1=\dfrac{9+\sqrt{93}}{2}$, $\xi_2=\dfrac{9+\sqrt{93}}{6}$ で, これらの連分数展開は $\xi_1=[\dot{9},\dot{3}]$, $\xi_2=[\dot{3},\dot{9}]$. したがって $h(D)=1$, $h^+(D)=2$ となる.

5　(i)　定理 3.10 (p. 131) を適用する. $D=-20, n=35$ だから, $0\leqq m<2n$, $m^2\equiv D \pmod{4n}$ を解いて, $m=20$ または 50. m の値に対応して $g_1(x_1,y_1)=35x_1^2+20x_1y_1+3y_1^2$, $g_2(x_2,y_2)=35x_2^2+50x_2y_2+18y_2^2$ とおく. $f(x,y)=3x^2-4xy+3y^2$ とすると f, g_1, g_2 に対応する2次の代数的数 $z(\mathrm{Im}\,z>0)$ は, それぞれ, $\xi=(2+i\sqrt{5})/3$, $\xi_1=(-10+i\sqrt{5})/35$, $\xi_2=(-25+i\sqrt{5})/35$ である.

$$S^{-1}T^{-4}S(\xi_1)=\xi, \qquad T^3ST^{-1}S(\xi_2)=\xi$$

が成立するので $f\sim g_1$, $f\sim g_2$ である. ここで

$$S^{-1}T^{-4}S=\begin{bmatrix}1 & 0\\4 & 1\end{bmatrix},\qquad T^3ST^{-1}S=\begin{bmatrix}4 & 3\\1 & 1\end{bmatrix}$$

であり，f の自己変換群は $\{\pm I\}$ なので，すべての整数解は $(\pm1,\pm4)$, $(\pm4,\pm1)$ (複号同順)である．

(ii) (i)と同様に計算する．$D=136, n=6$ であり，したがって $m=4$ または 8. $f(x,y)=3x^2+14xy+5y^2$, $g_1(x_1,y_1)=6x_1^2+4x_1y_1-5y_1^2$, $g_2(x_2,y_2)=6x_2^2+8x_2y_2-3y_2^2$ とおく．さらに $f_0(x,y)=5x^2-4xy-6y^2$ とおく．f, g_1, g_2, f_0 に対応する2次の無理数は，それぞれ $\xi=(-7+\sqrt{34})/3$, $\xi_1=(-2+\sqrt{34})/6$, $\xi_2=(-4+\sqrt{34})/6$, $\xi_0=(2+\sqrt{34})/5$ である．これらの連分数展開は

$$\xi=[-1,1,\xi_0],\ \xi_1=[0,\xi_0],\ \xi_2=[0,3,3,1,\xi_0],\ \xi_0=[\dot{1},1,1,3,3,\dot{1}]$$

となるので，f と g_1 は負に対等，$f\sim f_0\sim g_2$ (正に対等)である．連分数の計算から

$$\xi=\frac{-1}{\xi_0+1},\qquad \xi_2=\frac{4\xi_0+3}{13\xi_0+10}.$$

よって

$$\begin{bmatrix}x\\y\end{bmatrix}=\begin{bmatrix}0 & -1\\1 & 1\end{bmatrix}\begin{bmatrix}4 & 3\\13 & 10\end{bmatrix}^{-1}\begin{bmatrix}x_2\\y_2\end{bmatrix}=\begin{bmatrix}13 & -4\\-3 & 1\end{bmatrix}\begin{bmatrix}x_2\\y_2\end{bmatrix}$$

より，ひとつの原始解 $(13,-3)$ をうる．また ξ_0 が判別式 136 をもつ簡約2次無理数であり，周期 6 をもち，$q_5=23, q_6=30$ より $\omega_1=30\xi_0+23=(70+6\sqrt{136})/2$. したがって p. 126 (VII) より Pell 方程式 $x^2-136y^2=4$ の正の最小解は $(70,6)$ であり，p. 119, (3.28)，および，定理 3.8 (p. 120) より

$$\Gamma^{\pm}(\xi)=\Gamma^{+}(\xi)=\left\langle\begin{bmatrix}-7 & -30\\18 & 77\end{bmatrix}\right\rangle$$

であることがわかる．したがって，すべての整数解 (x,y) は

$$\begin{bmatrix}x\\y\end{bmatrix}=\pm\begin{bmatrix}-7 & -30\\18 & 77\end{bmatrix}^n\begin{bmatrix}13\\-3\end{bmatrix}\qquad (n\in\boldsymbol{Z})$$

と表わせる．

第5章

1 任意の k の元 ξ に対し，$|N_{k/\boldsymbol{Q}}(\xi-\alpha)|<1$ となる $\alpha\in I_k$ が存在することを示せばよい．2次体 $k=\boldsymbol{Q}(\sqrt{d})$ に対し，$\omega=\sqrt{d}\ (d\equiv2,3\ (\mathrm{mod}\ 4))$，$\omega=\dfrac{1+\sqrt{d}}{2}\ (d\equiv1\ (\mathrm{mod}\ 4))$ とおく．$(1,\omega)$ は I_k の基である．

(i) k が虚2次体のとき $(d=-m<0)$．$N_{k/\boldsymbol{Q}}(\xi-\alpha)=|\xi-\alpha|^2$. $I_k=\boldsymbol{Z}+\boldsymbol{Z}\omega$ は $\boldsymbol{C}$ 内の格子．よって $0,1,\omega$ を頂点とする三角形を複素平面上で考え，この三角形の外接円の半径を r とすると，$r<1$ が求める条件と同値である．

（イ） $d=-m\equiv 2,3\pmod 4$ のとき．$r=\sqrt{m}/2$.

よって，$r<1 \Leftrightarrow m<4 \Leftrightarrow m=1$ または 2.

（ロ） $d=-m\equiv 1\pmod 4$ のとき．$r=(m-1)/4\sqrt{m}$.

よって，$r<1 \Leftrightarrow m-4\sqrt{m}-1<0 \Leftrightarrow m<9+2\sqrt{5} \Leftrightarrow m=3,7,11$.

(ii) k が実2次体のとき ($d=m>0$).

（イ） $m\equiv 2,3\pmod 4$ のとき．

$\xi=x+y\sqrt{m}\in k\ (x,y\in \boldsymbol{Q})$ に対し，$|x-a|\leqq\dfrac{1}{2}$, $|y-b|\leqq\dfrac{1}{2}$ となる $a,b\in\boldsymbol{Z}$ をとることができる．このとき，$\alpha=a+b\sqrt{m}$ とおくと

$$N_{k/\boldsymbol{Q}}(\xi-\alpha)=(x-a)^2-m(y-b)^2$$

だから，$-\dfrac{m}{4}\leqq N_{k/\boldsymbol{Q}}(\xi-\alpha)\leqq\dfrac{1}{4}$. よって，$m=2,3$ のとき $|N_{k/\boldsymbol{Q}}(\xi-\alpha)|<1$.

（ロ） $m\equiv 1\pmod 4$ のとき．

$\xi=x+y\omega\in k$ に対し，$|y-b|\leqq 1/2$ となるように $b\in\boldsymbol{Z}$ を選び，次に $\left|x-a+\dfrac{1}{2}(y-b)\right|\leqq 1/2$ となるように $a\in\boldsymbol{Z}$ を選ぶ．$\alpha=a+b\omega$ とおくと

$$N_{k/\boldsymbol{Q}}(\xi-\alpha)=\left(x-a+\frac{1}{2}(y-b)\right)^2-\frac{m}{4}(y-b)^2.$$

したがって $-\dfrac{m}{16}\leqq N_{k/\boldsymbol{Q}}(\xi-\alpha)\leqq\dfrac{1}{4}$. よって $m=5,13$ に対し，I_k は Euclid 整域.

注意 上記の議論では，虚2次体の場合，$N_{k/\boldsymbol{Q}}$ を用いて I_k が Euclid 整域となるすべての場合を求めているが，実2次体の場合は十分条件の考察にすぎない．詳しくは，Hardy-Wright [2], p. 213 または武隈 [20], p. 79 参照.

2 p. 158 (IV) によって計算する．

$$N\mathfrak{a}=abs.\begin{vmatrix} p+q\omega & r+s\omega \\ p+q\omega' & r+s\omega' \end{vmatrix}\Bigg/\begin{vmatrix} 1 & \omega \\ 1 & \omega' \end{vmatrix}=\left|\frac{(p+q\omega)(r+s\omega')-(r+s\omega)(p+q\omega')}{\omega'-\omega}\right|$$

$$=|ps-qr|.$$

4 高木 [1], p. 305 参照.

第6章

2 (ii) $$\pi(\chi,\bar{\chi})=\sum_{x+y=1}\chi(x)\overline{\chi(y)}$$

$$=\sum_{\substack{x+y=1\\ y\neq 0}}\chi(xy^{-1})=\sum_{x\neq 1}\chi\left(\frac{x}{1-x}\right)$$

$$=\sum_{z\neq -1}\chi(z)=-\chi(-1)$$

(iii) $\zeta=\zeta_p$ とおく．

$$\tau(\chi)\tau(\psi)=\left(\sum_x\chi(x)\zeta^x\right)\left(\sum_y\psi(y)\zeta^y\right)$$

$$= \sum_{x,y} \chi(x)\psi(y)\zeta^{x+y}$$

$$= \sum_{t}\left(\sum_{x+y=t} \chi(x)\psi(y)\right)\zeta^{t}$$

ここで $t=0$ のときの内側の和を考えると

$$\sum_{x+y=0} \chi(x)\psi(y) = \sum_{x} \chi(x)\psi(-x) = \psi(-1)\sum_{x}(\chi\psi)(x) = 0.$$

$t \neq 0$ のとき，$x=tx', y=ty'$ とおくと

$$\sum_{x+y=t} \chi(x)\psi(y) = (\chi\psi)(t)\sum_{x'+y'=1} \chi(x')\psi(y')$$

$$= (\chi\psi)(t)\pi(\chi,\psi)$$

$$\therefore \quad \tau(\chi)\tau(\psi) = \left(\sum_{t\neq 0}(\chi\psi)(t)\zeta^{t}\right)\pi(\chi,\psi)$$

$$= \tau(\chi\psi)\pi(\chi,\psi).$$

(iv) 定理 6.9(p. 230) より $|\tau(\chi)|=|\tau(\psi)|=|\tau(\chi\psi)|=\sqrt{p}$. よって(iii)より $|\pi(\chi,\psi)|=\sqrt{p}$.

3 $K/\boldsymbol{Q}$ は 4 次 Galois 拡大であるので，p を素数とすると $(p)=(\mathfrak{p}_1\cdots\mathfrak{p}_{g_p})^{e_p}$, $N\mathfrak{p}_i=p^{f_p}$, $e_pf_pg_p=4$, と K において分解する．したがって

$$\zeta_K(s) = \prod_{p}\prod_{\mathfrak{p}\cap\boldsymbol{Z}=(p)}\left(1-\frac{1}{(N\mathfrak{p})^s}\right)^{-1} = \prod_{p}\left(1-\frac{1}{p^{f_ps}}\right)^{-g_p}$$

となる．ゆえに

$$(*) \qquad \left(1-\frac{1}{p^{f_ps}}\right)^{g_p} = \left(1-\frac{1}{p^s}\right)\prod_{i=1}^{3}\left(1-\frac{\chi_{d_i}(p)}{p^s}\right)$$

を各素数 p に対し証明すればよい．$f=f_p, g=g_p$ とおく．

(i) $p\nmid D_K$ のとき．第 4 章問題 4 の(i)-(v)各々の場合に確かめることにより $\chi_{d_1}(p)\chi_{d_2}(p)\chi_{d_3}(p)=1$ が成立していることがわかる．したがって $g=4, f=1$ または $g=2, f=2$ で $g=1, f=4$ の場合は存在しない．

(イ) $g=4, f=1$ のとき．各中間 2 次体で (p) は分解するので $\chi_{d_i}(p)=1$ $(i=1,2,3)$. したがって(*)は成立する．

(ロ) $g=2, f=2$ のとき．或る中間体で (p) は分解し，他の二つの中間体では素である．よって

$$(*)\text{の右辺} = \left(1-\frac{1}{p^s}\right)^2\left(1+\frac{1}{p^s}\right)^2 = \left(1-\frac{1}{p^{2s}}\right)^2$$

となり，(*)は成立する．

(ii) $p|D_K$ のとき．

(イ) $e=4$ のとき．$f=g=1$. また $p|d_i$ $(i=1,2,3)$. よって $\chi_{d_i}(p)=0$ $(i=1,2,3)$.

したがって(*)が成り立つ.

(ロ) $e=2$ のとき. $p|d_i$ となる i がちょうど二つ存在することがわかる. よって $p\nmid d_1$ とすると,

$$(*)\text{の右辺} = \left(1-\frac{1}{p^s}\right)\left(1-\frac{\chi_{d_1}(p)}{p^s}\right) = \begin{cases} \left(1-\dfrac{1}{p^{2s}}\right) & (f=2,\ g=1), \\ \left(1-\dfrac{1}{p^s}\right)^2 & (f=1,\ g=2). \end{cases}$$

よっていずれの場合にも(*)は成立する.

第8章

1 第6章問題3の解答と同様に

$$\zeta_k(s) = \prod_p \left(1-\frac{1}{p^{f_p s}}\right)^{-g_p}$$

である. ここで $(p)=(\mathfrak{p}_1\cdots\mathfrak{p}_{g_p})^{e_p}$, $N\mathfrak{p}_i=p^{f_p}$, $e_p f_p g_p=\varphi(m)$ である. したがって

$$\prod_{j=0}^{\varphi(m)-1} L_m(s,\chi_j) = \prod_{p\nmid m}\left(1-\frac{1}{p^{f_p s}}\right)^{-g_p}$$

を証明すればよい. 実際,

$$\begin{aligned}\log\left(\prod_{j=0}^{\varphi(m)-1} L_m(s,\chi_j)\right) &= \sum_{j=0}^{\varphi(m)-1}\log L_m(s,\chi_j) \\ &= \sum_{j=0}^{\varphi(m)-1}\sum_{p\nmid m}\log\left(1-\frac{\chi_j(p)}{p^s}\right)^{-1} \\ &= \sum_{j=0}^{\varphi(m)-1}\sum_{p\nmid m}\sum_{n=1}^{\infty}\frac{1}{n}\cdot\frac{\chi_j(p)^n}{p^{ns}} \\ &= \sum_{p\nmid m}\sum_{n=1}^{\infty}\left(\sum_{j=0}^{\varphi(m)-1}\chi_j(p)^n\right)\frac{1}{n\cdot p^{ns}}\end{aligned}$$

ここで

$$\sum_{j=0}^{\varphi(m)-1}\chi_j(p)^n = \begin{cases} \varphi(m) & (f_p|n\ \text{のとき}), \\ 0 & (f_p\nmid n\ \text{のとき}), \end{cases}$$

を使うと

$$\begin{aligned} &= \sum_{p\nmid m}\sum_{n=1}^{\infty}\frac{\varphi(m)}{n'f_p p^{n'f_p s}} \qquad (\text{ただし}\ n=n'f_p) \\ &= \sum_{p\nmid m}\sum_{n'=1}^{\infty}\frac{g_p}{n'p^{n'f_p s}} = \sum_{p\nmid m} g_p\log\left(1-\frac{1}{p^{f_p s}}\right)^{-1} \\ &= \log\prod_{p\nmid m}\left(1-\frac{1}{p^{f_p s}}\right)^{-g_p}.\end{aligned}$$

4 問題3の条件に合う $\pm p$ を求めればよい．

(i) $m\equiv 1\pmod 4$ のとき．

問題3の条件(i)より $p|m$．また条件(ii)より $\exists\xi\in I_k,\ \pm p\equiv\xi^2\pmod 4$．よって $p^*=p$ または $-p$, $p^*\equiv 1\pmod 4$ とおくと，k 上不分岐となる $k(\sqrt{\pm p})$ の形の拡大体は $k(\sqrt{p^*})$ $(p|m)$ である．

(ii) $m\equiv 2\pmod 4$ のとき．(i)と同様に考える．不分岐となる拡大体は $k(\sqrt{p^*})$ (p：奇素数，$p|m$)，$k(\sqrt{2^*})$．ただし $m/2^*\equiv 1\pmod 4$．$p=2$ に対しては問題3はこのままでは適用できないので，問題2を使って μ(この場合は ± 2)をとり直す必要がある．

(iii) $m\equiv 3\pmod 4$ のとき．(i), (ii)と同様に考える．不分岐となる拡大体は $k(\sqrt{p})$, $k(\sqrt{-p})$, $(p|m)$, $k(\sqrt{-1})$．

第9章

1 $K(t)$ が凸形であることは，$f_i(t)$ が1次形式であることより明らかである．

$$B(t)=\left\{(y_1,\cdots,y_{r_1},z_1,\cdots,z_{r_2})\in \boldsymbol{R}^{r_1}\times\boldsymbol{C}^{r_2}\,\middle|\,\sum_{i=1}^{r_1}|y_i|+2\sum_{j=1}^{r_2}|z_j|\leqq t\right\}$$

とおく．

$$F:\boldsymbol{R}^n\longrightarrow\boldsymbol{R}^{r_1}\times\boldsymbol{C}^{r_2},\quad (x_1,\cdots,x_n)\longmapsto(f_1(x),\cdots,f_{r_1+r_2}(x))$$

により $F(K(t))=B(t)$ であり，ヤコビアンの計算から $\mathrm{vol}(K(t))=\mathrm{vol}(B(t))/|\varDelta|$ である．$\mathrm{vol}(B(t))=b(r_1,r_2\,;t)$ とおく．

$$b(r_1,r_2\,;t)=2^{r_1}\left(\frac{\pi}{2}\right)^{r_2}\frac{t^n}{n!}$$

を示せばよい．ただし $n=r_1+2r_2$ である．r_1,r_2 に関する2重帰納法により示す．

$$b(0,1\,;t)=2t$$

$$b(0,1\,;t)=\mathrm{vol}\{z\in\boldsymbol{C}\mid 2|z|\leqq t\}=\frac{t^2}{4}\pi$$

$$\begin{aligned}
b(r_1+1,r_2\,;t)&=\int_{-t}^{t}b(r_1,r_2\,;t-|y|)\,dy\\
&=2\int_0^t b(r_1,r_2\,;t-y)\,dy\\
&=2^{n+1}\left(\frac{\pi}{2}\right)^{r_2}\frac{1}{n!}\int_0^t(t-y)^n dy\\
&=2^{n+1}\left(\frac{\pi}{2}\right)^{r_2}\frac{t^{n+1}}{(n+1)!}.
\end{aligned}$$

$$b(r_1,r_2+1\,;t)=\int_{|z|\leqq t/2}b(r_1,r_2\,;t-2|z|)\,dz$$

$$=\int_0^{t/2}\int_0^{2\pi} b(r_1, r_2\,;\,t-2\rho)\,\rho d\theta d\rho$$

$$=\frac{2\pi\cdot 2^{r_1}}{n!}\left(\frac{\pi}{2}\right)^{r_2}\int_0^{t/2}(t-2\rho)^n\rho d\rho$$

$$=\frac{2^{r_1}}{(n+2)\,!}\left(\frac{\pi}{2}\right)^{r_2+1}t^{n+2}\qquad \text{(部分積分による)}.$$

2　$x\in K(t)\Longrightarrow |f_1(x)|+\cdots+|f_n(x)|\leqq t\Longrightarrow \sqrt[n]{|f_1(x)\cdots f_n(x)|}\leqq t/n$

$$\Longrightarrow |f_1(x)\cdots f_n(x)|\leqq (t/n)^n\Longrightarrow x\in H\left(\left(\frac{t}{n}\right)^n\right).$$

よって $K(t)\subseteq H\left(\left(\dfrac{t}{n}\right)^n\right)$ である．

$\tau=\left(\dfrac{t}{n}\right)^n$ とおくと，$t=n\tau^{1/n}$，よって $\mathrm{vol}\,K(n\tau^{1/n})\geqq 2^n$ のとき $H(\tau)$ は 0 以外の格子点を含む．問題1より

$$\mathrm{vol}\,K(n\tau^{1/n})\geqq 2^n\Longleftrightarrow \frac{2^{r_1}}{|\varDelta|}\left(\frac{\pi}{2}\right)^{r_2}\frac{(n\tau^{1/n})^n}{n!}\geqq 2^n$$

$$\Longleftrightarrow \tau\geqq|\varDelta|\left(\frac{8}{\pi}\right)^{r_2}\frac{n!}{n^n}$$

$$\Longleftarrow \tau\geqq|\varDelta|\left(\frac{8}{\pi}\right)^{r_2}\sqrt{2\pi n}\,e^{-n+1/12n}.$$

3　(i)　$|\varDelta|=2^{-r_2}\sqrt{|D_k|}$ であることにまず注意する．問題2の解答からわかるように，$t=|\varDelta|\left(\dfrac{8}{\pi}\right)^{r_2}\dfrac{n!}{n^n}$ であれば，$|N_{k/\boldsymbol{Q}}(x)|\leqq t$ となる $x\in I_k\,(x\neq 0)$ が存在する．$1\leqq|N_{k/\boldsymbol{Q}}(x)|$ であるから，

$$\therefore\quad 1\leqq|\varDelta|\left(\frac{8}{\pi}\right)^{r_2}\frac{n!}{n^n}\Longrightarrow\sqrt{|D_k|}\geqq\left(\frac{\pi}{4}\right)^{r_2}\frac{n!}{n^n}>\left(\frac{\pi}{4}\right)^{r}\frac{e^{n-1/12n}}{\sqrt{2\pi n}}.$$

(ii)　(i)と同様に考える．$\mathfrak{a}$ の張る格子点を考えるので，このとき，$|\varDelta|=2^{-r_2}\sqrt{|D_k|}N\mathfrak{a}$ であることに注意する．

(iii)　$\mathfrak{a}'$ を与えられたイデアル類 C_k に属するイデアルとし，$\mathfrak{a}=\mathfrak{a}'^{-1}$ とおく．$\mathfrak{a}$ を整イデアルと仮定してよい．(ii)より，$\alpha\in\mathfrak{a}\,(\alpha\neq 0)$ で，

$$|N_{k/\boldsymbol{Q}}(x)|<c_k\sqrt{|D_k|}\,N\mathfrak{a}$$

となるものが存在する．$\mathfrak{b}=(x)\cdot\mathfrak{a}^{-1}$ とおくと，N(ノルム)は乗法的で $N((x))=|N_{k/\boldsymbol{Q}}(x)|$ であるので

$$N\mathfrak{b}<c_k\sqrt{|D_k|},$$

しかも $\mathfrak{b}\in C_k$ である．

5　本文§8.2(II)，p. 281，参照．

第10章

1 $m=(N+2)!+2$ とおけばよい．

2 $q=p_1p_2\cdots p_n+1$ の素因子の一つを p とすれば，$p>p_i$ $(i=1,2,\cdots,n)$．よって $p_{n+1} \leqq p \leqq q < p_n{}^n+1$ $(n \geqq 2)$．

3 $n \geqq 4$ とし $e^{e^{n-1}} < x \leqq e^{e^n}$ とする．このとき $\left(\dfrac{e}{2}\right)^n > e$ であるから $e^{e^{n-1}} > 2^{2^n}$．したがって

$$\pi(x) \geqq \pi(e^{e^{n-1}}) \geqq \pi(2^{2^n}) \geqq n \geqq \log\log x.$$

次に $1 < x \leqq e^{e^3}$ のとき．このとき $\log\log x \leqq 3$．よって $5 \leqq x \leqq e^{e^3}$ のときは $\pi(x) \geqq 3$ であるから $\pi(x) \geqq \log\log x$．また $e \leqq x < 5$ のときは $\log\log x < 1$，$1 < x < e$ のときは $\log\log x < 0$．以上より $x > 1$ のとき $\pi(x) \geqq \log\log x$ である．

4 (i) q_m のすべての素因子が $4n+1$ の形であれば，$q_m \equiv 1 \pmod 4$ となるが，これは $q_m = 4p_2\cdots p_m - 1$ という定義に矛盾する．よって q_m の素因子 p で $4n+3$ の形のものがある．$p > p_m$ である．このことから，$4n+3$ の形の素数が無限に多く存在することがわかる．

(ii) (i)と同様である．

(iii) p を q_m の素因子とすると $3^2\cdot5^2\cdots p_m{}^2 \equiv -2^2 \pmod p$．したがって $\left(\dfrac{-1}{p}\right)=1$，よって $p \equiv 1 \pmod 4$ である．したがって，q_m の素因子は $8n+1$ または $8n+5$ の形をしている．q_m の素因子がすべて $8n+1$ の形であれば $q_m \equiv 1 \pmod 8$ となるが，一方，定義より $q_m = 3^2\cdot5^2\cdots p_m{}^2+4 \equiv 5 \pmod 8$ となり矛盾である．よって q_m の素因子に $8n+5$ の形のものがあり，このことから，$8n+5$ の形の素数が無限に多く存在することがわかる．

第11章

2 藤崎 [11]，(下), pp. 138–155 参照.

4 Serre [16]，邦訳 p. 20 参照.

6 (i) $f(x)=x^2-a$ とおく．$f'(x)=2x$ である．$\left(\dfrac{a}{p}\right)=1$ とすると $f(\alpha) \equiv 0 \pmod p$，$\alpha \not\equiv 0 \pmod p$，となる $\alpha \in \boldsymbol{Z}$ が存在する．問題4において $n=1, k=0$ とすることにより，$f(y)=0$, $y \equiv \alpha \pmod p$ となる $y \in \boldsymbol{Z}_p$ が存在する．逆に $f(y)=0$ となる $y \in \boldsymbol{Z}_p$ があれば明らかに $\left(\dfrac{a}{p}\right)=1$ である．

(ii) (i)と同様に考える．$n=3, k=1$ として問題4を適用すればよい．

(iii) $f(x)=x^{p-1}-1$ とおく．$f(x)=0 \pmod p$ は $p-1$ 個の相異なる根 $\alpha \pmod p$, $\alpha \in \boldsymbol{Z}$, $\alpha \not\equiv 0 \pmod p$，を有し，したがって $n=1, k=0$ として問題4を適用することにより，$f(x)=0$ は $\boldsymbol{Z}_p$ において異なる $p-1$ 個の根を有することがわかる．

7 (i) $x \in \boldsymbol{Q}_p$ が $x=up^e$ (u : p 進単数，$e \in \boldsymbol{Z}$) と表わされるとき $v_p(x)=e$ と記すことにする．$n \geqq 1$ のとき

$$\begin{aligned} v_p\left(\frac{x^n}{n!}\right) &= v_p(x^n) - v_p(n!) \\ &= nv_p(x) - \sum_{k=1}^{\infty}\left[\frac{n}{p^k}\right] \qquad \text{(第1章問題8より)} \\ &> nv_p(x) - \sum_{k=1}^{\infty}\frac{n}{p^k} = n\left(v_p(x) - \frac{1}{p-1}\right). \end{aligned}$$

よって $p\neq 2$ のとき $v_p(x)\geqq 1$ とすると $v_p\left(\frac{x^n}{n!}\right)>n\cdot\frac{p-2}{p-1}$ となるので $\exp x$ は収束し，また $v_p\left(\frac{x^n}{n!}\right)\geqq 1$ $(n\geqq 1)$ なので $\exp x\in 1+p\boldsymbol{Z}_p$.

$p=2$ のときは $v_p(x)\geqq 2$ とすれば $v_p\left(\frac{x^n}{n!}\right)\geqq n+1$ $(n\geqq 1)$ なので $\exp x$ は収束し，しかも $\exp x\in 1+4\boldsymbol{Z}_2$.

注意　$p=2$ において，$v_p(x)=1$ とすると $n=2^m$ のとき常に $v_p\left(\frac{x^n}{n!}\right)=n-\sum_{k=1}^{m}2^{m-k}=1$ となる．したがって $\exp x$ は収束しない．

(ii)　$v_p(n)\leqq \log_p n$ であるから

$$v_p\left(\frac{x^n}{n}\right)\geqq nv_p(x)-\log_p n.$$

よって $v_p(x)\geqq 1$ であれば $\lim_{n\to\infty} v_p\left(\frac{x^n}{n}\right)=+\infty$ しかも $n\geqq 1$ のとき $v_p\left(\frac{x^n}{n}\right)>0$ である．したがって $\log(1+x)$ は収束して，$\log(1+x)\in p\boldsymbol{Z}_p$. (注意: $v_p(x)\geqq 2$ であれば $\log(1+x)\in p^2\boldsymbol{Z}_p$ である.)

(iii), (iv)　形式的巾級数として成立しているので，収束範囲においても成立する．

8　(i)　$\boldsymbol{Z}_p^{\times}$ で p 進単数を表わす．(III) (p. 345) より $\alpha\in\boldsymbol{Q}_p(\alpha\neq 0)$ は $\alpha=up^e(u\in\boldsymbol{Z}_p^{\times}, e\in\boldsymbol{Z})$ と表わせる．また，$\boldsymbol{F}_p$ を p 元よりなる有限体，$\boldsymbol{F}_p^{\times}$ をその乗法群とすると定理11.2 (iii) (また問題6の解答) より

$$1\longrightarrow 1+p\boldsymbol{Z}_p\longrightarrow \boldsymbol{Z}_p^{\times}\longrightarrow \boldsymbol{F}_p^{\times}\longrightarrow 1$$

という完全系列は分裂し，位数が $p-1$ である $\rho_0\in\boldsymbol{Z}_p^{\times}$ が存在して $\boldsymbol{Z}_p^{\times}=\langle\rho_0\rangle\times(1+p\boldsymbol{Z}_p)$ となる．問題7より乗法群 $1+p\boldsymbol{Z}_p$ は加法群 $p\boldsymbol{Z}_p$ と $\alpha_1\mapsto\log\alpha_1$ という対応で同型である．また $p\boldsymbol{Z}_p\cong\boldsymbol{Z}_p$, $\beta'\mapsto\beta'/\log(1+p)$, $\boldsymbol{F}_p^{\times}\cong\boldsymbol{Z}/(p-1)\boldsymbol{Z}$ であるから，以上をまとめて

$$\boldsymbol{Q}_p^*\cong\boldsymbol{Z}\oplus\boldsymbol{Z}/(p-1)\boldsymbol{Z}\oplus\boldsymbol{Z}_p,\qquad p^e\rho_0{}^j\alpha_1\longmapsto\left(e, j\,(\mathrm{mod}\,p-1), \frac{\log\alpha_1}{\log(1+p)}\right)$$

をうる．すなわち，任意の $\alpha\in\boldsymbol{Q}_p^*(\alpha\neq 0)$ に対し一意に $(e, j\,(\mathrm{mod}\,p-1), \beta)\in\boldsymbol{Z}\oplus\boldsymbol{Z}/(p-1)\boldsymbol{Z}\oplus\boldsymbol{Z}_p$ が定まり，$\alpha=p^e\rho_0{}^j(1+p)^{\beta}$ と表わされる．

(ii)　まず $\boldsymbol{Z}_2^{\times}=1+2\boldsymbol{Z}_2$ に注意する．また次の完全系列

$$\begin{gathered} 1\longrightarrow 1+p^2\boldsymbol{Z}_p\longrightarrow 1+p\boldsymbol{Z}_p\longrightarrow \boldsymbol{F}_p\longrightarrow 0 \\ 1+p\beta\longmapsto\beta \end{gathered}$$

は $p=2$ のとき分裂する．実際

$$1+2\boldsymbol{Z}_2 \cong \{\pm 1\} \times (1+4\boldsymbol{Z}_2).$$

(i) と同様に $1+4\boldsymbol{Z}_2 \cong \boldsymbol{Z}_2$, $\alpha_1 \mapsto (\log \alpha_1)/\log(1+4)$. よって $\alpha \in \boldsymbol{Q}_2{}^* (\alpha \neq 0)$ は $\alpha = 2^e \rho (1+4)^\beta$, $(e \in \boldsymbol{Z}, \rho = \pm 1, \beta \in \boldsymbol{Z}_2)$ と一意的に表わされる.

9　問題8の同型写像により

(i)　$p \neq 2$ のとき $\boldsymbol{Q}_p{}^{*2} \xrightarrow{\sim} 2\boldsymbol{Z} \oplus 2\boldsymbol{Z}/(p-1)\boldsymbol{Z} \oplus 2\boldsymbol{Z}_p$. $\boldsymbol{Z}_p = 2\boldsymbol{Z}_p$ だから, よって

$$\boldsymbol{Q}_p{}^*/\boldsymbol{Q}_p{}^{*2} \xrightarrow{\sim} \boldsymbol{Z}/2\boldsymbol{Z} \oplus \boldsymbol{Z}/2\boldsymbol{Z}.$$

(ii)　$p=2$ のとき $\boldsymbol{Q}_2{}^{*2} \xrightarrow{\sim} 2\boldsymbol{Z} \oplus \{0\} \oplus 2\boldsymbol{Z}_2$. よって

$$\boldsymbol{Q}_2{}^*/\boldsymbol{Q}_2{}^{*2} \xrightarrow{\sim} \boldsymbol{Z}/2\boldsymbol{Z} \oplus \boldsymbol{Z}/2\boldsymbol{Z} \oplus \boldsymbol{Z}/2\boldsymbol{Z}.$$

またこの同型対応より代表系がそれぞれ $\{1, p, \varepsilon, \varepsilon p\}$, $\{\pm 1, \pm 2, \pm 5, \pm 10\}$ で与えられることがわかる.

第12章

2　$a, b, c \in \boldsymbol{F}_p$ とし $ax^2+2bxy+cy^2=0$ とすると, $\boldsymbol{F}_{p^2}$ において

$$ax = (-b \pm \sqrt{b^2-ac})\,y.$$

よって $b^2-ac \in \boldsymbol{F}_p{}^2$ のときに限り, $ax^2+2bxy+cy^2=0$ は自明でない解を有する.

3　(i)

$$c_p(g)\,\varepsilon_p(g) = \left(\frac{D_p(g), D_p(g)}{p}\right)\left(\frac{-1, -1}{p}\right).$$

(ii)　$p \neq 2$ のとき

$$\begin{aligned}
c_p &= \prod_{1 \leqq i \leqq j \leqq n-m} \left(\frac{a_i, a_j}{p}\right) \cdot \prod_{1 \leqq i \leqq n-m < k \leqq n} \left(\frac{a_i, pa_k}{p}\right) \cdot \prod_{n-m < k \leqq l \leqq n} \left(\frac{pa_k, pa_l}{p}\right) \\
&= \prod_{1 \leqq i \leqq n-m < k \leqq n} \left(\frac{a_i}{p}\right) \cdot \prod_{n-m < k \leqq l \leqq n} \left\{\left(\frac{-1}{p}\right)\left(\frac{a_k}{p}\right)\left(\frac{a_l}{p}\right)\right\} \\
&= \prod_{1 \leqq i \leqq n-m} \left(\frac{a_i}{p}\right)^m \cdot \left(\frac{-1}{p}\right)^{m(m+1)/2} \cdot \prod_{n-m < k \leqq n} \left(\frac{a_k}{p}\right)^{m+1} \\
&= \left(\frac{-1}{p}\right)^{m(m-1)/2} \left(\frac{a_{n-m+1} \cdots a_n}{p}\right) \cdot \left(\frac{-a_1 a_2 \cdots a_n}{p}\right)^m \\
&= C_p \left(\frac{-a_1 a_2 \cdots a_n}{p}\right)^m \qquad \left(\because \quad \left(\frac{-1}{p}\right)^{m(m-1)/2} = \left(\frac{(-1)^{[m/2]}}{p}\right)\right).
\end{aligned}$$

$p=2$ のとき,

$$\begin{aligned}
c_2 &= \left(\frac{-1, -1}{2}\right) \prod_{1 \leqq i \leqq j \leqq n-m} \left(\frac{a_i, a_j}{2}\right) \cdot \prod_{i \leqq n-m < k} \left(\frac{a_i, 2a_k}{2}\right) \cdot \prod_{n-m < k \leqq l} \left(\frac{2a_k, 2a_l}{2}\right) \\
&= -\prod_{i \leqq j} \left(\frac{a_i, a_j}{2}\right) \cdot \prod_{1 \leqq i \leqq n-m} (-1)^{m(a_i{}^2-1)/8} \cdot \prod_{n-m < k \leqq n} (-1)^{(m+1)(a_k{}^2-1)/8} \\
&= -\prod_{i \leqq j} \left(\frac{a_i, a_j}{2}\right) \left(\frac{2}{a_1 a_2 \cdots a_n}\right)^m \left(\frac{2}{a_{n-m+1} \cdots a_n}\right)
\end{aligned}$$

よって

$$C_2 \cdot c_2 = (-1)^{\nu}\left(\frac{2}{a_1 a_2 \cdots a_n}\right)^m.$$

ここで

$$\begin{aligned}\nu &= \lambda+1+\sum_{i\leqq j}\frac{a_i-1}{2}\cdot\frac{a_j-1}{2}\\ &\equiv \left[\frac{n}{4}\right]+\left[\frac{n}{2}\right]\left\{\left[\frac{n}{2}\right]+\sum_{i=1}^{n}\frac{a_i-1}{2}\right\}+\sum_{i=1}^{n}\frac{a_i-1}{2}+1\\ &\equiv 1+\left[\frac{n}{4}\right]+\left[\frac{n}{2}\right]+\left\{\left[\frac{n}{2}\right]+1\right\}\sum_{i=1}^{n}\frac{a_i-1}{2}\\ &\equiv 1+\left[\frac{n}{4}\right]+\left[\frac{n}{2}\right]+\left\{\left[\frac{n}{2}\right]+1\right\}\frac{a_1a_2\cdots a_n-1}{2} \qquad (\mathrm{mod}\ 2)\\ &=\mu.\end{aligned}$$

4 $f(x,y,z)=2x^2-15y^2+14z^2$ とおく．$p\neq 2,3,5,7$ のとき定理 12.9，系 1 (p. 377)，より f は零を表わす．$p=2,3,5,7$ に対しては $(-1,-D_p(f))_p$ と $\varepsilon_p(f)$ をそれぞれ計算して比較すればよい．たとえば $p=7$ とすると

$$(-1,-D_7(f))_7=(-1,-2^2\cdot 3\cdot 5\cdot 7)_7=(-1,7)_7=-1,$$
$$\varepsilon_7(f)=(2,-15)_7(2,14)_7(-15,14)_7=(2,7)_7(-15,7)_7=-1.$$

よって定理 12.9 より $p=7$ で f は零を表わす．

5 適当に 5 のべきを掛けることにより，$\alpha\in \boldsymbol{Z}_5^\times$ または $\alpha\in 5\boldsymbol{Z}_5^\times$ として証明すればよい．このとき，$f(x,y)=2x^2+5y^2$ とおくと

$$\begin{aligned} f \text{ が } \alpha \text{ を表わす} &\Leftrightarrow (\alpha,-D_5(f))_5=\varepsilon_5(f) \qquad (\text{定理 12.9 系 2 より})\\ &\Leftrightarrow (\alpha,-10)_5=-1\\ &\Leftrightarrow \begin{cases}(\alpha,5)_5=-1 & (\alpha\in\boldsymbol{Z}_5^\times \text{ のとき}),\\ (\beta,5)_5=1 & (\alpha=5\beta\in 5\boldsymbol{Z}_5^\times \text{ のとき}).\end{cases}\end{aligned}$$

6 定理 12.3 (p. 369) より f が零を表わすことを示せば充分である．実際 $f(2,1,1)=0$ である．

7 $\boldsymbol{R}$ および $\boldsymbol{Q}_p\,(p\neq 2,3)$ では f はすべての元を表わす．よって定理 12.11 (p. 388) より $\boldsymbol{Q}_2$ および $\boldsymbol{Q}_3$ で f によって表示される元を求めればよい．定理 12.9，系 2 より

$$f \text{ が } \alpha\in\boldsymbol{Q}_p{}^*\,(\alpha\neq 0) \text{ を表わす} \Leftrightarrow \begin{cases}\bar{\alpha}\neq -\bar{D}_p(f)\\ \text{または } \bar{\alpha}=-\bar{D}_p(f) \text{ かつ } (-1,-D_p(f))_p=\varepsilon_p(f).\end{cases} \tag{♯}$$

ここで $p=2,3$ のとき $(-1,-D_p(f))_p\neq\varepsilon_p(f)$ であることは容易にわかる．よって

$$(\sharp) \Leftrightarrow \bar{\alpha}\neq -\bar{D}_p(f)=\bar{3}.$$

したがって

$$\alpha\in \boldsymbol{Q}^* \text{ が } f \text{ により表わされる} \Longleftrightarrow \alpha/3\notin \boldsymbol{Q}_2{}^{*2} \text{ かつ } \alpha/3\notin \boldsymbol{Q}_3{}^{*2}$$
$$\Longleftrightarrow \alpha/3\neq 4^r(1+8^s) \text{ かつ } \alpha/3\neq 3^{2t}(1+9^u)\ (r,s,t,u\in \boldsymbol{Z}).$$

また $\alpha=0$ が表わされないことも $(-1,-D_p(f))_p\neq\varepsilon_p(f)$ $(p=2,3)$ よりわかる．

第13章

1 $k=\boldsymbol{Q}(\sqrt{m})$ に対応するイデアル群 H は，

$$\{(a)\mid a\in \boldsymbol{Z},\, a>0,\, \chi_D(a)=1\}$$

により生成される．ここで D は k の判別式であり，χ_D は Kronecker の記号である．したがって素数 p に対し，$(p)\in H$ のとき (p) は k で完全分解し，$(p)\notin H$ のとき (p) は k で素である．

2 問題1の解答と同じ記号を使う．H の導手は $d=|D|$ であり射線 S_d に対応する類体は $\boldsymbol{Q}(\zeta_d)$ である．したがって $\boldsymbol{Q}(\sqrt{m})$ は $\boldsymbol{Q}(\zeta_d)$ に含まれる．

3 例えば $G=Q_8=\{\pm1,\pm i,\pm j,\pm k\}$ (4元数群) とする．交換子群を H とすると $H=\{\pm1\}$．G/H の完全代表系として $\{1,i,j,k\}$ がとれるので $\rho=\pm i$ のとき

$$V(\rho)=(1^{-1}\cdot i^2\cdot 1)(j^{-1}\cdot i^2\cdot j)=1.$$

$\rho=\pm j,\pm k$ のときも同様．$\rho=\pm1$ のときは明らかに $V(\rho)=1$ である．

4 $x,y\in H_0{}^+$ とすると

$$xy=(\tau x\tau)^{-1}(\tau y\tau)^{-1}=(\tau y\tau\tau x\tau)^{-1}=(\tau yx\tau)^{-1}=((yx)^{-1})^{-1}=yx.$$

つまり $H_0{}^+$ は可換群である．したがって $xyx^{-1}y^{-1}=1$．さらに

$$\tau x\cdot y\cdot(\tau x)^{-1}y^{-1}=\tau xyx^{-1}\tau y^{-1}=\tau y\tau y^{-1}=y^{-2},$$
$$x\cdot\tau y\cdot x^{-1}(\tau y)^{-1}=x\tau yx^{-1}y^{-1}\tau=x^2,$$
$$\tau x\tau y(\tau x)^{-1}(\tau y)^{-1}=\tau x\tau yx^{-1}\tau y^{-1}\tau=x^{-2}y^2.$$

したがって G の交換子群を G' とすると

$$G'\subseteqq\{\sigma^2\mid\sigma\in H_0{}^+\}$$

である．逆に $\sigma\in H_0{}^+$ とすると

$$\sigma^2=\sigma\cdot(\sigma^{-1})^{-1}=\sigma(\tau\sigma\tau)^{-1}=\sigma\tau\sigma^{-1}\tau^{-1}\in G'.$$

したがって

$$G'=\{\sigma^2\mid\sigma\in H_0{}^+\}$$

である．

あとがき

第I部，第II部，第III部のはじめに，数論の歴史的発展について少しばかりの説明をし，また本書で直接に引用する参考書を挙げた．それらの他にも，特に最近多くの数論に関する書物が発行されたので，そのうちの幾つかをここに挙げておく．

初等整数論に関しては，

[1] 高木貞治：初等整数論講義(初版1931)(共立出版)，

[18] 草場公邦：整数論(1974)(日本放送協会)，

[19] 片山孝次：整数論入門(1975)(実教出版)．

[19]は整数論的関数についての記述がある．

[20] 武隈良一：2次体の整数論(1966)(槇書店)

には特に2次体についてのていねいな解説がある．

代数的整数論についてはすでに挙げた

[8] 高木貞治：代数的整数論，第2版(1971)(岩波書店)，

[10] 黒田成勝，久保田富雄：整数論(1963)(朝倉書店)，

[11] 藤崎源二郎：代数的整数論入門(上)，(下)(1975)(裳華房)，

[12] 石田信：代数的整数論(1974)(森北出版)

の他に

[21] 久保田富雄：整数論入門(1971)(朝倉書店)

もある．また，類体論については，上記高木[8]の他に

[22] 淡中忠郎：代数的整数論(1949)(共立出版)，

[23] 河田敬義：代数的整数論(1957)(共立出版)，

[24] 彌永昌吉編：数論(1969)(岩波書店)

がある．特に[24]においては，1940年代以降の方法(イデール，アデール，群のコホモロジー等)を用いたモダーンな展開がなされている．

解析的整数論の分野では，すでに引用した

[9] 末綱恕一：解析的整数論(1950)(岩波書店)，

[15] 内山三郎：素数の分布(1970)(宝文館出版)

の他に [15] と同じ方向の書物として

[25] 三井孝美：整数論(解析的整数論入門)(1970)(至文堂)

がある．Diophantus 問題(不定方程式，近似)については

[26] 三井孝美：解析数論(超越数論とディオファンタス近似論)(1977)(共立出版)

がある．

また，本書で直接ふれ得なかったが，保型関数と整数論との関連は，E. Hecke, C. L. Siegel 等の研究から始まって，現在盛んに研究されている部門で，

[27] 土井公二，三宅敏恒：保型形式と整数論(1976)(紀伊国屋書店)，
[28] 清水英男：保型関数(1991)(岩波書店)

に述べられている．

2 次形式の理論については，岩波基礎数学選書“2 次形式”でその代数的理論が述べられているが，2 次形式の整数論も H. Minkowski 以来，Siegel その他の人々によって興味ある発展がなされている．

欧文索引

和文索引

ア 行

カ 行

サ 行

タ 行

ナ 行

ハ 行

マ 行

ヤ 行

ラ 行

■岩波オンデマンドブックス■

数論—古典数論から類体論へ

1992年4月16日 第1刷発行
2010年6月24日 第2刷発行
2015年6月10日 オンデマンド版発行

著 者 河田敬義(かわだゆきよし)

発行者 岡本 厚

発行所 株式会社 岩波書店
〒101-8002 東京都千代田区一ツ橋2-5-5
電話案内 03-5210-4000
http://www.iwanami.co.jp/

印刷/製本・法令印刷

ISBN 978-4-00-730219-0 Printed in Japan